Menges · Die Statistik

Günter Menges

Professor für Statistik und Ökonometrie an der Universität Heidelberg

Die Statistik

Zwölf Stationen des statistischen Arbeitens

Springer Fachmedien Wiesbaden GmbH

CIP-Kurztitelaufnahme der Deutschen Bibliothek

Menges, Günter:
Die Statistik : 12 Stationen d. statist. Arbeitens /
Günter Menges. – Wiesbaden : Gabler, 1982.
ISBN 978-3-409-27074-8

Umschlaggestaltung: Horst Koblitz, Wiesbaden
Gesamtherstellung: K. Triltsch, Würzburg

ISBN 978-3-409-27074-8   ISBN 978-3-663-13512-8 (eBook)
DOI 10.1007/978-3-663-13512-8

Vorwort

Dieses Buch ist in erster Linie für Praktiker geschrieben, die mit Statistik zu tun haben, und zwar sowohl für die Datenproduzenten als auch für die vielen Konsumenten der Statistik in Verwaltung, Wirtschaft und Forschung. Es wendet sich in zweiter Linie an Studenten, denen ein Lehrbuch der Statistik in die Hand gegeben werden soll, das nicht nur statistische Kenntnisse vermittelt, sondern das hilft, die Arbeitsweise der Statistik zu verstehen und ihre Arbeitsmethoden vernünftig anzuwenden. Es richtet sich — hauptsächlich mit einigen Überlegungen zu einer neuen adaptiven Theorie der Statistik — auch an die Fachkollegen.

Das Werk ist zwar aus dem (dreibändig geplanten und zweibändig verwirklichten) „Grundriß der Statistik" entstanden, aber es hat eine ganz neue Zielsetzung: Das gesamte, für das praktische Arbeiten wichtige Arsenal an Konzepten, Theorien und Methoden der Statistik soll aus der Anwendungsperspektive dargestellt werden. Es dominiert der wirtschafts- und sozialwissenschaftliche Anwendungsaspekt, doch kann das Buch auch eine Grundlage für Anwendungen in Psychologie, Soziologie und Medizin, möglicherweise für weitere Disziplinen, abgeben.

Diese durchaus angewandte Zielsetzung versuche ich durch die Befolgung eines doppelten Grundsatzes zu verwirklichen, der meine wissenschaftliche Überzeugung nach 25jähriger Tätigkeit als Lehrer der Statistik reflektiert: Man kann, ob als Produzent oder Konsument von Daten, ob als Student oder Politiker, Statistik nur dann vernünftig praktizieren, wenn man die einzelnen Arbeitsphasen des statistischen Arbeitens kennt: das Spezifizieren, das Beobachten oder Experimentieren, das Verarbeiten, das Beschreiben und/oder Analysieren, das Schätzen und/oder Prüfen und/oder Prognostizieren, das Entscheiden, das Präsentieren und das Abschätzen der Fehler. Zwar muß man nicht bei jeder Anwendung der Statistik die ganze Folge in allen Details durchlaufen, aber man muß sich der ganzen Abfolge stets bewußt sein und das Wechselspiel zwischen den einzelnen Phasen verstehen und berücksichtigen. Zum Beispiel ist eine Prognose hochgradig abhängig davon, wie gut die begriffliche und Modell-Spezifikation gelungen ist, von welcher Art die Daten sind, wie sie weiterverarbeitet wurden, wie die Parameter der Prognoseverteilung geschätzt wurden; die Prognose selbst trägt in starkem Maße Entscheidungsaspekte, und für die z. B. wirtschaftspolitische Verwendung einer Prognose ist die Art, wie sie dargestellt und kommuniziert wird, fast so wichtig wie alles, was davor lag. Schließlich liegt hinter dem ganzen Prozeß statistischen Arbeitens eine analoge Folge von Fehlern; jede Phase hat ihren speziellen „Schatten": Spezifikationsfehler, Beobachtungsfehler, Verarbeitungsfehler, Beschreibungsfehler, Schätzfehler, Prognosefehler usw. Die Anwendung der Statistik kann immer nur so gut sein, wie es gelingt, die Fehler abzuschätzen. Und ein statistisches Resultat ist nicht darum ungenau, weil es einen Fehler hat, sondern gerade nur so ungenau, wie sein Fehler unbekannt bleibt.

*

Zum Schluß möchte ich noch einige Dankespflichten erfüllen. Herr Prof. Dr. Uwe Kuß hat mich in Fragen der „Mathematischen Statistik" aufs uneigennützigste und freundschaftlichste beraten, Herr Dipl.-Math. P. Abel in Fragen der Datenverarbeitung; Herr Dipl.-Volkswirt S. Huschens stand mir bei allen redaktionellen Arbeiten treu zur Seite, er hat das ganze Manuskript durchgearbeitet und viele Verbesserungen vorgeschlagen. Bei der Anfertigung der Register haben Mitarbeiter des Instituts tatkräftig geholfen: Dr. H. Sangmeister, Frl. Dipl.-Volkswirt U. Vetter und Frl. E. Schmitt. Die Reinschrift des Manuskripts wurde von Frau K. Goltz und Frl. Sabina Menges erstellt.

Ihnen allen danke ich ganz herzlich für ihre Hilfe, ebenso den Damen und Herren vom Gabler-Verlag für die großartige Zusammenarbeit.

GÜNTER MENGES

VI

Zusammengefaßte Inhaltsübersicht

VIII

Zehntes Kapitel

Prüfen

Elftes Kapitel

Prognostizieren

Zwölftes Kapitel

Entscheiden

Dreizehntes Kapitel

Präsentieren

Vierzehntes Kapitel

Fehler abschätzen

Inhaltsverzeichnis

Erstes Kapitel

Geschichte 1

Zweites Kapitel

Zufall und Wahrscheinlichkeit 17

Neuntes Kapitel

Schätzen 263

XVIII

Dreizehntes Kapitel

Präsentieren 419

Abbildungsverzeichnis

Erstes Kapitel
Geschichte

Theoretische Statistik gibt es seit rd. drei Jahrhunderten, angewandte Statistik seit rd. viereinhalb Jahrtausenden. Die historischen Wurzeln der heutigen Statistik sind:

1. die praktische Statistik
2. die Universitätsstatistik
3. die Politische Arithmetik
4. die Wahrscheinlichkeitsrechnung.

1. Praktische Statistik

Der älteste Zweig ist die praktische oder materielle Statistik. Ihre Geschichte beginnt in *Ägypten* im Alten Reich (2650 – 2190 v. Chr.). Vermutlich wegen fiskalischer Interessen wurden alle zwei Jahre Zählungen des Goldes und der Felder durchgeführt. Auch eine Volkszählung anläßlich des Pyramidenbaus um 2600 v. Chr. kann als verbürgt gelten. Nachzuweisen sind solche Zählungen für die Zeit um 2000 v. Chr.

Daß auch andere Reiche der Frühgeschichte Statistik betrieben, ist durchaus wahrscheinlich, jedenfalls insoweit sie große Heere unterhielten, große öffentliche Bauvorhaben ausführten oder wegen periodischer Überschwemmungen (wie im Tal des Hoang-ho oder im Niltal) vor der Notwendigkeit ständig neuer Vermessungen standen.

Neben Ägypten waren es *China* (um 2300 v. Chr.) und das *persische Großreich* (um 500 v. Chr.), wo statistische Zahlen ermittelt wurden. Die von *Amasis II.* (570 – 526 v. Chr.) angeordnete jährliche Schätzung der Bevölkerung diente mehr als nur administrativen, schon fast wissenschaftlichen Zwecken.

In *Griechenland* war die materielle Statistik relativ wenig entwickelt, was damit zusammenhängen mag, daß die administrativen Verhältnisse in den kleinen Stadtstaaten überschaubar waren. Die Griechen waren keine Statistiker, im Gegensatz zu den Römern.

Bereits 550 v. Chr. soll der König *Servius Tullius* (578 – 534 v. Chr.) einen Zensus römischer Bürger verfügt haben. Ab 433 v. Chr. übernahmen zwei Zensoren die Leitung des „Volkszählungsbüros", und von dieser Zeit an kann die Einrichtung der ersten periodischen Erhebung in Europa als gesichert gelten. In den folgenden 470 Jahren wurde die Volkszählung 69mal wiederholt. Unter Kaiser *Augustus* (63 v. Chr. – 14 n. Chr.) wurde das Breviarium Augusti eingeführt, eine Dokumentation über die römischen Land- und Seestreitkräfte, die öffentliche Finanzwirtschaft usw. Die Nachfolger von *Augustus* dehnten die Dokumentation, genannt Notitiae omnium dignitatum administrationumque, auf das gesamte Reichsgebiet aus.

Über die Pflege der Statistik bei den *germanischen Völkern* wissen wir nichts. Erst am Ende des Frühmittelalters, in der Zeit *Karls des Großen* (768−814), ist wieder eine statistische Betätigung erkennbar.

König *William I., the Conqueror* (1027−1087) ließ im Jahre 1086 das ganze unterworfene Land samt der Bevölkerung aufnehmen. Die Ergebnisse sind im berühmten Domesday Book (Buch des jüngsten Tages; nach moderner Schreibweise: Doomsday) niedergelegt. Aus dem Hochmittelalter sind sodann die wirtschaftsstatistischen Verzeichnisse des Königs *Ottokar II. von Böhmen* (1253−1278) zu erwähnen sowie das Rationarium Austriacum, das von König *Rudolph I. von Habsburg* (1218−1291) angelegt und später von den österreichischen Kaisern weitergeführt und ausgebaut wurde.

An außereuropäischer statistischer Aktivität verdient das vorspanische *Inkareich* in Peru Erwähnung. Aufgrund einer monatlichen Statistik wurden Arbeit, Kleidung und Land zugeteilt und − Ehepartner zusammengeführt. „Die Inka waren geniale Statistiker, und ihre Untertanen waren durch das viele Rechnen und Zählen dem Statistikwahn verfallen" [*Baudin* 1956, S. 49].

Im ganzen ist das *Mittelalter* ziemlich unergiebig für die Statistik geblieben, was mit der Jenseitsbezogenheit der mittelalterlichen Menschen zusammenhängen mag, aber auch mit der Territorialstaatlichkeit. So ist es typisch, daß in der Hauptsache nur die mittelalterlichen Reiche Statistik pflegten. Vom späten Mittelalter an aber wurde auf einer ständig wachsenden Zahl von Sachgebieten und Territorien Statistik betrieben.

Die *Neuzeit* begann auf statistischem Gebiet mit Territorialerhebungen, vorwiegend demographischer Art. Nach und nach traten Wirtschaftsstatistiken hinzu; und der sachlichen Ausweitung folgte zögernd auch die territoriale. Erst um die Mitte des 18. Jahrhunderts formierten sich die zersplitterten und heterogenen Einzelstatistiken zu „integrierten" Nationalstatistiken. Den Anfang machten *Schweden* im Jahre 1796 (Kungl. Tabellkommission) und *Norwegen* im Jahre 1797 (Tabellkontor). Es folgten[1] *Frankreich* (1800), *Österreich* (1829), *Belgien* (1830), *Rußland* (1834), *Deutschland* (1834 − Statistisches Zentralbureau des Deutschen Zollvereins[2]), *Dänemark* (1849), *Rumänien* (1859), die *Schweiz* (1860), *Argentinien* (1861), *Finnland* (1865), *Ungarn* (1867), *Brasilien* (1870), *Spanien* (1870), *Türkei* (1879), *Japan* (1881), *Mexiko* (1882), *Holland* (1892), *Indien* (1895), *Portugal* (1898), *Luxemburg* (1900), *Jugoslawien* (1901), *Ägypten* (1905), *Kanada* (1905), *Australien* (1906), die *USA* (1910), *Island* (1914), *Tschechoslowakei* (1919), *Großbritannien* (1941), *Israel* (1948). Der Prozeß der Etablierung integrierter Nationalstatistiken dauert bis in die Gegenwart an. Die neuen Staaten in *Afrika* und *Asien* haben jeweils bald nach ihrer Etablierung den statistischen Dienst aufgenommen. Heute gibt es praktisch kein Land mehr, das nicht über eine wenigstens bescheidene statistische Berichterstattung verfügte.

---

1 Die Jahreszahlen sind die Gründungsdaten der nationalen statistischen Ämter.
2 Das Kaiserliche Statistische Reichsamt wurde 1871 gegründet.

2. Die sog. „Universitätsstatistik"

Die Methoden der praktischen Statistik wurden verfeinert. Der Kreis der statistisch beobachteten Gegenstände wurde vergrößert, zu den ursprünglich fiskalischen, militärischen und administrativen Interessen gesellten sich andere, wissenschaftlichere. Aber heute wie vor viereinhalbtausend Jahren und wohl auch in der Zukunft besteht die Grundaufgabe der Statistik in der Gewinnung quantitativer Informationen über wichtige Ausschnitte aus der Wirklichkeit.

Diese historisch älteste und heute noch fundamentale Aufgabe blieb natürlich nicht die einzige. Es entstand zunächst das Bedürfnis, die statistischen Informationen zu systematischen Beschreibungen eines Landes oder mehrerer Länder zusammenzufügen. Als deskriptive Disziplin in diesem Sinne trat die Statistik im 14. Jahrhundert in die Wissenschaftsgeschichte ein. Dieser systematisch-deskriptive Zweig ist die älteste theoretische Wurzel der Statistik − obgleich noch wenig theoretisch ausgerichtet −, die „Staatenkunde" oder „Lehre von den Staatsmerkwürdigkeiten". Dieser Zweig entwickelte sich zunächst unabhängig von der materiellen Statistik; erst im 19. Jahrhundert, lange nach seiner Blüte, ging dieser Zweig eine Verbindung mit der materiellen Statistik ein. Die Lehre von den Staatsmerkwürdigkeiten wurde auch „Universitätsstatistik" genannt, weil ihre Hauptvertreter Gelehrte an (vorwiegend deutschen) Universitäten waren.

Vorläufer der Universitätsstatistiker waren zunächst einige italienische Autoren im 14., 15. und 16. Jahrhundert. Die erste systematische Staatenbeschreibung, von *Francesco Sansovino* (1521−1586) verfaßt, erschien im Jahre 1561 in Venedig [Sansovino 1561]. Nach Meinung von Zeitgenossen und späteren Universitätsstatistikern lag die Bedeutung dieser Beschreibung von 22 Staaten darin, daß erstmals das politische und nicht das geographische Element in den Vordergrund gestellt, d.h. daß ein Staatswesen nach dem anderen abgehandelt wurde (sogenannte *ethnographische Methode*). Wie bei den meisten Vorläufern der deutschen Universitätsstatistiker wurden Geschichte, Geographie und Staatenkunde noch kaum unterschieden.

Im Gegensatz zu Sansovino bediente sich *Giovanni Botero* (1540−1617) in seinen berühmten „Relationi" [Botero 1595] bei der Beschreibung der Staaten seiner Zeit der *vergleichenden Darstellung*, d.h. er behandelte sie nacheinander jeweils unter dem Gesichtspunkt des Territoriums, der Verfassung und der Religion. Welche Bedeutung dieses Buch hatte, geht daraus hervor, daß es in den fünfzig Jahren zwischen 1595 und 1640 zwölf Neuauflagen erlebte und 1670 in Helmstedt in lateinischer Übersetzung erschien.

Die Holländer, die Erben des italienischen Fernosthandels, setzten auch die staatenkundlichen Arbeiten fort. So gab in den Jahren 1624−1640 *Jan de Laet* (1583−1649), der Direktor der Holländisch-Westindischen Kompanie, zusammen mit mehreren anderen Gelehrten, eine Serie von Beschreibungen heraus, die nach ihren Verlegern, Abraham und Bonaventura Elzevir, die „Respublicae Elzevirianae" genannt wurden. De Laet benutzte die von der Scholastik überlieferte aristotelische Gliederung in causa materialis, causa finalis, causa formalis und causa efficiens, d.h. jeder Staat wurde unter dem Gesichtspunkt seiner Ressourcen (causa materialis), seines Zweckes (causa finalis), seines staatsrechtlichen Aufbaus (causa formalis) und seiner Wirtschaft und Wirtschaftspolitik (causa efficiens) betrachtet.

Der in den „Respublicae Elzevirianae" angesammelte Wissensstoff bildete die Grundlage für die erste Statistikvorlesung der Geschichte. Der Professor, der sie vortrug, war *Hermann Conring* (1606 – 1681), einer der letzten großen Polyhistoren, Philosoph, Jurist, Mediziner; er führte die „Staatenkunde" als Lehrfach an der Universität Helmstedt ein. Im Wintersemester 1660/61 begann er seine Vorlesung „*Exercitatio historico-politica de notitia singularis alicujus reipublicae*". Da er frei, nur auf sein Gedächtnis gestützt, sprach, wurde sie erst posthum (Braunschweig 1730) aufgrund der Kolleghefte seiner Hörer herausgegeben [Göbel 1730].

Seine Auffassung von den Aufgaben der Staatenkunde, sein Material und seine Darstellungsweise lehnen sich eng an Jan de Laet an, dessen Werke er auch mehrmals zitiert. Wie seine Vorgänger verwendete Conring nur sehr selten Zahlen; er beschränkte sich vielmehr auf allgemeine Ausdrücke, wie „Die Bevölkerung lebt in Armut" oder „Das Land ist dicht besiedelt". Und wie seine Vorläufer in der praktischen Staatenkunde mußte er sich vornehmlich auf Berichte aus zweiter und dritter Hand stützen, da amtliche Statistiken – wenn sie überhaupt bestanden – in der Regel geheimgehalten wurden. Er behandelte eingehend die Erkenntnisquellen des von ihm geschaffenen Lehrfaches. Die wichtigste Erkenntnisquelle sei das „testimonium humanum", entweder in der Form „scriptum" oder „orale". Was er in der Hauptsache an Quellenmaterial hatte, waren die Berichte, welche die Gesandten nach Hause schickten, sowie Reisebeschreibungen.

Zu Beginn des 18. Jahrhunderts entwickelte sich die neugegründete Universität Halle zu einer besonderen Pflegestätte der Kameralwissenschaft und der notitia rerum publicarum. Unter die zahlreichen hallensischen Vertreter dieser Richtung zählt auch *Martin Schmeitzel* (1679 – 1747). Er hielt in Jena und später in Halle eine Vorlesung unter den Titel „collegium politico-statisticum" und wurde damit zum *Namensgeber der Statistik*. Sein Einfluß auf Zeitgenossen und Nachfolger war jedoch verhältnismäßig gering.

Der bedeutende Popularisator der Statistik war Schmeitzels Schüler *Gottfried Achenwall* (1719 – 1772), der vielfach als „Vater" (und Namensgeber) der Statistik bezeichnet wird.

Er lehrte in Göttingen zu einer Zeit, in der die Staatenkunde bereits an sämtlichen deutschen Universitäten gelesen wurde. Aufgrund des Titels seines Kollegs aus dem Jahre 1748 „*notitia politica vulgo statistica*" glaubte man lange Zeit, Achenwall habe der neuen Disziplin den Namen „Statistik" gegeben. Immerhin hat Achenwall den Ausdruck von Schmeitzel nicht einfach übernommen, wie eine handschriftliche Notiz zeigt, nach welcher er ihn aus dem italienischen „ragione di stato" (d. h. praktische Politik oder Staatskunst) und „statista" (Staatsmann) ableitete. Außerdem hat er den deutschen Ausdruck „*Statistik*" geprägt. Überhaupt beruhte der Erfolg, den er bei seinen Zeitgenossen hatte, darauf, daß er Statistik in deutscher Sprache vortrug und publizierte. Sein Hauptwerk erschien erstmals 1749 [Achenwall 1749].

Es hat nach Achenwall noch eine ganze Reihe von Universitätsstatistikern gegeben, aber der Zusammenbruch der Staatenkunde war nicht aufzuhalten. Ein erster – eher beiläufiger – Grund für den Zusammenbruch liegt in der Welle von Etablierungen nationaler Statistiken im vorigen Jahrhundert. Sie bewirkte, daß sich das Hauptgewicht der statistischen Betätigung von den privaten Forschungen auf amtliche Institutionen verlagerte. Der zweite – wesentlichere – Grund liegt in der allgemeinen Spe-

4

zialisierung und Arbeitsteilung der Wissenschaft, in der generellen Hinwendung zur naturwissenschaftlichen Forschungsweise, in der Versachlichung, in dem Bedürfnis nach Exaktheit, alles dies Kennzeichen des modernen Wissenschaftsbetriebes, dessen Stil sich im vorigen Jahrhundert herausbildete. Hinzu kam, daß sich zu jener Zeit die Geographie und die Nationalökonomie zu selbständigen Disziplinen entwickelt hatten und nun daran gingen, sich aus der Konkursmasse der Statistik die besten Stücke wegzuholen.

Den Wendepunkt markiert eine Jugendschrift des Nationalökonomen *Carl Knies* (1821–1898) im Jahre 1850, der die staatenkundliche Universitätsstatistik von der sog. *Politischen Arithmetik* trennte, nicht ohne der Universitätsstatistik ein letztes, die Bezeichnung *„Statistik"*, zu nehmen, die von nun an von der Politischen Arithmetik geführt wurde. Die Politische Arithmetik blickte, als sie die Statistik usurpierte, auf eine eigene zweihundertjährige Geschichte zurück.

3. Die Politische Arithmetik

Die Universitätsstatistik war deskriptiv orientiert, die Politische Arithmetik analytisch; die Universitätsstatistik begnügte sich mit ungenauen Angaben, die Politische Arithmetik strebte nach Exaktheit; die Universitätsstatistik verwandte nur gelegentlich Zahlenangaben, die Politische Arithmetik basierte auf Zahlen; die Universitätsstatistik war eine Kathederlehre, die Politische Arithmetik kam aus der Praxis.

Konfrontiert man diese Gegensätze mit dem Stil moderner Wissenschaftlichkeit, so erkennt man die historische Überlegenheit der Politischen Arithmetik über die Universitätsstatistik. Sie geriet auch nicht in Konkurrenz mit der amtlichen Statistik, denn wo jene erfaßte und beschrieb, analysierte diese.

Die Politischen Arithmetiker hatten eine ganz neue Zielsetzung: die Suche nach *Gesetzmäßigkeiten* in den gesellschaftlichen und wirtschaftlichen Erscheinungen. Sie waren Ursachenforscher. Wegen der Neuartigkeit dieser Idee im sozialen und wirtschaftlichen Bereich haben die Politischen Arithmetiker – im Gegensatz zu den Universitätsstatistikern – keine Vorläufer gehabt.

Der Begründer dieser neuen Disziplin war der Londoner Einzelhändler und Hauptmann der Bürgermiliz *John Graunt* (1620–1674). Er reichte seine epochemachende Untersuchung 1662 der „Royal Society of London for Improving Natural Knowledge" ein, da er – typisch für seine Einstellung und die der Politischen Arithmetiker – glaubte, der behandelte Fragenkreis falle in das Gebiet der Naturwissenschaften [Graunt 1662]. Die statistische Grundlage seiner Folgerungen bildeten die seit 1603 geführten Geburts- und Totenlisten der Stadt London. Aus ihnen folgerte er Gesetzmäßigkeiten des Bevölkerungswachstums, der Sexualproportion, der Fruchtbarkeit, des Altersaufbaus, der Sterblichkeit usw.

Graunts Freund, *Sir William Petty* (1623–1687), einer der bedeutendsten Nationalökonomen seiner Zeit, setzte die Untersuchungen Graunts unter stärkerer Betonung der Wirtschaftsforschung fort. In den Titeln der meisten seiner Untersuchungen ist der Ausdruck „Politische Arithmetik" zu finden, der seitdem zur Kennzeichnung der neuen Disziplin verwendet wurde [Petty 1681, 1687, 1690]. Zum größten Teil enthalten die kleineren Aufsätze demographische und wirtschaftliche Vergleiche zwischen London, Paris, Dublin und Rom. Sowohl in den Aufsätzen als auch in dem 1690 posthum veröffentlichten Hauptwerk „Political Arithmetic" ging es Petty um die Rechtfertigung der Regierungspolitik und um den Beweis, daß England als Seemacht von Frankreich und Holland nichts zu fürchten habe. Souverän handhabte er das ihm zugängliche Zahlenmaterial; allerdings scheute er auch nicht davor zurück, kühne Schlußfolgerungen zu ziehen.

Aus den Arbeiten von Petty entwickelte sich in der Folgezeit eine wirtschaftsstatistische Richtung, während aus den Arbeiten von Graunt eine bevölkerungsstatistische Richtung hervorging.

Die Politische Arithmetik hat sich in Deutschland niemals richtig durchsetzen können. Sie blieb vor allem auf England, Holland, Frankreich und Belgien beschränkt. Zwei Ausnahmen sind die Pfarrer Kaspar Neumann und Johann Peter Süßmilch, beide gehören in die bevölkerungsstatistische Richtung.

Kaspar Neumann (1648–1715) hat mit „schönen Anmerkungen göttlicher Providenz über unser Leben und Tod" aufgrund der Registrierungen der Geburten und Sterbefälle der Stadt Breslau im Jahrfünft zwischen 1687 und 1691 Untersuchungen über die Sterblichkeit angestellt.

Ein weiterer bedeutender Vertreter der bevölkerungsstatistischen Richtung der Politischen Arithmetik war der preußische Geistliche *Johann Peter Süßmilch* (1707 bis 1767). In seinem Werk ist das gesamte methodische und materielle bevölkerungsstatistische Wissen seiner Zeit zusammengefaßt und in vielen Einzelheiten ergänzt. Im Jahre 1741 (also vor Achenwalls Hauptwerk) veröffentlichte Süßmilch, zu jener Zeit „Prediger beym hochlöblichen Kalcksteinischen Regiment" Friedrichs II. von Preußen, die erste Fassung seines Buches „Die göttliche Ordnung in den Veränderungen des menschlichen Geschlechts, aus der Geburt, dem Tode und der Fortpflanzung desselben erwiesen". Angeregt durch die Untersuchungen Graunts sowie anderer Engländer (und Holländer) trug er alles verfügbare Material zusammen und versuchte, aus ihm – dem Stil seiner Zeit entsprechend – die „göttliche Ordnung" nachzuweisen. Diese „göttliche Ordnung" ist der Grundgedanke, der das ganze Werk zusammenhält. Tatsächlich gelang es Süßmilch auf diese Weise, sein umfangreiches Material zu systematisieren.

Mit *Pierre-Simon de Laplace* (1749–1827) und *Jean Baptiste Joseph Fourier* (1768 bis 1830) begann das Gedankengut der Politischen Arithmetik mit dem der *Wahrscheinlichkeitslehre* und zugleich mit der materiellen Statistik zu verschmelzen.

Laplace führte 1801 in Frankreich die erste Volkszählung auf Stichprobenbasis durch und errechnete ihren wahrscheinlichen Fehler. Fourier veröffentlichte regelmäßig in den „Recherches Statistiques sur la ville de Paris et le département de la Seine" theoretische Abhandlungen über die Anwendung der Mathematik auf Fragen der Bevölkerungsstatistik; daneben versuchte er, Gleichungen für eine Theorie der Bevölkerungsbewegung aufzustellen und mit Hilfe der Mathematik eine allgemeine Theorie des Bevölkerungswechsels zu begründen. Wenn er auch zumeist bei Andeutungen stehenblieb, so waren seine Untersuchungen doch für die spätere Entwicklung der theoretischen Statistik von großer Bedeutung.

Am Anfang der neuen Statistik, die von der Universitätsstatistik den Namen geerbt hatte, inhaltlich aber aus Politischer Arithmetik und Wahrscheinlichkeitslehre bestand, steht eine groteske Übertreibung. Sie ist mit dem Namen *Lambert Adolphe Jacob Quetelet* (1796–1874) verbunden. Quetelet kam über die Astronomie und die Physik zur Statistik. Seine literarische Tätigkeit auf statistischem Gebiet begann mit der Schrift „Instructions populaires sur les calculs des probabilités" [Quetelet 1828]; aus ihr wie aus seinen späteren Werken spricht deutlich seine Herkunft von den Naturwissenschaften.

So wie hundert Jahre vorher Achenwall und Süßmilch, dominierte Quetelet als *der* Statistiker seines Jahrhunderts. Während Süßmilch in den statistischen Zahlen den Ausdruck der göttlichen Ordnung bewundert hatte, reduzierte Quetelet im säkularisierten 19. Jahrhundert die Erklärung und Analyse der statistischen Zahlen umstandslos auf das Wirken von Naturgesetzen. Sein Werk, das einer Generation von Statistikern zur Bibel wurde, „Sur l'homme et le développement de ses facultés ou Essai de physique sociale", erschien erstmals 1835 in Paris und enthält Beiträge zur Bevölkerungsstatistik, zur Anthropologie und zur Moralstatistik neben allgemeinen Gedanken über das Gesellschaftssystem (aber keine Beiträge zur Wirtschaftsstatistik).

Aus der Betrachtung der Gesellschaft als Naturerscheinung, die im moralischen Teil seines Werks begründet worden war, entwickelte er die Vorstellung vom *„homme moyen"*, vom mittleren Menschen. Diese Vorstellung ist die tragende Idee seiner Sozialphysik, der Kern seines Irrtums. Das Pendel, das sich von der Universitätsstatistik abgestoßen hatte, erreichte seinen weitesten Ausschlag in der Politischen Arithmetik bei Quetelet, bei der Sozialphysik, bei der Konstruktion des mittleren Menschen.

Freilich bestand und besteht die Aufgabe der Statistik darin, von den Individualitäten der Einzelerscheinungen abzusehen und mittlere Größen zu berechnen. Aber Quetelet hat die zahlreichen (übernommenen oder selbst gefundenen) Durchschnitte menschlicher Eigenschaften zu einem Durchschnittsmenschen zusammensetzen wollen und jede Abweichung von diesem Homunkulus „mittlerer Mensch" als Perturbation, als störende Zufälligkeit, deklariert. Dieses Wesen besitzt mittleres Glück, mittlere Schönheit, mittlere Intelligenz, mittlere Schädelmaße, mittleren Brustumfang, mittlere Körpergröße, mittlere Schuhgröße, mittleren Nahrungsmittelbedarf, mittleren Beruf, mittlere Rasse, mittlere Verbrechensneigung, mittlere Heiratsneigung, mittlere Sterblichkeit...

Sicher ist seine Betrachtungsweise modern; Quetelet hatte sich von der Politischen Arithmetik, als deren letzter Vertreter er gilt, gelöst und war ganz der geistigen Strömung der modernen Statistik verhaftet. Aber seine „Modernität" ist überspitzt, ins Absurde, manchmal Groteske, übersteigert. Quetelet hielt sich für den Newton der Sozialwissenschaften, er glaubte sich im Besitz der Formel, nach der die Gesellschaft berechnet werden könne. Die Politischen Arithmetiker waren auf der Suche nach Regelmäßigkeiten im wirtschaftlichen und sozialen Leben; Quetelet sah diese Regelmäßigkeiten als unumstößliche Gesetze der Natur an. Wenn Quetelet auch als *die* statistische Autorität seiner Zeit bedeutende Wirkungen auf seine Zeitgenossen ausübte, so waren seine Überspitzungen doch nicht verhängnisvoll, weil die Irrtümer auf der Hand lagen und die gerade durch seine Übertreibung provozierte Kritik sich bald, noch zu seinen Lebzeiten, formierte.

Eine aus der methodologischen Kritik am Queteletismus entstandene Richtung ist von dem deutschen Nationalökonomen *Wilhelm Lexis* (1837–1914) begründet worden.

Fast ohne Bezugnahme auf ihre angelsächsischen Zeitgenossen entwickelten Lexis und seine Schüler eine an der Wahrscheinlichkeitslehre orientierte Theorie der Statistik [Lexis 1877, 1903]. Sie war hervorragend fundiert, meisterhaft in der − allerdings fragmentarischen − Ausführung, und sie enthielt das Gedankengut der Politischen Arithmetiker.

Da sie mathematisch ausgestaltet war, aber unabhängig von den Angelsachsen entwickelt wurde und in ihrer Ausstrahlung auch auf den Kontinent beschränkt blieb, bezeichnet man sie als „kontinentale Schule der mathematischen Statistik" oder als „kontinentale Schule". Neben ihrem Begründer Lexis und einigen Anhängern aus skandinavischen Ländern gehörten ihr *Alexander Tschuprow* (1874−1926) und *Ladislaus v. Bortkiewicz* (1868−1931) [Bortkiewicz 1917], in gewissem Sinn auch *Oskar Anderson sen.* (1887−1960) an.

4. Die Wahrscheinlichkeitsrechnung

Während in Kontinentaleuropa der Streit um den Queteletismus geführt wurde, formte in England eine Gruppe von Naturwissenschaftlern einen Zweig der Statistik, der sich als der zukunftsträchtigste erweisen sollte: Für sie war die Statistik ausschließlich Stochastik, ein Zweig der angewandten Mathematik. Diese Gruppe übernahm von der Politischen Arithmetik, die nach Quetelet auseinandergebrochen war, den Begriff der wissenschaftlichen Statistik. Es ist eine historische Kuriosität, daß der Name Statistik von einem Extrem, der Universitätsstatistik, über die − eine Mittelstellung einnehmende − Politische Arithmetik zum anderen Extrem, der angewandten Wahrscheinlichkeitslehre, gewandert ist (obgleich freilich bis heute die materielle Statistik ihn in einem praktischen Sinn benutzt).

Die Problematik, die von den kontinentalen Statistikern diskutiert wurde, war den englischen „Statistikern" fremd. „Die Naturwissenschaften", schrieb Tschuprow nicht ohne Neid, „kennen keine solchen Ängste und Schwankungen ... Philosophische Probleme lassen sie beiseite: ... Der menschliche Wille mag frei sein oder nicht, die Arbeitssphäre des Naturwissenschaftlers ist das Reich der völligen ursächlichen Bedingtheit, unverletzt durch die Störung irgendwelcher ‚freier' Faktoren ... Die statistische Methode ist hier nur eines der Mittel zur Erschließung der ursächlichen Zusammenhänge" [Čuprov 1910].

Diese Schule, die im wesentlichen von dem Biologen *Francis Galton* (1822−1911) aus eugenetischen Fragestellungen heraus entwickelt wurde und der (vor dem bedeutendsten Vertreter R. A. Fisher) besonders *Francis Ysidro Edgeworth* (1845−1926), *Karl Pearson* (1857−1936) und *William Sealy Gosset* (1876−1937) angehörten, hatte gar keine Beziehung zur Universitätsstatistik und zur materiellen Statistik und nur eine schwache zur Politischen Arithmetik. Sie fußte unmittelbar auf der Wahrscheinlichkeitsrechnung.

Als die Engländer im 19. Jahrhundert die Wahrscheinlichkeitsrechnung übernahmen, um sie zur neuen Statistik auszugestalten, hatte die Wahrscheinlichkeitsrechnung bereits eine dreihundertjährige eigene Geschichte.

Sieht man von sehr vagen Vorläufern ab, dann begann diese Geschichte mit dem „Liber de Ludo Aleæ" von *Gerolamo Cardano* (1501 – 1576), das um 1520 entstand, 1663, 87 Jahre nach dem Tod seines Verfassers, in Latein erschien und 376 Jahre nach dem Tod seines Verfassers ins Englische übersetzt wurde [Cardano 1952, 1961]. Das „Liber de Ludo Aleæ" war eines unter den 111 unveröffentlichten Buchmanuskripten, die Cardano (neben 131 veröffentlichten Schriften) hinterließ.

Gleichwohl gebührt das Hauptverdienst der Begründung der Wahrscheinlichkeitsrechnung den beiden Franzosen *Blaise Pascal* (1623 – 1662) und *Pierre de Fermat* (1601 – 1665).

Im Jahre 1651 legte der Spieler *Antoine Chevalier de Méré* (1610 – 1684) dem Mathematiker Pascal einige Glücksspielaufgaben vor, z. B. das sog. Teilungsproblem, das schon von *Luca Paccioli* (1445 – 1509) falsch gelöst worden war: die gerechte Aufteilung des Spieleinsatzes, wenn ein Spiel vorzeitig abgebrochen werden muß. Der Chevalier de Méré gelangte durch seine Fragen zu unsterblichem Ruhm. (Er hatte den Richtigen gefragt.) Dieser richtige Mann, Pascal, lehnte die Lösung einiger Aufgaben als zu simpel ab, wegen einiger anderer wandte er sich an einen Freund seines Vaters, den Liebhabermathematiker *Fermat*. Aus der Korrespondenz zwischen *Pascal* und *Fermat* über die Fragen des de Méré in den Jahren zwischen 1651 und 1654 ist die Wahrscheinlichkeitsrechnung herausgewachsen. Veröffentlicht haben die beiden nichts. Nicht einmal der ganze Briefwechsel ist bekannt.

Im Jahre 1655 besuchte *Christian Huyghens* (1629 – 1695), ein holländischer Physiker und Astronom, Paris und kam dort offenbar mit Mathematikern zusammen, denen der Briefwechsel zwischen Pascal und Fermat bekannt war und welche die darin enthaltenen Wahrscheinlichkeitsprobleme diskutierten. Dadurch angeregt, schrieb Huyghens nach seiner Rückkehr ein Büchlein: „De Ratiociniis in Ludo Aleæ" [Huyghens 1657]. Es war das erste Buch über Wahrscheinlichkeitsrechnung.

Huyghens führte die mit verschiedenfarbigen Kugeln gefüllte Urne als Darstellungsmittel für wahrscheinlichkeitsrechnerische Zusammenhänge ein. Er war es auch, der erstmals das arithmetische Mittel unter dem Gesichtspunkt der mathematischen „Erwartung" oder „Hoffnung" betrachtete.

Das wichtigste an Huyghens' Buch aber ist, daß es von *Jakob Bernoulli* (1654 – 1705), dem Basler Mathematikprofessor, gelesen wurde. Er schrieb das Huyghenssche Buch um, erweiterte es zunächst um Kombinatorik, sodann um eine Darstellung der Anwendungsmöglichkeiten der Kombinatorik auf Glücksspiele und schließlich um eine Darstellung der Anwendungsmöglichkeiten der Wahrscheinlichkeitsrechnung auf wirtschaftliche Fragen. Dieser letzte Teil blieb unvollendet. Das ganze Manuskript hieß „Ars conjectandi" und wurde 1713 von seinem Neffen *Nikolaus* veröffentlicht [Bernoulli 1713]. 1899 erschien es in deutscher Übersetzung [Bernoulli 1899]. Es ist noch heute wert, gelesen zu werden.

Jakob Bernoulli war der erste, der mit tiefem Verständnis zwischen A-priori-Wahrscheinlichkeit (oder mathematischer oder logischer oder deduktiver Wahrscheinlichkeit) einerseits und A-posteriori- (oder statistischer oder empirischer oder induktiver) Wahrscheinlichkeit andererseits unterschied. Er konzipierte die Begriffe casus fertiles seu fecundi und casus steriles, in welchen die später nach Laplace benannte Gleichmöglichkeitsdefinition einbeschlossen ist. Er hat das Modell der unabhängig mit konstanter Wahrscheinlichkeit wiederholten Versuche eingeführt.

Aus diesem Modell resultieren die Begriffe

(1) Bernoulliversuch (Zufallsversuch mit zwei möglichen Ausgängen und Erfolgswahrscheinlichkeit p),
(2) Bernoulliexperiment (Serie von n unabhängigen Bernoulliversuchen),
(3) Bernoulliverteilung (Wahrscheinlichkeitsverteilung des Bernoulliexperiments),
(4) Bernoulliparameter (konstante Erfolgswahrscheinlichkeit des Bernoulliexperiments, Parameter der Binomialverteilung),
(5) Bernoullisches Theorem (Grenztheorem für große n).

Außerdem gehen die Begriffe Bernoullivariation, Bernoullizahl und Bernoullipolynom auf Jakob Bernoulli zurück.

Seine bedeutendste Leistung ist das Bernoullische Theorem, das später zum Gesetz der großen Zahlen ausgeweitet wurde. Nach eigenem Zeugnis hat er 20 Jahre an seinem Theorem gearbeitet.

Obgleich die Ars Conjectandi erst 1713 erschien, hat sie doch, wie ziemlich sicher verbürgt ist, schon zu Lebzeiten von Jakob Bernoulli auf die Zeitgenossen Einfluß gehabt. Große Teile waren durch Vorlesungen und Korrespondenzen bekannt geworden.

Einer der ersten Nachfolger von J. Bernoulli war der Franzose *Pierre Remond de Montmort* (1678 – 1719), der – wie Jakob Bernoulli – ein sehr vernünftiges Urteil über den Anwendungsbereich der Wahrscheinlichkeitsrechnung hatte. Er argumentierte z. B., daß die Anwendung der Wahrscheinlichkeitsrechnung auf praktische Probleme nur berechtigt sei, wenn es sich um Erscheinungen handele, die der Einwirkung des menschlichen Willens entzogen sind [Montmort 1708].

Nikolaus Bernoulli (1695 – 1726) benutzte die Ergebnisse, die sein Onkel Jakob aus dem Vergleich von Sterberegistern erzielt hatte, zur Ermittlung der Lebenserwartung und der Zeit, die bei der Todeserklärung Verschollener abgewartet werden sollte [N. Bernoulli 1709]. Außerdem versuchte er, auf kombinatorischem Wege die Wahrscheinlichkeit für die Unschuld eines Angeklagten zu ermitteln.

Einen bedeutenden Beitrag zur Entwicklung der Wahrscheinlichkeitsrechnung leistete *Abraham de Moivre* (1667 – 1754), ein nach England emigrierter Hugenotte, der 1711 den (später für lange Zeit Laplace zugeschriebenen) Grenzübergang von der Bernoulliverteilung zur Normalverteilung entdeckte [De Moivre 1718]. „... it will not be doubted that the Theory of Probability owes more to him than to any other mathematician, with the sole exception of Laplace", schrieb I. Todhunter, der Histograph der Wahrscheinlichkeitsrechnung [Todhunter 1865].

Ein anderes Mitglied der berühmten Schweizer Mathematikerfamilie ist *Daniel Bernoulli* (1700 – 1782), ein Bruder von Nikolaus (und Neffe von Jakob). Er förderte die Wahrscheinlichkeitsrechnung durch Untersuchungen über den Beobachtungsfehler und durch die Einführung des Grenznutzenkonzepts. D. Bernoullis Entdeckung des Grenznutzens wurde von der zeitgenössischen Wirtschaftstheorie nicht aufgegriffen. Aber Laplace machte sie später als „fortune morale" publik, und über ihn kam sie dann zu den „Grenznutzentheoretikern" (W. v. Hermann, H. H. Gossen usw.). Daniel stellte dem Prinzip der mathematischen Erwartung oder Hoffnung seines Onkels Jakob das Prinzip der moralischen Erwartung entgegen [D. Bernoulli 1730/31]. Dieses Prinzip spielt in der modernen Entscheidungstheorie in der Form des „*Bernoulli-Nutzens*" [Schneeweiß 1967] eine große Rolle. Einige moderne Autoren, z. B. M. G.

Kendall, erblicken in einem Beitrag von D. Bernoulli aus dem Jahre 1777 eine erste Fassung des später von R. A. Fisher (wieder-?) entdeckten Prinzips des Maximum Likelihood [D. Bernoulli 1777; Kendall 1961].

Über *Thomas Simpson* (1710–1761), *Leonhard Euler* (1707–1783), *Jean le Rond d'Alembert* (1717–1783) und andere entwickelte sich die Wahrscheinlichkeitsrechnung auf einen neuen Höhepunkt hin, auf *Thomas Bayes* (1702–1761). Er stellte die Bernoullischen Betrachtungen gleichsam auf den Kopf, indem er – zum erstenmal in der Geschichte der Wissenschaft – nach der Wahrscheinlichkeit für die Richtigkeit einer Hypothese fragte. Seine Antwort ist durch das *Bayessche Theorem* (vgl. Abschnitt 10.3) gegeben. Die Abhandlung, in der es enthalten ist [Bayes 1763], wurde erst zwei Jahre nach seinem Tod veröffentlicht, von seinem Freund Richard Price (1723 bis 1791). Nach Timerding, der den Bayesschen Aufsatz ins Deutsche übersetzte, ergänzte und glänzend kommentierte, verwandelte Bayes die Wahrscheinlichkeitsrechnung „. . . aus einem bloßen Spiel des Geistes in eine ernste Wissenschaft . . ." [Bayes 1908, S. 3]. Wir werden bei mehreren Gelegenheiten auf die Bayessche Lehre eingehen.

Antoine de Condorcet (1743–1794) wird wegen seiner wahrscheinlichkeitsrechnerischen Untersuchungen der kollektiven Willensbildung bei Wahlen und Abstimmungen häufig der Gründer der „mathématique sociale" genannt. Er suchte die Wahrscheinlichkeit zu ermitteln, mit der in Mehrheitsentscheidungen die „richtige" Lösung getroffen wird, und erkannte bereits die Möglichkeit nicht-eindeutiger Entscheidungen bei Verwendung des Prinzips relativer Mehrheiten.

Mit Condorcet endet das für die Wahrscheinlichkeitsrechnung außerordentlich fruchtbare 18. Jahrhundert. Der nächste zu betrachtende Theoretiker markiert den Anfangspunkt einer neuen, den modernen wissenschaftlichen Strömungen zutiefst verhafteten Entwicklung: Laplace.

Pierre-Simon de Laplace (1749–1827) hat das Wissen seiner Zeit über Wesen, Methoden und Anwendung der Wahrscheinlichkeitsrechnung auf geniale Weise zusammengefaßt, erweitert und in neue Bahnen gelenkt [Laplace 1812, 1814]. Diese Neuorientierung, nämlich auf die naturwissenschaftliche Anwendung der Wahrscheinlichkeitsrechnung hin, trug reiche Früchte in den Beiträgen zunächst von *Siméon Denis Poisson* (1781–1840), der neben erkenntnistheoretischen Betrachtungen das *Gesetz der großen Zahlen* begründet und ausgestaltet hat [Poisson 1837], sowie von Gauß.

Carl Friedrich Gauß (1777–1855) hat den von A. de Moivre und Laplace behandelten Grenzübergang zur mathematischen Vollendung geführt: zur Normalverteilung (vgl. Abschnitt 15.2). Ähnlich verhält es sich mit der „Methode der kleinsten Quadrate", die seinen Vorgängern dem Ansatz nach bekannt war, die Gauß aber neu begründete, ausgestaltete und als erster mit der Wahrscheinlichkeitsrechnung verknüpfte. Seine Behandlung geht so weit, daß man in ihr das hundert Jahre später von R. A. Fisher „entdeckte" und so benannte Maximum-Likelihood-Prinzip erkennen kann. Zahlreiche kleinere Beiträge haben die Anwendungsmöglichkeiten der Wahrscheinlichkeitslehre, besonders in Physik und Astronomie, verbreitet oder überhaupt erst geschaffen.

Wie die Arbeiten von Gauß, Poisson und zahlreichen anderen zeitgenössischen Mathematikern gilt auch das Werk des französischen Astronomen *Auguste Bravais* (1811 bis 1863) der Anwendung der Wahrscheinlichkeitsrechnung. Bravais ist insbesondere die Ausgestaltung der Korrelationstheorie zu danken.

Die Entwicklung mündete in die Schule Galtons, die eingangs dieses Abschnitts bereits erwähnt wurde. *Sir Francis Galton* (1822 – 1911), Anhänger und Vetter von Charles Robert Darwin (1809 – 1882), der selbst mathematisch nicht bewandert war, lieferte die biologischen, eugenetischen und anthropometrischen Fragestellungen. Verwirklicht wurden seine Ideen von der bereits eingangs erwähnten angelsächsischen Schule der Statistik, von Karl Pearson, William Sealy Gosset und besonders vom genialen R. A. Fisher.

Bevor wir mit Fisher in unser Jahrhundert eintreten, ist noch die russische Schule der Wahrscheinlichkeitsrechnung zu erwähnen, die sich wie die englische zum Ausgang des vorigen Jahrhunderts formierte und der Mathematik näher stand als die angelsächsische. (Moderne Vertreter dieser Schule sind besonders A. N. Kolmogoroff, B. W. Gnedenko und A. I. Chintschin; außerdem gehören ihr an: S. N. Bernstein, E. B. Dynkin, Yu. V. Linnik, N. V. Smirnoff.) Sie wurde begründet von dem großen russischen Mathematiker *Pafnuti Lwowitsch Tschebyscheff* (1821 – 1894), der die wichtigsten Konzepte der Theorie der stochastischen Prozesse schuf. Fortgeführt wurde diese Schule vornehmlich von Tschebyscheffs Schülern *Andrej Andrejevič Markoff* (1856 – 1922), dem Entdecker der nach ihm bekannten Ketten und Prozesse, und *Alexander Michailowitsch Ljapunoff* (1857 – 1918), dem im Jahre 1901 der Beweis des zentralen Grenzwertsatzes der Wahrscheinlichkeitsrechnung gelang.

5. Neuere Entwicklungen

In den zwanziger Jahren hat *R. A. Fisher* (1890 – 1962) eine weitgespannte statistische Methodik entwickelt. In den dreißiger Jahren wurde diese Methodik spezialisiert und modifiziert sowie ihr Anwendungsbereich verbreitert. Die Universalität der Methodik zeigte sich darin, daß sie nicht auf die Biologie, wo sie herkam, beschränkt blieb, sondern auf zahlreiche naturwissenschaftliche Fächer, die Psychologie, die Medizin, schließlich auch auf die Wirtschafts- und Sozialwissenschaften ausgedehnt wurde.

In den dreißiger Jahren traten zwei neue Ideen hinzu: die Versuchsplanung (vgl. Abschnitt 21) von R. A. Fisher entwickelt, und die Theorie der Fehler erster und zweiter Art von *Jerzy Neyman* und *Egon S. Pearson* (vgl. Abschnitt 46.5).

Während des zweiten Weltkrieges erhielt die Statistik neue, wesentliche Impulse durch *Abraham Wald* (1902 – 1950). Er war ursprünglich Mitarbeiter am Österreichischen Institut für Wirtschaftsforschung unter Oskar Morgenstern. Nach seiner Emigration entwickelte er in den vierziger Jahren als Mitglied des Statistical Research Group der Columbia University die Theorie des Sequentialtests (vgl. Abschnitt 50).

Das Manuskript des Emigranten wurde von der amerikanischen Regierung während des Krieges geheimgehalten; das Verfahren, zu dem es die Theorie geliefert hatte, revolutionierte noch während des Krieges das militärische und industrielle Inspektionswesen der Alliierten.

Die Entdeckung des Sequentialtests durch Abraham Wald konnte noch als in dem Rahmen befindlich betrachtet werden, den R. A. Fisher abgesteckt und fundiert hatte.

Walds weitere Forschungen indessen sprengten den Rahmen. Das Buch, das den Aufruhr bewirkte, inmitten dessen die Statistik sich heute befindet, erschien im Jahre 1950 und trägt den Titel „Statistical Decision Functions" [Wald 1950]. Wald interpretierte das Entscheidungsproblem als ein Zweipersonen-Nullsummenspiel im Sinne der von Neumannschen Spieltheorie [Neumann und Morgenstern 1944] und entwickelte daraus die Theorie der statistischen Entscheidungsfunktionen. Das Ziel der Entscheidungstheorie ist hochgesteckt, es ist die Entwicklung einer allgemeinen Lehre von den rationalen Entscheidungen.

Die Fishersche Methodik ist nicht stehengeblieben; auch sie weist viele moderne Züge auf. An nicht-entscheidungstheoretischen neueren Entwicklungen sind der Fisherschen Methodik, welche „parametrisch" ausgerichtet war, hauptsächlich nicht-parametrische Verfahren zur Seite getreten. Die nicht-parametrische Methodik bewegt sich im klassischen Rahmen, versucht aber ohne Bindung an feste Parameter und dadurch mit nur sehr schwachen Voraussetzungen auszukommen.

Sodann ist das Konzept der strukturellen Wahrscheinlichkeit und Inferenz des kanadischen Statistikers *D. A. S. Fraser* [Fraser 1968] zu erwähnen, welches der Fisherschen Fiduzialtheorie nahesteht, ohne indes bestimmte Nachteile der letzteren aufzuweisen. Allerdings ist das Frasersche Konzept noch sehr umstritten, wohl auch vielfach mißverstanden.

Die neuere Entwicklung der Statistik ist durch viele Kontroversen und Mißverständnisse gekennzeichnet. Die verschiedenen Richtungen laufen noch immer eher auseinander als zusammen. Die größte Kontroverse ist wohl noch immer die zwischen den Inferenz- und den Entscheidungsmodellen, eine Kontroverse, die unnötig ist, denn die Frage kann nicht lauten „entweder − oder", vielmehr sind beide Grundmodelle berechtigt. Die Frage kann sinnvollerweise nur lauten: „Wie weit reicht das Inferenzmodell? Ab welchem Punkt ist es durch Entscheidungskalküle zu ergänzen?"

Im Inferenzlager finden wir die Neyman-Pearson-Schule, die der Entscheidungstheorie relativ freundlich gegenübersteht und als die, vor allem in der Testtheorie, dominierende in den USA betrachtet werden kann, auch wenn sie zunehmend von vielen Seiten unter Beschuß gerät. *Le Cam* brilliert durch Anwendung mathematischer (funktionalanalytischer) Methoden in der asymptotischen Theorie [Le Cam 1973, 1974], *Hodges* und *Lehmann* [1952] haben die Testtheorie vereinheitlicht und konsistent gemacht.

Die Bayesianer sehen sich gleichfalls der Kritik von vielen Seiten ausgesetzt, wenngleich sie eine geschlossene mathematische Theorie anbieten können. Der „Empirical-Bayes"-Ansatz [Robbins 1964] hat sich doch eher als Eintagsfliege erwiesen, wohl nicht zuletzt, weil seine asymptotischen Resultate von weniger aufwendigen Verfahren ebenfalls erbracht werden können [z. B. Le Cam 1973] und weil seine mathematische Methodik gerade bei endlichem Stichprobenumfang die aus der Grundidee resultierenden Vorteile verspielt.

Dieser bei fast allen Anwendungen vorhandene Vorteil einer empirisch aufgefaßten Bayes-Theorie liegt − umfassender gesehen − darin, daß alle vorhandenen Informationen, z. B. auch Erfahrungen, berücksichtigt werden können; daher bietet die mit der Arbeit von Blum und Rosenblatt [Blum und Rosenblatt 1967] begonnene Linie eine tragfähige Basis für praxisrelevante Varianten dieser Methodologie.

Trotz vielfältiger Kritik behauptet die Fishersche Schule sich als führend in der Theorie. Allerdings sind manche Konzepte der Fisherschen Theorie in Zweifel gezogen worden, so die Kriterien für gute Schätzungen, die Likelihood-Funktion und die Maximum-Likelihood-Methode, immer wieder auch die Fiduzialtheorie. Relativ unbeschadet ist die Theorie der Experimentplanung, ebenfalls von R. A. Fisher begründet, bis jetzt über die Runden gekommen. Die Maximum-Probability-Methode von Weiss und Wolfowitz verallgemeinert die Maximum-Likelihood-Methode und erzielt bessere Ergebnisse, freilich in erster Linie im Sinne der asymptotischen Theorie. Barnard (z. T. zusammen mit Sprott und Kalbfleisch) hat sich einige Gedanken über die Logik der Schätzung und des Hypothesentests gemacht, die teilweise über R. A. Fisher hinausgehen.

Zwar finden sich neuerdings Bemühungen, welche die statistische Theorie mit der Wissenschaftstheorie in Einklang zu bringen versuchen, und man könnte auch hoffen, daß sich daraus das Grundlagenproblem der Statistik lösen könnte. Aber diese Hoffnung ist, wenn nicht gänzlich eitel, so jedenfalls im Moment noch verfrüht.

Bei all dem, bei den Kontroversen wie der theoretischen Grundlegung, hat man einen sehr engen Begriff von Statistik im Sinn; eigentlich nur die Inferenz, kontrovers ergänzt durch die Entscheidung. Tatsächlich umgreift aber die Theorie (und Technik) der Statistik noch viele andere Gebiete, die in der großen internationalen Diskussion so gut wie gänzlich vernachlässigt werden: Spezifizieren, Beobachten, Beschreiben und Präsentieren.

In diesem Buch werden alle Gebiete ihren angemessenen Platz finden. Gemäß diesem Versprechen seien neuere Entwicklungen auch der vernachlässigten Gebiete skizziert:

Spezifizieren: Es finden sich in der Literatur vereinzelte Ansätze zu einer nicht-nur-intuitiven Behandlung dieses Problems. Hauptsächlich möchte ich das Konzept der strukturellen Wahrscheinlichkeit und Inferenz des kanadischen Statistikers D. A. S. Fraser [Fraser 1968] erwähnen, welches der Fisherschen Fiduzialtheorie nahesteht, allerdings wesentliche Neuerungen in der Konzeption und mathematischen Methodik enthält [Fraser 1968, Bishop-Fraser-Ng 1979, Brenner-Fraser 1980].

Von einer anderen, gleichfalls interessanten Warte beurteilt *Dempster* das Spezifizierungsproblem [Dempster 1964, 1971]. Hier ist eine der seltenen Gelegenheiten, wo die Statistik von der Ökonometrie profitieren kann [Menges 1961, Schneeweiß 1978].

Beobachten: Während das Experimentieren noch immer ein Lieblingskind und zugleich ein mathematischer Musterschüler der theoretischen Statistik ist, blieb das Beobachten ebenso wie die ganze Erhebungsplanung ein Stiefkind. Gleichwohl zeichnen sich auch hier neuere Entwicklungen ab, von denen die interessanteste die vereinheitlichte Theorie des Stichprobenziehens aus endlichen Gesamtheiten von *Godambe* und *Thompson* [Godambe-Thompson 1979] sein dürfte. Daneben schlagen sich die Inferenzentwicklungen und -kontroversen auch hier nieder, wo sie nicht recht am Platze sind.

Beschreiben: Während die syntaktische Verarbeitung statistischer Daten Bände füllt, ist die semantische Datenverarbeitung wenig entwickelt, und die Deskription konnte, obgleich bis zu einem gewissen Stand entwickelt, nicht Schritt halten mit der übrigen wissenschaftlichen Entwicklung; diese letztere manifestierte sich hauptsächlich im Rahmen der Modelltheorie und der Meßtheorie. Wenn die Statistik sich an die neueren Entwicklungen in Gebieten wie gerade der Theorie der Mustererkennung und der Meßtheorie anschließt, besteht die Chance, daß auch die semantische Datenverarbeitung und Deskription formal durchstrukturiert und zu einem vollgültigen Teil der theoretischen Statistik gemacht werden können. Die Deskription ist im Grunde nicht einfacher und sicher auch nicht weniger wichtig als die Inferenz.

Doch möchte ich dieses Kapitel nicht ohne noch ein Wort über die praktische Datengewinnung abschließen. Sie macht ihre mühsamen, kleinen, meist verspäteten Fortschritte. Ein frischerer Wind wehte eine Zeitlang infolge der Bemühungen der internationalen und supranationalen Organisationen. Einiges wurde auch an internationaler Vereinheitlichung und Vergleichbarmachung der materiellen Statistik geleistet. Doch ist der Schwung vorerst dahin. Das gegenwärtige Bild der Statistik und der Ausblick für die nähere Zukunft sind insofern eher trübe.

Meine Hoffnung richtet sich, wie ich im Vorwort bereits andeutete, auf die Entwicklung einer adaptiven Statistik, mit den folgenden Grundsätzen:

1. Das wichtigste sind die Daten, das zweitwichtigste ist die jeweilige Sachtheorie (z. B. Biologie, Wirtschaftswissenschaften), dann erst kommen die Methoden. Bisher hat man in der Statistik die Methoden überbewertet.

2. Die Methoden müssen sich an den Daten und an der Theorie orientieren, nicht umgekehrt. Die Methoden müssen insbesondere auf die Art und Qualität der Daten Rücksicht nehmen.

3. Die Methoden müssen aufnahmebereit sein für jede Art von Information, sie müssen die Information voll ausbeuten, und es sollte angestrebt werden, die Qualität der jeweiligen Information zu bewerten.

Ich würde gern ein Lehrbuch der adaptiven Statistik schreiben. Doch bin ich noch nicht so weit; aber ich hoffe, im folgenden schon einige Bausteine zurechtlegen zu können.

Weiterführende Literatur:

Cantor 1965
David 1962
John 1884
King, Read 1963
Maistrov 1974
Pearson, Kendall 1970
Todhunter 1865

Zweites Kapitel

Zufall und Wahrscheinlichkeit

6. Ursache und Zufall

Wir wollen zunächst einmal festhalten: Statistik hat mit Ursache, Zufall, Wahrscheinlichkeit und Daten zu tun.

Egal, was man mit der Statistik bezweckt, ob man mit ihrer Hilfe beschreiben, analysieren, vorhersagen oder entscheiden will, stets ist eine Frage nach etwas Typischem oder nach einer Ursache involviert. Am deutlichsten ist die Ursachenfrage bei der Analyse. Z. B.: „Ist Rauchen Ursache von Bronchialkrebs?" „Was heißt überhaupt Ursache?"

Wenn man einen blanken Eisenstab in Wasser legt, wird man nach einigen Tagen bemerken, daß er rostet. Wenn man einen zweiten blanken Eisenstab mehrere Tage im Wasser beläßt, wird auch dieser rosten. Immer, wenn ein blanker Eisenstab mehrere Tage im Wasser belassen wird, wird er rosten. Von der Wahrheit dieser Behauptung kann man sich jederzeit durch ein *Experiment* überzeugen.

Was uns hier interessiert, ist die Eindeutigkeit der zeitlichen Abfolge: Ins Wasser legen – Verrosten. Solche Eindeutigkeit der zeitlichen Abfolge nennen wir *kausal!* Wir *denken* die Abfolge unter dem *Prinzip der Kausalität*. Das Einlegen des Eisenstabes in Wasser ist die Ursache (A), das Rosten die eindeutige Wirkung oder Folge (B). Stets folgt B auf A:

$$A \rightarrow B.$$

Wenn wir A beobachten, können wir B prognostizieren.

Wie ist es aber, wenn z. B. jemand mit einer Fliegenklatsche nach einer krabbelnden Mücke schlägt? Wenn er die Mücke trifft, ist sie tot. Dann ist die Abfolge „Schlag – Tod der Mücke" offensichtlich kausal zu denken – wenn er sie *zufällig* trifft! Was ist aber, wenn er sie *zufällig* nicht trifft?

Diese Situation unterscheidet sich offenbar von der ersten. Die Ursache „Schlag nach einer Mücke" hat nicht nur eine mögliche Folge, sondern deren zwei, nämlich, daß die Mücke getroffen wird und daß sie nicht getroffen wird. Ob die eine oder die andere Folge faktisch eintritt, ist *Zufall*.

Dasselbe gilt für den Zusammenhang zwischen Rauchen und Bronchialkrebs. Es gibt Raucher, die keinen Krebs bekommen und Nichtraucher, die ihn bekommen; welche Folge faktisch eintritt, ist auch hier Zufall. Das Rauchen ist wie ein Maschinengewehrfeuer. Die Raucher laufen hinein. *Viele* werden getroffen, *einige* nicht. Auch die Nichtraucher laufen in ein Maschinengewehrfeuer, aber ihres ist viel weniger dicht. *Einige* werden getroffen, *viele* nicht.

Bei zufällig auftretenden Folgen ist die Kausalität nicht suspendiert, denn gleichgültig, welche Folge faktisch eintritt, die eingetretene Folge ist das Resultat einer kausalen Abfolge (im Beispiel der Mücke), angefangen von der Lage des Armes im Moment des Beginns des Schlages über die Beschleunigung und Richtung der Armbewegung usw. bis hin zur Reaktion der Mücke. Nur eben: Welche mögliche Abfolge eintreten wird, wissen wir vorher nicht. Im Falle des Eisenstabes im Wasser hingegen wußten wir vorher, was passieren wird.

Der Laie hat oft die Vorstellung, daß überall dort, wo der Zufall regiert, die Wissenschaft ein Ende findet. Aber diese Meinung ist falsch.

Der Zufall ist meßbar! Das Maß für die Neigung oder Leichtigkeit des Eintretens eines zufälligen Ereignisses ist seine Wahrscheinlichkeit. Die *Wahrscheinlichkeit* für einen Raucher, Krebs zu bekommen, ist viel größer als für einen Nichtraucher!

Eine zufällige Abfolge kann zwar kausal interpretiert werden, nachdem sie stattgefunden hat, aber nicht davor, d. h. eine Ursache, welche verschiedene mögliche, zufällige Wirkungen hat, kann nicht eindeutiger „Prädiktor" sein für eine bestimmte Wirkung.

Bei deterministischer Betrachtung ist die Ursache „Prädiktor" für die Wirkung. Wenn A auftritt, dann folgt notwendig B; d. h. wenn A auftritt, können wir das anschließende Auftreten von B vorhersagen. Aber wenn eine allgemeine Ursache A mehrere, z. B. zwei mögliche Folgen hat,

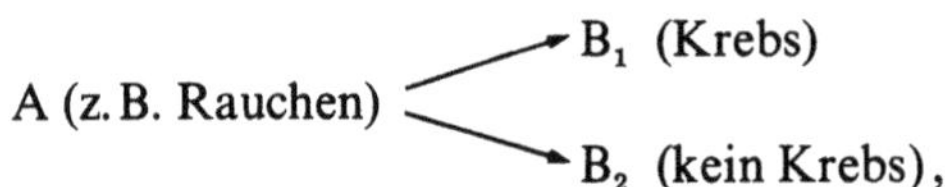

dann ist die Wirkung nicht länger gewiß, sondern ungewiß, aber mit bestimmtem Grade wahrscheinlich. Die Wahrscheinlichkeit ist somit ein Maß für die „Leichtigkeit", mit der sich eine mögliche Folge einstellt.

Das wichtigste Verfahren der Ermittlung von Wahrscheinlichkeiten und damit der statistischen Ursachenforschung ist das empirische (oder A-posteriori-) Verfahren. Man sammelt Daten, z. B. über Raucher und ihre Krebserkrankung, und man schließt von diesen Daten auf die Wahrscheinlichkeiten von B_1 und B_2. Man braucht Daten für jede Analyse. Aber man braucht Daten auch für jede Beschreibung. Statistische Beschreibung ist die sinnhafte (semantische) Interpretation von Daten.

Infolgedessen gilt immer:

Statistik ist ein Inbegriff von Daten.

7. Zum Statistikbegriff

Man könnte verlangen, daß der Datenbegriff definiert wird. Doch würden mit dieser Definition nur neue Begriffe ins Spiel kommen, die ihrerseits definiert werden müßten. Um bei Definitionen einen regressus ad infinitum zu vermeiden, müssen Definitionen stets von undefinierten Begriffen ausgehen. Von welchen Begriffen man ausgeht, ist eine Frage der Konvention und der Zweckmäßigkeit. Am zweckmäßigsten ist es, einen Begriff zum Ausgangspunkt zu nehmen, der inhaltlich allgemeiner ist als der zu definierende Begriff und dessen Wortbedeutung möglichst allgemein, d.h. von möglichst vielen Menschen, verstanden wird. Für die Statistik ist der zweckmäßige allgemeine Begriff in diesem Sinne heute der Begriff „Daten". Was man heute landläufig unter „Daten" versteht und mit Daten alles assoziiert (Datengewinnung, Datenverarbeitung usw.), führt uns am raschesten zum Verständnis der Statistik.

Doch gehören nicht alle Daten zur Statistik, sondern zunächst nur „objektivierte". „Objektiviert" nenne ich Daten, die aufgrund von objektiven und damit kommunizierbaren Zähl- oder Meßvorschriften gewonnen sind.

Der Satz „Das Wetter ist schön" ist zwar ein Datum, aber kein statistisches. Dieses Datum kann statistisch werden durch Angaben über die Sonnenscheindauer oder die Niederschlagsmenge.

Nicht jede objektivierte Aussage jedoch ist ein statistisches Datum, sondern nur die *empirische*, aus der Wirklichkeit geschöpfte. Die Aussage, daß der Kreisumfang das π-fache des Durchmessers beträgt, ist objektiv, aber nicht statistisch, weil sie deduziert und nicht aus der Wirklichkeit gewonnen ist. Durch diesen Bezug zur Empirie gewinnen statistische Daten zugleich den Charakter von *Informationen* über empirische Sachverhalte.

Nicht alle empirisch-objektivierten Daten sind Statistik, sondern nur die an einer empirischen (z.B. ökonomischen, biologischen) Theorie orientierten.

Wenn jemand die Blätter eines Baumes zählt, so gewinnt er die Möglichkeit einer objektivierten Aussage, und zwar einer aus der Wirklichkeit gewonnenen, dennoch werden wir zögern, die Aussage über die Zahl der Blätter eines Baumes als statistisches Datum zu bezeichnen, weil sie — ohne weiteres — sinnlos ist. Jene Aussage kann aber zu einem statistischen Datum werden, wenn eine botanische Theorie, etwa über die Gesetzmäßigkeit des Baumwuchses, dahintersteht und wenn die Zählung der Blätter dieser Theorie auf irgendeine Weise dient. Diese Theorie wird angeben können, warum Blätter zu zählen sind; sie muß definieren, was ein Blatt ist, und sie muß eine Zählvorschrift enthalten, z.B. darüber, ob Blattknospen oder vergilbte Blätter mitzuzählen sind oder nicht usw.

Definition der Statistik:
Statistik ist Inbegriff theoretisch fundierter, empirischer objektivierter Daten.

Die Statistik schlägt eine Brücke von der Theorie zur Wirklichkeit (eine Brücke übrigens, die, wie es bei jeder richtigen Brücke der Fall ist, in beiden Richtungen begangen werden kann: von der Theorie zur Wirklichkeit und von der Wirklichkeit zur Theorie).

Man bezeichnet indessen nicht nur die *Daten* selbst als Statistik, sondern auch und sogar vorwiegend die *Verfahren*, nach denen die Daten zustande kommen, dargestellt, verarbeitet, interpretiert, analysiert werden, zu Schlußfolgerungen führen, bei Prognosen und bei Entscheidungen verwendet werden.

Die Statistik ist heute eine reine Methodenlehre, deren Dienste allen Disziplinen offenstehen; sie ist — so könnte man sagen — die Wissenschaft der empirischen Erkenntnis.

Aus der Statistik haben sich zahlreiche neue Disziplinen und Theorien entwickelt.

Zu ihnen zählen zunächst die „-metrien", nämlich die Biometrie, die Ökonometrie, die Psychometrie, die Technometrie, die Anthropometrie, die Stilometrie, die Demometrie und die Soziometrie, ein Kranz von Forschungsdisziplinen, in welchen Statistik und Wahrscheinlichkeitstheorie auf die jeweilige Sachwissenschaft (mehr oder minder) systematisch angewandt werden. Zu ihnen zählt des weiteren das Operations Research, wo mit mathematischen und statistischen Hilfsmitteln die Lösung von Aufgaben des folgenden Typs versucht wird: Eine bestimmte „Operation" (industriell verstanden oder medizinisch oder militärisch usw.) soll bei kleinstem Risiko und/oder geringsten Kosten durchgeführt werden. Wie ist zu verfahren?

Zu modernen Nachbardisziplinen der Statistik zählt eine Reihe von Komplexen, die ich nur aufzählen kann: die Kybernetik, die Informationstheorie, die Organisationstheorie, die Lerntheorie, die Kommunikationstheorie, die Suchtheorie, die Warteschlangentheorie und die Simulationstheorie.

Im Wissenschaftsleben ist die Statistik zur universellen Anwendung gelangt. Die statistischen Methoden werden heute in den Wirtschafts- und Sozialwissenschaften angewendet, in sämtlichen naturwissenschaftlichen Disziplinen und in den meisten geisteswissenschaftlichen Fächern. *Die Statistik ist zur charakteristischen Methode des modernen Wissenschaftsbetriebes geworden.*

Die Gründe dafür liegen in den modernen Strömungen der Wissenschaft, sie liegen bei der Statistik selbst, und nicht zuletzt sind sie in der wirtschaftlichen und gesellschaftlichen Entwicklung begründet.

Die moderne Wissenschaft ist operationell ausgerichtet. Man versucht heute nicht mehr, das Wissen zu großen Einheiten zusammenzuschließen. Durch die explosionsartige Wissensvermehrung ist das wohl gar nicht mehr möglich. Auch anderen modernen Zügen der Wissenschaft kommt die Statistik als empirisch-induktives Verfahren entgegen, der zunehmenden Arbeitsteilung und Spezialisierung (die Statistik erlaubt isolierte und spezialisierte Forschung), dem Wunsch nach Quantifizierung, dem Interesse besserer Kontrolle und Beherrschung der Phänomene (u. a. durch statistische Ursachenforschung), der Preisgabe des deterministischen Weltbildes (die moderne Kernphysik ist eine statistisch angelegte Theorie).

Die *Wissenschaft* hat einen großen Bedarf an Statistik, die Statistik kommt diesem Bedarf auf ideale Weise entgegen: durch anpassungsfähige, wirksame, billige und schnelle Verfahren. Aber auch in *Wirtschaft, Verwaltung, Politik* und *Gesellschaft* wächst das Bedürfnis nach Statistik.

Historisch hatte die Statistik ihre erste Funktion in der *Verwaltung.* Der älteste Zweig der Statistik ist, wie wir wissen, die „amtliche", materielle Statistik. Heute gibt es in allen entwickelten Ländern einen umfassenden statistischen Dienst. Alle administrativen Stufen bedienen sich bei der Lösung ihrer Aufgaben der Statistik; die kleinste Gemeinde braucht Statistik, wenn neue Schulen geplant, Fluren bereinigt, industrielle Entwicklungspläne aufgestellt werden.

Die moderne *Wirtschafts- und Sozialpolitik* ist nicht vorstellbar ohne Statistik. Ein zahlenmäßiges Bild der Gesamtwirtschaft ist zu entwerfen, wirtschaftspolitische Probleme sind auf statistischer Grundlage (durch Beschreibung und Analyse) zu proportionieren und in eine Rangfolge zu bringen. Es ist festzustellen, wie sich wirtschaftliche und soziale Erscheinungen unter dem Einfluß politischer Maßnahmen verändern. Solche Erfolgskontrolle dient nicht nur der Wirtschafts- und Sozialpolitik selbst, sondern auch der Information der Öffentlichkeit.

Im betrieblichen und *unternehmerischen Bereich* sind Informationen und Methoden für die Planung des Betriebsgeschehens und für die unternehmerischen Entscheidungen bereitzustellen. Viele moderne Unternehmen sind so groß und komplex, daß die Unternehmensführung überhaupt nur statistisch mit dem Betrieb verkehren kann. Der Unternehmensführung präsentieren sich der Betrieb sowie seine Beschaffungs- und Absatzmärkte als eine Gesamtheit von statistischen Tabellen. Auf statistischer Grundlage plant und entscheidet die Unternehmensführung. Gerade im Zuge der Automation der Produktion ist ein gesteigertes Bedürfnis nach Statistik entstanden.

Die Rolle der Statistik in der *Politik* hat sich gegenüber früher gewandelt. Während früher die Statistik von der Politik − ähnlich wie von der Verwaltung − nur als Informationsmittel benutzt wurde, führen heutzutage die Parteien und parlamentarischen Institutionen in wachsendem Maße statistische Analysen durch. Typisch für die modernen Anwendungsformen der Statistik in der Politik ist aber nicht nur die beschreibende und analytische Verwertung von Ergebnissen der amtlichen Statistik, sondern auch die zahlenproduzierende Aktivität der politischen Parteien. Sie wollen nicht nur über objektive Tatbestände, sondern auch über Meinungen und Standpunkte informiert sein und diese analysieren, weshalb sie auch subjektive Tatbestände erheben lassen, zumeist von privaten Instituten der Markt- und Meinungsforschung. Sehr bekannt, aber auch berüchtigt, sind die mit Hilfe von Meinungsstatistiken aufgestellten *Wahlprognosen.* (Berüchtigt, weil sie gelegentlich falsch sind; berüchtigt aber auch, weil sie das Wahlergebnis selbst affizieren können, wofür es berühmte Beispiele gibt.)

Durch die gegenwärtig existierenden und noch verstärkt bevorstehenden Menschheitsprobleme, wie die Bevölkerungsexplosion, die Energieverknappung, die Vergrößerung der Kluft zwischen armen und reichen Ländern, werden wirtschaftliche und gesellschaftliche Probleme aufgeworfen, die gewichtiger und schwieriger zu lösen sind als irgendein anderes Problem, dem die Menschheit je gegenübergestanden hat.

8. Einheiten, Merkmale

Für alle Formen der Statistik ist das zentrale Begriffsgerüst: „Einheiten, Massen, Merkmale".

8.1 Die statistischen Einheiten

Statistik ist ein Inbegriff von Daten. Ursprünglicher Träger der Daten ist die statistische Einheit. Man könnte sagen, daß die Einheiten die *Subjekte* der statistischen Aussage sind. *Technisch* gesehen sind die Einheiten der unmittelbare Gegenstand der Erhebung. Über statistische Einheiten oder Elemente soll etwas ausgesagt werden. Die Aussage wird hauptsächlich geleistet durch die *Merkmale* mit ihren *Modalitäten*, daneben durch Vermittlung der Gruppen (z.B. Größenklassen) und Maßzahlen. Eine statistische Einheit ist z.B. die Person; ein mögliches Merkmal z.B. das Geschlecht mit den Modalitäten „männlich" und „weiblich". Die statistische Einheit kann also grundsätzlich mehrere – im Beispiel des Merkmals „Geschlecht" zwei – Erscheinungen annehmen. Man sagt daher: *die statistische Einheit ist variabel.* Oder man bezeichnet die Einheit, wenn man diesen Aspekt ihrer Variabilität in den Vordergrund rückt, direkt als (statistische) *Veränderliche* oder (statistische) *Variable.* In gewisser Weise ist der Begriff der statistischen Variablen jedoch weiter als der Begriff der statistischen Einheit. Merkmale werden häufig ohne Bezugnahme auf statistische Einheiten zu Variablen verselbständigt.

Die Betrachtung der statistischen Einheit als Variable ist an das Vorhandensein von Merkmalen mit Modalitäten geknüpft. Als statistische Einheiten können grundsätzlich alle materiellen oder immateriellen Gegenstände auftreten, Personen, Dinge, soziale Gebilde, Geschehensverläufe, Vorkommnisse oder Ereignisse, Handlungen [Flaskämper 1949, S. 43].

Alle Einheiten müssen einer Reihe von formalen Kriterien genügen. Jede statistische Einheit muß mindestens

a) ein *sachliches,*
b) ein *räumliches* und
c) ein *zeitliches Identifikationsmerkmal*

tragen.

Ein Identifikationsmerkmal ist Bestandteil einer Definition. Alle Identifikationsmerkmale zusammen bilden die Definition der statistischen Einheit. Wenn auch nur ein Identifikationsmerkmal (sachlich, zeitlich oder räumlich) fehlt, ist die jeweilige statistische Einheit nicht oder nur bedingt verwendbar.

Von den Identifikationsmerkmalen streng zu unterscheiden sind die *Prädikatsmerkmale,* die Merkmale (i. e. S.) der statistischen Einheiten. (Wenn im folgenden von Merkmalen schlechthin die Rede ist, sind stets die Prädikatsmerkmale gemeint.) Während die Identifikationsmerkmale nicht Gegenstand der Erhebung sein können (sie sind vielmehr unerläßliche Voraussetzung), werden die Prädikatsmerkmale (z. B. Geschlecht, Alter, Beruf usw.) erhoben. Je zahlreicher die Identifikationsmerkmale sind, um so kleiner ist die Zahl der Einheiten (analog: Je größer der Umfang eines Begriffs, desto kleiner sein Inhalt); jedes zusätzlich hinzutretende Identifikationsmerkmal engt die Zahl der Einheiten ein.

Eine wichtige Unterscheidung der statistischen Einheiten ist die in *Bestandseinheiten* und *Ereigniseinheiten.* Die ersteren haben eine Erstreckung in der Zeit, sie sind – wenn vielleicht auch nur beschränkt – beständig, wie Bodenflächen, Menschen, Aktiengesellschaften, Ehen usw. Die Ereigniseinheiten indessen haben keine Erstreckung in der Zeit, sie stellen punkthafte Ereignisse dar, wie Geburten, Sterbefälle, Vollendungen einer Sache (z. B. einer Wohnung), rechtskräftige Verurteilungen, Abschluß einer Prüfung (z. B. Abitur) usw.

Zwar haben auch diese Einheiten eine gewisse zeitliche Erstreckung (eine Geburt z. B. dauert mehrere Stunden; das Abiturexamen Tage oder Wochen), aber es wird ein bestimmter *Zeitpunkt* begrifflich fixiert, zu dem das Ereignis als eingetreten definiert wird (bei der Geburt z. B. der Augenblick der Durchtrennung der Nabelschnur, beim Abiturexamen der Augenblick der Aushändigung der Urkunde).

8.2 Die statistischen Massen

Statistische Massen entstehen durch das Zusammenfügen „gleichartiger" statistischer Einheiten! Als gleichartig bezeichnen wir das Vorhandensein jeweils identisch gleicher Identifikationsmerkmale.

Eine statistische Masse ist die vollständige Menge von Einheiten mit jeweils identisch gleichen Identifikationsmerkmalen.

Als Beispiel betrachten wir die Bevölkerung der Bundesrepublik Deutschland am 27. 5. 1970. Die Einheit ist z. B. definiert durch die folgenden Identifikationsmerkmale:

(sachlich:)	Einwohner, wohnhaft
(räumlich:)	in der Bundesrepublik Deutschland
(zeitlich:)	am 27. 5. 1970.

Da der Begriff der statistischen Einheit eine technische und eine davon unabhängige „logische" Komponente hat, fallen Erhebungseinheiten und Untersuchungseinheiten nicht immer zusammen.

Will man die Struktur der Masse der Erhebungseinheiten untersuchen, so kann man beliebige Anzahlen von Erhebungseinheiten zu neuen Erhebungseinheiten zusammenfassen. Man gelangt so zu einer neuen statistischen Masse, deren Elemente Mengen von Mengen sind.

Beispiel:

$$\{a_1, a_2, \quad a_3, \quad a_4, a_5\} \qquad \text{Personen}$$
$$\{\{a_1, a_2\}, \{a_3\}, \{a_4, a_5\}\} \qquad \text{Wohnungen}$$
$$\{\{\{a_1, a_2\}, \{a_3\}\}, \{a_4, a_5\}\} \qquad \text{Etagen}$$
$$\{\{\{\{a_1, a_2\}, \{a_3\}\}, \{a_4, a_5\}\}\} \qquad \text{Haus.}$$

Diese *Klumpen* (engl. clusters) von Einheiten haben eine große Bedeutung in der modernen Stichprobentechnik, wo sie unter stochastischen Gesichtspunkten studiert werden.

Mit der Klumpenbildung eng zusammen hängt die *Mehrstufigkeit* von Einheiten. Eine solche Hierarchie von Einheiten ist so aufgebaut, daß jede jeweils höherstufige Einheit mehrere Untereinheiten umfassen kann, etwa: Person, Haushalt, Wohnung, Etage, Haus, Wohnblock, Gemeindeteil, Gemeinde, Kreis, Regierungsbezirk, Bundesland, Bundesrepublik. Um zu irgendeiner Einheit als Untersuchungseinheit zu gelangen, kann man sie selbst erheben, aber auch jede Einheit auf einer höheren Stufe, mit Ausnahme der höchsten; die verwendete höherstufige Einheit ist dann Erhebungseinheit.

Unter den statistischen Einheiten haben wir Bestands- und Ereigniseinheiten unterschieden; die aus diesen entstehenden Massen werden analog unterschieden in *Bestandsmassen* und *Ereignis-* (oder *Bewegungs-)massen.* Diese wichtige Unterscheidung der Massen ist in der folgenden Tafel erläutert.

Kriterium	Bestandsmassen	Ereignismassen
Organisatorische Einrichtung für die Beobachtung (in der Regel)	ad hoc	laufend
Gewinnung (in der Regel) durch	Erhebung	Registrierung
Einheiten (zeitliche Charakterisierung)	beständig	punktuell
Erfassung (zeitliche Charakterisierung)	Zeitpunkt (Stichtag)	Zeitraum (z. B. Monat, Jahr)
Beispiele für korrespondierende Massen	Bevölkerung Lagerbestand Kapitalstock Spareinlagenbestand	Geburten, Todesfälle Zugänge, Abgänge Nettoinvestitionen Ein- und Auszahlungen
Beispiele anderer Art	Anbaufläche Steuerpflichtige Betriebe Zahl der Seeschiffe Zahl der Gerichte	Ernteertrag Steuereinnahmen Lohnsummen Schiffsverkehr über See Aburteilungen

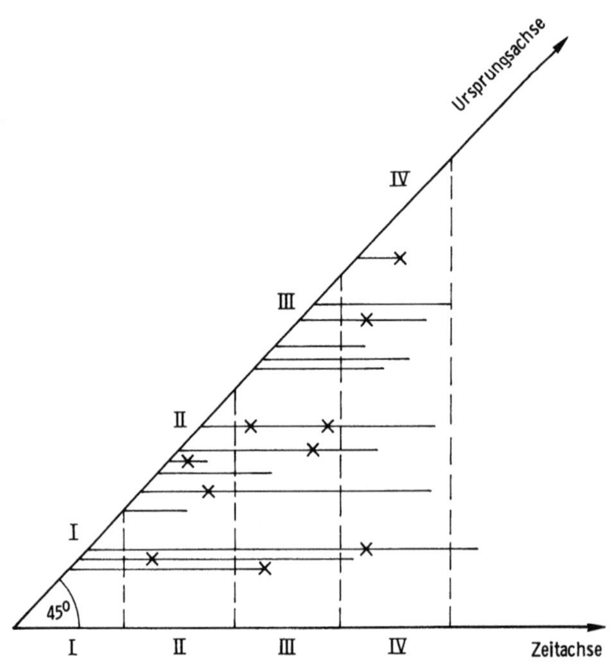

Abb. 1: Beckersches Schema

Das nach Karl Becker (1823 – 1896), der es in dieser Form in die Statistik eingeführt hat, benannte Schema (Abb. 1) veranschaulicht den Unterschied zwischen Bestands- und Ereignismassen. Auf beiden Achsen (auf der „Zeitachse" wie auf der im Winkel von 45° zu ihr geneigten „Ursprungsachse") wird die Zeit abgetragen. Jeder Bestandseinheit wird entsprechend der Dauer des Bestandes eine gerade Linie zugeordnet, die auf der Ursprungsachse beginnt, und zwar dort, wo ihr zeitlicher Beginn liegt.

Die Anfangspunkte dieser „Lebenslinien" bilden die Ereignismasse der Zugänge, ihre Endpunkte die Ereignismasse der Abgänge. Auf den „Lebenslinien" können auch andere Punkte als die Anfangs- oder Endpunkte hervorgehoben werden (x in Abb. 1), sie bedeuten irgendwelche Vorkommnisse an der betreffenden Bestandseinheit, z.B. Eheschließung, wenn die Bestandseinheit Person ist, oder Aburteilung, wenn die Bestandseinheit Gericht ist usw. Das Beckersche Schema demonstriert auch, daß die Bestandseinheiten in einem Zeitpunkt, die Ereigniseinheiten in einem Zeitraum erfaßt werden müssen.

8.3 Die Fortschreibung

Bei Betrachtung der Beispiele in der obigen Tafel bemerkt man, daß die ersten vier unter den dort aufgeführten sich von den übrigen unterscheiden. Bei den ersten vier Beispielen nämlich hängt die Ereignismasse mit der Bestandsmasse derart zusammen, daß sich die Bestandsmasse um soviel verändert, wie die Ereignismasse ihrem Umfang nach beträgt. Die Bevölkerung wächst um die Zahl der Geburten und vermindert sich um die Zahl der Gestorbenen; dem Spareinlagenbestand wachsen die Ersparnisse zu. Hingegen wird die Ackerfläche durch den Ernteertrag nicht vermindert oder erhöht, die Zahl der Steuerpflichtigen ändert sich nicht um die Steuereinnahmen usw.

Massen, die dadurch zusammengehören, daß die Ereignismasse eine Zu- oder Abgangsmasse der Bestandsmasse ist, heißen *korrespondierende Massen*. Mit Hilfe der korrespondierenden Ereignismassen kann eine Bestandsmasse fortgeschrieben werden. Die *Fortschreibung*, die ein wichtiges Hilfsmittel der praktischen Statistik darstellt, wird heute auf vielen Gebieten der Statistik geübt. Am bedeutendsten ist ihre Rolle in der Bevölkerungsstatistik. Schon die alten Römer haben den Bevölkerungsstand, der aus den Volkszählungen für einen Zeitpunkt (Stichtag) bekannt war, mit Hilfe laufender Register der Geborenen und Gestorbenen fortgeschrieben.

Die Fortschreibung besteht in folgendem:

Sei

B_2 = Menge der Bestandseinheiten zum Zeitpunkt 2,
B_1 = Menge der Bestandseinheiten zum Zeitpunkt 1,
A = Menge der Abgänge zwischen den Zeitpunkten 1 und 2,
Z = Menge der Zugänge zwischen den Zeitpunkten 1 und 2,
$n\,(M)$ = Umfang einer Menge M.

In der Bevölkerungsstatistik ist Z die Zahl der Geborenen und Zugewanderten, A die Zahl der Gestorbenen und Abgewanderten.

Dann gilt für die Bestandsmasse zum Zeitpunkt 2:

$$B_2 = (B_1 \cup Z) - A$$

und

$$n\,(B_2) = n\,(B_1 \cup Z) - n\,(A); \quad \text{es ist ja} \quad A \subset B_1 \cup Z.$$

Da B_1 und Z kein Element gemeinsam haben, gilt

$$n\,(B_1 \cup Z) = n\,(B_1) + n\,(Z)$$

und damit

$$n\,(B_2) = n\,(B_1) + n\,(Z) - n\,(A).$$

Dies ist zugleich die *Fortschreibungsformel.*

Die Menge

$$B_2^{(2)} = B_1 \cup Z$$

bezeichne ich als die *Anwesenheitsmasse* der in einem Zeitraum anwesenden Einheiten.

Flaskämper schlug als Bezeichnung für diesen Massentypus „Zeitraumbestandsmassen" vor, Zizek dagegen sprach von „Gesamtheiten aller im Rahmen eines bestimmten Zeitraumes liegenden Einheiten".

Für ihren Umfang gilt:

$$n\,(B_2^{(2)}) = n\,(B_1) + n\,(Z).$$

Die Abgänge werden also nicht abgezogen.

Die Konstruktion von Anwesenheitsmassen hat Bedeutung für einige materielle Statistiken, so z. B. für betriebswirtschaftliche Lagerstatistiken, die Fremdenverkehrsstatistik, die Krankenhausstatistik. Es stellt z. B. die Masse der in einem Zeitraum anwesenden Fremden die Zusammenfassung der zu Beginn des Zeitraumes vorhandenen Bestandsmasse an Fremden und die Ereignismasse der während des Zeitraumes hinzukommenden Fremden dar.

8.4 Die Merkmale der statistischen Einheiten und ihre Modalitäten

Die Merkmale mit ihren Modalitäten (Erscheinungsformen, Merkmalsausprägungen) *sind die logischen Prädikate der Statistik.* Durch sie wird etwas über statistische Einheiten ausgesagt. Wir wollen z. B. nicht nur wissen, wie groß die Gesamtheit der Erwerbstätigen in der Bundesrepublik überhaupt ist, sondern auch, wie diese Gesamtheit strukturiert ist (z. B. wie sie sich nach dem Merkmal „Stellung im Beruf" in die einzelnen Merkmalsmodalitäten: Selbständige, Arbeiter, Angestellte und Beamte gliedert), oder: wir wollen nicht nur wissen, wie groß das Volkseinkommen ist, sondern auch, wie es entstanden ist, wie es verteilt wird, wie es verwendet wird.

Die Hauptaufgabe der Merkmale statistischer Einheiten besteht darin, vermittelst der *Gruppen* die *Struktur* statistischer Massen zu durchleuchten. Es lassen sich praktisch unendlich viele Merkmale statistischer Einheiten vorstellen. Die wichtigste Untergliederung ist die in

a) *kategoriale,* artmäßige oder qualitative Merkmale, auch Attribute genannt,
b) *komparative* Merkmale und
c) *metrische* Merkmale.

Kategoriale Merkmale sind z.B. Geschlecht, Familienstand, Konfession, Herkunftsland (von Außenhandelswaren), Erstauflage (von Verlagsveröffentlichungen), Vorbestrafung (von Abgeurteilten), Wohnung (von Rohzugang an Gebäuden), Kraftfahrzeugart (von Neuzulassungen von Kraftfahrzeugen), „Mangels Masse abgelehnt" (von Konkursverfahren) usw.

Bei kategorialen Merkmalen besitzt die Menge M der Elementarmodalitäten endlich viele Elemente. Im Falle des Merkmals Geschlecht besitzt die Menge M zwei Elemente, nämlich männlich und weiblich, während die Elementeanzahl der Menge M für das Merkmal Beruf fast unübersehbar groß ist.

Ein *komparatives Merkmal* ist durch Kategorien und zusätzlich durch die Angabe einer (transitiven) Vergleichsrelation zwischen den Kategorien gekennzeichnet („größer als", „schwerer als", „hoch − mittel − niedrig" usw.). Komparative Merkmale entstehen oft durch Klassenbildung eines metrischen Merkmals.

Typische *metrische Merkmale* sind: Größe, Länge, Gewicht, Alter usw. Sie erlauben nicht nur Vergleiche zwischen Modalitäten („länger", „schwerer" usw.), sondern auch Aussagen der Art: „x ist 2,3mal so schwer wie y." Außerdem lassen sich Differenzen und Verhältnisse sinnvoll interpretieren. Metrische Merkmale sind z.B. Alter (gemessen in Jahren), Körpergröße (gemessen in cm), Ernteertrag (gemessen in Doppelzentnern), Lohnsumme (gemessen in DM), Kohleverbrauch (gemessen in Tonnen), Stromverbrauch (gemessen in Kilowattstunden) usw., aber auch Zahl der lebendgeborenen Kinder, Zahl der Beschäftigten bei Betrieben (hier wird also ausnahmsweise gezählt und nicht gemessen).

Mit dieser Unterscheidung in kategoriale, komparative und metrische Merkmale noch nicht gelöst ist das Meßproblem (siehe dazu Abschnitt 16), nämlich die möglichst problemadäquate Repräsentation der Merkmale und ihrer Struktur durch Teilmengen der reellen Zahlen versehen mit mathematischen Strukturen. Der Unterscheidung in kategoriale, komparative und metrische Merkmale entspricht bei der Messung die Unterscheidung von Nominalskala, Ordinalskala und Kardinalskala. Es ist aber auch möglich, bei Inkaufnahme eines Informationsverlustes, z.B. ein komparatives Merkmal nur nominal anstatt ordinal zu messen, oder ein metrisches Merkmal nur ordinal anstatt kardinal zu messen.

In der Regel sind metrische Merkmale schon zusammen mit der Meßvorschrift definiert (z.B.: „Ernteertrag gemessen in Doppelzentner pro Hektar" oder „Ernteertrag gemessen in Doppelzentner pro Erwerbstätiger in der Landwirtschaft"), so daß sich das oben genannte Meßproblem nicht stellt.

Von *kontinuierlichen (stetigen)* Merkmalen im Gegensatz zu *diskreten* spricht man dann, wenn die Modalitäten an jeder Stelle (innerhalb eines Intervalls) der Zahlengeraden vorkommen, also insbesondere auch andere als nur ganzzahlige Werte annehmen können. Im Regelfall werden die diskreten Merkmale gezählt im Gegensatz zu den stetigen Merkmalen, die gemessen werden.

Mit der Einteilung in kategoriale, komparative und metrische Merkmale überschneidet sich die Einteilung in

a) *sachliche,*
b) *räumliche* (geographische) und
c) *zeitliche* Merkmale.

Die zeitlichen Merkmale sind stets metrisch, die räumlichen Merkmale sind stets kategorial (artmäßig); die sachlichen Merkmale können kategorial, komparativ oder metrisch sein. Das räumliche Merkmal könnte freilich quantifiziert werden, z.B. durch die Angabe „r Kilometer im Umkreis um den Ort mit den (geographischen) Koordinaten (l°, b°)".

Die zeitlichen Merkmale sagen über die Stellung der Einheiten in der Zeit aus. Bei Bestandseinheiten kann es keine zeitlichen Merkmale geben, weil sie ja zu einem Zeitpunkt erfaßt werden und damit die Kennzeichnung der Stellung der Einheit in der Zeit schon erschöpfend durch das Identifikationsmerkmal erfolgt. Es lassen sich jedoch zahlreiche sachliche Merkmale von Bestandseinheiten denken, die eine zeitliche Aussage leisten (z.B. das Merkmal Geburtstag in der Volkszählung). Zeitliche Merkmale treten also nur bei Bewegungsmassen auf. Das Zeitintervall oder der Zeitraum, den das zeitliche Identifikationsmerkmal angibt, ist mit der Menge M der Elementarmodalitäten (des zeitlichen Merkmals) identisch. Oft gibt man eine Klasseneinteilung des Zeitintervalls an und sieht die Elemente dieser Zerlegung als die verschiedenen Elementarmodalitäten an.

Analoges gilt bei *räumlichen Merkmalen.* Man definiert die paarweise disjunkten Teilmengen, die bei einer Klasseneinteilung des betrachteten Raumes entstehen, als die Elementarmodalitäten.

Die kategorialen Merkmale gliedern sich zunächst in räumliche und sachliche. *Die räumlichen oder geographischen Merkmale sagen über die Stellung der Einheiten im Raum aus.* Ein räumliches Merkmal ist z.B. das Merkmal Bundesland im Rahmen der Bevölkerungsstatistik.

Die wichtigste Gruppe der Merkmale sind die *sachlichen.* Sie treffen Aussagen über die Einheiten *unabhängig von ihrer Stellung in Raum und Zeit.* In diese Gruppe der Merkmale gehören entsprechend alle, die nicht zeitlich oder räumlich sind; es sind die meisten Merkmale überhaupt.

Die sachlichen Merkmale ihrerseits zerfallen in *häufbare* und *nicht-häufbare* Merkmale. Bei den ersteren können im Gegensatz zu den letzteren zwei oder mehr Modalitäten bei einem Individuum zusammentreffen. Die räumlichen und zeitlichen Merkmale können nicht häufbar sein, weil jedes Ding nur eine Stellung in Raum und Zeit hat. Häufbare Merkmale kommen besonders bei den Berufszählungen vor, man denke nur an so häufige Kombinationen wie Herren- und Damenfriseur, Landwirt und Metzger, Wäscherin und Plätterin. Andere häufbare Merkmale sind z.B. Krankheit, Gebrechen, Wirtschaftszweig.

Gelegentlich gibt es bei kategorialen Merkmalen eine solche Vielzahl sachlich bedeutungsvoller Merkmalsmodalitäten, daß sog. *systematische Klassifikationen (Nomenklaturen)* zu entwickeln sind, die oft Bände füllen. So gibt es eine sehr umfangreiche Berufssystematik und Systematiken der Krankheiten und Todesursachen, der Gewerbezweige, der Waren, des Außenhandels usw.

Die folgende Tafel resümiert die betrachteten Einteilungen:

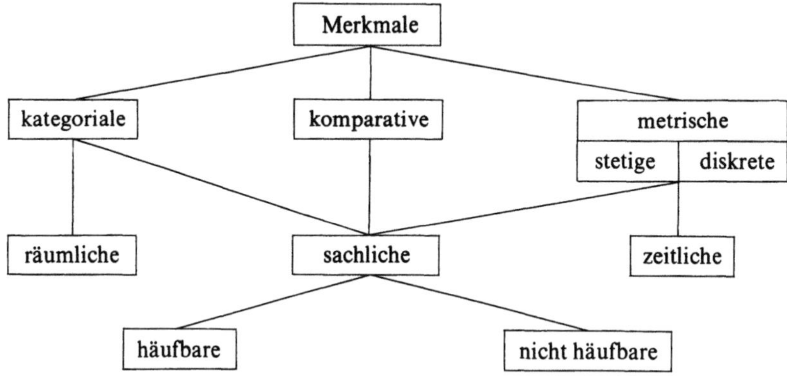

9. Wahrscheinlichkeit

Die wissenschaftliche Behandlung der Wahrscheinlichkeit kann auf drei Weisen erfolgen:

a) Charakterisierung des Wahrscheinlichkeitsbegriffs im Erkenntnisprozeß (philosophisches Problem)
b) Indirekte Definition durch Axiome (mathematisches Problem)
c) Numerische Bestimmung, d. h. Messung der Wahrscheinlichkeit (eigentliches statistisches Problem).

9.1 Das philosophische Problem

Die Stellung der Wahrscheinlichkeit „im Erkenntnisganzen" fixiert das Ätialprinzip, das von H. Hartwig eingeführt worden ist [Hartwig 1956]. Dem Satz

„gleiche Ursachen – gleiche Wirkung" (*Kausalität*)

stellt Hartwig den Satz

„gleiche allgemeine Ursachen – gleiche Menge von möglichen Wirkungen mit zugehörigen Wahrscheinlichkeiten" (*Ätialität*)

ergänzend zur Seite.

Die Analogie der Ätialität zur Kausalität zeigt sich deutlich an der Rolle des Experiments. Von der Richtigkeit einer kausalen wie ätialen Abfolge überzeugt man sich durch ein Experiment. Die experimentelle Bestätigung betrifft im Falle der Kausalität die eindeutige Folge B der Einzelursache A, im Falle der Ätialität die Menge möglicher Folgen B_1, B_2, . . . der allgemeinen Ursache A, wobei die möglichen Folgen B_1, B_2, . . . mit den entsprechenden Wahrscheinlichkeiten $p_1 = P(B_1)$, $p_2 = P(B_2)$, . . . auftreten. Letztere sind zunächst nur als der jeweiligen Folge B_i eindeutig zugeordnete (nichtnegative) Zahlen zu verstehen, deren Eigenschaften später durch das Axiomensystem (Abschnitt 9.2) festgelegt werden. Wird A verändert, ändert sich im Falle des Kausalschlusses die Folge B, im Falle des Ätialschlusses die Menge der Paare (B_1, p_1), (B_2, p_2), ... Die Menge der Paare (B_1, p_1), (B_2, p_2), ... heißt in diesem Zusammenhang auch *„Verteilungsgesetz"*.

Interpretation des Ätialprinzips:

Gegeben allgemeine Ursachen A, welche verschiedene mögliche Folgen B_i $(i = 1, 2, ...)$ haben; wir isolieren eine Folge B*. Dann ist die Neigung (oder Häufigkeit), mit der A die Folge B* produziert, verglichen jeweils mit den übrigen möglichen Folgen von A, als die Wahrscheinlichkeit p* aufzufassen. p* erklärt B* aus A. Es ist ein Maß der objektiven Rechtfertigung, A als die Ursache von B* zu betrachten, weil die Erklärung von B* aus A nämlich — auf die Dauer — im p*-ten Teil aller Verwirklichungen der Folgen von A tatsächlich zutrifft.

A ist Prädiktor von B*, aber nicht in dem deterministischen Sinn, daß stets, wenn A beobachtet wird, notwendig B* folgen würde, sondern in dem stochastischen Sinn, daß, wenn A beobachtet wird, auf die Dauer im p*-ten Teil aller Fälle B* folgt.

Bezogen auf den Zusammenhang zwischen Rauchen und Bronchialkrebs: Das Rauchen ist Prädiktor des Bronchialkrebses, aber nicht streng kausal derart, daß jedes Rauchen zum Bronchialkrebs führt, sondern stochastisch: Dem Rauchen folgt mit Wahrscheinlichkeit p der Bronchialkrebs. (Wenn ich 1000 Rauchern prognostiziere, daß sie Bronchialkrebs bekommen werden, behalte ich etwa 1000·p-mal recht.)

9.2 Das mathematische Problem (Die Axiome)

Mathematisch definieren wir die Wahrscheinlichkeit indirekt durch die Angabe von gewünschten, für zweckmäßig gehaltenen Eigenschaften, auf denen alle Sätze über Wahrscheinlichkeit aufgebaut werden. Man nennt diesen Vorgang Axiomatisierung. Die axiomatische Methode ist keine Erfindung der Neuzeit (bereits Euklid beherrschte sie meisterhaft), aber die systematische Verwendung der axiomatischen Methode ist zu einem Kennzeichen der modernen Mathematik geworden. Während man früher versuchte, Axiome aufgrund anschaulicher Vorstellungen evident zu machen, haben heute z. B. in der Geometrie Begriffe wie „Punkt" oder „Ebene" keine anschauliche, nicht einmal eine eigenständige Bedeutung mehr. Sie sind nur Symbole, deren Aufgabe durch die Axiome der Verknüpfung, der Anordnung usw. vorgeschrieben ist. Ähnlich verhält es sich mit der modernen Axiomatisierung der Wahrscheinlichkeit. Sie erhebt weder den Anspruch, das Wesen der Wahrscheinlichkeit zu bestimmen, noch den, die Realgeltung von Wahrscheinlichkeitsaussagen zu verbürgen. Heute findet die Axiomatik von A. Kolmogoroff weithin Anerkennung [Kolmogoroff 1933].

Zur Vorbereitung der Kolmogoroffschen Axiomatik betrachten wir zunächst den *Ereignisbegriff*.

Die „Ereignisatome", die nicht weiter untergliedert werden, heißen Elementarereignisse und bezeichnen das Auftreten einer Elementarmodalität. Interessiert den Raucher von der Krebserkrankung nur „ja" oder „nein", so gibt es 2 Elementarmodalitäten. Interessiert beim Würfeln die Augenzahl, so gibt es beim einmaligen Werfen 6 Elementarmodalitäten: 1, 2, 3, 4, 5, 6. Interessiert den planenden Unternehmer die Höhe der zukünftigen Nachfrage nach seinem Produkt, so kann er die unendliche Menge der Werte der Zahlengeraden als Menge der Elementarereignisse (= Ereignisraum) wählen, aber er kann diesen Ereignisraum auch diskretisieren:

h_1 = niedrige Nachfrage,
h_2 = mittlere Nachfrage,
h_3 = hohe Nachfrage.

Die Elementarereignisse sind disjunkt oder fremd, d. h. sie schließen sich gegenseitig aus. (Die gegenseitige Ausschließung ist durchaus ein Problem in der praktischen Anwendung.) Den Elementarereignissen wollen wir in sachlich gerechtfertigter Weise Zahlen, ihre Wahrscheinlichkeiten, zuordnen. Woher soll man diese Zahlen kennen? Das ist die große Frage, auf die es bis heute keine befriedigende Antwort gibt. Laplace betrachtete die (nicht weiter zerlegbaren) Elementarmodalitäten als gleichmöglich und erteilt jeder von ihnen dieselbe Wahrscheinlichkeit.

Der Begriff der „Gleichmöglichkeit" meint: *Jedes* Elementarereignis ist gleichmöglich, d. h. hat die gleiche Chance, realiter zum Vorschein zu gelangen. Bei Glücksspielen, z. B. beim Würfeln oder beim Roulette, ist diese Voraussetzung (in der Regel für praktische Bedürfnisse hinlänglich) erfüllt, bei wirtschaftlichen oder sozialen Massenerscheinungen ist sie oft nicht ohne weiteres realisiert, was dann zu gewissen Komplikationen führt, auf die wir später noch einzugehen haben. Jedenfalls bringt die klassische Wahrscheinlichkeitsdefinition zum Ausdruck, daß a priori kein Grund vorhanden ist, eines der Elementarereignisse als bevorzugt zu betrachten. Damit stützt sie sich auf das *Prinzip vom unzureichenden Grund:* Es ist keine Ursache zu erkennen, die auf die Realisierung eines bestimmten Elementarereignisses besonders hinwirken würde. In der Problematik dieses Prinzips liegt die Problematik der Laplaceschen Interpretation.

Die in einem jeweiligen Problem gegebene Universalmenge von Elementarereignissen heißt Menge von Elementarereignissen oder kurz *Ereignisraum*. Wir bezeichnen ihn mit E. Der Ereignisraum soll *erschöpfend* oder *vollständig* sein, d. h. er soll *alle* zum jeweiligen Problem gehörigen Elementarereignisse als Elemente enthalten. Das ist eine fast triviale Forderung, die gleichwohl in der Praxis auf Schwierigkeiten stößt, weil es oft nicht möglich ist, im vorhinein alle möglichen Ausgänge eines Zufallsgeschehens vorherzusagen.

Ist ein endlicher Ereignisraum E gegeben, so ist die Definition eines beliebigen zu E gehörigen Ereignisses A ganz einfach:

$$A \subseteq E.$$

Ein Ereignis A ist also eine Teilmenge der Menge E der Elementarereignisse oder des Ereignisraumes. Im Beispiel des Würfelwurfs sind die Elementarereignisse $1, \ldots, 6$ selber zunächst einmal Ereignisse, aber auch $\{1, 2\} \subset \{1, \ldots, 6\}$ ist ein Ereignis, nämlich das Ereignis, entweder eine Eins oder eine Zwei zu würfeln. Oder $\{1, 3, 5\} \subset \{1, \ldots, 6\}$ ist ein Ereignis, nämlich das Ereignis, eine ungerade Augenzahl zu würfeln. Oder $\{4, 5, 6\} \subset \{1, \ldots, 6\}$ ist ein Ereignis, nämlich das Ereignis, eine Augenzahl > 3 zu würfeln.

Es liegt nahe zu fragen, wieviel Ereignisse es beim Würfeln mit einem Würfel überhaupt gibt. Wer es sich ausrechnet, kommt auf die Zahl 64, allgemein auf die Zahl 2^n, wenn n die (endliche) Zahl der Elementarereignisse ist. Diese Antwort führt zu einer interessanten Konstruktion: zur *Potenzmenge.* Die Menge der Elementarereignisse hat wie jede beliebige Menge eine Potenzmenge.

Unter der Potenzmenge $\mathfrak{P}$ (E) einer Menge E versteht man die Menge aller Teilmengen von E. Wir betrachten ein paar *Beispiele:*

Ist E leer (E = $\emptyset$), dann ist $\mathfrak{P}$ (E) = $\{\emptyset\}$, d.h. die Potenzmenge enthält ein Element, die Nullmenge.

Ist E = $\{0, 1\}$, dann enthält die Potenzmenge vier Elemente:

$$\mathfrak{P} \ (E) = \{\emptyset, \{0\}, \{1\}, \{0, 1\}\}.$$

Ist E = $\{1, 2, 3\}$, dann ist $\mathfrak{P}$ (E) = $\{\emptyset, \{1\}, \{2\}, \{3\}, \{1, 2\}, \{1, 3\}, \{2, 3\}, \{1, 2, 3\}\}$.

Noch einige Verabredungen:

(1) Das Ereignis, das alle Elementarereignisse enthält, nämlich E selbst, ist das *sichere* Ereignis.
(2) Das Ereignis, das kein Elementarereignis enthält, nämlich $\emptyset$, ist das *unmögliche* Ereignis.
(3) Das Ereignis E\A ist das zu A komplementäre Ereignis, bezeichnet mit A′.
(4) Zwei Ereignisse A_1 und A_2 schließen sich gegenseitig aus, wenn $A_1 \cap A_2 = \emptyset$, d.h., wenn sie kein gemeinsames Elementarereignis besitzen.
(5) Das Ereignis A_2 enthält das Ereignis A_1, wenn $A_1 \subseteq A_2$, d.h. wenn jedes Elementarereignis, das zu A_1 gehört, auch zu A_2 gehört.

Jetzt kommen wir zum Axiomensystem selbst.

Erstes Axiom:

Jedem Ereignis A wird eine Zahl P (A), die Wahrscheinlichkeit von A, zugeordnet, mit der Bedingung

$$0 \leqq P \ (A) \leqq 1.$$

Zweites Axiom:

Die Wahrscheinlichkeit des sicheren Ereignisses ist eins,

$$P \ (E) = 1.$$

Drittes Axiom:

Schließen sich die Ereignisse $A_1, A_2, \ldots, A_n$ paarweise gegenseitig aus, dann ist

$$P \ (A_1 \cup A_2 \cup \ldots \cup A_n) = \sum_{i=1}^{n} P \ (A_i).$$

Für unendliche Ereignisräume kann im allgemeinen nur eine σ-Algebra (Teilsystem der Potenzmenge) als Ereignismenge betrachtet werden (vgl. Abschnitt 10.4); eine σ-Algebra besitzt ebenso wie die Potenzmenge die Eigenschaft, daß logische Verknüpfungen von Ereignissen wieder zu Ereignissen führen. Das dritte Axiom wird dann erweitert:

Erweitertes drittes Axiom:

Ist das Eintreten eines Ereignisses A gleichwertig dem Eintreten der paarweise sich gegenseitig ausschließenden Ereignisse $A_1, A_2, \ldots, A_n, \ldots$, dann ist

$$P(A) = \sum_{i=1}^{\infty} P(A_i).$$

Auf diesen drei Axiomen beruht die Wahrscheinlichkeitsrechnung.

Wir wollen nun die drei Axiome noch etwas veranschaulichen.

Zum ersten Axiom:

Ereignissen werden Wahrscheinlichkeiten zugeordnet. Aber: Ereignisse und nur Ereignisse haben Wahrscheinlichkeiten. Daraus folgt z.B., daß nur Ereigniseinheiten, keine Bestandseinheiten Wahrscheinlichkeiten haben. Daraus folgt weiter, daß Dinge oder Sätze oder Urteile oder Begriffe keine Wahrscheinlichkeiten haben. Nur Ereignisse. Im übrigen legt das erste Axiom fest, daß es keine negativen Wahrscheinlichkeiten gibt und daß die Wahrscheinlichkeit niemals größer als eins sein kann.

Zum zweiten Axiom:

Dieses Axiom ist selbst-evident: Sind in einem Gefäß nur Bohnen enthalten, so ist die Wahrscheinlichkeit, daß man beim Herausgreifen eines Gegenstandes eine Bohne herauszieht, gleich 1. Man ist absolut sicher, eine Bohne zu ziehen. „Das sichere Ereignis hat Wahrscheinlichkeit 1." Diese Aussage des zweiten Axioms ist nicht umkehrbar, d.h. wir können von einem Ereignis mit Wahrscheinlichkeit 1 nicht sagen, daß es sicher sei.

Zum dritten Axiom:

Aus diesem Axiom folgt die sog. *Additionseigenschaft* der Wahrscheinlichkeit oder die Entweder-oder-Eigenschaft: Die Wahrscheinlichkeit, daß *entweder* A_1 *oder* A_2 eintritt, ist gleich der Summe der Einzelwahrscheinlichkeiten $P(A_1) + P(A_2)$. Aber das Axiom behauptet diese Eigenschaft nur für disjunkte Ereignisse. Ist diese Voraussetzung verletzt, wie im folgenden Beispiel, dann ist auch das Axiom verletzt und man kann nicht mehr schlicht addieren. Wie groß ist die Wahrscheinlichkeit, aus einem Kartenspiel mit 52 Karten eine Herzkarte zu ziehen? Antwort: $\frac{1}{4}$. Wie groß ist die Wahrscheinlichkeit, einen König zu ziehen? Antwort: $\frac{1}{13}$. Ist demnach die Wahrscheinlichkeit, *entweder* eine Herzkarte *oder* einen König zu ziehen, nach dem dritten Axiom gleich $\frac{1}{4} + \frac{1}{13} = \frac{17}{52}$? Nein! Denn die beiden Ereignisse „Herzkarte" und „Königskarte" sind nicht disjunkt; das beiden Ereignissen gemeinsame Elementarereignis ist das Ziehen des Herzkönigs.

Wir werden jetzt – nur mit Hilfe der drei Axiome – ein paar einfache Theoreme beweisen, und wir beginnen mit dem Beispiel vom Ende des vorigen Absatzes. Wie groß ist denn die Wahrscheinlichkeit, entweder Herz oder König zu ziehen? Die Antwort erteilt das folgende

Additionstheorem für zwei beliebige Ereignisse:

$$P(A \cup B) = P(A) + P(B) - P(A \cap B).$$

Beweis:

A und B sind zwei beliebige Ereignisse, disjunkt oder nicht. Wir zerlegen das Ereignis $A \cup B$ in die disjunkten Ereignisse

$$A \cup B = A \cup (B \setminus A \cap B).$$

Aus dem dritten Axiom folgt zunächst:

$$P(A \cup B) = P(A) + P(B \setminus A \cap B). \tag{*}$$

B läßt sich wie folgt in disjunkte Ereignisse zerlegen:

$$B = (A \cap B) \cup (B \setminus A \cap B).$$

Abermals nach dem dritten Axiom folgt daraus:

$$P(B - A \cap B) = P(B) - P(A \cap B). \tag{**}$$

Setzen wir schließlich (**) in (*) ein, so erhalten wir das Theorem

$$P(A \cup B) = P(A) + P(B) - P(A \cap B).$$

Das Theorem benutzen wir jetzt zur Lösung der eingangs gestellten Aufgabe. Die Wahrscheinlichkeit für das Ereignis „Herzkönig" (also das Ereignis, das sowohl in „Herz" als auch in „König" besteht) ist

$$P(A \cap B) = \tfrac{1}{52}.$$

Somit ist die Wahrscheinlichkeit, entweder eine Herzkarte oder eine Königskarte zu ziehen:

$$P(\text{„Herz"} \cup \text{„König"}) = P(\text{„Herz"}) + P(\text{„König"}) - P(\text{„Herz"} \cap \text{„König"})$$

$$= \tfrac{1}{4} + \tfrac{1}{13} - \tfrac{1}{52} = \tfrac{16}{52} = \tfrac{4}{13}.$$

Ein anderer, sehr einfacher Satz ist das
Theorem über das unmögliche Ereignis:

$$P(\emptyset) = 0.$$

Beweis:

Die Vereinigung irgendeines Ereignisses mit E ist E. Also ist auch

$$\emptyset \cup E = E.$$

$\emptyset$ und E sind auch disjunkt; daher ist

$$P(\emptyset) + P(E) = P(E).$$

Subtrahieren wir auf beiden Seiten P(E), so bleibt

$$P(\emptyset) = 0.$$

Man beachte, daß $P(\emptyset) = 0$ ein aus dem Axiomensystem hergeleitetes Theorem ist, während die analoge Behauptung über das sichere Ereignis $P(E) = 1$ ein Axiom ist, nämlich das zweite Kolmogoroffsche Axiom.

Theorem über komplementäre Ereignisse:

$$P(A) + P(A') = 1.$$

Beweis:

Da definitionsgemäß $A' = E \setminus A$, ist

$$A \cup A' = E.$$

A und A' sind disjunkt; nach dem dritten und dem zweiten Axiom ist daher

$$P(A) + P(A') = P(E) = 1.$$

Theorem über sich gegenseitig enthaltende Ereignisse:
Wenn $A \subseteq B$, dann ist

$$P(A) \leqq P(B).$$

Beweis:
Wir zerlegen B in

$$B = A \cup (B \cap A').$$

Die Ereignisse A und $B \cap A'$ sind disjunkt, daher ist

$$P(B) = P(A) + P(B \cap A').$$

Wegen $P(B \cap A') \geqq 0$ folgt daraus $P(A) \leqq P(B)$.
Da $B \cap A' = B \setminus A$, folgt aus der letzten Gleichung noch das

Theorem über die Differenz sich gegenseitig enthaltender Ereignisse:
Wenn $A \subseteq B$, dann ist

$$P(B \setminus A) = P(B) - P(A).$$

Ausschöpfungstheorem:
$A_1, A_2, \ldots$ seien beliebige Ereignisse derart, daß jedes Elementarereignis wenigstens zu einem A_i $(i = 1, 2, \ldots)$ gehört. Dann ist

$$P\left(\bigcup_{i=1}^{\infty} A_i\right) = 1, \qquad \bigcup_{i=1}^{\infty} A_i = A_1 \cup A_2 \cup \ldots$$

Beweis:
Zunächst finden wir, da ja *jedes* Elementarereignis zu irgendeinem A_i gehört, daß $\bigcup_{i=1}^{\infty} A_i = E$. Nach dem zweiten Axiom folgt

$$P\left(\bigcup_{i=1}^{\infty} A_i\right) = 1.$$

Boolesche Ungleichung:
Dieses wichtige Theorem stammt aus dem Jahre 1854.
$A_1, A_2, \ldots$ seien beliebige Ereignisse, disjunkt oder nicht.
Dann ist

$$P\left(\bigcup_{i=1}^{\infty} A_i\right) \leqq \sum_{i=1}^{\infty} P(A_i).$$

9.3 Das statistische Problem

Als drittes, wichtigstes und eigentlich statistisches Wahrscheinlichkeitsproblem bleibt die numerische Bestimmung. Hier steht also die Frage zur Diskussion: Wo kamen die Wahrscheinlichkeitszahlen her?

Auf diese Frage hat die statistische Wissenschaft im Verlaufe ihrer Geschichte drei Antworten erteilt:

(1) a priori (objektiv)
(2) a posteriori (objektiv)
(3) subjektiv.

ad (1): Die A-priori-Wahrscheinlichkeit (auch logische, mathematische, rationale, deduktive oder Merkmalswahrscheinlichkeit genannt). Sie bezieht sich meist nur auf ein Merkmal mit einer endlichen Zahl paarweise unverträglicher Elementarmodalitäten. Das im Abschnitt 9.1 erläuterte Ätialprinzip besagte: „gleiche allgemeine Ursachen – gleiches Verteilungsgesetz". Der Komplex $\mathfrak{K}$ allgemeiner Ursachen definiert den stochastischen Vorgang $\mathfrak{S}$ durch Angabe eines bestimmten Merkmals oder einer Merkmalsverbindung $\mathfrak{M}_{\mathfrak{S}}$, im folgenden kurz mit $\mathfrak{M}$ bezeichnet. Die allgemeinen Ursachen erklären z.B., daß es sich um das Werfen mit einem homogenen Würfel auf einer ebenen Unterlage handelt. Sie kontrollieren aber den Ausgang des Würfelwurfs nicht vollständig, der – im Hinblick nur auf das *Merkmal* „Augenzahl" – offenbar sechs mögliche Folgen hat, nämlich daß die „1" nach oben zu liegen kommt oder die „2" usw. oder die „6". Es gibt also insgesamt sechs elementare, sich gegenseitig ausschließende *Modalitäten* dieses Merkmals. Die wechselnden konkreten Bedingungen, unter denen der stochastische Vorgang $\mathfrak{S}$ stattfindet, sind unbekannt (oder ihre Auswirkungen sind unbekannt); sie bestimmen also in unkontrollierbarer Weise, welche der Modalitäten bei einzelnen Versuchen realisiert wird. Das Ergebnis des stochastischen Vorgangs hat noch andere Eigenschaften, die z.B. die Lage des geworfenen Würfels näher präzisieren; wir wollen aber nur *ein* Merkmal, eben die Augenzahl, beobachten und registrieren.

Die Wahrscheinlichkeit bezieht sich stets auf eine Merkmalsmodalität oder ein Untermerkmal m^* eines zufälligen Vorgangs $\mathfrak{S}$, der seinerseits durch ein allgemeines Merkmal $\mathfrak{M}$ definiert wird. m_2 ist z.B. das Auftreten der Augenzahl 2, $\mathfrak{M}$ die Charakterisierung des Werfens mit einem Würfel im Hinblick auf die Augenzahl.

Die A-priori-Wahrscheinlichkeit läßt sich immer dann definieren, wenn ein stochastisches Experiment $\mathfrak{S}$ (definiert durch $\mathfrak{M}$) unter einem bestimmten Aspekt (ebenfalls gegeben durch $\mathfrak{M}$) eine endliche Zahl von paarweise unverträglichen *Elementarmodalitäten* $m_1, \ldots, m_n$ hat; die Merkmalswahrscheinlichkeit wird geschrieben als

$$P(m^* \mid \mathfrak{M})$$

(lies: Wahrscheinlichkeit für die elementare Merkmalsmodalität m^* des Merkmals $\mathfrak{M}$). Genauer müßten wir eigentlich die Merkmalswahrscheinlichkeit schreiben als $P(m^* \mid \mathfrak{M}; \mathfrak{S}; \mathfrak{K})$.

Diese Wahrscheinlichkeit beträgt nach der klassischen Laplaceschen Gleichmöglichkeitsdefinition (vgl. Abschnitt 9.2)

$$P\,(m^*\,|\,\mathfrak{M}) = \frac{1}{n}\,,$$

wenn n die Anzahl der möglichen Elementarmodalitäten ist.

Beispiel für eine A-priori-Wahrscheinlichkeit:
Der stochastische Vorgang $\mathfrak{S}$ ist das Würfeln mit einem Würfel auf ebener Unterlage; das Merkmal $\mathfrak{M}$ ist die Augenzahl, eine elementare Modalität von $\mathfrak{M}$ ist $m^* = 2$. Es gibt insgesamt n = 6 Elementarmodalitäten. Somit ist

$$P\,(m^* = 2\,|\,\mathfrak{M}) = \tfrac{1}{6}\,.$$

ad (2): Die A-posteriori-Wahrscheinlichkeit (auch statistische, Häufigkeits-, empirische, induktive oder Massenwahrscheinlichkeit genannt) bezieht sich auf eine statistische Masse M von Verwirklichungen des Merkmals $\mathfrak{M}$. An jeder Einheit von M wird festgestellt, ob sie die Modalität m^* trägt oder nicht. Auf m (M) von insgesamt n (M) Einheiten von M möge m^* zutreffen. Dann definieren wir die Massenwahrscheinlichkeit als

$$P\,(m^*\,|\,\mathfrak{M};\,M)$$

(lies: Wahrscheinlichkeit für das Auftreten der Modalität m^* des Merkmals $\mathfrak{M}$ in der statistischen Masse M). Natürlich verdankt auch die Masse M ihr Entstehen $\mathfrak{K}$ und dem durch $\mathfrak{K}$ definierten $\mathfrak{S}$, so daß wir genaugenommen zu schreiben haben:

$$P\,(m^*\,|\,\mathfrak{M};\,\mathfrak{S};\,\mathfrak{K};\,M).$$

Diese Wahrscheinlichkeit ist nach der Häufigkeitsinterpretation

$$P\,(m^*\,|\,\mathfrak{M};\,M) = \frac{m\,(M)}{n\,(M)}$$

bzw. nach der Limesdefinition von Richard von Mises

$$P\,(m^*\,|\,\mathfrak{M};\,M) = \lim_{n \to \infty} P\,(m^*\,|\,\mathfrak{M};\,M_n),$$

worin M_n die Masse der n ersten Verwirklichungen des stochastischen Vorgangs $\mathfrak{S}$ ist, soweit er sich in Modalitäten des Merkmals $\mathfrak{M}$ realisiert.

Beispiel für eine Massenwahrscheinlichkeit:
Der stochastische Vorgang $\mathfrak{S}$ ist das Merkmal $\mathfrak{M}$ = „Überleben im Verlaufe eines Jahres" mit den Elementarmodalitäten „ja" und „nein". Die Masse M von Realisierungen des Merkmals $\mathfrak{M}$ sei die Menge der Personen, die im Jahre 1977 genau ein Jahr alt oder jünger waren. Ihre Anzahl betrug n (M) = 582 344. Davon sind im Verlaufe des Jahres in ihrem ersten Lebensjahr verstorben, tragen also die Modalität m^* = nein (gestorben): m (M) = 9022. Die relative Häufigkeit der Modalität m^* des Merkmals $\mathfrak{M}$ in der Masse M ist die Massenwahrscheinlichkeit

$$P\,(m^* = \text{nein}\,|\,\mathfrak{M};\,M) = \frac{m\,(M)}{n\,(M)} = \frac{9022}{582\,344} = 0{,}0154\,.$$

(Quelle: Statistisches Jahrbuch der Bundesrepublik Deutschland 1979, S. 67.)

ad (3): Als dritte Möglichkeit bleibt die subjektive Wahrscheinlichkeitsbestimmung. Sie resultiert aus Intuition, Introspektion oder dem persönlichen Dafürhalten eines Menschen. Diese Methode ist universell und billig, aber unwissenschaftlich. Als Begründer dieser Methode wird oft Jakob Bernoulli angesehen, der in der Tat in seiner ‚Ars conjectandi‘ einige Passagen geschrieben hat, die subjektivistisch anmuten können. Andere, hauptsächlich die modernen Subjektivisten, sehen in Th. Bayes ihren Ahnherrn. Er benutzte einen Wahrscheinlichkeitsbegriff, der, obgleich nicht direkt subjektivistisch, doch subjektivistischen Vorstellungen nahesteht. Der Vater des Wahrscheinlichkeitssubjektivismus ist jedoch P. S. de Laplace. An seinen Thesen entzündete sich die Kritik, hauptsächlich von A. Cournot, J. v. Kries, W. Lexis und A. Tschuprow, die zur Abkehr von der subjektiven Wahrscheinlichkeitsidee führte. Aber die Versuchung ist offenbar übermächtig. Heute gibt es wieder zahlreiche Vertreter dieses Zweiges.

Natürlich werden subjektiv vermutete oder irgendwie intuitiv erfaßte Wahrscheinlichkeiten tagtäglich benutzt, und selbst in der Wissenschaft können subjektive oder personelle Wahrscheinlichkeiten heuristisch nützlich sein, so wie subjektiv vermutete Kausalbeziehungen. Wissenschaftliche Erkenntnisse kann man natürlich nicht auf sie gründen.

10. Wahrscheinlichkeitsrechnung

Zwar ist es im Rahmen dieser elementaren Einführung nicht möglich, die Wahrscheinlichkeitsrechnung zu entfalten (nicht einmal die elementaren Teile). Aber wir sollten doch die *wichtigsten Konzepte* kennenlernen.

10.1 Transitivität, Bedingtheit

Im Gegensatz zu der Additionseigenschaft der Wahrscheinlichkeit, die durch das 3. Axiom gestiftet wird und sehr einfach ist, führt die multiplikative Verknüpfung von Wahrscheinlichkeiten zu einigen Schwierigkeiten. Es wird jetzt auch relevant, ob man es entweder mit Merkmals- oder Massenwahrscheinlichkeiten zu tun hat, während die Additionseigenschaften für alle Arten von Wahrscheinlichkeiten gelten.

Während wir die Additionseigenschaft sprachlich durch die Konjunktion *„entweder – oder"* ausdrücken können, ist bei allen Multiplikationseigenschaften eine Situation involviert, die sich sprachlich durch *„sowohl – als auch"* ausdrücken läßt.

Beispiel für Addition („entweder – oder"):
Beim Spielen mit 52 Karten sei A das Ereignis „Herz", B das Ereignis „Karo". Dann ist, da A und B disjunkt sind, nach dem dritten Axiom

$$P(A \cup B) = P(A) + P(B),$$

also die Wahrscheinlichkeit dafür *entweder* Herz *oder* Karo zu erhalten, wenn man eine Karte zufällig zieht

$$P (\text{„entweder" Herz „oder" Karo}) = P (\text{Herz}) + P (\text{Karo})$$

$$= \frac{13}{52} + \frac{13}{52} = \frac{1}{2},$$

das heißt gleich der *Summe* der beiden Einzelwahrscheinlichkeiten.

Beispiel für Multiplikation („sowohl – als auch"):

Beim Spielen mit 52 Karten interessiere die Wahrscheinlichkeit, *sowohl* (beim ersten Ziehen einer Karte) Herz *als auch* (beim zweiten Ziehen, nachdem die erste Karte wieder zurückgesteckt wurde) Karo zu erhalten. Nach der Multiplikationseigenschaft der Wahrscheinlichkeit ist die gesuchte Wahrscheinlichkeit

$$P (\text{Herz und Karo}) = P (\text{Herz}) \cdot P (\text{Karo})$$

$$= \frac{1}{4} \cdot \frac{1}{4} = \frac{1}{16},$$

das heißt gleich dem *Produkt* der beiden Einzelwahrscheinlichkeiten.

Nun wäre es aber eine unzulässige Vereinfachung, von der Multiplikationseigenschaft schlechthin zu reden. Tatsächlich gibt es einen ganzen Komplex von Multiplikationseigenschaften. Die wichtigsten sind

(1) transitive Eigenschaft,
(2) Multiplikationseigenschaft für bedingte Merkmale,
(3) Multiplikationseigenschaft für (logisch) unabhängige Merkmale.

Die Transitivität von Wahrscheinlichkeiten läßt sich wie folgt formulieren:

Merkmals- und Massenwahrscheinlichkeiten sind Quotienten und verhalten sich als solche.

Diese Eigenschaft wollen wir jetzt betrachten. A und A* seien zwei Ereignisse mit $A^* \subseteq A$, oder in der Sprechweise der Merkmalstheorie: A ist eine Modalität (nicht notwendig eine Elementarmodalität) eines bestimmten Merkmals $\mathfrak{M}$, A* eine Untermodalität von A. Zum Beispiel bedeute $\mathfrak{M}$ das Roulettespiel, A das Ereignis „schwarz" mit den Elementarmodalitäten 2, 4, 6, 8, 10, 11, 13, 15, 17, 20, 22, 24, 26, 28, 29, 31, 33, 35, B das Ereignis „Zahl kleiner als 10". A* sei die Untermodalität „Zahl kleiner als 10" von A, also

A $= \{2, 4, 6, 8, 10, 11, 13, 15, 17, 20, 22, 24, 26, 28, 29, 31, 33, 35\}$,
B $= \{x \mid x < 10\}$,
A*$= A \cap B = \{x \mid x \in A \text{ und } x < 10\}$
 $= \{2, 4, 6, 8\}$.

Dann ist

$$P (A^* \mid \mathfrak{M}) = P (A^* \mid A) \cdot P (A \mid \mathfrak{M}), \tag{*}$$

im Beispiel:

$$P (A^* \mid \mathfrak{M}) = \frac{4}{37} = \frac{4}{18} \cdot \frac{18}{37}.$$

Ist der Ereignisraum von $\mathfrak{M}$ diskret und umfaßt n Punkte (Elementarmodalitäten), kommt weiterhin A eine Anzahl von m Punkten zu und A* eine Anzahl von k Punkten, so ist

$$P\,(A^*\,|\,\mathfrak{M}) = \frac{k}{n}\,; \quad \text{im Beispiel } \frac{4}{37}\,,$$

$$P\,(A^*\,|\,A) = \frac{k}{m}\,; \quad \text{im Beispiel } \frac{4}{18}\,,$$

$$P\,(A\,|\,\mathfrak{M}) = \frac{m}{n}\,; \quad \text{im Beispiel } \frac{18}{37}\,.$$

Es ist also in der Tat

$$P\,(A^*\,|\,\mathfrak{M}) = \frac{k}{m} \cdot \frac{m}{n} = \frac{k}{n}\,.$$

Analoges gilt für Massenwahrscheinlichkeiten.

Es gibt stochastische Vorgänge, welche die Eigenschaften von zwei Zufallsprozessen $\mathfrak{M}$ und $\mathfrak{N}$ zugleich enthalten und die man deshalb gleichzeitig auf die beiden, durch $\mathfrak{M}$ und $\mathfrak{N}$ ausgedrückten Merkmale hin beobachten kann. Etwa wird ein Würfel auf einem Schachbrett geworfen und das Ergebnis hinsichtlich der Augenzahl $\mathfrak{M}$ und des besetzten Feldes $\mathfrak{N}$ ausgewertet. Die Doppelrolle dieses Experimentes bezeichnen wir mit $\mathfrak{M} \times \mathfrak{N}$ („$\mathfrak{M}$ und $\mathfrak{N}$"). Sind A und B Untermerkmale von $\mathfrak{M}$ bzw. $\mathfrak{N}$, so ist $A \times B$ ein Untermerkmal von $\mathfrak{M} \times \mathfrak{N}$ und bedeutet, daß *sowohl* A *als auch* B erfüllt sind. Wenden wir die Formel (*) auf $A \times B$ anstelle von A*, auf $\mathfrak{M} \times \mathfrak{N}$ anstelle von $\mathfrak{M}$, auf $E_{\mathfrak{M}} \times B$ anstelle von A und auf $E_{\mathfrak{N}} \times A$ anstelle von $\mathfrak{N}$ an, wobei $E_{\mathfrak{M}}$ der Ereignisraum von $\mathfrak{M}$ und $E_{\mathfrak{N}}$ der Ereignisraum von $\mathfrak{N}$ ist, dann erhalten wir

$$P\,(A \times B\,|\,E_{\mathfrak{M}} \times E_{\mathfrak{N}}) = P\,(A \times B\,|\,E_{\mathfrak{M}} \times B) \cdot P\,(E_{\mathfrak{M}} \times B\,|\,E_{\mathfrak{M}} \times E_{\mathfrak{N}}),$$

wobei $A \times B = (A \times E_{\mathfrak{N}}) \cap (E_{\mathfrak{M}} \times B) \subseteq E_{\mathfrak{M}} \times B$ und $E_{\mathfrak{M}} \times E_{\mathfrak{N}} = E_{\mathfrak{M} \times \mathfrak{N}}$ der zu $\mathfrak{M} \times \mathfrak{N}$ gehörige (mit $\mathfrak{M} \times \mathfrak{N}$ identifizierte) Ereignisraum mit $A \times E_{\mathfrak{N}}$ und $E_{\mathfrak{M}} \times B$ als Untermerkmalen ist.

Die Wahrscheinlichkeiten $P\,(A \times E_{\mathfrak{N}}\,|\,E_{\mathfrak{M}} \times E_{\mathfrak{N}})$ sind die sogenannten Randwahrscheinlichkeiten (Projektionswahrscheinlichkeiten) für Untermerkmale A von $\mathfrak{M}$ bezogen auf die zweidimensionalen Wahrscheinlichkeiten $P\,(A \times B\,|\,E_{\mathfrak{M}} \times E_{\mathfrak{N}})$. Analog sind $P\,(E_{\mathfrak{M}} \times B\,|\,E_{\mathfrak{M}} \times E_{\mathfrak{N}})$ die Randwahrscheinlichkeiten für Untermerkmale B von $\mathfrak{N}$.

Wir schreiben das Ergebnis kürzer [vgl. Formel (*)] und statt
$P\,(A^*\,|\,A) = P\,(A \cap B\,|\,A)$ jetzt $P\,(B\,|\,A)$:

$$P\,(A \cap B) = P\,(B\,|\,A) \cdot P\,(A). \qquad\qquad (*)$$

Natürlich herrscht Symmetrie, und darum ist auch

$$P\,(A \cap B) = P\,(A\,|\,B) \cdot P\,(B). \qquad\qquad (**)$$

Unser Hauptinteresse gilt den beiden Ausdrücken $P\,(A\,|\,B)$ und $P\,(B\,|\,A)$. Sie heißen bedingte Wahrscheinlichkeiten, nämlich „die Wahrscheinlichkeit für A, gegeben B" und „die Wahrscheinlichkeit für B, gegeben A", d.h. unter der Annahme oder Voraussetzung von B (bzw. A) oder nachdem B (bzw. A) stattgefunden hat. Diese Konstruktion der bedingten Wahrscheinlichkeiten ist von fundamentaler Bedeutung für die Wahrscheinlichkeitsrechnung und für alle Zweige der Statistik. Die beiden obigen Formeln (*) und (**), die man auch als „Gesetz der zusammengesetzten Wahrscheinlichkeit" bezeichnet und die für Merkmals- und Massenwahrscheinlichkeiten gelten, legen für den allgemeinen Fall nahe die folgende

Definition der bedingten Wahrscheinlichkeit:

a) A unter der Bedingung B: $P(A\,|\,B) = \dfrac{P(A \cap B)}{P(B)}$; $\quad P(B) > 0$.

b) B unter der Bedingung A: $P(B\,|\,A) = \dfrac{P(A \cap B)}{P(A)}$; $\quad P(A) > 0$.

Wir bezeichnen $A\,|\,B$ als das *bedingte Ereignis.*

Zur Erläuterung dieser wichtigen Zusammenhänge betrachten wir ein ganz einfaches Beispiel. Ein stochastischer Vorgang bestehe im zweimaligen Werfen einer fairen Münze. Der Ereignisraum enthält dann die folgenden 4 Elementarereignisse:

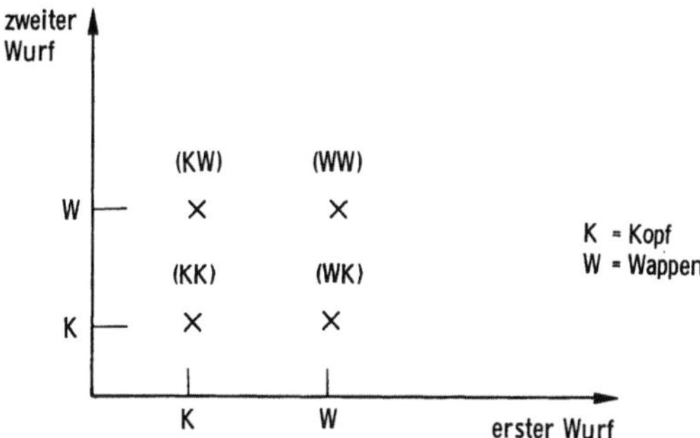

Die Potenzmenge dieser Ereignismenge enthält die folgenden $2^4 = 16$ Elemente: das unmögliche Ereignis $\emptyset$ und das (vierelementige) sichere Ereignis $E = \{e_1, e_2, e_3, e_4\}$; die einelementigen Ereignisse [1] $e_1 = KK$, $e_2 = KW$, $e_3 = WK$, $e_4 = WW$; die zweielementigen Ereignisse $\{e_1, e_2\}$, $\{e_1, e_3\}$, $\{e_1, e_4\}$, $\{e_2, e_3\}$, $\{e_2, e_4\}$, $\{e_3, e_4\}$; die dreielementigen Ereignisse $\{e_1, e_2, e_3\}$, $\{e_1, e_2, e_4\}$, $\{e_1, e_3, e_4\}$, $\{e_2, e_3, e_4\}$.

Das zuletzt genannte Ereignis $\{e_2, e_3, e_4\}$, nennen wir es A, ist also das Ereignis

entweder e_2 (beim ersten Wurf Kopf, beim zweiten Wappen)
oder e_3 (beim ersten Wurf Wappen, beim zweiten Kopf)
oder e_4 (beim ersten und beim zweiten Wurf Wappen).

Die Wahrscheinlichkeit dieses Ereignisses beträgt, da jedes Elementarereignis die Wahrscheinlichkeit $\frac{1}{4}$ hat,

$$P\{e_2, e_3, e_4\} = \tfrac{3}{4}.$$

Nunmehr führen wir die *Bedingung* B ein; $B = \{e_1, e_2\}$, d.h. die Bedingung: „beim ersten Wurf kam Kopf". Die Bedingung kann hypothetisch oder real verstanden wer-

---

1 Im folgenden werden die einelementigen Ereignisse $\{e_i\}$ mit den Elementen e_i identifiziert.

den. Die neue Menge von Elementarereignissen umfaßt jetzt jedenfalls nur noch die zwei Elementarereignisse e_1 und e_2. Die Potenzmenge von B enthält nur $2^2 = 4$ Elemente, nämlich

das unmögliche Ereignis $\emptyset$,
das sichere Ereignis, das jetzt B ist,
die einelementigen Ereignisse e_1 und e_2.

Wie steht es nunmehr mit unserem Ereignis $A = \{e_2, e_3, e_4\}$? Unter der Bedingung B (zuerst Kopf) sind e_3 und e_4 nicht länger mehr möglich, sie sind im buchstäblichen Sinn unmögliche Ereignisse geworden: Das neue Ereignis $\tilde{A}$ enthält also nur noch das Elementarereignis e_2, nämlich beim zweiten Wurf Wappen zu erhalten:

$$\tilde{A} = \{e_2\}$$

$$P(\tilde{A} \mid B) = \tfrac{1}{2}.$$

Diese Wahrscheinlichkeit können wir natürlich auch, bezogen auf den ursprünglichen Ereignisraum E, berechnen. Wir wenden die obige Definition für bedingte Merkmale an, und wir erhalten zunächst

$$\tilde{A} = \{e_2\};$$

$$B = \{e_1, e_2\}; \qquad P(B) = \tfrac{2}{4} = 0{,}5;$$

$$\tilde{A} \cap B = \{e_2\}; \qquad P(\tilde{A} \cap B) = \tfrac{1}{4} = 0{,}25.$$

Daraus berechnen wir die bedingte Wahrscheinlichkeit

$$P(\tilde{A} \mid B) = \frac{P(\tilde{A} \cap B)}{P(B)} = \frac{0{,}25}{0{,}5} = 0{,}5.$$

Die bedingte Wahrscheinlichkeit erlaubt also, alle Betrachtungen auf einen, den ursprünglich gegebenen Ereignisraum zu beziehen. Übrigens läßt sich leicht zeigen, daß bedingte Wahrscheinlichkeiten dem Kolmogoroffschen Axiomensystem genügen.

Alles, was über bedingte Wahrscheinlichkeiten gesagt wurde, gilt für Merkmalswahrscheinlichkeiten ebenso wie für Massenwahrscheinlichkeiten.

10.2 Unabhängigkeit

Eine andere Multiplikationseigenschaft der Wahrscheinlichkeit, diejenige für (logisch) unabhängige Merkmale, führt uns zu einer weiteren, für die ganze Wahrscheinlichkeitsrechnung und die ganze Statistik fundamentalen Konstruktion, der Unabhängigkeit.

Sind zwei Merkmale $\mathfrak{M}$ und $\mathfrak{N}$ (wie im obigen Beispiel, in welchem auf einem Schachbrett gewürfelt wird) *logisch unabhängig* voneinander (d. h. daß keine Modalität des Merkmals $\mathfrak{M}$ irgendetwas über das Merkmal $\mathfrak{N}$ präjudiziert), dann vereinfacht sich die Formel für die Wahrscheinlichkeit $P(A \cap B \mid E_\mathfrak{M} \times E_\mathfrak{N})$ erheblich. Diese Wahrscheinlichkeit ist dann nämlich

$$P(A \cap B \mid E_\mathfrak{M} \times E_\mathfrak{N}) = P(A \mid E_\mathfrak{M}) \cdot P(B \mid E_\mathfrak{N})$$

oder kurz

$$P(A \cap B) = P(A) \cdot P(B).$$

A enthalte m* der insgesamt m Elementarmodalitäten von $E_\mathfrak{M}$; B enthalte n* der n Elementarmodalitäten von $E_\mathfrak{N}$.

$E_\mathfrak{M} \times E_\mathfrak{N}$ umfaßt dann m · n Elementarmodalitäten, $A \cap B$ entsprechend m* ·n* und $E_\mathfrak{M} \cap B$ dann m · n*. Daher ist jetzt

$$P(A \cap B \mid E_\mathfrak{M} \cap B) = \frac{m^* \cdot n^*}{m \cdot n^*} = \frac{m^*}{m} = P(A \mid E_\mathfrak{M})$$

oder kurz

$$P(A) = \frac{m^*}{m}$$

und entsprechend

$$P(B) = \frac{n^*}{n}.$$

Die Formel $P(A \cap B) = P(A) \cdot P(B)$ läßt sich direkt als Kriterium für Unabhängigkeit benutzen.

Definition der Unabhängigkeit:

(1) Zwei Ereignisse A und B sind unabhängig, wenn die Wahrscheinlichkeit ihres gleichzeitigen Auftretens gleich dem Produkt der Einzelwahrscheinlichkeiten ist:

$$P(A \cap B) = P(A) \cdot P(B).$$

Völlig gleichwertig zu dieser Definition ist bei positiven Wahrscheinlichkeiten für A und B die folgende:

(2) Zwei Ereignisse sind unabhängig, wenn die Wahrscheinlichkeit für das eine Ereignis unter der Bedingung des anderen gleich der unbedingten Wahrscheinlichkeit des einen Ereignisses ist:

$$P(B \mid A) = P(B)$$
$$P(A \mid B) = P(A).$$

Man sieht die Gleichwertigkeit zu (1) sofort: Da nach dem Gesetz der zusammengesetzten Ereignisse stets

$$P(A \cap B) = P(B \mid A) \cdot P(A)$$
$$= P(A \mid B) \cdot P(B),$$

sind die bedingten Wahrscheinlichkeiten gleich den unbedingten genau dann, wenn $P(A \cap B) = P(A) \cdot P(B)$.

Aus dieser zweiten Fassung des Unabhängigkeitsbegriffs ersieht man besonders klar, daß die Unabhängigkeit eine *gemeinsame* Eigenschaft aller beteiligten Ereignisse ist. Für zwei Ereignisse gilt: Wenn A von B abhängig ist, ist auch B von A abhängig; wenn A von B unabhängig ist, ist auch B von A unabhängig.

Die zweite Fassung des Unabhängigkeitsbegriffs ist intuitiv sehr plausibel. Wenn wir sagen können: Die Wahrscheinlichkeit für A ist dieselbe, ob B gegeben ist oder ob B nicht gegeben ist, dann sagen wir (auch im täglichen Leben): A und B sind unabhängig voneinander.

Völlig gleichwertig den beiden bisher betrachteten Definitionen ist die folgende dritte Fassung:

(3) Zwei Ereignisse sind unabhängig, wenn die Wahrscheinlichkeit für A unter der Bedingung B dieselbe ist wie die Wahrscheinlichkeit für A unter der Bedingung B' (non-B):

$$P\,(A\,|\,B) = P\,(A\,|\,B').$$

Man sieht die Gleichwertigkeit zu (1), wenn man sich vergegenwärtigt, daß aus der ursprünglichen Definition der Unabhängigkeit folgt: $P\,(A \cap B') = P\,(A) \cdot P\,(B')$.

Diese dritte und letzte Fassung der Unabhängigkeit ist die plausibelste. Sie besagt: Die Wahrscheinlichkeit für A ist beim Ereignis B dieselbe wie beim Ereignis non-B. Zum Beispiel werden wir sagen, daß das Merkmal „Erfolg in der Statistikklausur" (A) dann vom Merkmal „Geschlecht" (B) unabhängig ist, wenn die Erfolgswahrscheinlichkeit $P\,(A)$ unter den Studenten genauso groß ist wie unter den Studentinnen.

Oder ein anderes Beispiel: In einem Schaltjahr ist die Wahrscheinlichkeit für eine Dürre genauso groß wie in einem gewöhnlichen Jahr (Nicht-Schaltjahr). Die Ereignisse „Dürrejahr" und „Schaltjahr" sind unabhängig.

Die Unabhängigkeit ist eine trickreiche Eigenschaft. Unabhängigkeitsformeln (1) bis (3) lassen sich − im Gegensatz zu den bisher betrachteten Multiplikationsformeln − *nicht analog auf Massenwahrscheinlichkeiten* anwenden. Darin manifestiert sich eine grundsätzliche Diskrepanz zwischen Merkmals- und Massenwahrscheinlichkeit. Im Gegensatz zur ersteren, die mit der begrifflichen Zerlegung des Merkmals automatisch die entsprechenden Elementarmodalitäten kombiniert, besteht kein Anlaß zu der Annahme, daß die Realisationen des stochastischen Vorgangs, eben die Elemente einer Masse M, sich systematisch kombinieren. Vielmehr erfolgt die Koppelung einer Modalität von A mit einer Modalität von B bei den einzelnen Realisationen zufällig.

Sind z. B. 60% der Arbeiter eines Betriebes weiblich und 30% der Arbeiter ledig, dann wird die relative Häufigkeit der weiblichen ledigen Arbeiter höchstens zufällig $0{,}6 \cdot 0{,}3 = 0{,}18$ betragen. Sie kann genauso gut gleich eins sein, wenn nämlich alle ledigen Arbeiter weiblich sind.

Natürlich führt − oder besser: verführt − die klassische Wahrscheinlichkeitsdefinition dazu, für eine statistische Masse M von Beobachtungen die Gesetzmäßigkeit $P\,(A \cap B) = P\,(A) \cdot P\,(B)$ anzunehmen, wenn A und B unabhängig sind. Aber es können empirische (etwa wirtschaftliche oder auch physikalische oder biologische) Abhängigkeitsbeziehungen diesen a priori so einfach erscheinenden Zusammenhang durchkreuzen.

Man benötigt daher ein anderes, gleichsam erweitertes Unabhängigkeitskonzept für Massenwahrscheinlichkeiten. Dieses Konzept heißt *stochastische Unabhängigkeit*. Manchmal spricht man auch von *Unverbundenheit*. Sie besagt, daß zwei Merkmale auch dann als unabhängig (oder unverbunden) gelten können, wenn die entsprechenden Wahrscheinlichkeiten das Unabhängigkeitskriterium (für Merkmalswahrscheinlichkeiten) verletzen. Natürlich muß diese Verletzung sich in Grenzen halten.

Wir werden später Methoden kennenlernen, die zu entscheiden erlauben, wie groß die Abweichung der Differenz $P\,(A \cap B) - P\,(A)\,P\,(B)$ von Null sein darf, damit die Annahme der stochastischen Unabhängigkeit der beiden Merkmale noch als unwiderlegt gelten kann bzw. von welcher Mindestgrenze ab die Abweichung als so markant zu betrachten ist, daß sie nicht mehr als Zufallsschwankung, sondern als Folge einer zwischen den beiden Merkmalen bestehenden Abhängigkeit zu erklären ist, d. h. daß die Abweichung „signifikant" ist. Sind die beiden Merkmale in diesem Sinne „deutlich genug" empirisch verbunden, so schließt man daraus auf eine tatsächliche, realiter vorhandene Beziehung zwischen den Merkmalen.

Doch selbst dieser Schluß bleibt problematisch, denn die nach bestimmten formalen Kriterien geprüfte Beziehung kann ihre „Signifikanz" einer dritten Erscheinung verdanken.

10.3 Das Bayessche Theorem

Eine wichtige Konsequenz aus der Definition der bedingten Wahrscheinlichkeit ist das Theorem von Thomas Bayes. Es hat eine sehr große Bedeutung für viele Zweige der Statistik, und es ist seit seinem Erscheinen im Jahre 1763 Gegenstand ungewöhnlicher Kontroversen gewesen.

Die Wahrscheinlichkeitsrechnung vor Bayes ist stets von bestimmten Modellen, Annahmen oder Hypothesen ausgegangen und hat nach der Wahrscheinlichkeit für bestimmte Ereignisse gefragt. Bayes hat diese Betrachtung auf den Kopf gestellt, indem er, von realisierten Ereignissen ausgehend, nach der Wahrscheinlichkeit für die Richtigkeit von Modellen, Annahmen oder Hypothesen fragte. Er verwandelte damit die Wahrscheinlichkeitsrechnung, wie Timerding kommentierte, „...aus einem bloßen Spiel des Geistes in eine ernste Wissenschaft..." [Bayes 1908, S. 3].

Das nach Bayes benannte Theorem besagt (in moderner Formulierung): Seien A_1, $A_2, \ldots$ sich paarweise einander ausschließende Ereignisse, welche einen gegebenen Ereignisraum E ausfüllen,

$$A_1 \cup A_2 \cup \ldots = E; \quad P(A_i) > 0; \quad i = 1, 2, \ldots;$$

B sei ein Ereignis in E,

$$B \subseteq E; \quad P(B) > 0;$$

dann ist für $i = 1, 2, \ldots$

$$P(A_i \mid B) = \frac{P(B \mid A_i) \cdot P(A_i)}{P(B \mid A_1) \cdot P(A_1) + P(B \mid A_2) \cdot P(A_2) + \ldots}. \qquad (*)$$

Beweis:

Nach der Definition für bedingte Wahrscheinlichkeiten ist

$$P(A_i \mid B) = \frac{P(B \mid A_i) \, P(A_i)}{P(B)}.$$

Es ist also nur zu zeigen, daß P (B) gleich ist dem Nenner auf der rechten Seite von (*). Da aber $B \subseteq E$ oder

$$B \subseteq A_1 \cup A_2 \cup \ldots,$$

folgt

$$B = (A_1 \cap B) \cup (A_2 \cap B) \cup \ldots$$

und somit nach dem Additionsaxiom

$$P(B) = P(A_1 \cap B) + P(A_2 \cap B) + \ldots$$

Also ist

$$P(B) = P(B \mid A_1)\, P(A_1) + P(B \mid A_2)\, P(A_2) + \ldots$$

Letztere Formel wird manchmal „Theorem der totalen Wahrscheinlichkeit" genannt.

In der Bayesschen Interpretation ist $P(A_i \mid B)$ die *A-posteriori-Wahrscheinlichkeit* für A_i, nachdem B beobachtet wurde. $P(A_i)$ ist die *A-priori-Wahrscheinlichkeit* für A_i. $P(B \mid A_i)$ ist die Wahrscheinlichkeit für die Beobachtung B, wenn A_i gegeben ist. Ausdrücke von der Form $P(B \mid A_i)$ nennt man – nach R. A. Fisher – „Likelihoods". Das Bayessche Theorem transformiert also die A-priori-Wahrscheinlichkeit eines Ereignisses im Lichte der Beobachtung B in eine A-posteriori-Wahrscheinlichkeit.

Beispiel:

In zwei Schubläden I und II sind schwarze (s) und weiße (w) Kugeln; I hat 2 w und 3 s, II hat 4 w und 1 s. Aus einer der beiden Schubläden wird eine Kugel gezogen, die gezogene Kugel ist schwarz. Wir wissen nicht, aus welcher Schublade sie stammt. Wie groß ist die Wahrscheinlichkeit, daß die gezogene Kugel aus I stammt? Schublade I ist das „erste der beiden aufeinanderfolgenden Ereignisse"; Schublade I repräsentiert die „Umstände (certain data)", welche das zweite Ereignis, das Ziehen der Kugel begleiten. Der Zusammenhang läßt sich auch so interpretieren (übrigens durchaus im Bayesschen Geist), daß Schublade I eine Hypothese ist. Man will dann (in Bayes' Formulierung) die Wahrscheinlichkeit dafür wissen, daß man recht hat, wenn man vermutet, daß die Hypothese „Schublade I" zutrifft, nachdem eine schwarze Kugel gezogen wurde.

Die Antwort erteilt das Theorem. Wir setzen $A_1 = $ I, $A_2 = $ II, B = schwarze Kugel. Wir kontrollieren, ob $A_1 \cup A_2 = E$, $B \subseteq A_1 \cup A_2$, $P(A_1) > 0$, $P(A_2) > 0$, $P(B) > 0$. Das ist alles der Fall. Um jedoch $P(A_1 \mid B)$, die „Wahrscheinlichkeit für Schublade I, gegeben die gezogene Kugel", ausrechnen zu können, müssen wir noch wissen, wie groß die A-priori-Wahrscheinlichkeiten $P(A_1)$ und $P(A_2)$ sind, d.h. wie groß a priori die Chance ist, daß Schublade I gewählt wurde (bzw. Schublade II). Das ist nun genau die Schwierigkeit. Das Bayessche Postulat beseitigt die Schwierigkeit durch die willkürliche Annahme, daß

$$P(A_1) = P(A_2) = 0{,}5.$$

Nunmehr können wir die „Wahrscheinlichkeit für Schublade I, gegeben die gezogene schwarze Kugel" bestimmen:

$$P(A_1 \mid B) = \frac{\frac{3}{5} \cdot 0{,}5}{\frac{3}{5} \cdot 0{,}5 + \frac{1}{5} \cdot 0{,}5} = 0{,}75.$$

Dies ist die gesuchte Wahrscheinlichkeit.

Die Logik des Bayesschen Theorems wollen wir uns dadurch noch etwas plausibler machen, daß wir für unser Beispiel im ursprünglichen Ereignisraum E das Ereignis B isolieren und dieses selbst als – neuen – Ereignisraum auffassen (vgl. Abb. 2).

Aus dem „neuen Ereignisraum" in Abb. 2 können wir direkt das Resultat $P(A_1 \mid B) = \frac{3}{4}$ entnehmen. Die bedingte Wahrscheinlichkeit $P(A_1 \mid B)$, bezogen auf E, ist nichts

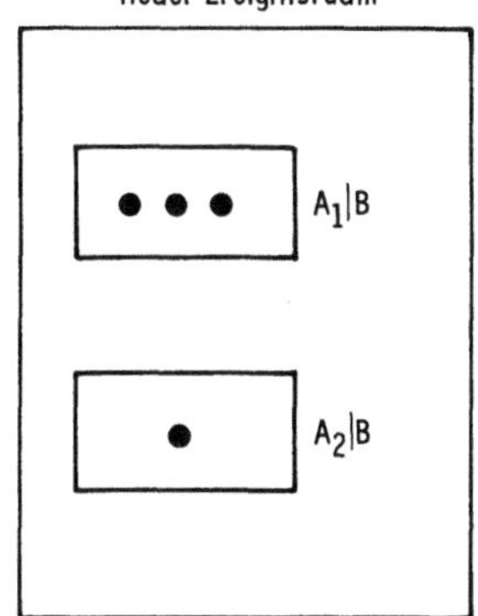

Abb. 2: Illustration zum Bayesschen Theorem

anderes als die unbedingte Wahrscheinlichkeit für A_1, bezogen auf (den neuen Ereignisraum) B.

Zahlreiche moderne Autoren versuchen die Grundschwierigkeit der Anwendung der Bayesschen Methode, nämlich die mangelhafte Kenntnis der A-priori-Verteilung, dadurch zu umgehen, daß sie die A-priori-Verteilung subjektiv bestimmen, intuitiv oder introspektiv oder aufgrund eines subjektiven Dafürhaltens. Man nennt sie „Bayesianer", manche von ihnen nennen sich selbst so. Diese Bezeichnung ist insofern berechtigt, als die Subjektivisten auf das Bayessche Theorem zurückgreifen, um die (subjektive) A-priori-Verteilung durch Beobachtungen zu verbessern. Aber das Bayessche Theorem ist natürlich auch auf objektiver Grundlage anwendbar.

10.4 Wahrscheinlichkeitsmaß und Wahrscheinlichkeitsraum

Ist E die Menge aller Elementarereignisse[1], so ist ein *Ereignis* eine Teilmenge von E, die in einer σ-Algebra S von Teilmengen von E enthalten ist. Dabei heißt S eine *σ-Algebra von Teilmengen von E*, wenn

$$(1) \qquad S \neq \emptyset$$

$$(2) \qquad A \in S \rightarrow A \subseteq E$$

$$(3) \qquad A \in S \rightarrow E \setminus A \in S$$

$$(4) \qquad A_i \in S \ (i = 1, 2, \ldots) \rightarrow \bigcup_{i=1}^{\infty} A_i \in S.$$

Eine σ-Algebra von Teilmengen von E ist z.B. die Potenzmenge von E, aber auch die zweielementige Menge $\{\emptyset, E\}$. Die Potenzmenge von E wird in der Regel als Menge

---

1 Der Norm-Entwurf DIN 13303: Teil 1 für das Gebiet der Stochastik schlägt den Begriff „Ergebnis" vor, der aber in der Entscheidungs- und Spieltheorie schon in einem speziellen Sinn verwendet wird.

von Ereignissen benutzt, falls E eine endliche oder abzählbar unendliche Menge ist. Ist dagegen E eine überabzählbar unendliche Menge (z. B. $E = \mathbb{R}$), so arbeitet man mit σ-Algebren, die echte Teilmengen der Potenzmenge sind, da es im allgemeinen nicht möglich ist, jeder Teilmenge von E auf konstruktivem Weg eine Wahrscheinlichkeit zuzuordnen. Im Fall $E = \mathbb{R}$ verlangt man, daß mindestens alle Intervalle in S enthalten sind; die kleinste σ-Algebra von Teilmengen von $\mathbb{R}$ mit dieser Eigenschaft heißt *Borelkörper* (oder Borelsche σ-Algebra) und wird mit $\mathfrak{B}^1$ bezeichnet.

E zusammen mit einer σ-Algebra S von Teilmengen von E bilden einen *Meßraum* (E, S).

Ist (E, S) ein Meßraum, dann heißt eine Abbildung $P\colon S \to \mathbb{R}$ mit

$$(1) \qquad P\,(E) = 1$$

$$(2) \qquad P\,(A) \geqq 0 \quad \text{für alle} \quad A \in S$$

$$(3) \qquad P\left(\bigcup_{i=1}^{\infty} A_i\right) = \sum_{i=1}^{\infty} P\,(A_i) \quad \text{für} \quad A_i \cap A_j = \emptyset,\ A_i \in S.$$
$$\phantom{(3) \qquad P\left(\bigcup_{i=1}^{\infty} A_i\right) = \sum_{i=1}^{\infty} P\,(A_i) \quad \text{für} \quad} {\scriptstyle i \neq j}$$

Wahrscheinlichkeitsmaß (auf S) (auch: *Wahrscheinlichkeitsverteilung* (auf S)).

Ist (E, S) ein Meßraum und P ein Wahrscheinlichkeitsmaß auf S, dann heißt das Tripel (E, S, P) *Wahrscheinlichkeitsraum*.

Ist (E, S, P) ein Wahrscheinlichkeitsraum mit

$$\{e\} \in S \quad \text{für alle} \quad e \in E,$$

dann heißt das Wahrscheinlichkeitsmaß P *diskret*, wenn es eine endliche oder abzählbar unendliche Teilmenge T von E gibt mit

$$P\,(T) = 1.$$

Ist P ein diskretes Wahrscheinlichkeitsmaß, dann heißt eine Abbildung $p\colon E \to \mathbb{R}$ mit

$$p\,(e) = P\,\{e\} \quad \text{für alle} \quad e \in E$$

diskrete Dichte oder *Wahrscheinlichkeitsfunktion* (von P).

Ist $(\mathbb{R}, \mathfrak{B}^1, P)$ ein Wahrscheinlichkeitsraum, so heißt eine Abbildung $f\colon \mathbb{R} \to \mathbb{R}$ (gewöhnliche) *Dichte* (von P), wenn

$$P\,((-\infty, a)) = \int_{-\infty}^{a} f\,(x)\,dx \quad \text{für alle} \quad a \in \mathbb{R}.$$

Weiterführende Literatur:

Bauer 1978
Fine 1973
de Finetti 1974, 1975
Fisz 1980
Hartwig 1956
Kolmogoroff 1933
Kyburg, Smokler 1964
v. Mises 1972
Rutsch 1974
Rutsch, Schriever 1976
Savage 1962
Zizek 1937a

Drittes Kapitel
Spezifizieren

11. Wichtig, doch nicht entwickelt

In diesem elementaren Kompendium ist leider kein Platz für die Theorie der Statistik im eigentlichen Sinn. Doch wollen wir die verschiedenen stochastischen Modelle skizzieren, unter denen der Statistiker zu wählen hat. Tatsächlich ist das Spezifikationsproblem der Statistik natürlich viel weiter als die Stochastik reicht. Auch unter deskriptivem Gesichtspunkt, ebenso unter entscheidungstheoretischem Gesichtspunkt, ist ein Modell zu wählen, d. h. zu spezifizieren. In das Modell sind einzubringen:

a) Hintergrundwissen,
b) Daten und
c) mögliche Resultate in Abhängigkeit von den Daten.

Das spezifizierte Modell muß das Hintergrundwissen (die A-priori-Kenntnis) adäquat erfassen, aufnahmebereit sein für die Daten und angeben, welche Schlußfolgerungen aus welchen Daten gezogen werden können.

Hat ein Modell diese Eignung, dann ist es wohlspezifiziert, andernfalls fehlspezifiziert. Die Spezifiziertheit ist natürlich immer nur ein relativer Begriff, d. h. ein Modell kann niemals vollständig auf ein gegebenes Problem und damit die Wirklichkeit passen, sondern nur partiell. Es ist die Kunst des Statistikers, das jeweils beste Modell zu finden bzw. zu erfinden.

Als einfaches Beispiel eines Spezifikationsproblems zitiere ich einen lehrreichen Fall, der auf J. G. Kalbfleisch zurückgeht [Kalbfleisch 1979, S. 15 ff.]. Zufallsexperimente werden gewöhnlich mit einem Würfel durchgeführt. Die stochastischen Modelle hierfür sind die üblichen, die wir auch in Abschnitt 9 verwendet haben. Nun nehmen wir an, daß der Würfel in Richtung „1, 6" länger ist als in den anderen Richtungen (vgl. Abb. 3).

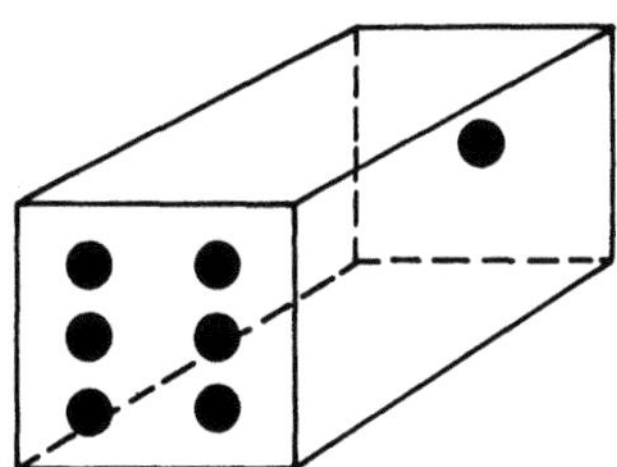

Abb. 3: Der deformierte Würfel

Der Ereignisraum enthält wie üblich die Punkte 1, 2, 3, 4, 5, 6; doch sind die Wahrscheinlichkeiten nicht mehr gleichmäßig $\frac{1}{6}$, vielmehr gilt

$$p_2 = p_3 = p_4 = p_5 = p$$
$$p_1 = p_6 = q$$

mit $\quad 4\,p + 2\,q = 1,$

$$p = \tfrac{1}{6} + \vartheta, \quad q = \tfrac{1}{6} - 2\,\vartheta,$$

wobei ϑ ein unbekannter Parameter ist, welcher aufgrund von Experimenten (Daten) zu schätzen ist. Die Größe von ϑ richtet sich danach, um wieviel länger gegenüber den anderen die „1,6"-Achse des Quaders ist. Freilich ist $\vartheta \geqq 0$ und es ist $\vartheta = 0$ genau dann, wenn der Quader ein gewöhnlicher Würfel ist.

In diesem Beispiel ist auf einfache Weise ein adäquates Modell für die Daten gefunden. Das Hintergrundwissen steckt implizit in den Festlegungen $p_2 = p_3 = p_4 = p_5$ und $p_1 = p_6$; außerdem sind die üblichen stochastischen Eigenschaften stillschweigend angenommen, wie Stabilität, Unabhängigkeit usw. Auch muß schon bei der Spezifizierung festgelegt werden (natürlich nicht, welches Resultat herauskommt, sondern) welche empirischen Ergebnisse zu welchen Resultaten führen. Ein wichtiges Instrument für diese Aufgabe werden wir als Likelihood-Funktion kennenlernen.

Zwar ist es, wie ich oben sagte, die Kunst des Statistikers, das jeweils richtige Modell zu finden bzw. zu erfinden. Doch könnte ihm diese Aufgabe wesentlich erleichtert werden, wenn die Theorie der Statistik sich eingehend dieser Frage annehmen würde, eingehend, d.h. daß nicht ein wildes Methodendurcheinander produziert würde, sondern eine übersichtliche Problemklassifikation mit einem bestimmten Meta-Instrumentarium, aufgrund dessen zu entscheiden wäre, welche bekannten Modelle der jeweiligen Aufgabenstellung adäquat sind bzw. welche neuen Modelle zu entwickeln sind. Diese Frage ist immer auch unter Cost-benefit-Aspekten zu beantworten. Es sind keineswegs immer die teueren Modelle und Verfahren, die zu den besten Resultaten führen. Manchmal leisten zwei intelligente Quoten, die man im Kopf ausrechnen kann, mehr als stundenlange Rechnungen auf der EDV-Anlage.

12. Zufallsvariablen und Verteilungsfunktionen

Da die theoretische Statistik bisher nur stochastische Modelle entwickelt hat, hauptsächlich unter dem Gesichtspunkt des Schätzens und Prüfens, müssen wir uns auf stochastische Modelle beschränken.

Die für diese stochastischen Modelle zentralen Begriffe sind die der Zufallsvariablen und der Verteilungsfunktion. Diese beiden Begriffe verbinden die Wahrscheinlichkeitsrechnung (und damit die Aussagen über Ereignisse) mit den stochastischen Modellen.

12.1 Definition

Eine Zufallsvariable ist eine reelle Funktion auf dem ganzen Ereignisraum; sie bildet den Ereignisraum E eindeutig in die Menge $\mathbb{R}$ der reellen Zahlen ab, sie ist eine eindeutige Abbildung von E in $\mathbb{R}$

$$X: E \to \mathbb{R},$$

daher ist $X(e) = x \in \mathbb{R}$ für $e \in E$. Weiterhin sei $Z \subset \mathbb{R}$, d.h. eine Menge reeller Zahlen, dann interessieren wir uns für das inverse Bild von Z, nämlich X^{-1}; es ist

$$X^{-1}(Z) \overset{\text{def}}{=} \{e \mid X(e) \in Z\} = A \quad \text{(lies: X invers von Z)}$$

die Menge aller Elementarereignisse e, die auf Z abgebildet werden, d.h. A ist die Menge derjenigen e, die ein Element von Z als Bild haben.

Beispiel:

X sei die Zufallsvariable „5 je Augenzahl" beim einmaligen Würfeln. $E = \{1, \ldots, 6\}$; $X: \{1, 2, \ldots, 6\} \to \{5, 10, 15, \ldots, 30\}$, wobei

$$X(e) = 5\,e; e \in \{1, 2, \ldots, 6\}$$
$$Z \quad = \{10, 20, 30\}$$
$$A \quad = X^{-1}(Z) = \{2, 4, 6\}.$$

Nunmehr betrachten wir die wichtigsten Eigenschaften einer jeden Zufallsvariablen.

12.2 Eigenschaften von Zufallsvariablen

(1) Wir halten zunächst fest, daß die Zufallsvariable eine *Funktion* ist. Wenn wir diesen Aspekt betonen wollen, schreiben wir: $X(e)$. Meistens schreibt man jedoch aus Bequemlichkeit einfach X statt $X(e)$.

(2) Die Zufallsvariable X ist auf dem ganzen Ereignisraum definiert, d.h. zu jedem Elementarereignis $e \in E$ gibt es ein Element $X(e) \in \mathbb{R}$.

(3) Wegen der besonderen Definition der Verteilungsfunktion ist es zweckmäßig, als Ereignisse bezüglich $X(e)$ vor allem solche Teilmengen $Z \subset \mathbb{R}$ aufzufassen, die die Form des Intervalls $(-\infty, b)$ haben. Für das Urbild von Z in E soll die Wahrscheinlichkeit

$$P[X(e) \in (-\infty, b)] = P[X(e) < b] = P(A)$$

definiert sein.

Dabei ist A das Urbild von $Z = (-\infty, b)$: $A = X^{-1}((-\infty, b))$.

Diese Auffassung erlaubt es, den üblichen Borelkörper (vgl. 10.4) in $\mathbb{R}$ zugrunde zu legen, der alle Intervalle enthält; damit ist für beliebiges Z aus diesem Mengenkörper, etwa ein Intervall, eine Wahrscheinlichkeit $P(Z)$ dafür definiert, daß $X(e)$ ein Element von Z ist:

$$P(Z) = P(X(e) \in Z).$$

Ein Beispiel:

Es sei E = {x | 1 ≦ x ≦ 2}, und jeder Punkt im Intervall [1; 2] habe gleiche Wahrscheinlichkeit (richtiger: Dichte, siehe unten). Weiterhin sei im Beispiel Z = [1; 1,5]. Dann ist $P(Z) = P[X(e) \in \{x | 1 \leqq x \leqq 1{,}5\}] = \frac{1}{2}$.

Ein anderes *Beispiel:*

X sei wieder die Zufallsvariable „Augenzahl beim einmaligen Würfeln". Nun sagen wir in den neuen Sprechweisen: X kann die folgenden möglichen Werte annehmen, oder: X kann sich realisieren in den folgenden Werten, hat die folgenden möglichen Realisationen

$$x_1 = 1, \quad x_2 = 2, \quad x_3 = 3, \quad x_4 = 4, \quad x_5 = 5, \quad x_6 = 6.$$

Beispielsweise ist

$$P(X = x_1) = \tfrac{1}{6},$$

wenn die möglichen Realisationen $x_1, \ldots, x_6$ gleichwahrscheinlich sind.

Ein drittes *Beispiel:*

X sei die Zufallsvariable „Summe der Augenzahlen beim einmaligen Würfeln mit zwei Würfeln". Der zu dieser Zufallsvariablen gehörende Ereignisraum besteht aus den folgenden 36 diskreten Punkten, entsprechend den Augenzahlenpaaren (1,1), ..., (1,6); (2,1), ..., (2,6); ...; (6,1), ..., (6,6). Die möglichen Werte von X sind 2,3, ..., 12.

(4) Früher war es gebräuchlich, für Zufallsvariablen *Wahrscheinlichkeitsverteilungen* der Form $[x_i, P(X = x_i); i = 1, \ldots, n]$ anzugeben. Aus Gründen der Vereinheitlichung und der Allgemeinheit bevorzugt man neuerdings den Begriff der *Verteilungsfunktion.*
Jede Zufallsvariable hat eine Verteilungsfunktion!

12.3 Die Verteilungsfunktion

In moderner Auffassung ist die Verteilungsfunktion F(x) der Zufallsvariablen X definiert als

$$F(x) = P(X \leqq x);$$

das Argument von F ist also x, nicht etwa X!

Diese Funktion entspricht dem, was man früher als kumulative Wahrscheinlichkeitsverteilung bezeichnet hat.

Jede Verteilungsfunktion besitzt vier konstituierende Eigenschaften:

(1) $0 \leqq F(x) \leqq 1$.

(2) F(x) ist monoton nicht-fallend.

(3) F(x) ist wenigstens rechtsseitig stetig, d.h. wenn wir uns der Sprungstelle von rechts nähern, existiert stets ein Grenzwert, und dieser ist gleich dem Funktionswert.

(4) Wenn x → − ∞ [x strebt gegen − ∞], dann F (x) → 0 [F (x) strebt gegen Null], und
man schreibt F (− ∞) = $\lim\limits_{x \to -\infty}$ F (x) = 0.

Wenn x → + ∞, dann F (x) → 1; F (+ ∞) = $\lim\limits_{x \to +\infty}$ F (x) = 1.

12.4 Mathematische Definition der Zufallsvariablen

Ist (E, S) ein Meßraum (vgl. 10.4), dann heißt eine Abbildung X: E → $\mathbb{R}$ *meßbar*, falls

$$\{e: X(e) \leqq x\} \in S \quad \text{für alle} \quad x \in \mathbb{R}.$$

Ist (E, S, P) ein Wahrscheinlichkeitsraum (vgl. 10.4), dann heißt eine meßbare Abbildung X: E → $\mathbb{R}$ (reellwertige) *Zufallsvariable.*

Ist (E, S, P) ein Wahrscheinlichkeitsraum und X: E → $\mathbb{R}$ eine Zufallsvariable, dann heißt das Wahrscheinlichkeitsmaß P_x auf ($\mathbb{R}$, $\mathfrak{B}^1$) (vgl. 10.4) mit

$$P_x((- \infty, x]) = P\{e: X(e) \leqq x\} \quad \text{für alle} \quad x \in \mathbb{R}$$

Wahrscheinlichkeitsverteilung der Zufallsvariablen X.

Eine Zufallsvariable mit diskreter (vgl. 10.4) Wahrscheinlichkeitsverteilung heißt im folgenden *diskrete Zufallsvariable;* eine Zufallsvariable, deren Wahrscheinlichkeitsverteilung eine (gewöhnliche) Dichte (vgl. 10.4) besitzt, heißt im folgenden *stetige Zufallsvariable.*

13. Stochastische Prozesse

13.1 Die ganze Welt ist ein stochastischer Prozeß

Alles, was geschieht, geschieht in der Zeit, also auch Experimente, Beobachtungen. Zwar sagt sich der Statistiker häufig von dem zeitlichen Aspekt seiner Daten los, doch wird damit oft, gerade in den Verhaltenswissenschaften, eine wichtige Teilinformation preisgegeben. Erst in jüngster Zeit (genauer durch Chintschin in den 30er Jahren nach Vorbereitungen von Kolmogoroff) hat der Begriff des stochastischen Prozesses breiteren Eingang in die Statistik gefunden. Von Markoff stammt der wichtige Begriff der Kette.

In einer Kausalkette wird jedes Glied durch das vorhergehende streng determiniert, in einer Zufallskette (eigentlich besser: Ätialkette) werden die Wahrscheinlichkeiten jedes Gliedes durch das vorhergehende determiniert. Der Begriff des stochastischen Prozesses ist jedoch insofern allgemeiner als der der Kette, als die stochastische Determiniertheit nicht notwendig auf das vorhergehende Glied beschränkt ist.

Wir können eine Zufallsvariable als eine Vorschrift oder Regel auffassen, nach welcher die Resultate eines stochastischen Vorgangs Zahlen aus dem reellen Bereich herausgreifen. Die Zufallsvariable transformiert das Resultat eines stochastischen Vorgangs sozusagen in eine reelle Zahl. Nun liegt es im Wesen eines stochastischen Vorgangs, daß er wiederholt wird. Die Wiederholung kann man so interpretieren, daß ein und dieselbe Zufallsvariable X verschiedene Realisationen x zu verschiedenen, aufeinanderfolgenden Zeitpunkten t_1, t_2, ... hervorbringen kann. Wir haben dann eine *Folge von Realisationen einer Zufallsvariablen X:*

$$x(t_1), \quad x(t_2), \ldots$$

Diese Folge ist ein *stochastischer Prozeß.*

Die Wiederholung des stochastischen Vorgangs braucht aber nicht jedesmal unter denselben Bedingungen zu erfolgen; das kann man so interpretieren, daß zu verschiedenen Zeitpunkten t_1, t_2, ... verschiedene Zufallsvariablen X_t; $t \in T$; $T =$ Indexmenge; beobachtet werden. Wir haben dann eine *Familie von Zufallsvariablen X_t:*

$$\{X_t, t \in T\}.$$

Diese Familie ist ebenfalls ein *stochastischer Prozeß.* (Ist die Indexmenge T eine Teilmenge der Menge der natürlichen Zahlen oder die Menge der natürlichen Zahlen selbst, so bezeichnet man diese spezielle Familie als *Folge.*) Beide Auffassungen sind berechtigt, die *zweite* ist jedoch allgemeiner, und deshalb wird sie heute bevorzugt.

Wir konzentrieren uns auf diskrete Prozesse, dessen einzelne Vorkommnisse zu den Zeitpunkten

$$t_0, t_1 \; t_2, \ldots$$

stattfinden. Eine Realisation des stochastischen Prozesses ist eine Folge

$$e_0, e_1, e_2, \ldots$$

von Elementarereignissen oder von Realisationen einer (oder mehrerer) Zufallsvariablen

$$x_0, x_1, x_2, \ldots$$

Der stochastische Prozeß selbst ist das „Gesetz", unter dem diese Folge abläuft, heute meist aufgefaßt als eine Folge von Zufallsvariablen

$$X_0, X_1, X_2, \ldots .$$

Wir betrachten die drei vom praktischen Standpunkt aus wichtigsten stochastischen Prozesse: Markoffketten, Bernoulliprozesse und Poissonprozesse. Zugleich erörtern wir einige wichtige Begriffe.

13.2 Markoffketten

Markoffsche Ketten sind (diskrete) stochastische Prozesse, bei denen der Ausgang eines beliebigen (i-ten) Versuchs den Ereignisraum des nächsten ((i + 1)-ten) Versuchs und sein Wahrscheinlichkeitsmaß bestimmt. Man spricht auch von Prozessen „ohne Nachwirkung", doch ist dieser Ausdruck mit Vorsicht zu gebrauchen. Denn freilich liegt bei Markoffketten in gewisser Weise doch eine Nachwirkung vor: der i-te Versuchsausgang bereitet die stochastischen Bedingungen des $(i+1)$-ten Versuchs, dessen Ergebnis seinerseits die stochastische Konstellation des $(i+2)$-ten Versuchs bestimmt – also wirkt jeder Versuch auch im übernächsten nach usw. Gemeint ist nur: sobald der $(i+1)$-te Versuch entschieden ist, wird dadurch das Zufallsgesetz des $(i+2)$-ten eindeutig fixiert – ganz gleichgültig, wie der i-te Versuch ausgefallen war. Die Bezeichnung „Kette" ist daher sehr zutreffend. Wie bei einer eisernen Kette hängen immer nur zwei benachbarte Glieder *direkt* zusammen, trotzdem hängt *indirekt* jedes Glied von jedem anderen ab.

Diese Kettenkonstruktion führt zum Begriff der *Übergangswahrscheinlichkeiten*. Ein beliebiges Ereignis $A_i \subset E$ (wir nehmen für das folgende an, daß alle Versuche denselben Ereignisraum E haben, nur die Wahrscheinlichkeitsverteilungen sind verschieden) hat nicht eine bestimmte feste Wahrscheinlichkeit $P(A_i)$, vielmehr existiert zu jedem Ereignispaar

$$(A_i, A_j) \quad i, j = 1, 2, \ldots; \quad A_i \subset E; \quad A_j \subset E;$$

eine *bedingte* Wahrscheinlichkeit (vgl. Abschnitt 10.1)

$$p_{ij} = P(A_j \mid A_i)$$

dafür, daß A_j auf A_i folgt, nachdem A_i eingetreten ist. Hierbei seien die A_i Elementarmodalitäten des betreffenden Versuchs. Statt von Elementarmodalitäten spricht man auch von *Zuständen* und sagt dann: p_{ij} ist die Übergangswahrscheinlichkeit vom i-ten in den j-ten Zustand. Das besondere Interesse gilt dem Anfangszustand A_{i_0}. Seine Wahrscheinlichkeit sei $P(A_{i_0}) = p_i$; p_i gibt also die Wahrscheinlichkeit dafür an, daß die Kette mit dem Zustand (Ereignis) A_i anfängt. Die Wahrscheinlichkeit dafür, daß A_j auf den Anfangszustand A_i folgt, ist also $p_i \cdot p_{ij}$, nämlich das Produkt aus den Wahrscheinlichkeiten für das Eintreten der beiden (unabhängigen) Ereignisse:

1. Der Zustand A_i ist am Anfang gegeben.
2. Auf A_i folgt A_j.

Diese Betrachtung verallgemeinern wir, indem wir zunächst das Ereignis A_k auf A_j folgen lassen. Die Wahrscheinlichkeit dafür, daß
am Anfang der Zustand A_i gegeben ist,
auf diesen der Zustand A_j folgt,
auf diesen der Zustand A_k,
ist:

$$P(A_i) \cdot P(A_j \mid A_i) \cdot P(A_k \mid A_j) = p_i\, p_{ij}\, p_{jk}\,.$$

Allgemein haben wir die folgende endliche *Kette* (statt i, j, k und weiterer Buchstaben indizieren wir das eine Subskript i):

$$A_{i_0} \rightarrow A_{i_1} \rightarrow A_{i_2} \rightarrow \cdots \rightarrow A_{i_n}$$

mit der Wahrscheinlichkeit für die ganze Kette K_n

$$P(K_n) = P(A_{i_0}) \cdot P(A_{i_1} \mid A_{i_0}) \cdot P(A_{i_2} \mid A_{i_1}) \ldots P(A_{i_n} \mid A_{i_{n-1}})$$
$$= p_{i_0} \cdot p_{i_0 i_1} \cdot p_{i_1 i_2} \cdots p_{i_{n-1} i_n}\,.$$

Die Übergangswahrscheinlichkeiten pflegt man in Form einer Matrix (Tabelle) wie folgt zu arrangieren:

	nach	A_1	$A_2 \ldots$	$A_j \ldots$	A_n	
von						
A_1		p_{11} p_{12} $\cdots$	p_{1j} $\cdots$	p_{1n}		
A_2		p_{21} p_{22} $\cdots$	p_{2j} $\cdots$	p_{2n}		
$\vdots$						
A_i		p_{i1} p_{i2} $\cdots$	p_{ij} $\cdots$	p_{in}		$= P(n)$
$\vdots$						
A_n		p_{n1} p_{n2} $\cdots$	p_{nj} $\cdots$	p_{nn}		

Wir betrachten ein einfaches Beispiel:

Drei Ereignisse (Zustände) A_1, A_2, A_3 sind gegeben mit den folgenden Übergangswahrscheinlichkeiten (umgekehrte Schreibweise):

$$P(3) = \begin{bmatrix} 1/3 & 2/3 & 0 \\ 0 & 1 & 0 \\ 1/4 & 1/2 & 1/4 \end{bmatrix} \quad \begin{matrix} A_1 \\ A_2 \\ A_3 \end{matrix}$$

(Spaltenköpfe A_1 A_2 A_3, rechts oben „nach", rechts unten „von")

Diese Zahlen bedeuten:

Ist ein „System" im Zustand A_1, so bleibt es mit Wahrscheinlichkeit 1/3 im selben Zustand, mit Wahrscheinlichkeit 2/3 geht es in den Zustand A_2 über, von A_1 nach A_3

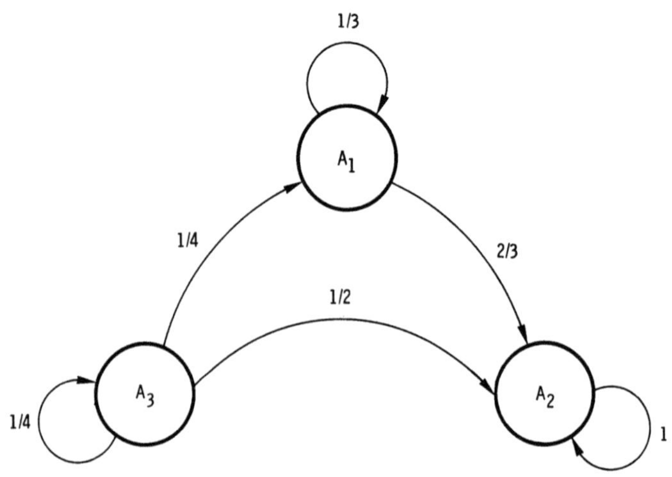

Abb. 4: Beispiel eines Übergangsdiagramms (für drei Zustände) mit einem absorbierenden Rand

führt kein Weg. Gelangt das System in den Zustand A_2, so geht es in keinen anderen Zustand mehr über. A_2 heißt dann *absorbierender Zustand* oder *absorbierender Rand* oder *Absorptionsschirm*. Gelangt das System in den Zustand A_3, so geht es mit Wahrscheinlichkeit 1/4 in den Zustand A_1 über, mit Wahrscheinlichkeit 1/2 geht es in A_2 über, mit Wahrscheinlichkeit 1/4 bleibt das System im Zustand A_3.

Diesen Zusammenhang können wir auch in Form eines *Übergangsdiagramms* illustrieren (vgl. Abb. 4).

Es ist noch zu bemerken, daß alle hier betrachteten Markoffschen Ketten strenggenommen Sonderfälle sind. Man nennt diese Sonderfälle *homogen*, weil die Übergangswahrscheinlichkeiten von der Ordnungsnummer des Versuchs unabhängig sind.

13.3 Bernoulliprozesse

Wir untersuchen jetzt den Fall, daß dasselbe stochastische Experiment – mit zwei möglichen Ausgängen e_1 und e_2 – mehrmals wiederholt wird. Ein Glücksspiel zwischen zwei Personen kann diesen Prozeß veranschaulichen: der erste Spieler habe gewonnen, wenn zweimal nacheinander e_1 auftritt, während der zweite Spieler bei einer Aufeinanderfolge $e_2 e_2$ gewinnt (die erste solche Aufeinanderfolge $e_1 e_1$ oder $e_2 e_2$ kann beliebig spät erfolgen). Um allen möglichen Spielverläufen gerecht zu werden, darf man die Anzahl der Einzelspiele nicht beschränken; deshalb brechen wir den Prozeß nicht ab. Wir haben es also mit einer *unendlichen* Folge unabhängiger Versuche zu tun, deren zwei Ausgänge e_1 und e_2 die Wahrscheinlichkeiten p und $q = 1 - p$ haben mögen. Eine solche Folge nennt man kurz: *Bernoulliprozeß*. Freilich wird das Glücksspiel abgebrochen, sobald eine Entscheidung erzielt ist.

Bei der obigen Vereinbarung wird außer in den Fällen

$$e_1 e_2 e_1 e_2 \ldots \quad \text{und} \quad e_2 e_1 e_2 e_1 \ldots$$

immer früher oder später das Spiel entschieden sein. Doch selbst dann betrachten wir das „fertige" Spiel, z. B.

$$e_2 e_1 e_1,$$

nur als Anfangsstück eines potentiell unendlichen Prozesses oder als Inbegriff aller Bernoulliprozesse, die so anfangen.

Über Bernoulliprozesse wollen wir Wahrscheinlichkeitsurteile fällen, d. h. wir brauchen im Ereignisraum *aller* Bernoullifolgen einen Wahrscheinlichkeitsausdruck für gewisse Teilmengen von Bernoullifolgen, z. B. für die Menge aller Bernoullifolgen mit dem Anfang $e_2 e_1 e_1$. Wir fragen also, wie groß die Wahrscheinlichkeit dafür ist, daß der Bernoulliprozeß mit $e_2 e_1 e_1$ beginnt. Die gesuchte Wahrscheinlichkeit ist

$$P(e_2 e_1 e_1) = P(e_2)\, P(e_1)\, P(e_1) = q \cdot p^2.$$

Für Teilmengen oder Ereignisse, die durch endliche Anfangsstücke definiert sind, können wir also Wahrscheinlichkeiten angeben. Man muß sich jedoch fragen, ob dieses System von Ereignissen ausreicht, um stochastische Probleme zu lösen, bei denen es gerade auf die Unendlichkeit der Bernoulliprozesse ankommt.

Diese Frage führt zum Problem der stochastischen Konvergenz und der Konvergenz von Verteilungsfunktionen.

13.4 Stochastische Konvergenz und Konvergenz von Verteilungsfunktionen

Wir nehmen einen stochastischen Prozeß, d. h. eine Folge von Zufallsvariablen

$$\{X_n\}$$

zum Ausgangspunkt. Diese Folge $\{X_n\}$ *konvergiert stochastisch* gegen eine bestimmte Zufallsvariable X, wenn bei über alle Grenzen wachsendem n die Wahrscheinlichkeit dafür, daß die Abweichung $X_n - X$ dem Betrage nach einer beliebig kleinen positiven Zahl ε gleicht oder sie übersteigt, gegen Null strebt. Oder formelmäßig:

Definition der stochastischen Konvergenz:

Wenn für jedes $\varepsilon > 0$

$$\lim_{n \to \infty} P\{|X_n - X| \geqq \varepsilon\} = 0,$$

dann sagen wir von der Folge $\{X_n\}$, daß sie stochastisch gegen X konvergiert:

$$P\text{-}\lim_{n \to \infty} \{X_n\} = X$$

(lies: Der Wahrscheinlichkeitslimes der Folge X_n für n gegen unendlich ist X).

Eine andere, völlig gleichwertige Formulierung ist die folgende: $\{X_n\}$ konvergiert stochastisch gegen eine bestimmte Zufallsvariable X, wenn bei über alle Grenzen wachsendem n die Wahrscheinlichkeit dafür, daß die Abweichung $X_n - X$ dem Betrage nach eine beliebig kleine positive Zahl ε nicht übersteigt, gegen eins strebt:

$$\lim_{n \to \infty} P\{|X_n - X| < \varepsilon\} = 1.$$

Für die vielen Grenzwertsätze der Wahrscheinlichkeitsrechnung ist die Konvergenz von Verteilungsfunktionen von großer Bedeutung. Zwar ergänzt diese Art von Konvergenz die stochastische Konvergenz, gleichwohl ist sie scharf von jener zu trennen.

Man gibt sich zu einer Folge von Zufallsvariablen $\{X_n\}$ eine Folge von zugehörigen Verteilungsfunktionen $\{F_n(x)\}$ vor, und man bezeichnet diese Folge $\{F_n(x)\}$ als konvergent, wenn es zu $\{F_n(x)\}$ eine sog. *„Grenzverteilungsfunktion"* F (x) gibt, d. h. eine Verteilungsfunktion, für welche

$$\lim_{n \to \infty} F_n(x) = F(x)$$

für alle x, in denen F stetig ist. Man beachte, daß in der Formel „lim", nicht „P−lim" steht, d. h. daß es sich hier um Konvergenz im üblichen Sinn, also nicht um stochastische Konvergenz, handelt (die F_n sind ja auch keine Zufallsvariablen).

13.5 Gesetze der großen Zahlen

Der große theoretische wie praktische Wert der stochastischen Konvergenz liegt darin, daß spezifisch infinitäre Ereignisfolgen in finitäre Ereignisse transformiert, gleichsam verdichtet werden. Das wollen wir uns jetzt am Beispiel der (endlosen) Bernoullifolgen verdeutlichen.

Wir gehen aus von einem unendlichen Bernoulliprozeß und führen die Folge von Zufallsvariablen $\{X_n\}$ ein. X_n ist die relative Häufigkeit des Auftretens des Ereignisses e_1 im Anfangsstück der Länge n einer Bernoullifolge. Ist also bei den ersten n Versuchen k mal e_1 aufgetreten, dann liegt für die Zufallsvariable X_n die Realisation $x_n = \dfrac{k}{n}$ vor.

Man interessiert sich nun dafür, ob die Folgen $\{x_n\}$ konvergieren und, falls sie konvergieren, gegen welchen Grenzwert sie konvergieren. Antwort auf diese Fragen geben die *Gesetze der großen Zahlen:*

Starkes Gesetz der großen Zahlen:

Mit Wahrscheinlichkeit eins (fast sicher) konvergiert die Folge der relativen Häufigkeiten gegen den Bernoulliparameter p, d. h.

$$P\left(\{X_n\} \text{ konvergent gegen } p\right) = 1.$$

Die Menge aller nicht konvergierenden Folgen von relativen Häufigkeiten besitzt also die Wahrscheinlichkeit Null, ebenso die Menge aller Folgen von relativen Häufigkeiten, die gegen einen anderen Grenzwert als den Bernoulliparameter p konvergieren.

Das *schwache Gesetz der großen Zahlen* besagt dagegen, daß die Folge der Zufallsvariablen X_n stochastisch gegen den Bernoulliparameter p konvergiert, d. h.

$$P - \lim_{n \to \infty} \{X_n\} = p.$$

Mit wachsendem n geht die Wahrscheinlichkeit für eine Abweichung der relativen Häufigkeit von dem Bernoulliparameter p gegen Null. Das Starke Gesetz der großen Zahlen impliziert die Unmöglichkeit, durch systematische Auslese einer Teilfolge aus dem Bernoulliprozeß dessen stochastische Eigenart zu zerstören — sofern bei der Entscheidung über die Aufnahme des i-ten Gliedes in die Teilfolge nur die Ausgänge der ersten $i - 1$ Bernoulliexperimente verwertet werden dürfen. In die Sprache der Glücksspiele übersetzt, bedeutet dieses Prinzip: Es gibt kein Wettsystem, mit dem man den Zufall überlisten kann (System im Sinne eines Rezepts, ob man in der jeweils nächsten Runde eine Wette über das Spiel eingehen soll oder nicht).

13.6 Poissonprozesse

Jedem Prozeß, der sprunghaft vor sich geht, liegt ein sogenannter *Basisprozeß* zugrunde: Man abstrahiert davon, welcher Art die aufeinanderfolgenden Zustandsänderungen $e_1, e_2, \ldots$ sind, so daß der Ereignisraum, dem die e_i entnommen sind, nur zwei Elemente enthält, 0 und 1.

Der Prozeß ist kontinuierlich, d. h. in jedem Augenblick vollzieht sich ein stochastischer Versuch; aber nur in isolierten Zeitpunkten $t_0 < t_1 < t_2 < \ldots$ tritt der Ausgang 1, das sei etwa eine Zustandsänderung, auf. Werden die Punkte $t_0, t_1, \ldots$ auf der Zeitachse eingetragen, so ist der Prozeß völlig bestimmt.

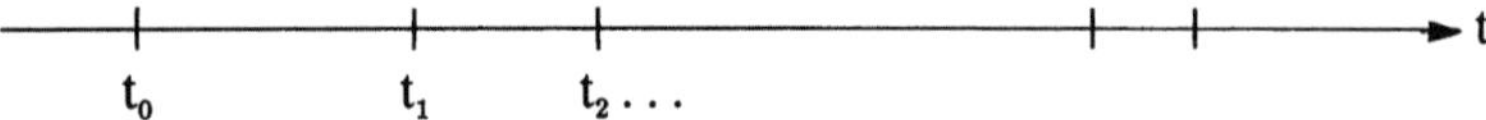

Wir sprechen deshalb von einem *punktuellen* Prozeß. Sind die Punkte *exakt vorherbestimmt,* so verläuft der ganze (punktuelle) Prozeß völlig deterministisch; nur wenn man auf diesem Basisprozeß z. B. eine Markoffsche Kette aufbaut, kommt der Zufall ins Spiel. Der punktuelle Prozeß allein dagegen kann nur dann stochastisch sein, wenn die Größen t_i *zufällig* sind.

Es gibt zwei Möglichkeiten, einen punktuellen Prozeß stochastisch zu beschreiben:

(1) man gibt das Zufallsgesetz für die (Länge der) Intervalle $t_{i+1} - t_i$ an, die zwei aufeinanderfolgende Ereignisse trennen; oder

(2) man gibt das Zufallsgesetz für die Anzahl von Ereignissen an, die in ein vorgegebenes Zeitintervall fallen.

Die einfachsten derartigen punktuellen Zufallsprozesse sind die Poissonprozesse. Ein punktueller Prozeß heißt ein *Poissonprozeß,* wenn seine einzelnen Ereignisse unabhängig voneinander und unabhängig von der Zeit eintreffen. Mit anderen Worten:

1. die Wahrscheinlichkeit dafür, daß im Intervall $(t, t + h)$ kein Ereignis vorkommt, hängt nicht davon ab, was vor t oder nach $t + h$ geschieht, und

2. sie hängt auch nicht ab von t, sondern nur von h.

Die genannte Wahrscheinlichkeit ist deshalb eine Funktion g (h) von h allein. Nach 1. sind die folgenden Ereignisse

– in $(t, t + h)$ geschieht nichts; und

– in $(t + h, t + h + k)$ geschieht nichts

voneinander unabhängig. Ihr Produkt ist

– in $(t, t + h + k)$ geschieht nichts.

Die Wahrscheinlichkeit g $(h + k)$ des Produktereignisses ist nach dem Multiplikationssatz für unabhängige Ereignisse

$$g (h + k) = g (h) \cdot g (k).$$

Aus dieser Funktionalgleichung kann man schließen, daß g (h) von der Gestalt e^{-ch} ist. c ist eine Konstante, die positiv sein muß, damit g (h) zwischen 0 und 1 liegt (und nicht immer gleich 1 ist).

Mit dieser Exponentialfunktion ist eine (kontinuierliche) Wahrscheinlichkeitsverteilung auf dem Raum H aller positiven (reellen) Zahlen h gegeben. Das Elementarereignis $h_1 \in H$ besteht darin, daß genau h_1 Sekunden nach dem (festen) Zeitpunkt t die erste Zustandsänderung eintritt. Das Ereignis E (siehe Abb. 5) bedeutet, daß die erste Zustandsänderung nach $t + h$ erfolgt, und hat die Wahrscheinlichkeit g (h); das komplementäre Ereignis E', daß schon vorher etwas passiert, hat die Wahrscheinlichkeit

$$F (h) = 1 - g (h) = 1 - e^{-ch}.$$

Diese Funktion F ist die *Poissonsche Verteilungsfunktion;* sie gibt die Wahrscheinlichkeit dafür an, daß der Wert h_1 des Elementarereignisses vor h liegt:

$$F (h) = P (h_1 < h).$$

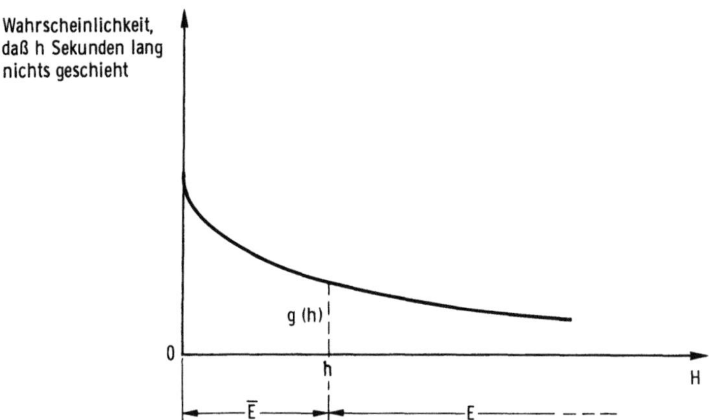

Abb. 5: Wahrscheinlichkeitsfunktion beim Poissonprozeß

Zusammenfassend halten wir fest: Der Poissonprozeß kann beschrieben werden als Folge von Zeitabständen t_0 bis t_1, t_1 bis t_2, t_2 bis t_3, ... (den Pausenlängen zwischen den Zustandsänderungen), die unabhängig voneinander, rein zufällig aus dem Ereignisraum H gezogen werden, auf dem die Verteilungsfunktion $F(h) = 1 - e^{-ch}$ definiert ist.

Der Poissonprozeß, den wir hier natürlich nur skizzieren konnten, hat eine kaum übersehbare Fülle von Anwendungsmöglichkeiten in der Unternehmensforschung, besonders im Rahmen der Warteschlangentheorie.

Wir betrachten ein ganz einfaches *Beispiel* mit einigen Varianten.

In einem Werk sei eine sehr große (theoretisch unendlich große) Anzahl gleichartiger Maschinen (z.B. Webstühle) tätig. Im Durchschnitt fällt alle zwei Stunden eine Maschine (z.B. wegen eines Fadenbruchs) aus. Die Zeit h_1, die zwischen zwei aufeinanderfolgenden Ausfällen verstreicht, sei eine Zufallsgröße und unabhängig von den früheren Ausfällen — eine Annahme, die freilich nur bei sehr großen Maschinenparks berechtigt ist. Dann bilden die Ercignisse „Ausfall" einen Poissonprozeß. Die Wahrscheinlichkeit, daß während der Zeitspanne h wenigstens ein Ausfall sich ereignet, ist dann

$$F(h) = P(h_1 < h) = 1 - e^{-ch}$$

mit einem noch unbestimmten Parameter c. Es läßt sich zeigen, daß c der reziproke Wert der durchschnittlichen Zeit zwischen zwei Ausfällen ist, also $c = 0{,}5$. Im Beispiel haben wir also $F(h) = 1 - e^{-0{,}5\,h}$.

Es können nun u.a. die folgenden Fragen gestellt und beantwortet werden:

1. Wie groß ist die Wahrscheinlichkeit, daß in den nächsten 4 Stunden mindestens ein Ausfall vorkommt?

$$P(h_1 < 4) = F(4) = 1 - e^{-2} = 0{,}8647.$$

2. Wie groß ist die Wahrscheinlichkeit, daß in den nächsten 4 Stunden keine Maschine ausfällt?

$$P(h_1 > 4) = 1 - F(4) = 0{,}1353.$$

3. Wieviel Zeit muß verstreichen, damit ein Ausfall mit sehr großer Wahrscheinlichkeit, etwa 95%, vorkommt? Anders formuliert: Wie groß ist h, so daß

$$P(h_1 < h) = 0,95 \quad \text{bzw.} \quad P(h_1 > h) = 0,05?$$

Es ist

$$P(h_1 > h) = e^{-\frac{1}{2}h} = 0,05; \quad \text{also nach Logarithmieren:}$$
$$T = -2\ln 0,05 = 5,99 \text{ Stunden}$$
$$= 6 \text{ Stunden.}$$

Auf die Poissonverteilung gehen wir in Abschnitt 14.3 ein.

14. Diskrete stochastische Modelle

14.1 Das Galtonsche Brett, Binomialverteilung

Die stochastischen Modelle (diskreter und stetiger Art) können wir als aus stochastischen Prozessen hervorgegangen betrachten − philosophisch, mathematisch und ganz elementar physikalisch. Der Apparat, der dies und manches andere leistet, ist das Galtonsche Brett (vgl. Abb. 6).

Das Galtonsche Brett stellt man sich am besten als ein Brett vor, das mit einer Glasplatte bedeckt ist, aber so, daß ein Zwischenraum zwischen Brett und Glasplatte bleibt. Dieser Hohlraum wird jetzt mit Klötzchen (1, 2, 3, 4, 5, 6) und Streben (I, II, III, IV) versehen, wie es Abb. 6 veranschaulicht. Dann macht man die Einrichtung

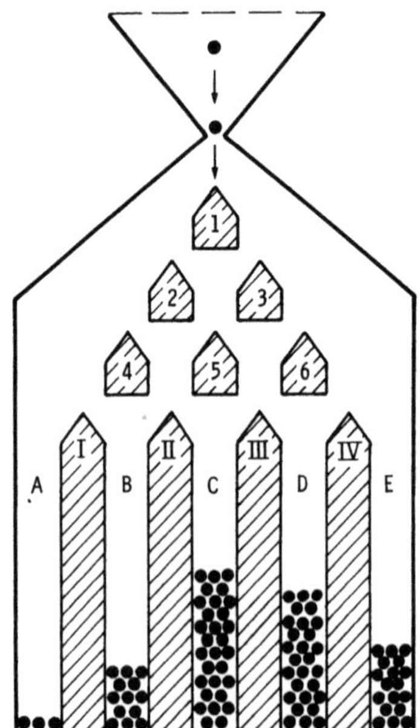

Abb. 6: Das Galtonsche Brett

ringsum zu, nur oben läßt man ein Loch, direkt über dem Klötzchen „1", und setzt über das Loch einen Trichter. Schon kann das Experiment losgehen! Wir lassen nun eine Schrotkugel K_1 den Trichter hinabrollen, die Kugel K_1 trifft auf die Spitze von Klötzchen „1" und muß sich dort „entscheiden", ob sie nach links oder rechts weiterfallen will. Hat sie sich − sagen wir − für rechts (von uns aus gesehen) „entschieden", so trifft sie auf die Spitze des Klötzchens 3.

Wieder ist die Frage, ob die Kugel nach links oder rechts weiterfällt. „Entscheidet" sie sich jetzt für links, dann landet sie auf der Spitze des Klötzchens „5", fällt sie von dort weiter nach links, trifft sie auf die Spitze der Strebe II, fällt sie nunmehr nach rechts, landet die Kugel K_1 endgültig im Feld C. Nun lassen wir die nächste Kugel K_2 rollen; dieser stochastische Vorgang endet damit, daß die Kugel − sagen wir − in A landet, usw. usf.

An diesem Zufallsmechanismus können wir eine ganze Reihe uns bereits bekannter Begriffe repetieren:

(1) *Zufall:*

In welchem Feld eine einzelne Kugel zur Ruhe kommt, ist „Zufall" und kann nicht mit Sicherheit prognostiziert werden, gleichwohl gehorcht der Vorgang einem festen Gesetz, nämlich dem betreffenden Verteilungsgesetz, hier der Binomialverteilung.

(2) *Gesetz der großen Zahlen:*

Läßt man viele Kugeln auf die geschilderte Weise hinabrollen, so formieren sich die Kugeln zu einer ganz bestimmten Gestalt.

(3) *Ätialprinzip:*

Solange der Komplex $\mathfrak{K}$ der allgemeinen Bedingungen des Experiments, nämlich der Apparat und das Vorgehen in der geschilderten Form, erhalten bleibt, wird sich „fast sicher" die typische Gestalt zeigen, und dies immer wieder, wenn man nur jeweils genügend viele Kugeln hinablaufen läßt. Verändern wir $\mathfrak{K}$, z.B. durch Wegnehmen eines Klötzchens oder durch Neigen des Apparats oder durch Verstopfen eines Weges oder durch Aufstellen eines starken Magnets, dann verändert sich auch die typische Gestalt, zu der die (vielen) Kugeln sich formieren.

(4) *Wahrscheinlichkeit:*

Sie kann wegen der besonderen Versuchsanordnung objektiv a priori determiniert, gleichsam „physikalisch" bestimmt werden. Jedesmal, wenn eine Kugel entweder nach links oder nach rechts fällt, ist die Wahrscheinlichkeit für rechts gleich der Wahrscheinlichkeit für links gleich 0,5.

(5) *Merkmal:*

Das bei diesem stochastischen Experiment in jeder Stufe allein interessierende Merkmal ist das Merkmal der Richtung mit den beiden Modalitäten rechts und links.

(6) *Elementarmodalitäten:*

Diese Modalitäten sind zugleich die beiden Elementarmodalitäten und die beiden Elementarereignisse.

(7) *Merkmals- oder Ereignisraum*

für den einfachen Versuch (Auftreffen auf Klötzchen oder Strebe) ist der Raum der Ereignisse „rechts" ($e_0 = 0$) und „links" ($e_1 = 1$).

(8) *Stichprobenraum*

ist der Raum des s-fach iterierten Versuchs; für 3 Versuche enthält er z.B. die $2^3 = 8$ Punkte $(0, 0, 0)$, $(0, 0, 1)$, $(0, 1, 0)$, $(1, 0, 0,)$, $(0, 1, 1)$, $(1, 0, 1)$, $(1, 1, 0)$, $(1, 1, 1)$.

(9) *Zufallsvariable:*

Eine Zufallsvariable ist z.B. die Summe der Punktkoordinaten mit den möglichen Realisationen 0 (1mal), 1 (3mal), 2 (3mal), 3 (1mal).

(10) *Stochastischer Prozeß:*

Ein Prozeß ist (bezogen auf die in Abb. 6 dargestellte Situation) eine Folge δ_1, δ_2, δ_3, δ_4 $(\delta_i = 0,1)$ für feste Versuchsnummer. Die Folge bricht nach 4 Schritten ab, da jede Kugel nach 4 Schritten in einem der Felder A, B, C, D oder E zur Ruhe kommt.

Außerdem können wir auf sehr einfache Weise die Binomialverteilung gewinnen:

Es gibt für eine Kugel $\binom{4}{0} = 1$ Möglichkeit, nach A zu kommen, $\binom{4}{1} = 4$ Möglichkeiten, nach B, $\binom{4}{2} = 6$ Möglichkeiten, nach C, $\binom{4}{3} = 4$ Möglichkeiten, nach D und $\binom{4}{4} = 1$ Möglichkeit, nach E zu kommen. Die Wahrscheinlichkeit, nach A, B, ... zu gelangen, ist

$$\boxed{\binom{n}{k} p^k (1 - p)^{n-k};} \quad k = 0, 1, 2, \ldots; \quad 0 \to A, 1 \to B, 2 \to C, \ldots$$

Im Beispiel ist $p = q = 0,5$; die Wahrscheinlichkeit für die Kugel, speziell nach B zu gelangen, beträgt

$$\binom{4}{1} (0,5)^4 = 0,25.$$

Die Binomialverteilung über A, ..., E ist

A	B	C	D	E
0,0625	0,25	0,375	0,25	0,0625.

Allgemein ist p die Wahrscheinlichkeit eines Ereignisses A. Das Eintreten von A heißt „Erfolg". Der Versuch wird n-fach wiederholt. Dabei tritt k-mal Erfolg ein. Die Wahrscheinlichkeit des Ereignisses „$A_k^n = k$ Erfolge bei n Versuchen" ist der obige eingerahmte Ausdruck. Es gilt:

$$(1) \qquad \sum_{k=0}^{n} \binom{n}{k} p^{n-k} (1 - p)^k = 1$$

$$(2) \qquad \binom{n}{k} = \binom{n}{n - k}$$

$$(3) \qquad \binom{n}{k} + \binom{n}{k + 1} = \binom{n + 1}{k + 1}.$$

14.2 Diskrete Zufallsvariablen

Eine Zufallsvariable X heißt *diskret,* wenn die Anzahl der Realisationen, die sie annehmen kann, endlich oder abzählbar unendlich ist:

– endlich: $x_1, x_2, \ldots, x_N$

– abzählbar: $x_1, x_2, \ldots, x_N, x_{N+1}, \ldots$

(der Bequemlichkeit halber schreiben wir den letzten Fall meist $x_1, x_2, \ldots$).

Jeder Realisation x_i ($i = 1, 2, \ldots, N$ oder $i = 1, 2, \ldots$) ordnen wir eine Wahrscheinlichkeit

$$p_i = P\,(X = x_i)$$

zu, und zwar in „fairer" Weise, nämlich so, daß $p_i = P\,(A)$ genau dann, wenn das Urbild zu x_i $A \subseteq E$ ist. *Die so geordneten Paare*

$$(x_i, p_i) \quad \text{für alle} \quad i = 1, 2, \ldots, N \quad \text{oder} \quad i = 1, 2, \ldots$$

heißen die *Wahrscheinlichkeitsverteilung*[1] (diskrete Dichte, Wahrscheinlichkeitsfunktion) der (diskreten) Zufallsvariablen X.

Alle Wahrscheinlichkeitsverteilungen zerlegen also die Wahrscheinlichkeitsmasse 1 (man kann sich diese Masse direkt als einen Klumpen von Knetgummi vorstellen) in endliche oder abzählbare Stücke p_i und ordnen diese Stücke den möglichen Realisationen x_i in „fairer" Weise (siehe oben) zu. Die Verteilungsfunktion $F\,(x)$ hat dann die Form

$$F\,(x) = \sum_{x_i \leqq x} p_i\,(x_i).$$

Eine diskrete Zufallsvariable X, welche die endlich vielen Werte $x_1, \ldots, x_n$ mit den Wahrscheinlichkeiten $p_1, \ldots, p_n$ annimmt, wird in einer langen Reihe von, sagen wir, r Versuchen ungefähr $(p_1\, r)$-mal das Ergebnis x_1 hervorbringen, $(p_2\, r)$-mal $x_2, \ldots$, $(p_n\, r)$-mal x_n. Man kann also in der Versuchsreihe folgenden Durchschnittswert erwarten:

$$E\,(X) = \frac{1}{r}\,(p_1\, r \cdot x_1 + p_2\, r \cdot x_2 + \ldots + p_n\, r \cdot x_n)$$

$$= p_1\, x_1 + p_2\, x_2 + \ldots + p_n\, x_n$$

oder

$$E\,(X) = \sum_{i=1}^{i=n} p_i\, x_i.$$

Diese Größe $E\,(X)$ nennt man den *Erwartungswert* oder kurz die (mathematische) *Erwartung* der diskreten Zufallsvariablen X.

Während $E\,(X)$ den Typus von X charakterisiert, liefert die Streuung oder Varianz ein Maß für die Dispersion, d. h. für die Abweichung der x-Werte von ihrem Erwartungswert. Im diskreten Fall definieren wir:

$$\sigma_x^2 = E\,((X - E\,(X))^2) = \sum_{i=1}^{n} p_i\,(x_i - E\,(X))^2.$$

---

1 Eine Wahrscheinlichkeitsverteilung in diesem Sinn ist eine eindeutige Charakterisierung der Wahrscheinlichkeitsverteilung im Sinne des Wahrscheinlichkeitsmaßes (vgl. 10.4), so daß diese Doppeldeutigkeit der Terminologie in Kauf genommen werden kann.

Die positive Quadratwurzel σ_x der Streuung heißt die Standardabweichung der Zufallsvariablen X.

Es gilt (analog auch für stetige Zufallsvariablen); K eine beliebige Konstante:

$$E(K) = K$$
$$E(KX) = K\,E(X)$$
$$E(K+X) = K + E(X).$$

14.3 Die Modelle im einzelnen

Es gibt unendlich viele Verteilungen diskreter und kontinuierlicher Art. Einige wenige Verteilungen aber haben in der bisherigen Geschichte der Statistik das besondere Interesse der Statistiker und Mathematiker gefunden, entweder aus formalen Gründen oder weil sie ein großes Anwendungsfeld beanspruchen können. Diese wenigen, sorgfältig studierten Verteilungstypen stellen gewissermaßen auf Vorrat produzierte Werkzeuge dar, deren man sich im Bedarfsfall bedienen kann. Aber gerade vom Anwendungsproblem her betrachtet, sind untrennbar mit einem Verteilungstyp bestimmte Voraussetzungen verbunden, die (wenigstens approximativ) erfüllt sein müssen, wenn der betreffende Verteilungstyp angewandt werden soll. Den Komplex von Voraussetzungen mit der zugehörigen Verteilung bezeichnen wir als ein *stochastisches Modell,* und zwar wollen wir von einem stochastischen Modell diskreter Art dann reden, wenn die charakterisierende Zufallsvariable diskret ist.

(1) *Modell der Einpunktverteilung*

Dieses Modell ist nur von sehr geringem praktischem Interesse. Ihm liegt eine degenerierte Zufallsvariable zugrunde, die nur einen einzigen festen Wert annehmen kann. Diesem Modell entspricht das Bild einer Urne, in der nur weiße Kugeln sind. Eine Kugel wird gezogen.

(2) *Modell der Zweipunktverteilung* mit dem Spezialfall der Nulleinsverteilung

Diesem Modell liegt eine echte Zufallsvariable einfachster Art zugrunde, die gerade zwei mögliche Realisationswerte annehmen kann: „ja" oder „nein", „gut" oder „schlecht". Diesem Modell entspricht das Bild einer Urne, in der weiße und schwarze Kugeln sind, und nur eine Kugel wird gezogen.

(3) *Modell der Gleichverteilung*

Es geht aus dem Modell (2) durch eine verallgemeinernde und eine spezialisierende Annahme hervor, indem wir nämlich annehmen, daß die Zufallsvariable zwar eine beliebige endliche Anzahl von Realisationswerten annehmen kann, daß die Wahrscheinlichkeiten p_i für alle Realisationen x_i $(i = 1, \ldots, n)$ jedoch konstant gleich $\dfrac{1}{n}$ sind. Diesem Modell entspricht das Bild einer Urne, in der gleichviele rote, schwarze, grüne, gelbe, blaue, weiße usw. Kugeln sind. Eine Kugel wird gezogen.

(4) *Bernoullimodell oder Modell der Binomialverteilung*

Es geht aus dem Modell (2) durch die Verallgemeinerung auf s Versuche hervor, d.h. es liegen s zweipunktverteilte Zufallsvariablen zugrunde, wobei angenommen wird,

(4a) daß die Anzahl s der Versuche fest ist,
(4b) daß jeder einzelne Versuch nur zwei mögliche Ausgänge hat
(Prinzip der Zweipunktverteilung),
(4c) daß alle Versuche dieselbe „Erfolgswahrscheinlichkeit" haben
(Konstanz des Bernoulliparameters p),
(4d) daß die einzelnen Versuche unabhängig voneinander sind
(„Ziehung mit Zurücklegen"; s. u.).

Diesem Modell entspricht das Bild einer mit schwarzen und weißen Kugeln gefüllten Urne, aus der s-mal eine Kugel zufällig gezogen wird. Jedesmal wird die entnommene Kugel nach der Ziehung wieder zurückgelegt und der Inhalt der Urne gut durchmischt.

(5) *Pascalmodell oder Modell der geometrischen Verteilung*

Es ist eine Modifizierung des Bernoullimodells derart, daß die erste Bernoulliannahme durch die Annahme ersetzt wird, daß beliebig viele Versuche ausgeführt werden, während die drei übrigen Annahmen beibehalten werden. Außerdem betrachtet man eine andere (pascalverteilte) Zufallsvariable als beim Bernoulliversuch. Das diesem Modell entsprechende Bild ist eine mit weißen und schwarzen Kugeln gefüllte Urne, aus der (mit „Zurücklegen") so lange Kugeln gezogen werden, bis man zum erstenmal eine schwarze Kugel erhält.

(6) *Montmortmodell*

Es stellt eine modifizierende Verallgemeinerung von Modell (3) dar. Die interessierende Zufallsvariable X ist die Anzahl von Übereinstimmungen. Das entsprechende Bild ist eine Urne, die mit n durchnumerierten Kugeln gefüllt ist. Alle n Kugeln werden nacheinander zufällig herausgenommen. Als Übereinstimmung gilt, wenn die Kugel mit der Nummer k (k = 1, ..., n) bei der k-ten Ziehung gezogen wird. Der Erwartungswert (und die Streuung) der Zufallsvariablen X ist gleich eins, ein sehr verblüffendes Ergebnis, zeigt es doch, daß unabhängig von n genau eine Übereinstimmung zu erwarten ist.

(7) *Verallgemeinertes Bernoullimodell*

Dieses Modell stammt von Poisson. Um jedoch Verwechslungen mit dem Modell der Poissonverteilung zu vermeiden, wurde die obige Bezeichnung gewählt. Dieses Modell geht aus dem Modell (4) dadurch hervor, daß wir die dritte Annahme fallenlassen, die drei restlichen Annahmen jedoch beibehalten. Diesem Modell entspricht eine Folge von n Urnen, die in verschiedenem Mischungsverhältnis schwarze und weiße Kugeln enthalten. Aus jeder Urne wird eine Kugel zufällig entnommen. Der Erwartungswert der Zufallsvariablen X = „Anzahl der überhaupt gezogenen weißen Kugeln" ist

$$E(X) = \sum_{i=1}^{n} p_i, \text{ die Streuung } V(X) = \sum_{i=1}^{n} p_i q_i,$$

wenn p_i die Wahrscheinlichkeit dafür ist, aus der i-ten Urne eine weiße Kugel zu ziehen, und $q_i = 1 - p_i$. Ist $p_1 = p_2 = \ldots = p_n = p$, so wird $E(X) = n\,p$ und $V(X) = n\,p\,q$, also gleich dem Erwartungswert bzw. der Streuung einer binomialverteilten Zufallsvariablen.

(8) *Modell der negativen Binomialverteilung oder Wartezeitmodell*

Dieses Modell geht aus dem Modell (4) dadurch hervor, daß wir die erste Annahme fallenlassen. Die Anzahl s der Versuche ist keine feste Zahl. Außerdem betrachten wir als die zentrale Zufallsvariable X die Anzahl von Versuchen, die man braucht, bis k „Erfolge", d.h. Versuche mit dem einen Ausgang (z.B. weiße Kugel), zusammengekommen sind. Die Wahrscheinlichkeitsverteilung von X ist, wie man leicht findet,

$$g\,(x;k,p) = \binom{x-1}{k-1} p^k q^{x-k} \quad \text{für} \quad x = k, k+1, \dots$$
$$q = 1 - p.$$

Dieses Modell hat seinen Namen daher, daß man g (x; k, p) durch die Entwicklung des Binoms $\left(\dfrac{1}{p} - \dfrac{q}{p}\right)^{-k}$ erhält:

$$\left(\frac{1}{p} - \frac{q}{p}\right)^{-k} = p^k\,(1-q)^{-k}\,(=1) = p^k\left[1 - \binom{-k}{1}q + \binom{-k}{2}q^2 - + \dots\right].$$

Die negative Binomialverteilung hat heute eine ziemlich große Bedeutung im Rahmen des Operations Research, hauptsächlich im Zusammenhang mit der Bestimmung von Wartezeiten und bei der Analyse von sog. „Geburtenprozessen"; das sind stochastische Prozesse, bei denen jeweils ein Zustand in einer bestimmten Zeitspanne nur einen neuen Zustand, den unmittelbar folgenden, „gebiert": $A_n \to A_{n+1}$.

Ein Spezialfall ist offenbar Modell (5). Und zwar erhalten wir die geometrische Wahrscheinlichkeitsverteilung, wenn wir k = 1 setzen. Umgekehrt können wir Modell (8) aus Modell (5) aufbauen. Und zwar ist

$$\{g\,(x;k,p)\} = \underbrace{\{g\,(x;p)\} * \{g\,(x;p)\} * \dots * \{g\,(x;p)\}}_{k\text{-mal}},$$

wobei $\{g\,(x;p)\}$ die Folge der Wahrscheinlichkeiten bei der geometrischen Wahrscheinlichkeitsverteilung ist. (Die Folge der Wahrscheinlichkeiten bei der negativen. Binomialverteilung ist die k-fache Faltung von $\{g\,(x;p)\}$ in sich selbst.)

Man zeigt

$$E\,(X) = \mu = \frac{k}{p}, \quad V\,(X) = \frac{k\,q}{p^2}.$$

Die negative Binomialverteilung ist ein Spezialfall des Pólyamodells [siehe unten (10)].

(9) *Modell der hypergeometrischen Verteilung oder das Ziehungsschema ohne Zurücklegen*

Wieder gehen wir vom Bernoullimodell (4) aus, lassen die Unabhängigkeitsvoraussetzung (4d) fallen und ersetzen diese durch die folgende einfache Abhängigkeitsvoraussetzung: Das gezogene „realisierte" Element „verschwindet aus der Verteilung", d.h. es wird nicht wieder in die Verteilung „zurückgetan"; dadurch verändert sich die Wahrscheinlichkeitsverteilung von einer Realisation auf die andere, d.h. die Annahme (4c) bleibt nicht erhalten. Diesem Modell entspricht das Bild einer Urne, die in bestimmtem Mischungsverhältnis mit weißen und schwarzen Kugeln gefüllt ist; es werden n Kugeln einzeln nacheinander gezogen; die jeweils gezogene Kugel wird nicht wieder in die Urne zurückgelegt. Dieses Modell entspricht in fast idealer Weise der bei der statistischen Qualitätskontrolle anzutreffenden Situation. Die Urne stellt die zu inspizierende Warenmenge dar, die weiße Kugel steht für „gute Ware", die schwarze Kugel für „schlechte Ware".

Die Urne enthalte a weiße und b schwarze Kugeln. Die interessierende Zufallsvariable sei X = Anzahl der gezogenen weißen Kugeln („Erfolge") mit den Realisationen x = 0, 1, ..., n.

Es gibt

$\binom{a+b}{n}$ Möglichkeiten, n Kugeln aus einer Menge von N = a + b Kugeln überhaupt auszuwählen,

$\binom{a}{x}$ Möglichkeiten, x weiße Kugeln aus einer Menge von a weißen Kugeln auszuwählen,

$\binom{b}{n-x}$ Möglichkeiten, n − x schwarze Kugeln aus einer Menge von b schwarzen Kugeln auszuwählen.

Also ist die Wahrscheinlichkeit, genau x „Erfolge" (weiße Kugeln) im gegebenen Modell zu erhalten,

$$P(X = x) = h(x; n, a, b) = \frac{\binom{a}{x}\binom{b}{n-x}}{\binom{a+b}{n}}.$$

Meist wird die hypergeometrische Verteilung durch die Binomialverteilung gut approximiert, wenn n ziemlich klein und/oder N sehr groß ist.

Ein anderer Spezialfall ist n = 1: die Zweipunktverteilung.

(10) *Das Pólyamodell*

Modell (9) läßt sich verallgemeinern, indem wir uns vorstellen, daß das realisierte Element nicht aus der Verteilung verschwindet, sondern daß wir es zurücktun *und* außerdem von der realisierten Sorte c = r N neue Elemente der Verteilung inkorporieren (c ganzzahlig). Ist − bezogen auf die Urnenmetapher − die gezogene Kugel weiß, wird die weiße Kugel zurückgelegt, und es werden c = r N weiße Kugeln zusätzlich in die Urne gelegt und mit den anderen gut vermischt; ist die gezogene Kugel schwarz, so wird sie ebenfalls zurückgelegt, und es werden c = r N schwarze Kugeln zusätzlich in die Urne gelegt, bevor die nächste Kugel gezogen wird. Die Folge der Wahrscheinlichkeiten beim Pólyamodell ist nach fester Regel abhängig von den jeweils voraufgegangenen Realisationen. Man spricht daher von „Wahrscheinlichkeitsansteckungen". Diese Bezeichnung ist nicht nur ein sehr zutreffendes Bild, sondern hat außerdem eine Entsprechung im Anwendungsfeld des Pólyamodells, nämlich in der Analyse von durch „Ansteckung" sich verbreiternden Phänomenen wie einer Grippeepidemie oder einer Unfallserie auf der Autobahn. Bei derartigen Problemen wird das Pólyamodell auch oft angewandt.

Man findet zur größten Überraschung, daß eine pólyaverteilte Zufallsvariable X denselben Erwartungswert wie eine binomialverteilte Zufallsvariable hat, nämlich E (X) = n p.

In die Streuungsformel geht jedoch die Zahl c bzw. r ein; es ist

$$V_p(X) = \frac{1 + n\,r}{1 + r}\,n\,p\,q = \frac{N + n\,c}{N + c}\,n\,p\,q,$$

wie man nach elementarer Rechnerei findet. An der Formel $V_p(X)$ läßt sich der Spezialfall des hypergeometrischen Modells erkennen. Man erhält das Modell (9) nämlich für $c = -1$, d.h. wenn eine Kugel von der realisierten Art aus der Verteilung verschwindet, z.B. die gezogene Kugel selbst nicht zurückgelegt wird. Auf die vordem erwähnte Weise gelangt man von $V_p(X)$ zur Streuung einer binomialverteilten Zufallsvariablen:

$$\lim_{N \to \infty} V_p(X) = V_b(X).$$

(11) *Das Poissonmodell*

Das letzte zu betrachtende Modell ist — neben dem Bernoullimodell — das theoretisch interessanteste und praktisch wohl meist angewandte Modell diskreter Art. Man kann es aus dem Bernoullimodell durch den folgenden Grenzübergang gewinnen:

$$p \to 0, \quad n \to \infty; \quad n\,p = \text{const.}$$

Dies ist die übliche Art. Man kann das Poissonmodell aber auch aus der hypergeometrischen, der negativen Binomialverteilung und einigen kontinuierlichen Verteilungstypen heraus gewinnen. Eine weitere Möglichkeit, von der wir im folgenden Gebrauch machen, ist die *Gewinnung der Poissonverteilung aus dem Poissonprozeß*.

Diese Herleitung soll zugleich an einem sehr wichtigen Beispiel die enge Verwandtschaft zwischen einem stochastischen Prozeß und dem entsprechenden stochastischen Modell, das durch eine bestimmte Verteilung charakterisiert wird, dartun.

Der Übergang vom Prozeß zur Verteilung tritt im Falle des Poissonprozesses in reinster Form auf, weil der Poissonprozeß gerade aus einer Folge von Zeitabständen besteht, wobei der Ereignisbegriff selbst insofern degeneriert, als nur die Häufigkeit der Verwirklichung des immer gleichen Ereignisses festgestellt wird, ohne Berücksichtigung weiterer Modalitäten. Merkmalstheoretisch handelt es sich also gar nicht um ein echtes Merkmal; höchstens könnte man die eine Elementarmodalität beim Poissonprozeß als ein kontrapositorisches Merkmal derart auffassen, daß für jeden Zeitpunkt eines gegebenen Zeitraumes „e" bzw. „nicht-e" festgestellt, aber nur die e's registriert werden. Der Poissonprozeß besteht gewissermaßen nur aus Zeit.

Zum Ausgangspunkt dieser Betrachtung nehmen wir die in Abschnitt 13.6 eingeführten Konzepte des Poissonprozesses $t_0, t_1, \ldots$ und der Verteilungsfunktion $F(h) = 1 - e^{-ch}$.

Außerdem geben wir uns jetzt ein Zeitintervall der Länge T vor und fragen: Wie groß ist die Wahrscheinlichkeit P_k dafür, daß genau k der ausgezeichneten Augenblicke t_i unseres Poissonprozesses in diesen Abschnitt fallen? Die Wahrscheinlichkeit Π_1, daß mindestens *ein* Ereignis darin liegt, wird direkt durch die Verteilungsfunktion F gegeben; es ist nämlich offensichtlich

$$\Pi_1 = P(h_1 \leq T) = F(T) = 1 - e^{-cT}.$$

Wie groß ist nun aber die Wahrscheinlichkeit Π_2 dafür, daß mindestens *zwei* Ereignisse im Intervall liegen? Das erste Ereignis im Intervall möge h_1 Sekunden nach dem Anfang des Intervalls erfolgen, das nächste Ereignis weitere h_2 Sekunden später.

In unserem Intervall liegen mindestens zwei ausgezeichnete Zeitpunkte genau dann, wenn auch das zweite Ereignis noch im Intervall liegt, d. h. falls

$$h_1 + h_2 \leqq T.$$

Zum Zweck der Bestimmung der Wahrscheinlichkeit Π_2 dieses Ereignisses approximieren wir das rechtwinklige gleichseitige Dreieck ABC in Abb. 7, welches das Ereignis $h_1 + h_2 \leqq T$ beschreibt, durch eine Menge von Rechtecken, deren Wahrscheinlichkeiten wir aufgrund der Unabhängigkeit von h_1 und h_2 nach dem Multiplikationssatz leicht bestimmen können:

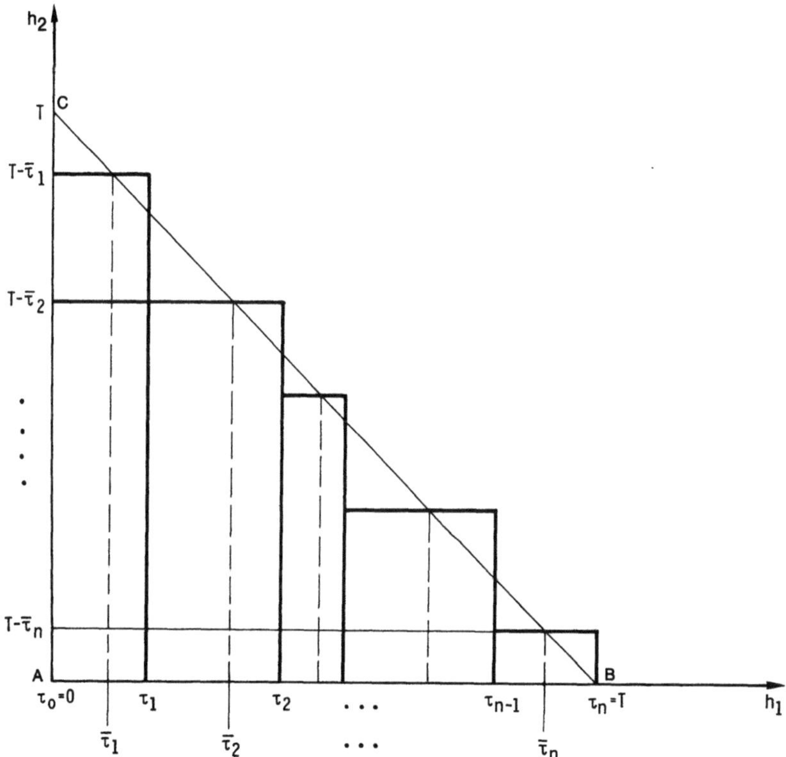

Abb. 7: Approximation beim Poissonprozeß

Die Wahrscheinlichkeit des i-ten Rechtecks ist das Produkt der Wahrscheinlichkeiten seiner Seiten:

$$P\,(\tau_{i-1} \leqq h_1 \leqq \tau_i) \cdot P\,(h_2 \leqq T - \bar{\tau}_i)$$

$$= [(1 - e^{-c\tau_i}) - (1 - e^{-c\tau_{i-1}})]\,[1 - e^{-c(T - \bar{\tau}_i)}]$$

$$= - (e^{-c\tau_i} - e^{-c\tau_{i-1}})\,(1 - e^{-c(T - \bar{\tau}_i)}).$$

Darin können wir (nach dem Mittelwertsatz der Integralrechnung) den Zwischenwert $\bar{\tau}_i$ so wählen, daß

$$e^{-c\tau_i} - e^{-c\tau_{i-1}} = (\tau_i - \tau_{i-1}) \cdot (-c\, e^{-c\bar{\tau}_i}).$$

Wir bekommen also als die Wahrscheinlichkeit des i-ten Rechtecks:

$$c\,(\tau_i - \tau_{i-1}) \cdot e^{-c\bar{\tau}_i} \cdot (1 - e^{-c(T-\bar{\tau}_i)}).$$

Die Summe der n Wahrscheinlichkeiten sämtlicher Rechtecke, nämlich

$$c \sum_{i=1}^{n} (\tau_i - \tau_{i-1})\,(e^{-c\bar{\tau}_i} - e^{-cT}) = -c\,T\,e^{-cT} + c \sum_{i=1}^{n} (\tau - \tau_{i-1})\,e^{-c\bar{\tau}_i},$$

ist ein Näherungswert für Π_2; die letzte Summe $c \sum (\tau_i - \tau_{i-1})\,e^{-c\bar{\tau}_i}$ ist aber gleichzeitig auch eine Näherungssumme für das bestimmte Integral

$$c \int_{0}^{T} e^{-cx}\,dx = -e^{-cT} + 1.$$

Damit haben wir, wenn die Zerlegung $0, \tau_1, \tau_2, \ldots, \tau_n$ des Intervalls $(0, T)$ immer feiner wird,

$$\Pi_2 = -c\,T\,e^{-cT} - e^{-cT} + 1.$$

Π_2 kann als Funktion $\Pi_2(T)$ aufgefaßt werden und stellt als solche die sog. gefaltete Verteilungsfunktion der Summenvariablen $h_1 + h_2$ dar:

$$\Pi_2(T) = P(h_1 + h_2 \leq T).$$

Nach dem gleichen Verfahren kann man die Wahrscheinlichkeiten $\Pi_3, \Pi_4, \ldots$ als Verteilungsfunktionen von $h_1 + h_2 + h_3$, $h_1 + h_2 + h_3 + h_4$, $\ldots$ in Abhängigkeit von der Intervallänge T berechnen.

Offenbar ist

$$P_0 = \Pi_0 - \Pi_1 = 1 - \Pi_1 = 1 - (1 - e^{-cT}) = e^{-cT},$$
$$-P_1 = \Pi_2 - \Pi_1 = c\,T\,e^{-cT} - e^{-cT} + 1 - (1 - e^{-cT})$$
$$P_1 = c\,T\,e^{-cT}$$

und allgemein

$$P_k = \frac{(c\,T)^k\, e^{-cT}}{k!}.$$

Dies ist die *Poissonverteilung*. Betrachten wir die Zufallsvariable $X =$ Zahl der Zustandsänderungen im Intervall der Länge T, dann nimmt X gerade die Realisationen $k = 0, 1, 2, 3, \ldots$ an, und es ist $P_k = P(X = k)$. Der sog. Poissonparameter ist das Produkt $c \cdot T$, d. h. das Produkt aus der „Durchschnittsgeschwindigkeit" c des Poissonprozesses und der Länge T des Zeitintervalls. Wir setzen $c \cdot T = \lambda$ und erhalten endlich die wohlbekannte Funktionalform der Poissonverteilung:

$$P(X = k) = \frac{\lambda^k\, e^{-\lambda}}{k!}.$$

Wir können diese Formel auch so ausdrücken: Die Anzahl k der Zustandsänderungen eines Poissonprozesses in einem gegebenen Intervall gehorcht der Poissonverteilung mit dem Parameter λ.

Man beweist, daß

$$E(X) = V(X) = \lambda.$$

Zur Erläuterung betrachten wir ein einfaches *Beispiel:* In einer Telefonzentrale kommen in der Mittagsstunde von 12 bis 13 Uhr durchschnittlich 8 Telefonanrufe an. Wie groß ist die Wahrscheinlichkeit, daß im Verlaufe von 15 Minuten während der Mittagsstunde

a) kein Telefonanruf kommt,
b) ein Telefonanruf kommt?

Zur Beantwortung bestimmen wir zunächst den Poissonparameter:

$$\lambda/8 = 15/60; \quad \lambda = 2.$$

a) $$P(X = 0) = \frac{2^0 e^{-2}}{0!} = e^{-2} = 0,13534.$$

Die Wahrscheinlichkeit, daß während der Viertelstunde kein Telefonanruf ankommt, beträgt 0,14.

b) $$P(X = 1) = \frac{2^1 e^{-2}}{1!} = 0,27068.$$

Die Wahrscheinlichkeit, daß ein Telefonanruf ankommt, beträgt rund 0,27.

15. Stetige stochastische Modelle

15.1 Die Dichtefunktion

Wir nehmen zum Ausgangspunkt der Betrachtung den Einheitsklumpen Knetgummi (= Wahrscheinlichkeitsmasse 1) aus Abschnitt 14. Anstatt ihn in Stücke zu zerteilen, verteilen („verschmieren")' wir ihn kontinuierlich auf einer ebenen Fläche oberhalb der Zahlengeraden, und zwar wieder in „fairer" Weise, nämlich so, daß die Höhe der Knetgummischicht an einer bestimmten Stelle genau der Wahrscheinlichkeit für diese Stelle entspricht. Die Stelle sei nun in die Zahlengerade eingebettet und bilde dort das Intervall $[x_0, x_1]$. Dann ist die Wahrscheinlichkeit für das Ereignis A, daß die Zufallsvariable einen Wert $x_0 \leqq X \leqq x_1$ annimmt

$$P(A) = P(x_0 \leqq X \leqq x_1)$$

gleich dem Gewicht der über dem Intervall $[x_0, x_1]$ verstrichenen Knetmasse (schraffiert in Abb. 8. (Selbstverständlich muß die Knetmasse ganz gleichmäßig dick aufgetragen sein.)

Die auf die geschilderte Weise entstehende Kurve über der Zahlengeraden ist der Graph der Dichtefunktion f (x). Die *Dichtefunktion* (engl. density function) oder einfach die *Dichte* der Zufallsvariablen X ist eine nichtnegative reelle Funktion f (x), die

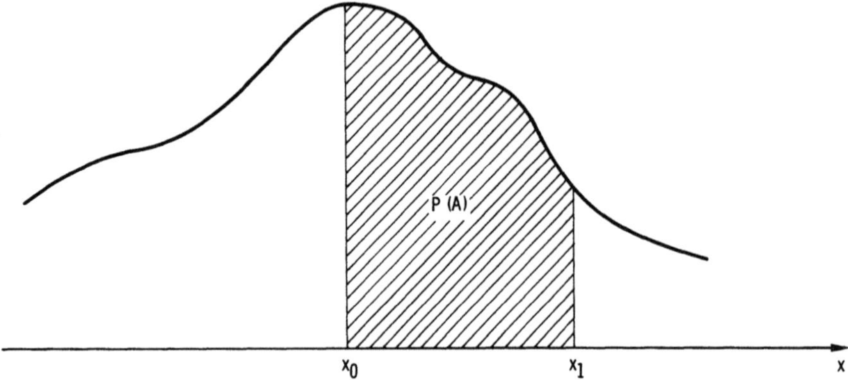

Abb. 8: Veranschaulichung des Dichtebegriffs

für jedes reelle x die Beziehung

$$F(x) = \int_{-\infty}^{x} f(x)\, dx$$

erfüllt, wenn F (x) die Verteilungsfunktion der Zufallsvariablen X ist.

Man benutzt den Dichtebegriff zur indirekten Definition einer kontinuierlichen Zufallsvariablen, nämlich: Wir nennen eine Zufallsvariable X *kontinuierlich* oder *stetig*, wenn sie eine Dichtefunktion f (x) besitzt. Aus der Definition der Dichtefunktion f (x) folgt wegen der Eigenschaften der Verteilungsfunktion F (x) sofort:

1. Die Fläche unter der Dichtefunktion hat den Betrag 1:

$$\int_{-\infty}^{+\infty} f(x)\, dx = 1,$$

da F $(+\infty) = 1$ ist.

2. P (A) = P $(x_0 \leqq X \leqq x_1)$, also die Wahrscheinlichkeit für das Ereignis A, das gerade darin besteht, daß die Zufallsvariable X einen Wert im Intervall $[x_0, x_1]$ annimmt, beträgt

$$P(x_0 \leqq X \leqq x_1) = \int_{x_0}^{x_1} f(x)\, dx = \int_A f(x)\, dx.$$

Ist die Dichtefunktion f (x) im Punkte x stetig, so besteht folgende Beziehung:

$$f(x) = \frac{dF(x)}{dx} = F'(x) = \lim_{x' \to x} \frac{F(x') - F(x)}{x' - x}.$$

Beispiel:

Eine Zufallsvariable hat die „*dreieckige*" *Dichtefunktion*

$$f(x) = \begin{cases} 0{,}25\,(2 + x) & \text{für} \quad -2 \leqq x \leqq 0 \\ 0{,}25\,(2 - x) & \text{für} \quad 0 < x \leqq 2 \\ 0 & \text{sonst.} \end{cases}$$

74

Wie groß ist die Wahrscheinlichkeit dafür, daß die Zufallsvariable X einen Wert zwischen $-0,5$ und $+0,5$ annimmt? Die gesuchte Wahrscheinlichkeit ist

$$P(-0,5 \leq X \leq 0,5) = \int_{-0,5}^{+0,5} f(x)\, dx$$

$$= \int_{-0,5}^{0} 0,25\,(2+x)\, dx + \int_{0}^{0,5} 0,25\,(2-x)\, dx$$

$$= 2 \int_{0}^{0,5} 0,25\,(2-x)\, dx$$

$$= 2 \left[0,5\,x - \frac{0,25}{2}\,x^2 \right]_{0}^{0,5} = [x - 0,25\,x^2]_{0}^{0,5}$$

$$= 0,4375.$$

Abb. 9 veranschaulicht das Ergebnis. Das schraffierte Flächenstück hat das Inhaltsmaß 0,4375, stellt also die gesuchte Wahrscheinlichkeit dar.

Wir kommen nun zu Erwartungswert und Streuung im Falle stetiger Verteilungen.

X sei eine kontinuierliche Zufallsvariable mit der Dichtefunktion f (x), die nur im Intervall $[x_0, x_1]$ von Null verschiedene Werte aufweist. Dann ist der Erwartungswert

$$E(X) = \int_{x_0}^{x_1} x\, f(x)\, dx.$$

Oben haben wir die Dichtefunktion einer Zufallsvariablen X

$$f(x) = \begin{cases} 0,25\,(2+x) & \text{für} \quad -2 \leq x \leq 0 \\ 0,25\,(2-x) & \text{für} \quad\ \ 0 \leq x \leq 2 \\ 0 & \text{sonst} \end{cases}$$

kennengelernt. Wie lautet die Erwartung von X? Antwort:

$$E(X) = \int_{-2}^{0} [0,25\,x\,(2+x)]\, dx + \int_{0}^{2} [0,25\,x\,(2-x)]\, dx = 0.$$

Das ist durchaus plausibel, und man sieht das Resultat sofort.

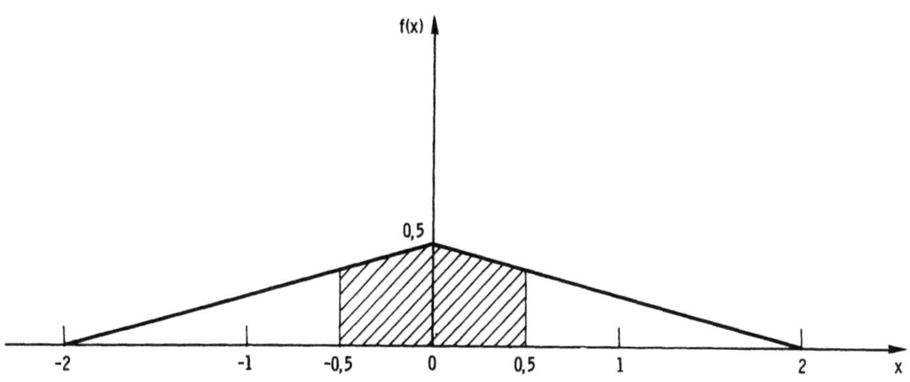

Abb. 9: Eine dreieckige Dichtefunktion

Wir bezeichnen die Streuung (Varianz) wieder mit σ_X^2 oder V (X); sie ist hier definiert als

$$\sigma_X^2 = \int\limits_{-\infty}^{\infty} [x - E (X)]^2 \, f (x) \, dx.$$

15.2 Der De-Moivre-Laplacesche Grenzübergang

Satz von De Moivre:

Mit wachsender Zahl von Versuchen tendiert die Binomialverteilung zur Normalverteilung und geht beim Grenzübergang $n \to \infty$ in diese über.

Diesen Grenzübergang, der zuerst von De Moivre gefunden und später hauptsächlich von Laplace und Gauß verbessert und ausgebaut wurde, wollen wir jetzt in einigen Phasen verfolgen.

Als erstes *standardisieren* wir die binomialverteilte Zufallsvariable X, d.h. wir transformieren sie in die Zufallsvariable

$$Y = \frac{X - E (X)}{\sqrt{V (X)}} \, .$$

Die standardisierte Zufallsvariable Y hat den Mittelwert 0 und die Streuung 1. Die Menge der Realisationen y, die Y annehmen kann, ist die Menge der reellen Zahlen, sind also alle Punkte auf der Zahlengeraden. Während die Zufallsvariable X nur die Realisationen $0, 1, \ldots, n$ annehmen kann, also nur endlich viele diskrete Punkte auf der Zahlengeraden, steht der Zufallsvariablen Y der ganze reelle Bereich als Realisationsbereich zur Verfügung. Insbesondere kann Y natürlich auch − im Gegensatz zu X − negative und gebrochene Werte annehmen. Diese viel größere Variabilität verdankt Y der Standardisierung. Dadurch, daß wir die *Abweichung* $X - E (X)$ bilden, kommen bereits negative Werte und Brüche ins Spiel; dadurch, daß wir diese Abweichung aber noch durch $\sqrt{V (X)}$ dividieren, kann Y sehr große Werte annehmen. Geht $\sqrt{V (X)}$ etwa gegen Null, dann streben die endlichen Differenzen $X - E (X)$ gegen Unendlich.

Eingangs dieses Abschnitts wurde die Zufallsvariable X als *binomialverteilte* Größe vorgestellt. Es ist also $E (X) = n\,p$, wenn p der Bernoulliparameter ist und n die Anzahl der Bernoulliversuche. Außerdem ist $V (X) = n\,p\,q$; $q = 1 - p$. Weiterhin überlegen wir uns, daß die Wahrscheinlichkeit, daß X den Wert k annimmt, gleich ist

$$P \left(Y = \frac{k - n\,p}{\sqrt{n\,p\,q}} \right) .$$

Statt $(k - n\,p)/\sqrt{n\,p\,q}$ schreiben wir einfach y. Da X binomialverteilt ist, ist es auch Y;

$$P (Y = y) = \binom{n}{k} p^k \, q^{n-k} .$$

Der klassische Beweis benutzt die Näherungsformel von James Stirling (1692–1770) für n!, und zwar kann man nach Stirling n! asymptotisch darstellen durch

$$n! \doteq \sqrt{2\,\pi\,n}\ n^n\,e^{-n}.$$

Für $n \to \infty$ konvergiert die Verteilungsfunktion der Zufallsvariablen Y gegen die Verteilungsfunktion einer Zufallsvariablen mit der Dichtefunktion

$$f(y) = \frac{1}{\sqrt{2\,\pi}}\,e^{-\frac{y^2}{2}}.$$

15.3 Die Normalverteilung

Die mit Hilfe des De-Moivre-Laplaceschen Grenzübergangs gewonnene Verteilung, der man das anspruchsvolle Epitheton „normal" gegeben hat, spielt eine fast legendäre Rolle in der Geschichte von Wahrscheinlichkeitsrechnung und Statistik. Galton hat einmal gemeint, daß die Griechen die Normalverteilung „vergöttlicht" hätten, wenn sie sie schon gekannt hätten.

Diese „göttliche" Normalverteilung $N(\mu, \sigma)$ hat die *Dichtefunktion*

$$f(x; \mu, \sigma) = \frac{1}{\sigma\sqrt{2\,\pi}}\,e^{-\frac{(x-\mu)^2}{2\sigma^2}}$$

[$f(x; \mu, \sigma)$ oder kurz $f(x)$, wenn keine Verwechslung entsteht]
sowie die *Verteilungsfunktion*

$$F(x) = \int_{-\infty}^{x} f(x; \mu, \sigma)\,dx = \frac{1}{\sigma\sqrt{2\,\pi}} \int_{-\infty}^{x} e^{-\frac{(x-\mu)^2}{2\sigma^2}}\,dx$$

und ist auf der ganzen Zahlengeraden definiert; μ und σ^2 sind ihre *Parameter*.
Zur Bestimmung des *Erwartungswerts* der normalverteilten Zufallsvariablen X beachten wir, daß die Funktion $f(x)$ *symmetrisch* ist in bezug auf den Punkt $x = \mu$ und daß deshalb

$$\int_{-\infty}^{\infty} (x-\mu)\,f(x)\,dx = \int_{-\infty}^{\infty} x\,f(x)\,dx - \mu \int_{-\infty}^{\infty} f(x)\,dx = E(X) - \mu \cdot 1 = 0,$$

also $E(X) = \mu$ ist.

Als Streuung der normalverteilten Zufallsvariablen X erhalten wir

$$V(X) = \frac{1}{\sigma\sqrt{2\,\pi}} \int_{-\infty}^{\infty} (x-\mu)^2\,e^{-\frac{(x-\mu)^2}{2\sigma^2}}\,dx$$

$$= \frac{1}{\sigma\sqrt{2\,\pi}} \int_{-\infty}^{\infty} \left(\frac{x-\mu}{\sigma\sqrt{2}}\right)^2 e^{-\left(\frac{x-\mu}{\sigma\sqrt{2}}\right)^2} 2\,\sigma^2\,\sigma\sqrt{2}\ d\left(\frac{x-\mu}{\sigma\sqrt{2}}\right)$$

$$= \frac{1}{\sqrt{\pi}} \cdot 2\,\sigma^2 \cdot \frac{1}{2}\,\sqrt{\pi} = \sigma^2.$$

Die Parameter der Normalverteilung sind in der Tat Erwartungswert μ und Streuung σ^2. Die Dichtefunktion der Normalverteilung besitzt folgende Eigenschaften:

1. Sie ist symmetrisch.
2. Ihr Maximum hat sie an der Stelle $x = \mu$.
3. Sie schwingt vom Gipfel aus auf beiden Seiten nach unten.
4. Je kleiner σ, desto weniger schwingt sie aus, d. h. desto enger ist sie um μ zentriert.
5. Ihre Wendepunkte sind um $\pm\,\sigma$ von μ entfernt.
6. Sie nähert sich auf beiden Seiten asymptotisch der x-Achse.
7. Durch Veränderung von μ verschiebt sich die ganze Kurve nur; ihre Gestalt bleibt exakt erhalten.
8. Durch Vergrößerung bzw. Verkleinerung von σ wird sie jedoch zusammengedrückt bzw. auseinandergezogen (vgl. Nr. 4), gleichzeitig steigt bzw. sinkt das Maximum.

Hier wollen wir noch den typischen Anwendungsfall der Normalverteilung betrachten. Meistens ist man an der Wahrscheinlichkeit für die Ungleichung

$$|X - \mu| \leqq k\,\sigma$$

interessiert, d. h. an der Wahrscheinlichkeit dafür, daß die normalverteilte Zufallsvariable von ihrem Erwartungswert um nicht mehr als das k-fache der Standardabweichung (nach oben oder unten) abweicht. Diese Wahrscheinlichkeit entspricht der schraffierten Fläche unter der Normalverteilung in Abb. 10.

Die genannte Wahrscheinlichkeit ist — nach der Definition der Verteilungsfunktion —

$$P\{|X - \mu| \leqq k\,\sigma\} = \int_{\mu - k\sigma}^{\mu + k\sigma} f(x; \mu, \sigma)\,dx$$

$$= F(\mu + k\,\sigma) - F(\mu - k\,\sigma).$$

Da in der Praxis aus Gründen der Einfachheit die Flächenwerte der *standardisierten* Normalverteilung tabelliert und diese Tabellen weit verbreitet sind, empfiehlt es sich,

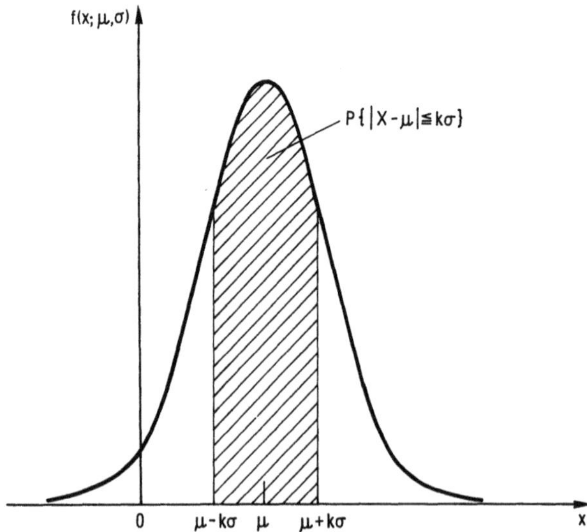

Abb. 10: Flächen der Normalverteilung

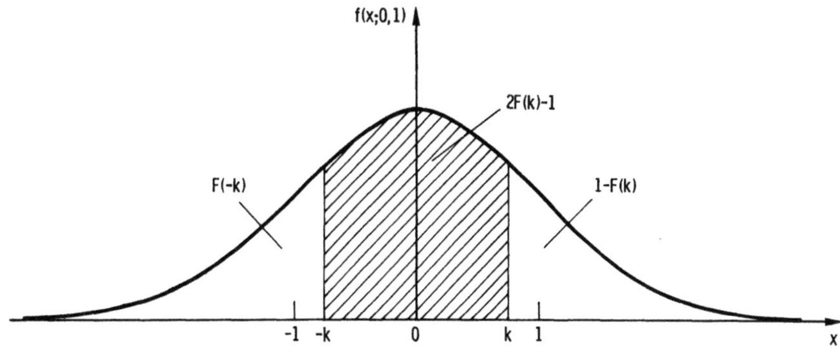

Abb. 11: Flächen der standardisierten Normalverteilung

X zu standardisieren, d. h. in die Variable $U = (X - \mu)/\sigma$ zu transformieren. Nach den vorangegangenen Betrachtungen ist entsprechend

$$P\{|U| \leqq k\} = \int\limits_{-k}^{+k} f(x; 0,1)\, dx = \int\limits_{-k}^{+k} f(x)\, dx$$

$$= F(k) - F(-k),$$

wenn $f(x)$, $F(x)$ Dichte- und Verteilungsfunktion der standardisierten Normalverteilung sind.

Da $F(-k) = 1 - F(k)$, können wir auch schreiben

$$P\{|U| \leqq k\} = 2\,F(k) - 1.$$

Abb. 11 veranschaulicht diese Zusammenhänge sinnfällig.

Interessiert man sich umgekehrt für die Wahrscheinlichkeit, daß die normalverteilte Zufallsvariable X von ihrem Erwartungswert um *mehr* als das k-fache der Standardabweichung nach oben oder unten abweicht, also für die Wahrscheinlichkeit „außen", dann muß man entsprechend die Flächen der „Flügel" oder Enden bestimmen.

$$P\{|X-\mu| > k\,\sigma\} = \int\limits_{-\infty}^{\mu-k\sigma} f(x; \mu, \sigma)\, dx + \int\limits_{\mu+k\sigma}^{\infty} f(x; \mu, \sigma)\, dx$$

$$= F(\mu - k\,\sigma) + [1 - F(\mu + k\,\sigma)]$$

$$= 1 + F(\mu - k\,\sigma) - F(\mu + k\,\sigma).$$

Diese Wahrscheinlichkeit ist gleich $1 - P\{|X-\mu| \leqq k\,\sigma\}$, also gleich 1 minus der vorigen („inneren") Wahrscheinlichkeit, die durch die Fläche des Mittelstückes der glockenförmigen Fläche gegeben war.

Im wichtigen Fall der standardisierten Normalverteilung haben wir entsprechend

$$P\{|U| > k\} = 1 - \int\limits_{-k}^{k} f(x; 0,1)\, dx = 2\,[1 - F(k)].$$

Ein Beispiel:

Eine Zufallsvariable X ist normalverteilt mit Erwartungswert 10 und Streuung 4. Wie groß ist die Wahrscheinlichkeit, daß eine Realisation von X um mehr als das 3fache der Standardabweichung nach oben oder unten abweicht? Antwort: P $(10 - 3 \cdot 2 < X < 10 + 3 \cdot 2) = $ P $(4 < X < 16) = 0{,}9973$. Die gesuchte Wahrscheinlichkeit ist $0{,}9973$, also fast eins.

15.4 Der zentrale Grenzwertsatz der Statistik

Schon bald nach dem Erscheinen der großartigen Arbeiten von Gauß und Laplace zur Normalverteilung Anfang des vorigen Jahrhunderts wurde das „Gaußsche Fehlergesetz" sozusagen zu einem Star. Man schrieb der „Göttlichen" Universalgeltung zu. Alle Erscheinungen der belebten und unbelebten Natur schienen ihr zu gehorchen. Man nannte diese Verteilung Gaußsches oder Gauß-Laplacesches „Fehlergesetz", weil sich in vielen Fällen zeigte, daß ihr die Beobachtungsfehler physikalischer, astronomischer, geodätischer usw. Messungen gehorchen; die zufälligen Schwankungen einer jeglichen stochastischen Variablen um ihren Erwartungswert wurden als „Fehler" gedeutet, so daß „zufällig" mit „normalverteilt" geradezu synonym war. In der Tat sind viele Verteilungen der statistischen Praxis, etwa in Physik, Astronomie, Geodäsie, Biologie, annähernd normal. Aber es kann eigentlich kein Zweifel daran bestehen, daß man die Bedeutung und den Geltungsbereich der Normalverteilung bisher überschätzt hat. Gerade in den Sozialwissenschaften berechtigt nichts zur Annahme, die Phänomene gehorchten der Normalverteilung. Trotzdem ist sie auch dort zum deus ex machina geworden, der auf die Bühne gezogen wird, wenn man numerische Wahrscheinlichkeitsaussagen treffen will, ohne die dafür notwendigen Vorbedingungen zu haben, nämlich entweder einigermaßen verläßliches A-priori-Wissen oder eine kräftige und tragfähige induktive Basis in Form der Resultate kontrollierter Experimente.

Wie erklärt es sich aber, daß immerhin doch viele vom Zufall beeinflußte Phänomene der unbelebten Natur der Normalverteilung gehorchen? Die Antwort auf diese Frage, die überhaupt erst die Normalverteilung aus dem Kreis ihrer Schwestern heraushebt, wurde erst im Jahre 1901 gefunden, obwohl sie Laplace schon vermutet hatte. Die Antwort ist der zentrale Grenzwertsatz; er wurde von Ljapunoff gefunden und bewiesen, seitdem verallgemeinert und modifiziert.

Das Modell, das diesen Satz so eminent wichtig für die Praxis werden läßt, ist das folgende:

1. Gegeben ist eine Erscheinung, die von einem Komplex zahlreicher Faktoren beeinflußt wird.
2. Jeder einzelne Faktor des Komplexes übt nur eine sehr kleine Wirkung aus; für sich allein genommen ist seine Rolle praktisch vernachlässigbar.
3. Jedem einzelnen Faktor wird eine Zufallsvariable X_i $(i = 1, 2, \ldots, n)$ zugeordnet.
4. Es ist nicht bekannt, wieviel Zufallsvariablen (und damit Faktoren) beteiligt sind.
5. Es ist nicht bekannt, wie die einzelnen X_i verteilt sind.
6. Man weiß indessen (oder nimmt an), daß die X_i (und damit die Faktoren) sich gegenseitig nicht beeinflussen.

Wenn man nun fragt, von welcher Art der Totaleffekt aller X_i auf das betreffende Phänomen ist, dann erinnert die Frage ein wenig an Scherze vom Typ: „Ein Schiff ist

38 m làng, 12 Jahre alt und fährt 5 Knoten. Wie groß ist der Kapitän?" Die obige scheinbar unbeantwortbare Frage wurde indessen von Ljapunoff beantwortet; seine Antwort lautet:

Unter den getroffenen Annahmen ist die Summe $X = X_1 + \ldots + X_n$ normalverteilt.

15.5 Andere kontinuierliche Verteilungen

(1) *Die Eulersche Gammafunktion und die Gammadichte*

Aus der Normalverteilung lassen sich ohne grundsätzliche Schwierigkeiten andere kontinuierliche Verteilungen herleiten. Am zweckmäßigsten nimmt man bei der Herleitung den Weg über die Gammafunktion, die (für alle reellen positiven Werte von u) wie folgt definiert ist:

$$\Gamma(u) = \int_0^\infty x^{u-1} e^{-x} \, dx.$$

Durch partielle Integration erhält man

$$\Gamma(u+1) = \int_0^\infty x^u e^{-x} \, dx$$

$$= [-e^{-x} x^u]_0^\infty + u \int_0^\infty x^{u-1} e^{-x} \, dx.$$

Nach der Regel des Marquis de L'Hospital (1661−1704) und von Johann Bernoulli (1667−1768) konvergiert der erste, in eckigen Klammern stehende Ausdruck gegen Null, wenn x → ∞. Für x → ∞ ist daher

$$\Gamma(u+1) = u\,\Gamma(u)$$

und für ganze u weiter

$$\Gamma(u) = (u-1)\,\Gamma(u-1)$$
$$\vdots$$
$$\Gamma(2) = \Gamma(1)$$
$$\Gamma(1) = 1.$$

Die Gleichung $\Gamma(1) = 1$ finden wir, wenn wir uns überlegen, daß

$$\Gamma(1) = \int_0^\infty e^{-x} \, dx = -[e^{-x}]_0^\infty = 1.$$

Es ist für x → ∞ also $\Gamma(u+1) = u\,(u-1)\,(u-2)\ldots 2 \cdot 1$ oder in der Schreibweise „Fakultät"

$$\Gamma(u+1) = u!.$$

Die Gammafunktion hat einige spaßige Eigenschaften, z. B. ist $\Gamma(0{,}5) = \sqrt{\pi}$.

Eine gute Approximation an die Gammafunktion liefert die Stirlingsche Formel; es ist $\Gamma(u+1) \doteq \sqrt{2\pi u}\; u^u e^{-u}$. Die Gammafunktion läßt sich als Dichtefunktion verwenden, wenn man sie zunächst in der folgenden transformierten Form schreibt $(x \rightarrow x/\beta; \beta > 0)$:

$$\Gamma(u+1) = \int_0^\infty \left(\frac{x}{\beta}\right)^u e^{-x/\beta} \, d\left(\frac{x}{\beta}\right).$$

Dann ist die Gammadichtefunktion einer Zufallsvariablen X mit den Realisationen $x > 0$

$$f(x) = \begin{cases} \dfrac{1}{\beta} k \left(\dfrac{x}{\beta}\right)^u e^{-x/\beta} & \text{für} \quad x > 0 \\ 0 & \text{sonst.} \end{cases}$$

Für k findet man

$$k = \frac{1}{\Gamma(u+1)},$$

wenn man berücksichtigt, daß $\int_0^\infty f(x)\,dx = 1$ sein muß, damit $f(x)$ wirklich eine Dichte ist.

(2) *Die Chiquadratverteilung*

Wir beginnen die Betrachtung, indem wir uns m standardisierte, normalverteilte, gegenseitig unabhängige Zufallsvariablen

$$X_i \sim N(0,1), \quad i = 1, \dots, m,$$

vorgeben und nach der Dichtefunktion der Summe der Quadrate dieser Zufallsvariablen, genannt χ^2,

$$\chi^2 = X_1^2 + \dots + X_m^2,$$

fragen. χ^2 ist natürlich ebenfalls eine Zufallsvariable. Nach ein bißchen Rechnerei ergibt sich als Dichtefunktion der Zufallsvariablen χ^2

$$f(\chi^2) = \frac{1}{2^{\frac{m}{2}} \, \Gamma\left(\dfrac{m}{2}\right)} (\chi^2)^{\frac{m}{2}-1} \, e^{-\frac{1}{2}\chi^2}.$$

Diese Verteilung wurde im Jahre 1875 von F. R. Helmert gefunden und im Jahre 1900 von K. Pearson wiederentdeckt. Der einzige Parameter dieser Verteilung ist m. Dieser Parameter heißt „Zahl der Freiheitsgrade".

Die χ^2-Verteilung hat eine ungewöhnlich breite Skala von Anwendungsmöglichkeiten, die wir später im einzelnen zu untersuchen haben.

Man benutzt sie hauptsächlich zur Prüfung der Übereinstimmung zwischen beobachteten und theoretischen Verteilungen und zur Prüfung der Übereinstimmung zwischen beobachteten und theoretischen Streuungen. Sie ist *die* Prüfverteilung für Streuungen.

Mit wachsendem m nähert sich $f(\chi^2)$ der Dichtefunktion einer Normalverteilung (vgl. Abb. 12).

Der Erwartungswert der Zufallsvariablen χ^2 ist, wie man schnell findet, m,

$$E(\chi^2) = m.$$

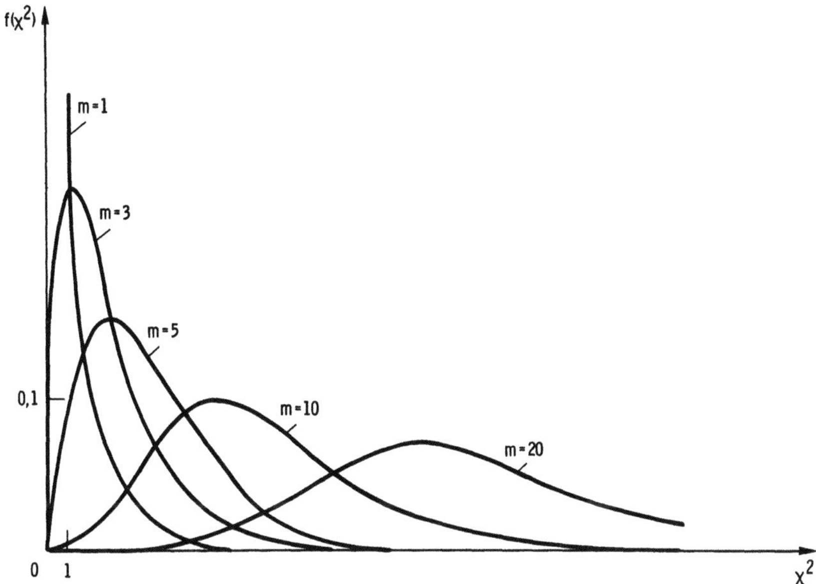

Abb. 12: Chiquadratverteilungen

Zur größten Verblüffung stellt sich außerdem V $(\chi^2) = 2$ m heraus.

(3) *Der Clown: Die Cauchyverteilung*

Wir geben uns zwei voneinander unabhängige Zufallsvariablen X und Y mit

$$X \sim N(0,1) \quad \text{und} \quad Y \sim N(0,1)$$

vor und fragen nach der Dichtefunktion von Z = X/Y. Man findet

$$f(z) = \frac{1}{\pi(1+z^2)} \quad \text{für} \quad -\infty < z < \infty.$$

Diese Dichtefunktion heißt Cauchyverteilung nach dem französischen Mathematiker A. L. Cauchy (1789 – 1857), der diese Verteilung gefunden hat.

Diese Verteilung hat keinen nennenswerten Nutzen für die Praxis, aber sie ist bei den Mathematikern beliebt als Beispiel für eine ausgeartete Verteilung mit ungewöhnlichen Eigenschaften. Sie hat weder einen Erwartungswert noch eine Streuung, und deshalb gilt z.B. der zentrale Grenzwertsatz nicht für cauchyverteilte Zufallsvariablen.

(4) *Die F-Verteilung*

Wir geben uns zwei unabhängige Zufallsvariablen X und Y vor. X sei chiquadratverteilt mit Parameter m_1 („Zahl der Freiheitsgrade" der ersten Variablen), Y sei chiquadratverteilt mit Parameter m_2 („Zahl der Freiheitsgrade" der zweiten Variablen). Wir fragen nach der Verteilung der Zufallsvariablen

$$\frac{X/m_1}{Y/m_2}.$$

Die gesuchte Verteilung ist die nach R. A. Fisher, ihrem Entdecker, benannte F-Verteilung. Sie hat eine recht große Bedeutung für die Praxis, weil sie für das Prüfen von Streuungsverhältnissen und damit von Regressions- und Korrelationskoeffizienten und den großen Komplex der Streuungsanalyse zuständig ist.

Die Dichte der F-Verteilung ist:

$$g(F) = \begin{cases} \dfrac{F^{\frac{m_1}{2}-1}}{\left(1+\dfrac{m_1}{m_2}F\right)^{0,5(m_1+m_2)}}\, k & \text{für } F > 0 \\[2em] 0 & \text{sonst,} \end{cases}$$

wobei k den konstanten Faktor

$$k = \left(\frac{m_1}{m_2}\right)^{\frac{m_1}{2}} \frac{1}{B\left(\dfrac{m_1}{2}, \dfrac{m_2}{2}\right)}$$

bedeutet und $B(\alpha, \beta) = \dfrac{\Gamma(\alpha)\,\Gamma(\beta)}{\Gamma(\alpha+\beta)}$ die sogenannte Betafunktion ist. Die beiden Parameter der F-Verteilung sind m_1 und m_2, die „Anzahlen von Freiheitsgraden". Für $m_1 = m_2 = 1$ erhält man die Cauchyverteilung, für $m_1 = 1$ erhält man einen anderen wichtigen Verteilungstyp:

(5) *Die t-Verteilung*

Dieser Spezialfall der F-Verteilung, zugleich eine Verallgemeinerung der Cauchyverteilung, wurde in den Jahren 1907/1908 von W. S. Gosset (1876–1937) gefunden. Gosset war zu jener Zeit Angestellter der berühmten Guinness-Brauerei in Dublin, Irland. Da die Firmenleitung das Publizieren von Forschungsergebnissen verboten hatte, sah Mr. Gosset sich genötigt, unter einem Pseudonym zu publizieren. Er wählte den Namen „*Student*". Man spricht daher auch von der *Studentverteilung*.

Ihre Dichte ist

$$f(x) = \frac{k}{(1+x^2)^{\frac{\alpha}{2}}} \quad \text{für } -\infty < x < +\infty,$$

wobei α eine positive ganze Zahl ist. Durch das übliche Verfahren erhält man für k den Wert $1/B\{0,5; 0,5(\alpha-1)\}$. Transformiert man x in $t/\sqrt{n}$ und α in $n+1$, dann erhält man die Studentsche Dichtefunktion

$$f(t) = k^* \left(1 + \frac{t^2}{n}\right)^{-0,5(n+1)} \quad \text{für } -\infty < t < \infty,$$

wobei k^* den konstanten Faktor $1/\sqrt{n}\,B(0,5; 0,5\,n)$ bezeichnet.

Der Parameter der t-Verteilung ist n, die „Zahl der Freiheitsgrade".

Das *Haupttheorem* über die t-Verteilung besagt:

Seien X und Y zwei unabhängige Zufallsvariablen, X sei normalverteilt mit Erwartungswert 0 und Streuung 1, Y sei chiquadratverteilt mit Erwartungswert m, dann gehorcht die Zufallsvariable

$$\frac{X}{\sqrt{Y}}\sqrt{n}$$

der t-Verteilung.

Entsprechend kann man auch zur t-Verteilung gelangen, indem man die Dichtefunktion von $X\sqrt{n}/\sqrt{Y}$ (aus standardisierter Normalverteilung und χ^2-Verbindung) herleitet.

Die t-Verteilung hat den Erwartungswert 0 und die Streuung $\dfrac{n}{n-2}$.

Auch die t-Verteilung hat sich, hauptsächlich nach ihrer Neuformulierung durch R. A. Fisher im Jahre 1925, ein breites Anwendungsfeld erobern können. Ihre Nützlichkeit resultiert vornehmlich daraus, daß sie von der Notwendigkeit der Kenntnis der Streuung einer Zufallsvariablen befreit. Die t-Dichtefunktion kann nämlich aufgefaßt werden als die Dichtefunktion der Zufallsvariablen

$$Y=\frac{\bar{X}-\mu}{\sqrt{V(\bar{X})}}.$$

Y hat natürlich die Streuung 1, ist also unabhängig von der Streuung in der Ausgangsgesamtheit, die durch die Zufallsvariable X charakterisiert wird. Da $\sqrt{V(\bar{X})} = \sigma/\sqrt{n}$ ist, kann man Y auch in der folgenden Form schreiben:

$$Y=\frac{\bar{X}-\mu}{\sigma}\sqrt{n}.$$

Die hier zum Ausdruck kommende Transformation der Zufallsvariablen

$\bar{X}=\dfrac{1}{n}(X_1+\ldots+X_n)$, $X_i \sim N(\mu,\sigma)$, $i=1,2,\ldots,n$, in die Zufallsvariable Y heißt auch „Studentisation".

Mit wachsendem n wird die t-Verteilung immer besser von der standardisierten Normalverteilung approximiert. Für $n > 30$ kann man die t-Verteilung so unbedenklich durch die Normalverteilung substituieren, daß die meisten Tabellen der t-Verteilung nur bis $n = 30$ gehen.

Die t-Verteilung wird hauptsächlich für das Prüfen der Differenz zwischen Mittelwerten benutzt, außerdem findet sie in der linearen Regressions- und Korrelationsanalyse Anwendung.

(6) Die Exponentialverteilung

Im Abschnitt 14.3 (11) haben wir festgestellt, daß die Wartezeiten $X \geq 0$ zwischen den Vorkommnissen eines Poissonprozesses der Verteilungsfunktion $F(x) = 1 - e^{-cx}$ gehorchen. Die Dichtefunktion dieser Verteilung über der positiven Halbgeraden $(x \geq 0)$ als Ereignisraum lautet

$$f(x) = F'(x) = c\,e^{-cx}$$

und heißt Exponentialverteilung. Durch partielle Integration derselben findet man ohne Schwierigkeiten, daß der Erwartungswert einer exponentialverteilten Zufallsvariablen $E(X) = 1/c$ ist, ihre Streuung $V(X) = 1/c^2$. Die durchschnittliche Wartezeit bei einem Poissonprozeß ist demnach der Kehrwert der mittleren Anzahl c von Vorkommnissen pro Zeiteinheit, was ja auch plausibel ist. Die Exponentialverteilung war den alten Meistern des 18. Jahrhunderts bereits geläufig. Sie findet bei einer unübersehbaren Fülle von Problemen Anwendung.

15.6 Einparametrige Exponentialfamilien

(Man sagt nichtparametrisch, aber einparametrig.) Der Begriff der Exponentialverteilung wird auf eine sehr wichtige Familie von Verteilungen erweitert. Unter einer einparametrigen Exponentialfamilie versteht man eine Klasse von Verteilungen, deren Dichte im kontinuierlichen Fall bzw. Wahrscheinlichkeitsverteilung im diskreten Fall die folgende Form hat:

$$f(x \mid \vartheta) = c(\vartheta) \, h(x) \, \exp\{\xi(\vartheta) \, T(x)\}; \quad \vartheta \in \Theta \subseteq \mathbb{R};$$

$c(\vartheta)$ und $\xi(\vartheta)$ bzw. $h(x)$ und $T(x)$ sind reellwertige (meßbare) Funktionen, wobei wegen der Definition einer Dichte bzw. Wahrscheinlichkeit $h(x) \geqq 0$ und $c(\vartheta) > 0$ angenommen wird.

$c(\vartheta)$ ist ein Normierungsfaktor, der später, z. T. zusammen mit $h(x)$, als A-priori-Verteilung interpretiert wird. Die Verteilung mit der Dichte bzw. Wahrscheinlichkeit f hängt nicht direkt, sondern nur über $\xi(\vartheta)$ vom Parameter ϑ ab. Aus diesem Grund führen wir einen neuen Parameter, nämlich $\xi = \xi(\vartheta)$ und $\Psi^* = \{\xi(\vartheta) \mid \vartheta \in \Theta\}$ als neuen Parameterraum ein. Einparametrige Exponentialfamilien werden im folgenden immer auf diese Weise parametrisiert. Es wird demzufolge der Parameter $\xi \in \Psi^*$ geschätzt bzw. getestet usw. Die Dichten haben damit die folgende Form:

$$f(x \mid \xi) = c(\xi) \, h(x) \, \exp\{\xi \cdot T(x)\}; \quad \xi \in \Psi^*.$$

Die Voraussetzungen für $c(\xi)$, $h(x)$ und $T(x)$ gelten weiterhin wie oben angegeben. (Zusätzlich sei angenommen, daß $c(\xi)$ dreimal stetig differenzierbar ist.)

Die einparametrige Exponentialfamilie hat viele vereinfachende Eigenschaften. Zu dieser Klasse gehören z. B. die Binomial- und Poissonverteilung, die χ^2-, t- und die F-Verteilung und natürlich die Normalverteilung. Bei ihr gilt z. B.

$$\frac{1}{\sigma \sqrt{2\pi}} \exp\left\{-\frac{1}{2\sigma^2}(x-\vartheta)^2\right\}$$

$$= \underbrace{\frac{1}{\sigma\sqrt{2\pi}} \exp\left\{-\frac{1}{2\sigma^2}\vartheta^2\right\}}_{c(\vartheta)} \underbrace{\exp\left\{-\frac{1}{2\sigma^2}x^2\right\}}_{h(x)} \underbrace{\exp\left\{\frac{1}{\sigma^2}\vartheta \, x\right\}}_{\xi(\vartheta) \; T(x)}$$

Bei der Binomialverteilung gilt z. B.

$$f(x; p) = \binom{n}{x} p^x (1-p)^{n-x}$$

$$= \underbrace{(1-p)^n}_{c(p)} \underbrace{\binom{n}{x}}_{h(x)} \exp\underbrace{\{\log(p(1-p))}_{\xi(p)} \underbrace{x\}}_{T(x)}.$$

Die Bedeutung solcher Faktorisierungen werden wir als Suffizienz bei der Schätzung kennenlernen (Abschnitt 43.3). Bei einparametrigen Exponentialverteilungen existiert unter sehr allgemeinen Voraussetzungen eine suffiziente Maßzahl $T(x) = \sum_{i=1}^{n} T(x_i)$. Die Suffizienz wird heute als Basis der Schätz- und Testtheorie betrachtet. Das ist sicher richtig für die einparametrige Exponentialfamilie.

Eine andere wichtige Verteilungsfamilie, nunmehr zweiparametrig, ist die Weibullklasse. Der „familiäre Ausdruck" ist hier

$$\frac{\gamma}{\beta}\left(\frac{x-\alpha}{\beta}\right)^{\gamma-1} \exp\left\{-\left(\frac{x-\alpha}{\beta}\right)^{\gamma}\right\}$$

$$x > \alpha,\ (\alpha, \beta) \in \Psi^* = \mathbb{R} \times \mathbb{R}^+,\quad \gamma \in (0,1]\ \text{bekannt.}$$

α und β sind die beiden Parameter. Für diese Verteilungsfamilie, die wachsende Bedeutung gewinnt, ist die Schätz- und Testtheorie noch kaum entwickelt. Andersherum: Die klassische Schätz- und Testtheorie beruht auf der einparametrigen Exponentialfamilie und läßt sich keineswegs ohne weiteres auf andere Familien übertragen.

Weiterführende Literatur:

Bauer 1978
Cox, Miller 1970
Doob 1953
Fisz 1980
Gnedenko 1968
Heller et al. 1978
Lamperti 1977
Rutsch 1974
Rutsch, Schriever 1976

Viertes Kapitel
Beobachten

16. Erheben und Messen

16.1 Daten

Das Wort „Daten" kommt vom lateinischen „data", dem Plural von „datum = das Gegebene". Für die Datenverarbeitung und alle nachgeschalteten Phasen sind die Daten wirklich „data", für die angewandte Statistik, in deren Zentrum die Erhebung steht, sind sie es nicht, vielmehr sind sie hier Resultate.

Wir werden die Gewinnung und Verarbeitung von Daten als Teile eines ökonomischen Informationssystems im Sinne, wie es Marschak ursprünglich konzipiert hat, betrachten [Marschak 1968, Marschak-Miyasawa 1968, Menges 1971]. Diese Betrachtungsweise liegt nahe, denn „Statistik ist ein Begriff von Daten". Im Rahmen des Informationssystems sind die Daten die Ausgabesymbole (oder Output) einer ersten Transformation oder im Sinne der Informationstheorie: eines „Kanals", nämlich der Erhebung. Dieser Kanal hat als Eingabesymbole (als Input) die Realisationen oder Messungen eines Phänomens. Durch ein System weiterer Transformationen, welches wir hernach betrachten, werden die Daten verarbeitet, d. h. auf „Wesentliches" reduziert, interpretiert und an einen Entscheidungsträger übermittelt, der sie in Form von Informationen erhält und für seine Entscheidungen verwendet.

Die Erhebung ist eine systematische Kenntnisnahme und Sammlung der Realisationen des Phänomens; die Realisationen bilden die Erhebungsmenge. Den empirischen Realisationen des Phänomens können durch Messungen Größenwerte zugeordnet werden. Damit wird die empirische Struktur in eine numerische abgebildet. Man kann die Messung als eine der eigentlichen Erhebung nachgeschaltete Transformationsstufe auffassen, nämlich als Transformation der Realisationen des Phänomens in ein „strukturgleiches" mathematisches Gebilde.

Messung und Erhebung sind somit eng liierte Begriffe. Die Messung bezeichnet die abstrakt-mathematische Isomorphie zwischen den empirischen Ausprägungen des Phänomens einerseits und reellen Zahlen andererseits, während die Erhebung den realen Vorgang der Kenntnisnahme und Sammlung der Elemente der Erhebungsmenge bezeichnet, also vorwiegend eine technisch-organisatorische Kategorie ist.

Das Phänomen hat verschiedene Realisationen. Diese Realisationen sind die Elemente der Erhebungsmenge $S = \{x_1, \ldots, x_N\}$. Um Aufschluß über das Phänomen zu erhalten, werden die interessierenden Eigenschaften (Merkmalsausprägungen) der Elemente gemessen. Wir nennen dabei die Erhebungsmenge *statistische Masse*, wenn sie alle Elemente mit identisch gleichen Identifikationsmerkmalen umfaßt (vgl. Abschnitt 8.2).

Im Sinne und auf Grund des Vorangegangenen können wir definieren: *Statistische Daten sind Symbole, welche aus der Erhebung der Realisationen von Phänomenen und deren Messung hervorgehen und durch geeignete (reduzierende und interpretierende) Verarbeitung zu Informationen werden, welche ihrerseits die Grundlage für statistische Entscheidungen oder Urteile bilden.*

Eine Datentypologie könnte sich an der Art des Phänomens, an der Erhebungsmethode, an der Art der Messung, an den Arten der Verarbeitung usw. orientieren. Auf einige typologische Gesichtspunkte werden wir später noch eingehen. Besondere Beachtung verdient jedoch die Typologie nach der Art der Messung und nach der Art der Skala. Auf letztere gehen wir in 16.3 ein.

Im Rahmen der psychologischen Datentheorie [z.B. Coombs 1964] sind Meßtypologien von Daten entwickelt worden, die jedoch für unsere Zwecke zu eng gefaßt sind. Wir entwickeln daher eine allgemeinere, gleichwohl einfache Datentypologie, nämlich die folgende (mit ansteigendem Komplexitäts- und absteigendem Objektivitätsgrad):

Typ   I: reine Meßdaten
Typ II: kommunizierte Meßdaten
Typ III: Reizdaten.

Zum Typ I: Reine Meßdaten sind die für die Naturwissenschaften typischen Daten, die aufgrund von Instrumentenablesung entstehen.

Zum Typ II: Als kommunizierte Meßdaten bezeichnen wir Daten, bei denen das (kommunizierende) Dazwischentreten des Menschen unabdingbar notwendig oder aus technischen Gründen geboten ist. Der Mensch (Informant) kommuniziert, aber in einer Weise, daß eine objektive Nachprüfung möglich ist.

Zum Typ III: Reizdaten entstehen durch Messung der Reaktion auf Stimuli.

In den Früh- und Zwischenphasen der Statistik glaubte man, daß Messung ohne Theorie möglich sei: Heute ist man in allen Wissenschaften, von der Physik bis zur Soziologie, gewahr, daß Messung ohne Theorie nicht möglich ist. Die fundamentale Bedeutung der (je nachdem physikalischen, biologischen, psychologischen, ökonomischen) Theorie für die Daten ergibt sich aus drei Einwirkungen:

1. Die Theorie identifiziert und definiert das Phänomen.
2. Die Theorie liefert die Vorschrift, nach der das Phänomen zu messen ist. Dies ist eine Selbstverständlichkeit in Physik und Biologie, aber leider immer noch nicht in der Ökonomie und Soziologie, wo die Theorien vorwiegend rein spekulativ sind.
3. Die Theorie beeinflußt schließlich die *Planung* der Erhebung. Dazu gehört: Die Festlegung von Erhebungsgrundsätzen, die den Sinn und Zweck (aus der Theorie heraus) erläutern, bei Experimenten der Versuchsplan, bei Beobachtungen die Abgrenzung des Befragtenkreises, die Wahl der Erhebungsgrundlage und der zu verwendenden Erhebungsmethode, evtl. die Aufstellung von Systematiken usw. (Auf all diese Probleme gehen wir später näher ein.) Das Ergebnis der Erhebungsplanung nennen wir das *Erhebungsprogramm*.

Strenggenommen sind das Ergebnis der Erhebung noch nicht die Daten, sondern eine Vorstufe derselben, die „Urliste" oder das „Urmaterial". Die Aufbereitung und Messung ist die Transformation des (meist in den amtlichen Zählpapieren oder in den Laboratoriumsberichten oder Krankenblättern usw. fixierten) statistischen Urmaterials in die nach bestimmten Kriterien angeordneten (numerischen) Daten. Die Kanäle „Aufbereitung" und „Messung" sind relativ geräuscharm. (In der klassischen statistischen Literatur wurde auch die Messung unter den Begriff der Aufbereitung subsumiert. Wo keine Verwechslungen zu befürchten sind, werden wir diesen Begriff auch in seiner klassischen Bedeutung verwenden.)

Mit den beiden die Erhebung flankierenden Transformationen „Erhebungsplanung" und „Aufbereitung" ergibt sich das in Abb. 13 dargestellte Grundschema des Informationssystems.

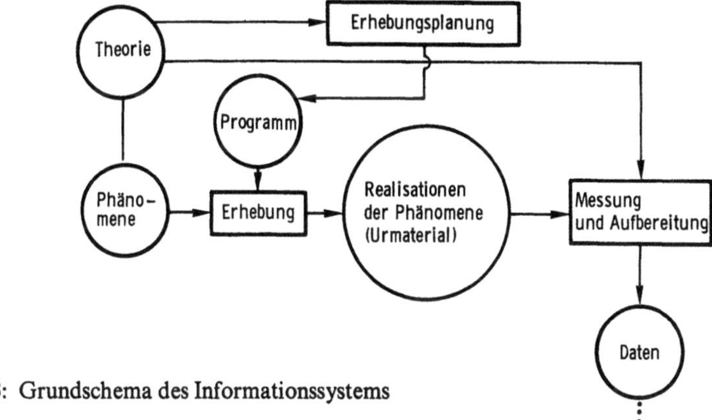

Abb. 13: Grundschema des Informationssystems

Zum Schluß der Betrachtung der Datengewinnungsphase, in deren Zentrum die Erhebung steht, wollen wir noch einmal daran erinnern, daß die Transformation der Phänomene in Daten unter dem Adäquationsprinzip steht, d.h. die Diskrepanz zwischen dem Phänomen und den Daten, da sie schon prinzipiell unvermeidlich ist, soll wenigstens so klein wie möglich gehalten werden.

16.2 Messen

Das formale Bindeglied zwischen der Theorie und den durch Erhebung gewonnenen Daten ist die Messung. Über diese formale Komponente existiert eine ausgedehnte mathematische Theorie, die Meßtheorie.

In der Frühzeit der Mathematik wurde eine Unterscheidung zwischen empirischen Objekten, Relationen sowie Operationen und numerischer Zuordnung nicht getroffen. Von antiken Herrschern wissen wir, daß sie rechneten, indem sie Truppen von Soldaten marschieren ließen: 3mal 2 Hundertschaften nach links marschiert = 600 Soldaten. In der Statistik ersetzte man zwar früh Soldaten durch Striche, man operierte jedoch noch immer anschaulich. Erst sehr viel später konstruierte man ein

Zahlensystem, das als formales Modell diente, um in ihm die empirischen Relationen darzustellen. Im vorigen Jahrhundert war bereits, von der Physik inspiriert, die Frage aufgetaucht und prinzipiell beantwortet, wie man über die bloße Abzählbarkeit von empirischen Objekten hinauskommt und wie weit man durch Aufstellung von Meßvorschriften die Darstellung empirischer Sachverhalte durch Zahlen vorantreiben kann. Heute stellt man die Frage: Was ist meßbar bzw. wann gibt es eine Isomorphie zwischen empirischen und numerischen Strukturen?

Zur Präzisierung der folgenden Überlegungen benötigen wir einige Begriffe.

(1) Unter einer binären Relation R verstehen wir eine beliebige Teilmenge des Quadrates M × M, das ist die Menge aller geordneten Paare (a, b) mit a, b ∈ M, einer gegebenen Menge M. Wir sagen, das Element a befinde sich in der Relation R zum Element b und schreiben a R b genau dann, wenn das Paar (a, b) zur Untermenge R gehört; die Bezeichnungen

$$a\,R\,b \quad \text{und} \quad (a, b) \in R$$

sind somit gleichwertig.

Ganz analog definiert man auch mehrstellige Relationen. Wir geben nun die wichtigsten möglichen Eigenschaften von binären Relationen an.

Seien x, y, z Elemente einer Menge M, R eine binäre Relation, I die binäre Relation der Identität (x I y bedeutet also, daß x und y identisch sind), so können wir folgende Tabelle aufstellen:

Eigenschaft	Definition	Beispiel
1. Reflexiv	für alle x gilt: x R x	=
2. Irreflexiv	für alle x gilt: x R′ x	>
3. Symmetrisch	für alle x und alle y gilt: aus x R y folgt y R x	=
4. Asymmetrisch	für alle x und alle y gilt: aus x R y folgt y R′ x	>
5. Antisymmetrisch	für alle x and alle y gilt: aus x R y und y R x folgt x I y	≧
6. Transitiv	für alle x, für alle y und für alle z gilt: aus x R y und y R z folgt x R z	>
7. Intransitiv	für alle x, für alle y und für alle z gilt: aus x R y und y R z folgt x R′ z	Relation der unmittelbaren Nachfolge im Bereich der natürlichen Zahlen
8. Konnex	für alle x und für alle y gilt: aus x I′ y folgt x R y oder/und y R x	>

Mit R′ bzw. I′ bezeichnen wir das Komplement von R bzw. I; d.h. x R′ y bzw. x I′ y ist genau dann richtig, wenn x R y bzw. x I y falsch ist. Als Beispiele dienen bekannte Relationen auf der Menge der natürlichen Zahlen.

(2) Unter einem relationalen System verstehen wir ein geordnetes Paar $\mathfrak{A} = [A, R]$. Dabei ist A eine nichtleere Menge und R eine Relation auf A.

Wir beschränken uns hier auf relationale Systeme mit nur einer binären Relation. Die Verallgemeinerung auf mehrere beliebigstellige Relationen ist evident, würde aber die Notation unnötig komplizieren. Es sei hier auch bemerkt, daß wir uns auf Relationen beschränken können, da Operationen formal nur spezielle Relationen sind. So kann beispielsweise das binäre Operationensymbol „+" durch

$$a + b = c \quad \text{genau dann, wenn} \quad (a, b, c) \in R$$

definiert werden.

(3) Seien $\mathfrak{A} = [A, R]$ und $\mathfrak{B} = [B, S]$ zwei relationale Systeme, so nennen wir $\mathfrak{A}$ und $\mathfrak{B}$ isomorph, wenn es eine eineindeutige Funktion f von A auf B gibt, so daß für alle a, b $\in$ A gilt:

$$a\,R\,b \quad \text{genau dann, wenn} \quad f(a)\,S\,f(b)\,.$$

(4) Seien $\mathfrak{A} = [A, R]$ und $\mathfrak{B} = [B, S]$ zwei relationale Systeme, so sagen wir, daß ein Homomorphismus von $\mathfrak{A}$ auf $\mathfrak{B}$ vorliegt, wenn es eine Funktion f von A auf B gibt, so daß für alle a, b $\in$ A gilt:

$$a\,R\,b \quad \text{genau dann, wenn} \quad f(a)\,S\,f(b)\,.$$

(Man beachte, daß hier die Eineindeutigkeit nicht verlangt wurde. Man beachte ferner, daß der hier benutzte Homomorphiebegriff stärker ist als der in der Mathematik übliche.)

Die Messung kann als Abbildung einer Menge von empirischen Objekten auf ein mathematisches System verstanden werden. Dabei sollen möglichst viele Schlußfolgerungen über die Relationen zwischen den empirischen Objekten aus den entsprechenden Relationen zwischen den Objekten des mathematischen Systems gegeben werden können. Kann man also beispielsweise Objekte nach ihrer Länge ordnen und wählt man als mathematisches System die natürlichen Zahlen, so werden sich die Ordnungsbeziehungen zwischen den empirischen Objekten in der natürlichen Ordnung zwischen den zugeordneten Zahlen widerspiegeln.

Das für die Messung allgemeinste und zweckmäßigste mathematische System stellen die reellen Zahlen dar. Messen entspricht dann auch formal dem intuitiven Begriff, nämlich der Zuordnung von Zahlen zu Objekten.

Nach diesen Vorbereitungen können wir den wichtigen Begriff der Skala definieren.

16.3 Skalen

Unter einer Skala verstehen wir das geordnete Tripel $[\mathfrak{A}, \mathfrak{R}, f]$. Dabei ist $\mathfrak{A} = [A, R]$ ein empirisches relationales System, $\mathfrak{R} = [\mathbb{R}, S]$ ein numerisches relationales System (beispielsweise $\mathfrak{R} = [\mathbb{R}, >]$), und f bildet $\mathfrak{A}$ auf ein Teilsystem von $\mathfrak{R}$ homomorph (isomorph) ab. ($\mathfrak{A}' = [A', R']$ heißt Teilsystem des relationalen Systems $\mathfrak{A} = [A, R]$, wenn $A' \subset A$ und R' die Einschränkung von R auf A' ist.)

Immer, wenn eine Skala $[\mathfrak{A}, \mathfrak{R}, f]$ gegeben ist, liegt eine Repräsentation empirischer Eigenschaften durch numerische Eigenschaften vor. Um eine Klassifizierung der möglichen Skalenarten zu erhalten, fragen wir, wie weit die durch f vermittelte numerische Zuordnung eindeutig ist, oder, wie man auch sagt, bis auf welche Transformationen die Skala eindeutig bestimmt ist. Dazu seien zunächst die folgenden Aussagen betrachtet:

1. Die Anzahl der Bücher einer Bibliothek ist 583.
2. Das Gewicht von A beträgt 78.
3. Das Verhältnis des Gewichtes von A zu dem von B ist 0,92.
4. Die maximale Temperatur in Heidelberg betrug am 9. 3. 1980 4.

Wie man sofort sieht, haben nur die Aussagen 1 und 3 eine empirische Bedeutung. Die Aussage 1 hat sie aus dem einfachen Grund, weil die Anzahl der Elemente der Erhebungsmenge eindeutig bestimmt ist. Für Aussage 3 ist es unwesentlich, ob das Gewicht in kg, Pfund oder in einer sonstigen Maßeinheit gemessen wurde. Die Aussagen 2 und 4 dagegen werden erst dann sinnvoll, wenn die Maßeinheit angegeben wird. Das Meßverfahren liefert jedoch diese Maßeinheit im allgemeinen nicht. Sie wird vielmehr durch eine Entscheidung festgelegt.

Die obigen Beispiele zeigen, daß es verschiedene Skalenarten gibt, von denen die wichtigsten nun angeführt werden. Dabei sei für das folgende vorausgesetzt, daß empirische Objekte mit derselben interessierenden Eigenschaft zu einer Einheit (Äquivalenzklasse) zusammengefaßt sind. Objekte gleicher Länge werden wir zu einer Äquivalenzklasse zusammenfassen.

(1) *Nominalskala:* Es sei [$\mathfrak{A}$, $\mathfrak{R}$, f] eine Skala und g eine Funktion, so daß auch [$\mathfrak{A}$, $\mathfrak{R}$, g] eine Skala ist. [$\mathfrak{A}$, $\mathfrak{R}$, f] heißt Nominalskala, wenn eine eineindeutige Funktion φ von der Menge der reellen Zahlen in die Menge der reellen Zahlen existiert, so daß

$$g = \varphi \circ f.$$

(Mit „$\circ$" ist hier das Zusammensetzungssymbol für Funktionen bezeichnet, d. h. $(\varphi \circ f)(x) = \varphi(f(x))$.) Wie schon der Name Nominalskala andeutet, dienen die reellen Zahlen hier bloß als Namen für verschiedene Objekte. Man halte sich vor Augen, daß numerische Relationen zwischen den reellen Zahlen keine empirische Interpretation haben. Gemäß der Definition ist die Skala eindeutig bis auf eineindeutige Transformationen bestimmt. Wir sagen auch, daß sie invariant gegen eineindeutige Transformationen ist, d. h. jede Transformation, die die Namen der empirischen Objekte (reelle Zahlen) so ändert, daß verschiedene Objekte wieder verschiedene Namen bekommen, führt wieder zu einer Nominalskala. Als geläufige Beispiele seien Autonummern und die Nummernvergabe für Fußballspieler genannt.

Welche Eigenschaften muß die Menge der empirischen Objekte haben, damit eine Nominalskala existiert? Diese Frage nach der Existenz von Nominalskalen ist leicht zu beantworten. Die Kardinalzahl der Menge der verschiedenen empirischen Objekte darf höchstens gleich der des Kontinuums sein.

(2) *Ordinalskala:* Sei [$\mathfrak{A}$, $\mathfrak{R}$, f] eine Skala und g eine Funktion, so daß auch [$\mathfrak{A}$, $\mathfrak{R}$, g] eine Skala ist. [$\mathfrak{A}$, $\mathfrak{R}$, f] heißt Ordinalskala, wenn eine monotone Funktion φ mit $g = \varphi \circ f$ existiert. (Eine reelle Funktion φ heißt monoton wachsend bzw. fallend, wenn aus $x_1 < x_2$ folgt $f(x_1) < f(x_2)$ bzw. $f(x_1) > f(x_2)$.) Die Ordinalskala ist eindeutig bis auf monotone (ordnungserhaltende) Funktionen.

Hinter dem Begriff der Ordinalskala steht die intuitive Idee, daß die durch eine asymmetrische, transitive und konnexe Relation gegebene Ordnungsstruktur des empirischen relationalen Systems durch eine solche des numerischen relationalen Systems widergespiegelt wird. Beispiele für Ordinalskalen finden sich z. B. bei der Messung der Windstärke und des ordinalen Nutzens.

(3) *Verhältnisskala:* Diese Skala ist eindeutig bis auf Ähnlichkeitstransformationen bestimmt. Das heißt, die Funktion φ hat die Form $\varphi(x) = \alpha\, x$, wobei α eine reellwertige Konstante ist. Die Maßeinheit kann bei der Verhältnisskala beliebig gewählt werden. Als Beispiele seien die Messungen von Länge, Gewicht und Temperatur in Kelvin-Einheiten genannt.

(4) *Intervallskala:* Für eine Intervallskala, die eindeutig bis auf positive lineare Transformationen ist, muß φ die Form $\varphi(x) = \alpha\, x + \beta$ haben. Dabei ist β eine beliebige und α eine positive reelle Zahl. Als Beispiele seien die Messung des kardinalen Nutzens sowie die Messung der Temperatur in °C bzw. °F genannt. Die bekannte Umrechnung von °F in °C lautet

$$
y\,[°C] = \frac{5}{9}\, x\,[°F] - \frac{160}{9}
$$

und stellt eine lineare Transformation mit $\alpha = \dfrac{5}{9}$ und $\beta = -\dfrac{160}{9}$ dar.

Setzen wir $\beta = 0$, so liegt der Spezialfall einer Verhältnisskala vor. Ein weiterer Spezialfall ergibt sich, wenn $\alpha = 1$ gesetzt wird. Diese Skala wird *Differenzskala* genannt. Sie ist eindeutig bis auf Verschiebungstransformationen, d. h. $\varphi(x) = x + \beta$.

(5) *Absolute Skala:* Für diese muß φ die identische Transformation sein, d. h. $\varphi(x) = x$. Eine absolute Skala ist eindeutig bis auf die identische Transformation. Sie ist wohl die am längsten bekannte Skala und entspricht dem *Zählvorgang*, den man sich so vorstellen kann, daß jedem Element einer gegebenen Menge die Eins zugeordnet wird. Die zugeordneten Einsen werden dabei laufend aufaddiert, und die größte der sich dabei ergebenden natürlichen Zahlen bezeichnet die Anzahl der Elemente in der betreffenden Erhebungsmenge.

Die Art der Skala ist für die Statistik von großer Bedeutung, obgleich dies in der Methodenlehre und Theorie der Statistik noch nicht hinlänglich berücksichtigt wird. An der Skalenart der Informationen müssen sich nämlich die Methoden der Beschreibung, Analyse, Inferenz usw. orientieren. Die gängige Methodenlehre der Statistik ist auf relativ hochwertige Skalen hin ausgerichtet. Viele praktische Informationen sind jedoch in Form niederwertiger Skalen gegeben, z. B. in ordinaler Form. Tatsächlich kann man aber auch aus nur ordinal gegebenen Informationen bei geeigneten Methoden wichtige Schlüsse ziehen. Die von Kofler und Menges [1976] entwickelte LPI-Theorie (Theorie der linearen partiellen Information) vermittelt Methoden zur deskriptiven oder inferentialen Ausbeutung von partiellen Informationen, d. h. von nicht in hochwertiger Form gegebenen Daten.

16.4 Empirische Bedeutung und Semantik

Einer numerischen Aussage kommt empirische Bedeutung zu, wenn ihre Richtigkeit invariant gegen die jeweils zulässigen Transformationen ist. Eine Temperaturmessung erfolgt nach einer Intervallskala, die eindeutig bis auf positive lineare Transformationen ist. Wenn ausgesagt wird, daß die Temperatur von a zu b sich verhält wie 3 : 2, dann hat diese Aussage zunächst keine empirische Bedeutung. Erst wenn die Maßeinheit für a und b die gleiche ist, kommt der Aussage empirische Bedeutung zu. Die empirische Bedeutung ist das Minimalerfordernis, dem statistische Daten genügen müssen. Tatsächlich ist aber viel mehr zu verlangen, nämlich die Beachtung der jeweiligen Semantik, die mit der Messung verbunden ist (Parallelismus von Sach- und Zahlenlogik im Sinne Flaskämpers).

Daten sind Zeichen, und daher kann die Statistik, die eine Wissenschaft von Daten ist, als Semiotik (Zeichenlehre) aufgefaßt werden, mit den „Dimensionen" der Syntaktik, Semantik und Pragmatik. Die statistischen Methoden waren schon immer stark syntaktisch und wenig semantisch orientiert, d. h. auf „Zuordnung" und nicht auf Bedeutung hin ausgerichtet. Und diese Tendenz verstärkt sich heute unter dem Einfluß der elektronischen Datenverarbeitung eher als daß sie sich abschwächt. Die pragmatische Dimension der Statistik ist die Entscheidungstheorie, aber diese wird ihr Ziel, zu rationalen Handlungen zu verhelfen, verfehlen, wenn sie nicht sehr stark semantisch orientiert ist. In Kapitel 7 werden wir auf diese Frage zurückkommen.

16.5 Dualismus der Erhebungsmethoden

Dem Dualismus der statistischen Erkenntnisziele [Flaskämper 1929] entspricht ein *Dualismus der Erhebungsmethoden*. Die beiden Prinzipien der Statistik, in welchen der Dualismus der statistischen Erkenntnisziele sich ausprägt, sind die Stochastik (Kernstück: Inferenz) und die Deskription (Kernstück: Begriffliche Adäquation und „Verstehen").

In der statistischen Praxis vermischen sich natürlich die beiden Prinzipien. Auch der Physiker steht bei der Planung eines Experimentes vor einer wenigstens rudimentären Adäquationsaufgabe; sie manifestiert sich dort in der Angabe einer (physikalischen) Meßvorschrift, welche der Theorie „adäquat" ist. Andererseits versucht der Sozialwissenschaftler, über die „bloß verstehende Deskription" hinauszugelangen und Ursachen zu erkennen.

Aber den Wirtschafts- und Sozialwissenschaften ist gleichsam eine unübersteigbare „inferentiale Schranke" gesetzt, d. h. sowohl: „Die Generalisierungsreichweite sozialwissenschaftlicher Daten ist kleiner und wird stets enger bleiben als die von physikalischen Daten", als auch: „Die raffinierteste Beobachtungstechnik kann den Mangel an experimenteller Kontrolle nicht heilen, die der Physiker ausüben kann und die das ideale Fundament der Inferenz darstellt.". Obgleich die Grenze zwischen beschreibenden und inferentialen Daten gewiß fließend ist, sind die beiden Grenzfälle klar identifizierbar. Am einen Ende der Skala stehen diejenigen Daten, welche Ergebnisse kontrollierter Experimente sind. Am anderen Ende und bereits jenseits der

Grenze der Wissenschaftlichkeit stehen die Daten aus *„anekdotischen Berichten"*, d.h. ungeplante, meist zufällig oder als Nebenprodukt von wissenschaftlichen Erhebungen entstandene Daten, die weder für eine verstehende Sinndeutung noch für Inferenz geeignet sind. (Gleichwohl sind sie nicht wertlos.) Den großen Bereich zwischen den kontrollierten Experimenten einerseits und den anekdotischen Berichten andererseits bezeichnen wir im folgenden als Beobachtungen.

Bei aller epistemologischen und methodischen Verschiedenheit unterstehen Beobachtung und Experiment zwei gemeinsamen Grundsätzen:

(1) Objektivität: Die Daten müssen aufgrund von kommunizierbaren und damit nachprüfbaren Meßvorschriften gewonnen sein.

(2) Wirtschaftlichkeit: Da jede Datengewinnung Ressourcen verbraucht, sind Kosten und Nutzen von Erhebungen (mindestens näherungsweise) zu bestimmen und gegeneinander abzuwägen.

Definition des Experiments und der Beobachtung

Die beiden Grundformen der Erhebung sind das Experiment und die Beobachtung.

Experimente sind Daten, die dadurch zustande kommen, daß ein Experimentator bestimmte reale Bedingungen setzt und variiert und die unter diesen Bedingungen entstandenen Phänomene mißt.

Beobachtungen sind Daten, die dadurch zustande kommen, daß ein Beobachter Phänomene so mißt, wie die Realität sie anbietet.

Experiment und Beobachtung sind Unterbegriffe des Begriffs der *Erhebung*, d.h. die Erhebungen detaillieren sich nach dem Charakter der Daten (kontrolliert oder nicht) und der Rolle des Erhebers (aktiv oder passiv) in die Experimente und die Beobachtungen.

Nach einem anderen wichtigen Kriterium, nach der Art der Erhebungsmenge, detaillieren sich die Erhebungen in Zählungen und Registrierungen.

Zählung ist die Erhebung statistischer Bestandsmengen.

Registrierung ist die Erhebung statistischer Bewegungs- oder Ereignismengen.

16.6 Grundsätze der Erhebungsplanung

Erhebungen sind zu planen, nicht nur Experimente, wie R. A. Fisher [1960] gelehrt hat, sondern Erhebungen im allgemeinen. Die Planung von Erhebungen bedeutet, daß der Vollzug der Erhebung in möglichst *allen konkreten* Details geistig *antizipiert* ist. Dazu gehört,

(a) daß eine Reihe von Alternativen aufgestellt und durchgeprüft und die beste Lösung ermittelt worden ist,

(b) daß die Stufen, in welche die Erhebung zerfällt, in eine zweckvolle Abfolge gebracht sind und

(c) daß die Ausführenden der Erhebung (die „Erheber" i. w. S.) für jede Phase des Ablaufs der Erhebung und für jede Situation, in die die Erhebung geraten kann, eine Norm (oder Richtschnur) des Verhaltens besitzen.

Häufig wird es für diesen Zweck nötig sein, empirische *Erkundungsstudien* oder *Probeerhebungen* durchzuführen. Eine *Erkundungsstudie* (Exploratory Study oder Exploratory Survey) besteht in der (zufälligen oder bewußten) Auswahl sowie der eingehenden Analyse einiger weniger Erhebungseinheiten, um allererste Unterlagen über die Bedingungen der Erhebung an die Hand zu bekommen.

Eine *Probeerhebung* (Pilot Survey) hingegen ist die Generalprobe der Erhebung. Ein kleiner Teil der Erhebungseinheiten wird, möglichst unter denselben Bedingungen, unter denen die Erhebung selbst stehen wird, erhoben. Sie ist eine Vorübung für das Erhebungspersonal, und sie hilft — gleichsam in letzter Stunde — Organisationslücken und -mängel aufzudecken, schlechte Formulierungen der Fragen zu erkennen und zu korrigieren, Kostenberechnungen zu bestätigen oder zu verwerfen usw. Schon Quetelet hat seiner bahnbrechenden belgischen Volkszählung vom Jahre 1846 eine Probeerhebung in einem Brüsseler Vorort vorausgehen lassen.

16.7 Programmplanung

Die Erhebungsplanung kann technisch-organisatorisch in zwei große Komplexe unterteilt werden: die *Programmplanung* und die *Organisationsplanung*.

Bei der Programmplanung treten hauptsächlich drei konkrete Probleme auf:

(1) *Was* soll erhoben werden? (Konkretisierung des *Erhebungsgegenstandes*)
(2) Existieren *Sekundärstatistiken* oder muß eine *Primärstatistik* eingeführt werden?
(3) Welchem *Zweck* oder welchen Zwecken dient die Erhebung? (Besonders: Ist eine *Einzweck-* oder *Mehrzweckstatistik* zu erheben?)

(1) *Konkretisierung des Erhebungsgegenstandes*

Was soll und zu welchem Zweck soll erhoben werden? Diese Konkretisierung des Erhebungsobjektes besteht hauptsächlich in der Definition der *Erhebungseinheit*, daneben in den Definitionen der Erhebungsmerkmale.

(2) *Primär- und Sekundärstatistik*

Bei der staatlichen und kommunalen Administration fallen Aufzeichnungen, Kataster, Register, Dokumentationen an, die zwar unmittelbar für die Verwaltung und nicht für statistische Zwecke beabsichtigt sind, gleichwohl für die Statistik nutzbar gemacht werden können. Derartige abgeleitete statistische Ermittlungen bezeichnet man als *Sekundärstatistiken*.

Ein Nachteil der Sekundärstatistiken liegt darin, daß sie oft nicht restlos auf den „gemeinten" Erhebungsgegenstand passen, ein weiterer darin, daß die Grenzen der berücksichtigten Merkmalsvielfalt durch das administrative und nicht durch das statistische Interesse abgesteckt werden. Ein Vorteil der Sekundärstatistiken liegt darin, daß ihre Erhebungskosten niedrig sind. Ein weiterer Vorteil ist, daß Sekundärstatistiken meistens eine hohe Qualität haben, nämlich lückenlos und fast fehlerlos sind, da sie in der Regel urkundlichen Charakter tragen und über längere Zeiträume hinweg gleichmäßig geführt werden.

Typische Sekundärstatistiken sind die Statistik der Geborenen, die Statistik der Eheschließungen und die Statistik der Gestorbenen, die auf den Standesamtsregistern beruhen.

Zwar wird man theoretisch vor jeder geplanten Erhebung prüfen, ob sekundärstatistische Unterlagen dem Erhebungszweck dienlich gemacht werden und vielleicht die geplante Erhebung überflüssig machen können, doch hat die amtliche Statistik − zumindest in den hochentwickelten Ländern − praktisch alle sekundärstatistischen Möglichkeiten bereits genutzt. Und so wird man heute bei der Planung einer Erhebung in der Regel auf den Weg der *Primärstatistik* verwiesen.

Primärstatistiken entstehen durch direkte Befragung der zu beobachtenden Objekte.

(3) *Einzweck- und Mehrzweckerhebungen*

Statistische Erhebungen können an *einem* Zweck oder an *mehreren* Zwecken oder Erkenntniszielen orientiert sein. Im ersten Fall spricht man von *Einzweckstatistik.*

Mehrzweckstatistiken hingegen dienen gleichzeitig mehreren Erkenntniszielen. Bei einer Wohnstättenzählung z.B. wird man sich nicht mit der Ermittlung der Zahl der Wohnstätten allein zufriedengeben. Vielmehr wird man Informationen anstreben auch über die Wohnungsgröße, die Zahl der in der Wohnung Lebenden, die Ausgaben für Wohnung, ob Miet- oder Eigentumswohnung usw., um gleichzeitig Informationswünsche zahlreicher Interessenten befriedigen zu können.

Mehrzweckstatistiken bilden in der amtlichen Statistik heute die Regel. Einzweckstatistiken kommen häufiger vor bei nichtamtlichen Produzenten der Statistik.

16.8 Organisationsplanung

Zwischen der Programmplanung und der Wahl der Erhebungsmethode steht ein Komplex an planerischen Überlegungen, der einerseits durch die Entscheidungen im Rahmen der Programmplanung determiniert ist, andererseits aber auch schon unter dem Einfluß der anzuwendenden Erhebungsmethode steht. Diesen Zwischenbereich der Planung bezeichnen wir als Organisationsplanung; in einem allgemeinen Sinn besteht sie in der *Organisation der technischen Vorbedingungen für die Erhebung.* Hierzu gehört eine Fülle von Detailaufgaben, angefangen vom Entwurf und Druck der Fragebogen bis zur Ausarbeitung der Zähleranweisungen und der Schulung des mit der Erhebung betrauten Personals. Indessen lassen sich zwei besonders wichtige Planungsfragen unterscheiden, nämlich

(1) die Aufstellung von Systematiken,

(2) die Abgrenzung des Befragtenkreises und die Wahl der Erhebungsgrundlage.

Zu (1): Systematiken werden immer dann notwendig sein, wenn die Merkmale und Modalitäten der Erhebung eine große Mannigfaltigkeit aufweisen. Das ist bei größeren Erhebungswerken heute in der Regel der Fall. Aufgabe der Systematiken ist − allgemein gesprochen − ein „System", d.h. eine bestimmte wohlgefügte Ordnung in diese Vielfalt der Merkmale und Modalitäten zu bringen.

In den vergangenen Jahren ist die Aufstellung derartiger Systematiken in der Bundesrepublik Deutschland und in zahlreichen anderen Ländern unter zwei neuartige Gesichtspunkte getreten: Erstens werden heute aus Gründen der internationalen Vergleichbarkeit der statistischen Ergebnisse in breitem Maße *internationale Standard-Systematiken und -nomenklaturen* verwendet, wie sie von internationalen Organisationen, z.B. der UN oder der OECD, ausgearbeitet worden sind. Zweitens werden heute aus Gründen der möglichst lückenlosen Zusammenführung von zunächst ganz disparaten Einzelstatistiken Systematiken entwickelt, die an der volkswirtschaftlichen Gesamtrechnung orientiert sind. Man möchte erreichen, daß z.B. die Statistik der Einzelhandelsumsätze mit den Ergebnissen der Handwerkszählung oder mit der Statistik der öffentlichen Finanzen oder mit der Außenhandelsstatistik usw. verknüpft werden kann. Diesem Zweck der gleichsam totalen Vergleichbarkeit werden die Systematiken heute untergeordnet.

Zu (2): Aus der Definition der Erhebungseinheit folgt der „Kreis der Befragten". Er setzt sich aus allen Individuen (z.B. Personen, Haushalten oder Betrieben) zusammen, die die Identifikationsmerkmale der Erhebungseinheit tragen. Diese theoretisch sehr einfache Forderung ist praktisch meistens nur nach Überwindung von Schwierigkeiten zu realisieren und kann zuweilen Kompromisse erforderlich machen.

Jede beobachtende Erhebung bedarf zu ihrer technischen Durchführung einer allerersten organisatorischen Grundlage, z.B. eines Anschriftenverzeichnisses des „Kreises der Befragten". Diese organisatorische Grundlage, die den Schritt von der Planung in die konkrete Ausführung der Erhebung erst ermöglicht, heißt *Erhebungsgrundlage* (englisch frame).

Erhebungsgrundlagen haben bei Stichprobenerhebungen eine besonders große Bedeutung. Während bei Vollerhebungen Mängel der Erhebungsgrundlage in der Regel erkannt und beseitigt werden können, hängt das Gelingen einer Repräsentativerhebung entscheidend von der Qualität der Erhebungsgrundlage ab.

Die Auffassung der Erhebungsplanung als Entscheidungsproblem liegt nach dem Vorangegangenen nahe. Und sie ist gar nicht so modern, wie sie vielleicht scheint. Franz Zizek untersuchte in der letzten vor seinem Tode veröffentlichten Schrift „Wie statistische Zahlen entstehen" [1937a] die „logischen" und „organisatorisch-technischen" Entschließungen" des „... die ganze Zahlengewinnung planenden, regelnden und schöpferisch gestaltenden entscheidenden Statistikers ..." [Zizek 1937a, S.118]. Seine Ausführungen in dieser Schrift [1937a], aber auch in der schon früher [1922] erschienenen Arbeit über die „fünf Hauptprobleme der statistischen Methodenlehre" sowie in seinem Lehrbuch [Zizek 1923, § 7–19] sind zu einem beträchtlichen Teil auf die Erhebung angewandte Entscheidungslehre. (Vgl. auch Diehl-Louwes [1968] und Louwes-Diehl-Menges [1973].)

17. Erhebungsmethoden

17.1 Die Vollerhebung, ihre Vorzüge und Nachteile

Am oberen Ende der Skala der Erhebungsmethoden nach dem Vollständigkeitsgrad stehen die Voll-, Total- oder erschöpfenden Erhebungen. Sie sind dadurch charakterisiert, daß *alle* Einheiten des zu erhebenden Phänomens mit ihren Merkmalen erfaßt, d.h. gemessen und aufbereitet werden. Totalerhebungen gibt es so gut wie nur von demographischen und wirtschaftlichen Phänomenen, kaum je von naturwissenschaftlichen, wo Teilerhebungen die Regel sind. Totalerhebungen der Bevölkerung und der Wirtschaft sind meist zugleich administrativ motiviert, und es dominiert der deskriptive über den analytischen Zweck.

Tritt bei der Erhebungsplanung eine Konkurrenz zwischen Totalerhebung einerseits und nicht-erschöpfender Erhebung andererseits auf, so werden in der Regel folgende Gründe gegen die Voll- und für die nicht-erschöpfende Erhebung sprechen:

(1) Nicht-erschöpfende Erhebungen sind billiger
(2) Sie erfordern zu ihrer Durchführung und statistischen Weiterverarbeitung weniger Zeit, daher sind die Ergebnisse relativ bald verfügbar.

Diese beiden Gründe gelten ziemlich allgemein, gelegentlich kommen zwei weitere Gründe hinzu:

(3) Eine erschöpfende Erhebung erweist sich technisch oder organisatorisch als nicht durchführbar
(4) Die erschöpfende Erhebung erweist sich bei näherer Prüfung als entbehrlich, weil approximative, durch nicht-erschöpfende Erhebungsmethoden gewonnene Informationen der Erkenntnisabsicht bereits gerecht werden.

Die Vollerhebung ist die klassische Erhebungsart, diejenige, die den meisten Praktikern der amtlichen Statistik noch immer die sympathischste ist. Sie gilt wohl — zu Recht oder Unrecht? — auch immer noch als die Methode, die zu den genauesten Resultaten führt. Doch ist die Vollerhebungsmethode durchaus kein automatischer Schutz gegen falsche Ergebnisse. Da nicht-erschöpfende Erhebungen, insbesondere die Repräsentativerhebungen, häufig detaillierter geplant werden und da der Erhebung der einzelnen Einheit hier mehr Sorgfalt gewidmet wird, können Repräsentativerhebungen genauere Ergebnisse zeitigen als Vollerhebungen. Diese Einsicht hat auch in der amtlichen Statistik inzwischen Platz gegriffen, und so treten heute in vielen Ländern der Erde an die Stelle der klassischen Vollerhebungen die Zeit und Kosten sparenden Repräsentativerhebungen.

Doch sollte man ganz klar sehen, daß die nicht-erschöpfenden Erhebungen nie den Platz der Vollerhebungen vollkommen ausfüllen können. Mindestens von Zeit zu Zeit sind Vollerhebungen unerläßlich

(1) für die Bestandsaufnahmen von Bevölkerung und Wirtschaft, an denen die nicht-erschöpfenden Erhebungen sich orientieren können, z.B. in Form von Erhebungsgrundlagen für Stichprobenerhebungen;

(2) für die Erkenntnis der *regionalen* Mannigfaltigkeit im Bevölkerungs- und Wirtschaftsleben, welche von den nicht-erschöpfenden Erhebungen nicht oder nur sehr unvollkommen erlangt werden kann;

(3) für administrative Zwecke, denn die moderne Verwaltung von Gemeinwesen erfordert die Kenntnis aller Elemente: aller Personen, Haushalte, Betriebe, Unternehmen usw.

17.2 Die Repräsentativ- oder Stichprobenerhebung

Die Repräsentativ- oder Stichprobenmethode besteht in der Auswahl einer Teilmasse, mit dem Ziel, von dieser auf die Gesamtmasse zu schließen. Die ausgewählte Teilmasse heißt „Stichprobe". Das Wort Stichprobe kommt aus der Kaufmannssprache: Ein Kaufmann, der eine Warensendung erhält, entnimmt eine Stichprobe, d. h. einige Stücke der Sendung, um sie zu prüfen und aufgrund der Prüfung auf die Eigenschaften der ganzen Warensendung schließen zu können. Heute faßt man den Begriff „Stichprobe" schärfer, und zwar einmal in einem theoretischen Sinn als endliches Stück aus einem stochastischen Prozeß, sodann unter Bezugnahme auf den „Entnahmevorgang" in einem technischen Sinn als eine *streng zufällig* ausgewählte Teilmasse. Entsprechend bezeichnet man im engeren technischen Sinne als Repräsentativerhebung die *streng zufällige Auswahl einer Teilmasse aus der Gesamtmasse* (= Grundgesamtheit, Ausgangsgesamtheit, Ausgangsverteilung oder Population). Streng zufällig heißt: Jedes Element der Gesamtmasse hat die gleiche Chance, gezogen zu werden.

Das Prinzip strenger Zufälligkeit ist nicht leicht zu verwirklichen, insbesondere verursacht seine Verwirklichung oft hohe Kosten. Die statistische Praxis — besonders diejenige der Markt- und Meinungsforschung — hat darum nach Kompromissen gesucht; sie bestehen im wesentlichen in den sog. „Beurteilungsstichproben" (judgment samples), die nicht streng zufällig, sondern aufs Geratewohl zusammenkommen. Das besonders häufig benutzte sog. *Quotenverfahren* (quota sampling) ist so, wie es meist praktiziert wird (Abschnitt 18.4), eine Mischung aus den beiden Typen mit dominierendem Charakter der Beurteilungsstichprobe. Den Begriff der Methode der „bewußten Auswahl", der häufig zur Kennzeichnung der Methoden der Auswahl von Beurteilungsstichproben *und* von typischen Einzelfällen (Abschnitt 19.5) gebraucht wird, vermeiden wir ganz, da er die Ursache für zahlreiche Irrtümer und Mißverständnisse in der Geschichte der Repräsentativstatistik gewesen ist. Er ist im übrigen völlig überflüssig.

Die Hauptunterschiede:

Zufallsstichproben	Beurteilungsstichproben
a) erfordern eingehende Planung,	a) sind einfach zu planen,
b) schicken den Interviewer durch Kälte und Schmutz (Deming) zu der einmal ausgewählten Erhebungseinheit (Substitutionen sind nicht zugelassen),	b) erlauben Substitutionen der Erhebungseinheiten,

c) sind relativ teuer,	c) sind relativ billig,
d) *geben automatisch die Basis für eine genaue Fehlerrechnung,*	d) *erlauben keine Fehlerrechnungen; der Fehler muß aus außerstatistischen Gründen „beurteilt" werden,*
e) sind theoretisch wohlfundiert,	e) lassen sich theoretisch nicht fundieren,
f) liefern genaue Ergebnisse,	f) liefern ungenaue Ergebnisse, deren Genauigkeit zudem nicht beurteilt werden kann,
g) sind eindeutig „besser".	g) sind eindeutig „schlechter".

Eine sorgfältig geplante echte Zufallsstichprobe ist mehr als nur ein Surrogat für eine Vollerhebung. Sie ist ein der Vollerhebung grundsätzlich gleichwertiges Instrument der empirischen Forschung.

Definition der Zufallsstichprobe: Eine Grundgesamtheit G sei eine Menge von Erhebungseinheiten A_i. $G = \{A_i; i \in I\}$. Die Indexmenge I gibt an, wie viele Elemente die Grundgesamtheit umfaßt. Die A_i seien durch ein statistisches Merkmal M_x charakterisiert, dieses durch eine Zufallsvariable X mit Verteilungsfunktion $F(x)$. Das heißt jedes Element $A_i \in G$ trägt genau eine dem Ereignisraum E von X entnommene Modalität, im diskreten Fall bei k Modalitäten eine der Realisationen

$$x_{(1)}, x_{(2)}, \ldots, x_{(k)}.$$

Zur Schreibweise: Die (diskreten) *möglichen* Realisationen von X bezeichnen wir mit *rund eingeklammerten* Suffices, die beobachteten Realisationen mit *uneingeklammerten* Suffices. Später benutzen wir eckig eingeklammerte Suffices zur Kennzeichnung der Komponentenanzahl bei Vektoren (Zufalls- oder Realisationsvektoren). Trennen wir alle A_i von ihren Bezeichnungen $x_{(i)}$, so verbleibt eine Grundgesamtheit $\bar{G}$ vom Umfang I, nämlich die Menge, welche alle $x_{(i)}$ aus E mit der Häufigkeit enthält, mit der dieselben in G vorkommen. $F(x)$ gibt dann die (kumulierte) Dichte bzw. Wahrscheinlichkeit der $x_{(i)}$ in $\bar{G}$ an. Wir fragen jetzt nach der Gesamtheit der möglichen v-Tupel , die aus den Realisationen x_i (i $\in$ I) gebildet werden können. Bei 2 Modalitäten (mögliche Realisationen)

$$x_{(1)} = 0, \quad x_{(2)} = 1$$

und einer Indexmenge vom Umfang 4, d. h. bei 4 Erhebungseinheiten A_1, A_2, A_3, A_4, können wir folgende v-Tupel bilden (siehe Seite 104 oben).
Die Gesamtheit der möglichen v-Tupel bezeichnen wir als *Stichprobenpopulation* $\bar{G}$. Der zur v-ten Stichprobenpopulation gehörige Zufallsvektor sei mit $\xi_{[v]} = (\xi_1, \ldots, \xi_v)$ bezeichnet. Im obigen Beispiel hat der zweigliedrige Zufallsvektor $\xi_{[2]} = (\xi_1, \xi_2)$ die möglichen Realisationen (0, 0), (0, 1), (1, 0), (1, 1). Sein Stichprobenraum ist also das kartesische Produkt E × E. Allgemein ist der v-gliedrige Zufallsvektor auf dem v-dimensionalen Stichprobenraum

$$\underbrace{E \times E \times \ldots \times E}$$
$$(v \text{ kartesische Faktoren})$$

definiert.

$v = 1$	$v = 2$	$v = 3$	$v = 4$
(0)	(0, 0)	(0, 0, 0)	(0, 0, 0, 0)
(1)	(0, 1)	(0, 0, 1)	(0, 0, 0, 1)
	(1, 0)	(0, 1, 0)	(0, 0, 1, 0)
	(1, 1)	(0, 1, 1)	(0, 0, 1, 1)
		(1, 0, 0)	(0, 1, 0, 0)
		(1, 0, 1)	(0, 1, 0, 1)
		(1, 1, 0)	(0, 1, 1, 0)
		(1, 1, 1)	(0, 1, 1, 1)
			(1, 0, 0, 0)
			(1, 0, 0, 1)
			(1, 0, 1, 0)
			(1, 0, 1, 1)
			(1, 1, 0, 0)
			(1, 1, 0, 1)
			(1, 1, 1, 0)
			(1, 1, 1, 1)

Es existiere für $i \in I$ und beliebige Realisationen $x_1, \ldots, x_i$ die bedingte Verteilungsfunktion

$$(*) \qquad F_i(x \mid x_1, \ldots, x_i) = P(\xi_{i+1} \leqq x \mid \xi_1 = x_1, \ldots, \xi_i = x_i) \,.$$

Nach einer Auswahlmethode Z_x werden aus der Grundgesamtheit G n Elemente ausgewählt. Die an diesen ausgewählten Elementen realisierten Modalitäten seien $x_1, \ldots, x_n$ mit den zugehörigen Zufallsvariablen $X_1, \ldots, X_n$.
Der Zufallsvektor (der stochastische Prozeß)

$$X_{[n]} = (X_1, \ldots, X_n)$$

heißt eine Zufallsstichprobe und der Vektor

$$x_{[n]} = (x_1, \ldots, x_n)$$

die Realisation der Zufallsstichprobe $X_{[n]}$, wenn die Auswahlmethode Z_x für M_x *zufällig* ist.

Definition der Zufallsauswahl: Die Auswahlmethode Z_x heißt Zufallsauswahl, wenn

(a) für jede mögliche Modalität von M_x, d.h. für jede mögliche Realisation von X
gilt

$$(Za) \qquad P(X_1 \leqq x) = F(x) \,,$$

(b) für $i = 1, 2, \ldots, n - 1$ und beliebige $x_1, \ldots, x_i$ gilt

$$(Zb) \qquad P(X_{i+1} \leqq x \mid X_1 = x_1, \ldots, X_i = x_i) = F_i(x \mid x_1, \ldots, x_i) \,.$$

Zur Erläuterung betrachten wir *ein Beispiel:*

Die Grundgesamtheit G bestehe aus den 60 Millionen Einwohnern G_i (i = 1, 2, ..., $60 \cdot 10^6$) der Bundesrepublik. Durch eine Repräsentativerhebung soll festgestellt werden, wieviele Einwohner der Bundesrepublik kriegsbeschädigt sind. Das Merkmal M_x der Kriegsbeschädigung habe zwei Modalitäten

$$m_x^{(1)} = \text{Kriegsbeschädigung},$$

$$m_x^{(2)} = \text{keine Kriegsbeschädigung}.$$

Das Merkmal M_x werde jetzt durch die Zufallsvariable X mit den möglichen Realisationen $x_{(1)} = 0$, $x_{(2)} = 1$ aufgrund der Zuordnung

$$X: \quad x_{(1)} \leftarrow m_x^{(1)}$$
$$x_{(2)} \leftarrow m_x^{(2)}$$

charakterisiert. Die Stichprobenpopulation $\tilde{G}_\nu$ besteht aus den möglichen ν-Tupeln ($\nu = 1, 2, ..., 60 \cdot 10^6$) von Erhebungseinheiten, z. B. für $\nu = 2$ aus 2^2, für $\nu = 3$ aus 2^3 Elementen, für $\nu = 60 \cdot 10^6$ aus $2^{60 \cdot 10^6}$ Elementen. Die Elemente von $\tilde{G}_\nu$ werden z. B. für $\nu = 3$ durch den Zufallsvektor $\xi_{[3]} = (\xi_1, \xi_2, \xi_3)$ charakterisiert. Die möglichen Realisationen von allen ξ_i sind natürlich dieselben wie die von X. Zum Beispiel besteht die Stichprobenpopulation $\tilde{G}_2$ aus den 4 Paaren

$$(x_{(1)}, x_{(1)}), \quad (x_{(1)}, x_{(2)}), \quad (x_{(2)}, x_{(1)}), \quad (x_{(2)}, x_{(2)}) \ .$$

Für festes $\nu = $ n wird die Stichprobenpopulation zum *Stichprobenraum.*

Wird eine Stichprobe vom Umfang n = 2000 gezogen, d. h. werden 2000 Einwohner der Bundesrepublkik nach Kriegsbeschädigung befragt, so umfaßt der Stichprobenraum 2^{2000} Punkte, nämlich die Anzahl von möglichen Ausgängen des 2000fach iterierten „Versuchs".

Entsprechend umfaßt die Stichprobe den 2000gliedrigen Zufallsvektor $X_{[2000]} = (X_1, X_2, ..., X_{2000})$ mit den 2^{2000} möglichen Realisationen der Form $x_{[2000]} = (x_{(1)}, ..., x_{(2000)})$.

Die Zufälligkeitsbedingung (Za) besagt nun, daß bezüglich der ersten ausgewählten Person die Wahrscheinlichkeit, kriegsbeschädigt zu sein, genau die Wahrscheinlichkeit für Kriegsbeschädigung in der ganzen Bevölkerung ist; sei diese p, dann ist

$$P(X_1 \leqq x_{(1)}) = p$$
$$P(X_1 \leqq x_{(2)}) = p + (1 - p) = 1 \ .$$

Die Zufälligkeitsbedingung (Zb) besagt zunächst für die zweite ausgewählte Person

$$P(X_2 \leqq x \,|\, X_1 = x_1) = F_1(x \,|\, x_1) \ .$$

Ist die erste Person wieder in die Grundgesamtheit „zurückgelegt" worden, d. h. hat sie die Chance, noch einmal in die Auswahl zu gelangen, dann ist $F_1(x \,|\, x_1) = F(x)$ und entsprechend

$$P(X_2 \leqq x_{(1)}) = P(X_1 \leqq x_{(1)}) = p \ ,$$
$$P(X_2 \leqq x_{(2)}) = P(X_1 \leqq x_{(2)}) = 1 \ .$$

Ist die erste Person nicht wieder in die Grundgesamtheit „zurückgelegt" worden, so hat sich die Wahrscheinlichkeit, eine kriegsbeschädigte Person zu ziehen, geringfügig vermindert, wenn die erste ausgewählte Person Kriegsbeschädigung aufwies, bzw. geringfügig erhöht, wenn die erste ausgewählte Person keine Kriegsbeschädigung aufwies. Und zwar ist jetzt

$$P(X_2 \leqq x_{(1)} | X_1 = x_{(1)}) = F_1(x_1 | x_{(1)}) = \frac{2000\,p - 1}{1999} \, .$$

(Für z. B. p = 0,3 ergibt sich $F_1(x_1 | x_{(1)}) = 0,29965$ statt wie zuerst 0,3.) Entsprechend ist

$$P(X_2 \leqq x_{(1)} | X_1 = x_{(2)}) = F_1(x_1 | x_{(2)}) = \frac{2000\,p}{1999} \, .$$

(Für z. B. p = 0,3 ergibt sich $F_1(x_1 | x_{(2)}) = 0,30015$ statt wie zuerst 0,3.)

Für die dritte ausgewählte Person besagt (Zb), daß

$$P(X_3 \leqq x | X_1 = x_1, X_2 = x_2) = F_2(x | x_1, x_2)$$

usw. bis

$$P(X_n \leqq x | X_1 = x_1, \ldots, X_{n-1} = x_{n-1}) = F_{n-1}(x | x_1, \ldots, x_{n-1}) \, .$$

Die Zufälligkeitsbedingungen (Za) und (Zb) werden de facto dadurch realisiert, daß, gleichgültig wie sich das „Mischungsverhältnis" in der Grundgesamtheit durch die Entnahme realisiert, in der jeweils verbleibenden Masse alle Elemente der verbleibenden Masse die identisch gleiche Chance haben, ausgewählt zu werden. Verändert sich (durch „Zurücklegen") das Mischungsverhältnis während des Entnahmevorgangs nicht, dann bleibt die Wahrscheinlichkeit, eine kriegsbeschädigte Person zu ziehen, konstant gleich p. In diesem Fall (mit „Zurücklegen") spricht man auch von *unabhängigen* Zufallsstichproben.

Man beachte, daß *Zufalls*stichproben *abhängig* und *unabhängig* sein können; wird nicht zurückgelegt, so haben wir es mit einem Spezialfall einer abhängigen Zufallsstichprobe zu tun.

Die Stichprobe gibt zwar die Inferenzbasis des Rückschlusses ab und ist insofern sehr wichtig für das Resultat. Doch ist sie nur eine Durchgangsstation; das Ziel ist die Kenntnis der Grundgesamtheit: Von der Stichprobe wird auf die unbekannte Grundgesamtheit geschlossen.

Dieser Rückschluß ist verschieden, je nachdem, ob die Indexmenge I endlich ist oder unendlich (abzählbar oder überabzählbar). Im ersten Fall sprechen wir von einem immanenten, im zweiten Fall von einem transzendenten Rückschluß [Menges 1959, § 4]. Allerdings geht die Bedeutung dieses Unterschiedes weit über den Charakter der Indexmenge, die eher eine Äußerlichkeit darstellt, hinaus. Die sachlichen Unterschiede gibt die Tabelle auf Seite 107 oben an.

Der mathematische Gehalt der Unterscheidung in immanente und transzendente Rückschlüsse ist gering, er verwischt sich vollends, wenn wir die Grundgesamtheit durch eine Verteilungsfunktion F (x) charakterisieren. F stamme aus der Menge aller möglichen Verteilungsfunktionen, welche wir mit Ω bezeichnen.

Im folgenden beschränken wir uns meist auf den Mittelwert μ von F (x) in der Grundgesamtheit. Ein guter, ja „der beste" Schätzwert $\hat{\mu}$ für μ ist das arithmetische Mittel $\bar{x}$

Der immanente Rückschluß	Der transzendente Rückschluß
– ist eine technische (nämlich erhebungstechnische) Kategorie,	– ist eine epistemologische Kategorie,
– beantwortet die Frage nach dem „Wieviel",	– beantwortet die Frage nach dem „Warum",
– schließt z. B. von 2000 befragten Personen auf die Meinung von 60 Millionen Personen	– schließt z. B. von 30 Messungen des Drucks in einer bestimmten Schicht der Atmosphäre auf den „wahren" atmosphärischen Druck in dieser Schicht,
– ist prinzipiell entbehrlich, da statt der Erhebung der Stichprobe die ganze Grundgesamtheit erhoben werden könnte (Zeit-, Kosten- oder technische Gründe motivieren die Stichprobenerhebung),	– ist prinzipiell unentbehrlich, da gar nicht die ganze Grundgesamtheit erhoben werden könnte (selbst wenn keine Zeit-, Kosten- oder technischen Gründe entgegenstehen würden),
– steht unter vorwiegend deskriptiven oder „sachlogischen" Prinzipien,	– steht unter vorwiegend stochastischen Prinzipien,
– wird von Stabilitätsüberlegungen wenig beeinflußt: von der Stichprobe wird auf die hic et nunc vorhandene Grundgesamtheit geschlossen,	– wird durch mangelnde Stabilität des Phänomens sehr beeinträchtigt,
– ist andererseits experimentell nicht überprüfbar; gerade das „Hic et nunc", d. h. die historische Einmaligkeit der Grundgesamtheit, verhindert eine experimentelle Überprüfung des Resultats,	– ist experimentell überprüfbar (oder sollte es sein; das wahre Phänomen oder die wahre Abhängigkeit muß sich im Experiment bestätigen),
– erfordert die genaue statistische Darlegung der Stellung des Phänomens (und der Stichprobe) in Raum und Zeit,	– ist (idealerweise) von der Stellung der Stichprobe in Raum und Zeit unabhängig, d. h. es sollte keine Rolle spielen, wo und wann (historisch gesehen) die Stichproben gezogen wurden; etwas anderes ist es, wenn Raum oder Zeit keine historischen Kategorien sind, sondern Kausalfaktoren,
– ist typisch für die Beobachtung.	– ist typisch für das Experiment.

der beobachteten Stichprobenrealisationen x_i (i = 1, ..., n):

$$\hat{\mu} = \bar{x} = \frac{1}{n} \sum_{i=1}^{n} x_i ,$$

und zwar gleichgültig, ob die Stichprobe mit oder ohne Zurücklegen gezogen wurde und ob sie immanent oder transzendent ist.

Die Anwendung der Stichprobenmethode hat in der Praxis drei Fundamentalprobleme, die wir noch ganz kurz skizzieren wollen:

(1) Mangelhafte Erhebungsgrundlage
(2) Undurchführbarkeit des Auswahlmodus, hauptsächlich der Zufallsauswahl
(3) „Regionalstatistische Antinomie".

Zu (1): Wenn jedes Element der Grundgesamtheit dieselbe Chance haben soll, in die Stichprobe zu gelangen, muß man zunächst eine Liste oder Kartei aller Elemente besitzen, aus welcher zufällig Elemente herausgegriffen werden. Eine solche vollständige Liste oder Kartei ist die Stichprobenerhebungsgrundlage.

Zu (2): Wenn auch die Entscheidung über den anzuwendenden Auswahlmodus nach objektiven Gesichtspunkten getroffen werden kann, so wird die Anwendung des Auswahlmodus auf eine gegebene Grundgesamtheit doch oft erhebliche Schwierigkeiten bereiten. Solche Schwierigkeiten können z.B. darin bestehen, daß Elemente der Grundgesamtheit einer Erhebung nicht zugänglich sind (z.B. Antwortverweigerung), oder genereller darin, daß die Zufälligkeit des Auswählens nur unzulänglich oder gar nicht möglich ist. Das sicherste Verfahren ist, alle Elemente durch einen Gegenstand, am besten eine Kugel, zu repräsentieren, die Menge der Kugeln gut durchzumischen und aufs Geratewohl Kugeln herauszugreifen oder durch einen Apparat herausgreifen zu lassen. Jede Abweichung von diesem idealen Verfahren birgt die Gefahr von Verzerrungen in sich.

Zu (3): Durch bestimmte Modifikationen der uneingeschränkten Zufallsauswahl kann man regionale Fragestellungen bei der Stichprobenerhebung berücksichtigen. Alle denkbaren Modifikationen finden jedoch eine Grenze in der Eigenart des Stichprobenverfahrens, eben nur einen Teil der Elemente zu erfassen, einerseits, und dem meist demographisch, ökonomisch und administrativ motivierten Wunsch nach der Erkenntnis der regionalen Mannigfaltigkeit andererseits. Eine derartige Antinomie besteht zwar prinzipiell auch in bezug auf die sachliche und zeitliche Mannigfaltigkeit, doch ist sie dort nicht so gravierend, weil gerade durch Preisgabe der Regionalerkenntnis detaillierte sachliche und zeitliche Informationen gewonnen werden können.

17.3 Der notwendige Stichprobenumfang

Der Vollständigkeit halber erwähnen wir noch ein theoretisch einfaches, gleichwohl für die Praxis wichtiges Planungsproblem bei Repräsentativerhebungen, nämlich die Bestimmung des notwendigen Stichprobenumfangs.

(a) *Kostenbetrachtung:* Man ermittelt die Kostenfunktion $C = c_0 + n\,c$ der Erhebung, wobei C die Gesamtkosten, c_0 die festen Kosten und c die (variablen) Stückkosten je Erhebungseinheit sind. Steht für die Stichprobenerhebung ein Budget von B zur Verfügung, so setzt man $C = B = $ const. und bestimmt n als

$$n = \frac{B - c_0}{c}.$$

(b) *Genauigkeitsbetrachtung:* Die zweite in der Praxis häufig angewandte Methode besteht darin, daß man die Formel für den Zufallsfehler $\sigma_{\bar{x}}$ der Stichprobe (vgl. Abschnitt 67.1) nach n auflöst. Wird mit d der Stichprobenfehler, den man bei der Schätzung des Mittelwertes μ höchstens zu tolerieren bereit ist, bezeichnet und mit k der ebenfalls frei wählbare Sicherheitsfaktor, so ist $d = k\,\sigma_{\bar{x}}$ und man erhält im Falle ohne Zurücklegen:

$$n = \frac{k^2\,\sigma^2\,N}{N\,d^2 + k^2\,\sigma^2 - d^2},$$

im Falle mit Zurücklegen:

$$n = \left(\frac{k\,\sigma}{d}\right)^2 .$$

Hierbei bezeichnet σ^2 die Streuung von X in der Grundgesamtheit. Diese Größe ist durch den Erhebungsgegenstand fest vorgegeben. Natürlich muß man σ^2 kennen. Ist das nicht der Fall, so muß σ^2 mit Hilfe von Erkundungsstudien oder Probeerhebungen geschätzt werden. Ist z.B. die Grundgesamtheit hinsichtlich des interessierenden Merkmals normalverteilt, so entsprechen folgende Sicherheitsfaktoren folgenden

Schlußwahrscheinlichkeiten $\varepsilon(k) = P\left(|\bar{x} - \mu| \leqq \dfrac{k\,\sigma}{\sqrt{n}}\right)$ (Abschnitt 15.3):

$$\varepsilon(k = 1) = 0{,}6827$$

$$\varepsilon(k = 2) = 0{,}9545$$

$$\varepsilon(k = 3) = 0{,}9973 .$$

In der Formel für die Schlußwahrscheinlichkeit ist die absolute Differenz $|\bar{x} - \mu|$ das durchschnittlich zu erwartende Höchstmaß des Stichprobenfehlers d. Ist z.B. d mit $d = 0{,}9$ und k mit 3 festgelegt und kennt man aus früheren Erhebungen die Streuung in der Grundgesamtheit mit $\sigma^2 = 64$, so ist für die Schlußwahrscheinlichkeit

$$P\left(|\bar{x} - \mu| \leqq \frac{3 \cdot 8}{\sqrt{n}}\right) = 0{,}9973$$

der erforderliche Stichprobenumfang (bei Ziehung mit Zurücklegen)

$$n = \left(\frac{3 \cdot 8}{0{,}9}\right)^2 = 711 .$$

Wir wollen noch die einfache Regel festhalten: Der Stichprobenumfang muß desto *größer* sein, je *stärker* das interessierende Merkmal streut, je *geringer* die Genauigkeit der Schätzung (ausgedrückt im Stichprobenfehler d) gewünscht und je *größer* die Schlußwahrscheinlichkeit (ausgedrückt im Sicherheitsfaktor k) verlangt wird. Übrigens orientiert man sich bei mehreren konkurrierenden Merkmalen wieder entweder am wichtigsten Merkmal oder am Merkmal mit der größten Streuung.

17.4 Systematische Auswahl und andere technische Modifikationen

Das Prinzip „Zufälligkeit" ist teuer. Man möchte es daher überlisten, indem man es zwar nicht oder möglichst wenig verletzt, aber so modifiziert, daß bei gleichem Erhebungsnutzen Kosten gespart werden können. An derartigen Modifikationen gibt es zwei Typen, einmal bloß technische Modifikationen, mit denen man das Ideal der Urnenauswahl (lottery sampling) im Prinzip beibehält, jedoch technisch substituiert, sodann modellmäßige („peristatische") Modifikationen, bei denen das reine Urnenmodell durch andere, komplizierte Modelle abgelöst wird. Wir betrachten ganz kurz die Verfahren der ersten Kategorie, hernach ausführlicher die modellmäßigen Modifikationen.

Die wichtigste bloß technische Modifikation ist die *systematische Auswahl*, auch quasizufällige, periodische, schematische Auswahl genannt. Die N Elemente der Grundgesamtheit auf einer Liste oder in einer Kartei werden von 1 bis N durchlaufend numeriert. Aus den ersten k (k < N, meist k = N/n) Elementen wird echt zufällig ein Element ausgewählt und von diesem ab jedes k-te, bis n Stichprobenelemente beisammen sind; wenn k = N/n ist die Stichprobe automatisch bei N komplett. k heißt das Entnahmeintervall. Von der Stichprobe sagt man, sie sei k-systematisch. Durch systematische Auswahl spart man den teuren Lotterievorgang (Durchmischen und zufälliges Ziehen); das ist ein echter Vorteil, wenn die Ordnung der Elemente in der Liste oder Kartei streng zufällig ist. Ist sie es nicht, so können trotzdem noch Vorteile auftreten, wenn nämlich ein Schichtungseffekt (Abschnitt 18.1) entsteht. Manchmal entsteht jedoch ein Nachteil, wenn nämlich die Ordnung der Elemente irgendwie regelmäßig, im schlimmsten Fall periodisch ist.

Eine andere Gruppe von bloß technischen Modifikationen sind die *Punkt-, Linien-, Routen- und Flächenstichproben*. In ländlichen und unzivilisierten Gebieten, z.B. in Entwicklungsländern, sind Landkarten oft die einzige verfügbare Erhebungsgrundlage. Man macht dann aus der Not eine Tugend, indem man Punkte auf der Landkarte zufällig auswählt (Punktstichprobe) und die einem Punkt nächstliegende Einheit (Ansiedlung, bebautes Feld usw.) in die Stichprobe nimmt. Oder man zieht zufällig Linien durch das Erhebungsgebiet (Linienstichprobe) und nimmt die von den Linien geschnittenen oder tangierten Elemente in die Stichprobe auf. Oder man greift entlang einer Route (Autostraße, Schiffahrtslinie) zufällig Einheiten heraus (Routenstichprobe), ein sehr verzerrungsverdächtiges Verfahren. Das beste „Landkartenverfahren" dürfte die Flächenstichprobe sein, die der Klumpenauswahl (Abschnitt 18.3) nahe verwandt ist. Hier wird ein Raster kleiner Felder über die Landkarte gelegt, und es werden zufällig einzelne Felder herausgegriffen, von denen entweder alle Einheiten in die Stichprobe gelangen (Klumpenauswahl) oder nur ein wieder zufällig ausgewählter Teil. Im letzten Fall besteht eine Analogie zum mehrstufigen Auswahlverfahren.

17.5 Eine Sonderform: Repräsentation nach dem Anordnungsprinzip

Eine interessante Variante der Zufallsstichprobe ist die Anordnungsstichprobe [Blind 1969]. Der Grundgedanke besteht darin, die Stichprobe so zu ziehen, daß garantiert alle Modalitäten des Erhebungsmerkmals in der Stichprobe vertreten sind. Man erreicht dies, indem man die N Einheiten umfassende Erhebungsmenge nach dem quantitativen Merkmal M_x ordnet und auf die der Größe nach geordnete Grundgesamtheit das systematische Auswahlprinzip anwendet, d.h. jede k-te Einheit auswählt, wenn der Auswahlsatz k = N/n beträgt, also die Elemente mit den Ordnungsnummern k, 2k, ..., nk. Die Zufälligkeit der Auswahl ist natürlich nur dann noch gewährleistet, wenn die Einheiten nicht systematisch Modalitäten von M_x realisieren.

Eine Modifikation des beschriebenen Auswahlverfahrens besteht darin, daß man die der Größe nach geordnete Gundgesamtheit Π in n Größenklassen

$$\Pi_1, \ldots, \Pi_n \left(\bigcup_{i=1}^{n} \Pi_i = \Pi; \; \Pi_i \cap_{i \neq i'} \Pi_{i'} = \emptyset \right)$$

einteilt und den Zentralwert in jeder Größenklasse herausgreift, wenn er existiert. Wenn nicht, nimmt man den nächsten Nachbar. Existiert in jeder Größenklasse ein Zentralwert, so werden folgende Elemente der Grundgesamtheit in die Stichprobe aufgenommen:

Größenklassen	Π_1	Π_2	Π_n
Einheiten (nach M_x geordnet)	$A_1, \ldots, A_{k_1},$	$A_{k_1+1}, \ldots, A_{k_2}, \ldots,$	$A_{k_{n-1}+1}, \ldots, A_N$
Zentralwert	$A_{\frac{k_1+1}{2}},$	$A_{\frac{k_1+k_2+1}{2}},$	$A_{\frac{N+k_{n-1}+1}{2}}$

Stichprobe vom Umfang n

Bei einer Erhebung der öffentlichen Wasserversorgung kann man die Gemeinden und Unternehmen der öffentlichen Wasserversorgung z. B. nach dem Merkmal der Wasserabgabe ordnen und in Größenklassen einteilen und aus jeder dieser Größenklassen die Einheit mit der mittleren Wasserabgabe auswählen. Freilich wird man in der Regel nicht nur ein Merkmal erheben, sondern mehrere, im Beispiel neben der Wasserabgabe die Rechtsform der Unternehmung, die Länge und Art des Kanalnetzes, die Art der Kläranlage usw.

Bei dieser Repräsentation nach dem Größenklassen-Anordnungsprinzip ist die Gefahr, daß das Zufallsprinzip verletzt wird, natürlich noch etwas größer als bei dem reinen Anordnungsprinzip. Dies ist der Nachteil der Repräsentation nach dem Anordnungsprinzip: die Gefahr des Auftretens einer Verzerrung durch systematische (periodische) Folge der Realisationen des betreffenden Merkmals. Der Vorteil, nämlich die Chance für extreme (kleine oder große) Werte, in die Stichprobe zu gelangen und die damit verbundene „Vergrößerung der Chance dafür, daß die Stichprobe ein möglichst unverzerrtes Abbild der Grundgesamtheit bietet", wird von Blind [1969, S. 78] als *positiver Anordnungseffekt* bezeichnet. Der positive Anordnungseffekt ist jedoch nicht meßbar, und er kann auch nur relativ, nämlich im Vergleich zu einer schlechten oder zu kleinen Zufallsstichprobe, erwartet werden. Es spricht m. E. wenig dafür, daß Stichproben nach dem Anordnungsprinzip besser („repräsentativer") sind als echte Zufallsstichproben (Lotteriestichproben), doch einiges dagegen: Gleichwohl werden uns Elemente des Anordnungsprinzips in mehreren Modifikationen der uneingeschränkten Zufallsauswahl, z. B. beim geschichteten und Klumpenauswahlverfahren, begegnen, da es oft Kosten sparen hilft.

18. Schichten, Stufen, Klumpen

18.1 Schichten

Beim Stichprobenziehen kann man dadurch Kosten sparen, daß man den Entnahmevorgang den natürlichen Gegebenheiten anpaßt. Die wichtigste derartige Möglichkeit
besteht darin, die Grundgesamtheit in Gruppen, genannt Schichten, elementfremd
aufzuteilen und aus jeder Schicht separat Ziehungen vorzunehmen. Die N Elemente
der Grundgesamtheit werden somit in K Schichten mit N_i Elementen ($i = 1, \ldots, K$)
aufgeteilt;

$$\sum_{i=1}^{K} N_i = N\,.$$

Ihre überragende praktische Bedeutung verdankt die geschichtete Auswahl den
folgenden Umständen:

(1) Oft weist die geschichtete Auswahl einen kleineren Zufallsfehler auf als die un-
eingeschränkte Zufallsauswahl (Schichtungseffekt).
(2) Oft möchte man für Gruppen oder Teilgesamtheiten der ganzen Grundgesamtheit
Informationen haben, z.B. nicht nur für die Bundesrepublik, sondern auch für die
Bundesländer.
(3) Die Schichten der Grundgesamtheit unterscheiden sich in ihren erhebungstech-
nischen Gegebenheiten oft stark voneinander, z.B. findet eine Erhebung in Süd-
italien ganz andere Gegebenheiten vor als in Norditalien.
(4) Gerade in der amtlichen Statistik, die stets einen mehr oder minder hohen Grad
an Dezentralisation aufweist, werden die Stichproben oft ohnehin dezentral
erhoben. Die geschichtete Auswahl macht gleichsam aus der dezentralistischen
Not eine Tugend.

Die Anzahl der aus der i-ten Schicht entnommenen Elemente sei n_i ($i = 1, \ldots, K$).
Man erhält also eine Gesamtstichprobe vom Umfang

$$n = \sum_{i=1}^{K} n_i\,.$$

Mit X_{ij} bezeichnen wir die Merkmalsmodalität des j-ten Elements in der i-ten Schicht
der Grundgesamtheit. Der Mittelwert von X in der i-ten Schicht ist

$$\mu_i = \frac{1}{N_i} \sum_{j=1}^{N_i} X_{ij}\,.$$

Der totale Mittelwert von X in der Grundgesamtheit ist

$$\mu = \frac{1}{N} \sum_{i=1}^{K} \sum_{j=1}^{N_i} X_{ij}\,.$$

Mit σ_i^2 bezeichnen wir die Streuung *innerhalb* der i-ten Schicht in der Grundgesamtheit

$$\sigma_i^2 = \frac{1}{N_i} \sum_{j=1}^{N_i} (X_{ij} - \mu_i)^2\,.$$

Daneben gibt es noch die Streuung *zwischen* den Schichten, welche wir mit σ_z^2 bezeichnen:

$$\sigma_z^2 = \frac{1}{N} \sum_{i=1}^{K} N_i (\mu_i - \mu)^2 \, .$$

Die Gesamtstreuung in der Grundgesamtheit ist

$$\sigma^2 = \frac{1}{N} \sum_{i=1}^{K} \sum_{j=1}^{N_i} (X_{ij} - \mu)^2 \, .$$

Es gilt folgender Satz:

$$\sigma^2 = \frac{1}{N} \sum_{i=1}^{K} N_i \, \sigma_i^2 + \sigma_z^2 \, ,$$

d. h. die Gesamtstreuung läßt sich als Summe zweier Größen ausdrücken, von denen die eine die Streuung *zwischen* den Schichten ist und die andere der gewogene Mittelwert aus den Streuungen *innerhalb* der Schichten. Diesen letzten Teil der Gesamtstreuung bezeichnen wir mit σ_w^2. Da die Gesamtstreuung ein fester Wert ist, kann man also durch Vergrößerung der Streuung zwischen den Schichten die Streuung innerhalb der Schichten vermindern und umgekehrt, oder anders gewendet: Durch geeignete Zerlegung in Schichten derart, daß der Unterschied zwischen den einzelnen Schichten in bezug auf das untersuchte Merkmal groß ist, kann der Streuungsanteil σ_z^2 vergrößert werden zugunsten einer Verkleinerung von σ_w^2.

Aus der i-ten Schicht wird jetzt eine Stichprobe vom Umfang n_i gezogen, und es werden die Realisationen x_{ij} $(i = 1, \ldots, K; \; j = 1, \ldots, n_i)$ beobachtet. Für jede Schicht bilden wir den Stichprobenmittelwert

$$\bar{x}_i = \frac{1}{n_i} \sum_{j=1}^{n_i} x_{ij} \, .$$

Nun ist $\bar{x}_i$ ein unverzerrter oder erwartungstreuer Schätzer (vgl. Abschnitt 43.2) für μ_i, da wir es ja mit einer gewöhnlichen Zufallsstichprobe zu tun haben. Da weiterhin

$$\mu = \frac{1}{N} \sum_{i=1}^{K} N_i \mu_i$$

gilt, können wir die $\bar{x}_i$ als Schätzungen für die μ_i verwenden und erhalten

$$\bar{x}_g = \frac{1}{N} \sum_{i=1}^{K} N_i \, \bar{x}_i \, .$$

Der Zufallsfehler der Schätzung $\bar{x}_g$ beträgt im Falle ohne Zurücklegen

$$\sigma_{\bar{x}_g}^2 = \frac{1}{N^2} \sum_{i=1}^{K} \frac{N_i^2 \, \sigma_i^2}{n_i} \cdot \frac{N_i - n_i}{N_i - 1}$$

und im Falle mit Zurücklegen

$$\sigma_{\bar{x}_g}^2 = \frac{1}{N^2} \sum_{i=1}^{K} \frac{N_i^2 \, \sigma_i^2}{n_i} \, .$$

Zur Beurteilung, ob eine geschichtete Auswahl einen Vorteil bringt oder nicht, vergleichen wir den Zufallsfehler der Schätzung $\bar{x}$,

$$\sigma_{\bar{x}}^2 = \frac{\sigma^2}{n} \frac{N-n}{N-1},$$

mit

$$\sigma_{\bar{x}_g}^2 = \frac{1}{N^2} \sum_{i=1}^{K} \frac{N_i^2 \sigma_i^2}{n_i} \frac{N_i - n_i}{N_i - 1}.$$

Für $\sigma_{\bar{x}}^2$ können wir auch

$$\sigma_{\bar{x}}^2 = \frac{\sigma^2}{n} \frac{N-n}{N-1} = \frac{N-n}{(N-1)\,n} \left(\frac{1}{N} \sum_{i=1}^{K} N_i \sigma_i^2 + \sigma_z^2 \right)$$

schreiben.

Sind die N_i und N hinreichend groß, so können wir $N_i - 1$ durch N_i und $N - 1$ durch N ersetzen, und somit ergibt sich

$$\sigma_{\bar{x}}^2 \doteq \frac{N-n}{N\,n} \left(\frac{1}{N} \sum_{i=1}^{K} N_i \sigma_i^2 + \sigma_z^2 \right)$$

und

$$\sigma_{\bar{x}_g}^2 \doteq \frac{1}{N^2} \sum_{i=1}^{K} \frac{N_i \sigma_i^2}{n_i} (N_i - n_i).$$

Wir untersuchen jetzt die Differenz

$$D = \sigma_{\bar{x}}^2 - \sigma_{\bar{x}_g}^2$$

und setzen dabei N und die N_i als groß im Vergleich zu den n und n_i voraus, so daß $N - n$ und die $N_i - n_i$ durch N und N_i ersetzt werden können. Es gilt dann:

$$D = \frac{1}{N\,n} \left(\sum_{i=1}^{K} N_i \sigma_i^2 + N \sigma_z^2 \right) - \frac{1}{N^2} \sum_{i=1}^{K} \frac{N_i^2 \sigma_i^2}{n_i}$$

$$= \underbrace{\frac{1}{N^2} \sum_{i=1}^{K} N_i \sigma_i^2 \left(\frac{N}{n} - \frac{N_i}{n_i} \right)}_{A} + \underbrace{\frac{1}{n} \sigma_z^2}_{B}.$$

Ist D, der Schichtungseffekt, positiv, d.h. die Zufallsstreuung für die Schätzung $\bar{x}$ bei uneingeschränkter Zufallsauswahl größer als bei geschichteter Auswahl, dann heißt D Schichtungsgewinn, andernfalls Schichtungsverlust.

Zur Ermittlung von D müssen die Werte der σ_i^2 bekannt sein, was im allgemeinen nicht der Fall sein wird. Es sind daher vor Durchführung der Stichprobe die σ_i^2 durch Voruntersuchungen abzuschätzen. Nach der Stichprobe liegen selbstverständlich die s_i^2 vor.

Die Größe B ist immer größer oder gleich Null, und gleich Null genau dann, wenn die Streuung zwischen den Schichten $\sigma_z^2 = 0$ oder, was dasselbe ist, alle Schichtenmittelwerte

$$\mu_1 = \mu_2 = \ldots = \mu_K = \mu.$$

Am Fall der *proportional geschichteten Auswahl* läßt sich der Schichtungseffekt am plausibelsten und einfachsten erläutern. Proportional geschichtet heißt die Auswahl, wenn

$$\frac{N}{n} = \frac{N_i}{n_i} \quad \text{für alle} \quad i = 1, \dots, K .$$

Die proportional geschichtete Auswahl liefert automatisch erwartungstreue Schätzungen für μ, außerdem sind proportional geschichtete Stichproben selbstgewichtend.

Wenn N_i/n_i konstant ist, dann ist offenbar $A = 0$ und der Schichtungseffekt gerade B. Daraus folgt die wichtige Regel: Je größer die Streuung zwischen den Schichten, desto größer der Schichtungsgewinn. Oder anders – „planerisch" – gewendet: Je inhomogener die Schichten untereinander sind, nämlich je stärker die Abweichungen der Schichtenmittelwerte voneinander sind, desto größer ist der Schichtungsgewinn!

Nunmehr stellen wir die Frage, ob etwa durch Variierung des Proportionalitätsfaktors N_i/n_i der Schichtungsgewinn vergrößert und sogar absolut maximiert werden kann. Diese Frage wurde erstmals von Tschuprow [1923], sodann von J. Neyman [1934] gestellt und beantwortet.

Es soll also $\dfrac{N_i}{n_i}$ so gewählt werden, daß $\sigma^2_{\bar{x}_g}$ ein Minimum annimmt, unter der Nebenbedingung

$$\sum_{i=1}^{K} n_i = n \quad \text{oder} \quad \sum_{i=1}^{K} n_i - n = 0 .$$

Satz von A. A. Tschuprow und J. Neymann: $\sigma^2_{\bar{x}_g}$ ist minimal genau dann, wenn (in Näherung; $N_i - 1$ gleich N_i gesetzt)

$$(*) \qquad n_i = \frac{n \, N_i \, \sigma_i}{\sum\limits_{i=1}^{K} N_i \, \sigma_i} .$$

Diese Aufteilung von n auf die einzelnen Schichten heißt Neymansche oder optimale Aufteilung. Sie besteht darin, n auf die Schichten so aufzuteilen, daß n_i proportional zur inneren Streuung σ_i ($i = 1, \dots, K$) ist. Das Ergebnis ist sehr anschaulich; es bedeutet, daß aus stark streuenden Schichten mehr Stichproben entnommen werden sollen als aus gering streuenden Schichten. Natürlich muß man für die Anwendung der Neymanschen Aufteilung die σ_i oder wenigstens die Proportionen der σ_i untereinander kennen.

Zieht man die Kostenfunktion $C = c_0 + \sum\limits_{i=1}^{K} c_i \, n_i$ (c_i = Kosten der Erhebung einer Einheit in der i-ten Schicht) in die Betrachtung ein, so modifiziert sich (*) zu

$$(**) \qquad n_i = \frac{n \, N_i \, \sigma_i}{\sqrt{c_i} \, \sum\limits_{i=1}^{K} (N_i \, \sigma_i / \sqrt{c_i})} ;$$

[Hansen, Hurwitz, Madow, Vol. II, 1953, S. 135f.], d.h. man zieht in einer Schicht desto weniger Stichproben,

– je kleiner die Schicht ist (N_i),
– je kleiner die interne Streuung in der Schicht ist (σ_i^2) und
– je teurer die Erhebung in der betreffenden Schicht ist (c_i).

18.2 Stufen

Viele Grundgesamtheiten der Praxis haben einen hierarchischen Aufbau, z. B. gliedert sich die Bundesrepublik in Länder, diese in Regierungsbezirke, diese in Gemeinden, diese kann man gliedern nach Haushalten, diese enthalten mehrere Personen. Es liegt nahe, sich diesen hierarchischen Aufbau bei der Stichprobenerhebung zunutze zu machen. Die Erhebung vereinfacht sich technisch, und man spart Kosten, wenn man, wie beim Mikrozensus in der Bundesrepublik Deutschland, zunächst eine Stichprobe von Gemeinden zieht und aus den ausgewählten Gemeinden (und nur aus diesen!) eine Stichprobe von Wohnungen. Der große Unterschied zur geschichteten Auswahl liegt darin, daß aus *allen Schichten* Stichproben entnommen werden. Die Kostenersparnis und technische Vereinfachung besteht zunächst schon darin, daß die Erhebungsarbeit sich auf die ausgewählten erststufigen Einheiten (im Beispiel: Gemeinden) konzentriert. Gelegentlich kommen weitere Vorteile hinzu, insbesondere der (im Vergleich zum Schichtungseffekt erheblich kompliziertere) Stufungseffekt.

Die zweistufige Auswahl wird zur reinen Zufallsauswahl, wenn entweder M = 1 oder m = M, d. h. wenn entweder die Grundgesamtheit nur aus einer primären Einheit besteht oder alle primären Einheiten in die Stichprobe gelangen. Sie wird zur geschichteten Auswahl, wenn aus allen primären Einheiten sekundäre Einheiten gezogen werden, zur Mehrphasenauswahl, wenn von der ersten zur zweiten Stufe (die Stufen heißen dann Phasen) die Fragestellung variiert, während bei echter zweistufiger Auswahl die erste Stufe nur Durchgangsstation ist: Ziel sind die sekundären Einheiten.

Wenn die letztstufigen Einheiten kleinere Gruppen von Untersuchungseinheiten sind, dann geht die Mehrstufenauswahl in die Klumpenauswahl über.

18.3 Klumpen

Die Klumpenauswahl (engl. cluster sampling) ist dadurch charakterisiert, daß die Stichproben nicht einzeln gezogen werden, sondern in Gruppen, Bündeln oder „Klumpen". Die erststufige Erhebung bei zweistufiger Entnahme (bzw. die 1-, 2-, usf. bis (k − 1)-stufige Erhebung bei k-stufiger Entnahme) ist − in diesem allgemeinen Sinn − Klumpenauswahl. In einem engeren Sinn bezeichnet man jedoch meist als Klumpenauswahl solche Auswahlmodi, bei denen die ausgewählten Klumpen voll erhoben werden; das ist im Zusammenhang der mehrstufigen Auswahl meist nur auf der letzten Stufe der Fall: Die letztstufigen Erhebungseinheiten enthalten Klumpen von Untersuchungseinheiten, z. B. sind Haushalte Klumpen von Personen; bei der Klumpenauswahl im engeren Sinne gelangen alle Personen eines ausgewählten Klumpens in die Stichprobe. Zwar tritt die Klumpenauswahl oft im Zusammenhang mit der Mehrstufenauswahl auf, doch hat sie auch neben dieser eine Existenzberechtigung. Zum Beispiel kann man Haushalte als Erhebungseinheiten zum Gegenstand einer reinen Zufallsauswahl machen, mit Personen als Untersuchungseinheiten.

Die Vorteile der Klumpenauswahl, die ihr in der praktischen Statistik einen gesicherten Platz garantieren, sind die drei folgenden:

(1) Oft sind Erhebungsgrundlagen nur für Klumpen überhaupt verfügbar, nicht für die jeweiligen Untersuchungseinheiten (z.B. für Haushalte, nicht für Personen, für Betriebe, nicht für Beschäftigte).

(2) Erhebungsgrundlagen für Klumpen sind in der Regel billiger zu bekommen und leichter zu handhaben.

(3) „Natürliche" Klumpen sind zeitlich konstanter, und zwar in der Regel desto mehr, je größer die Klumpen sind (Gemeinden sind konstanter als Haushalte; Haushalte konstanter als Personen). Ein natürlicher Klumpen von hoher Stabilität und daher in der amerikanischen Repräsentativstatistik sehr beliebt ist der Wohnblock (als Klumpen von Häusern, Betrieben, Haushalten, Wohnungen etc.).

In der Frühzeit der Repräsentativstatistik hielt man die Klumpenauswahl für prinzipiell schlechter als die reine Zufallsauswahl von individuellen Einheiten. Bald bemerkte man jedoch, daß die Klumpenauswahl oft einen kleineren Stichprobenfehler aufweist als reine Zufallsauswahl von Individuen. Der Einfluß, den die Klumpung, d.h. die Zusammenlegung von Untersuchungseinheiten zu Klumpen, auf den Stichprobenfehler ausübt, wird als Klumpeneffekt bezeichnet.

Dieser Klumpeneffekt ist Null, wenn die Klumpung streng zufällig erfolgt.

Erfolgt die Klumpung systematisch, so kann ein positiver oder ein negativer Klumpungseffekt auftreten. Positiv, d.h. in Richtung auf eine Verminderung des Zufallsfehlers, wirkt sich die Klumpung aus, wenn − analog zum Stufeneffekt, aber im Gegensatz zum Schichtungseffekt − die Klumpen in sich sehr heterogen sind; negativ wirkt sich die Klumpung aus, wenn die Klumpen aus ähnlichen Einheiten bestehen.

18.4 Andere Varianten der reinen Zufallsauswahl

Von der Stichprobentheorie, aber auch von der amtlichen Statistik sind, neben den bisher betrachteten Modifikationen der reinen Zufallsauswahl, noch viele andere entwickelt worden. Sie alle zu berücksichtigen ist im Rahmen eines Lehrbuches wie des vorliegenden unmöglich. Doch wollen wir kurz noch einige wichtige und typische Varianten betrachten.

Die von Yates [1960] entwickelte *Mehrphasenauswahl* besteht darin, daß eine Stichprobe (Hauptstichprobe) von relativ großem Umfang gezogen und in bezug auf stark streuende oder billig zu erhebende oder mit hoher Schätzgenauigkeit verlangte Merkmale untersucht wird, alsdann wird aus der ersten eine weitere Stichprobe (Unterstichprobe) gezogen und hinsichtlich weiterer Merkmale untersucht. Im bekannten Beispiel von Yates [1960, Sect. 3.12] wird eine große Stichprobe der Bodennutzung (erste Phase) und eine kleine Stichprobe der Ernteerträge (zweite Phase) gezogen.

Für zwei Phasen wurde dieses Verfahren schon früher von J. Neyman [1938] vorgeschlagen, allerdings mit der speziellen Vorstellung, daß die Hauptstichprobe zu dem Zweck erhoben wird, die Schätzungen der Unterstichprobe zu verbessern, während bei der Mehrphasenauswahl alle erhobenen Merkmale interessieren. Man nennt dieses Verfahren *Doppelauswahl.*

Eine alte und relativ bequeme Methode, A-priori-Informationen bei der Stichprobenerhebung auszubeuten, stellt die *kontrollierte Auswahl* dar.

Angenommen, es sei a priori bekannt, daß die Grundgesamtheit genau je zur Hälfte aus weiblichen und männlichen Personen besteht.

Es soll aus dieser Grundgesamtheit eine Stichprobe von 1000 Personen gezogen werden mit Merkmalen, die eine (mehr oder minder starke) Korrelation mit dem Geschlecht aufweisen. Dann kann man den Zufall dadurch korrigieren, daß man in die Stichprobe genau 500 männliche und 500 weibliche Personen aufnimmt, z.B. indem man keine weiteren weiblichen (bzw. männlichen) Einheiten mehr aufnimmt, sobald deren Soll erfüllt ist. Freilich kann man auch nach mehreren Merkmalen gleichzeitig kontrollieren.

Wesentlich ist bei der kontrollierten Auswahl, daß die „Kontrollen" in dem beschriebenen Sinn ein gewisses Korrektiv des Zufalls sind, daß die Auswahl im übrigen aber streng zufällig vor sich geht. Läßt man die letzte Bedingung fallen, so kommt man zur *Quotenauswahl*, die früher viel von privaten Instituten der Markt- und Meinungsforschung benutzt wurde. Bei der Quotenauswahl gibt man meist für die einzelnen Schichten (Bezirke, Länder, Gemeinden) feste Quoten vor, innerhalb derselben wieder Unterquoten und so fort. Die Auswahl der Einheiten aber obliegt dem Gutdünken der Interviewer. Ein bestimmter Interviewer wird z.B. beauftragt, in Heidelberg je 50 Frauen und Männer zwischen 20 und 40 Jahre, 60 Frauen über 40 Jahre und 55 Männer über 40 Jahre zu befragen. Wie er die Einheiten findet, ist seine Sache. Damit ist Zufälligkeit nicht mehr gewährleistet, und die ganze Erhebung ist wertlos. Würde der Interviewer sich eine Erhebungsgrundlage für seine Grundgesamtheit beschaffen und aus dieser zufällig Einheiten auswählen, dann hätte er eine kontrollierte Auswahl durchgeführt, und die Ergebnisse − mindestens von hier aus gesehen − wären verläßlich.

Eine andere Variante der kontrollierten Auswahl ist die *angepaßte Auswahl (balanced sampling)*. Kennt man einen oder mehrere Parameter der Grundgesamtheit, z.B. einen Mittelwert oder eine Streuung, a priori genau, dann kann man diesen bzw. diese Parameter als „Kontrollen" analog zur kontrollierten Auswahl benutzen, z.B. indem man die Stichprobe so wählt, daß der Stichprobenmittelwert $\bar{x}$ genau gleich dem Mittelwert μ der Grundgesamtheit ist. Man muß jedoch darauf achten, daß durch die Anpassung der Zufallscharakter nicht verloren geht. Man erreicht dies, indem man eine Stichprobe vom Umfang n zieht, alsdann prüft, ob $\bar{x} = \mu$. Falls ja, ist keine Anpassung nötig. Falls nein, wird eine neue (n + 1)-te Einheit gezogen und mit der ersten verglichen. Paßt die (n + 1)-te genau so gut wie oder schlechter als die erste, wird keine Ersetzung (replacement) vorgenommen, andernfalls wird die erste durch die (n + 1)-te Einheit ersetzt; entsprechend wird mit der zweiten in bezug auf die (n + 2)-te Einheit, mit der dritten in bezug auf die (n + 3)-te Einheit und so fort verfahren und die Ersetzung so lange fortgesetzt, bis $\bar{x} = \mu$ erreicht ist.

In der Praxis, zumal bei größeren Stichprobenerhebungen mit einem umfangreichen Merkmalskatalog, werden mehrere der hier betrachteten oder auch andere hier nicht betrachtete Grundtypen zu einem *Auswahlsystem* kombiniert. Das für die Bundesrepublik aufwendigste und wichtigste derartige Auswahlsystem ist der *Mikrozensus*, eine seit 1957 jährlich (ursprünglich vierteljährlich) durchgeführte Repräsentativstatistik der Bevölkerung und des Erwerbslebens.

Bei allen bisher betrachteten Auswahltechniken war der Stichprobenumfang eine feste Größe. Von A. Wald wurde in den Vierziger Jahren unseres Jahrhunderts eine Klasse von solchen Auswahlschemata entwickelt, bei denen der Stichprobenumfang eine Zufallsvariable darstellt. Man bezeichnet derartige Stichproben als sequentiell (vgl. Abschnitt 50.2).

19. Nicht-repräsentative Ermittlungen

19.1 Grundgedanke

Es gibt „Erhebungen", die weder Vollerhebungen noch — da sie nicht auf dem Zufallsprinzip beruhen — im echten Sinn Repräsentativ- oder Stichprobenerhebungen sind und trotzdem einen gewissen Informationswert haben können. In der Tat läßt sich eine ganze Skala derartiger nicht-repräsentativer Ermittlungen unterscheiden; nämlich die folgende, nach dem Vollständigkeitsgrad geordnet:

- Symptomatische Erhebungen
- Nicht-repräsentative Teilerhebungen
- Erhebungen nach der Staffelungsmethode
- Erhebungen typischer Einzelfälle
- Erhebungen von Indizien.

19.2 Symptomatische Erhebungen

Der Begriff stammt von Franz Zizek [1937] und bezeichnet Erhebungen, deren Ergebnisse zwar nicht uneingeschränkt repräsentativ, doch symptomatisch für die jeweilige Massenerscheinung sind, und vorwiegend zeitlichen Vergleichen dienen. Im Gegensatz zu Zizek subsumieren wir den Begriff jedoch nicht unter die nicht-repräsentativen Teilerhebungen (die dadurch selbst terminologisch etwas modifiziert werden), sondern weisen den symptomatischen Erhebungen den Platz zwischen den Repräsentativerhebungen und den nicht-repräsentativen Teilerhebungen zu. Die symptomatischen Erhebungen lassen sich eindeutig weder als repräsentativ noch als nicht-repräsentativ klassifizieren. Ihre Repräsentationsqualität ist abgeschwächt, weil bei ihnen die Einheiten nicht nach dem Zufallsprinzip ausgewählt werden und Fehlerrechnungen nicht möglich sind. Symptomatische Erhebungen können Beurteilungsstichproben darstellen, brauchen es aber nicht. Erstere sind letzteren in der Qualität überlegen, den echten Wahrscheinlichkeitsstichproben freilich unterlegen. Beurteilungsstichproben haben dann symptomatische Qualifikation, wenn aus *fachlich-materiellen* Erörterungen heraus nach *objektiven* Maßstäben beurteilt werden kann, wieweit die Generalisierung der Erhebungsergebnisse reicht. Eben dies ist das Charakteristikum von symptomatischen Statistiken.

Zizek hat ihr Wesen etwas umständlich, aber zutreffend, wie folgt beschrieben: Symptomatisch sind Zahlen [Zizek, 1937, S. 260],

„... die die Eigenschaft besitzen, daß sie zwar die − absolute − Größe der − unvollständig erfaßten − eigentlich interessierenden Masse in einem bestimmten Zeitpunkt nicht richtig angeben, aber die − relativen − Veränderungen dieser Masse widerspiegeln, so daß aus den Veränderungen der symptomatischen Zahlen auf die Veränderungen der − bzw. in der − umfassenderen eigentlich interessierenden Masse geschlossen werden kann..., ,symptomatische' Zahlen sind stets ,Vergleichszahlen', daher müssen auch immer mindestens zwei solche, durch Teilerhebungen zu verschiedenen Zeiten ermittelte Werte vorliegen −; der Vergleich der ,symptomatischen' Zahlen vertritt und ersetzt den Vergleich der − nicht vorliegenden − Zahlen für die Gesamtmasse. ,Symptomatische' Zahlen ergeben sozusagen eine ,Behelfsmethode' des Vergleichs, sie stellen ein auf den Vergleich beschränktes statistisches Surrogat dar ...".

Symptomatische Zahlen haben einen Fehler, dessen Ausmaß unbekannt ist, von dem man aber weiß, daß er im Zeitverlauf entweder absolut oder relativ konstant ist. Die meisten Preisindexzahlen der amtlichen Statistik beruhen auf symptomatischen Erhebungen. Zwar kann man mit den zugrundeliegenden Preisstatistiken keine Charakterisierung des absoluten Preisniveaus erzielen, aber es ist möglich, die zeitlichen Veränderungen des Preisniveaus approximativ zu messen. Man nimmt − mit einigem Recht − an, die Fehler solcher Preisermittlungen seien relativ konstant, d. h. daß sie in der Zeit nicht variieren und konstant (annähernd) x% des Originalwertes betrügen, wobei x unbekannt ist und bleibt.

19.3 Nicht-repräsentative Teilerhebungen

Auch dieser Begriff stammt von Franz Zizek, der sich eingehend mit ihm befaßt hat. Der Begriff bezeichnet Teilerhebungen, deren Ergebnisse weder, wie die Repräsentativerhebungen, unbeschränkt verallgemeinerungsfähig noch symptomatisch sind, aber trotzdem zu Rückschlüssen auf die Gesamtmasse geeignet sind.

Nach Zizek [1937, S. 257 ff.] kann man drei Arten von nicht-repräsentativen Teilerhebungen unterscheiden, mit verschiedenen Erkenntniszielen und -möglichkeiten:

(1) Unvollständige Erhebungen
(2) Erhebungen, deren Zweck die „Herausschälung der die interessierende Erscheinung aufweisenden Teile einer Gesamtmasse" ist
(3) Erhebungen, bei denen die Auswahl der Einheiten nur für den Nachweis bestimmter Zusammenhänge erfolgt.

Zu (1): Jede unvollständige Erhebung liefert Minimalresultate. Ein Minimalresultat liefert in jedem Falle eine Information, und wenn es nur diejenige wäre, daß die betreffende Erscheinung keinesfalls kleiner sein kann als sie aufgrund der unvollständigen Erhebung ermittelt worden ist. Sie kann aber auch in günstigem Fall Näherungscharakter haben, wie die Ergebnisse der Industriezensen verschiedener europäischer Länder, bei denen die Betriebe erst von einer bestimmten Größe an erfaßt werden. Die kleinen Betriebe, obgleich sie von großer Zahl sein können, würden das Ergebnis nicht wesentlich verändern, wenn sie aufgenommen würden. Ein anderes

Beispiel für eine unvollständige Erhebung, deren Ergebnisse Näherungscharakter tragen, ist die Statistik des Fremdenverkehrs in gewerblichen Beherbergungsstätten. Sie ist, gemessen am Fremdenverkehr in gewerblichen Beherbergungsstätten von Berichtsgemeinden, eine vollständige Erhebung; sie ist eine unvollständige Erhebung, gemessen am gesamten Fremdenverkehr in gewerblichen Beherbergungsstätten, und sie ist eine symptomatische Erhebung für den gesamten Fremdenverkehr, zumindest für seine relativen Veränderungen. (Hieran zeigt sich übrigens, daß ein und dieselbe Statistik, nach verschiedenen Aussagemöglichkeiten beurteilt, verschiedene Vollständigkeitsgrade in der Erhebungsmethode aufweisen kann.)

Zu (2): Von geringerer praktischer Bedeutung scheint uns der zweite Fall einer nicht-repräsentativen Teilerhebung zu sein, wenn also aus einer Gesamtmenge bewußt nur diejenigen Teile erfaßt werden, die eine bestimmte Erscheinung aufweisen. Verschiedene Sozialversicherungsstatistiken sind von diesem Typus. Zizek selbst erwähnt als Beispiel die Erhebung über die Kinderarbeit in Österreich aus dem Jahre 1908. Diese Erhebung beschränkte sich auf die Gebiete Österreichs, von denen man wußte, daß das Ausmaß der Kinderarbeit in ihnen besonders groß war.

Zu (3): Von größerer sowohl praktischer als auch theoretischer Bedeutung ist der dritte Fall einer nicht-repräsentativen Teilerhebung, der darin besteht, daß man nur diejenigen Teile einer Gesamtmasse erhebt, die für den Nachweis bestimmter, genau umgrenzter Zusammenhänge gebraucht werden. Zu diesem Typus, der in der privaten empirischen Forschung stärker als in der amtlichen Statistik vertreten ist, gehören die wissenschaftlichen *Enqueten*, sofern sie — was die Regel ist — statistisch orientiert sind, ferner z.B. die für den *Konjunkturtest* des Ifo-Instituts angestellten Ermittlungen; weiter gehörten dazu die Ermittlungen für das berühmte *Harvardbarometer* in den Zwanziger Jahren.

19.4 Erhebungen nach der Staffelungsmethode

Der Ausdruck „Staffelungsmethode" stammt von W. Lexis, die Idee zu dieser Erhebungsmethode geht indessen auf F. Galton zurück. Die Methode besteht darin, daß man die Erhebungseinheiten zunächst nach der Größe eines wichtigen quantitativen Merkmals ordnet oder „staffelt", alsdann diejenige Einheit aussucht, die gleich viel kleinere Einheiten unter sich wie größere über sich hat, und schließlich an dieser mittleren Einheit alle übrigen interessierenden Merkmale erhebt. Die Staffelungsmethode liefert sozusagen eine Anordnungsstichprobe vom Umfang 1.

Die Methode wird angewendet bei anthropometrischen und zoologischen Untersuchungen. Wenn ein Anthropologe z.B. die charakteristischen Züge eines Eingeborenenstammes erforschen will, so mag es ihm genügen, zunächst die (männlichen) Erwachsenen sich der Größe nach aufstellen zu lassen, er sucht das mittlere Individuum aus und mißt an diesem Schädelumfang, Länge der Arme, Brustumfang usw.

Fraglos fällt diese Methode aus dem Rahmen der übrigen in diesem Paragraphen betrachteten Erhebungsmethoden heraus. Gleichwohl ist sie von großem theoretischen Interesse, insbesondere im Vergleich zur Erhebung typischer Einzelfälle (vgl.

den nächsten Abschnitt). Die Galtonsche Staffelungsmethode wird nämlich stets dann unbedenklich anwendbar sein, wenn der zu untersuchenden Masse ein naturgesetzlich geformter Typus zugrunde liegt und wenn die einzelnen Erhebungseinheiten (Individuen) als zufällige Abweichungen von diesem Typus betrachtet werden können − sofern sie nicht überhaupt den Typus repräsentieren.

19.5 Erhebungen typischer Einzelfälle

Diese Erhebungsmethode ist viel diskutiert und zuweilen heftig umstritten worden. Sie wurde von Le Play (1855) begründet; in Deutschland verstanden S. Schott und Schnapper-Arndt meisterlich mit ihr umzugehen.

Der Grundgedanke des Verfahrens (man spricht geradezu von einem *Prinzip* der typischen Einzelfälle) besteht darin, nur einige wenige Erhebungseinheiten der zu untersuchenden Masse − bewußt − zu entnehmen, und zwar solche, die besonders typisch erscheinen, und alsdann diese typischen Einzelfälle „bis ins Mark zu sezieren", wie Cheyssons und Toquès einmal gesagt haben.

Die bewußt (also nicht zufällig) ausgewählten typischen Einzelfälle erlauben freilich keine Fehlerrechnungen, ebensowenig wie die Beurteilungsstichproben und die symptomatischen sowie nicht-repräsentativen Teilerhebungen. Indessen ist die Möglichkeit von Fehlerrechnungen gar nicht der Zweck, auch kein Nebenzweck bewußt ausgewählter typischer Einzelfälle, so daß die − z.T. heftige − Kritik, die besonders von der Repräsentativstatistik gegen die Methode typischer Einzelfälle gerichtet worden ist, recht besehen ihr Ziel nicht erreicht. Natürlich können die typischen Einzelfälle niemals eine Vollerhebung ersetzen; doch ist dies gar nicht ihr Zweck. Sinn und legitime Aufgaben hat das Verfahren vielmehr in folgendem:

(1) Es sollen mit ihm *approximative Aufschlüsse* über eine (vollständig oder weitgehend) *unbekannte* Gesamtheit erzielt werden. So haben die Statistiker des Hauptquartiers der amerikanischen Streitkräfte noch im Jahre 1945 einige wenige deutsche Städte (darunter Darmstadt) bewußt ausgewählt und diese „typischen Einzelfälle" eingehend studiert, um damit Anhaltspunkte für die Beurteilung der deutschen Situation unmittelbar nach Beendigung der Kampfhandlungen zu gewinnen. In den ausgewählten Städten wurden die Kriegszerstörungen festgestellt, die Lebensmittelvorräte geschätzt, die noch bestehenden Transportwege und -mittel registriert, Meinungsumfragen durchgeführt usw. Eine Totalerhebung oder selbst eine Repräsentativ-, symptomatische oder nicht-repräsentative Erhebung wäre zu jener Zeit völlig undurchführbar gewesen.

(2) Das Verfahren wird zur *Vorbereitung* größerer und umfassenderer Erhebungen herangezogen, sowohl im Rahmen von Erkundungsstudien als auch bei Probeerhebungen. Vor großen Zählwerken (z.B. vor der Volkszählung) wählt man bewußt einige typische Gebilde (Städte oder Landkreise) aus und testet an ihnen die eigentliche Erhebung.

(3) Das Verfahren wird zur *Vertiefung* der Informationen *nach* großen Erhebungen angewendet, wenn die Ergebnisse der Haupterhebung bereits vorliegen und in bestimmter Weise näher beleuchtet werden sollen.

Die Methode der typischen Einzelfälle ist – so gesehen – eine Ergänzung (und zwar eine nützliche, unverzichtbare Ergänzung) der Voll-, Repräsentativ- und symptomatischen Erhebungen. Die Kriterien, nach denen die typischen Einzelfälle ausgewählt werden, unterscheiden sich von den stochastischen, nach denen die echten Zufallsstichproben und die mittleren Einheiten aufgrund der Staffelungsmethode ausgewählt werden, grundlegend. Es sollten hier wie dort *objektive* Kriterien die Auswahl leiten, das ist nicht das Entscheidende. Aber während dort der jeweilige Typus vom uneingeschränkt wirkenden Zufall (gleichsam automatisch) aufgefunden werden soll, muß hier das Typische (mit Vorbedacht, nicht dem Zufalls-Automatismus überlassen) aus außerstatistischen, fachlich-materiellen Begründungszusammenhängen heraus aufgespürt werden.

19.6 Erhebungen von Indizien

Der empirische Forscher, der für seine – sagen wir ökonomischen – Untersuchungen eine Kennzeichnung der Entwicklung des Preisniveaus der Lebenshaltung in Deutschland vom Jahre 1648 bis zum Jahre 1750 benötigt, wird sich zunächst nach Zeugnissen von Preiserhebungen aus jener Zeit umtun. Er wird keine den heutigen annähernd vergleichbaren finden. Trotzdem braucht er nicht zu resignieren: Denn vielleicht findet er Indizien, mögen sie noch so schwach sein, die, bei Beachtung großer Vorsicht, zu einem Näherungsausdruck für die eigentlich interessierende Erscheinung verallgemeinert werden können. Derartige Schätzungen nur aufgrund von Indizien stellen freilich die Untergrenze statistischer Datengewinnung dar, gleichwohl greift man gar nicht so selten auf sie zurück, und sie können durchaus wissenschaftlich haltbar sein. Ihre theoretische Durchdringung und Fundierung freilich steht noch aus.

Um eine Gewinnungsmethode handelt es sich, da der empirische Forscher, in einem Fall wie dem geschilderten, Erhebungen anzustellen hat, freilich zieht er seine Informationen nicht direkt aus der Wirklichkeit, vielmehr indirekt, z. B. aus zeitgenössischen Berichten, vielleicht sogar aus der schöngeistigen Literatur. Seine Forschungsweise ähnelt derjenigen der historischen Wissenschaften, und sein Vorgehen ist ähnlich dem eines Richters, der einen Indizienbeweis aufzubauen hat. Wie der Historiker und der Richter benötigt er zur Voraussetzung seiner Forschung ein System sachlich-materieller Begründungszusammenhänge, welches die mangelnde unmittelbare Tatsachenkenntnis gewissermaßen ersetzt. Dies ist denn auch gleichsam die Bedingung der Möglichkeit von statistischer Erkenntnis aus Indizien: die Existenz eines „nur" theoretischen, „verstehbaren", kulturwissenschaftlichen Bezugssystems, das Vernunftgründe für sinndeutende Erklärungen abzugeben geeignet ist.

Selten wird sich darum auch der empirische Forscher mit nur einem Indiz zufriedengeben können. Vielmehr muß er danach trachten, ein Gewebe von Indizien zusammenzubringen, in welchem ein Faden den anderen ergänzt und hält.

20. „Hochrechnung" bei Wahlen

20.1 Der Grundgedanke

Auf den ersten Blick könnte man denken, daß die Hochrechnung bei Wahlen (ähnlich der Untersuchungen der Markt- und Meinungsforschung) ein Schätzverfahren darstellt und daher in die Inferenztheorie gehört. Trotz vieler Gemeinsamkeiten ist die Hochrechnung jedoch eine eigenständige Stichprobentechnik. Sie wurde – nach einigen in die 40er Jahre zurückgehenden Vorläufern – erst im Jahre 1960 anläßlich der amerikanischen Präsidentschaftswahlen angewandt. Seit dem Jahre 1965 gibt es auch in der Bundesrepublik Deutschland Hochrechnungen bei Wahlen.

Hochrechnung im hier gemeinten spezifischen Sinn ist der während der Stimmenauszählung ständig korrigierte Schluß von den jeweils vorliegenden Wahlergebnissen auf das gesamte Wahlergebnis. (Die jeweils vorliegenden Ergebnisse müssen dabei nicht unbedingt in ihrer Gesamtheit zur Hochrechnung benutzt werden; es genügen Stichproben.) Der Grundgedanke der Hochrechnung ist ähnlich der Mehrstufenauswahl. Jede ausgewählte Einheit soll ein getreues Spiegelbild der Grundgesamtheit sein. Hätte man einen Stimmbezirk, der hinsichtlich der wesentlichen Merkmale ein völlig getreues Bild der Grundgesamtheit darstellt, so brauchte man nur diesen Stimmbezirk auszuzählen, und man hätte – mit einem bestimmten Zufallsfehler – das Gesamtergebnis bereits ermittelt. Einen solchen naturgetreuen Stimmbezirk gibt es natürlich nicht, deshalb nimmt man einige Hundert.

Bei Bundestagswahlen benutzt Infas eine Zufallsstichprobe von 250, die „Forschungsgruppe Wahlen" des ZDF eine solche von 500 Stimmbezirken; bei Landtagswahlen weniger. Die Stimmbezirksstichproben werden hinsichtlich mehrerer Merkmale kontrolliert oder balanciert (Abschnitt 18.4), z.B. hinsichtlich sozio-ökonomischer Merkmale, Alter, Konfession, Region, Ortsgrößenklasse, Anteilsklassen der Parteien und – besonders wichtig – den Wahlergebnissen der Vorwahlen (= vorangegangene Wahlen derselben Art, z.B. Bundestagswahl). Für diese „gibt man in den Computer" ein: die Parteienergebnisse, die Zahl der Wahlberechtigten und die Zahl der Wähler.

Die praktische Hochrechnung geht so vonstatten, daß die Teilergebnisse (zunächst auf der Stufe der Stimmbezirke) hochgerechnet werden, sobald 10 – 15 Stimmbezirke ausgezählt sind. Wenn Wahlkreisresultate vorliegen, stützt sich die Hochrechnung mehr und mehr auf diese, alles in ständiger Angleichung.

20.2 Freie und gebundene Hochrechnung

Unter freier Hochrechnung versteht man die Schätzung der gesamten Stimmenzahl einer Partei aus dem Stimmenanteil dieser Partei in den bereits ausgezählten Stimmbezirken. Die freie Hochrechnung wird selten angewandt, in der Regel nur bezüglich solcher Parteien, für die keine Vorwahlergebnisse vorliegen.

Die gebundene Hochrechnung geht auf Verfahren von J. Neyman [1938] und F. Yates [1960] zurück und benutzt die Verbundenheit zwischen zwei (oder mehr) Merkmalen Y und X bzw. Y und $X_1, X_2, \ldots$, wobei die wahren Werte von X bzw. $X_1, X_2, \ldots$ genau oder genauer bekannt sind (genauer als die Werte von Y); oder sie sind billiger zu beschaffen. Wir beschränken uns im folgenden auf die Verbundenheit zwischen Y und X, wobei im wichtigsten Fall Y das neue und X das alte Ergebnis darstellt. Die Verbundenheit zwischen X und Y kann als Differenz, als Verhältnis oder in Form einer Regression ausgedrückt werden. Entsprechend spricht man bei der (an X) gebundenen Hochrechnung von

(a) Differenzenschätzung

(b) Verhältnisschätzung

(c) Regressionsschätzung.

In der Praxis wird die Differenzenschätzung bevorzugt.

Im folgenden lehne ich mich an die Notation von Bruckmann [1966] an und bezeichne mit

W = Gesamtzahl der Wahlberechtigten

W_i = Wahlberechtigte im i-ten Stimmbezirk; $i = 1, \ldots, N$

π = $1, \ldots, k$; k ist die Zahl der Parteien. Zur Vereinfachung sind unter den k Parteien zwei fiktive, nämlich die „Partei der Nichtwähler" und die „Partei der Ungültigwähler"

A_π = Gesamtstimmenzahl für Partei π in der Vorwahl; $\pi = 1, \ldots, k$

B_π = Gesamtstimmenzahl für Partei π in der Neuwahl

$A_{\pi i}$ = Stimmenzahl für Partei π im i-ten Stimmbezirk in der Vorwahl

$B_{\pi i}$ = Stimmenzahl für Partei π im i-ten Stimmbezirk in der Neuwahl.

Aus den Definitionen folgt

$$W = \sum_{i=1}^{N} W_i, \quad A_\pi = \sum_{i=1}^{N} A_{\pi i}, \quad B_\pi = \sum_{i=1}^{N} B_{\pi i} .$$

Außerdem wird oft angenommen, daß die Zahl der Wahlberechtigten zwischen Vor- und Neuwahl sich nicht verändert habe, dann gilt

$$W = \sum_{\pi=1}^{k} A_\pi = \sum_{\pi=1}^{k} B_\pi = \sum_{\pi=1}^{k} \sum_{i=1}^{N} A_{\pi i} = \sum_{\pi=1}^{k} \sum_{i=1}^{N} B_{\pi i} .$$

Sei $\hat{B}_\pi$ der jeweilige hochgerechnete Wert (Schätzung) für B_π, dann gestaltet sich die Hochrechnung im einfachsten Fall der freien Hochrechnung wie folgt:

$$\hat{B}_\pi = \frac{\sum_{i=1}^{n} B_{\pi i}}{\sum_{i=1}^{n} W_i} W = \beta_\pi^{(n)} W;$$

n ist die Zahl der bereits ausgezählten Stimmbezirke. Der Faktor

$$\beta_\pi^{(n)} = \frac{\sum_{i=1}^{n} B_{\pi i}}{\sum_{i=1}^{n} W_i}$$

gibt den Anteil der π-Wähler an der Zahl der Wahlberechtigten in den n bereits ausgezählten Stimmbezirken an. Dies ist ein Verhältnis „in der Stichprobe". Es wird hochgerechnet auf das absolute Stimmenniveau durch Multiplikation mit W, der Gesamtzahl der Wahlberechtigten.

Die gebundene Hochrechnung ist in ihrer einfachsten Form eine Differenzenschätzung. Das Merkmal, das mit der Stimmenzahl für Partei π in der Neuwahl verbunden ist, ist charakteristischerweise (aber nicht immer) das Merkmal „Stimmenzahl für Partei π in der Vorwahl". Analog zu $\beta_\pi^{(n)}$ bilden wir das alte Stimmenverhältnis bezüglich n

$$\alpha_\pi^{(n)} = \frac{\sum\limits_{i=1}^{n} A_{\pi i}}{\sum\limits_{i=1}^{n} W_i} \,.$$

Die Hochrechnung gestaltet sich jetzt in „Differenzenform":

$$\hat{B}_\pi = A_\pi + (\beta_\pi^{(n)} - \alpha_\pi^{(n)})\, W.$$

Das alte Ergebnis A_π wird zugrundegelegt, aber mit

$$(\beta_\pi^{(n)} - \alpha_\pi^{(n)})\, W$$

korrigiert. Diese Korrektur kann auf verschiedene Weisen interpretiert werden, z. B. in der folgenden Form

$$\hat{B}_\pi - A_\pi = (\beta_\pi^{(n)} - \alpha_\pi^{(n)})\, W,$$

d. h. der wahre Stimmenzuwachs für Partei π ist gleich dem „Stichprobenzuwachs" hinsichtlich n, nämlich neuer Anteil $\beta_\pi^{(n)}$ minus alter Anteil $\alpha_\pi^{(n)}$, hochgerechnet mit W.

Eine andere Schreibweise und Interpretation führt zu einer natürlichen Verallgemeinerung:

$$B_\pi = \beta_\pi^{(n)}\, W + \gamma(A_\pi - \alpha_\pi^{(n)}\, W).$$

Der erste Term rechts ist die freie Hochrechnung; diese wird aufgrund der A-priori-Information $AI^{(n)} = (A_\pi - \alpha_\pi^{(n)}\, W)$ korrigiert. Und zwar ist $AI^{(n)}$ der von der Vorwahl her bekannte Fehler, der an der Stelle n beim alten Ergebnis begangen worden war. Um diesen Fehler wird das neue Ergebnis an der Stelle n korrigiert. Und zwar in linearer Form, wenn $\gamma = 1$ gesetzt wird, was der Differenzenschätzung entspricht. Nun kann man aber für γ auch andere Werte wählen, z. B.

$$\gamma = \frac{\sum\limits_{i=1}^{n} B_{\pi i}}{\sum\limits_{i=1}^{n} A_{\pi i}} \,.$$

Dies ist der Fall der Verhältnisschätzung (der einfachste; es gibt noch kompliziertere).

Oder man schätzt γ aus einer Regressionsfunktion und erhält eine Regressionsschätzung für $\hat{B}_\pi$. Sodann ist es zweckmäßig, die Größen $A_{\pi i}$ und $B_{\pi i}$ nach Stammwählern (s) und sog. Randschichtenwählern (r) aufzugliedern:

$$A_{\pi i} = A_{\pi i}^{(s)} + A_{\pi i}^{(r)},$$
$$B_{\pi i} = B_{\pi i}^{(s)} + B_{\pi i}^{(r)}.$$

Freilich kann man weitere Vorinformationen einbeziehen. Man kann geschichtet und mehrstufig vorgehen usw.

20.3 Hochrechnungsfehler

Von großem Interesse sind noch die Eigenschaften der Hochrechnungsmethoden und ihre Zufallsfehler. Für die beiden hier betrachteten Methoden, die freie Hochrechnung und die einfache Differenzenschätzung, läßt sich zeigen, daß sie erwartungstreu sind. Regressions- und Verhältnisschätzungen sind hingegen im allgemeinen verzerrt, haben dafür aber kleinere Zufallsstreuungen.

Die Zufallsstreuung bei freier Hochrechnung lautet

$$V_F(\hat{B}_\pi) = \frac{N^2\left(1 - \dfrac{n}{N}\right)}{n(n-1)} \sum_{i=1}^{n} (B_{\pi i} - \beta_\pi^{(n)} W_i)^2 \, .$$

Beim einfachsten Fall der gebundenen Hochrechnung mittels Differenzenschätzungen ist die Zufallsstreuung von $\hat{B}_\pi$

$$V_D(\hat{B}_\pi) = \frac{N^2\left(1 - \dfrac{n}{N}\right)}{n(n-1)} \sum_{i=1}^{n} (B_{\pi i} - \beta_\pi^{(n)} W_i - \gamma_\pi (A_{\pi i} - \alpha_\pi^{(n)} W_i))^2$$

mit $\gamma_\pi = 1$ für alle π. Für andere Werte von γ bzw. γ_π erhält man entsprechend die Zufallsstreuung der anderen Hochrechnungsverfahren.

Im übrigen gilt für den Zufallsfehler sowie für den systematischen Fehler der Hochrechnung analog alles, was bisher über Fehler gesagt wurde und im Kapitel 14 über Fehler und ihre Fortpflanzung noch gesagt werden wird.

Weiterführende Literatur:

Cochran 1972
Coombs 1964
Diehl 1970
Fisher 1954
Hansen, Hurwitz, Madow 1953
Kellerer 1963
Krantz, Luce, Suppes, Tversky 1971
Louwes 1967
Menges 1959
Stenger 1971
Wald 1947

Fünftes Kapitel
Experimentieren

21. Statistische Experimente

21.1 Grundgedanken des „Design of Experiments"

Experimente gibt es schon lange, vermutlich seitdem intelligente Lebewesen auf der Erde sind. Auch ein Tier experimentiert. Doch hat der Mensch die Methoden des Experiments stets mehr verfeinert bis zur (vorerst letzten) Verfeinerung, dem sog. „design of experiments", der statistischen Versuchsplanung, die Sir Ronald A. Fisher konzipiert und entwickelt hat. Der Grundgedanke des „design of experiments" besteht darin, daß der Statistiker nicht erst dann hinzutritt, wenn die fertigen Ergebnisse des Experiments analysiert und zu Schlußfolgerungen benutzt werden, sondern bereits bei der Planung des Versuchs selbst. Und zwar wird nach R. A. Fisher die Versuchsanordnung vom ersten Anfang an so geplant, daß bei gegebenen Kosten für die Durchführung des Experiments ein Maximum an Informationen zu erwarten ist.

Oft werden Versuchspläne so angelegt, daß sie sog. *„Nullhypothesen"* (Abschnitt 46.5) verwerfen oder bestätigen können. Eine Nullhypothese ist (in der Regel) die Hypothese, daß zwei oder mehr verschiedene Behandlungsarten oder Faktoren (treatments), denen man einen Gegenstand unterwirft, keinen Einfluß auf das Ergebnis des Experiments ausüben. Eine Nullhypothese ist zu verwerfen, wenn der Versuch zeigt, daß z.B. die Art der Düngung oder das Ausmaß der Bodenfeuchtigkeit (mit großer Wahrscheinlichkeit) einen Einfluß auf das Pflanzenwachstum ausüben. Zum Versuchs*plan* gehören nach R. A. Fisher vier Festlegungen:

(1) Die Menge von Behandlungsarten (engl. treatments) (z.B. Düngung A, Düngung B, keine Düngung).
(2) Die Menge von Objekten (objects, plots) (z.B. Parzellen, die behandelt werden).
(3) Das Verfahren der Zuordnung der Behandlungsarten zu den Objekten. Von Modifikationen abgesehen erfolgt diese Zuordnung zufällig. Die Modifikationen der zufälligen Zuordnung und ihre Einwirkungen auf die übrigen Bestandteile des Versuchs *und* auf den Experimentfehler sind der hauptsächliche Gegenstand der Experimentplanung.
(4) Die Meßvorschrift, nach der die Versuchsergebnisse gewonnen werden.

Damit ein Versuchsplan in dieser Weise aufgestellt werden kann, bedarf es eines gewissen, ja hohen Maßes an A-priori-Informationen, d.h. an Theorie.

21.2 Eigenschaften eines statistischen Experiments

Damit die Versuchsergebnisse die Eignung erlangen, eine bestimmte Theorie oder Hypothese zu bestätigen oder zu widerlegen, oder allgemeiner: damit die Versuchsergebnisse eine tragfähige und verläßliche induktive (inferentiale) Basis abgeben, müssen die Experimente einer Reihe von Anforderungen genügen, die alle mit dem *Experimentfehler* zusammenhängen:

(1) Der Experimentfehler muß meßbar sein.
(2) Der Experimentfehler muß aus den Versuchsergebnissen bestimmbar sein.
(3) Der Experimentfehler wiederholter Durchführungen eines Experiments (Nachbildungen, engl. replications) darf *nur* dadurch verursacht sein, daß die exakte Nachbildung eines Experiments unmöglich ist.
(4) Der Experimentfehler muß *alle* „zufälligen" Variationsursachen erfassen und darf keine systematischen Komponenten enthalten.
(5) Der Experimentfehler muß als Maßstab für das Testen (wesentlicher) Effekte der Behandlungsarten geeignet sein.
(6) Je komplexer das Experiment, desto mehr Variation im Ergebnis ist zu erwarten und desto mehr „Nachbildungen" sind erforderlich.

Wie kann im Stadium der Planung des Experiments, also nur gestützt auf die vor Durchführung des Experiments vorhandene Theorie, die Verwirklichung der oben genannten Forderungen verbürgt werden? Die von der theoretischen Statistik erteilte Antwort lautet: Durch zufällige Anordnung und durch Wiederholung bzw. Nachbildung! Die sechs erstgenannten Forderungen, insbesondere (1) und (2), also die Möglichkeit, aus den Experimenten selbst den Experimentfehler bestimmen zu können, werden (analog der Zufallsauswahl bei den Beobachtungsverfahren) durch *zufällige* Zuordnung der einzelnen Behandlungsarten auf die Versuchsobjekte gewährleistet. Die 6. Forderung, d. h. die hinreichend große Zahl von Experimenten, wird durch Nachbildung, ersatzweise durch Wiederholung des Experiments ermöglicht.

21.3 Die zufällige Anordnung (randomisation)

Bei willkürlicher oder bewußter Zuordnung der Behandlungsarten auf die Versuchsobjekte kann man zwar postulieren, daß Unterschiede in den Ergebnissen nicht allein den unterschiedlichen Behandlungsarten, sondern unkontrollierten Nebeneffekten zuzuschreiben sind, aber man kann den durch die Nebeneffekte ins Spiel tretenden Fehler nicht isolieren und messen. Man kann kein Intervall angeben, innerhalb dessen die Ergebnisse mit einer bestimmten Wahrscheinlichkeit schwanken können. Aus den Betrachtungen in Abschnitt 17 wissen wir bereits, daß eine numerische Fixierung des Fehlers nur möglich ist, wenn die einzelnen Meßergebnisse streng *zufällig* zustandegekommen sind. Nur die Anwendung des Zufallsprinzips verhindert des weiteren, daß eine bestimmte Behandlungsart systematisch begünstigt oder benachteiligt wird. Erst wenn alle Versuchsobjekte A_1, A_2, ..., A_n eine gleichgroße Chance haben, mit den Behandlungsarten B_1, B_2, ..., B_n zusammenzutreffen, führt jede Behandlungsart zur gleichen Wahrscheinlichkeitsverteilung der Wirkungen, und es kann die Inferenz wahrscheinlichkeitsrechnerisch durchgeführt werden.

Ein Beispiel:

Eine Firma F erwägt die Anschaffung mehrerer (einander gleicher) Maschinenautomaten für die Herstellung von Ventilgehäusen. Zwei Maschinen des projektierten Typs werden aufgestellt, und an jeder der beiden Maschinen sollen probehalber einige Ventilgehäuse hergestellt werden. An der zuerst aufgestellten Maschine 1 werden 60 Stück produziert, an der etwas später aufgestellten Maschine 2 werden 40 Stück produziert; die Anzahl der Experimente beträgt also 100. Unter diesen erwiesen sich 80 als gut und 20 als Ausschuß. Da diese Ausschußquote der Firma F sehr hoch erschien, fragte sie nach der Verteilung der guten und schlechten Stücke auf die beiden Maschinen, da der Verdacht bestand, daß die Maschinen sehr unterschiedliche Qualität besitzen. Der Verdacht schien zunächst bestätigt:

Das Ergebnis eines technologischen Experiments

„Behandlungsarten"	Maschine 1	Maschine 2	Σ
gute Stücke	40	40	80
schlechte Stücke	20	0	20
zusammen	60	40	100

An Maschine 2 wurden gar keine Ausschußstücke produziert, an Maschine 1 hingegen alle 20 im Gesamtversuch beobachteten Ausschußstücke. Die Firma F forderte bei der Herstellerfirma H Aufklärung. Die Firma H ihrerseits stand zunächst vor einem Rätsel, da derartige Qualitätsvariationen zuvor nicht beobachtet worden waren und beide Maschinen das Herstellerwerk H sorgfältig geprüft verlassen hatten. Erst die nähere Nachprüfung an Ort und Stelle klärte die Situation: Maschine 1 war von einem unerfahrenen Werkstudenten, Maschine 2 hingegen von einem erfahrenen Werkmeister bedient worden.

Hier in diesem Beispiel erfolgte die Zuordnung der Versuchsobjekte zu den Behandlungsarten nicht zufällig, sondern die an Maschine 1 produzierten Stücke waren systematisch benachteiligt. Das Auftreten des Werkstudenten war ein „unkontrollierter Nebeneffekt". Hätte man in Zukunft mit einer gleichen oder ähnlichen qualitativen Zusammensetzung der Bedienungsmannschaft zu rechnen, so hätte man den Versuch wie folgt zu planen gehabt:

„Behandlungsarten"	Maschine 1		Maschine 2	
	Werkstudent	Werkmeister	Werkstudent	Werkmeister
gute Stücke				
schlechte Stücke				

Und man hätte mittels der Methoden der Auswertung von Versuchsergebnissen (besonders der Streuungszerlegung, die wir später betrachten) sehr rasch ermittelt, daß

nicht der Unterschied zwischen den Behandlungsarten „Maschine 1 und Maschine 2",
sondern der zwischen den Behandlungsarten „Werkstudent und Werkmeister" Ursache der Qualitätsvariation war.

21.4 Wiederholung und Nachbildung

Von den Betrachtungen in Abschnitt 17.3 her wissen wir, daß, je größer die Zahl der
Beobachtungen ist, desto größer die Schätzgenauigkeit bei gegebener Schlußwahrscheinlichkeit bzw. desto größer die Schlußwahrscheinlichkeit bei gegebener Schätzgenauigkeit. Das Maß für die Schätzgenauigkeit ist der (ihr umgekehrt proportionale)
Zufallsfehler $\sigma_{\bar{x}}$ (des Mittelwertes). Zwischen diesem und der Zahl der Beobachtungen n besteht folgende Beziehung

$$\sigma_{\bar{x}} = \frac{c}{\sqrt{n}}; \quad c > 0,$$

d.h., daß der Standardfehler sich umgekehrt proportional (oder die Schätzgenauigkeit sich direkt proportional) zur Quadratwurzel aus der Zahl der Experimente verhält.

Um den Standardfehler klein zu halten, wendet man in der Versuchsplanung daher
das sog. Prinzip der Nachbildung (replication) an, welches fordert, das einer bestimmten Behandlungsart zugeordnete Experiment x-mal nachzubilden, d.h. unter
den identisch gleichen Bedingungen zu wiederholen.

Nun werden aber realiter nicht sehr oft die identisch gleichen Bedingungen des Versuchs über einen gewissen Zeitraum hinweg angetroffen, und man spricht dann, wenn
die identische Gleichheit der Versuchsbedingungen nicht gegeben ist, von einer Anwendung des Prinzips der Wiederholungen (repetition). Je nachdem, ob die Vermeh-
rung der Zahl der Experimente durch Nachbildung oder Wiederholung erfolgt, entstehen unterschiedliche Konsequenzen für die Versuchsauswertung.

22. Der zufällige Plan

Der uneingeschränkt zufällige Plan ist die einfachste Form der Experimentplanung.
Uneingeschränkt zufällig werden die Versuchseinheiten den Behandlungsarten zugeordnet. „Zufällig" heißt nicht willkürlich oder so, wie es gerade kommt. „Zufällig"
heißt vielmehr: *Alle Einheiten haben eine identisch gleiche Chance* (ausgewählt oder
einer bestimmten Klasse zugeteilt zu werden oder an einer bestimmten Stelle in einer
Folge zu stehen).

Die rein zufällige Zuordnung kann technisch auf folgende Weise verwirklicht werden.
Es seien N Objekte und r Behandlungsarten gegeben. Der i-ten Behandlungsart ($i = 1$,
..., r) wird die Zahl N_i von Objekten zugeteilt. Aus den N Objekten werden zufällig
N_1 ausgewählt und der 1. Behandlungsart unterworfen. Aus den verbleibenden $N - N_1$
Objekten werden N_2 zufällig ausgewählt und der 2. Behandlungsart unterworfen usw.,
bis die N_r verbleibenden Einheiten der r-ten Behandlungsart zugeordnet werden.

Zufällige Auswahl und zufällige Anordnungen sind überaus schwer zu verwirklichen. Wenn man einer Versuchsperson z.B. aufgibt oder selbst versucht, eine gewisse Anzahl von zufällig aufeinanderfolgenden Zahlen niederzuschreiben, wird man stets bemerken (wie zahlreiche Experimente unmißverständlich zeigen), daß der angeblich zufälligen Folge in Wahrheit eine Regelmäßigkeit innewohnt. Manche Menschen bevorzugen bestimmte Zahlen oder Zahlenkombinationen, andere alternieren regelmäßig die Größenordnung, d.h. einer großen Zahl lassen sie eine niedrige, dieser wieder eine große folgen usw.

Früher produzierte man Zufallszahlen auf mechanischem Wege, indem man Kugeln, die sich durch die Farbe oder durch aufgedruckte Zahlen voneinander unterschieden, im übrigen aber gleich groß und gleich schwer usw. waren, in einen Behälter gab, gut durchmischte und sie dann einzeln „zufällig" herausgriff. Immer wieder stand man allerdings trotzdem vor nicht streng zufälligen Folgen, weil es technisch sehr schwer ist, „ideal" zu mischen. Heute (d.h. seit etwa 40 Jahren) läßt man Quasi-Zufallsfolgen von elektronischen Rechenmaschinen produzieren.

Eine Zusammenstellung von derartigen Zufallszahlen zeigt die Tabelle des Anhangs I. Die Zahlen erfüllen die Anforderungen der Zufälligkeit, gleich, ob man sie spaltenweise, zeilenweise, diagonal usw. benutzt. Man prüft die Zufälligkeit, indem man die Zufallszahlen dem Häufigkeitstest, dem Reihentest, dem „Pokertest" und dem „Lückentest" unterwirft (vgl. [Kendall, Smith 1938]).

Liest man zeilenweise die letzte Ziffer der dreistelligen Zufallszahlen aus Anhang I ab und notiert die Ziffern 0 bis 9 in der Reihenfolge ihres erstmaligen Auftretens, so erhält man folgende Zufallsfolge:

$$4, 0, 1, 2, 5, 7, 3, 8, 9, 6.$$

Ganz analog wird vorgegangen, wenn man eine bestimmte Anzahl zweistelliger, dreistelliger usw. Zahlen in zufälliger Anordnung benötigt.

Ein Beispiel:

Düngungsversuch. Ein Versuchsfeld ist in $N = 27$ durchlaufend numerierte Parzellen unterteilt worden. Diesen sollen drei Behandlungsarten ($r = 3$)

(a) ohne Düngung (zur Kontrolle)
(b) Düngung mit 200 g pro qm
(c) Düngung mit 400 g pro qm

zufällig zugeordnet werden. Der Versuch besteht in der Messung der Ernteerträge und in der Feststellung, ob die verschiedenen Behandlungsarten einen Einfluß auf den Ernteertrag x_{ij} haben. Doch zurück zur zufälligen Zuordnung.

Eine Ablesung der letzten beiden Ziffern der dreistelligen Zufallszahlen in Anhang I (Zeilenablesung, mit der ersten Zeile beginnend) führt zu der folgenden Zuordnung:

Behandlungsart	Parzellennummer
(a)	2, 15, 27, 26, 17, 22, 8, 12, 1
(b)	4, 24, 5, 14, 20, 16, 13, 10, 19
(c)	21, 18, 3, 11, 23, 7, 25, 9, 6

Mit Hilfe der Abweichungssummen (vgl. Abschnitt 38.3)

Q_1 = Summe der Abweichungsquadrate zwischen den Behandlungsarten
Q_2 = Summe der Abweichungsquadrate innerhalb der Behandlungsarten
Q = Summe der Abweichungsquadrate überhaupt

kann man Hypothesen darüber testen, ob die verschiedenen Behandlungsarten einen (wesentlichen) Einfluß auf die Versuchsergebnisse (im Beispiel: Ernteerträge) ausüben.

Die Vorteile des uneingeschränkt zufälligen Plans den anderen Plänen gegenüber liegen darin, daß er außerordentlich einfach zu verwirklichen (daher in geringem Maße der Gefahr von Fehlplanungen ausgesetzt) und im übrigen sehr flexibel ist, sodann darin, daß im Falle des Fehlens oder des Verlustes einzelner Daten ohne Schwierigkeiten und bei geringen Kosten Ersatz beschafft werden kann.

Seine Nachteile sind indessen nicht zu übersehen. Seine unbeschränkte Flexibilität ist zwar einerseits vorteilhaft, da sie Verzerrungen des Ergebnisses verhindert, andererseits aber auch nachteilig, da alle auftretenden Variationen in den Experimentfehler eingehen. Für den uneingeschränkt zufälligen Plan ist charakteristisch der relativ große Zufallsfehler und damit die relativ geringe Genauigkeit.

23. Experimente in Blöcken

23.1 Grundgedanke

Ein Block ist im Sinne der Theorie der statistischen Einheiten ein Klumpen von Einheiten, genauer: ein Block ist ein Spezialfall des Klumpens, nämlich ein homogener, durch die Eigenart der jeweiligen Experimentmaterie determinierter Klumpen. Das Wort „Block" stammt aus der agronomischen Versuchsplanung, wo man (mittels Blockbildung) beabsichtigt, die Verschiedenartigkeit des Bodens zu kontrollieren und zu isolieren. Jeder Block besteht aus beisammenliegenden Parzellen, in denen die Fruchtbarkeit des Bodens und andere Einflußgrößen einheitlicher erwartet werden können als im gesamten Versuchsareal. Heute faßt man den Blockbegriff viel weiter auf. Blöcke können sein: Ein Wurf von Versuchstieren, meteorologische Messungen einer Woche in einer bestimmten Wetterwarte, eine Anzahl von Blut- oder Serumproben aus ein und demselben Organismus, die Küken an einem bestimmten Platz im Brutapparat, die Blätter einer Pflanze, die von einem Arbeiter an einem bestimmten Tag produzierten Stücke usw. Entsprechend können als „Behandlungsarten" etwa verschiedene Ernährungsarten, bestimmte klimatische Bedingungen, Injektionen, Wärmezonen, Streumittel gegen Blattkrankheiten, Umwelteinflüsse usw. auftreten.

Bei der Versuchsplanung in Blöcken mit zufälliger Anordnung werden die Untersuchungseinheiten innerhalb jedes Blockes zufällig den Behandlungsarten zugeordnet. Jeder Block enthält (mindestens, in der Regel genau) so viele Untersuchungseinheiten wie Behandlungsarten unterschieden werden, wobei die Behandlungsarten den Untersuchungseinheiten nicht nach festem Schema zugeordnet werden, vielmehr erfolgt die zufällige Zuordnung Block für Block neu.

Ein Blockarrangement hat etwa folgendes Aussehen:

Blockarrangement mit zufälliger Anordnung

A	B				
	B_1	B_2	(j) $\ldots$	B_s	Σ
A_1	x_{11}	x_{12}	$\ldots$	x_{1s}	$X_{1.}$
A_2	x_{21}	x_{22}	$\ldots$	x_{2s}	$X_{2.}$
(i) $\vdots$	$\vdots$	$\vdots$	$\vdots$	$\vdots$	$\vdots$
A_r	x_{r1}	x_{r2}	$\ldots$	x_{rs}	$X_{r.}$
Σ	$X_{.1}$	$X_{.2}$	$\ldots$	$X_{.s}$	X

Zwei „Effekte", nämlich A und B, werden hier berücksichtigt, der eine Effekt, A, wird in Zeilen, der andere, B, in Spalten tabelliert. Der eine „Effekt", sagen wir A, stellt die r Behandlungsarten dar (man formuliert oft: „die Behandlungsarten haben das Niveau r"), der andere Effekt B stellt die s Wiederholungen oder „Blöcke" dar (man sagt: die Blöcke haben das Niveau s).

x_{ij} ($i = 1, \ldots, r$; $j = 1, \ldots, s$) ist der Beobachtungswert der i-ten Behandlungsart im j-ten Block.

Entsprechend spricht man vom „A-Effekt", wenn man die durch die unterschiedlichen Behandlungsarten hervorgerufene Wirkung meint, und vom „B-Effekt", wenn man die durch die Wiederholungen oder Blöcke hervorgerufenen Wirkungen meint.

23.2 Blöcke sollen in sich homogen sein

In der Regel versucht man, Blöcke so zu bilden, daß die Blöcke *in sich möglichst homogen* sind, d.h. möglichst gleichartige Versuchseinheiten umfassen, um eine erhöhte Empfindlichkeit des Experiments für die Wirkungen von unterschiedlichen Behandlungsarten zu erreichen, auf dem Wege einer Verringerung des Versuchsfehlers. Dieser wird desto kleiner, je ähnlicher die Experimenteinheiten untereinander sind und je weniger sich die äußeren Bedingungen, die während des Versuchs herrschen, als Unterschiede zwischen den Versuchseinheiten auswirken.

Hierin ist das Experimentieren in Blöcken dem vollständig zufallsbedingten Versuchsplan überlegen. Bei letzterem birgt die Zugrundelegung homogenen Materials eine gewisse Gefahr in sich. Je weiter man nämlich in der Homogenisierung oder Standardisierung fortschreitet, desto kleiner wird der Geltungsbereich der Schlußfolgerungen, die sog. induktive Basis des Experiments. Davon abgesehen pflegt eine weitgehende Standardisierung die Kosten beträchtlich zu steigern.

Im Falle des Versuchs in Blöcken mit zufälliger Anordnung hingegen wird die Empfindlichkeit durch die Bildung homogener Blöcke gefördert, aber ohne daß zugleich die induktive Basis geschmälert würde, weil man ja die zwischen den Blöcken bestehenden Unterschiede bestehen läßt.

Vorzüge (gegenüber den verfeinerten Methoden, die wir anschließend betrachten) sind:

(a) Die Anzahl der Behandlungsarten und Blöcke ist unbeschränkt.
(b) Die Auswertung des Blockexperiments, obgleich etwas komplizierter als die Auswertung eines reinen Zufallsexperiments, ist immer noch sehr einfach.

Ein Nachteil, der der Verwendung des Blockplanes entgegensteht, ist die Schwierigkeit der Ersetzung von Einheiten, die verlorengegangen sind, nicht gemessen werden können oder aus anderen Gründen fehlen. Solche Verluste kommen häufig vor, z.B. durch den Tod eines Versuchstieres, durch Unwetterschäden bei agronomischen Versuchen oder durch andere exogene Faktoren.

24. Experimente nach dem lateinischen Quadrat

24.1 Grundgedanke

Das lateinische Quadrat selbst geht auf Leonhard Euler zurück, es ist eine Form der sog. magischen Quadrate (das sind bestimmte, z.T. mathematisch anspruchsvolle Zahlenspiele), die seit dem Mittelalter bekannt und beliebt sind. R. A. Fisher hat die lateinischen Quadrate in die Statistik, vornehmlich in die Versuchsplanung, eingeführt. Der Versuchsplan nach dem lateinischen Quadrat ähnelt dem Blockexperiment; der Unterschied besteht darin, daß die Zahl der Behandlungen gleich der Zahl der Blöcke sein muß; es besteht also die Beschränkung

$$s = r.$$

Während aber die Planung in Blöcken nur zwei Effekte (A-Effekt und B-Effekt; siehe oben) berücksichtigen kann, isoliert die Planung nach dem lateinischen Quadrat drei Effekte, ohne daß die Zahl der Untersuchungseinheiten erhöht werden müßte. Die Beschränkung $s = r$ ist somit der Preis für die (im übrigen kostenfreie) Isolierung eines weiteren Effekts.

Das Experiment nach dem lateinischen Quadrat ist so arrangiert, daß jede Behandlungsart ein und nur einmal in jeder Zeile sowie ein und nur einmal in jeder Spalte auftritt. Bezeichnen wir die Behandlungsarten mit Buchstaben A, B, C, so können drei Effekte unterschieden werden:

(1) der Buchstabeneffekt (oder Effekt der Behandlungsarten)
(2) der Zeileneffekt
(3) der Spalteneffekt.

Das Niveau der drei Effekte ist identisch gleich s.

Ein lateinisches „4 × 4-Quadrat" ist z. B. das folgende:

A	B	C	D
B	D	A	C
C	A	D	B
D	C	B	A

Wir sehen, daß jede Behandlungsart A B C D in jeder Zeile und jeder Spalte ein und nur einmal vorkommt; ebenso wie die 5 Behandlungsarten A, B, C, D, E im folgenden lateinischen „5 × 5-Quadrat":

A	B	C	D	E
B	A	E	C	D
C	D	A	E	B
D	E	B	A	C
E	C	D	B	A

24.2 Ein Beispiel

Zur Verdeutlichung betrachten wir ein industrielles Anwendungsbeispiel. Eine Firma erwägt die Anschaffung einer bestimmten Hobelmaschine. Es existieren 4 Typen (A, B, C, D) dieser Maschine auf dem Markt. Diese 4 Typen sind die 4 Behandlungsarten. An jeder dieser Maschinen sollen 4 Holzsorten I, II, III, IV (eine Anzahl ungleich 4 wäre bei dem Experimentplan nach dem lateinischen Quadrat nicht möglich) ausprobiert werden. Die Maschinen lassen 4 verschiedene Feineinstellungen 1, 2, 3, 4 zu, die allesamt ausprobiert werden sollen. Gemessen wird die Tagesproduktion in Stück.

Das Experiment hatte folgendes Resultat:

Einstellung	Maschine				
	Sorte I	Sorte II	Sorte III	Sorte IV	Σ
Einstellung 1	A 82	B 72	C 82	D 82	318
Einstellung 2	B 72	D 85	A 90	C 92	339
Einstellung 3	C 94	A 84	D 71	B 71	320
Einstellung 4	D 85	C 94	B 82	A 88	349
Σ	333	335	325	333	1326

Produktion von Maschine A: 344
Produktion von Maschine B: 297
Produktion von Maschine C: 362
Produktion von Maschine D: 323

Zusammen: 1326

Wir sehen, daß nun 3 Effekte analysiert werden können:

(1) der Maschinentyp-Effekt
(2) der Holzsorten-Effekt
(3) der Einstellungs-Effekt.

Es zeigt sich, daß Maschine C am leistungsfähigsten ist. Sie hat mehr Stücke produziert als die anderen. Vielleicht hat aber eine andere Maschine bei einer bestimmten Einstellung mehr Stücke produziert? Oder vielleicht war eine andere Maschine bei einer bestimmten Holzsorte leistungsfähiger? Und so weiter. Die analytische Auswertung des Experiments mit Hilfe der Streuungszerlegung kann diese Fragen beantworten. Sie wird die drei Effekte, die auf die Tagesproduktion ausgeübt werden, zu isolieren und zu beurteilen erlauben (vgl. Abschnitt 38.3).

24.3 Vor- und Nachteile

Das Vorgehen nach dem lateinischen Quadrat ist mit Nachteilen verbunden. So liegt es bei der Einrichtung eines Versuchs nach dem lateinischen Quadrat nahe, der Ordnungsvorschrift durch eine Systematik nachzukommen. Die einfachste Systematik ist die des sogenannten „diagonalen Quadrats" (im 4 × 4-Fall):

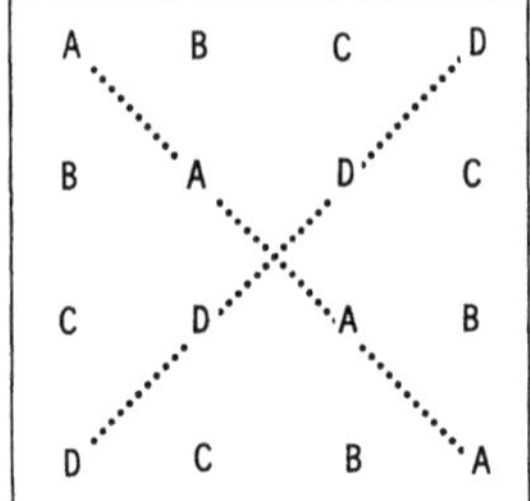 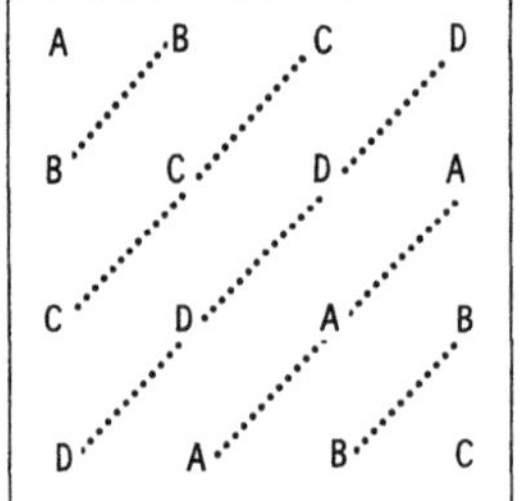 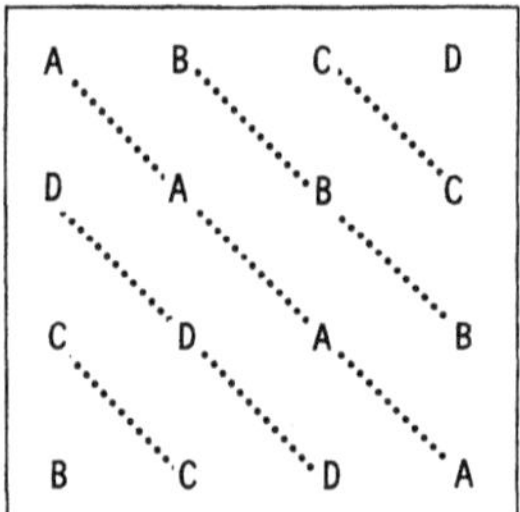

In einem solchen Fall ist zwar die Bedingung, daß jede Spalte und jede Zeile jede Behandlungsart einmal und nur einmal enthält, erfüllt. Die diagonale Anordnung kann aber beispielsweise bei einem landwirtschaftlichen Experiment zu Fehlschlüssen führen, wenn das Areal in diagonal verlaufende, homogene Landstreifen zerfällt. Die unterschiedliche Fruchtbarkeit der homogenen Streifen kann unter Umständen einzelne Behandlungsarten systematisch begünstigen.

Auf die Bestimmung des Experimentfehlers wirkt sich eine derartige systematische Anordnung wie folgt aus (nach R. A. Fisher): Der tatsächliche Fehler (bei den Vergleichen der Behandlungsarten) ist bei systematischer Anordnung größer als bei zufälliger Anordnung. Er wird aber unterschätzt, da die einzelnen Effekte sich (unkontrolliert) vermischen.

K. Vik hat zur Vermeidung dieser Nachteile vorgeschlagen, die Zeilen nicht um einen Platz, sondern um zwei Plätze zu verschieben, wodurch folgendes Quadrat entsteht (wieder im 4 × 4-Fall):

138

A	B	C	D
C	D	A	B
D	A	B	C
B	C	D	A

Tatsächlich wird durch dieses Vorgehen erzielt, daß sich die Unterschiede zwischen den Behandlungsarten als die wesentlichen herauskristallisieren. Doch hat auch diese Anordnung Nachteile. So kann es dem geschickten Experimentator bei dieser Versuchsanordnung gelingen, die Störeffekte kleiner als bei zufälliger Anordnung zu halten, ohne daß diese Reduktion bei der Schätzung des Experimentfehlers berücksichtigt werden könnte.

Wie soll aber die zufällige Anordnung innerhalb des Quadrats vorgenommen werden? Die Situation ist offenbar schwieriger als bei den zuvor aufgezeigten Plantypen, da ja die Bedingung, daß in jeder Spalte und in jeder Zeile jede Behandlungsart nur einmal vertreten sein darf, eingehalten werden muß.

Ganz allgemein sollte die zufällige Anordnung dem Prinzip folgen, daß aus allen möglichen Arrangements eines ausgewählt wird, wobei aber jedes von ihnen die gleiche Chance hatte, gezogen zu werden. Fisher und Yates [1963] haben Tabellen entwickelt, die diesen Grundsatz zu verwirklichen erlauben.

In folgenden Eigenschaften ist der Plantyp des lateinischen Quadrates anderen einfacheren Plantypen überlegen:

(1) Das Lateinische-Quadrat-Experiment hat einen geringeren Experimentierfehler als das Blockexperiment (damit eine größere Genauigkeit).
(2) Ein gewöhnliches Zufallsexperiment, bei welchem drei Effekte isoliert werden sollen (jeder der drei auf dem Niveau r), würde r^3 Beobachtungen erfordern, während das Experiment nach dem lateinischen Quadrat nur r^2 Beobachtungen erfordert.

Nächst dem Experimentieren in Blöcken dürfte der Plantyp des lateinischen Quadrates der am häufigsten benutzte sein.

24.4 Experimente nach dem griechisch-lateinischen Quadrat

Dieser Plantyp ist insofern eine Verbesserung gegenüber dem vorigen, als statt drei vier Effekte analysiert werden können, ohne daß die Anzahl der Beobachtungen erhöht werden müßte. Mit r^2 Beobachtungen können beim gewöhnlichen Zufallsexperiment sowie beim Blockexperiment zwei Effekte analysiert werden, beim Experiment nach dem lateinischen Quadrat drei Effekte und beim Experiment nach dem griechisch-lateinischen Quadrat gar vier Effekte. Diese vier Effekte sind

(1) der lateinische Buchstabeneffekt
(2) der griechische Buchstabeneffekt
(3) der Zeileneffekt
(4) der Spalteneffekt.

Der Plantyp des griechisch-lateinischen Quadrats wird erreicht, indem man zwei „lateinische Quadrate", das eine mit lateinischen, das andere mit griechischen Buchstaben symbolisiert, so übereinanderlegt, daß jeder griechische Buchstabe und jeder lateinische Buchstabe ein und nur einmal in jeder Zeile sowie ein und nur einmal in jeder Spalte vorkommt; z. B.:

„lateinisches Quadrat"

A	B	C	D
B	C	D	A
C	D	A	B
D	A	B	C

„griechisches Quadrat"

α	β	γ	δ
δ	α	β	γ
γ	δ	α	β
β	γ	δ	α

„griechisch-lateinisches Quadrat"

Aα	Bβ	Cγ	Dδ
Bδ	Cα	Dβ	Aγ
Cγ	Dδ	Aα	Bβ
Dβ	Aγ	Bδ	Cα

Die Nachteile und Vorzüge dieses Plantyps sind grundsätzlich die gleichen wie diejenigen des lateinischen Quadrats, nur in jeder Beziehung stärker.

24.5 Griechisch-lateinische Quadrate höherer Ordnung

Eine logisch unmittelbare Ausdehnung des Prinzips der griechisch-lateinischen Quadrate stellt das Prinzip der *griechisch-lateinischen Quadrate höherer Ordnung* dar. Statt 3 Effekte wie bei den lateinischen Quadraten bzw. 4 Effekte wie bei den griechisch-lateinischen Quadraten werden hier 5, 6 usw. Effekte simultan berücksichtigt.

Die beiden folgenden Beispiele [nach Cox 1958] illustrieren die Erweiterung.

(1) Beispiel eines griechisch-lateinischen Quadrates höherer Ordnung (bei Berücksichtigung von 5 Effekten)

A α a	B β b	C γ c	D δ d
B γ d	A δ c	D α b	C β a
C δ b	D γ a	A β d	B α c
D β c	C α d	B δ a	A γ b

(2) Beispiel eines griechisch-lateinischen Quadrates höherer Ordnung (bei Berücksichtigung von 6 Effekten)

E	α	d	2	C	ε	b	1	A	γ	e	4	D	δ	c	5	B	β	a	3
C	γ	c	3	A	δ	a	2	D	β	d	1	B	α	b	4	E	ε	e	5
A	β	b	5	D	α	e	3	B	ε	c	2	E	γ	a	1	C	δ	d	4
D	ε	a	4	B	γ	d	5	E	δ	b	3	C	β	e	2	A	α	c	1
B	δ	e	1	E	β	c	4	C	α	a	5	A	ε	d	3	D	γ	b	2

Mit jeder Erweiterung verstärken sich abermals sowohl die Vorteile als auch die Nachteile, die wir bei Betrachtung der lateinischen Quadrate kennengelernt haben (und von denen wir bereits wissen, daß sie sich beim Übergang von den lateinischen zu den griechisch-lateinischen Quadraten verstärken). Mit jeder Erweiterung aber wird auch fraglicher, ob die Vorteile die Nachteile überwiegen.

25. Faktorielle Experimente

Einen ganz anderen Plantyp als die bisher betrachteten Typen stellen die sog. faktoriellen Pläne dar.

Bei den bisher betrachteten Plantypen waren die einzelnen Behandlungsarten als nicht miteinander (funktional oder stochastisch) verbunden gedacht. Diese Vorstellung entspricht der klassischen (insbesondere physikalischen) Versuchsanordnung. Die bisher betrachteten Plantypen lassen sich als Fortentwicklungen derselben betrachten. Ihre Grundidee ist, einen „Faktor" bei Konstanz aller übrigen möglichen Faktoren zu studieren und zu analysieren. So nützlich und (im Sinne der exakten Wissenschaften) ideal diese Kategorie von Plan ist, so ist es doch sehr berechtigt, daß die empirische Forschung in zahlreichen Wissenschaftszweigen, inspiriert durch R. A. Fishers „factorial design", zusätzlich einen zweiten Weg beschritten hat. Um die mögliche Existenz von Wechselwirkungen zu berücksichtigen und um die Gefahren zu beseitigen, die in einer willkürlichen Auswahl des einen zu analysierenden Faktors beschlossen sind, faßt man die einzelnen Behandlungsarten als Faktoren auf und studiert die Wirkung, die sie auf eine bestimmte Erscheinung ausüben, sowohl separat als auch gemeinsam und unter Beachtung möglicher Abhängigkeiten zwischen den Faktoren. Diese zweite Kategorie von Plantypen ist also eine „Mehrfaktorenplanung" im Gegensatz zu den bisher betrachteten „Einfaktorplanungen".

Die Zweckmäßigkeit, Mehrfaktorenexperimente vorzusehen, resultiert allein daraus, daß der empirische Forscher (der Experimentator) nur selten zu Beginn seiner Arbeit sicher sein darf, daß ein Faktor unabhängig von allen anderen variiert werden kann, ohne daß die Wirkungen sich verändern, die dieser zuvor im Verein mit anderen hervorgebracht hat. Aber auch wenn die Unabhängigkeit gesichert ist, läßt sich mit der von Fisher vorgeschlagenen gleichzeitigen Variation mehrerer Faktoren bei geringerem Aufwand die gleiche Genauigkeit der experimentellen Aussage erzielen.

Aber nicht nur die wechselseitige Abhängigkeit bildet ein Gefahrenmoment für die Richtigkeit der Aussage des klassischen Versuchs, sondern auch die Wahl des Faktors selbst. Häufig ist unbekannt, welche Faktoren „am kausalsten" sind, und viele der zu untersuchenden Faktoren werden nur deshalb gewählt, weil sie leicht zu erfassen sind, während ihre ursächliche Bedeutung fraglich sein kann. Darum wird es häufig zweckmäßiger sein, beim Planen des Versuchs mehrere Faktoren simultan zu berücksichtigen.

Wir kehren zur Erläuterung noch einmal zu dem Hobelmaschinenbeispiel aus dem Abschnitt 24.2 zurück. Wir haben dort einen „Faktor" betrachtet, allerdings mit Berücksichtigung von sog. „Effekten". Der Faktor, unterteilt in vier Behandlungsarten, war der Maschinentyp. Das Experiment war so geplant, daß der Einfluß dieses einen Faktors auf die Tagesproduktion an gehobelten Stücken analysiert werden kann:

„Faktor" Maschinentyp → Tagesproduktion an gehobelten Stücken.

Das Experiment war des weiteren so geplant, daß die Variation des „Faktors" nach bestimmten Bedingungen (den „Effekten") analysiert werden konnte, den Bedingungen der Holzsorte und der Maschineneinstellung. Mit Hilfe des griechisch-lateinischen Quadrats (Abschnitt 24.4) könnte ein weiterer Effekt, z. B. der Einfluß des Bedieners, berücksichtigt werden.

Dieses Einfaktorexperiment, wie es bisher vorzustellen war, kann jedoch leicht in ein Mehrfaktorenexperiment umgedacht werden, indem wir einige der „Effekte" als selbständige Faktoren interpretieren, z. B. die Holzsorte und den bedienenden Arbeiter:

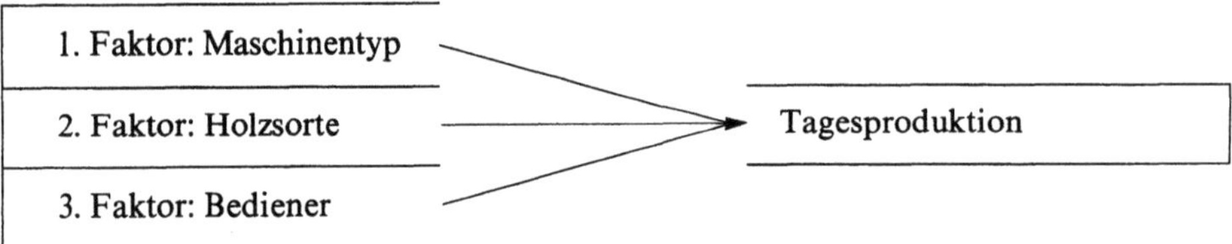

Mit dieser „Umdenkung" lassen wir z. B. die Vorstellung zu, daß die Holzsorte (unabhängig vom Maschinentyp) einen Einfluß auf die Tagesproduktion ausübt oder daß eine stochastische Verbundenheit zwischen Holzsorte und Bediener besteht (ein Bediener versteht sich z. B. auf eine bestimmte Holzsorte besser als auf eine andere) usw.

So leicht das „Umdenken" vonstatten geht, die Planung des Mehrfaktorenexperiments und seine analytische Auswertung unterscheiden sich beträchtlich von denen des Einfaktorexperiments. Zwar sind Mehrfaktorenexperimente in der Regel schwieriger zu planen und auszuwerten als Einfaktorexperimente, ihre Vorzüge sind indessen gewichtig (nach R. A. Fisher):

(1) Mehrfaktorenexperimente sind effizienter als Einfaktorexperimente, weil mehrere Faktoren (mit der gleichen Genauigkeit wie bei einem Faktor) zugleich analysiert werden können.

(2) Sie sind reichhaltiger, weil sie neben den Hauptwirkungen auch die Wechselwirkungen zu untersuchen erlauben.

(3) Sie haben eine breitere induktive Basis. Die strenge Standardisierung von experimentellen Bedingungen, wie sie oft − und häufig mit Recht − gefordert wird, hat einen großen Nachteil: Daß nämlich hochstandardisierte Experimente nur direkte Informationen im Hinblick auf den engen Rahmen, der durch die Standardisierung erzwungen wird, liefern können. Diesem erkenntnistheoretisch sehr tief reichenden Nachteil wirkt der Mehrfaktoren-Plantyp entgegen.

Von R. A Fisher wurde mit Erfolg eine Verbindung der faktoriellen Pläne mit dem Blockbildungsprinzip hergestellt, so daß die Vorzüge der beiden Typen sich verbinden. Man spricht von Vermischung (confounding), nämlich von Behandlungsarten und Blöcken. Der Vorzug der Blockbildung bestand ja darin, die Einheiten so auf Blöcke aufzuteilen, daß dieselben in sich möglichst homogen sind. Der Experimentfehler hängt dann nur von der (kleinen) Streuung innerhalb der Blöcke ab. Eine Verbindung (nicht Vermischung) könnte zur Blockbildung dadurch hergestellt werden, daß man alle möglichen Faktorkombinationen in einem Block zusammenfaßt. Bei 4 Faktoren und 2 Stufen müßte die Blockgröße jedoch schon 16 sein. Oft gibt es so große Blöcke in der Praxis gar nicht (z.B. Wurf von Versuchstieren), außerdem tendiert mit wachsender Blockgröße der Experimentfehler zur Vergrößerung. Man schließt daher folgenden Kompromiß:

Die Zahl der Blöcke (relativ homogenen Materials) wird über die Zahl der Nachbildungen des Versuchs hinaus vergrößert, so daß jede von ihnen mehrere Blöcke in Anspruch nimmt. Zugleich werden die Versuchskontraste zwischen den Blöcken einer Nachbildung so angeordnet, daß die Kontraste solche zwischen weniger wichtigen Wechselwirkungen darstellen, auf deren Studium der Forscher zugunsten einer höheren Genauigkeit der verbleibenden Aussagemöglichkeiten, auf die er sein Hauptaugenmerk gerichtet hat, zu verzichten bereit ist. Es liegt ein tatsächlicher Verzicht auf Information vor, denn diese Wechselwirkungen vermischen sich vollkommen mit den sonstigen Unterschieden zwischen den Blöcken, die in den Versuchsfehler eingehen.

Weiterführende Literatur:

Anderson, McLean 1974
Cochran, Cox 1957
Cox 1958
Fedorov 1972
Finney 1960
Fisher 1960
John 1971
Kempthorne 1952
Krafft 1978

Sechstes Kapitel

Verarbeiten

26. Automaten

Die Statistik verarbeitet unter Zuhilfenahme von technischen Hilfsmitteln (mechanischen und elektronischen Rechenanlagen) Informationen. Daher erlangen die prinzipiellen Möglichkeiten und Grenzen dieser Hilfsmittel Bedeutung.

Unter einem Automaten verstehen wir ein digital arbeitendes System, das in Abhängigkeit vom im Takt i eingegebenen Signal (Symbol) e_i und vom gegenwärtigen Systemzustand z_i ein Signal a_i ausgibt und in den Zustand z_{i+1} übergeht. Hängen dabei a_i und z_{i+1} nur von e_i und z_i ab, so sprechen wir von determinierten Automaten. Ist dagegen jedem Paar (z_i, e_i) ein diskretes Wahrscheinlichkeitsmaß zugeordnet, dessen Wert für (a_i', z_{i+1}') die Wahrscheinlichkeit ist, daß a_i' ausgegeben und in z_{i+1}' übergegangen wird, so sprechen wir von einem stochastischen Automaten. Ist ein solches Wahrscheinlichkeitsmaß nicht gegeben und sind trotzdem mehrere Folgezustände bzw. Ausgabesymbole möglich, so heißt der Automat nicht-deterministisch.

Die weitverbreitete Meinung, daß Automaten ihre Begrenzung im Menschen haben, d. h. daß sie nur das ausführen können, was schon „vorgedacht" wurde, und somit keines „intelligenten" Verhaltens fähig seien, ist falsch. Befreit man die Attribute Lernen, Intelligenz, Selbstreproduktion und Evolution von ihrem metaphysischen Gehalt, so kann man prinzipiell zeigen, daß es Automaten gibt, denen diese Eigenschaften zugesprochen werden müssen. Der berühmte Mathematiker von Neumann zeigte, daß ein System, wenn es nur hinreichend komplex ist, die Fähigkeit der Selbstreproduktion in sich birgt. Es kann die Existenz von Automaten gezeigt werden, deren Nachkommen in einem gewissen Sinne immer intelligenter werden; in diesem Falle spricht man mit Recht von maschineller Evolution.

Den Automaten denkt man sich aus drei Teilen zusammengesetzt:

(1) Steuerteil
(2) Exekutionsteil
(3) Instruktionsteil.

Der Instruktionsteil entspricht dem in einer gewöhnlichen Rechenmaschine eingespeicherten Programm oder dem genetischen Kode einer lebenden Zelle. Er enthält Anweisungen zur Konstruktion von Automaten. Diese Anweisungen sind vom Steuerteil zu entschlüsseln und an den Exekutionsteil weiterzugeben, der seinerseits veranlaßt, daß einzelne Zellen zusammengeschaltet werden und so ein neuer Steuerteil und Exekutionsteil erzeugt wird. Bis dahin entspricht der Vorgang genau dem, was eine gewöhnliche Rechenmaschine auch vermag, nämlich den Instruktionen eines Programms zu folgen. Wesentlich für die Selbstreproduktion ist aber, daß auch der Instruktionsteil kopiert werden kann. Eben dies hat v. Neumann erstmals gezeigt.

Der Automatenbegriff hat sich in verschiedenen Forschungsgebieten bewährt, erwähnt sei hier nur die Theorie der Programmiersprachen und die Schaltkreistechnik. Demgemäß unterliegt er auch verschiedenen Interpretationen. Wir wollen hier, Arbib [1969, S. 29] folgend, nur einige Interpretationsmöglichkeiten anführen. Ein Automat kann betrachtet werden als:

(1) Technologisches Gebilde. Es interessieren Fragen wie: Kann aus bestimmten Konstruktionsobjekten ein Gebilde mit gegebenen Eigenschaften konstruiert werden, oder welche Eigenschaften hat eine vorgegebene Konstruktion?
(2) Programm. Gegeben sei eine Menge von Befehlen. Welche Eigenschaften haben Programme, die sich aus diesen Befehlen zusammensetzen?
(3) Sprachlicher Algorithmus. Ein Automat kann dazu verwendet werden, zu entscheiden, ob eine gegebene Symbolfolge zu einer Sprache gehört.
(4) Logischer Algorithmus. Ausgehend von Axiomen und Deduktionsregeln kann ein Automat zur Erzeugung von Beweisen und zur Prüfung, ob eine gegebene Symbolfolge ein Theorem in einem gegebenen formalen System ist, verwendet werden.
(5) Dynamisches System. Welche Eingabesymbole führen das System in einen gegebenen Zustand über?
(6) Algebraisches System. Beispielsweise können endliche Automaten als Verallgemeinerung von Halbgruppen angesehen werden. Die Automatentheorie führt damit zu neuen algebraischen Fragestellungen.

Die Vielschichtigkeit des Automatenbegriffes läßt es als wahrscheinlich erscheinen, daß er grundsätzlich auch für die Untersuchung soziologischer und wirtschaftlicher Systeme tauglich ist.

27. Programmiersprachen

27.1 Sprache und Metasprache

Sprachen sind Systeme, mit denen man Wörter und Sätze bilden kann; mit deren Hilfe wiederum können Menschen miteinander kommunizieren. Auch Programmiersprachen sind Systeme, mit denen man Wörter und Sätze bilden kann; sie stellen die Kommunikation zwischen Mensch und Rechenmaschine her. Die natürlichen Sprachen, z. B. deutsch oder englisch, eignen sich dafür nicht, da sie zu unbestimmt sind.

Soll eine Sprache definiert werden, so benötigt man eine Sprache zur Niederschrift der Definitionen. Die letztere Sprache nennt man Metasprache. Man beachte, daß der Begriff Metasprache relativ ist, da auch sie eine Sprache ist, die definiert werden muß, wozu man eine Meta-Metasprache heranziehen müßte. Für unsere Zwecke wird es jedoch genügen, wenn wir uns auf zwei Ebenen beschränken, nämlich auf die zu definierende Sprache (z. B. ALGOL 60) und ihre Metasprache.

Anhand des folgenden Beispiels soll dargestellt werden, wie die Definition der Syntax mittels metalinguistischer Formeln funktioniert.

$$\langle a\,b\rangle ::= (\,|\,[\,|\,\langle a\,b\rangle\,(\,|\,\langle a\,b\rangle\,\langle d\rangle.$$

Das Definitionszeichen ::=, das Oderzeichen | und die Klammern ⟨ ⟩ sind Zeichen der sog. Backus-Notation und haben folgende Bedeutung:

::=   bedeutet „besteht aus“,
| bedeutet „oder“,
⟨A⟩ bedeutet „die Klasse der Dinge in A“.

Die obige Formel gibt eine rekursive Regel für die Bildung von Werten der (meta-linguistischen) Variablen ⟨a b⟩ an. Sie sagt aus, daß ⟨a b⟩ die Werte (oder [haben kann oder daß aus einem gegebenen Wert für ⟨a b⟩ weitere gebildet werden können, indem (oder ein Wert der Variablen ⟨d⟩ angehängt wird. Sind die Werte von ⟨d⟩ beispielsweise Dezimalziffern, so sind

```
[ ( ( ( 1 ( 3 7 (
( 1 2 3 4 5 (
( ( (
[ 86
```

mögliche Werte von ⟨a b⟩. Dagegen ist beispielsweise (8 9 . 7 ([a wegen des darin vorkommenden Punktes und des Buchstabens kein möglicher Wert.

27.2 ALGOL

ALGOL 60

Dis Sprache ALGOL 60 (*Algorithmic Language 1960*) entstand aus den Bemühungen vieler wissenschaftlicher Gesellschaften, eine internationale algorithmische Formel-sprache zu entwickeln, die für jeden Rechenmaschinentyp anwendbar ist. (Das in ALGOL 60 formulierte Problem muß dabei mittels eines Übersetzungsprogramms in ein Maschinenprogramm überführt werden. Das heißt, daß für jeden Rechenmaschi-nentyp ein eigenes Übersetzungsprogramm zu entwickeln ist.) Weiterhin ist ALGOL 60 für Publikationszwecke gedacht, um die Beschreibungen von Rechenverfahren zu nor-mieren. Leider ist es mit ALGOL 60 nicht gelungen, dem Wirrwarr von verschiedenen Programmiersprachen, die sich oft nur unwesentlich unterscheiden, ein Ende zu set-zen. Dies liegt vor allem daran, daß man bei der Konzeption kaum einen Gedanken an die Formulierung kommerzieller Probleme verschwendete. So ist beispielsweise das Arbeiten mit großen Datenmengen in ALGOL 60 eine Qual. Damit konnte sich diese Sprache nur beschränkt durchsetzen.

Wohl am häufigsten treten in einem ALGOL-60-Programm Ergibtanweisungen der Form Variable := Ausdruck auf. Also etwa

```
A := 5;
B := 3 + X;
C := B + Z.
```

Dabei ist zu beachten, daß hinter jeder Ergibtanweisung (auch Wertezuweisung genannt) ein Semikolon stehen muß und daß Variable und Ausdruck jeweils entweder beide arithmetisch oder beide boolesch sein müssen. Als Beispiele boolescher Ausdrücke seien

$$p > q \lor z < x$$
$$g \equiv a \land x \lor \neg d \lor c \supset \neg k$$
$$\textit{if } x > 1 \textit{ then } a < b \textit{ else } c > d$$

genannt. Um nun ein erstes Beispiel angeben zu können, müssen wir festlegen, welche Werte eine gegebene Variable annehmen kann. Dies geschieht mittels der sogenannten Typvereinbarung, die die Form

Typ Liste von Variablen

hat. *Typ* steht dabei entweder für *real, integer* oder *boolean.*

Beispiel:

```
begin
    real a, b, c ; integer i, j ;
    b := 1.0 ;
    a := 8.35 ;
    b := (2.9 + a) × 2.0 ;
    c := 2.0 × a + b ;
    i := 4 ;
    j := i ÷ 3 ;
end
```

Die bisher noch nicht erklärten Wortsymbole *begin* und *end* dienen dazu, eine Folge von Vereinbarungen und Anweisungen zu einem Basisprogramm oder Block zusammenzufassen.

Das obige Programm ordnet nun b den Wert 1 zu und a den Wert 8,35. Sodann bekommt b den Wert $22,5 = (2,9 + 8,35) \cdot 2$, wobei der vorhergehende Wert verlorengeht, und c den Wert 39,2. i erhält den Wert 4 und j den Wert 1. (Der Leser beachte dabei, daß j nur der ganzzahlige Teil der Division $4 \div 3$ und somit 1 zugeordnet wird. Die Operation $a \div b$ – also die ganzzahlige Division – ist nur dann definiert, wenn sowohl a als auch b vom Typ *integer* ist.)

Bei vielen Problemen wird von indizierten Variablen Gebrauch gemacht. Es ist daher notwendig, solche auch in das Vokabular unserer Sprache aufzunehmen. Wir stellen nun in einigen Beispielen die ALGOL-Schreibweise der üblichen gegenüber:

ALGOL-Schreibweise	übliche Schreibweise
x [2]	x_2
k [j]	k_j
k [j + 1, i]	$k_{j+1,\,i}$
SUM [k [i + 2], n + k]	$SUM_{k_{i+2},\,n+k}.$

Sollen also beispielsweise vier aufeinanderfolgende Zahlen addiert werden, so könnte das durch folgende Ergibtanweisungen geschehen:

```
SUM := 0 ;
SUM := SUM + a [1] ;
SUM := SUM + a [2] ;
SUM := SUM + a [3] ;
SUM := SUM + a [4] ;
```

Nun dürfen aber indizierte Variable nur dann verwendet werden, wenn zuvor durch eine Feldvereinbarung festgelegt wurde, in welchen Grenzen der Index variieren kann. Diese wird benötigt, um den Speicherplatz für das Datenfeld freizuhalten. Eine solche Feldvereinbarung hat die Form

Typ array   Liste von Feldgrenzenangaben

Typ steht dabei für *real, integer* oder *boolean;* steht vor *array* nichts, so wird automatisch angenommen, daß es sich um den Typ *real* handelt. Haben verschiedene Variable denselben Typ und dieselbe Anzahl von Indizes, die in ihren Grenzen miteinander übereinstimmen, so können sie zusammengefaßt werden. Die folgenden Beispiele sollen das eben Gesagte erläutern.

array x [1 : 5, − 2 : 8];

Hier ist x der Name für eine zweifach indizierte Variable (zweidimensionales Datenfeld oder Matrix), wobei der erste Index Werte zwischen 1 und 5 und der zweite Werte zwischen − 2 und 8 erlaubt. Da nichts anderes angegeben wurde, sind die Elemente des Datenfeldes vom Typ *real.*

integer array i, k, l [1 : 3];

Die drei eindimensionalen Datenfelder (Vektoren) i, k und l bestehen aus jeweils drei Variablen, nämlich i [1], i [2], i [3], k [1], . . . l [3], vom Typ *integer.*

Wir können nun das obige Beispiel vervollständigen:

```
begin
  real SUM;
  array a [1 : 4];
  SUM := 0.0 ;
  SUM := SUM + a [1] ;
      .
      .
      .
  SUM := SUM + a [4] ;
end
```

Dieses Beispiel läßt sich mit Hilfe der sogenannten Laufanweisung, die eine zyklische Wiederholung von Programmteilen erlaubt, vereinfachen. Dabei kann die Anzahl der Wiederholungen entweder durch ein Kriterium erst während der Verarbeitung bestimmt werden, oder sie ist durch ein Rekursionsschema a priori festgelegt.

Eine Laufanweisung hat die folgende Form:

for V := E_1 *step* E_2 *until* E_3 *do* A ;

Dabei stehen die E_i jeweils für beliebige arithmetische Ausdrücke, die als Anfangs-
wert, Schrittweise und Endwert interpretiert werden können. V nennt man die Lauf-
variable und A steht für eine Anweisung. Damit kann das obige Beispiel wie folgt geschrieben werden:

```
begin
  real SUM;
  array a [1 : 4];
  integer i;
  SUM := 0.0;
  for i := 1 step 1 until 4 do
    SUM := SUM + a [i];
end
```

ALGOL W

Die Programmiersprache ALGOL W wurde 1966 von Nicklas Wirth (ETH Zürich)
und C. A. R. Hoare als Weiterentwicklung und Erweiterung von ALGOL 60 begründet.

Als wichtige Unterschiede zu ALGOL 60 wären zu nennen:

(1) Keine Hochkommata mehr.
(2) Einfach zu benutzende Standard-Prozeduren zur Ein- und Ausgabe (READ,
    WRITE, PUTDATA, FORMAT, OUT usw.).
(3) Eine größere Anzahl von Datentypen
    numerische Daten: INTEGER, REAL, LONG REAL, COMPLEX, LONG COM-
                      PLEX
    Kettendaten: BITS, STRING
    Zeiger: REFERENCE
    logische Daten: LOGICAL,
    und die Möglichkeit, aus diesen Daten nicht nur Felder (ARRAYs), sondern
    auch Strukturen (RECORDs) zu bilden.
(4) Einfachere und noch wirkungsvollere Handhabung von Prozeduren. RESULT
    wurde als weitere Parameterspezifikation eingeführt.
(5) Außerdem stehen eine große Auswahl von mathematischen und arithmetischen
    Funktionen zur Verfügung sowie Typenkonversionsprozeduren und prädeklarierte
    initialisierte Variablen.

In ALGOL 60 vorliegende Programme lassen sich leicht in ALGOL W übertragen
und umgekehrt.

ALGOL 68

ALGOL 68 wurde von der Arbeitsgruppe 2.1 der International Federation for Information Processing (WG 2.1 IFIP) als eine problemorientierte Programmiersprache
umfassenderer Anwendbarkeit und größerer Leistung als ALGOL 60 entwickelt. Die

ursprüngliche Version wurde 1968, die revidierte 1974 veröffentlicht. Zwar gibt es
Ähnlichkeiten zwischen ALGOL 68 und ALGOL 60 bzw. ALGOL W, trotzdem sind
diese Sprachen nicht vergleichbar, insbesondere ist ALGOL 68 keine Weiterentwicklung von ALGOL 60 in dem Sinne, daß ALGOL 60 eine Untersprache von ALGOL 68
wäre.

Die Sprache ist sehr allgemein konzipiert, mit Möglichkeiten vergleichbar denen, die
PL/I (vgl. Abschnitt 27.5) bietet.

27.3 FORTRAN

Die Sprache FORTRAN (*for*mula *tran*slation) wurde ursprünglich für die IBM-
Rechenanlagen entwickelt. Dabei wurde weniger Wert auf sprachliche Geschlossen-
heit und Eleganz gelegt. Vielmehr sollte es FORTRAN erlauben, die technischen
Möglichkeiten einer Rechenanlage optimal auszunutzen, um zu günstigen Maschinen-
programmen zu kommen.

Die Sprache FORTRAN wurde ständig weiterentwickelt, und in der heute gebräuchlichsten Version, FORTRAN IV, steht eine universelle Programmiersprache zur Verfügung, die sich durch ihre günstigen Eigenschaften sowohl im wissenschaftlichen wie
auch im kommerziellen Bereich durchgesetzt hat.

In FORTRAN wird zwischen drei Anweisungstypen

(1) Ergibtanweisungen
(2) Eingabe-/Ausgabeanweisungen
(3) Steueranweisungen (GO TO, IF, DO, PAUSE, STOP, END)

und zwei Vereinbarungstypen

(1) Spezifikationsvereinbarungen
(2) Unterprogrammvereinbarungen

unterschieden.

Für die Programmierpraxis unterscheiden sich ALGOL und FORTRAN nicht wesentlich. Der Hauptvorteil von FORTRAN liegt in der größeren Flexibilität, mit der
Ein- und Ausgabeoperationen durchgeführt werden können. Andererseits muß sich
der FORTRAN-Programmierer an mehr einschränkende Regeln halten.

27.4 COBOL

Die Sprache COBOL (*c*ommon *b*usiness *o*riented *l*anguage) wurde auf die Anforderungen der kommerziellen Datenverarbeitung zugeschnitten. Die typischen kommerziellen Probleme verlangen die Handhabung großer Datenmengen. Da das Format
der Eingabe- und Ausgabedaten meist genau vorgeschrieben ist und häufig schon
existierende Dateien benutzt werden, muß der Programmierer genau mit der Form
der Daten auf den Datenträgern vertraut sein und die Ausgabe auf das vorgeschrie-

bene Format abstimmen. Dies legte es nahe, die Ein- und Ausgabe in COBOL auf Dateien, die selbst aus mehreren Sätzen bestehen, basieren zu lassen.

Ein COBOL-Programm besteht aus vier Teilen:

(1) Erkennungsteil (Identification Division)
(hier wird dem Programm ein Name gegeben)
(2) Maschinenteil (Environment Division)
(er ist eine formalisierte Beschreibung der Rechenanlage und legt fest, welche Hilfsmittel (Magnetbänder u. ä.) zur Verfügung stehen müssen)
(3) Datenteil (Data Division)
(hier wird der Aufbau und die Zusammensetzung der zu verarbeitenden Daten bestimmt)
(4) Prozedurteil (Procedure Division)
(er enthält die Beschreibung des Verarbeitungsablaufs).

Wird die Rechenanlage gewechselt, so muß im allgemeinen nur der Maschinenteil abgeändert werden. Das heißt, eine Umstellung auf ein anderes System ist relativ leicht möglich. Ein weiterer Vorteil von COBOL ist, daß die Beschreibung des Verarbeitungsablaufs in einer eindeutig aufgebauten Teilmenge der englischen Sprache erfolgt. COBOL-Programme sind somit leicht lesbar.

27.5 PL/1 (programming language/one)

Diese Programmiersprache vereinigt in sich viele der vorteilhaften Eigenschaften von ALGOL, FORTRAN und COBOL. Sie ist somit für einen weiteren Anwendungsbereich gedacht und bietet insbesondere für die real-time-Programmierung und die Erstellung von Übersetzungsprogrammen (Compilern) gute Möglichkeiten. Ein weiterer Vorteil von PL/1 ist die Möglichkeit, nur gewisse Teile dieser Sprache zu benutzen. Der Programmierer braucht also nicht unbedingt den gesamten Sprachumfang zu kennen. Jedoch ist ALGOL W 3- bis 5mal schneller bei der Übersetzung und Ausführung von Programmen.

PL/1 kennt drei verschiedene Arten, in denen Daten vorliegen können:

(1) Skalare
(vom arithmetischen, alphanumerischen oder booleschen Typ)
(2) Bereiche
(das sind indizierte Datenmengen gleichen Typs und gleicher Struktur, also beispielsweise Vektoren und Matrizen)
(3) Strukturen
(das sind Folgen von Daten; sie treten vor allem bei kommerziellen Problemen auf).

27.6 APL

Die Sprache APL (*a* *p*rogramming *l*anguage) basiert auf einer Vereinheitlichung und Erweiterung der üblichen mathematischen Notation.

Sie ist im Unterschied zur mathematischen Notation, die ja nichts anderes als ein Konglomerat von akzeptierten Konventionen ist, die sich im Laufe vieler Jahre eingebürgert haben, intern konsistent. APL macht von einer systematischen Erweiterung einiger weniger arithmetischer und logischer Operationen auf Vektoren, Matrizen und zyklenfreien Graphen (Bäume) Gebrauch. Obwohl die APL-Notation auf den ersten Blick etwas kompliziert erscheint, gestattet diese Sprache doch viele Anwendungen, und zwar vor allem aus zwei Gründen:

1. Durch die kompakte Notation können viele logische Fehler bei der Formulierung eines komplexen Problems, die oft ihren Ursprung in dem sich ergebenden umfangreichen und damit unübersichtlichen Programm haben, vermieden werden.
2. Durch die Konzeption von APL als interaktive Terminal-(Endgerät-)Sprache wird das Austesten von Programmen wesentlich erleichtert. Die Programmteile können in dem Arbeitsgang, in dem sie geschrieben wurden, auch getestet werden. (Jedoch erfordert der APL-Zeichensatz den Einsatz spezieller APL-Terminals.)

Da APL einen langsamen Rechenablauf hat, ist es zur Programmierung rechenintensiver Routineaufgaben nicht geeignet, sollte also möglichst bei solchen Problemen eingesetzt werden, die nur wenige Male zu rechnen sind, insbesondere dann, wenn Datenfelder umstrukturiert werden müssen.

Als Hauptanwendungsgebiete sind zu nennen:

(1) Erprobung numerischer Verfahren
(2) Simulation digitaler Geräte
(3) rechnergestütztes Entwerfen
(4) programmiertes Lernen
(5) Informationssysteme.

27.7 BASIC

1963 wurde die problemorientierte Programmiersprache BASIC (*b*eginners *all*-purpose *s*ymbolic *i*nstruction *c*ode) am Dartmouth College (USA) primär für lernorientierte Zwecke entwickelt. Sie wird mittlerweile aber auch als Dialogsprache in der Datenfernverarbeitung und insbesondere als Programmiersprache für Kleincomputer eingesetzt, so daß BASIC heute neben COBOL und FORTRAN zu den meist verbreiteten höheren Programmiersprachen zählt, die außerdem den Vorteil hat, sehr leicht erlernbar zu sein.

Man kann zwischen zwei BASIC-Anweisungstypen unterscheiden:

(1) Elementaranweisungen:
    Rund 20 Anweisungen erlauben die Bearbeitung von Programmierproblemen beliebigen Umfangs.

(2) Sonderanweisungen:
Sie betreffen vor allem die File- und Matrizen-Verarbeitung.

Weitere Programmiersprachen

Aus der Fülle der insgesamt über 1000 existierenden Programmiersprachen sei an dieser Stelle noch die wohl wichtigste maschinenorientierte Sprache, ASSEMBLER, und das zur ALGOL-Familie gehörende und besonders für den Einsatz bei Kleincomputern wichtige PASCAL erwähnt.

28. Rechenanlagen

Nach dem Rechenprinzip unterscheidet man drei Gruppen von Rechenanlagen:

(1) Analog-Rechenanlagen
(2) Digital-Rechenanlagen
(3) Hybrid-Rechenanlagen.

28.1 Analog-Rechenanlagen

In Analog-Rechenanlagen werden zur Darstellung der Rechengrößen physikalische Größen verwendet. Bei älteren Analog-Rechenanlagen wurden die Rechengrößen durch Verschiebung von Maschinenteilen und Drehungen von Rädern simuliert. Bei den modernen Geräten verwendet man statt dessen elektrische Spannungen und Stromstärken. Für die einzelnen Rechenoperationen, wie Addition, Subtraktion, Multiplikation, Division, Integration, Differentiation, sowie für die Erzeugung einer Vielzahl von Funktionen stehen eigene Rechenelemente bereit. Diese müssen jetzt nur mehr so gekoppelt werden, daß ein *physikalisches Analogon* zum gegebenen (mathematischen) Problem entsteht. Das wichtigste Anwendungsgebiet analoger Rechenanlagen ist die Lösung gewöhnlicher Differentialgleichungen.

28.2 Digital-Rechenanlagen

Bei Digital-Rechenanlagen werden zur Darstellung der Rechengrößen diskrete physikalische Größen verwendet. Als Beispiel dafür sei der Abakus genannt. Statt der Stellung der Perlen wird in modernen Anlagen von zwei diskreten Zuständen, nämlich „Spannung vorhanden" oder „Spannung nicht vorhanden", Gebrauch gemacht. Man nennt solche Signale, die nur zwei Zustände annehmen können, binär. Digitale Rechenanlagen haben den großen Vorteil, daß die erreichbare Genauigkeit nur von der Wahl der Stellenzahl und somit vom finanziellen Aufwand abhängt. Außerdem sind sie universeller einsetzbar.

28.3 Hybrid-Rechenanlagen

Eine Mischform von Analog- und Digital-Rechenanlagen ist der sogenannte Hybrid-rechner. Bei ihm werden analoge und digitale Bauelemente über sogenannte Analog-Digital- und Digital-Analog-Umsetzer (Interface) gekoppelt. Dadurch verbindet er die Vorteile beider Techniken. Hybrid-Rechenanlagen haben sich insbesondere bei der Steuerung von technologischen Prozessen und bei der Echtzeit-(real time-)Simulierung von solchen bewährt.

28.4 Aufbau und Arbeitsweise von Datenverarbeitungsanlagen

Wir wollen ab jetzt die übliche Bezeichnung Datenverarbeitungsanlage (DVA) synonym für Digital-Rechenanlage benutzen. Eine DVA hat folgende Einheiten:

(1) *Rechenwerk*

Im Rechenwerk werden im Prinzip die arithmetischen und logischen Operationen ausgeführt. Es besteht aus mehreren Registern, die zur zeitweiligen Speicherung von Operanden, Zwischen- und Endergebnissen herangezogen werden. Die Anzahl der Register variiert mit den verschiedenen DVA. Meist findet man jedoch:

1. Akkumulator. Dieses zentrale Register wird zur Speicherung der Ergebnisse von Operationen herangezogen.
2. Multiplikator-Quotienten-Register.
3. Multiplikanden-Register.

Durch technologische Fortschritte hat das Rechenwerk mittlerweile selbst Struktur erhalten, so daß es eigentlich ein Computer im Computer ist. Insbesondere enthält es das Befehlszählregister mit der Adresse des nächsten auszuführenden Befehls.

Während der Abarbeitung eines Programms werden Befehle und Daten aus dem Hauptspeicher geholt, und die gewonnenen Resultate werden dort so lange gespeichert, bis sie zur Ausgabe abgerufen werden. Damit Informationen eindeutig abspeicher- und auffindbar sind, ist jeder Speicherplatz durch eine Adresse gekennzeichnet. Die technologische Realisierung erfolgt heute meist durch Halbleiterspeicher. Dabei wird ein Bit (*binary digit*) in einer elektronischen Schaltung gespeichert, die zwei Zustände annehmen kann. Die üblichen Speichergrößen liegen zwischen 500000 und 160000000 Bit. Die Zugriffszeit (das ist bei einem Transferbefehl die Zeit für die Überführung vom Speicher zum Rechenwerk) beträgt größenordnungsmäßig 200 nsec.

(2) *Steuerwerk*

Es überwacht sämtliche Operationen der DVA. So sorgt es insbesondere dafür, daß die Teile des Programms in der richtigen Reihenfolge abgearbeitet werden und daß keine Einheit eine Aufgabe erhält, solange die eben ausgeführte Aufgabe noch nicht abgeschlossen ist. Rechenwerk, Arbeitsspeicher und Steuerwerk bilden die Zentraleinheit einer DVA.

(3) *Externe Geräte*

a) *Eingabegeräte:*
Sie gestatten es, von den verschiedenen Datenträgern Daten zu lesen und diese in den Hauptspeicher zu übertragen. Die gebräuchlichsten Eingabegeräte sind Lochkartenleser, Lochstreifenleser und optische Belegleser.

Das wohl wichtigste Eingabegerät ist der Lochkartenleser. Er liest die heute allgemein üblichen Standardlochkarten mit 80 Spalten und 12 Zeilen, wandelt mittels eines Kode-Umsetzers den Lochkarten-Kode in den internen Kode um und überträgt die Daten in den Hauptspeicher. Die Lesegeschwindigkeit eines Lochkartenlesers liegt heute etwa zwischen 36 000 und 90 000 Karten/Stunde. Die Hauptvorteile von Lochkarten sind:

1. Sie lassen sich mit Klarschrift versehen und können somit als Karteikarten verwendet werden.
2. Sie können maschinell sortiert werden.

Die Lesegeschwindigkeit von Lochstreifenlesern beträgt etwa 400 − 1500 Zeichen/Sekunde. Sie sind wegen der vorhandenen Fernschreibnetze gut für die Zwecke der Datenfernübertragung einsetzbar. Lochstreifen sind billig und unempfindlich, können aber nicht sortiert werden.

Optische Belegleser sind die modernsten Eingabegeräte. Sie wurden geschaffen, um den Arbeitsgang des Lochens, der aus dem menschenlesbaren Formular einen maschinenlesbaren Datenträger hervorbringt, einzusparen. Beim Lesen wird das Feld, auf dem das Zeichen steht, in Raster eingeteilt und durch einen Lichtstrahl abgetastet. Der Hell-Dunkel-Unterschied gestattet es, das gelesene Zeichen binär zu kodieren und in den Hauptspeicher zu übertragen.

b) *Ausgabegeräte:*
Sie gestatten es, die auszugebenden Daten auf den gewünschten Datenträger zu übertragen.

Das wichtigste Gerät ist der mechanische Schnelldrucker, dessen Schreibleistung etwa 4500 − 90 000 Zeilen/Stunde beträgt. Der Klartext wird zeilenweise auf Endlospapier, das gegebenenfalls mit Formularaufdruck versehen ist, ausgegeben. Neben den mechanischen Druckverfahren existieren auch elektrostatische und photoelektrische Druckverfahren. Sie konnten sich jedoch bisher nicht durchsetzen. Es gibt inzwischen auch Laserdrucker, die bisher jedoch aufgrund ihres hohen Preises nur geringe Verwendung finden.

Der Lochkartenstanzer − übliche Stanzleistung zwischen 8000 und 20 000 Karten/Stunde − kann dann eingesetzt werden, wenn die Daten zur späteren Weiterverarbeitung in maschinenlesbarer Form zur Verfügung stehen sollen. Ähnliches gilt für den Lochstreifenstanzer (Stanzleistung 60 − 120 Zeichen/Sekunde).

Als weitere Ausgabegeräte seien Kurven- und Punktschreiber (Plotter) genannt. Sie werden dort vorteilhaft eingesetzt, wo man eine große Anzahl von Rechengrößen in ihrer funktionellen Abhängigkeit voneinander als Diagramm darstellen will.

c) *Speicher:*

Oft ist es ökonomisch nicht sinnvoll, alle benötigten Daten im Hauptspeicher zur Verfügung zu haben, da diese in der Regel nicht gleichzeitig benötigt werden bzw. oft erst zu einem späteren Zeitpunkt. Aus diesen Gründen wurden externe Großspeicher entwickelt. Sie haben die Aufgabe,

(1) umfangreiche Dateien und Systemprogramme (das sind meist vom Hersteller mitgelieferte Programme zur Behandlung von standardisierten Aufgaben) zu speichern,
(2) augenblicklich nicht benötigte Programme und Daten zwischenzuspeichern.

Die bekanntesten Großspeicher sind:

(1) Magnettrommelspeicher
(2) Magnetplattenspeicher
(3) Magnetbandspeicher.

Beim Magnettrommelspeicher dient ein rotierender Zylinder, der mit einer magnetisierbaren Schicht überzogen ist, als Speichermedium. Der Zylinder ist in Spuren unterteilt, und jeder dieser Spuren ist ein Lese-Schreib-Kopf zugeordnet. Die Anzahl der Spuren schwankt je nach Fabrikat zwischen 40 und 800, wobei eine Spur bis zu etwa 40000 Bit Speicherkapazität besitzt. Die mittlere Zugriffszeit liegt zwischen 1 und 50 msec.

Beim Magnetplattenspeicher dienen rotierende, mit einer magnetisierbaren Schicht versehene Platten als Speichermedium. Die Plattenoberflächen werden vorzugsweise in etwa 2000 Spuren unterteilt. Jeder Plattenoberfläche sind ein oder mehrere bewegliche Lese-Schreib-Köpfe zugeordnet. Vom Programm gesteuert, kommt der Lese-Schreib-Kopf über der gewünschten Spur zum Stehen. Die Speicherkapazität hängt natürlich von der Anzahl der Platten, die zu einer Einheit zusammengefaßt sind, ab und liegt etwa zwischen 10^8 und 10^{10} Bit bei einer mittleren Zugriffszeit von 50 bis 100 msec.

Magnetbandspeicher sind besonders zur sequentiellen Speicherung und Verarbeitung sehr großer Datenmengen geeignet. Die Datenspeicherung erfolgt hier, ähnlich wie bei Magnetophongeräten, auf dünnen Kunststoffbändern, die mit einer magnetisierbaren Schicht versehen sind. Typisch für Magnetbandgeräte ist der Start–Stop-Betrieb und die daraus resultierende Gruppierung der Daten in Blöcken. Die sequentielle Verarbeitung erfordert, daß die Daten nach einem Kennbegriff geordnet abgespeichert werden. Die Speicherkapazität eines Magnetbandes (übliche Länge 360 bis 1000 m) beträgt je nach Schreibdichte etwa $10^7 - 2 \cdot 10^8$ Bit. Die mittlere Zugriffszeit liegt wegen des Spulvorganges im 10-Sekunden-Bereich.

d) *Endgeräte (Dialoggeräte, Terminals):*

Sie ermöglichen einen direkten Informationsaustausch zwischen Mensch und DVA. Sie spielen insbesondere bei der Datenfernverarbeitung eine große Rolle.

Als wichtigste seien Sonderausführungen von elektrischen Schreibmaschinen oder Fernschreibern und Datensichtgeräte, wie sie insbesondere bei der automatischen Platzbuchung und beim programmierten Unterricht zur Anwendung kommen, genannt.

28.5 Befehle und Befehlsdarstellung

Soll eine DVA zur Lösung eines Problems herangezogen werden, so muß man sie anweisen, diese oder jene Operation auszuführen. Dies geschieht durch Befehle, die bei modernen Anlagen genau wie die Daten gespeichert werden. Wesentlichster Bestandteil eines Befehls ist der sogenannte Operationsteil, der angibt, welche Operation (Multiplikation usw.) auszuführen ist. Zum Operationsteil kommt ein weiterer Teil, nämlich der Adressenteil, der je nach Befehlstyp entweder die Adresse des Operanden oder den Operanden selbst enthält. Bei Mehradreßmaschinen enthält der Adressenteil zwei oder drei Adressen. (So besteht beispielsweise der Adressenteil eines Multiplikationsbefehles bei einer 3-Adreßmaschine aus den beiden Adressen der Zahlen, die miteinander zu multiplizieren sind, und aus der Adresse, wohin das Ergebnis zu speichern ist.)

Befehlstypen:

1. Transferbefehle: Sie verursachen, daß Daten vom Hauptspeicher in bestimmte Register oder von einem Register in den Hauptspeicher transferiert werden.
2. Arithmetische Befehle.
3. Eingabe-Ausgabe-Befehle: Sie sprechen die externen Geräte an.
4. Logische Befehle:
   a) Vergleichsbefehle: Abhängig vom Ergebnis des Vergleichs können Programmverzweigungen vorgenommen werden.
   b) Logische Verknüpfungen: Damit können die in den einzelnen Speicherzellen vorhandenen Bitmuster nach den Regeln der Aussagenlogik verknüpft werden.
   c) Adressenrechnungsbefehle: Mit ihnen können die Adressenteile der gespeicherten Befehle geändert werden.
   d) Sprungbefehle.

Zur näheren Illustration sei die Einadreßmaschine DVA S 2002 betrachtet. Eine Speicherzelle dieser Anlage erlaubt es, eine 12stellige Dezimalzahl mit Vorzeichen aufzunehmen. Die einzelnen Dezimalziffern werden dabei jeweils in einer Tetrade dargestellt.

Wir betrachten als Beispiel einen Transferbefehl der Maschinensprache.

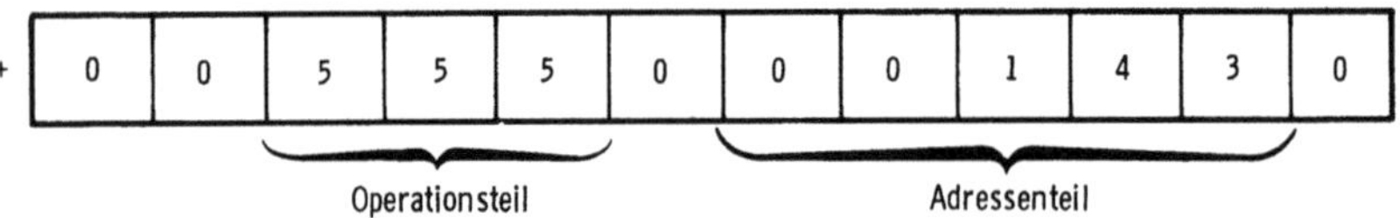

Dieser Befehl verursacht, daß der Inhalt der Speicherzelle 143 in den Akkumulator transferiert wird.

Es soll nun ein kleines Maschinenprogramm geschrieben werden, das die Inhalte der Speicherzellen 100 und 101 addiert und das Ergebnis auf Zelle 102 speichert. Da es sich um eine Einadreßmaschine handelt, muß zunächst der erste Operand in den Akkumulator gebracht werden. Sodann wird durch einen Additionsbefehl der Inhalt des Akkumulators und der Inhalt der Speicherzelle, deren Adresse im Adressenteil des

Additionsbefehls angegeben ist, addiert. Das Ergebnis befindet sich im Akkumulator und muß von dort auf den gewünschten Speicherplatz gebracht werden.

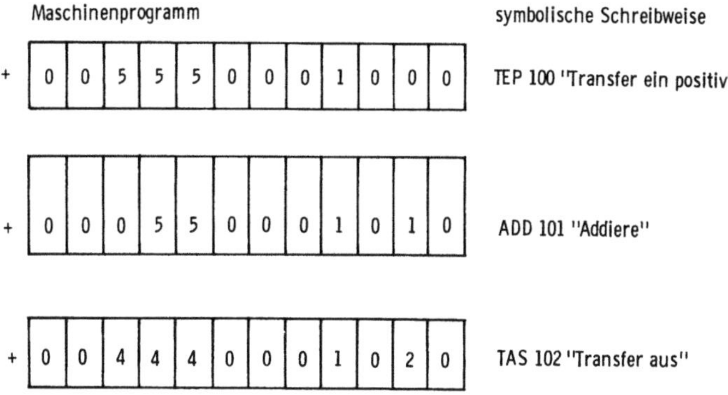

Wie der Leser sieht, sind schon für eine einfache Addition drei Maschinenbefehle nötig. Dadurch geht natürlich die Klarheit, mit der ein Rechenvorgang in der üblichen mathematischen Notation beschrieben werden kann, verloren. Außerdem muß der Programmierer einen Speicherbelegungsplan aufstellen, und er muß mit der Befehlsliste, die für jede DVA anders ist, vertraut sein. Die letzten beiden Nachteile werden zwar in der Praxis dadurch gemildert, daß mit symbolischen Adressen und günstigen mnemotechnischen Symbolen für den Operationsteil der Befehle gearbeitet wird. Der erste bleibt jedoch bei jeder maschinenorientierten Formulierung bestehen. Dies gab Anlaß zur Schaffung problemorientierter Sprachen.

29. Betriebsarten

29.1 Stapelverarbeitung und Multiprogramm-verarbeitung

Die ursprünglichste und einfachste Betriebsart ist die Stapelverarbeitung. Dabei werden die einzelnen Programme in einer vorgegebenen Reihenfolge sukzessive abgearbeitet. Die DVA steht also immer nur dem soeben abgearbeiteten Programm zur Verfügung. Da die Geschwindigkeit der Zentraleinheit die der Ein- und Ausgabegeräte um ein Vielfaches übertrifft, ist diese Betriebsart bei den modernen Anlagen unwirtschaftlich. Die teuere Zentraleinheit wird über relativ lange Zeitspannen hinweg nicht ausgenützt. Diesen Nachteil vermeidet die Multiprogrammverarbeitung. Die bessere Ausnutzung der Zentraleinheit wird hier durch die gleichzeitige Verarbeitung mehrerer Programme gewährleistet. Da die meisten Anlagen nur über eine Steuereinheit verfügen, bedeutet gleichzeitige Verarbeitung meist nicht gleichzeitig im physikalischen Sinn, sondern eine verzahnte Verarbeitung. Wird nämlich der Datentransfer zwischen den externen Geräten und der Zentraleinheit über sogenannte Pufferspeicher bewerkstelligt, so steht die Zentraleinheit während des Datentransfers zwischen den Ein-, Ausgabegeräten und den Pufferspeichern für die Verarbeitung weiterer Programme, die verschiedene Prioritäten haben können, zur Verfügung. Ist der Datentransfer abgeschlossen, so erfolgt der Transfer zwischen Puffer- und Arbeitsspeicher mit elektronischer Geschwindigkeit; jetzt steht die Zentraleinheit wieder dem ersten Programm zur Verfügung. Die Multiprogrammverarbeitung erfordert selbstverständlich eine ausgeklügelte Unterbrechungstechnik; diese wird vom Betriebssystem wahrgenommen. (Unter einem Betriebssystem versteht man eine meist vom Hersteller mitgelieferte Menge von Programmen, die die internen Steuer- und Überwachungsaufgaben wahrnehmen. Sie ermöglichen den kontinuierlichen Betrieb einer DVA ohne Eingriffe des Bedienungspersonals.)

29.2 Time-Sharing

Das wesentlichste Merkmal des Time-Sharing-Betriebs ist die Möglichkeit des Dialogverkehrs zwischen einer Anzahl von Teilnehmern, die mit relativ billigen Endgeräten (terminals) ausgestattet sind, und der DVA. Die Datenübertragung wird über nachrichtentechnische Netze (Telefonnetz, Fernschreibnetz) bewerkstelligt. In der anspruchslosesten Form des Time-Sharing-Betriebs wird die DVA für alle anderen blockiert, wenn ein Teilnehmer den Dialogverkehr aufnimmt. Im allgemeinen werden jedoch die einzelnen Teilnehmerstationen zyklisch angesteuert, dem Teilnehmer steht dann die DVA für eine kurze Zeitspanne zur Verfügung, und die Teilnehmerwünsche werden nach ihrer Priorität verarbeitet (Multiprogrammverarbeitung).

29.3 Hinwendung zur Aufbereitung

Alle bisher in diesem Kapitel und in den beiden vorhergehenden Kapiteln mit der Datenverarbeitung zusammenhängenden Betrachtungen galten für jegliche Datenverarbeitung, also *unter anderem* auch für die statistische. Doch hat die Verbindung zwischen Datenverarbeitung und Statistik auch eine spezifische Ausprägung, nämlich die Aufbereitung. Zwar gibt es auch bei nicht-statistischen Datenverarbeitungen Vorgänge, die der Aufbereitung analog sind, aber spezifisch statistisch ist die Transformation des Urmaterials, d.h. der in den amtlichen Zählpapieren (oder Krankenberichten oder aufgezeichneten Meßreihen usw.) enthaltenen *Individualkenntnisse* in die anonymen oder *Gruppenkenntnisse*. Mit dieser spezifisch statistischen Transformation wollen wir uns jetzt näher beschäftigen.

30. Die Aufbereitung

30.1 Zum Begriff der Aufbereitung

Betrachtet man die Erhebungsplanung als die erste und die Erhebung selbst als die zweite Phase, so ist die Aufbereitung die unmittelbar an die Erhebung sich anschließende dritte Phase der statistischen Datenproduktion.

Die Aufbereitung ist der Vorgang der Transformation des (individuellen) Urmaterials in eine strukturierte Anonymform der Daten, in Form von Tabellen oder Dateien.

Der Ausdruck Aufbereitung entstammt der Bergmannssprache, wo er die Überführung des Erzes in die geläuterte Form des Metalls bezeichnet. Der Begriff wurde von E. Engel in den statistischen Wortschatz eingeführt. Die Analogie zwischen der statistischen Aufbereitung und der Erzaufbereitung ist evident.

In der Sprache der Meßtheorie könnten wir das so ausdrücken, daß beobachteten empirischen Eigenschaften, die im Urmaterial protokollarisch festgehalten sind, Skalenwerte zugeordnet und diese in Tabellenform oder Dateien aggregiert werden. Erst auf diese Skalenwerte wird das Instrumentarium der „reinen" Statistik angewandt. Diese Definition ist allerdings sowohl etwas zu weit als auch zu eng. Zu weit, weil sie bereits Teile der Datengewinnung umfassen würde, deren Ergebnisse auch schon teilweise in Form von Skalenwerten vorliegen. Zu eng, weil sie die technisch notwendigen Vorgänge, wie das Prüfen des Urmaterials, nicht einschließt.

Die Aufbereitung ist eine technische Kategorie, doch hat sie auch eine logische Komponente. Die Logik der Aufbereitung besteht gerade in der Emanzipation von der Individualität, in der „Abstrahierung vom Individuationsmoment".

Die unüberschaubare Mannigfaltigkeit an Merkmalen eines Individuums statistisch zu erfassen würde bedeuten, die Individualität einer Erhebungseinheit nach der anderen in ihrer Einmaligkeit zu beschreiben versuchen. Das kann aber niemals die Aufgabe der Statistik sein. Oskar Anderson [1965, S. 6] hat sehr treffend formuliert: „Aber immer und in allen Fällen wird die statistische Arbeitsweise dadurch charakterisiert, daß der Statistiker von vornherein sich von einem beträchtlichen Teile jener Kenntnisse lossagt, über die er für jede einzelne Beobachtungseinheit verfügt oder wenigstens verfügen könnte..."

Die Technik solcher „Lossagung" ist die Aufbereitung. Bei ihr treten immer die folgenden Fragen auf:

(1) Wie sollen die Daten weiterverarbeitet werden, und damit, in welcher Sprache sollen die Ergebnisse ausgedrückt werden? Wird z. B. eine DVA verwendet, so müssen die Daten in maschinenlesbarer Form vorliegen.

(2) Soll zentral oder dezentral aufbereitet werden?

(3) Wie vertrauenswürdig ist das Material?

Ebenso wie die Erhebung, wenn auch nicht in so vielen Detailfragen wie dort, muß die Aufbereitung geplant werden. Wir unterscheiden zwei Kategorien von Aufbereitungsplänen: Die Bearbeitungspläne, welche die „logische Aufbereitung" zum Gegenstand haben, und die Verfahrenspläne, welche die anzuwendende „Technik der

Aufbereitung" festzulegen haben. Hier wollen wir nur die zweite Kategorie betrachten, da die logische Aufbereitung oder das „Was" der Aufbereitung Gegenstand der Lehre von Gruppen, Größenklassen, Reihen und Häufigkeitsverteilungen ist, die wir separat betrachten (Abschnitt 31 ff.).

30.2 Zentralisierte und dezentralisierte Aufbereitung

Wie zahlreiche andere technische Probleme der Statistik, die nach ihrer grundsätzlichen Lösung vor 100 oder 50 Jahren nicht länger mehr wissenschaftlich beachtet wurden, hat auch die Behandlung der Frage nach dem Zentralisierungsgrad der Aufbereitung in den letzten Jahren eine Renaissance erfahren. Das Wiederaufleben des wissenschaftlichen Interesses an dieser Frage hat zwei Gründe: Es haben sich erstens die Probleme, vor denen unsere Großväter in Europa standen, den Statistikern der neuen Staaten, besonders in Afrika, neu gestellt; und es haben sich auch hierzulande die Aspekte der Beurteilung der Vor- und Nachteile hohen Zentralisierungsgrades als Folge der stürmischen Entwicklung der Datenverarbeitungstechnik verschoben.

Kurz gesagt, es kann kein Zweifel daran bestehen, daß die zentralisierte Aufbereitung heute die vorteilhaftere, weil rationellere, ist. Zentralisierte Aufbereitung bedeutet, daß das Urmaterial bei einer Zentrale, in der Regel beim nationalen statistischen Amt, gesammelt und dort aufbereitet wird. Dezentralisierte Aufbereitung bedeutet entsprechend, daß das Urmaterial bei zahlreichen Stellen gesammelt und − getrennt − aufbereitet wird. Freilich gibt es zahlreiche Mischformen, etwa, daß ein Teil der Statistik zentralisiert, ein anderer dezentralisiert aufbereitet wird, wie es in der amtlichen Statistik der Bundesrepublik Deutschland der Fall ist. Die Frage nach dem Zentralisierungsgrad stellt sich hauptsächlich in der amtlichen Statistik, aber inzwischen gibt es viele große nichtamtliche Zahlenproduzenten, die vor der gleichen Frage stehen.

Die Vorteile zentralisierter Aufbereitung sind die folgenden:

(1) Es werden systematische Fehler, die bei der Aufbereitung entstehen können, vermieden. Dieselben Zweifelsfragen, die bei der Bearbeitung des Urmaterials entstehen, werden − bei Dezentralisation − an den verschiedenen Stellen verschieden beantwortet, Erhebungsgrundsätze unterschiedlich interpretiert usw.

(2) Das größte Problem bei den modernen Datenverarbeitungsanlagen ist ihre Auslastung, weil sie einerseits teuer, andererseits überaus schnell und leistungsfähig sind. Die Maschinen werden bei zentralisierter Aufbereitung grundsätzlich stärker ausgelastet, und es wird auch eine bedeutende Investition lohnend sein können.

(3) Die Planung der Aufbereitung bei den modernen, technisch hochentwickelten Geräten, besonders die Programmierung bei den programmgesteuerten Anlagen, beansprucht sehr viel Zeit und auch hohe Lohnkosten. Dieser Planungsbedarf an Zeit und Geld ist jedoch so gut wie völlig unabhängig von der Zahl der Einheiten, die aufzubereiten sind. Auch deshalb ist die zentralisierte Aufbereitung günstiger als die dezentralisierte.

Es ist allerdings zu bemerken, daß die Punkte 2 und 3 wegen der modernen Betriebsformen von DVA (Time-Sharing, Datenfernverarbeitung) nicht mehr so stark für eine

Zentralisierung sprechen, wie das noch vor einigen Jahren der Fall war. Des weiteren hat die zentralisierte Aufbereitung auch einen echten Nachteil: Die Aufbereitungs-zentrale hat einen weniger intimen Einblick in die regionalen oder lokalen Gegeben-heiten, weshalb ihre Möglichkeiten der Kontrolle des Urmaterials geringer als diejeni-gen der regionalen oder lokalen Aufbereitungsstellen sind. Doch läßt sich dieser Nachteil vermeiden oder wenigstens mildern, indem den regionalen oder lokalen Er-hebungsinstitutionen eine erste Kontrolle des Urmaterials aufgetragen wird. Zudem werden, wie sogleich im einzelnen zu betrachten ist, Kontrollaufgaben heute in wach-sendem Maße von den Maschinen selbst erledigt.

Die Frage nach dem optimalen Zentralisationsgrad ist nicht leicht zu beantworten. Man wird sich dazu auf Schätzungen des Mißnutzens von Informationsverfälschungen und der Wahrscheinlichkeit, mit der solche Verfälschungen bei verschiedenen Zentra-lisationsgraden auftreten, stützen müssen.

Die Technik der Aufbereitung ist in drei Stufen gegliedert:

(1) Prüfung des Urmaterials
(2) Signierung des Urmaterials
(3) Auszählung.

30.3 Die Prüfung des Urmaterials

Sie erstreckt sich auf

a) Vollständigkeit,
b) Widerspruchsfreiheit und
c) Glaubwürdigkeit

des Urmaterials.

Zu a): Die Vollständigkeitsprüfung ihrerseits erstreckt sich auf die Prüfung des lückenlosen Eingangs der Erhebungsformulare und auf die Prüfung der Vollständig-keit der Eintragungen auf den Erhebungsformularen. Erstere erfolgt anhand von Kon-trollisten oder Surrogaten von solchen und ist weniger schwierig und zeitraubend als letztere. Werden Lücken in den Erhebungsformularen entdeckt, so müssen sie natür-lich ausgefüllt werden. In zahlreichen statistischen Ämtern gibt es Beamte, die auf-grund von Sachkenntnis und Phantasie unvollständig ausgefüllte Fragebogen ergän-zen. Wo es ihnen nicht gelingt, müssen Rückfragen gestellt werden.

Zu b): Die Prüfung auf Widerspruchsfreiheit wird ermöglicht durch die Existenz sozialer und ökonomischer Gesetzmäßigkeiten sowie durch gesetzliche und institutio-nelle Gegebenheiten. Es widerspricht sozialer Gesetzmäßigkeit, daß z.B. ein 80jähri-ger von Beruf Student ist. (Es ist gleichwohl möglich, doch wird der Kontrolleur der Erhebungsformulare sich von der Richtigkeit der Eintragung zu überzeugen ver-suchen.) Es widerspricht ökonomischer Gesetzmäßigkeit, daß z.B. ein Großbetrieb mit mehreren hundert Beschäftigten einen Jahresumsatz von 284 DM hat. (Vielleicht hat der ausfüllende Buchhalter vergessen, „Millionen" hinzuschreiben.) Es wider-spricht gesetzlichen Gegebenheiten, daß z.B. ein 3jähriger verwitwet ist; und es widerspricht institutionellen Gegebenheiten, daß z. B. ein katholischer Pfarrer evangelische Konfession hat.

Zu c): Die Glaubwürdigkeit ist der Widerspruchsfreiheit eng verwandt, aber während die Widersprüchlichkeit unmittelbar evident ist, muß die Unglaubwürdigkeit anhand bestimmter Kriterien evident gemacht werden. (Doch sind die Grenzen fließend.) Derartige Kriterien für die Beurteilung der Unglaubwürdigkeit sind z. B. bestimmte Kennzahlen und Erfahrungssätze.

Durch die Verwendung moderner Datenverarbeitungsanlagen sind die Möglichkeiten der Glaubwürdigkeitsprüfung beträchtlich vermehrt sowie die Verfahren der Prüfung auf Widerspruchsfreiheit vereinfacht und schematisiert worden. Die Maschinen werden durch entsprechende Programmierung dazu gebracht, selbsttätig die Widerspruchsfreiheit und die Glaubwürdigkeit der Einzelangaben (durch Vergleich) zu kontrollieren, falsche oder unwahrscheinliche Angaben zu identifizieren und − sogar automatisch − zu korrigieren.

Trotz der faszinierenden technischen Möglichkeiten, die die Verwendung von Großrechenanlagen in der Statistik eröffnet, sollte man die *Grenzen ihrer Anwendung,* gerade bei der selbsttätigen Kontrolle und Korrektur des Urmaterials, nicht übersehen.

Die Grenzen werden insbesondere durch zwei Faktoren gezogen:

a) Der Speicher der Maschine ist begrenzt. Wenn er auch sehr viel leistungsfähiger als ein menschliches Gedächtnis ist, so können doch nicht so viele Kennziffern und Erfahrungssätze gespeichert werden, daß alle möglichen Kombinationen von Merkmalen großer Erhebungswerke Gegenstand der Kontrolle und Korrektur werden könnten. Man muß die Kontrolle vielmehr auf einige wichtige Merkmale und Merkmalskombinationen beschränken.

b) Die Maschine „weiß" immer nur soviel, wie zuvor in sie eingegeben worden ist. Sie kann zwar in beschränktem Umfang lernen (sofern entsprechende Lernprozesse programmiert sind), aber die Gegenstände und Verfahren der Kontrolle sind von den Statistikern auszudenken und zu entwickeln. Das schöpferische Vermögen der Maschine (ihre „Phantasie" und „Intelligenz") reicht derzeit nur so weit wie das der planenden Menschen.

30.4 Die Signierung des Urmaterials

Die zweite Aufbereitungsstufe ist die Signierung (Auszeichnung, Verschlüsselung oder Chiffrierung) des Urmaterials, d. h. die Übersetzung der in der Umgangssprache formulierten Merkmale und Modalitäten der Erhebungseinheiten in eine Symbolsprache. Während quantitative Merkmale meistens in ihrer ursprünglichen Form belassen werden können, also nicht signiert zu werden brauchen, müssen qualitative Merkmale stets in eine Symbolsprache übersetzt werden, weil andernfalls die maschinelle Auszählung unmöglich und die manuelle Auszählung beträchtlich erschwert wäre. Die Verwendung der modernen elektronischen Rechenanlagen erfordert eine zweite Chiffrierung, nämlich eine Transformation aller Merkmale (und Modalitäten), auch der quantitativen, in die Sprache der Maschine, die sich nicht nur von der Umgangssprache, sondern auch von den gewöhnlichen Symbolsprachen der Signierung unterscheidet.

Heute wird die Signierung in der Regel nach dem dekadischen System, d.h. unter ausschließlicher Verwendung der Ziffern 0 bis 9 vorgenommen. Bei Merkmalen mit geringer Modalitätenzahl ist die Signierung einfach; das Merkmal Geschlecht läßt sich etwa wie folgt signieren:

> 1 = männlich,
> 2 = weiblich;

oder das Merkmal Familienstand wie folgt:

> 1 = ledig,
> 2 = verheiratet,
> 3 = geschieden,
> 4 = verwitwet.

Bei Merkmalen mit großer Modalitätenanzahl, wie z.B. den Merkmalen Unternehmen, Arbeitsstätte, Ware, Beruf, Krankheit, (Außenhandels-)Land, hingegen sind mehrstellige Schlüsselnummern erforderlich. Aus Zweckmäßigkeitsgründen greift man bei der Signierung von Merkmalen mit großer Modalitätenvielfalt auf die systematischen Verzeichnisse (Systematiken oder Nomenklaturen) zurück. So besteht z.B. die „Systematik der Wirtschaftszweige" in der Bundesrepublik Deutschland aus fünfstelligen Schlüsselzahlen. Die erste Ziffer bezeichnet (10) Abteilungen, die zweite Ziffer (40) Unterabteilungen, die dritte Ziffer (209) Gruppen, die vierte Ziffer (612) Untergruppen und die fünfte Ziffer (1064) Klassen.

Es bedeutet zum Beispiel:

2——— = Abteilung 2: Verarbeitendes Gewerbe (ohne Baugewerbe),
27—— = Unterabteilung 27: Leder-, Textil- und Bekleidungsgewerbe,
276— = Gruppe 276: Bekleidungsgewerbe,
2761- = Untergruppe 2761: Herstellung von Oberbekleidung,
27612 = Klasse 27612: Herrenmaßschneiderei.

(Vgl. [Statistisches Bundesamt: Systematik der Wirtschaftszweige mit Erläuterungen, Ausgabe 1979, S. 10 u. S. 145].)

Weiterführende Literatur:

Arbib 1968
Böhling, Indermark 1969
Gross, Lentin 1971
Hotz, Walter 1968, 1969
Maurer 1969
Nelson 1968
Salomaa 1978
Sammet 1969
Schulz 1970

Siebtes Kapitel

Beschreiben

31. Gruppen und Reihen

31.1 Reduktion der Daten

Wir kehren noch einmal an das Ende der Gewinnungsphase zurück. Durch Messung und Aufbereitung des Urmaterials sind die Daten entstanden; sie werden in die Datenverarbeitung eingegeben. In der DVA werden die Daten − allgemein gesprochen − in ein *Datenmaß* transformiert. Das (statistische) Datenmaß ist entweder

(a) ein Inferenzmaß oder

(b) ein beschreibendes oder analysierendes Maß (analysierend im Sinne von Kapitel 8).

Beide sind natürlich statistische Maßzahlen, aber: Im ersten Fall dient das Datenmaß der stochastischen (kausalforschenden) Zielsetzung, es wird entweder direkt für die Schätzung eines unbekannten Parameters benutzt oder auf dem Umweg über die Schätzung zur Prüfung einer Hypothese über den unbekannten Parameter oder − ebenfalls auf dem Umweg über die Schätzung − zur stochastischen Prognose eines zukünftigen Wertes des Datenmaßes oder zukünftiger Daten.

Im zweiten Fall dient das Datenmaß der deskriptiven oder deskriptiv-analysierenden Zielsetzung, d.h. nicht im Sinne der „bloßen Deskription", sondern im Sinne einer *„erklärenden oder deutenden" Deskription*, d.h. die Erklärungsreichweite des Datenmaßes soll möglichst groß sein, jedenfalls über die bloße Angabe des jeweiligen Befundes hinausgehen.

Freilich können beide Arten von Datenmaßen die Basis für Entscheidungen abgeben. Darin liegt der Unterschied nicht. Nur: Im ersten Fall kann die Entscheidungsfindung formal auf dem Weg über eine Risikofunktion vor sich gehen, im zweiten Fall in der Regel nicht, hier transformiert die Intuition des Entscheidenden das Maß in Aktion. Natürlich haben andererseits beide Arten von Maßen Sinn und Berechtigung auch dann, wenn sie nicht oder nicht direkt zur Entscheidungsfindung benutzt werden.

Das deskriptive oder deskriptiv-analysierende Maß reduziert − wie das stochastische − die Daten, aber die Reduktion steht unter anderen Prinzipien: Nicht schätztheoretischen Eigenschaften, sondern Plausibilität, Anschaulichkeit, Einfachheit, adäquat in bezug auf den „gemeinten Sinn", „sachlogisch passend" [Flaskämper 1933/ 1934, 1940, 1949; Blind 1952, 1953; Menges 1959]. Flaskämper [1949, S. 31] insbesondere formulierte die Forderung nach einem Parallelismus von „Zahlenlogik" und „Sachlogik". Die Zahlenlogik befaßt sich mit den mathematischen und stochastischen Voraussetzungen und Eigenschaften der Maßzahlen, die Sachlogik hat die Aufgabe, „den ursprünglichen sozialen Tatbestand in einen zählbaren zu verwandeln", und „die sachliche Bedeutung zahlenmäßiger Ergebnisse (zu) deuten".

Bei den deskriptiv-analysierenden Maßen tritt vor die Plausibilität und Anschaulichkeit das hier zumeist wichtigere Postulat der Datenreduktion.

Der Parallelismus von Sach- und Zahlenlogik kann in einen meß- und modelltheoretischen Zusammenhang gebracht werden [Menges 1976], im Rahmen der Meßtheorie wird der Begriff der empirischen Bedeutung zum Ausdruck des Flaskämperschen Parallelismus.

31.2 Die empirische Bedeutung von Maßzahlen

Formal können statistische Maßzahlen als Abbildungen

$$F: (x_1, \ldots, x_N) \rightarrow \mathbb{R}$$

angesehen werden, wobei die Skalenwerte x_i nur eindeutig bis auf die erlaubten Transformationen sind (Abschnitt 16.3). Die Werte der Funktion F werden somit abhängig von der gewählten Skala sein. Wir fragen, ob die Relationen zwischen den Werten, die F annimmt, empirische Bedeutung haben, ob sie also Informationen über die Realität vermitteln. Dies wird offenbar nur dann der Fall sein, wenn die Relationen unabhängig von der Wahl der Skala sind. Mit anderen Worten: Wird die Skala einer erlaubten Transformation unterworfen, so müssen empirisch bedeutungsvolle Relationen zwischen den Werten von F erhalten bleiben. Daraus folgt, daß die verwendete Maßzahl wesentlich davon abhängt, welche Skala (z. B. Ordinal-, Verhältnis- oder Intervallskala) den Werten x_i zugrundeliegt.

Liegt z. B. den Werten x_i eine Ordinalskala zugrunde, die ja nur eindeutig bis auf ordnungserhaltende Transformationen ist, so wird dem arithmetischen Mittel keine empirische Bedeutung zukommen, da beispielsweise die Relation

$$\frac{1}{N} \sum_{i=1}^{N} x_i' = \frac{1}{N} \sum_{i=1}^{N} x_i''$$

durch eine ordnungserhaltende Transformation im allgemeinen zerstört wird, nicht aber durch eine lineare Transformation.

Wird dagegen der Zentralwert oder Median betrachtet, so sieht man sofort, daß diesem selbst dann empirische Bedeutung zukommt, wenn die zugrundeliegenden Skalenwerte beliebigen ordnungserhaltenden Transformationen unterworfen werden.

Für den praktischen Statistiker folgt aus dem eben Gesagten, daß er Maßzahlen nicht kritiklos auf das vorhandene Zahlenmaterial anwenden darf, sondern immer den zugrundeliegenden Sachverhalt berücksichtigen muß.

31.3 Gruppen

Wir betrachten zuerst die Zahlenlogik, anschließend die Sachlogik der Gruppen. Gegeben sei eine statistische Masse S und die Menge M der Elementarmodalitäten e eines Merkmals. Mit Hilfe von M soll die Struktur der Masse S erforscht werden. Dies geschieht mit Hilfe der statistischen Gruppen; sie sind Teilmengen oder Teilmassen der statistischen Masse S.

Das allgemeine Prinzip der Gruppenbildung ist folgendes. Man gibt eine Zerlegung (Klasseneinteilung) $\mathfrak{Z}(M) = \{M_1, M_2, \ldots, M_k\}$ der Menge M der Elementarmodalitäten eines Merkmals an. Besitzt die Menge M endlich viele Elemente, z. B. $e_1, e_2, \ldots, e_n$, so können die Mengen M_i die einelementigen Mengen $\{e_i\}$ ($i = 1, 2, \ldots, n$) sein, d. h. die Zerlegung stellt die feinste aller Zerlegungen dar. Besitzt jede statistische Einheit jeweils nur eine Modalität des Merkmals, d. h. im Falle eines nicht-häufbaren Merkmals, kann man eine Abbildung f: $S \to M$ der Menge S in die Menge M definieren, die jedem Element von S genau die Merkmalsmodalität zuordnet, die es besitzt. Diejenigen statistischen Einheiten, deren Bildelement in M_i liegt, faßt man zu einer Menge S_i zusammen. Die verschiedenen Mengen M_i definieren somit verschiedene Teilmengen S_i von S.

Gemäß den verschiedenen Zerlegungen von M erhält man die verschiedenen Zerlegungen von S. Ist n(S) der Umfang der Gesamtmasse S und $n(S_i)$ ($i = 1, 2, \ldots, k$) der Umfang der Teilmasse S_i, dann gilt folgende Beziehung

$$(*) \qquad n(S) = n(S_1 \cup S_2 \cup \ldots \cup S_k)$$
$$= n(S_1) + n(S_2) + \ldots + n(S_k)$$
$$= \sum_{i=1}^{k} n(S_i),$$

da die Teilmengen S_i paarweise disjunkt sind und die Menge S erschöpfen.

Kann eine statistische Einheit mehr als eine Modalität des betrachteten Merkmals besitzen (häufbare Merkmale), gibt es drei Verfahren der Gruppenbildung.

(1) *Das Schwerpunktprinzip*

Gegeben sei irgendeine Zerlegung $\mathfrak{Z}(M)$ der Menge M der Elementarmodalitäten. Die Abbildung f von S in die Menge M wird folgendermaßen definiert: Jedem Element von S wird die „wichtigste" der Merkmalsmodalitäten, die es besitzt, zugeordnet. Alle statistischen Einheiten, deren Bildelement in einer Menge M_i von $\mathfrak{Z}(M)$ liegt, faßt man zu einer Menge S_i zusammen. Die Zerlegung $\mathfrak{Z}(M)$ definiert durch die Abbildung f wieder eine Zerlegung $\mathfrak{Z}(S)$ von S. Es gilt (*).

(2) *Die Mehrfachzählung*

Gegeben sei die feinste Zerlegung $\mathfrak{Z}(M) = \{\{e_1\}, \{e_2\}, \ldots, \{e_k\}\}$ der Menge M der Elementarmodalitäten. Jedem Element von S werden diejenigen Elementarmodalitäten zugeordnet, die es besitzt; die so definierte Zuordnung f ist mehrdeutig, denn einem Element von S können mehrere Bildelemente aus M zugeordnet sein. Die statistischen Einheiten, deren Bildelement e_i ist, faßt man zu Teilmengen S_i zusammen. Die Teilmengen S_i werden im allgemeinen nicht paarweise disjunkt sein und stellen deshalb im allgemeinen keine Zerlegung von S dar. Für die Elementeanzahl gilt dann

$$n(S) \leq \sum_{i=1}^{k} n(S_i) \,.$$

(3) *Die Auszählung nach sämtlichen vorkommenden Kombinationen*
   von Merkmalsformen

Gegeben sei die Menge M der Elementarmodalitäten. Modalitäten, die kombiniert auftreten, faßt man zu Mengen zusammen. Diese neu gebildeten Mengen und die Elemente aus M faßt man zu einer neuen Menge M' zusammen. M' besitzt also als Elemente die Elementarmodalitäten und gewisse Mengen von Elementarmodalitäten. Man definiert nun die Abbildung f von S in die Menge M', die jedem Element von S diejenige Elementarmodalität oder Kombination von Elementarmodalitäten zuordnet, die es besitzt. Statistische Einheiten, die als Bildelement das gleiche Element von M' besitzen, faßt man zu einer Menge zusammen. Die auf diese Art erhaltenen Teilmengen S_i von S bilden eine Zerlegung der Menge S.

31.4 Größenklassen

Die sachlich-quantitativen Gruppen bezeichnet man auch als Größenklassen. Die Menge M der Elementarmodalitäten eines sachlich-quantitativen Merkmals ist eine Menge reeller Zahlen. Als Menge reeller Zahlen ist die Menge M geordnet und kann auf der Zahlengerade veranschaulicht werden. Mit einer Zerlegung der Zahlengeraden ist dann auch eine Zerlegung der Menge M gegeben. Da jede statistische Einheit nur eine Modalität eines Merkmals besitzt, ist die Zuordnung f von S auf die Zahlengerade, die jedem Element von S seine Modalität zuordnet, eindeutig. Durch f definiert eine Zerlegung der Zahlengeraden eine Zerlegung der statistischen Masse S. Sind z. B. die Elemente der Zerlegung der Zahlengeraden paarweise disjunkte Teilintervalle gleicher Länge, so erhält man ein Größenklassenschema mit absolut gleicher Spannweite, das aber erst durch die Angabe eines Grenzpunktes eindeutig bestimmt ist.

Man kann jedoch auch umgekehrt vorgehen und die Elemente der Masse S nach der Größe des Merkmals ordnen. Faßt man jeweils n aufeinanderfolgende Elemente der geordneten Menge M zu einer Teilmenge zusammen, so erhält man eine Zerlegung von S. Eine Abbildung f von S in die reellen Zahlen wird folgendermaßen definiert: Jedem Element von S wird die reelle Zahl zugeordnet, die die Modalität des Elements darstellt. Dann definiert die Zerlegung von S durch die Abbildung f ein Größenklassenschema auf der Zahlengeraden mit gegebener Besetzung.

31.5 Detaillierungsgrad

Die Mannigfaltigkeit an Merkmalen, wie sie das Individuum charakterisiert, ist statistisch nicht erfaßbar. Man muß sich auf einige wenige Merkmale beschränken und damit unvermeidlich von der Individualität der Einheit absehen (Abstrahierung vom Individuationsmoment). Selbst die wenigen Merkmale gehen zunächst verloren, wenn die *Gesamtmasse* der Einheiten gebildet wird. Unübersehbar viele Einzelschicksale mit unendlich vielen Merkmalen „gefrieren" zu einer Massenangabe: 60 Millionen. Die Bestimmung des Umfangs der statistischen Masse liefert eine erste und wichtige Information. Die nächste Aufgabe ist aber, die Angabe über den Umfang der Gesamtmasse wieder „aufzutauen". Ein erstes statistisches Streben geht von der Individualität zur totalen Anonymität, das nächste ist umgekehrt gerichtet: von der Anonymität zurück zur Individualität.

Das völlige Zurücklaufen aufs Individuum ist logisch *und* technisch unmöglich. So ist ein *Kompromiß* zu suchen, und dieser Kompromiß ist die statistische Gruppe. Sie hat den Antagonismus von Individuum und Masse auszugleichen. „Individuum" bedeutet hier freilich nicht nur menschliches Individuum, sondern jede statistische Einheit in der Einmaligkeit ihrer Existenz, auch der einzelne Betrieb, die einzelne Außenhandelsware usw.

Das Problem des Detaillierungsgrades besteht darin, daß bei mehreren Merkmalen mit zahlreichen Modalitäten die Zahl der möglichen kombinierten Merkmale ins Unüberschaubare steigt. Werden bei einer Erhebung 20 Merkmale berücksichtigt und nimmt man an, daß im Durchschnitt jedes Merkmal 10 Modalitäten besitzt, so ergäbe sich eine Zahl möglicher kombinierter Modalitäten von 10^{20}, oder 100 000 000 000 000 000 000 (100 Trillionen) Gruppen. Daß kein statistisches Amt der Welt diese Möglichkeiten der Bildung von Gruppen realisieren kann, liegt auf der Hand. So sind auch hier Kompromisse zu schließen.

Wie diese Kompromisse auszusehen haben, darüber läßt sich wenig Allgemeingültiges formulieren. Flaskämper pflegte in seinen Vorlesungen auf die rhetorisch gestellte Frage nach dem Grad der Detaillierung bei der Gruppenbildung zu antworten: Nicht zu viel und nicht zu wenig!

Die Gruppenbildung ist Gegenstand einer im weiteren Sinne verstandenen Adäquation, d. h. mit den Gruppenbildungen besteht die Möglichkeit, eine (möglichst große) Nähe zum „theoretisch Gemeinten" herzustellen. Denn Gegenstand der Theorie ist ja nicht nur der gesamthafte Gegenstand als solcher, sondern auch seine innere Struktur. Sodann lassen sich noch ein Vorteil und fünf Nachteile hohen Detaillierungsgrades angeben (nach Flaskämper [1949, S. 49]).

Vorteil: Spezielle Erkenntniswünsche werden befriedigt.

Nachteile:
(1) Höherer Aufwand an Kosten
(2) Höherer Aufwand an Zeit
(3) Gefahr der Verletzung der Geheimhaltungspflicht
(4) Unbequemlichkeit in der Benutzung
(5) Gefahr, daß das Wesentliche der Information verlorengeht.

31.6 Statistische Reihen

Statistische Reihen sind geordnete Erhebungsmengen oder geordnete Mengen von Maßzahlen derart, daß die Elemente gleichartig sind in bezug auf alle betrachteten Merkmale bis auf eines. Das Merkmal, bezüglich dessen die Elemente sich voneinander unterscheiden, heißt der *Reihungsgrund* oder das *Reihungsmerkmal*.

Je nach dem Reihungsmerkmal gibt es sachliche, räumliche und zeitliche Reihen. Außerdem unterscheidet man kategoriale (oder qualitative) und quantitative Reihen. Quantitative oder echte Reihen sind dadurch charakterisiert, daß sie ein quantitatives Merkmal als Reihungsgrund haben. Man kann den Reihungsgrund dann weiter nach topologischen und metrischen Skalen untergliedern. Die auf kategorialen, artmäßigen oder qualitativen Merkmalen als Reihungsgrund beruhenden Reihen werden oft als unechte Reihen bezeichnet, weil der Reihungsgrund hier nicht zwingend ist. Zum Beispiel kann man die Modalitäten des Merkmals Geschlecht als Reihungsgrund 1. männlich, 2. weiblich oder auch umgekehrt ordnen. Auch die topologisch oder ordinal skalierten Reihen werden, wie übrigens auch die räumlichen Reihen, manchmal als unechte Reihen aufgefaßt, doch ist der Reihungsgrund bei den topologisch skalierten Reihen zwingend. Die geographischen Reihen kann man nach einem Hilfsmerkmal, z.B. der Himmelsrichtung ordnen. Immerhin sind die quantitativ-sachlichen und zeitlichen die „echtesten" Reihen, weil ihre Ordnung am ehesten (keineswegs notwendig; vgl. Abschnitt 8.4) kardinale Vergleiche erlaubt.

Querschnittsreihen (oder -daten):

Sachliche und räumliche Reihen bezeichnet man heute oft als Querschnittsreihen oder Querschnittsdaten. Alle Querschnittsreihen können als geordnete Mengen von Gruppen aufgefaßt werden. Speziell ergänzen wir: Bei Querschnittsreihen (engl. cross-section series oder data) ist die Reihe auf denselben Zeitpunkt oder Zeitraum bezogen, sie variiert entweder nach einem sachlichen Reihungsgrund (sachliche Querschnittsreihe) und ist dann auf dieselbe geographische Einheit bezogen, oder sie variiert nach einem geographischen Reihungsgrund (räumliche Querschnittsreihe) und ist dann auf dieselbe Sache bezogen.

31.7 Zeitreihen

Das sind Reihen mit der Zeit (Jahr, Monat, usw.) als Reihungsgrund.

Die Zeitreihen unterliegen einer besonderen Sachlogik. Die meisten der üblichen Maßzahlen, die auf Querschnittsdaten durchaus anwendbar sind, versagen ihren Dienst bei den Zeitreihen, „... weil die letzteren keinen in sich geschlossenen Charakter haben" [Flaskämper 1949, S. 136]. Die Maßzahlenmethodik ist in dynamische Kategorien umzudenken. Dieses Umdenken erfolgt systematisch in der Zeitreihenanalyse, wo man gemeinhin drei Bewegungskomponenten unterscheidet, welche an den Zeitreihen allein oder jeweils mit anderen zusammen zu isolieren sind (1) Trend, (2) Konjunkturschwankungen, (3) jahreszeitliche oder saisonale Schwankungen. Eine vierte Komponente von Zeitreihen, welche keine Bewegungskomponente im engeren Sinn darstellt, ist der „Zufall".

Aufgabe der Zeitreihenanalyse ist stets die Eliminierung des „Zufalls" und die Isolierung der Bewegungskomponenten. In Abschnitt 40 werden wir auf die Zeitreihenanalyse zurückkommen.

32. Verhältniszahlen

Eng mit den Gruppen und ihrer Sach- und Zahlenlogik sind die Verhältniszahlen verknüpft. Sie entstehen durch Inbeziehungsetzung von Umfangszahlen statistischer Massen. Man unterscheidet drei Typen:

(1) Quoten (Gliederungszahlen, Anteilziffern)
(2) Beziehungszahlen
(3) Meß- und Indexzahlen.

32.1 Quoten

In der Notation von Abschnitt 31 definieren wir die Quoten zahlenlogisch als reelle Zahlen

$$q_i = \frac{n(S_i)}{n(S)}\, 100, \quad i = 1, \ldots, k; \quad \bigcup_{i=1}^{k} S_i = S; \quad S_i \cap S_j = \emptyset \quad \text{für } i \neq j.$$

Von der Quote q_i sagt man sachlogisch, sie messe das „bedeutungsmäßige Gewicht" der Teilmasse S_i an der Gesamtmasse S; S_i ist S subordiniert, doch sind S und S_i gleichartig.

32.2 Beziehungszahlen

Geben die Quoten Aufschluß über die Struktur einer statistischen Masse, so dienen die Beziehungszahlen der Darstellung zahlenmäßiger Verhältnisse mehrerer Massen zueinander. Die Zahlenlogik beschränkt sich auf die Definition der Beziehungszahl $b_{(S, T)}$,

$$b_{(S, T)} = \frac{n(S)}{n(T)},$$

wenn T eine andere statistische Masse ist und $n(T)$ ihr Umfang.

Der Trivialität der Zahlenlogik steht eine komplizierte Sachlogik gegenüber. Während es unendlich viele Möglichkeiten der Bildung von Quoten gibt, ist die Zahl sinnvoller(!) Beziehungszahlen beschränkt. Während die Quoten subordinierte gleichartige Massen zueinander in Beziehung bringen, setzen Beziehungszahlen koordinierte, aber ungleichartige Massen in Beziehung. Die Grundforderung ist, daß die Zählermenge S und die Nennermenge T, obgleich ungleichartig, gleichwohl in einer sachlich sinnvollen Beziehung zueinander stehen.

Das ist bei „Koordination" in der Regel nur dann der Fall, wenn S und T sich auf denselben Zeitraum bzw. Zeitpunkt bzw. korrespondierende Zeiträume oder Zeitpunkte beziehen und wenn S und T dasselbe geographische Gebiet betreffen. Es ist von vornherein sinnlos, die Wertschöpfung der Bundesrepublik auf die Erwerbspersonen Frankreichs zu beziehen, obgleich Wertschöpfung und Erwerbspersonen prinzipiell in einem sinnvollen Verhältnis zueinander stehen.

Die Beziehungszahlen lassen sich in die drei folgenden Klassen unterteilen:

(1) *Häufigkeitsziffern:* Eine Ereignismasse wird zu ihrer korrespondierenden Bestandsmasse in Beziehung gesetzt. (Beispiel: Geburtenziffer = Zahl der Lebendgeborenen zur Wohnbevölkerung.)

(2) *Dichteziffern:* Eine Masse wird zu der Masse in Beziehung gesetzt, die ihr „Milieu" charakterisiert. (Beispiel: Bevölkerungsdichte = Zahl der Einwohner eines Gebietes zur Fläche in qkm dieses Gebietes.)

(3) *Verursachungsziffern:* Eine Masse wird zu der Masse in Beziehung gesetzt, die sie verursacht. (Beispiel: Bruttoinlandsprodukt je Erwerbstätigen.)

Spezifische, besondere und standardisierte Verhältniszahlen

(a) *Spezifisch* heißt eine Verhältniszahl, wenn in der Nennermasse „unbeteiligte Teilmassen" ausgeschieden sind.

Zahlenlogik:

Sei U die unbeteiligte Teilmasse, $n(U)$ ihr Umfang, S und T wie vorher, dann ist die spezifische Verhältniszahl $s_{(S,T)}$

$$s_{(S,T)} = \frac{n(S)}{n(T-U)} = \frac{n(S)}{n(T) - n(U)}.$$

Es gilt $U \subset T$, $s_{(S,T)} > b_{(S,T)}$.

Sachlogik:

Durch die Ausschaltung der unbeteiligten Teilmassen soll ein reinerer Vergleich ermöglicht werden. Ein Beispiel ist die Fruchtbarkeitsziffer als spezifische Verhältniszahl zur Geburtenziffer. Die Fruchtbarkeitsziffer setzt die Zahl der Lebendgeborenen zur weiblichen Jahresdurchschnittsbevölkerung im gebärfähigen Alter (15 bis unter 45 Jahre) in Beziehung. Als unbeteiligt sind dabei ausgeschieden die ganze männliche Bevölkerung (sic!) und die Frauen, die noch nicht oder nicht mehr im gebärfähigen Alter stehen.

(b) *Besonders* heißt eine Verhältniszahl, wenn Zähler- und Nennermenge in einander entsprechende homogene Teilmassen zerlegt sind.

Zahlenlogik:

Sei $\mathfrak{Z}(S)$ eine Zerlegung von S und $\mathfrak{Z}(T)$ die entsprechende Zerlegung von T mit den Gruppen S_i und T_i $(i = 1, \ldots, k)$, dann bilden die besonderen Verhältniszahlen ein

System reeller Zahlen der Form

$$v_i \equiv v_{(S,T)_i} = \frac{n(S_i)}{n(T_i)} \quad (i = 1, \ldots, k),$$

wobei

$$\bigcup_{i=1}^{k} S_i = S, \quad S_i \cap S_j = \emptyset \quad \text{für} \quad i \neq j \quad (i, j = 1, \ldots, k)$$

$$\bigcup_{i=1}^{k} T_i = T, \quad T_i \cap T_j = \emptyset \quad \text{für} \quad i \neq j \quad (i, j = 1, \ldots, k).$$

Außerdem gilt $n(S) = \sum\limits_{i=1}^{k} n(S_i)$, $n(T) = \sum\limits_{i=1}^{k} n(T_i)$ und $v_i \gtreqless \frac{n(S)}{n(T)}$,

d.h. die besonderen Verhältniszahlen v_i können kleiner oder größer als oder gleich der allgemeinen Verhältniszahl $n(S)/n(T)$ sein, und es gilt

$$\frac{n(S)}{n(T)} = \frac{\sum\limits_{i=1}^{k} v_i \, n(T_i)}{\sum\limits_{i=1}^{k} n(T_i)},$$

d.h. die allgemeine Verhältniszahl ist gleich dem gewogenen arithmetischen Mittel (Abschnitt 33.3) der besonderen Verhältniszahlen.

Sachlogik:

Der Vergleich von Verhältniszahlen wird oft dadurch gestört, daß ein drittes Merkmal von großer Bedeutung ungleichmäßig auf die Gruppen der Zählermenge und/oder Nennermenge einwirkt. Zum Beispiel wirkt das Alter der Frauen (selbst innerhalb des gebärfähigen Alters) auf die Geburtenzahlen ein.

(c) *Standardisiert* heißt eine Verhältniszahl, wenn ihre besonderen Verhältniszahlen nicht mit den tatsächlichen, sondern mit fiktiven Gewichten gemittelt werden.

Zahlenlogik:

Seien $\mathfrak{Z}(S)$ und $\mathfrak{Z}(T)$ Zerlegungen von S und T wie vorher, S mit den Gruppen S_i $(i = 1, \ldots, k)$; sei g eine Gewichtung mit den Gewichten g_i, wobei g_i das Gewicht ist, welches der Gruppe S_i $(i = 1, \ldots, k)$ eindeutig zugeordnet ist, dann ist die standardisierte Verhältniszahl $V(g)$ in bezug auf die Gewichtung g gegeben durch

$$V(g) = \frac{\sum\limits_{i=1}^{k} v_i \, g_i}{\sum\limits_{i=1}^{k} g_i} = \frac{\sum\limits_{i=1}^{k} \frac{n(S_i)}{n(T_i)} g_i}{\sum\limits_{i=1}^{k} g_i}.$$

Es gilt sinngemäß das obige, außerdem

$$V(g) \gtreqless \frac{n(S)}{n(T)},$$

d.h. die standardisierte Verhältniszahl kann kleiner, größer oder gleich der allgemeinen Verhältniszahl $n(S)/n(T)$ sein.

Beim Vergleich von zwei Verhältniszahlen A und B, die durch verschiedene Ursachenkomplexe beeinflußt sind, will man die Verschiedenheit der Ursachenkomplexe (fiktiv) eliminieren. Das geschieht entweder, indem man sowohl A als auch B in standardisierte Verhältniszahlen unter Benutzung „idealer" Gewichte umrechnet. Man hat dann beide tatsächlichen Ursachenkomplexe rechnerisch ausgeschaltet und durch einen fiktiven Ursachenkomplex ersetzt. Oder man benutzt die tatsächlichen Gewichte von B zur Gewichtung von A und B und hat damit für A eine Standardziffer unter der Fiktion, auf A habe der gleiche Ursachenkomplex wie auf B eingewirkt.

32.3 Meßzahlen

Nach der gegenwärtigen Terminologie (sowohl im Rahmen der theoretischen statistischen Literatur als auch der praktischen amtlichen Statistik) spricht man beim Vergleich einfacher Phänomene von Meßzahlen, während man den Begriff der Indexzahlen ausschließlich für den Vergleich komplexer Erscheinungen reserviert. Die Grenzen zwischen einfachen und komplexen statistischen Erscheinungen sind allerdings fließend.

Rein zahlenlogisch erhält man Meßzahlen dadurch, daß man interessierende Größen auf eine Basis bezieht. In der Sprache der Arithmetik sind also die interessierenden Größen durch die Basis zu dividieren; von der Zahlenlogik her gesehen ein trivialer Vorgang. Trotzdem treten dabei wesentliche sachlogische Probleme auf. Zunächst könnte man meinen, daß die Wahl der Basis (formal gesehen ist ja jede Größe oder ein Durchschnitt der Größen wählbar) kein Problem sei. Sollen jedoch Meßzahlen zum Vergleich von Sachverhalten (z. B. Lebenshaltungskosten in zwei verschiedenen Ländern) herangezogen werden, so kommen als Basis nur jene Zeitpunkte in Betracht, die nicht durch singuläre Ereignisse, wie beispielsweise Aufwertungen, entstellt sind. Daß die Größen selbst, die auf eine Basis bezogen werden, gleichartig und koordiniert und somit vergleichbar sein müssen, ist selbstverständlich. Der Vergleich von Meßzahlenveränderungen ist jedoch nur dann unproblematisch, wenn ein eventueller Sättigungsbereich des zugrundeliegenden Sachverhaltes noch nicht erreicht ist.

32.4 Indexzahlen

Soll ein bestimmter Sachverhalt mit Hilfe von Indexzahlen dargestellt werden, so sind Entscheidungen zu treffen:

(1) über die Zahl und Art der Größen, die überhaupt in den Index eingehen sollen,
(2) über den anzuwendenden Mittelwert, durch den die komplexe Erscheinung zu einer einzigen Ursprungsreihe zusammengezogen werden soll,
(3) über den dem Index zugrundezulegenden Basiswert,
(4) über die Art und die Verwendung der Gewichte.

Da die Entscheidungen (1) und (4) von dem jeweiligen empirischen Sachverhalt her getroffen werden müssen, der durch einen Index charakterisiert werden soll, müssen sie im Rahmen der einzelnen Teilgebiete der Bevölkerungs- und Wirtschaftsstatistik diskutiert werden. Die Entscheidung (2) über den anzuwendenden Mittelwert erfordert lediglich eine analoge Übertragung unserer Betrachtungen über die Mittelwerte (Abschnitt 33). Somit können wir uns im folgenden auf die Diskussion des dem Index zugrundezulegenden Basiswertes und die Erörterung der verschiedenen Indexformeln beschränken, die sich ergeben, nachdem die einzelnen Entscheidungen getroffen sind. Analoges gilt jeweils für die Meßzahlen.

(1) *Die Wahl der Basis*

Der Basiswert eines Index ist derjenige Wert, der als Grundlage des Vergleichs dient und der in der Indexformel im Nenner des Quotienten steht. Im allgemeinen werden in der Indexliteratur drei mögliche Formen des Basiswertes genannt: die fixe Basis, die Kettenbasis und die periodische Basis.

Eine *fixe Basis* liegt dann vor, wenn alle Glieder derjenigen statistischen Reihe, die in Indices umgerechnet werden soll, auf die gleiche Größe bezogen werden. Eine Möglichkeit der fixen Basis wäre z. B. das Beziehen auf das Anfangsglied der Reihe:

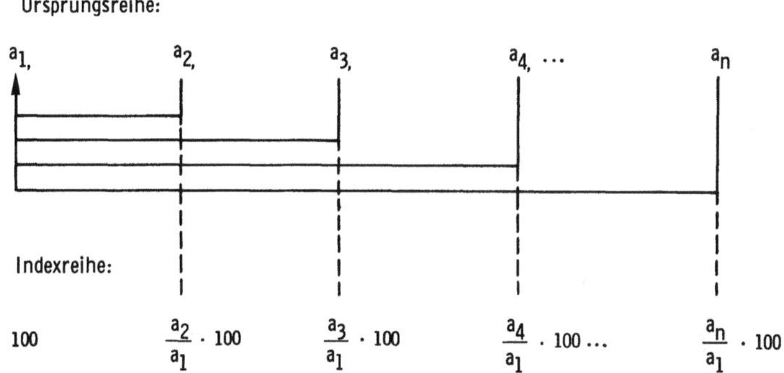

Formal gesehen kann jedes andere beliebige Reihenglied als fixer Basiswert verwendet werden (bzw. ein Mittelwert von Reihengliedern). Die zweite mögliche Form eines fixen Basiswertes wäre ein fiktiver Wert.

Ein *reales Reihenglied* kann als Basis zur Berechnung von zeitlichen, räumlichen oder auch sachlichen Indexreihen verwendet werden. Will man bei zeitlichen Reihen die Entwicklung von einem bestimmten Zeitraum an verfolgen, so wird man als Basiswert das Reihenglied dieses Zeitraumes wählen müssen. Analog hierzu gibt die Indexreihe, als deren Basis der Endwert der Ursprungsreihe gewählt wird, die Entwicklung auf diesen Zeitpunkt hin an. Anfangsglied oder Endglied einer Reihe sollen jedoch grundsätzlich nur dann als Basis gewählt werden, wenn sie Zeitabschnitte einer normalen (z. B. wirtschaftlichen) Entwicklung widerspiegeln, da andernfalls der Benutzer der Indexreihe Täuschungen unterliegen kann.

Einen *fiktiven Basiswert* wird man dann für eine Indexberechnung wählen, wenn die einzelnen Reihenglieder einer bestimmten Norm oder einem Idealzustand gegenübergestellt werden sollen, die die zu quantifizierende Erscheinung haben kann [Flaskämper 1928, S. 27 ff.]. Dieser Fall kommt in der Praxis nicht sehr häufig vor, doch sind sinnvolle Möglichkeiten einer derartigen Indexberechnung durchaus denkbar: So wird man die Kosten verschiedener Produktionsverfahren – z.B. zur Stahlerzeugung – indexmäßig mit dem kostenoptimalen Produktionsverfahren vergleichen können. (Es wäre dies der Fall einer sachlichen Indexreihe.)

Eine *Kettenbasis* liegt bei einer Indexberechnung dann vor, wenn jedes Reihenglied der Ursprungsreihe die Basis für das jeweils folgende Glied darstellt:

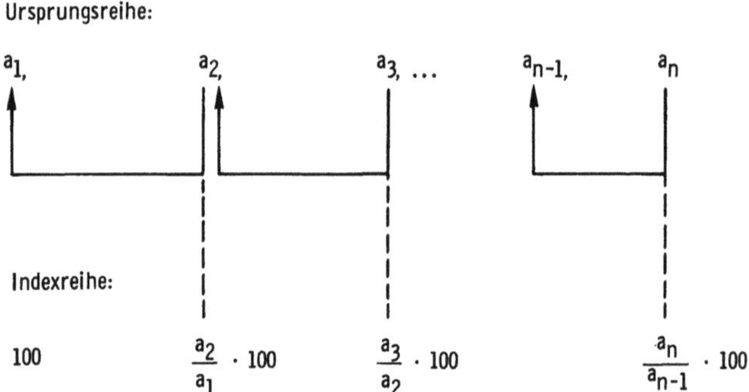

Während also im Fall der fixen Basis alle Reihenglieder an dem gleichen Vergleichsmaßstab gemessen werden, wechselt der Vergleichsmaßstab im Fall der Kettenbasis bei jedem berechneten Index.

Die Berechnung von Indices mit Kettenbasis ist dann sinnvoll, wenn man den Grad der Zu- oder Abnahme der zu messenden Erscheinung von einem Berechnungszeitpunkt zum nächsten darstellen will. Im Fall eines organischen Wachstums (d.h. des Wachstums mit konstanten Wachstumsraten) wird die Reihe der Kettenindexziffern konstant sein. Im Fall eines beschleunigten Wachstums wird die Reihe der Kettenindexziffern eine Zunahme aufweisen. Liegt ein Wachstum mit sich vermindernden Wachstumsraten vor, so weist die Reihe der Kettenindexzahlen eine sinkende Tendenz auf.

Im folgenden sollen nur die wichtigsten Indexformeln in ihrer geschichtlichen Entwicklung dargestellt und daran anschließend die gegenwärtig für Praxis und Theorie bedeutsamen Formen besprochen werden. In der Praxis werden die Indexzahlen in der Regel als Prozentzahlen angegeben. Für die folgenden theoretischen Betrachtungen ist es aber zweckmäßiger, die Indexformeln als Brüche anzugeben.

Der älteste Versuch einer Indexberechnung stammt von Dutot, der 1738 die Summe der Preise (von Waren) zu zwei verschiedenen Zeitpunkten aufeinander bezog. Sehr früh erkannte man die Unzulänglichkeit dieses Index: Er kann vollkommen verschiedene Werte annehmen, je nachdem welche Mengeneinheiten der verschiedenen Waren man bei der Berechnung zugrundelegt.

Diese Unzulänglichkeit des Mengenproblems versuchte der Italiener Carli zu vermeiden, indem er 1764 eine Meßzahl für jede einzelne in die Berechnung eingehende Ware ermittelte und diese Meßzahl dann über die ungewogene arithmetische Mittelwertbildung zu einem Index zusammenzog. Unter der Vielzahl der Möglichkeiten von Mengenannahmen, die der Index von Dutot offen läßt, hat Carli jedoch mit diesem Berechnungsgang nur eine einzige ausgewählt: In seiner Formel wird den einzelnen Waren jeweils das gleiche Gewicht zuerkannt.

Der erste, der in die Geschichte der Indextheorie das Gewichtungsproblem einführte, war Arthur Young. 1812 multiplizierte er die einzelnen Meßzahlen mit Koeffizienten, die allerdings nur natürliche Zahlen waren.

Diese relativ primitive Gewichtungsmethode wurde beibehalten, bis Laspeyres 1864 eine objektive Methode vorschlug, nach der die Koeffizienten k_i durch Mengen ersetzt wurden. Laspeyres legte in seiner Formel die Mengen des Bezugszeitpunktes zugrunde:

$$P = \frac{\sum\limits_{i=1}^{n} p_{1i} \cdot q_{0i}}{\sum\limits_{i=1}^{n} p_{0i} \cdot q_{0i}} \; ; \qquad \begin{array}{l} p_{0i} = \text{Preis der i-ten Ware im Zeitpunkt 0,} \\ p_{1i} = \text{Preis der i-ten Ware im Zeitpunkt 1,} \\ q_{0i} = \text{Menge der i-ten Ware im Zeitpunkt 0.} \end{array}$$

Dieser „Preisindex nach Laspeyres" mißt die Veränderung der Preise im Zeitablauf unter Konstanthaltung der Mengen des Basiszeitpunktes. Wendet man ihn z. B. auf die Ausgabensummen bestimmter Haushaltstypen an, so gibt er den durch Preisschwankungen ausgelösten Grad der Veränderung der Ausgaben dieser Haushaltstypen unter der Voraussetzung an, daß die von ihnen konsumierten Mengen vom Basiszeitraum bis zum Beobachtungszeitraum konstant wären.

Dieser Laspeyres-Index kann nicht nur als Preisindex, sondern auch als Mengenindex berechnet werden. (Auch dieser Mengenindex wird häufig in der statistischen Praxis angewandt.)

$$\text{Mengenindex nach Laspeyres:} \quad \frac{\sum\limits_{i=1}^{n} p_{0i} \cdot q_{1i}}{\sum\limits_{i=1}^{n} p_{0i} \cdot q_{0i}} \; ; \qquad \begin{array}{l} q_{1i} = \text{Menge der i-ten} \\ \text{Ware im Zeit-} \\ \text{punkt 1.} \end{array}$$

Bis zur Gegenwart haben beide Formen des Laspeyres-Index in der statistischen Praxis eine außergewöhnliche Bedeutung erlangt. Der Grund für diese Bevorzugung gegenüber anderen bestehenden Indexformeln dürfte weniger aus theoretischen als vielmehr aus praktischen Gesichtspunkten herrühren: Der Laspeyres-Index bietet den großen praktischen Vorteil, daß zu jedem Beobachtungszeitpunkt nur noch die jeweiligen Preise (bzw. Mengen) neu erfaßt werden müssen, um den Index zu berechnen, da alle anderen Größen der Indexformel Konstanten sind.

1874 entwickelte Paasche einen Index, indem er — entgegen der Methode von Laspeyres — die jeweiligen Veränderungen an den einzelnen Größen des Beobachtungszeitpunktes maß. Auch sein Index läßt sich als Preis- und als Mengenindex verwenden:

$$\text{Preisindex nach Paasche:} \quad \frac{\sum\limits_{i=1}^{n} p_{1i} \cdot q_{1i}}{\sum\limits_{i=1}^{n} p_{0i} \cdot q_{1i}} \; ,$$

$$\text{Mengenindex nach Paasche:} \qquad \frac{\sum\limits_{i=1}^{n} p_{1i} \cdot q_{1i}}{\sum\limits_{i=1}^{n} p_{1i} \cdot q_{0i}} \, .$$

Der Index von Paasche hat aus dem oben genannten Grund in der praktischen Statistik nicht die Bedeutung gewonnen wie der Index von Laspeyres.

Die Formeln von Laspeyres und Paasche stellen nicht die einzigen Lösungen des Gewichtungsproblems dar.

(2) *Indexkriterien*

Das Kriterium der Umkehrbarkeit. Diesem Kriterium wurde von I. Fisher und L. v. Bortkiewicz eine besondere Bedeutung beigemessen (time reversal test). Es besagt, daß ein Index für die Periode 0 auf der Basis der laufenden Periode 1 genau reziprok dem Index für die laufende Periode 1 auf der Basis der Periode 0 ist:

$$I_{10} = \frac{1}{I_{01}} \quad \text{oder} \quad I_{10} \cdot I_{01} = 1 \, .$$

Dieses Kriterium gilt auch für die aus sachlichen oder räumlichen Ursprungsreihen errechneten Indices. (Aus diesem Grunde ist die Bezeichnung „*time* reversal test" von Fisher zu eng.) Flaskämper [1928, S. 60] hat darauf hingewiesen, daß dieses Kriterium auf einem elementaren Sachverhalt der Umkehrbarkeit der Vergleichsrichtung beruht.

Das Kriterium der Interkalierbarkeit. Der Begriff der Interkalierbarkeit stammt von Bortkiewicz [1923 und 1924]. Grundsätzlich versteht man unter diesem Kriterium, daß die Relationen der einzelnen Indices einer Reihe untereinander unabhängig von der gewählten Basis sind:

$$I_{0n} = I_{0i} \cdot I_{in} \qquad (i = 0, 1, \ldots, n)$$

oder

$$I_{in} = \frac{I_{0n}}{I_{0i}} \, .$$

Während Bortkiewicz diesem Kriterium große Bedeutung beimaß, hat Fisher es abgelehnt.

Das Kriterium der Multiplikation. Dieses Kriterium ist nur dann auf Indices anwendbar, wenn diese sich jeweils aus zwei Komponenten zusammensetzen – wie es z. B. bei einem Wertindex der Fall ist, der aus einer Mengen- und einer Preiskomponente besteht. Das Multiplikationskriterium besagt in diesem Fall, daß die Multiplikation des Preisindex mit dem Mengenindex den entsprechenden Wertindex ergibt:

$$I_p \cdot I_q = I_w \, .$$

Geht man bei der Nachprüfung des Multiplikationskriteriums von einem Preisindex nach Laspeyres aus, so muß der Mengenindex, mit dem man den Preisindex multipliziert, ein Mengenindex nach Paasche sein:

$$\frac{\sum_{i=1}^{n} p_{1i} \cdot q_{0i}}{\sum_{i=1}^{n} p_{0i} \cdot q_{0i}} \cdot \frac{\sum_{i=1}^{n} p_{1i} \cdot q_{1i}}{\sum_{i=1}^{n} p_{1i} \cdot q_{0i}} = \frac{\sum_{i=1}^{n} p_{1i} \cdot q_{1i}}{\sum_{i=1}^{n} p_{0i} \cdot q_{0i}} \, .$$

(3) *Das Indexproblem als unlösbares Problem*

Man kann vom Indexproblem sagen, daß es unlösbar ist, unlösbar in dem Sinne, daß die Indextheorie keine passende Antwort auf die an sie gestellte Frage hat und nicht haben kann. Wir zeigen das Problem am Beispiel des Laspeyres-Index, der von allen Indexformeln den größten sachlogischen Gehalt hat.

Der Preisindex nach Laspeyres soll die „reinen" Preisveränderungen messen. Die Preise müssen, um überhaupt aggregiert werden zu können, gewichtet werden. Sie müssen mit Mengen gewichtet werden. Die Mengen müssen konstant gehalten werden, weil anders der Index nicht mehr die reine Preisbewegung, sondern ein unaufspaltbares Gemisch von Preis- und Mengenbewegung messen würde. Tatsächlich verändern sich aber die verbrauchten Mengen der Güter, die in der Basisperiode überhaupt nachgefragt wurden, außerdem entstehen neue Güter, oder schon angebotene geraten in den „Begehrkreis" der Haushalte, andererseits verschwinden Güter aus dem „Begehrkreis" der Haushalte, schließlich verschiebt sich der Verbrauch qualitätsmäßig. Schlechtere wird durch bessere Qualität substituiert und umgekehrt. Benutzt man gleichwohl mangels einer besseren Alternative die verbrauchten Güter, wie sie nach Art, Menge und Qualität in der Basisperiode verbraucht wurden, als konstante Gewichte, so trifft der Index unvermeidlich eine fiktive Aussage, nämlich eine Aussage der folgenden Art: „Die Preise wären um x% gestiegen, wenn die Güterstruktur nach Art, Menge und Qualität unverändert geblieben wäre." Um wieviel sind die Preise tatsächlich gestiegen? Diese Frage ist unbeantwortbar. Sie ist nur beantwortbar für einzelne Güter einer bestimmten Art und Qualität, wo das Gewichtungsproblem nicht besteht.

Lösbar hingegen ist ein anderes fundamentales Indexproblem, welches oft als unlösbar aufgefaßt wird. Es betrifft die Repräsentationsqualität der in die Indexberechnung aufgenommenen Güter, des sog. „Warenkorbes". Bei den meisten amtlichen Preisindexzahlen ist die Repräsentationsqualität des Warenkorbes niedrig, und zwar aus dem einfachen Grund, weil die Verbrauchsermittlungen und entsprechend die Preiserhebungen auf nicht-repräsentativen Teilerhebungen beruhen. Gerade wegen der generellen Bedeutung der Preisindexzahlen und wegen der generellen Problematik der Indexzahlenberechnung wäre es erforderlich, die Verbrauchs- und Preiserhebungen als echte Zufallsstichproben durchzuführen. Die Repräsentationsqualität muß dabei sowohl in Hinsicht auf die Art als auch auf die Menge als auch auf die Qualität der Güter gewährleistet sein.

In den letzten Jahren wurde das Indexproblem in weitere Zusammenhänge hineingestellt, hauptsächlich wohlfahrtstheoretischer und produktionstheoretischer Art. Diese Entwicklung ist insofern interessant und begrüßenswert, als auf diese Weise die vielschichtige Semantik der Indexproblematik einen, wenngleich auf einen bestimmten gegenständlichen Bereich beschränkten, so doch allgemeineren und verbindenden

Rahmen erhält. Allerdings besteht die Gefahr, daß man die „vielschichtige Semantik" auf Funktionalgleichungen reduziert.

Über die neuere Entwicklung informiert das von Eichhorn et al. [1978] herausgegebene Buch, vgl. auch die Dissertationen von A. Vogt [1979] und J. Voeller [1974] sowie die Arbeiten von D. v. Borries in den Statistischen Heften. Über Laspeyres und seine Formel hat kürzlich Rinne [1981] einen interessanten Artikel verfaßt. An der angegebenen Stelle ist auch der Originalartikel von Laspeyres wieder abgedruckt.

33. Mittelwerte

33.1 Ihre generelle Zahlenlogik

Die seit jeher meistdiskutierten Maßzahlen der Statistik sind die Mittelwerte. Ob sie darum auch für die Praxis die wichtigsten waren oder sind, ist fraglich. In der Praxis laufen ihnen wahrscheinlich die Verhältniszahlen den Rang ab. Mathematisch ist ein Mittelwert ein Wert zwischen dem kleinsten und dem größten Wert der Menge. Es gibt also unendlich viele mathematische Mittelwerte. Aus sachlogischen Erwägungen heraus hat man in der Statistik jedoch stets nur einige wenige der mathematischen Mittelwerte betrachtet. Die Handvoll statistischer Mittelwerte m klassifizieren wir nach zwei Typen, nach Ersatzwerten $\bar{m}$ oder „errechneten" Mittelwerten und nach Mittelwerten der Lage $\tilde{m}$ oder „spezifischen" Mittelwerten oder Ordnungsmaßzahlen. Die ersteren bilden das N-Tupel aller Skalenwerte in die Menge der reellen Zahlen ab, $\bar{m}: (x_1, \ldots, x_N) \to \mathbb{R}$, wobei die Anordnung der x_i keine Rolle spielt, die letzteren charakterisieren eine Mitte der nach der Größe geordneten Reihe. Sei O_x die Ordnung $x_1 \geqq x_2 \geqq \ldots \geqq x_N$, so ist $\tilde{m}$ eine Abbildung dieser Ordnung oder eines Teiles dieser Ordnung in die Menge der reellen Zahlen,

$$\tilde{m}: O_x \to \mathbb{R},$$

mit der zusätzlichen Forderung, „typisch" für die Ordnung O_x zu sein.

Die Klasse der errechneten Mittelwerte $\bar{m}$ ist rechnerisch einfach zu handhaben, weil es auf die Ordnung der Einzelwerte nicht ankommt; ihr Nachteil liegt in der Empfindlichkeit gegenüber Änderungen von oder Fehlern in den einzelnen Werten.

Der Nachteil der Mittelwerte der Lage oder Ordnungsmaßzahlen liegt in der Notwendigkeit, die Ordnung O_x herstellen zu müssen, vorteilhaft ist die Unempfindlichkeit gegenüber Änderungen von oder Fehlern in den einzelnen Werten.

Analog zu Mittelwerten von reellen Zahlen lassen sich auch Mittelwerte von Funktionen bilden; ein Überblick findet sich in [Hardy, Littlewood und Polya 1964].

33.2 Ihre generelle Sachlogik

Vielleicht der oberste sachlogische Zweck, den man in der Statistik mit der Bestimmung von Mittelwerten verfolgt, ist der, Erhebungsmengen leichter überschaubar

und vergleichbar zu machen. Eng mit diesem Zweck verknüpft ist die Reduktions-
absicht, die mit den Maßzahlen generell verfolgt wird.

Diesem Zweck treten drei weitere, mit unterschiedlichem Gewicht bei den einzelnen
Mittelwertstypen, zur Seite:

(1) Es soll ein Wert gefunden werden, der die ganze Menge $\{x_1, \ldots, x_N\}$ möglichst gut
„repräsentiert".
(2) Der Mittelwert soll als Maßstab für die Beurteilung von Gruppen von Einzelwerten oder Einzelwerten selbst dienen. (Das Einkommen der Facharbeiter liegt
soundso viel % über dem Durchschnitt aller Arbeiter; oder: Das Einkommen von
Herrn X liegt soundso viel % über dem Durchschnitt.)
(3) Es soll ein Maßstab für den schnellen Vergleich mehrerer Erhebungsmengen
gefunden werden, ähnlich (2), aber nicht bezogen auf Einzelwerte, sondern auf
ganze Erhebungsmengen (die Mietpreise sind im Durchschnitt im Saarland
niedriger als in Baden-Württemberg).

33.3 Das arithmetische Mittel

Wir betrachten jetzt nacheinander die verschiedenen Typen statistischer Mittelwerte,
beginnend mit denen vom Typ $\bar{m}$. Der meistbetrachtete Mittelwert vom Typ $\bar{m}$ ist das
arithmetische Mittel $\bar{x}$.

Definition:

$$\bar{x} = \frac{1}{N} \sum_{i=1}^{N} x_i, \qquad \text{(einfacher oder ungewogener arithmetischer Mittelwert)},$$

$$\bar{x}_g = \frac{\sum\limits_{i=1}^{N} x_i g_i}{\sum\limits_{i=1}^{N} g_i}, \qquad \text{(gewogener arithmetischer Mittelwert)},$$

wobei die g_i die den x_i ($i = 1, \ldots, N$) eindeutig zugeordneten Gewichte darstellen.

Im deskriptiven Sinn sind die Gewichte in der Regel empirische Häufigkeiten, mit
denen sich die Merkmalsmodalitäten realisiert haben. Das heißt, jeder beobachteten
Merkmalsmodalität wird als Gewicht die Anzahl ihrer Verwirklichungen zugeordnet.

Zahlenlogik:

Aus der Definition folgt sofort die Ersatzwerteigenschaft von $\bar{x}$

$$N \bar{x} = \sum_{i=1}^{N} x_i \tag{1}$$

bzw.

$$\bar{x}_g \sum_{i=1}^{N} g_i = \sum_{i=1}^{N} x_i g_i \tag{1'}$$

sowie die *Nulleigenschaft*

$$\sum_{i=1}^{N} (x_i - \bar{x}) = 0 \, . \tag{2}$$

Beweis:

$$\sum_{i=1}^{N} (x_i - \bar{x}) = \sum_{i=1}^{N} x_i - N\,\bar{x} = \sum_{i=1}^{N} x_i - \sum_{i=1}^{N} x_i = 0, \quad \text{analog bezüglich } x_g \, .$$

Des weiteren gilt die *Minimumeigenschaft*

$$\sum_{i=1}^{N} (x_i - \bar{x})^2 = \min_a \sum_{i=1}^{N} (x_i - a)^2 \qquad \text{(Beweis siehe Abschnitt 34.4)} \tag{3}$$

und die *(stochastische) Erwartungseigenschaft:*

Sei $p_i = g_i / \sum_{i=1}^{N} g_i$ die Wahrscheinlichkeit für das Auftreten von x_i ($i = 1, \ldots, N$), dann ist der Erwartungswert $E(\bar{x})$ gleich dem gewogenen arithmetischen Mittel der Einzelwerte:

$$E(\bar{x}) = \sum_{i=1}^{N} x_i\, p_i \, . \tag{4}$$

Sei $\mathfrak{Z}(S)$ eine Zerlegung von $S = \{x_1, \ldots, x_N\}$ mit den Gruppen

$$S_j = \{x_{j1}, \ldots, x_{jN_j}\}, \quad (j = 1, \ldots, k) \, ,$$

$$\bigcup_{j=1}^{k} S_j = S, \quad S_j \bigcap_{j \neq j'} S_{j'} = \emptyset, \quad \sum_{j=1}^{k} N_j = N \, ,$$

und sei

$$\bar{x}_j = \frac{\sum\limits_{i=1}^{N_j} x_{ji}}{n(S_j)} \qquad (j = 1, \ldots, k)$$

der Mittelwert in der j-ten Gruppe, so gilt

$$\bar{x} = \frac{1}{N} \sum_{j=1}^{k} \bar{x}_j \cdot n(S_j) \, . \tag{5}$$

Sachlogik:

Der arithmetische Mittelwert hat eine bemerkenswert schwache Sachlogik. Wolff [1926, S. 376] meinte schon 1926: Zwar „… müssen die verschiedenen arithmetischen Mittel und das geometrische und das harmonische Mittel wohl in der Statistik beachtet werden, aber sie stehen gegen den Geist der Statistik …". Die Schwäche des arithmetischen Mittels rührt in erster Linie von einer Eigenschaft her, die man als *pseudotypische Eigenschaft* bezeichnen könnte. Das charakteristische Beispiel stammt von S. Schott [1920, S. 83]. In einem Dorf wohnen z.B. 50 Arbeiter mit einem durchschnittlichen Monatseinkommen von 1000 DM und ein Millionär mit einem Monatseinkommen von 30000 DM. Der Einkommensdurchschnitt aller Dorfbewohner ist $(50 \cdot 1000 + 30000)/51 = 1568{,}63$ DM.

Diese Aussage ist weder typisch noch repräsentativ, sie ist praktisch wertlos. Die pseudotypische Eigenschaft wird stets, wenn auch oft in abgeschwächter Form, dann auftreten, wenn die Verteilung der Häufigkeiten nicht einigermaßen zusammenhängend und symmetrisch ist.

Man empfiehlt zum Ausgleich der pseudotypischen Eigenschaft, extreme Werte, wenn sie nur vereinzelt vorkommen, einfach wegzulassen [Wolff 1926, S. 393; Müller 1927, S. 208]. Der Mittelwert der resultierenden Menge wird von Wolff als *spitzenfreier Mittelwert* bezeichnet.

Wenn die Reihe statt einzelner Ausreißer Häufungsstellen hat, unterteilt man die Gesamtmenge in homogene Teilmengen und berechnet für diese Teilmengen die Mittelwerte getrennt. Mit beiden Vorgehensweisen nähert man sich aber der Logik des dichtesten Wertes, und in der Tat ist das arithmetische Mittel in allen Fällen, in denen es mit dem dichtesten Wert zusammenfällt, aussagefähig. Übrigens ist es eine nützliche *Ergänzung* zum dichtesten Wert, da aus dem Abstand zwischen den beiden auf die Symmetrie der Verteilung geschlossen werden kann. Auf die Frage nach einer eigenständigen sachlogischen Bedeutung von $\bar{x}$ wurde von den Vertretern der Frankfurter Schule immer wieder behauptet, daß $\bar{x}$ dann sachlogische Bedeutung habe, wenn $\bar{x}$ als Ersatzwert sinnvoll ist *und* wenn $\sum x_i$ eine sinnvolle Größe ist. $\sum x_i$ wird aber nur dann ohne Einschränkung eine sinnvolle Größe sein (empirische Bedeutung haben), wenn den Skalenwerten x_i mindestens eine Verhältnisskala zugrunde liegt. Dies ist aber bei subjektiven Sachverhalten i. a. nicht der Fall. Sehr wohl hat dagegen $\bar{x}$ empirische Bedeutung, wenn wir es mit der Messung von Längen oder Gewichten zu tun haben. Eine Reihe von Beispielen spricht für diese Behauptung; z.B. hat bei einer Menge von Preisen die gewogene Summe der Preise als Umsatzgröße einen Sinn und der Preisdurchschnitt gibt an, welcher konstante Preis denselben Umsatz erzielt hätte.

33.4 Das geometrische (oder logarithmische) Mittel

Definition:

$$\bar{x}_{(\log)} = \sqrt[N]{\prod_{i=1}^{N} x_i}$$

$$\log \bar{x}_{(\log)} = \frac{1}{N} \sum_{i=1}^{N} \log x_i$$

(einfacher oder ungewogener geometrischer Mittelwert),

$$\bar{x}_{g(\log)} = \sqrt[G]{\prod_{i=1}^{k} x_i^{g_i}} \quad \left(G = \sum_{i=1}^{k} g_i \right)$$

$$\log \bar{x}_{g(\log)} = \frac{1}{G} \sum_{i=1}^{k} (g_i \cdot \log x_i)$$

(gewogener geometrischer Mittelwert).

Zahlenlogik:

Es besteht eine enge Analogie zwischen $\bar{x}$ und $\bar{x}_{(\log)}$, bei letzterem ist gegenüber $\bar{x}$ jede Rechenoperation um eine Stufe erhöht (Multiplikation statt Addition, Potenzierung statt Multiplikation usw.). Diese Analogie erstreckt sich auf die

Ersatzwerteigenschaft

$$\bar{x}_{(\log)}^{N} = \prod_{i=1}^{N} x_i, \tag{1}$$

(statt der Nulleigenschaft) auf die *Einseigenschaft*

$$\frac{x_1}{\bar{x}_{(\log)}} \cdot \frac{x_2}{\bar{x}_{(\log)}} \cdot \ldots \cdot \frac{x_N}{\bar{x}_{(\log)}} = 1$$

und auf die *Minimumeigenschaft*

$$\sum_{i=1}^{N} \left(\log \frac{x_i}{\bar{x}_{(\log)}} \right)^2 = \min_{a} \sum_{i=1}^{N} \left(\log \frac{x_i}{a} \right)^2.$$

Sachlogik:

Die Analogie zum arithmetischen Mittel besteht nicht nur zahlenlogisch, sondern auch sachlogisch. So wird von Blind [1953] gesagt, daß unter analogen Umständen wie $\bar{x}$ für benannte Größen $\bar{x}_{(\log)}$ für Vervielfachungsgrößen Bedeutung hat. Sinnvoll ist danach $\bar{x}_{(\log)}$ dann, wenn das Produkt der Einzelwerte eine sinnvolle Größe ist. „Das Produkt von aufeinanderfolgenden Vervielfachungen kennzeichnet in diesem Fall die Gesamtvervielfachung vom ersten bis zum letzten Wert der ursprünglichen Zahlenreihe, und das geometrische Mittel aus den einzelnen Vervielfachungsgrößen gibt an, wie groß jede Vervielfachung sein müßte, damit durch lauter gleichgroße Vervielfachungen dieselbe Gesamtvervielfachung erzielt würde" [Blind 1953, S. 128]. Außerdem hat $\bar{x}_{(\log)}$ sachlogische Bedeutung dann, wenn die Einzelwerte gleichartige, voneinander unabhängige Vervielfachungsgrößen sind, die von einem einheitlichen Ursachenkomplex bestimmt werden.

33.5 Das quadratische Mittel

Definition:

$$\bar{x}_{(q)} = \sqrt{\frac{1}{N} \sum_{i=1}^{N} x_i^2} \qquad \text{(ungewogenes quadratisches Mittel),}$$

$$\bar{x}_{g(q)} = \sqrt{\frac{1}{G} \sum_{i=1}^{k} x_i^2 g_i} \quad \left(G = \sum_{i=1}^{k} g_i \right) \quad \text{(gewogenes quadratisches Mittel).}$$

(Es zählt nur das positive Vorzeichen.) $\bar{x}_{(q)}$ hat zahlen- und sachlogische Bedeutung nur in seiner Funktion als Streuungsmaß, wenn nämlich die x_i Abweichungen vom arithmetischen Mittel sind.

186

33.6 Das harmonische Mittel

Definition:

$$\bar{x}_{(h)} = \frac{N}{\sum\limits_{i=1}^{N} \dfrac{1}{x_i}} \qquad \text{(ungewogenes harmonisches Mittel)},$$

$$\bar{x}_{g(h)} = \frac{G}{\sum\limits_{i=1}^{k} \dfrac{g_i}{x_i}} \qquad \left(G = \sum\limits_{i=1}^{k} g_i\right) \qquad \text{(gewogenes harmonisches Mittel)}.$$

Zahlenlogik:

$\bar{x}_{(h)}$ hat dieselbe Zahlenlogik wie $\bar{x}$, nur bezogen auf die reziproken Werte $1/x_i$ statt wie bei $\bar{x}$ bezogen auf die x_i selbst.

Sachlogik:

Nach Bertillon [Prater 1961, S. 217f.] wurde $\bar{x}_{(h)}$ ursprünglich für eine musikwissenschaftliche Aufgabenstellung konzipiert. Bei Saitenintrumenten ist die Zahl der Schwingungen und damit die Tonhöhe umgekehrt proportional zur Länge der Saiten. Der mittlere Wert zweier Saiten entspricht somit dem harmonischen Mittel aus der Schwingungszahl der beiden Saiten. Analog dazu hat $\bar{x}_{(h)}$ bzw. $\bar{x}_{g(h)}$ immer dann sachlogische Bedeutung, wenn die x_i Verhältniszahlen sind. (Bei der Gewichtung darf man nicht die Nenner, sondern muß die Zählergrößen verwenden.)

Beispiel:

Von zwei Arbeitern braucht der eine (A) 3, der andere (B) 5 Stunden zum Beladen eines Lastwagens. Welches ist die mittlere Beladedauer? $\bar{x} = \frac{1}{2}(3+5) = 4$ ist falsch, richtig hingegen $\bar{x}_{(h)} = \dfrac{2}{\frac{1}{3} + \frac{1}{5}} = 3\,^3/_4$ Std.

Näheres über die sachlogische Bedeutung von $\bar{x}_{(h)}$ findet man bei Blind [1952] und Nicolas [1948].

33.7 Das antiharmonische Mittel

Der Vollständigkeit halber erwähnen wir noch das antiharmonische Mittel $\bar{x}_{(a)}$

$$\bar{x}_{(a)} = \frac{\bar{x}_{(q)}}{\bar{x}} \qquad \text{(ungewogen)},$$

$$\bar{x}_{g(a)} = \frac{\bar{x}_{g(q)}}{\bar{x}_g} \qquad \text{(gewogen)}.$$

Näheres über seine Eigenschaften findet man bei Senders [1958, S. 318f.].

33.8 Der Zentralwert oder Median

Wir betrachten jetzt die Gruppe der Mittelwerte der Lage oder Lagemaßzahlen, die allesamt eine größere sachlogische Bedeutung für die Sozial- und Wirtschaftswissenschaften haben als die errechneten Mittelwerte. Dies ist dadurch leicht zu begründen, daß viele wirtschaftliche und soziale Größen, z.B. subjektive Größen, i.a. nur ordinal meßbar sind und somit $\sum x_v$ keine sinnvolle Größe ist. Wir erinnern daran, daß alle Mittelwerte der Lage sich auf eine geordnete Menge von Einzelwerten beziehen: $x_1 \leqq x_2 \leqq \ldots \leqq x_v \leqq \ldots \leqq x_N$. Eine solche Ordnung bezeichnet man nach Fechner [1897] auch als *primäre Verteilungstafel*. Die v's sind jetzt Ordnungsnummern.

Definition des Zentralwerts:

Der Zentralwert Z, wenn er existiert, ist derjenige Wert der Ordnung O_x, der in der Mitte liegt, d.h. der gleich viel größere Werte über sich wie kleinere unter sich hat. Z existiert, wenn die Menge eine ungerade Zahl von Elementen besitzt. Hat sie eine gerade Zahl von Elementen, dann nimmt man für Z meist das arithmetische Mittel aus dem (N/2)-ten und dem ((N + 2)/2)-ten Wert. Prinzipiell kann jeder Wert zwischen den beiden als Zentralwert angesehen werden.

Berechnung des Zentralwerts bei größenklassierten Mengen

Sei E die Zahl der Elemente der „Einfallsklasse", d.h. der Größenklasse, in welcher der Zentralwert nach der obigen Definition liegt, G_u unterer Grenzpunkt der Einfallsklasse, i Klassenbreite der Einfallsklasse, Z_u Zahl der Werte unterhalb der Einfallsklasse, Z_o Zahl der Werte oberhalb der Einfallsklasse und a Abstand des Zentralwertes von G_u, dann ist

$$Z = G_u + a$$

mit

$$\frac{a}{i} = \frac{\dfrac{E + Z_u + Z_o}{2} - Z_u}{E} = \frac{E + Z_o - Z_u}{2E}$$

und somit

$$Z = G_u + \frac{N - 2 Z_u}{2 E}\, i\,.$$

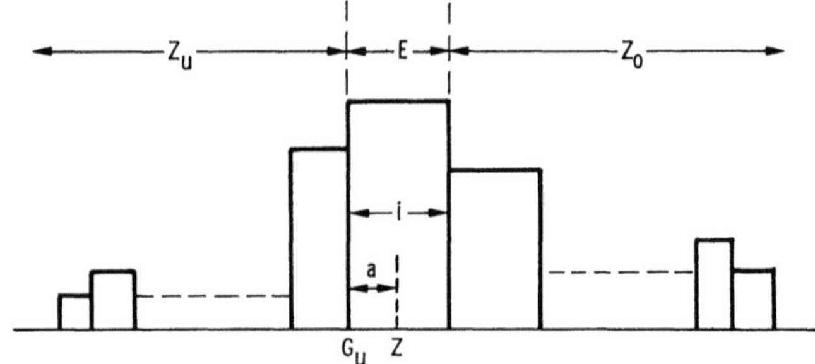

Abb. 14: Bestimmung des Zentralwertes bei größenklassierten Mengen

Zahlenlogik:

Sei $d_i = x_i - Z$ $(i \in \{1, \ldots, N\} = \mathfrak{N})$ und $V = \{d_i | i \in \mathfrak{N}$ und $d_i < 0\}$ sowie $H = \{d_i | i \in \mathfrak{N}$ und $d_i > 0\}$, dann gilt

$$n(V) = n(H) , \tag{1}$$

d. h. die *Zahl* der Abstände vom Zentralwert nach oben und unten ist gleich.

Ferner gilt

$$\sum_{i=1}^{N} |d_i| = \text{Min.} , \tag{2}$$

d. h. die Summe der absoluten Abstände der Einzelwerte vom Zentralwert ist ein Minimum.

Zwei interessante stochastische Eigenschaften: Seien die x_i Realisationen einer Zufallsvariablen X mit Verteilungsfunktion F (x), so gilt die doppelte Ungleichung

$$P(X \geq Z) \geq 0{,}5 \geq P(X \leq Z) , \tag{3}$$

was im Falle, daß X kontinuierlich ist, zu der plausiblen Formulierung

$$F(Z) = 0{,}5 \tag{3'}$$

führt. Wegen (3) heißt der Zentralwert auch „wahrscheinlicher Wert".

Sachlogik:

Die Sachlogik von Z orientiert sich hauptsächlich an den Eigenschaften (1) und (3). Es wird in der Literatur immer wieder betont, daß das „Mittengefühl" der Menschen durch Z und nicht z. B. durch $\bar{x}$ charakterisiert wird. Fragt man einen Schüler, ob er gut in der Schule sei und er antwortet „mittel", dann hat er nicht $\bar{x}$, sondern Z im Sinn, d. h., er will ausdrücken, daß im Vergleich zu ihm ungefähr gleich viel schlechtere wie bessere Schüler in seiner Klasse sind. Analoges gilt für das Mittengefühl eines Bundesligisten, der überdurchschnittlich gut steht, d. h. er hat mehr schlechtere Bundesligavereine unter sich als bessere über sich, oder das Einkommensgefühl eines Arbeiters, der unzufrieden ist, weil er „unterdurchschnittlich" verdient, d. h. mehr besser bezahlte Kollegen über sich als schlechter bezahlte unter sich hat.

33.9 Der dichteste Wert oder Modus D

Definition:

(nach Fechner [1897, S. 11], der ihn eingeführt hat): „Es ist der Wert, um den sich die Einzelwerte und mithin Abweichungen am dichtesten scharen, so daß in gleichen Intervallen um so mehr davon vorliegen, je näher die Intervalle diesem Wert liegen, mag man sie von ihm aus nach positiver oder negativer Seite in Betracht nehmen."

Oder kürzer: Sei f (x) die Dichte- oder Häufigkeitsverteilung von X, dann gilt für D:

$$f(D) = \max f(x) ,$$

wenn es eindeutig existiert.

Zahlenlogik:

Ist die Zufallsvariable X diskret, dann ist D der „wahrscheinlichste" Wert (Z war der „wahrscheinliche"), d. h.

$$P(X = D) = \max_{i=1,\dots,N} P(X = x_i) \, .$$

Sachlogik:

Sie ruht bei D besonders auf Realitätsnähe; anders nämlich als bei $\bar{x}$ oder Z ist D *immer* ein *realisierter* Wert, und sogar nicht nur überhaupt ein realisierter, sondern der am häufigsten realisierte Wert. Mit D verbinden sich daher Vorstellungen von Normalität und Überblick. Sagt man „normaler Preis", so meint man meist den dichtesten Wert von Preisen. Fragt man: „Wann kommt hier abends die Putzfrau?", und es wird geantwortet: „Normalerweise um 7 Uhr", dann ist D angesprochen.

33.10 Der Scheidewert S

Definition:

Der Scheidewert S einer geordneten Menge ist der Wert, oberhalb dessen die Summe (beim Zentralwert: Anzahl) der Werte gleich der Summe der Werte unterhalb von ihm ist.

Zahlenlogik:

S > Z. Im übrigen gilt das für Z Gesagte, wenn man jeweils „Anzahl der Werte" durch „Summe der Werte" ersetzt.

Sachlogik:

S hat eine große sachlogische Bedeutung, in der Regel eine desto größere, je wichtiger und bedeutungsvoller die Summe der Einzelwerte und Teile dieser Summe sind. Vom Statistischen Bundesamt wird z. B. die Wertschöpfung einzelner Betriebe erfaßt. Es ist sachlogisch bedeutsam, den Betrieb und seine Merkmale zu kennen, der wertschöpfungsmäßig „in der Mitte" liegt, auch im Sinne von Z natürlich, aber auch im Sinne von S, d. h. den Betrieb, bei dem die Summe der kleineren Wertschöpfungen gerade gleich der Summe der größeren Wertschöpfungen ist.

33.11 Der schwerste Wert T

Definition:

Der schwerste Wert T einer geordneten Menge ist der Wert, bei dem das Produkt aus ihm und seiner Häufigkeit maximal ist. Sei $f(x_v)$ die Häufigkeit von x_v ($v = 1, \dots, N$), so ist also T definiert durch

$$T \cdot f(T) = \max_{v=1,\dots,N} (x_v \cdot f(x_v)) \, .$$

$D \leqq T$. Für kontinuierliche Verteilungen gilt $D < T$ genau dann, wenn $f(x)$ für alle x stetig differenzierbar ist und ein einziges relatives Maximum hat.

Für diskrete Verteilungen gilt $D < T$ genau dann, wenn alle Ordinatenwerte $f(x)$ rechts von D kleiner sind als die jeweiligen Ordinatenwerte der Hyperbel $x \cdot f(x) = D \cdot f(D)$. (Beweise bei Menges [1953, S. 36], siehe dort auch wegen weiterer Eigenschaften.)

Sachlogik:

Überall dort, wo die multiplikative Verknüpfung von Reihenwert und Häufigkeit sinnvoll ist, hat T eine sachlogische Bedeutung. Ist bei einer Altersverteilung $T = 20$ Jahre mit der Häufigkeit 40, so wäre die Aussage, daß mit dem Gewicht von 800 Jahren 40 Jahre der schwerste Wert ist, sinnlos. Beim Alter ist die Verknüpfung von Wert und Häufigkeit nicht sinnvoll. Hingegen: Bei einer nach Gemeindegrößenklassen geordneten Einwohnerstatistik sei T (Klassenmitte) = 10000 mit Besetzungszahl 600. Dann hat die folgende Aussage einen sachlich-anschaulichen Sinn: In dieser Größenklasse sind mit 6 Millionen die meisten Einwohner. Oder man nehme als Beispiel eine in Größenklassen zusammengefaßte Aufstellung der in einem Wirtschaftsbereich gezahlten Löhne. Dann hat es einen Sinn, festzustellen, an welche Klasse die größte Lohnsumme ausbezahlt wurde.

33.12 Die Lageregeln der Mittelwerte

Ohne Beweis geben wir noch verschiedene Größenbeziehungen zwischen den Mittelwerten an:

(1) $\bar{x}_{(h)} \leqq \bar{x}_{(\log)} \leqq \bar{x} \leqq \bar{x}_{(q)} \leqq \bar{x}_{(a)}$

(2) $D \leqq T, \quad S > Z$

(3) Bei genau symmetrischer Verteilung: $\qquad \bar{x} = Z = D,$

bei rechtssteiler Verteilung: $\qquad \bar{x} < Z < D,$

bei linkssteiler Verteilung: $\qquad D < Z < \bar{x}.$

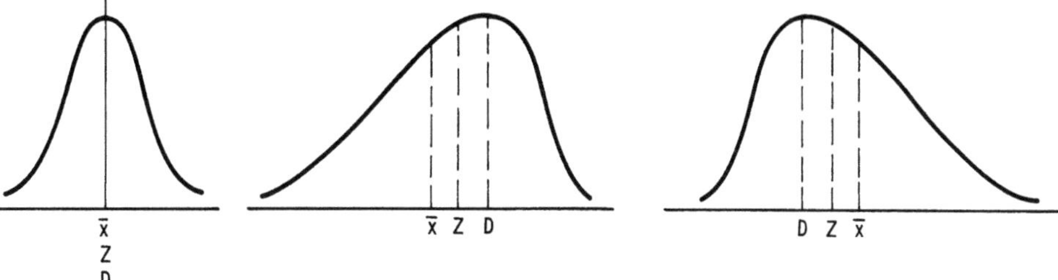

Abb. 15: Größenbeziehungen zwischen $\bar{x}$, Z und D

34. Streuungsmaße

34.1 Ihre generelle Zahlenlogik

Die Zahlenlogik der Streuungsmaße ist schnell behandelt. Streuungsmaße sind Mittelwerte von Abweichungen von Mittelwerten. Der Mittelwert sei allgemein mit m bezeichnet; die Einzelwerte bezeichnen wir weiterhin mit x_i ($i = 1, \ldots, N$). Der Abstand oder die Abweichung der Einzelwerte x_i von einem aus den x_i bzw. ihrer Ordnung gebildeten Mittelwert m_x sei für den Rest dieses Paragraphen mit d_i bezeichnet:

$$d_i = x_i - m_x \qquad (i = 1, \ldots, N) \, .$$

Sei m_d ein Mittelwert bezüglich der d_i als Einzelwerte, so ist

$$\text{Streuungsmaß} = m_d(x_i - m_x) \, .$$

34.2 Ihre generelle Sachlogik

Zwei Erhebungsmengen können denselben Umfang und denselben Mittelwert haben, ja, beide können symmetrisch sein, sich aber dennoch voneinander sehr darin unterscheiden, daß bei der einen die Einzelwerte nahe beim Mittelwert (im Sinne von m_x) liegen und bei der anderen nicht. Von der letzteren sagt man, sie habe eine größere Dispersion oder Streuung als die erste. Das Phänomen, welches die erste Erhebungsmenge charakterisiert, hat eine „kleine Neigung zur Veränderlichkeit". Je näher die Einzelwerte beim Mittelwert liegen, desto größeres Vertrauen wird man dem Mittelwert entgegenbringen.

Die Streuung ist stets auch ein Maß des *Risikos*. Je größer die Streuung, desto gefährdeter ist die Rolle des korrespondierenden Mittelwertes als Typus. Im übrigen gilt die Sachlogik der Mittelwerte mutatis mutandis auch für die Streuungsmaße. Wie die Mittelwerte sind die Streuungsmaße benannte Zahlen; sie haben eine „Dimension", z. B. DM, Stück, kg.

Während die statistischen Mittelwerte eine kleine sachlogische Auswahl aus den mathematischen Mittelwerten darstellen, sind die als Streuungsmaße verwendbaren Mittelwertskonzepte wieder nur eine kleine (ebenfalls sachlogische) Auswahl aus den statistischen Mittelwerten.

Als Streuungsmaße im Sinne von m_d sind sachlogisch relevant nur $\bar{x}$, $\bar{x}_{(q)}$ und Z. Im Sinne von m_x finden nur $\bar{x}$ und Z Verwendung. Die resultierenden sachlogisch relevanten Streuungsmaße sind in der folgenden Tabelle aufgeführt.

m_d		m_x	Name des Streuungsmaßes
$\bar{x}$	$\Big\{$	$\bar{x}$	einfacher durchschnittlicher Abstand von $\bar{x}$
		Z	einfacher durchschnittlicher Abstand von Z
$\bar{x}_{(q)}$	$\Big\{$	$\bar{x}$	mittlere quadratische Abweichung
		Z	(ungebräuchlich)
Z	$\Big\{$	$\bar{x}$	(ungebräuchlich)
		Z	Quartile, Quartilsabstand

34.3 Der einfache durchschnittliche Abstand

Definition:

$$\vartheta = \frac{1}{N} \sum_{i=1}^{N} |d_i| = \begin{cases} \dfrac{1}{N} \sum_{i=1}^{N} |x_i - \bar{x}| : \vartheta \text{ von } \bar{x} \\[2ex] \dfrac{1}{N} \sum_{i=1}^{N} |x_i - Z| : \vartheta \text{ von } Z. \end{cases}$$

Zahlenlogik:

Die d_i werden also dem Betrage nach genommen, d.h. allen Abweichungen (von $\bar{x}$ oder Z) wird das positive Vorzeichen gegeben. Diese Definition ist zahlenlogisch geboten, da ja $\sum (x_i - \bar{x}) = 0$, sie ist aber auch sachlogisch sinnvoll, da es für die Kennzeichnung der Neigung eines Phänomens, sich zu verändern, meist unwesentlich ist, ob die Abweichung positiv oder negativ ist. Ist es doch wesentlich, dann berechnet man ϑ getrennt für den oberen und unteren Teil der Reihe, d.h. man trennt die Menge D der d_i, $D = \{d_i | i \in I = \{1, \ldots, N\}\}$, in eine obere Menge $D_o = \{d_i | i \in I$ und $d_i > 0\}$ und eine untere Menge $D_u = \{d_i | i \in I$ und $d_i < 0\}$ und berechnet folgende Maße:

(a) oberer einfacher durchschnittlicher Abstand

$$\vartheta_o = \frac{1}{N_o} \sum_{d_i \in D_o} d_i,$$

(b) unterer einfacher durchschnittlicher Abstand

$$\vartheta_u = \frac{1}{N_u} \sum_{d_i \in D_u} d_i,$$

wobei N_o die Zahl der Elemente von D_o und N_u die Zahl der Elemente von D_u ist. Es gilt, wie man sofort sieht, $\vartheta = \dfrac{1}{N} (N_o \vartheta_o + N_u \vartheta_u)$.

Sachlogik:

ϑ ist eine sehr plausible und anschauliche statistische Maßzahl, die wohl dem „Streuungsempfinden" vieler Menschen entspricht. Auf die Frage „Wie typisch ist denn dieser Preisdurchschnitt von 200 DM?" wird man am plausiblesten antworten: „So typisch, daß die Einzelpreise durchschnittlich nur um 5 DM abweichen." Oder vielleicht noch einprägsamer und anschaulicher: „So typisch, daß die Einzelpreise durchschnittlich nur um 2,5% abweichen." Die erste Antwort entspricht genau ϑ, die zweite entspricht dem Streuungsverhältnis oder Variationskoeffizienten $c = (\vartheta/\bar{x}) \cdot 100$.

34.4 Die mittlere quadratische Abweichung

Definition der mittleren quadratischen Abweichung:

$$s_x = \sqrt{\frac{1}{N} \sum_{i=1}^{N} d_i^2},$$

des mittleren Fehlerquadrats oder der *„Streuung"* i. e. S.:

$$s_x^2 = \frac{1}{N} \sum_{i=1}^{N} d_i^2 = \frac{1}{N} \sum_{i=1}^{N} (x_i - \bar{x})^2 .$$

Zahlenlogisch ist s_x dem ϑ überlegen, weil sich die unhandliche Betragsrechnung $|d_i|$ durch die Quadrierung d_i^2 erübrigt.

Fundamentaltheorem der Streuung:

Sei a eine beliebige feste reelle Zahl, dann gilt

$$\frac{1}{N} \sum_{i=1}^{N} (x_i - a)^2 = \frac{1}{N} \sum_{i=1}^{N} x_i^2 - a(2\bar{x} - a) .$$

1. Korrolar:

Sei $a = \bar{x}$, dann folgt sofort die sog. *Momentenregel*

$$s_x^2 = \frac{1}{N} \sum x_i^2 - \bar{x}^2 ,$$

welche für praktische Berechnungen von s_x^2 wichtig ist.

2. Korrolar:

Beweis der Minimumeigenschaft von $\bar{x}$; Satz (3) von Abschnitt 33.3. Wir bezeichnen

$$\Sigma_a = \frac{1}{N} \sum_{i=1}^{N} (x_i - a)^2 .$$

Aus dem Fundamentaltheorem folgt $\Sigma_a = \frac{1}{N} \sum_{i=1}^{N} x_i^2 - 2a\bar{x} + a^2$.

Minimierung von Σ_a bezüglich a durch Differentiation: $\dfrac{d\Sigma_a}{da} = -2\bar{x} + 2a$

und Nullsetzen der Ableitung: $-2\bar{x} + 2a = 0$; $a = \bar{x}$.

Daraus folgt $\sum\limits_{i=1}^{N} (x_i - \bar{x})^2 = \min\limits_{a} \sum\limits_{i=1}^{N} (x_i - a)^2$.

3. Korrolar:

$\bar{x} \leqq \bar{x}_{(q)}$. Da $\bar{x}_{(q)} = \sqrt{\dfrac{1}{N} \sum\limits_{i=1}^{N} x_i^2}$, folgt aus dem 1. Korrolar

$$s_x^2 = \bar{x}_{(q)}^2 - \bar{x}^2 \quad \text{oder} \quad \bar{x}^2 = \bar{x}_{(q)}^2 - s_x^2 .$$

(a) Für $s_x^2 > 0$ gilt $\bar{x}^2 < \bar{x}_{(q)}^2$ und damit $\bar{x} < \bar{x}_{(q)}$.

(b) Für den entarteten Fall $s_x^2 = 0$ gilt $\bar{x} = \bar{x}_{(q)}$.

4. Korrolar:

$\sum\limits_{i=1}^{N} x_i^2 = N(s_x^2 + \bar{x}^2)$, was direkt aus dem 1. Korrolar folgt.

Im übrigen kann man auch bezüglich s_x^2 ein unteres und oberes Maß bestimmen (in der Notation des vorigen Abschnittes):

$$s_o^2 = \frac{1}{N_o} \sum_{d_i \in D_o} d_i^2, \quad s_u^2 = \frac{1}{N_u} \sum_{d_i \in D_u} d_i^2 .$$

Sachlogik:

Die mittlere quadratische Abweichung hat nur eine geringe sachlogische Bedeutung. Da bei der Normalverteilung die Wendepunkte um $\pm \, \sigma$ von μ entfernt sind und s_x^2 eine Schätzung für σ^2 ist, hat s_x beim Vorliegen einer Normalverteilung eine gewisse Anschaulichkeit. In dieser erschöpft sich die sachlogische Bedeutung der mittleren quadratischen Abweichung.

34.5 Der Quartilsabstand

Der Zentralwert teilt die der Größe nach geordnete Erhebungsmenge in zwei gleich-große Hälften. Dieses Konzept ist im Prinzip fast beliebig erweiterungsfähig. Das allgemeinste derartige Konzept stellen die Quantile dar:

Quantile teilen die der Größe nach geordnete Erhebungsmenge von N Einheiten in K (K < N) gleiche Teile. Es gibt dann $K - 1$ Quantile. Bei $K = 100$ spricht man von den 99 Perzentilen, bei $K = 10$ von den 9 Dezilen, bei $K = 5$ von den 4 Quintilen, bei $K = 4$ schließlich von den drei Quartilen, mit denen wir uns jetzt beschäftigen. (Bei $K = 2$ gibt es übrigens den einen Zentralwert.) Da das zweite Quartil mit dem Zentral-wert zusammenfällt, spricht man nur von dem *unteren Quartilswert* (Q_u oder Q_1) und dem *oberen Quartilswert* (Q_o oder Q_3). Die Differenz zwischen den beiden Quartilen liefert ein Maß für die Streuung, entweder in der Form:

Quartilsabstand: $a = Q_o - Q_u$

oder in der Form:

durchschnittlicher Quartilsabstand: $a_d = \frac{1}{2}(Q_o - Q_u)$.

Zahlenlogik:

Die Streuung der oberen Hälfte der Erhebungsmenge wird durch die Differenz $Q_3 - Z$, die der unteren Hälfte durch die Differenz $Z - Q_1$ gemessen. Der Durchschnitt zwischen beiden ist

$$\frac{(Q_3 - Z) + (Z - Q_1)}{2},$$

also gerade a_d. Insofern ist a_d besser als a geeignet. Q_1 und Q_3 existieren nur, wenn die Zahl n_u der Einheiten, die kleiner als Z ist, ungerade ist (dann ist auch die Zahl n_o der größeren Einheiten ungerade). Ist n_u (und damit auch n_o) gerade, dann hilft man sich meist, indem man den Zentralwert zu beiden Hälften dazuschlägt. Natürlich kann man auch das analoge Verfahren wie bei der Bestimmung des Zentralwertes aus einer geraden Anzahl von Elementen heranziehen.

Sachlogik:

Die Maße a und besonders a_d besitzen große Anschaulichkeit und im übrigen analoge sachlogische Qualifikation wie Z (siehe Abschnitt 33.8).

Sagt uns jemand, daß er für ein Paar Schuhe 60 DM bezahlt hat, und wir sagen ihm aus unserer Datenkenntnis heraus, daß dieser Preis oberhalb der Mitte (im Sinne von Z) liegt, so wird er ärgerlich sein. Wenn wir aber hinzufügen, daß die 60 DM in der unteren Hälfte der teuren Preise liegen, dann wird er weniger ärgerlich sein, weil er jetzt eine anschauliche Vorstellung von der (in seinem Fall relativ hohen) Preisstreuung bekommt.

34.6 Zwei Quasi-Streuungsmaße

Von einer gewissen sachlogischen Bedeutung sind noch zwei Dispersionsmaße, die nicht unter die in Abschnitt 1 gegebene allgemeine Definition des Streuungsmaßes fallen, nämlich die *Variationsbreite* b,

$$b = \max_{i=1,\ldots,N}(x_i) - \min_{i=1,\ldots,N}(x_i),$$

also die Differenz zwischen dem kleinsten und dem größten Wert der Erhebungsmenge, und das *Ginische Dispersionsmaß* g. Bei letzterem werden die Abweichungen eines jeden Einzelwertes von jedem anderen Einzelwert der Erhebungsmenge ermittelt und der Durchschnitt aus diesen Abweichungen gebildet. Da es $\frac{1}{2}N(N-1)$ derartige Abweichungen gibt, ist

$$g = \frac{2}{N(N-1)} \sum_{\substack{i=1 \\ i \neq j}}^{N} \sum_{j=1}^{N} |x_i - x_j|.$$

35. Andere Maßzahlen

35.1 Momente

Mittelwert und Streuung können zum Momentenkonzept verallgemeinert werden. Unter deskriptivem Aspekt ist zu definieren:

Definition des v-ten gewöhnlichen Moments:

$$m_v \quad = \frac{1}{N} \sum_{i=1}^{N} x_i^v \qquad \text{(ungewogen)},$$

$$m_{(g)v} = \frac{1}{G} \sum_{i=1}^{N} x_i^v g_i \quad \text{(gewogen)}.$$

Definition des v-ten zentralen Moments:

$$z_v \quad = \frac{1}{N} \sum_{i=1}^{N} (x_i - m_1)^v \qquad \text{(ungewogen)},$$

$$z_{(g)v} = \frac{1}{G} \sum_{i=1}^{N} (x_i - m_1)^v g_i \quad \text{(gewogen)},$$

wobei die $g_i \left(\text{mit } G = \sum_{i=1}^{N} g_i \right)$ wieder die Gewichte darstellen.

Zahlenlogik:

Das erste gewöhnliche Moment ist $\bar{x}$. Das zweite zentrale Moment ist $s_{\bar{x}}^2$.

Außerdem gilt:

(1) $z_2 = m_2 - m_1^2$ (Momentenregel; Abschnitt 34, 1. Korrolar);

(2) $z_1 = m_1 - m_1 = 0$
$= \bar{x} - \bar{x}$ (Nulleigenschaft von $\bar{x}$);

(3) Bei symmetrischen Verteilungen sind alle zentralen Momente mit ungerader Ordnungsnummer 0.

Sachlogik:

Während man mit den Momenten viele zahlenlogische Spielereien anstellen kann, bleibt zur Sachlogik zusätzlich zu den Ausführungen über Mittelwerte und Streuungsmaße (Abschnitte 33, 34) nur noch nachzutragen: Das dritte Moment dient als Grundlage für die Messung der Schiefe einer Verteilung, das vierte Moment für die Messung des Exzesses einer Verteilung. An Schiefe und Exzeß besteht ein sachlogisches Interesse, doch ist dieses schwach im Vergleich zu den Mittelwerten.

35.2 Schiefe

Definition:

Die Schiefe einer Verteilung prägt sich in zwei Formen aus, die durch Vergleich von x̄ und D charakterisiert werden kann:

$$\text{Rechtsschiefe} = \text{Linkssteilheit:} \quad D < \bar{x},$$
$$\text{Linksschiefe} \; = \text{Rechtssteilheit:} \quad D > \bar{x}.$$

Zahlenlogik:

(1) Alle ungeraden zentralen Momente sind bei rechtsschiefer Verteilung größer als Null.

(2) Alle ungeraden zentralen Momente sind bei linksschiefer Verteilung kleiner als Null.

Sachlogik:

Da der dichteste Wert unter allen Mittelwerten der reinste Repräsentant des Typus ist und x̄ der Mittelwert mit der ausgeprägtesten Ersatzwerteigenschaft, gibt die Schiefe die Diskrepanz zwischen diesen beiden sachlogischen Aspekten an.

Wir betrachten jetzt die gebräuchlichsten Schiefemaße.

Yulesches Schiefemaß: Seien Q_1 und Q_3 unteres und oberes Quartil, Z der Zentralwert, dann ist das Yulesche Schiefemaß

$$s_{(Y)} = \frac{(Q_3 - Z) - (Z - Q_1)}{Q_3 - Q_1} .$$

Bei Rechtsschiefe ist $s_{(Y)} > 0$, bei Linksschiefe ist $s_{(Y)} < 0$, bei Symmetrie ist $s_{(Y)} = 0$.

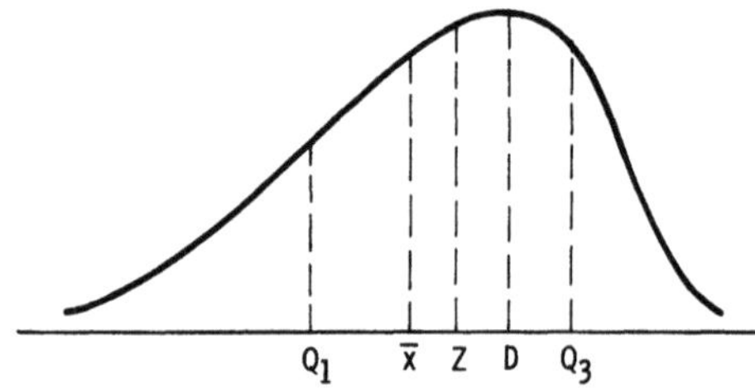

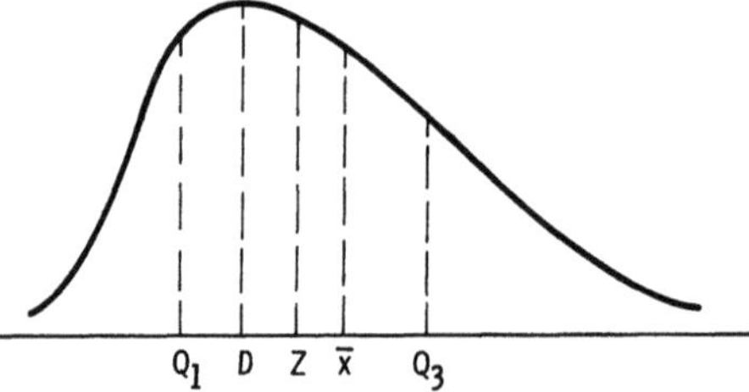

Abb. 16: Schiefe Verteilungen

Der Abstand zwischen Z und seinem näheren Quartilswert ist stets nach der steilen Seite geringer. Das Yulesche Schiefemaß geht daher von den beiden Differenzen $Q_3 - Z$ und $Z - Q_1$ aus. Die Differenz zwischen beiden ist bereits ein Schiefemaß. Doch spielt die Streuung noch eine vergleichsstörende Rolle. Yule hat durch die Differenz $Q_3 - Q_1$ als Streuungsmaß dividiert, um die Vergleichsstörung zu eliminieren.

198

Pearsonsches Schiefemaß: Pearson macht sich die Lageregel der Mittelwerte (Abschnitt 33.12) zunutze, mißt die Schiefe an der Differenz $\bar{x} - D$ und relativiert in bezug auf s_x:

$$S_{(p)} = \frac{\bar{x} - D}{s_x}.$$

Bowley-Fishersches Schiefemaß: Bowley und I. Fisher machen sich zunutze, daß die ungeraden zentralen Momente ab dem dritten die Schiefe charakterisieren. Sie wählen das schiefecharakteristische Moment mit der kleinsten Ordnungsnummer und relativieren in bezug auf s_x^3:

$$S_{(b)} = \frac{z_3}{s_x^3}.$$

Sachlogisch gesehen verdient das Yulesche Maß den Vorzug. Es hat die Aussagekraft von Z für sich, ist aber unhandlich für die Berechnung. In der Praxis werden meist die formal eleganteren Maße von Pearson und Bowley-Fisher vorgezogen. Von diesen beiden verdient sachlogisch gesehen das erstgenannte den Vorzug, denn $\bar{x}$ und D sind sachlogisch relativ aussagekräftig. Die Anschaulichkeit des Bowley-Fisherschen Maßes kann nur auf dem Umweg über das Pearsonsche Maß erreicht werden, wenn nicht auf dem weiteren Umweg über das Yulesche Maß.

Die Schiefemaße dieses Abschnittes können, ebenso wie die Wölbungsmaße des folgenden Abschnittes, nicht nur zur Charakterisierung einer Häufigkeitsverteilung empirischer Beobachtungen genutzt werden, sondern auch zur Charakterisierung der Wahrscheinlichkeitsverteilung einer Zufallsvariablen.

In diesem Fall ist $\bar{x}$ jeweils durch E(X) und s_x^2 durch $\sigma_x^2 = V(X)$ zu ersetzen.

35.3 Exzeß oder Wölbung

Die geraden zentralen Momente eignen sich nicht zur Messung der Schiefe von Verteilungen, da sie wegen der geraden Potenzen nur positive Werte annehmen können: Die geraden zentralen Momente charakterisieren jedoch die Wölbung; sie nehmen desto höhere Werte an, je flacher die Verteilung gewölbt ist, weil durch die flache Wölbung (bei sonst gleichen Umständen) stärker von $\bar{x}$ abweichende Werte vorkommen. Dies macht man sich für die Messung des Exzesses oder der Hochwölbung zunutze:

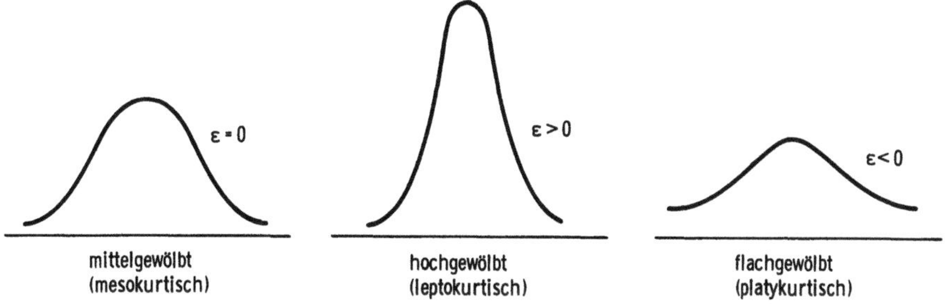

Abb. 17: Verschieden gewölbte Verteilungen

Das zweite Moment charakterisiert die Streuung, das nächste gerade Moment ist z_4; man relativiert in bezug auf s_x^4 (da es sich um das 4. Moment handelt) und subtrahiert die Zahl 3, um zu erreichen, daß das Wölbungsmaß im Falle der Normalverteilung gerade gleich Null wird. Der Wölbungskoeffizient ε ist damit

$$\varepsilon = \frac{z_4}{s_x^4} - 3 \,.$$

Ein $\varepsilon > 0$ besagt dann, daß die betreffende Verteilung höher, ein $\varepsilon < 0$ daß die betreffende Verteilung flacher als die Normalverteilung gewölbt ist. Hierin erschöpft sich die (schwache) Sachlogik des Wölbungskoeffizienten.

35.4 Maßzahlen der absoluten Konzentration

Wenn in der statistischen und wirtschaftswissenschaftlichen Literatur von Konzentration gesprochen wird, so versteht man darunter eine Ungleichheit der Verteilung von Objekteinheiten (z.B. Einkommen) auf Trägereinheiten (z.B. Haushalte). Von einer Maßzahl der Konzentration werden wir also verlangen, daß sie diese Ungleichheit in geeigneter Weise repräsentiert. Selbstverständlich können durch die Angabe einer einzigen Zahl nicht sämtliche Aspekte der Konzentration vollständig erfaßt werden. Darum ist die Berechnung eines Konzentrationsmaßes immer nur ein Hilfsmittel, das eine umfassende Analyse nicht ersetzen kann. Dies tritt insbesondere dann in aller Schärfe zutage, wenn nicht bloß der jeweilige Konzentrationsstand ermittelt werden soll, sondern der Konzentrationsvorgang quantitativ zu erfassen ist.

In der Literatur hat sich die Unterscheidung zwischen absoluter und relativer Konzentration durchgesetzt. Man spricht von absoluter Konzentration, wenn auf einige wenige Trägereinheiten ein großer Teil der Objekteinheiten entfällt, von relativer Konzentration dagegen, wenn auf einen geringen Prozentanteil der Trägereinheiten ein Großteil der Objekteinheiten entfällt.

Ein aus der Informationstheorie wohlbekanntes Maß, nämlich die Entropie, hat Eigenschaften, die von einem Konzentrationsmaß gewünscht werden.

Das Herfindahlsche Konzentrationsmaß

Die bekannteste und älteste Maßzahl der absoluten Konzentration ist wohl der Herfindahlsche Index, oft auch Hirschmann-Index genannt [Hirschmann 1945, Herfindahl 1950]. Er ist als Summe der Anteilsquadrate definiert:

$$K = \sum_{i=1}^{n} p_i^2 \,.$$

Wie man sofort sieht, nimmt er sein Maximum 1 bei vollständiger Konzentration, also genau dann an, wenn $p_i = 1$ für ein i gilt. Sein Minimum für festes n ist $1/n$ und entspricht der Gleichverteilung.

Die Auswirkung einer Fusion zweier Unternehmen auf den Index K ist leicht anzugeben. Ohne Beschränkung der Allgemeinheit sei angenommen, daß es sich um die

Träger T_1 und T_2 handelt. Wegen

$$p_1^2 + \ldots + p_n^2 = (p_1 + p_2)^2 + p_3^2 + \ldots + p_n^2 - 2p_1 p_2$$

erhöht sich bei Fusion der Index K um $2p_1 p_2$.

35.5 Maßzahlen der relativen Konzentration. Die Lorenzkurve

Eine Maßzahl für die relative Konzentration soll im Gegensatz zu einer solchen für die absolute Konzentration nicht in erster Linie von der Anzahl der Trägereinheiten abhängen, sondern hauptsächlich abhängig von der Abweichung gegenüber der Gleichverteilung sein. Diese Forderung kann auf den ersten Blick paradoxe Ergebnisse hervorrufen. So kann es vorkommen, daß eindeutige Konzentrationsvorgänge, wie beispielsweise Fusionen, zu einer Verringerung des relativen Konzentrationsindex führen, nämlich dann, wenn durch die Fusion eine gleichmäßige Verteilung hervorgerufen wird. Es wäre daher besser, in diesem Zusammenhang den von v. Bortkiewicz geprägten Begriff der Disparität zu verwenden.

Wie man zur bekannten Lorenzkurve kommt, soll anhand der Einkommensverteilung dargestellt werden. Dazu teilen wir die Einkommensempfänger in n Gruppen ein, die nach steigendem Pro-Kopf-Einkommen angeordnet sind. Bezeichnet man den Anteil der i-ten Gruppe an der Gesamtheit der Einkommensempfänger mit x_i und am Gesamteinkommen mit y_i, so kann die Lorenzkurve wie folgt graphisch dargestellt werden:

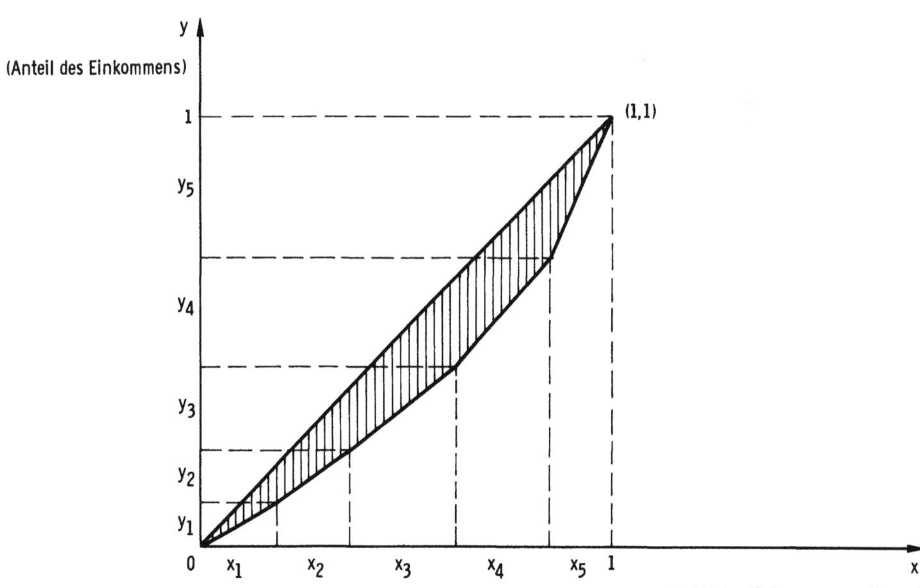

Abb. 18: Beispiel einer Lorenzkurve (die Anteile werden oft in Prozent angegeben)

Wie sofort ersichtlich, würde die Lorenzkurve mit der Geraden, die den Ursprung 0 mit dem Punkt (1,1) verbindet, zusammenfallen, wenn in jeder Gruppe dasselbe Pro-Kopf-Einkommen vorhanden wäre, also $y_1/x_1 = y_2/x_2 = \ldots = y_n/x_n$ wäre. Umgekehrt nähert sich die Lorenzkurve mit steigender Konzentration immer mehr der x-Achse und der zur y-Achse parallelen Geraden, die durch den Punkt (1,1) geht. Damit können wir sagen, daß stärkere Konzentration vorliegt, wenn eine Kurve überall stärker von der Geraden $\overline{0,(1,1)}$ abweicht als eine andere. Daß die so definierte Ordnung keine vollständige ist, wird daraus klar, daß sich zwei Lorenzkurven ohne weiteres schneiden können. Es ist daher notwendig, die Abweichung zu präzisieren. Dazu kann die Fläche zwischen der Lorenzkurve und der Geraden $\overline{0,(1,1)}$ dienen. Die Fläche unter der Lorenzkurve setzt sich aus n Dreiecken mit der Gesamtfläche

$$\frac{1}{2} \sum_{i=1}^{n} x_i\, y_i$$

und aus $n(n-1)/2$ Rechtecken mit der Gesamtfläche

$$\sum_{i=1}^{n} \sum_{j<i} x_i\, y_j = \frac{1}{2} \sum_{i=1}^{n} x_i \left(\sum_{j<i} y_j + 1 - \sum_{j \geq i} y_j \right)$$

zusammen. Durch Subtraktion der Fläche unter der Lorenzkurve von der Zahl 1/2, dem Maß der Fläche unter der Geraden $\overline{0,(1,1)}$, erhalten wir das Maß für die Fläche zwischen $\overline{0,(1,1)}$ und der Lorenzkurve mit

$$\frac{1}{2} \sum_{i=1}^{n} x_i \left(\sum_{j>i} y_j - \sum_{j<i} y_j \right).$$

Nun ist der *Ginische Index* durch

$$G = \frac{1}{2} \sum_{i=1}^{n} \sum_{j=1}^{n} |x_i\, y_j - x_j\, y_i| = \frac{1}{2} \sum_{i=1}^{n} \sum_{j=1}^{n} x_i\, x_j \left| \frac{y_i}{x_i} - \frac{y_j}{x_j} \right|$$

definiert. Wie man sich leicht überzeugt (siehe auch Theil [1967, S. 121 – 123]), entspricht dieser Ausdruck genau der zweifachen Fläche zwischen $\overline{0,(1,1)}$ und der Lorenzkurve.

Die linke Figur zeigt, daß auf 50% der Einkommensempfänger 10% des Einkommens gleichmäßig verteilt sind. Die restlichen 90% des Einkommens verteilen sich gleichmäßig auf die weiteren 50% der Einkommensempfänger. In der rechten Figur dagegen verfügen 10% der Einkommensempfänger über 50% des Einkommens. Weitere 50% verteilen sich gleichmäßig auf 90% der Einkommensempfänger. (Dieses einfache Beispiel zeigt, daß Konzentrationsmaße nicht kritiklos angewandt werden dürfen; sie sind vielmehr aufgrund von sachlogischen Überlegungen zu wählen.)

Ein wesentliches Problem jeder praktischen Konzentrationsmessung ergibt sich aus der Tatsache, daß oft nicht genügend genaue Informationen über die untersten und obersten Objektträger vorliegen. So gibt beispielsweise die Einkommensteuerstatistik keinen Aufschluß über Einkommensempfänger, die unter die Freigrenze fallen. Dadurch ist die Lorenzkurve oft nicht für den gesamten Bereich angebbar. Ein Maß, das gegen diese Unzulänglichkeiten relativ unempfindlich ist, wollen wir jetzt kennenlernen. Dazu sei vorausgesetzt, daß die Lorenzkurve differenzierbar ist.

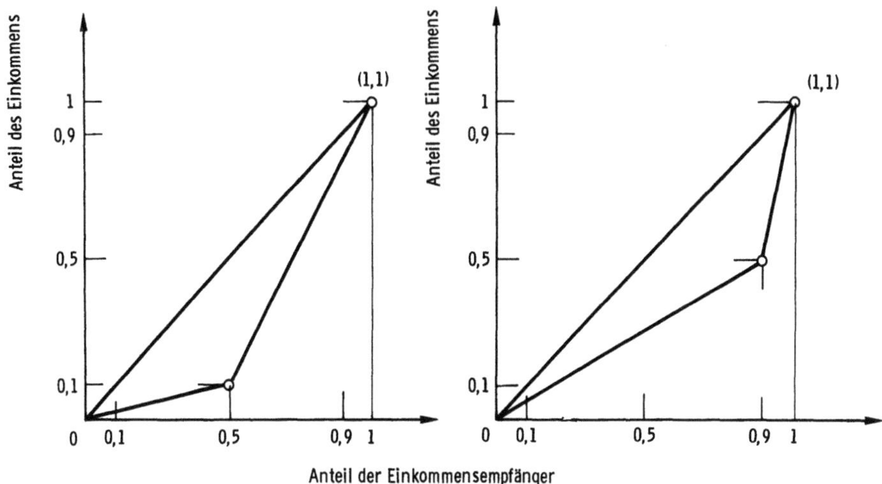

Abb. 19: Zwei verschiedene Sachverhalte, die das gleiche Konzentrationsmaß nach Gini haben

Wird nach dem Einkommensanteil gefragt, der neu zu verteilen wäre, damit alle Einkommensempfänger gleich viel erhielten, so kann dazu ebenfalls die Lorenzkurve herangezogen werden. Legen wir an sie eine zu $\overline{0,(1,1)}$ parallele Tangente, so definiert der Tangentialpunkt t das Durchschnittseinkommen. Der entsprechende Abszissenwert x_t gibt den Anteil der Einkommensempfänger an, die weniger als oder höchstens das Durchschnittseinkommen erreichen. Läge Gleichverteilung vor, so müßte $x_t = y_t$ gelten. Daraus folgt, daß $x_t - y_t$ jenen Anteil des Einkommens der überdurchschnittlich Verdienenden angibt, der an die unterdurchschnittlich Verdienenden abgegeben werden müßte, damit alle ein gleiches Durchschnittseinkommen erhalten könnten, oder aber auch: wieviel maximal zu nivellieren möglich ist. Menges und Kolbeck [1958, S. 87] bezeichnen daher die Differenz $x_t - y_t$ auch als maximalen Nivellierungssatz. Der Vorteil dieser Meßzahl liegt auf der Hand; im Unterschied zu den vorher besprochenen Maßzahlen braucht man hier die Lorenzkurve nur im Bereich um t herum zu kennen.

Wir beschränken uns darauf, den Begriff der Konzentration statisch zu sehen. Die Veränderung der Konzentration, also der dynamische Prozeß, kann durch die zeitliche Änderung von geeigneten Konzentrationsmaßen charakterisiert werden.

Die bisherigen Konzentrationsmaße beschränken sich immer auf Verteilungen eines einzigen Merkmals. Es kann jedoch durchaus interessant sein, gleichzeitig mehrere Eigenschaften oder Merkmale, wie beispielsweise Umsatz und Anzahl der Beschäftigten von Unternehmen, zu betrachten.

Weiterführende Literatur:

Blind 1953	Fisher 1927	Piesch 1975
Bruckmann 1969	Flaskämper 1933/34, 1949	Theil 1967
Eichhorn et al. 1978	Mudgett 1951	Voeller 1974
Ferschl 1980	Pfanzagl 1955	

Achtes Kapitel

Analysieren

36. Bivariabilität: Nicht-metrische Assoziationen

36.1 Einführung

Wir reservieren den Begriff der Korrelation für die Maßkorrelation (Abschnitt 37) und reden in allen anderen Fällen von Assoziation, Abhängigkeit, Verbundenheit oder Konkordanz. Alle diese Begriffe werden für nicht-metrische Korrelationen angewandt, allerdings leider nicht in einheitlicher Form.

Es gibt wichtige Bereiche in der statistischen Methodologie, die sich nicht eindeutig der Deskription oder der Schätzung zuordnen lassen, vielmehr von beiden etwas haben und je nach (mehr oder minder objektiver) Interpretation als Deskription oder Inferenz gelten. Nach meinem Dafürhalten gehört die ganze Regressions- und Korrelationsanalyse zu diesem Zwischenbereich. Sie ist je nach Interpretation beschreibend oder inferential oder gemischt. Die Zwischenbereiche offenbaren sich meist schon — allerdings nicht immer — daran, daß sie den Ausdruck „Analyse" im Namen tragen, wie eben bei Regressions- und Korrelationsanalyse, Streuungsanalyse, Zeitreihenanalyse.

In den USA ist in den letzten Jahren eine Bewegung aufgekommen, die in vielen anderen Ländern, in Europa hauptsächlich in Frankreich, kopiert wird: die exploratorische Datenanalyse, von John W. Tukey abgekürzt zu EDA: Exploratory Data Analysis. Hinter dieser Bewegung steht das Gefühl, daß die bisherige statistische Praxis zu rigide in den Methoden war und zu wenig an den Daten orientiert. Dieses Gefühl trügt gewiß nicht. Doch ist fraglich, ob die EDA wirklich den bisherigen Schwächen abhelfen kann.

Häufig vereinigen sich Beschreibung und Inferenz (nicht Entscheidung) zur Analyse, wenn es um den Zusammenhang zwischen zwei Merkmalen geht; Rauchen und Lungenkrebs, Geschwindigkeit und Zahl der Verkehrsunfälle usw.

Die statistische Methodologie hat zahlreiche Verfahren zur Analyse von zwei Merkmalen entwickelt.

36.2 Merkmale und Skalen

Die statistische Methodologie hat hier sogar darauf geachtet, wie die Merkmale skaliert sind. Im Anschluß an Glass und Stanley [1970] klassifizieren wir die Analyseverfahren danach, ob die beiden beteiligten Merkmale klassifikatorisch, komparativ oder metrisch sind.

	Merkmal A	klassifikatorisch		komparativ	metrisch
Merkmal B		diskret	stetig		
klassi-fikatorisch	diskret	1) Phi 2) Kontingenz-koeffizient	.	Rang-Biserielle Korrelation	Punkt-Biserielle Korrelation
	stetig	.	Tetra-chorisch	.	Biserielle Korrelation
komparativ		Rang-Biserielle Korrelation	.	Spearman ϱ Kendall τ Goodman g	.
metrisch		Punkt-Biserielle Korrelation	Biserielle Korrelation	.	Pearson r

In den Zellen, in denen Punkte stehen, wurden bis jetzt noch keine entsprechenden Analyseverfahren entwickelt.

36.3 Die Kontingenztabelle

Sie ist eine zweidimensionale Häufigkeitsverteilung. Die zwei Dimensionen kommen entweder dadurch zustande, daß an einem Individuum zwei Merkmale beobachtet und untersucht werden, z.B. Geschlecht und Alter, oder daß ein Doppelexperiment ausgeführt wird, z.B. ein Münzenwurf auf einem Schachbrett, wobei das eine Merkmal die Modalitäten „Kopf" oder „Adler" hat, das andere Merkmal die Modalitäten 1 bis 64 entsprechend den Feldern des Schachbretts.

Wir haben somit ein Merkmal A mit den Modalitäten (nicht notwendig Elementarmodalitäten) $a_1, \ldots, a_m$, sodann ein Merkmal B mit den Modalitäten (nicht notwendig Elementarmodalitäten) $b_1, \ldots, b_n$. In der Kontingenztabelle stehen die Fälle von Modalitätskombinationen (a_i, b_j), deren Anzahl sei

$$N_{ij} = N(a_i, b_j) \qquad i = 1, \ldots, m; \quad j = 1, \ldots, n.$$

Kontingenztabelle

B / A	b_1	b_2	$\ldots$	b_n	Σ
a_1	N_{11}	N_{12}	$\ldots$	N_{1n}	$N_{1.}$
a_2	N_{21}	N_{22}	$\ldots$	N_{2n}	$N_{2.}$
$\vdots$	$\vdots$			$\vdots$	$\vdots$
a_m	N_{m1}	N_{m2}	$\ldots$	N_{mn}	$N_{m.}$
Σ	$N_{.1}$	$N_{.2}$	$\ldots$	$N_{.n}$	N

Oft spricht man statt von Kontingenztabellen von Korrelationstabellen, wenn beide Merkmale metrisch sind. Die Summenspalten heißen *Randverteilungen* oder Marginalverteilungen (von lat. margo), da sie gleichsam auf dem Rand zusammengeschobene Verteilungen sind. Sie sind wichtig, da sie die eindimensionalen Häufigkeitsverteilungen für die beiden Merkmale darstellen. $N_1., N_2., \ldots, N_m.$ für das Merkmal A; $N_{.1}, N_{.2}, \ldots, N_{.n}$ für das Merkmal B. $N_i.$ und $N_{.j}$ heißen auch Randhäufigkeiten.

Die im Tabellenrumpf stehenden Häufigkeiten N_{ij} werden dann zur Verdeutlichung *gemeinsame Häufigkeiten* genannt.

Analog wie man bedingte Wahrscheinlichkeiten und bedingte Dichten definiert, lassen sich auch bedingte relative Häufigkeiten definieren:

$$N_A(a_i \,|\, b_j) = \frac{N_{ij}}{N_{.j}}, \tag{*}$$

$$N_B(b_j \,|\, a_i) = \frac{N_{ij}}{N_{i.}} \quad i = 1, \ldots, m; \quad j = 1, \ldots, n. \tag{**}$$

(*) gibt für das Merkmal A die bedingten relativen Häufigkeiten an, nämlich die Häufigkeit der Modalität a_i, wenn die Modalität b_j des Merkmals B gegeben ist.

Entsprechend gibt (**) die bedingten relativen Häufigkeiten für das Merkmal B an.

36.4 Der Phi-Koeffizient

Er ist ein Spezialfall des später zu besprechenden Bravais-Pearsonschen Korrelationskoeffizienten, und zwar der Spezialfall, wenn beide Merkmale diskret sind und klassifikatorisch.

Im Falle der Vierfelder-Tafel

A \ B	b_1	b_2
a_1	α	β
a_2	γ	δ

vereinfacht sich Φ zu

$$\Phi = \frac{\beta\gamma - \alpha\delta}{\sqrt{(\alpha + \beta)(\gamma + \delta)(\alpha + \gamma)(\beta + \delta)}}.$$

$|\Phi|$ nimmt Werte aus dem Einheitsintervall an, erreicht das Maximum 1 aber nur, wenn $(\alpha + \beta) = (\gamma + \delta)$ und $(\alpha + \gamma) = (\beta + \delta)$.

Beispiel: 20 Versuchspersonen wird ein Schlafmittel gegeben:

A \ B	b_1 männlich	b_2 weiblich	Σ
a_1 Mittel wirkt	6	8	14
a_2 Mittel wirkt nicht	4	2	6
Σ	10	10	20

Hat das Geschlecht einen Einfluß auf die Wirkung des Schlafmittels?

Antwort:

$$\Phi = \frac{32 - 12}{\sqrt{14 \cdot 6 \cdot 10 \cdot 10}} = \frac{20}{91,65} = 0,22 \,.$$

Eher nein, da Φ viel näher bei Null als bei Eins liegt.

36.5 Der Kontingenzkoeffizient

Analog zur Unabhängigkeit von Wahrscheinlichkeiten (Abschnitt 10.2) heißen zwei Merkmale A und B *unabhängig*, wenn gilt:

$$\frac{N_{ij}}{N} = \frac{N_{i.}}{N} \cdot \frac{N_{.j}}{N} \quad \text{für alle i und j,} \tag{*}$$

d.h. wenn die gemeinsamen Häufigkeiten sich zueinander verhalten wie ihre Randverteilungen. Im obigen Beispiel ergäbe sich bei Unabhängigkeit

7	7
3	3

Der Grundgedanke des Kontingenzkoeffizienten besteht darin, daß die quadratische Differenz zwischen

6	8
4	2

und

7	7
3	3

ein Maß für die Stärke der Abhängigkeit zwischen A und B ist.

Bezeichnen wir die bei Unabhängigkeit zu erwartenden Häufigkeiten mit N_{ij}^{*}; nach (*) gilt

$$N_{ij}^{*} = \frac{N_{i.} N_{.j}}{N} \,;$$

dann ist

$$\chi^2 = \sum_{i=1}^{m} \sum_{j=1}^{n} \frac{(N_{ij} - N_{ij}^*)^2}{N_{ij}^*}$$

oder

$$\chi^2 = \sum_{i=1}^{m} \sum_{j=1}^{n} \frac{\left(N_{ij} - \dfrac{N_{i.}\,N_{.j}}{N}\right)^2}{\dfrac{N_{i.}\,N_{.j}}{N}}$$

(im Beispiel: $\chi^2 = \frac{20}{21}$)

bereits ein Maß für die Stärke der Abhängigkeit, und zwar ist $\chi^2 = 0$ bei Unabhängigkeit.

Man bezeichnet diese Größe mit χ^2, da sie auch die Prüfgröße eines Tests ist, der auf der χ^2-Verteilung (vgl. Abschnitt 15.5 (2)) basiert. Da aber χ^2 mit der Größenordnung des Problems wächst, definiert man den Kontingenzkoeffizienten wie folgt:

$$K = \sqrt{\frac{\chi^2}{N + \chi^2}}$$

(im Beispiel: $K = 0{,}213$). Er nimmt Werte aus dem Einheitsintervall [0,1] an, allerdings, wie auch Φ, den Wert 1 nur bei Vorliegen bestimmter Bedingungen. Der Maximalwert von K, K_{max}, ist

$$K_{max} = \sqrt{\frac{\min(m, n) - 1}{\min(m, n)}}$$

(im Beispiel $K_{max} = \sqrt{\dfrac{2 - 1}{2}} = 0{,}707$).

Mit Hilfe von K_{max} kann man K wie folgt normieren

$$\bar{K} = \frac{K}{K_{max}}$$

(im Beispiel: $\bar{K} = 0{,}213/0{,}707 = 0{,}301$).

36.6 Der tetrachorische oder Vierfelder-Koeffizient

Wie die beiden Maße des vorangegangenen Abschnitts ist auch der tetrachorische Koeffizient dem Fall gewidmet, daß beide Merkmale nur klassifikatorisch sind; doch ist der tetrachorische Koeffizient dann anzuwenden, wenn die beiden Merkmale von Hause aus stetig sind. Außerdem muß (strenggenommen) vorausgesetzt werden, daß die beiden Merkmale normalverteilt sind. Das Konzept, welches bereits im Jahre 1913 von Karl Pearson entwickelt worden war, ist damit auf solche Fragestellungen sinnvoll anwendbar, wo die Informationen unzulänglich sind. Zum Beispiel ist die Häufigkeit des Brustkrebses mit dem Alter korreliert, welches seinerseits ein stetiges Merkmal ist. Wird es (künstlich) diskretisiert: unter 45 Jahre, über 45 Jahre, dann entsteht die tetrachorische Fragestellung.

Beispiel: 84 Patientinnen in Morobe:

Alter Brustkrebs	unter 45 Jahre	über 45 Jahre	$\sum$
ja	2	18	20
nein	22	42	64
$\sum$	24	60	84

Der tetrachorische Koeffizient ist bezüglich der Vierfelder-Tafel

α	β
γ	δ

definiert als

$$r_{tet} = \cos\left(\frac{180°}{1 + \sqrt{\dfrac{\beta\,\gamma}{\alpha\,\delta}}}\right)$$

(im Beispiel: $r_{tet} = \cos\dfrac{180°}{1 + \sqrt{4,71}} = 0,55$).

Der Koeffizient, der Werte aus dem Einheitsintervall annehmen kann, zeigt hier eine Assoziation zwischen dem Alter und der Häufigkeit des Brustkrebses an.

36.7 Der rang-biserielle Koeffizient

Liegt das eine Merkmal (diskret) klassifikatorisch vor, das andere aber komparativ, so kann man nach Cureton [1956] und Glass [1966] den Koeffizienten r_b zur Messung der Assoziation zwischen den beiden Merkmalen anwenden. Die rang-biserielle Assoziation errechnet sich als

$$r_b = \frac{2}{N}\,(\mu_1 - \mu_0),$$

wobei N die Zahl der Beobachtungspaare; μ_0 und μ_1 bestimmen sich wie folgt. Das klassifikatorische Merkmal A habe zwei Ausprägungen $a_0 = ja = 0$, $a_1 = nein = 1$.

μ_0 ist die durchschnittliche Rangzahl des Merkmals B in der Klasse 0 des Merkmals A, μ_1 die durchschnittliche Rangzahl des Merkmals B in der Klasse 1 des Merkmals A.

210

Beispiel (nach Hinkle, Wiersma, Jurs [1979]): Zwölf Personen, die entweder zur ersten Einwanderergeneration gehören — a_0 — oder zur zweiten, dritten usw. (Kinder, Enkel usw. von Einwanderern) — a_1 —, werden nach ihrem sozio-ökonomischen Status u_i geordnet (u_1 = höchster Status):

u_1	u_2	u_3	u_4	u_5	u_6	u_7	u_8	u_9	u_{10}	u_{11}	u_{12}
1	1	1	0	0	1	1	0	1	0	0	0

$$N = 12; \quad \mu_0 = \frac{50}{6} = 8{,}33; \quad \mu_1 = \frac{28}{6} = 4{,}67.$$

Hiernach errechnet sich $r_b = -0{,}61$, d.h. eine deutliche negative Assoziation: Die im Land Geborenen hatten tendenziell einen höheren sozio-ökonomischen Status.

36.8 Das Spearmansche ϱ und das Kendallsche τ

Liegen beide Merkmale in komparativer Form vor, so empfiehlt sich die Berechnung entweder des Spearmanschen ϱ oder des Kendallschen τ.

Unter den nicht-metrischen Assoziationskoeffizienten erfreut sich seit altersher (genauer seit dem Jahre 1904) das Spearmansche ϱ großer Beliebtheit. Bezeichnet N wieder die Anzahl der Wertepaare und sei d_i die Differenz zwischen den Rangnummern des i-ten Wertepaares, so ist Spearmans Koeffizient

$$\varrho = 1 - \frac{6 \sum_{i=1}^{N} d_i^2}{N(N^2 - 1)}.$$

Das Kendallsche τ war als Verbesserung des Spearmanschen ϱ gedacht (insbesondere erlaubt τ im Gegensatz zu ϱ die Bestimmung partieller Korrelationen), hat sich jedoch kaum durchsetzen können. N bezeichne wieder die Zahl der Wertepaare. Die Wertepaare werden nach den Rangnummern des Merkmals A geordnet. Nun betrachtet man die Rangnummern des Merkmals B und zählt, von links beginnend, soviel kleinere Rangnummern als jeweilige rechts von dieser stehen. Q bezeichne die Zahl der rechts kleineren Rangnummern. Dann ist Kendalls τ:

$$\tau = 1 - \frac{4Q}{N(N-1)}.$$

Beispiel: Zwei Wahrscheinlichkeitssubjektivisten S und T beurteilen die Wahrscheinlichkeit des Auftretens von 7 verschiedenen Ereignissen A, B, C, D, E, F, G wie folgt:

Ereignis	A	C	D	B	F	G	E	
Herr S Herr T	1 5	2 6	3 2	4 7	5 1	6 4	7 3	
d_i	4	4	1	3	4	2	4	
d_i^2	16	16	1	9	16	4	16	78

Kann man sagen, daß Herr S. und Herr T. ähnliche Wahrscheinlichkeitsbeurteilungen
abgeben?

$$\varrho = 1 - \frac{6 \cdot 78}{7 \cdot 48} = -0,393,$$

$$\tau = 1 - \frac{4 \cdot 13}{7 \cdot 6} = -0,238.$$

Beide Maße zeigen eine negative, eher bei Null liegende Größe. Herr S. und Herr T.
geben nicht ähnliche Beurteilungen ab; sie geben tendenziell divergierende Beurteilungen ab.

36.9 Goodmans Kontingenz

Ein neuartiges Assoziationsmaß, von Goodman und Kruskal vorgeschlagen, verlangt,
die Anzahl der konkordanten Paare

$$N_{(+)} = \sum_{i,j} \sum_{\substack{i<i* \\ j<j*}} N_{ij} N_{i*j*}$$

und die Anzahl der diskordanten Paare

$$N_{(-)} = \sum_{i,j} \sum_{\substack{i<i* \\ j>j*}} N_{ij} N_{i*j*}$$

zu zählen und die Kontingenz wie folgt zu messen

$$g = \frac{N_{(+)} - N_{(-)}}{N_{(+)} + N_{(-)}} .$$

g nimmt Werte zwischen -1 und $+1$ an. Kommen keine ranggleichen Paare vor, geht
g, wie im obigen Beispiel, in das Kendallsche τ über.

36.10 Punkt-biserielle Koeffizienten

Es kommt gelegentlich vor, daß das eine Merkmal (diskret-)klassifikatorisch ist, das
andere aber voll metrisch entwickelt, z.B. Löhne von Männern und Frauen. In diesen
Fällen empfiehlt sich die Anwendung des sog. punkt-biseriellen Koeffizienten

$$r_{pb} = \frac{\bar{x}_1 - \bar{x}_0}{s_x} \sqrt{p\,q} .$$

Hierbei ist $\bar{x}_0$ der Mittelwert der Löhne der Frauen, $\bar{x}_1$ der Mittelwert der Löhne der
Männer, s_x die Standardabweichung aller Löhne, p die relative Häufigkeit der
Frauen, q die relative Häufigkeit der Männer.

36.11 Biserielle Koeffizienten

Steht ein metrisches Merkmal einem (stetig-)klassifikatorischen gegenüber, so modifiziert sich die obige Formel zu

$$r_b = \frac{\bar{x}_1 - \bar{x}_0}{s_x} \, \frac{pq}{u},$$

d.h. auf der rechten Seite kommt noch u in den Nenner; u bedeutet die Ordinate der standardisierten Normalverteilung an der Stelle, an der die Fläche unter der standardisierten Normalverteilung im Verhältnis p:q geteilt ist.

Wieder ist vorausgesetzt, daß dem (stetig-)klassifikatorischen Merkmal eine normalverteilte Zufallsvariable zugrunde liegt. Diese könnte das Alter sein. Es sei dichotomisiert in „jung"[0] und „alt"[1]. Ihm stehe als metrisches Merkmal gegenüber: Ausgaben auf dem Rummelplatz. Man erhalte für 100 Individuen (Rummelplatzbesucher, 65 junge und 35 alte) folgende Werte:

$\bar{x}_0$ = 78 DM (durchschnittliche Ausgabe der Jungen)
$\bar{x}_1$ = 62 DM (durchschnittliche Ausgabe der Alten).
s_x = 11,30 DM
p = 0,65
q = 0,35
u = 0,3704 (nach Anhang II).

Jetzt können wir r_b ausrechnen:

$$r_b = \frac{62 - 78}{11,3} \cdot \frac{0,2275}{0,3704} = -0,87,$$

d.h. eine starke negative Korrelation, die anzeigt, daß die Merkmale Alter und Ausgabe auf dem Rummelplatz stark negativ assoziiert sind (die Jüngeren geben tendenziell mehr aus).

37. Maßkorrelation

37.1 Einführung

Während die bisher betrachteten Konkordanz- oder Assoziationsmaße für die Fälle zuständig sind, bei denen wenigstens ein Merkmal nicht metrisch skaliert ist, betrachten wir jetzt die Konkordanzmaße, bei denen alle beteiligten Merkmale metrisch skaliert sind. In diesem Fall spricht man auch von Maßkorrelation. (Klassischerweise im Gegensatz zur Rangkorrelation. Tatsächlich geht der Unterschied aber, wie wir wissen, weiter.)

Der wichtigste Maßkorrelationskoeffizient, man kann sagen, der Korrelationskoeffizient schlechthin, ist die Pearsonsche Maßkorrelation, gemessen durch den (Pearsonschen) Produktmomenten-Korrelationskoeffizienten. Alle im vorigen Abschnitt betrachteten Assoziationsmaße sind Spezialfälle oder Modifikationen von Spezialfällen des Pearsonschen Koeffizienten. Es gibt mehrere Verfahren der Herleitung und Begründung der Pearsonschen Korrelation; wir wählen zunächst den einfachsten Weg, den über die Kovarianz.

37.2 Die Kovarianz

Die Kovarianz zwischen den metrischen Merkmalen x und y mit den Beobachtungen $x_1, x_2, \ldots, x_N$ bzw. $y_1, y_2, \ldots, y_N$ ist ein Maß für die gemeinsame (lineare) Streuung von x und y und ist definiert als

$$s_{xy} = \frac{1}{N} \sum_{i=1}^{N} (x_i - \bar{x})(y_i - \bar{y}).$$

Die Analogie zum Streuungskonzept ersieht man daran, daß man bei Ersetzung des Terms $(y_i - \bar{y})$ durch $(x_i - \bar{x})$ die Streuung von x erhält, bei Ersetzung des Terms $(x_i - \bar{x})$ durch $(y_i - \bar{y})$ die Streuung von y.

Da x und y metrische Merkmale sind, können wir ihre Realisationen im $\mathbb{R}^2$ darstellen. Zur Vereinfachung betrachten wir ein Koordinatensystem mit dem Ursprung $\bar{x}$, $\bar{y}$ und unterscheiden drei markante Fälle:

(a) Alle Wertepaare liegen im I. und III. Quadranten: hohe positive Kovarianz.

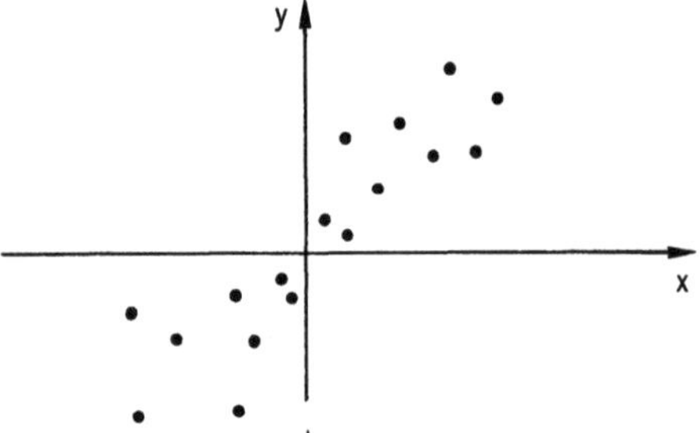

(b) Alle Wertepaare liegen im II. und IV. Quadranten: hohe negative Kovarianz.

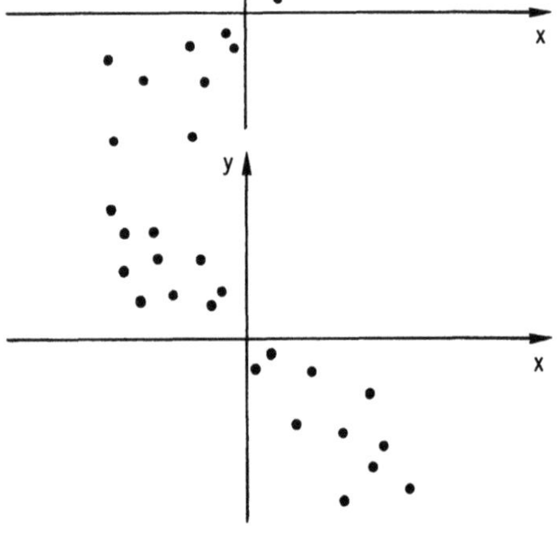

(c) Die Wertepaare sind gleichmäßig im I., II., III. und IV. Quadranten verteilt: Abwesenheit von Kovarianz, d. h. x und y sind unverbunden.

Man sieht, die Kovarianz ist bereits ein Ausdruck für die Maßkorrelation. In der Tat. Aber mit schwerwiegenden Mängeln, hauptsächlich dem, mit N zu wachsen. Außerdem ist s_{xy} desto größer, je kleiner die Dimension von x und y gewählt wird.

37.3 Der Pearsonsche Korrelationskoeffizient

Um diesen Mangel zu beseitigen, normiert man die Kovarianz s_{xy} in der folgenden Weise

$$r_{xy} = \frac{s_{xy}}{s_x \, s_y} \, ,$$

wobei s_x und s_y die Standardabweichungen (d.h. die positiven Quadratwurzeln aus den Streuungen s_x^2 und s_y^2) von x und y sind. Man nennt dieses Maß Korrelation; genauer Produktmoment-Korrelation, da sich r_{xy} als Produktmoment

$$m_{\tilde{x}\tilde{y}} = \frac{1}{N} \sum_{i=1}^{N} \tilde{x}_i \, \tilde{y}_i$$

der standardisierten Werte

$$\tilde{x}_i = \frac{x_i - \bar{x}}{s_x} \, , \quad \tilde{y}_i = \frac{y_i - \bar{y}}{s_y} \quad (i = 1, \ldots, N)$$

darstellen läßt:

$$r_{xy} = m_{\tilde{x}\tilde{y}} \, .$$

r_{xy} nimmt Werte aus dem Intervall $[-1, +1]$ an und erhält das Vorzeichen der Kovarianz. Man vereinbart folgende Sprechweisen.

Grenzfall $r_{xy} = -1$: totale negative Korrelation (ungestörte lineare Gegenläufigkeit zwischen y und x; alle Wertepaare (x_i, y_i) liegen auf einer Geraden mit negativer Steigung).

Grenzfall $r_{xy} = +1$: totale positive Korrelation (ungestörte lineare Gleichläufigkeit zwischen x und y; alle Wertepaare (x_i, y_i) liegen auf einer Geraden mit positiver Steigung).

$r_{xy} = 0$: totale Abwesenheit von Korrelation.

Die drei Fälle sind bei empirischen Daten indessen nie zu erwarten, höchstens durch Zufall. Wie empirische Korrelationskoeffizienten zu bewerten sind, hängt vom Statistiker ab, der hier seine Intuition und Erfahrung – zu Recht – einbringt. Im einen Fall wird er einen Wert von 0,8 für hoch halten, im anderen Fall für niedrig. Zwar werden wir später Tests zur Prüfung von Korrelationskoeffizienten kennenlernen. Aber solche Tests und damit auch der Korrelationskoeffizient, der geprüft wird, stehen dann unter anderen Prinzipien als hier, nämlich unter inferentialen und nicht unter analytisch-beschreibenden. In der Tat kann der Korrelationskoeffizient, wie viele (ja, eigentlich alle) analytischen Ergebnisse der Statistik in (nur-) beschreibenden, analytisch beschreibenden und inferentialen Kontext gestellt werden.

Gerade der Korrelationskoeffizient ist geeignet, durch den Statistiker „semantisch koloriert" zu werden. Das hat man lange als Vorteil empfunden, sieht es aber mehr und mehr als Nachteil an, und so ist zu beobachten, daß die ehemals zentrale Rolle der Korrelationsbetrachtung und -analyse schwindet. Sie wird ersetzt durch einerseits spezielle Konzepte wie die Autokorrelation, andererseits durch die Regressions- und Streuungsanalyse, die in ihren Aussagen zwar klarer ist, semantisch aber weniger zur Kolorierung geeignet.

Beispiel: x_t ($t = 1960, 1961, \ldots, 1979$) seien die Werte des Volkseinkommens der Bundesrepublik Deutschland in den entsprechenden Jahren (dem Statistischen Jahrbuch entnommen) und y_t die Werte des Konsums (privater Verbrauch) für dieselben Jahre. Dann errechnet sich aus den 20 Wertepaaren (x_t, y_t) ein Korrelationskoeffizient $r_{xy} = 0{,}9991$, der auf einen sehr engen linearen Zusammenhang (mit positiver Steigung) zwischen Volkseinkommen und Konsum hinweist.

37.4 Lineare Einfachregression – Methode der kleinsten Quadrate

Den Begriff „Regression" hat F. Galton in den achtziger Jahren des vorigen Jahrhunderts eigentlich für einen sehr speziellen genetischen Sachverhalt geprägt, einen trivialen sogar, den er für dramatisch hielt. Aber den Statistikern hat der Name offenbar gefallen, denn bis heute wird der Begriff in der Statistik und ihren Nachbardisziplinen benutzt. Die klassische Methode zur Bestimmung von Regressionen geht allerdings auf Carl Friedrich Gauß zurück, die Methode der kleinsten Quadrate. Sie ist ein Analyseinstrument par excellence, weshalb es Schwierigkeiten macht, sie als Inferenzverfahren zu interpretieren; auch wird sie manchmal als parametrisches, dann wieder als nicht-parametrisches Verfahren angesehen. Tatsächlich kommt es auf die Interpretation an.

Zunächst einmal ist die Methode der kleinsten Quadrate ein Fehlerausgleichverfahren, das für statistische Analysen und Schätzungen verwendet werden kann.

Im Beispiel des obigen Abschnitts hatten wir die Korrelation zwischen Konsum und Volkseinkommen mit $r_{xy} = 0{,}9991$ ermittelt. Nun wollen wir ergänzend und präzisierend herausfinden, von welcher Art diese Korrelation ist, d. h. um wieviel der Konsum steigt, wenn das Volkseinkommen um eine Million DM wächst. Die Antwort erteilt die Regression. Sie sei als lineare angenommen $y = a_0 + a_1 x$.

Wir tragen die Wertepaare (x_i, y_i) $i = 1, \ldots, N$ in der $\mathbb{R}^2$-Ebene graphisch ab und definieren die zunächst noch unbekannten Abweichungen der

empirischen (beobachteten) y-Werte y_i ($i = 1, \ldots, N$)

von den

theoretischen y-Werten $y_i^* = a_0 + a_1 x_i$ ($i = 1, \ldots, N$),

die auf der Regressionsgeraden $y = a_0 + a_1 x$ liegen, als

Residuen $e_i = y_i - y_i^* = y_i - (a_0 + a_1 x_i)$ ($i = 1, \ldots, N$).

y heißt in diesem Zusammenhang auch endogene Variable, erklärte Variable oder Regressand; x heißt exogene Variable, erklärende Variable oder Regressor.

a_0 und a_1 sind die Konstanten der Regressionsfunktion. Faßt man die Methode der kleinsten Quadrate als Schätzverfahren (Inferenz) auf, dann sind a_0 und a_1 zu schätzende Parameter. Hier im Kapitel „Analysieren" fassen wir sie jedoch einfach als unbekannte Koeffizienten auf, die „bestimmt" werden. Die „Bestimmung" erfolgt nach Gauß dadurch, daß

$$S(a_0, a_1) = \sum_{i=1}^{N} e_i^2 \qquad \text{(Summe der Abweichungsquadrate)}$$

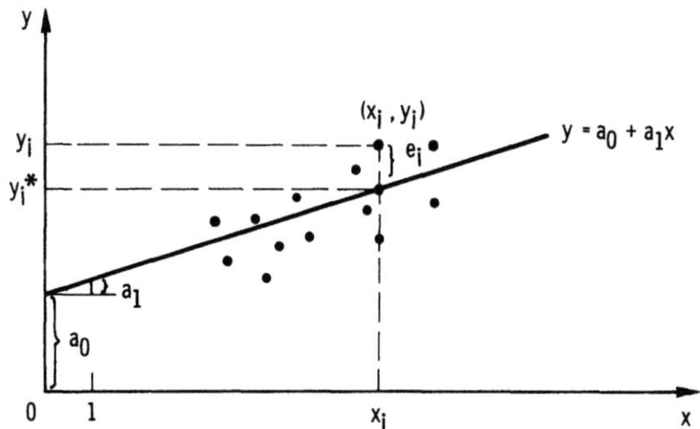

Abb. 20: Die Regression $y = a_0 + a_1 x$

bezüglich der Unbekannten a_0 und a_1 minimiert wird (daher der Name „Methode der kleinsten Quadrate").

Um spätere Verallgemeinerungen zu erleichtern, schreiben wir die Regression in Matrixform:

$$Y \quad = \quad X \quad a \quad + \quad e$$

$$\begin{bmatrix} y_1 \\ \cdot \\ \cdot \\ \cdot \\ y_N \end{bmatrix} = \begin{bmatrix} 1 & x_1 \\ \cdot & \cdot \\ \cdot & \cdot \\ \cdot & \cdot \\ 1 & x_N \end{bmatrix} \begin{bmatrix} a_0 \\ a_1 \end{bmatrix} + \begin{bmatrix} e_1 \\ \cdot \\ \cdot \\ \cdot \\ e_N \end{bmatrix}$$

$$(N \times 1) \qquad (N \times 2) \ (2 \times 1) \qquad (N \times 1)$$
$$(N \times 1)$$

Insbesondere ist e der Spaltenvektor der Residuen und $e' = (e_1, \ldots, e_N)$ der entsprechende Zeilenvektor, so daß die Minimierungsvorschrift auch einfach geschrieben werden kann als

$$e' e \to \min.$$

Wir multiplizieren S aus und erhalten

$$S\,(a_0, a_1) = Y'\,Y - 2\,a'\,X'\,Y + a'\,X'\,X\,a.$$

Nunmehr wird S nach dem Vektor a differenziert

$$\frac{\partial S}{\partial a} = 0 \quad -2\,X'\,Y \ +2\,X'\,X\,a$$

und die Ableitung gleich Null gesetzt:

$$-X'\,Y + X'\,X\,a = 0.$$

Wir setzen jetzt voraus, daß $X'\,X$ regulär ist (d.h. det $X'\,X \neq 0$). Durch Multiplikation mit der Inversen $(X'\,X)^{-1}$ von links auf beiden Seiten der Gleichung erhalten wir zunächst

$$(X'\,X)^{-1}\,X'\,X\,a = (X'\,X)^{-1}\,X'\,Y$$

und schließlich wegen I a = a (I = Einheitsmatrix)

$$a = (X' X)^{-1} X Y.$$

Man zeigt leicht, daß

$$a = \begin{bmatrix} a_0 \\ a_1 \end{bmatrix} = \begin{bmatrix} \bar{y} - \dfrac{s_{xy}}{s_x^2} \bar{x} \\[2ex] \dfrac{s_{xy}}{s_x^2} \end{bmatrix}$$

wobei $\bar{y}$ der arithmetische Mittelwert der y-Werte, $\bar{x}$ der arithmetische Mittelwert der x-Werte und s_x^2 die Streuung der x-Werte ist.

Das obige Resultat für a können wir auch durch zwei die Eigenschaften der Residuen betreffende Forderungen erreichen, nämlich:

(1)	(2)
$\displaystyle\sum_{i=1}^{N} e_i \overset{!}{=} 0$	$\displaystyle\sum_{i=1}^{N} e_i x_i \overset{!}{=} 0$
$\displaystyle\sum_{i=1}^{N} y_i = N\, a_0 + a_1 \sum_{i=1}^{N} x_i$	$\displaystyle\sum_{i=1}^{N} x_i y_i = a_0 \sum_{i=1}^{N} x_i + a_1 \sum_{i=1}^{N} x_i^2$

Diese beiden Gleichungen heißen die Gaußschen Bestimmungs- oder Normalgleichungen.

Beispiel: Wir greifen wieder das Beispiel aus Abschnitt 37.3 auf. Die Bestimmung der Konsumfunktion $y = a_0 + a_1 x$ mit $y = $ Konsum und $x = $ Volkseinkommen nach der Methode der kleinsten Quadrate ergibt:

$$y = 6{,}752 + 0{,}695\, x \quad \text{(in Mrd. DM)}.$$

37.5 Multiple und nichtlineare Regression

In Abschnitt 37.4 betrachteten wir den einfachsten Fall der Regression, nämlich nur einen Regressor bei linearem Zusammenhang. Oft sind es aber mehrere exogene Variablen, die einen Einfluß auf die endogene Variable ausüben, im Konsumfunktionsbeispiel etwa nebem dem Einkommen das Preisniveau. Außerdem können einige oder alle Regressionsbeziehungen nichtlinear sein.

Die lineare Mehrfachregression lautet

$$y = a_0 + a_1 x_1 + \ldots + a_m x_m;$$

wobei $x_1, \ldots, x_m$ die exogenen Variablen oder Regressoren darstellen. Die Matrixschreibweise bleibt ganz analog

$$
\begin{array}{cccc}
Y & = & X & a & + & e
\end{array}
$$

$$
\begin{bmatrix} y_1 \\ \cdot \\ \cdot \\ \cdot \\ y_N \end{bmatrix} = \begin{bmatrix} 1 & x_{11} & \cdots & x_{m1} \\ & \cdot & & \cdot \\ & \cdot & & \cdot \\ & \cdot & & \\ 1 & x_{1m} & & x_{mN} \end{bmatrix} \begin{bmatrix} a_0 \\ a_1 \\ \cdot \\ \cdot \\ \cdot \\ a_m \end{bmatrix} + \begin{bmatrix} e_1 \\ \cdot \\ \cdot \\ \cdot \\ e_N \end{bmatrix}
$$

Setzen wir wieder die Regularität von $X'X$ voraus, dann erhalten wir das ganz analoge Resultat zu vorher, nur „verlängert".

Ähnlich verhält es sich bei nicht-linearer Regression, z. B. bei quadratischer,

$$
y = a_0 + a_1 x + a_2 x^2,
$$

wo die Bestimmungsgleichungen lauten:

$$
\sum y_i = a_0 N + a_1 \sum x_i + a_2 \sum x_i^2
$$
$$
\sum x_i y_i = a_0 \sum x_i + a_1 \sum x_i^2 + a_2 \sum x_i^3
$$
$$
\sum x_i^2 y_i = a_0 \sum x_i^2 + a_1 \sum x_i^3 + a_2 \sum x_i^4.
$$

37.6 Die Bravais-Pearsonsche Korrelation

Die Ergebnisse des vorigen Abschnitts, wo die Residuen ja stets als additiv überlagernd vorgestellt wurden, legen es nahe, von der Gesamtstreuung denjenigen Teil abzuspalten, der auf die Residuen e entfällt.

Einerseits haben wir die Gesamtstreuung der endogenen Variablen y mit s_y^2, andererseits die Residualstreuung

$$
s_e^2 = \frac{1}{N} \sum_{i=1}^{N} e_i^2.
$$

Die Differenz zwischen beiden, nämlich

$$
s_{y*}^2 = s_y^2 - s_e^2,
$$

ist die durch die Regression „erklärte" Streuung (entsprechend ist s_e^2 der „nicht erklärte" Rest der Streuung). Setzen wir die erklärte zur gesamten Streuung ins Verhältnis und ziehen die Wurzel aus diesem Ausdruck, so erhalten wir den Bravais-Pearson-Korrelationskoeffizienten

$$
R = \sqrt{\frac{s_{y*}^2}{s_y^2}}.
$$

Dieser Korrelationskoeffizient ist der allgemeinste; er ist bei multipler Regression (er heißt dann multipler Korrelationskoeffizient) ebenso wie bei nichtlinearer Korrelation anwendbar. Der Produktmomenten-Korrelationskoeffizient ist ein Spezialfall, nämlich für lineare Einfachregression.

Man kann ihn auch so schreiben:

$$R = \sqrt{1 - \frac{s_e^2}{s_y^2}} \, .$$

Man sieht dann schön, daß wenn die Residualstreuung $s_e^2 \to 0$, $R \to 1$, oder wenn $s_{y*}^2 = 0$, dann $R = 0$.

R ein Vorzeichen zu geben, hat meist keinen Sinn (im Gegensatz zum Produktmomentenkoeffizienten, der das Vorzeichen der Kovarianz besitzt).

Heute ist es üblich, statt R das Bestimmtheitsmaß B

$$B = R^2$$

zu betrachten. (R^2 heißt auch Determinationskoeffizient.)

Für die lineare Einfachregression

$$y = a_0 + a_1 x$$

und die zugehörige Umkehrfunktion

$$x = b_0 + b_1 y$$

kann man zeigen:

$$B = a_1 b_1 \, .$$

37.7 Die Autokorrelation

An die Stelle der althergebrachten Maßkorrelation, die ihre Bedeutung mehr und mehr verliert, treten andere Konzepte, denen das Interesse der Statistiker und Ökonometriker zunehmend gilt. Eines dieser Konzepte ist die Autokorrelation, nämlich die Korrelation einer Variablen mit sich selbst, genauer: mit früheren Verwirklichungen ihrer selbst.

Wir beschränken die Betrachtung auf die besonders wichtige Autokorrelation der Residuen. Liegen die beobachteten Werte der endogenen und exogenen Variablen einer Regression als Zeitreihen vor, so besitzen die Residuen ebenfalls einen Zeitindex t, d. h. die Residuen sind e_t ($t = 1, 2, \ldots, N$).

$$c_k = \frac{1}{N-k} \sum_{t=1}^{N-k} e_t \, e_{t+k}$$

ist die Autokovarianz k-ter Ordnung. Für $k = 0$ erhält man die Varianz, d. h.

$$c_0 = s_e^2 \, .$$

Normiert man die Autokovarianz k-ter Ordnung mit der Varianz, so erhält man den Autokorrelationskoeffizienten

$$r_k = \frac{c_k}{c_0}$$

(natürlich ist $r_0 = 1$).

Da mit wachsender Ordnung von k immer weniger Summanden in die Berechnung von c_k eingehen, berechnet man in der Praxis r_k nur für $k \le k_{max}$ mit $\frac{1}{4} \le k_{max} \le \frac{1}{3}$. Unter inferentialem Aspekt erhält man sonst instabile Schätzungen für die „theoretischen Autokorrelationskoeffizienten".

38. Streuungsanalyse

Statistische Analysen beruhen zu großen Teilen auf Streuungen. Diese will man daher analysieren. Ein Stück Streuungsanalyse haben wir in Abschnitt 37.6 bereits kennengelernt. Dort wurde auch schon der wichtige Begriff der Residualstreuung eingeführt. Bei der Streuungszerlegung geht es darum, die Gesamtstreuung in Komponenten derart aufzuspalten, daß die einzelnen Teile sich bestimmten Ursachen der Variation zuteilen lassen. Der je verbleibende Rest ist die Residualstreuung.

38.1 Kontraste und quadratische Formen

Wir betrachten die Daten $x_1, \ldots, x_N$ (Beobachtungen oder Experimentergebnisse) als Zufallsvariablen.

Sei $c_1, c_2, \ldots, c_N$ eine Menge von Koeffizienten mit der Eigenschaft

$$\sum_{i=1}^{N} c_i = 0.$$

Dann bezeichnet man

$$C = \sum_{i=1}^{N} x_i c_i$$

als *Kontrast* der N Daten. Zwei Kontraste C_1 (mit den Koeffizienten c_{1i}) und C_2 (mit den Koeffizienten c_{2i}) heißen *orthogonal* genau dann, wenn

$$\sum_{i=1}^{N} c_{1i} c_{2i} = 0.$$

Man kann sagen, daß die Hauptaufgabe der Streuungsanalyse darin besteht, orthogonale Strukturen zu erzeugen, mit denen man wichtige Kontraste möglichst gut analysieren kann.

Sei $Q(x_1, \ldots, x_N)$ eine symmetrische *quadratische Form* in $x_1, \ldots, x_N$ der folgenden Art

$$Q(x_1, \ldots, x_N) = \sum_{i,k}^{N} c_{ik} x_i x_k \qquad (c_{ik} = c_{ki}).$$

Durch lineare orthogonale Transformation der Variablen $x_1, \ldots, x_N$ lassen sich orthogonale Kontraste bilden

$$C_k = \sum_{i=1}^{N} c_{ki} x_i \qquad (k = 1, \ldots, m; \quad m \leqq N)$$

und man kann erreichen, daß die quadratische Form als Summe von Quadraten erscheint:

$$Q = \sum_{k=1}^{m} C_k^2 \qquad (m \leqq N);$$

die Zahl m ist der Rang der quadratischen Form.

Für beliebiges N kann eine Menge C von $N - 1$ Kontrasten gefunden werden, so daß jedes Paar $C_k, C_l \in C$ orthogonal ist und für alle $C_k \in C$ gilt:

$$\sum_{i=1}^{N} (x_i - \bar{x})^2 = \sum_{k=1}^{N-1} \frac{C_k^2}{\sum\limits_{i=1}^{N} c_{ki}^2}; \qquad \bar{x} = \frac{1}{N} \sum_{i=1}^{N} x_i.$$

(Der Beweis kann mit Hilfe orthogonaler Matrizen gefunden werden.)

Sind die x_i Realisationen stochastisch unabhängiger Zufallsvariablen X_i $(i = 1, \ldots, N)$ mit dem identischen Erwartungswert $E(X) = 0$, dann sind auch die C_k^2 unabhängig oder zumindest unkorreliert, und $m = N - 1$ ist die *Zahl der Freiheitsgrade* von Q. Sind die X_i $(i = 1, \ldots, N)$ überdies identisch verteilt mit Varianz σ^2, dann gilt für den Erwartungswert

$$E\left(\frac{Q}{m}\right) = \sigma^2.$$

Satz:

(R. A. Fishers Lemma): Die Summe der Abweichungsquadrate

$$S^2 = \sum_{i=1}^{N} (x_i - \bar{x})^2 = \sum_{i=1}^{N} x_i^2 - N \bar{x}^2$$

ist eine quadratische Form in den $x_1, \ldots, x_N$ von $N - 1$ Freiheitsgraden. Daher ist

$$E\left(\frac{S^2}{N-1}\right) = \sigma^2.$$

Nimmt man zusätzlich an, daß die Zufallsvariablen X_i normalverteilt sind, so gehorcht die Größe S^2/σ^2 einer χ^2-Verteilung mit $N - 1$ Freiheitsgraden (vgl. Abschnitt 15.5 (2)).

38.2 Einfache Streuungszerlegung

Wir betrachten die Meßvariable x_{ij} $(i = 1, \ldots, r; \, j = 1, \ldots, N_i; \, \sum_{i=1}^{r} N_i = N)$, d.h. die Meßwerte x_{ij} seien in r Klassen oder Gruppen (mit dem Gruppenindex i) zu jeweils N_i Elementen unterteilt. Das arithmetische Mittel der i-ten Gruppe ist

$$\bar{x}_i = \frac{1}{N_i} \sum_{j=1}^{N_i} x_{ij} \quad (i = 1, \ldots, r),$$

das Gesamtmittel ist

$$\bar{x} = \frac{1}{N} \sum_{i=1}^{r} \bar{x}_i \, N_i.$$

Dann ist folgende Aufteilung möglich

$$\sum_{i,j} (x_{ij} - \bar{x})^2 = \sum_i N_i (\bar{x}_i - \bar{x})^2 + \sum_{i,j} (x_{ij} - \bar{x}_i)^2.$$

Jetzt liegen drei quadratische Formen vor:

$$Q = Q_1 + Q_2$$

mit den Rangzahlen $N - 1$ für Q, $r - 1$ für Q_1 und $N - r$ für Q_2. Unter den oben getroffenen Annahmen ist

$$E\left(\frac{Q}{N-1}\right) = E\left(\frac{Q_1}{r-1}\right) = E\left(\frac{Q_2}{N-r}\right) = \sigma^2.$$

Üblicherweise, besonders dann, wenn mit Hilfe der Streuungsanalyse Hypothesen getestet werden sollen, wird angenommen, die Zufallsvariablen $X_1, \ldots, X_N$ seien unabhängig und $N(\mu, \sigma)$-identisch normalverteilt. Diese Annahme ist wegen des Zentralen Grenzwerttheorems eher bei Experiment- als bei Beobachtungsergebnissen plausibel. Unter der Normalverteilungsannahme gehorcht die Testgröße Q/σ^2 einer χ^2-Verteilung mit $N - 1$ Freiheitsgraden, die Größe Q_1/σ^2 gehorcht einer χ^2-Verteilung mit $r - 1$ Freiheitsgraden und die Größe Q_2/σ^2 einer χ^2-Verteilung mit $N - r$ Freiheitsgraden.

38.3 Einfache Streuungsanalyse (beim zufälligen Plan)

In Abschnitt 22 sind wir dem Problem der Streuungsanalyse schon sehr nahe gekommen. Dort waren N Objekte und r Behandlungsarten gegeben. Die Meßergebnisse können wir zur Datenmatrix X

$$
X = \begin{array}{c} \\ \end{array}
\overset{\displaystyle (j)}{\begin{bmatrix} x_{11} & x_{12} \ldots & x_{1N} \\ x_{21} & x_{22} \ldots & x_{2N} \\ \vdots & \vdots & \vdots \\ x_{r1} & x_{r2} \ldots & x_{rN} \end{bmatrix}} (i)
$$

zusammenstellen.

Der Meßwert x_{ij} gibt die Verwirklichung der i-ten Behandlungsart beim j-ten Objekt an. Die Datenmatrix kann eine Kontingenztabelle sein, wenn die Meßwerte relative Häufigkeiten sind.

Wir können diese Datenmatrix in Spaltenvektoren

$$X = \begin{bmatrix} x_{1.} \\ \vdots \\ x_{r.} \end{bmatrix} \quad ; \quad x_{i.} = [x_{i1}, x_{i2}, \ldots, x_{iN}] \quad i = 1, \ldots, r$$

oder in Zeilenvektoren

$$X = [x_{.1}, \ldots, x_{.N}]; \quad x_{.j} = \begin{bmatrix} x_{1j} \\ \vdots \\ x_{rj} \end{bmatrix} \quad j = 1, \ldots, N$$

schreiben und entsprechend interpretieren.

Im ersten Fall betrachten wir die (Zufalls-)Variable $x_{i.}$ = i-te Behandlungsart mit den Realisationen in N Objekten.

Im zweiten Fall betrachten wir die (Zufalls-)Variable $x_{.j}$ = j-tes Objekt mit den Realisationen in r Behandlungsarten. Die erste Interpretation ist die übliche. Diese Datenmatrix ist aus mehreren Gründen sehr wichtig:

(1) Sie stellt die unmittelbarste Verallgemeinerung der (eindimensionalen) Stichprobe bzw. der Reihe dar.
(2) Die Verallgemeinerung ist zugleich die, die dem assoziativen Vermögen des Betrachters am meisten entgegenkommt. Zwei Merkmale und ihre Verbundenheit, z. B. Rauchen und Lungenkrebs, kann man geistig verarbeiten, kommt ein drittes Merkmal hinzu, etwa Geschlecht, sucht man sofort und unwillkürlich nach einem Reduktionsmaß.
(3) Wegen (2) ist die Datenmatrix (besonders in Form der Kontingenzmatrix) einer „semantischen Kolorierung" relativ leicht zugänglich.

Wie in Abschnitt 38.2 läßt sich jetzt die Streuungszerlegung für die r Behandlungsarten durchführen. Da jede Behandlungsart (Gruppe im Sinn von Abschnitt 38.2) die gleiche Anzahl von Beobachtungen enthält, erhalten wir einen Spezialfall der Zerlegung aus Abschnitt 38.2. Die Streuungszerlegung wird üblicherweise in Form der folgenden Tabelle (Streuungszerlegungstafel) dargestellt.

	Variationsursache	Zahl der Freiheitsgrade	Summe der Abweichungsquadrate	(Unverzerrte) Schätzung der Streuung
C	Zwischen den Behandlungsarten	$r - 1$	$N \sum\limits_{i=1}^{r} (\bar{x}_{i.} - \bar{x})^2 = Q_1$	$\dfrac{Q_1}{r - 1}$
B	Innerhalb der Behandlungsarten (= Residualstreuung)	$r(N - 1)$	$\sum\limits_{i=1}^{r} \sum\limits_{j=1}^{N} (x_{ij} - \bar{x}_{i.})^2 = Q_2$	$\dfrac{Q_2}{r(N - 1)}$
A	Zusammen	$rN - 1$	$\sum\limits_{i=1}^{r} \sum\limits_{j=1}^{N} (x_{ij} - \bar{x})^2 = Q$	$\dfrac{Q}{rN - 1}$

Mit Hilfe der Abweichungssummen

Q_1 = Summe der Abweichungsquadrate zwischen den Behandlungsarten
Q_2 = Summe der Abweichungsquadrate innerhalb der Behandlungsarten
Q = Summe der Abweichungsquadrate überhaupt

kann man Hypothesen darüber testen, ob die verschiedenen Behandlungsarten einen (wesentlichen) Einfluß auf die Versuchsergebnisse ausüben.

Im Sinne von Abschnitt 38.1 enthält Q_1 eine Anzahl von $r-1$ Kontrasten, Q_2 eine solche von $r(N-1)$. Die orthogonale Klassifizierung der Versuchsergebnisse (bzw. der Abweichungen) bedeutet, daß jeder der $r(N-1)$ Kontraste innerhalb der Behandlungsarten orthogonal zu jedem der $r-1$ Kontraste zwischen den Behandlungsarten ist.

Q_1 ist die Zwischen- oder externe Streuung, d.h. ein gewogener Durchschnitt der quadrierten Abweichungen der r Klassenmittelwerte $\bar{x}_{i\cdot}$ vom Gesamtmittelwert $\bar{x}$.

Q_2 ist die Innerhalb- oder interne Streuung, die beim uneingeschränkt zufälligen Plan die Rolle der Residualstreuung spielt. Letztere ist der Teil der Gesamtstreuung σ^2, der nach Abzug der Streuung zurückbleibt, die wesentlichen (systematischen) Komponenten zugeschrieben werden kann. Die Residualstreuung ist also der Teil der Gesamtstreuung, der dem reinen Zufall zugerechnet wird.

Unter der Nullhypothese H_0, die wahren Klassenmittelwerte μ_i seien alle einander gleich,

$$H_0: \mu_1 = \mu_2 = \ldots = \mu_r = \mu,$$

hat Q_1/σ^2 eine χ^2-Verteilung mit $r-1$ Freiheitsgraden; Q_2/σ^2 gehorcht der χ^2-Verteilung mit $r(N-1)$ Freiheitsgraden und das Streuungsverhältnis $\dfrac{Q_1 \, r(N-1)}{Q_2 \, (r-1)}$ gehorcht der F-Verteilung mit $r-1$ und $r(N-1)$ Freiheitsgraden.

Der letzte Zusammenhang ist von besonderer Bedeutung, wenn σ^2 nicht bekannt ist. Aufgrund desselben Satzes lehnt man die Nullhypothese $\mu_1 = \ldots = \mu_r$, d.h. daß keine Unterschiede in den Behandlungsarten bestehen, ab, wenn ein großer F-Wert beobachtet wird. Sei die Sicherheitswahrscheinlichkeit α (z.B. $= 0{,}05$), dann wird die Nullhypothese abgelehnt, wenn der beobachtete F-Wert größer als F_α ist.

Oft ist man allerdings weniger an der Prüfung der Nullhypothese interessiert, weil man von vornherein weiß, daß sie abgelehnt wird. Aber man will wissen, wie stark der Einfluß der Behandlungsarten ist. Dann kann man, ebenfalls auf die Streuungsanalyse gestützt, die Versuchsergebnisse für die *Schätzung* der Art und des Ausmaßes der Einwirkung benutzen. Auf die damit angerührten Schätzprobleme gehen wir jedoch erst später ein (vgl. Abschnitt 42.2).

38.4 Mehrfache Streuungszerlegung (beim lateinischen Plan)

Als Beispiel für mehrfache Streuungszerlegung nehmen wir die Versuchsplanung nach dem lateinischen Quadrat (Abschnitt 24) und bedienen uns eines industriellen Anwendungsbeispiels. Eine Firma erwägt die Anschaffung einer bestimmten Hobelmaschine. Es existieren 4 Typen (A, B, C, D) dieser Maschine auf dem Markt. Diese 4 Typen sind die 4 Behandlungsarten. An jeder dieser Maschinen sollen 4 Holzsorten I, II, III, IV (eine Anzahl ungleich 4 wäre bei dem Experimentplan nach dem lateinischen Quadrat nicht möglich) ausprobiert werden. Die Maschinen lassen 4 verschiedene Feineinstellungen 1, 2, 3, 4 zu, die allesamt ausprobiert werden sollen. Gemessen wird die Tagesproduktion in Stück.

Das Experiment hatte folgendes Resultat:

Einstellung	Maschine				
	Sorte I	Sorte II	Sorte III	Sorte IV	$\sum$
Einstellung 1	A 82	B 72	C 82	D 82	318
Einstellung 2	B 72	D 85	A 90	C 92	339
Einstellung 3	C 94	A 84	D 71	B 71	320
Einstellung 4	D 85	C 94	B 82	A 88	349
$\sum$	333	335	325	333	1326

Produktion von Maschine A: 344
Produktion von Maschine B: 297
Produktion von Maschine C: 362
Produktion von Maschine D: 323

Zusammen: 1326

Wir sehen, daß nun 3 Effekte analysiert werden können:

(1) der Maschinentyp-Effekt
(2) der Holzsorten-Effekt
(3) der Einstellungs-Effekt.

Es zeigt sich, daß Maschine C am leistungsfähigsten ist. Sie hat mehr Stücke produziert als die anderen. Vielleicht hat aber eine andere Maschine bei einer bestimmten Einstellung mehr Stücke produziert? Oder vielleicht war eine andere Maschine bei einer bestimmten Holzsorte leistungsfähiger? Und so weiter. Die analytische Auswertung des Experiments mit Hilfe der Streuungszerlegung kann diese Fragen beantworten. Sie wird die drei Effekte, die auf die Tagesproduktion ausgeübt werden, zu isolieren und zu beurteilen erlauben.

Sei x_{ijt} die Meßvariable (im Beispiel: die Tagesproduktion in Stück) der i-ten Zeile (im Beispiel: der i-ten Einstellung), der j-ten Spalte (im Beispiel: der j-ten Sorte), der t-ten Behandlungsart (im Beispiel: der t-ten Maschine),

$$\left.\begin{matrix} i \\ j \\ t \end{matrix}\right\} = 1, \ldots, r.$$

Zur Vereinfachung nehmen wir an, daß die drei „Effekte" sich additiv zusammensetzen: Sei Z_i der i-te Zeileneffekt, S_j der j-te Spalteneffekt und B_t der t-te Behandlungseffekt, dann bedeutet die Additivität der Effekte

$$E\,[x_{ijt}] = Z_i + S_j + B_t + \mu,$$

wobei μ der „wahre" Gesamtmittelwert ist.

Wir bilden jetzt verschiedene Kategorien von Mittelwerten und beginnen mit den Zeilenmittelwerten. Es gibt deren r. Wir bezeichnen den i-ten Zeilenmittelwert mit $\bar{x}_{i..}$. Die beiden Punkte hinter dem i kennzeichnen, daß über die Summationsindices j und t summiert worden ist. Ist $\bar{x}_{i..}$ darum durch eine Doppelsummation $\sum\limits_{j=1}^{r} \sum\limits_{t=1}^{r}$ zustande gekommen? Ein Blick auf die Tabelle belehrt, daß dies nicht der Fall ist. Die Summation, die zu $\bar{x}_{i..}$ führt, hat nur r Summanden. Wir tragen dem Rechnung durch die folgende Schreibweise: $\sum\limits_{(j,\,t)}^{r}$.

Die Zeilenmittelwerte sind somit

$$\bar{x}_{i..} = \frac{1}{r} \sum_{(j,\,t)}^{r} x_{ijt}.$$

Wenn wir die Zeilenmittelwerte summieren, gelangen wir zum Gesamtmittelwert $\bar{x}$, der jetzt aus einer echten Doppelsummation mit insgesamt r^2 Summanden, nämlich allen Werten in der Tabelle, entsteht:

$$\bar{x} = \frac{1}{r^2} \sum_{i=1}^{r} \sum_{(j,\,t)}^{r} x_{ijt}.$$

Analog bilden wir die Spaltenmittelwerte

$$\bar{x}_{.j.} = \frac{1}{r} \sum_{(i,\,t)}^{r} x_{ijt}$$

und die Behandlungsmittelwerte

$$\bar{x}_{..t} = \frac{1}{r} \sum_{(i,\,j)}^{r} x_{ijt},$$

die auf die folgende Weise wieder zum Gesamtmittelwert summiert werden

$$\bar{x} = \frac{1}{r^2} \sum_{j=1}^{r} \sum_{(i,\,t)}^{r} x_{ijt} \quad \text{(aus den Spaltenmitteln)}$$

$$= \frac{1}{r^2} \sum_{t=1}^{r} \sum_{(i,\,j)}^{r} x_{ijt} \quad \text{(aus den Behandlungsmitteln)}.$$

Nun zu den Streuungsausdrücken. Die Abweichungsquadrate sind

$$(x_{ijt} - \bar{x})^2.$$

Es gibt r^2 solcher Abweichungsquadrate und damit wieder nur eine Doppelsummation, obgleich x_{ijt} drei Summationsindices hat. Wir charakterisieren diese Doppelsummation mit

$$\sum_{(i,j,t)}^{r} \sum^{r} .$$

Damit ist die totale Summe der Abweichungsquadrate

$$Q = \sum_{(i,j,t)}^{r} \sum^{r} (x_{ijt} - \bar{x})^2 .$$

Q wird linear orthogonal zerlegt in die Komponenten Q_1 (zwischen den Zeilen), Q_2 (zwischen den Spalten), Q_3 (zwischen den Behandlungsarten) und Q_4 (innerhalb der Behandlungsarten, d. h. Residualstreuung), wobei gilt

$$Q = Q_1 + Q_2 + Q_3 + Q_4 .$$

Die folgende Tafel resümiert das Ergebnis und gibt die zugehörigen Freiheitsgrade an.

Streuungszerlegung nach dem lateinischen Quadrat

Variationsursache		Summe der Abweichungsquadrate	Zahl der Freiheitsgrade
Q_1	Zwischen den Zeilen	$r \sum_i (\bar{x}_{i..} - \bar{x})^2$	$r - 1$
Q_2	Zwischen den Spalten	$r \sum_j (\bar{x}_{.j.} - \bar{x})^2$	$r - 1$
Q_3	Zwischen den Behandlungsarten („Buchstabeneffekt")	$r \sum_t (\bar{x}_{..t} - \bar{x})^2$	$r - 1$
Q_4	Innerhalb der Behandlungsarten (Residualstreuung)	$\sum_{(i,j,t)} \sum (x_{ijt} - \bar{x}_{i..} - \bar{x}_{.j.} - \bar{x}_{..t} + 2\,\bar{x})^2$	$(r-1)\,(r-2)$
Q	Gesamtstreuung	$\sum_{(i,j,t)} \sum (x_{ijt} - \bar{x})^2$	$r^2 - 1$

Als Beispiel prüfen wir später die Nullhypothese, daß die Behandlungsarten B_t (Maschinen) keinen Einfluß auf die Ergebnisse (Tagesproduktion) ausüben:

$$H_0 : B_1 = B_2 = \ldots = B_r = 0 .$$

38.5 Streuungszerlegung bei der Regression

Das Konzept der Streuungszerlegung zieht sich durch die ganze Statistik hindurch, denken wir nur an die analogen Probleme bei der geschichteten, mehrstufigen usw. Auswahl.

Am Beispiel der Regression wollen wir das Konzept noch ein weiteres Mal verdeutlichen.

Variations- ursache	Zahl der Freiheitsgrade	Summe der Abweichungsquadrate	Mittlere Abweichungsquadratsumme (Streuungsschätzung)
Exogene Variablen $(x_1, \ldots, x_m)$	m	$\sum\limits_{i=1}^{N} (y_i^* - \bar{y}_i)^2 = Q_1$	$\dfrac{Q_1}{m} = \hat{\sigma}_{y*}^2$
Rest (Zufall)	$N - m - 1$	$\sum\limits_{i=1}^{N} e_i^2 = Q_2$	$\dfrac{Q_2}{N - m - 1} = \hat{\sigma}_e^2$
Zusammen	$N - 1$	$\sum\limits_{i=1}^{N} (y_i - \bar{y})^2 = Q$	$\dfrac{Q}{N - 1} = \hat{\sigma}_y^2$

wobei $y^* = a_0 + \sum\limits_{j=1}^{m} a_j x_j$ und die Koeffizienten $a_0, a_1, \ldots, a_m$ nach der Methode der kleinsten Quadrate bestimmt sind.

Wird angenommen, daß die Residuen unabhängig identisch normalverteilt sind, so gehorcht unter der Nullhypothese $H_0: a_1 = a_2 = \ldots = a_m = 0$ der Quotient $\dfrac{Q_1 (N - m - 1)}{Q_2 \, m}$ einer F-Verteilung mit m und $N - m - 1$ Freiheitsgraden.

Mit den Betrachtungen zur Streuungsanalyse haben wir die Grenze der analysierenden Statistik schon ein wenig in Richtung Inferenz überschritten. In der Tat ist der deskriptive Gehalt der Streuungsanalyse relativ gering, sie steht mit einem Bein in der Analyse, mit dem anderen in der Schätzung und Hypothesenprüfung.

Das läßt sich mit mindestens demselben Recht von einem Kreis von Analysetechniken sagen, der sich aus der Streuungsanalyse heraus entwickelt hat, von der Multivariaten Analyse.

39. Multivariate Analyse

39.1 Überblick

Wie die Streuungsanalyse ist die Multivariate Analyse nicht auf zwei Variablen bzw. Merkmale beschränkt; wie die Streuungsanalyse hat die Multivariate Analyse im wesentlichen Streuungskonzepte zugrunde liegen, aber im Gegensatz zur Streuungsanalyse wird meist (nicht durchgängig) von Multivariater Analyse dann gesprochen, wenn die beteiligten Variablen bzw. Merkmale nicht a priori nach ihrer Kausalrichtung festgelegt sind.

H. Wold [1979] hat kürzlich versucht, in das Durcheinander der Multivariaten Analyse etwas Ordnung zu bringen. Er unterteilt die Verfahren nach der „Problematik" in deskriptive (D) und erklärende (I) (inferentiale) und nach der Art der Daten in „experimentell" (E) und „nicht-experimentell" (NE).

Die meisten Verfahren sind im I–NE-Bereich angesiedelt. Die in diesem Bereich verbleibenden Verfahren nennt er die R-Linie, die vom I–NE-Bereich in den D–NE-Bereich verlaufenden Richtungen nennt er die S-Linie. Mit dieser werden wir uns im folgenden beschäftigen. Wolds Einteilungsprinzipien sind sehr nützlich; aber die Klassifikation der Verfahren, so wie er sie sieht, dürfte von den meisten Statistikern nicht voll geteilt werden. Wir können in die Kontroverse im Rahmen eines Lehrbuchs nicht eingreifen, doch werden wir uns im folgenden auf die Woldsche Klassifikation stützen. In der Tat werden die Verfahren der S-Linie von den meisten Autoren zur Multivariaten Analyse gerechnet, nämlich die folgenden, wobei wir noch die Unterscheidung in R-Technik und Q-Technik berücksichtigen.

Im Fall der R-Technik ist man an den Variablen bzw. Merkmalen interessiert, im Fall der Q-Technik an den Individuen (Einheiten, Untersuchungsobjekten) selbst:

Verfahren nach der S-Linie	
R-Technik	Q-Technik
Kanonische Korrelation Hauptkomponentenanalyse Faktorenanalyse Pfadmodelle und weiche Modellbildung	Clusteranalyse Klassifikationsverfahren Diskriminanzanalyse

Eine Sonderform, die nicht in dieses Schema paßt, ist die multidimensionale Skalierung.

Wir betrachten die genannten Verfahren kurz.

39.2 Kanonische Korrelation

Von Hotelling wurde im Jahre 1936 gezeigt, daß die auf zwei Blöcke aufgeteilten Zufallsvariablen

$$X_1, X_2, \ldots, X_p \quad X_{p+1}, \ldots, X_q$$

derart linear in die Variablen

$$Y_1, Y_2, \ldots, Y_p \quad Y_{p+1}, \ldots, Y_q$$

transformiert werden können, daß

– die Variablen innerhalb eines Blockes unabhängig voneinander sind,
– die Variablen eines Blockes unabhängig von den Variablen des anderen Blocks, bis auf jeweils eine Variable, sind und
– die nicht-verschwindenden Korrelationen zwischen den Variablen verschiedener Blöcke maximiert sind.

Für verschiedene Anwendungsgebiete der Statistik erwies sich dieses Konzept als überaus fruchtbar. Tatsächlich stellt es eine direkte Fortentwicklung der multiplen Korrelation dar, derart nämlich, daß auf der linken Seite nicht nur eine (endogene) Variable steht, sondern deren mehrere. Dies erlaubt die Identifikation von *Konstrukten,* d.h. nicht direkt beobachtbaren Phänomenen. Während bei der üblichen multiplen Regression und Korrelation eine Variable, nämlich die endogene, auf der linken Seite steht und direkt beobachtbar ist, stehen bei der kanonischen Korrelation mehrere Aspekte eines Quasi-Phänomens, genannt Konstrukt, auf der linken Seite, wobei die Aspekte direkt beobachtbar sind, nicht aber das Konstrukt. So gesehen kann die kanonische Korrelation als Korrelation zwischen Konstrukten aufgefaßt werden.

Ein Beispiel sind die Konstrukte „Kriminalität" und „sozialer Status", ersteres gemessen in Häufigkeit und Art der Straffälligkeit, letzteres gemessen in Alter, Geschlecht, Beruf, Beruf des Vaters, Schulbildung etc.

Natürlich ist es auch sinnvoll, den Zusammenhang zwischen den Konstrukten und den beobachtbaren Variablen zu messen. Diese Messung heißt „Ladung", die Ladungen sind gewöhnliche Korrelationskoeffizienten.

39.3 Hauptkomponentenanalyse

Wie in Abschnitt 38.2 betrachten wir die Meßvariable x_{ij} hier mit der Einschränkung $i = 1, \ldots, r$; $j = 1, \ldots, N$, kompiliert zu der Datenmatrix $X = [x_{ij}]$. Durch Standardisierung erhalten wir aus X die Matrix standardisierter Meßwerte

$$Z = \left[\frac{x_{ij} - \bar{x}_i}{s_i} \right],$$

wobei

$$\bar{x}_i = \frac{1}{N} \sum_{j=1}^{N} x_{ij} \quad \text{und} \quad s_i^2 = \frac{1}{N} \sum_{j=1}^{N} (x_{ij} - \bar{x}_i)^2; \quad (i = 1, \ldots, r).$$

Die $(r \times r)$-Matrix

$$R = \frac{1}{r} Z \cdot Z'$$

heißt *Korrelationsmatrix,* und mit ihr werden einige Kunststückchen auf dem Hochseil vollbracht.

Man sucht nach einer linearen Transformation T, durch welche die Matrix Z in r Hauptkomponenten $P_1, P_2, \ldots, P_r$ überführt wird, d.h.

$$P = T Z,$$

wobei P eine $(r \times N)$-Matrix ist, bestehend aus den r Hauptkomponenten mit jeweils N Werten. Die Wahl von T soll so erfolgen, daß die Hauptkomponenten unkorreliert sind.

Die Lösung besteht in der Bestimmung einer orthogonalen Matrix T, welche die Korrelationsmatrix R diagonalisiert.

Da T orthogonal ist, gilt auch die Beziehung

$$Z = T'P.$$

Die Elemente von T' heißen Ladungen; die ganze Matrix T' wird, nein, nicht Ladungsmatrix, sondern *Faktorenmuster* genannt.

Unter den Lineartransformationen interessiert diejenige besonders, welche der ersten resultierenden Größe den maximalen Beitrag zur Gesamtstreuung zuteilt, der zweiten den größten Beitrag zur verbleibenden Gesamtstreuung usw. Die so identifizierten Größen sind dann die 1., 2., usw. *Hauptkomponente.*

39.4 Faktorenanalyse

In neuerer Zeit erfreut sich die ebenfalls bereits auf C. Spearman [1904] zurückgehende Faktorenanalyse − zumal auf Kosten der Hauptkomponentenanalyse − immer größerer Beliebtheit. Die beiden sind verwandt, doch versucht die Faktorenanalyse mit möglichst wenigen Hauptkomponenten, genannt Faktoren, auszukommen.

Wie bei der kanonischen Korrelation und der Hauptkomponentenanalyse richtet sich die ganze Hoffnung des Forschers auf den Korrelationskoeffizienten (vom Bravais-Pearsonschen Typ), und zwar in der folgenden fundamentalen Interpretation: Sind zwei (oder mehr) Variablen hochkorreliert, dann sind sie mit hoher Wahrscheinlichkeit Manifestationen desselben hypothetischen oder theoretischen „Konstrukts".

Angenommen, wir haben, ähnlich wie in der Originalstudie von Spearman, 4 Variablen, welche die Intelligenz messen sollen, etwa die schulischen Leistungen in

(1) Mathematik
(2) Deutsch
(3) Gemeinschaftskunde
(4) Musik,

und die Korrelationsmatrix R sieht folgendermaßen aus:

	(1)	(2)	(3)	(4)
(1)	1	(0,44)	(0,21)	(0,93)
(2)	0,44	1	(0,84)	(0,53)
(3)	0,21	0,84	1	(0,62)
(4)	0,93	0,53	0,62	1

(R ist symmetrisch mit Einsen auf der Hauptdiagonalen). Dann wird man folgende Konstrukte für gegeben halten:

Konstrukt 1: (Musik, Mathematik), etwa „Nicht-verbale Intelligenz", da hier der höchste Korrelationskoeffizient (0,93) vorliegt;

Konstrukt 2: (Deutsch, Gemeinschaftskunde) etwa: „Verbale Intelligenz", da hier der zweithöchste Korrelationskoeffizient (0,84) vorliegt.

Will man andererseits das Konstrukt „Verbale Intelligenz" durch drei Faktoren charakterisieren, so kommen in Betracht (in dieser Reihenfolge):

(1) Deutsch
(2) Gemeinschaftskunde
(3) Musik.

Die Hauptgedanken der Methodik bestehen, geometrisch gesprochen, erstens darin, Achsen (Faktoren) so zu fixieren, daß sie sich gut (im Sinne der Korrelation) an die tatsächlich gemessenen Werte anpassen und zweitens darin, das Achsensystem zu rotieren, um bessere „fits" zu erzielen.

Die recht komplizierte Vorgehensweise schildere ich im folgenden in Anlehnung an Bamberg-Baur [1980], S. 233 ff.

In der Datenmatrix „durchläuft" die standardisierte Variable Z_i ($i = 1, \ldots, r$) die verschiedenen Merkmale; ferner seien $F_1, \ldots, F_k$ die ebenfalls standardisierten sog. *gemeinsamen Faktoren* sowie $U_1, \ldots, U_r$ die merkmalseigenen oder *Einzelrestfaktoren*. Zwischen diesen wird eine lineare Beziehung der folgenden Art angenommen.

$$Z_i = a_{i1} F_1 + a_{i2} F_2 + \ldots + a_{ik} F_k + d_i U_i \qquad (i = 1, \ldots, r) \qquad (*)$$

Die Faktoren sind – wie bei der kanonischen Korrelation – Konstrukte, die weder beobachtet werden können noch a priori vorgegeben sind. Vielmehr werden sie *„extrahiert"*. Aufgrund der Extraktionen und bestimmter Abbruchkriterien ergibt sich auch k, die Zahl der gemeinsamen Faktoren.

Die Koeffizienten a_{ij} der gemeinsamen Faktoren sind hier die *Faktorladungen*, und die kompilierte Matrix

$$[A \vdots D] = \begin{bmatrix} a_{11} \ldots a_{1k} & \vdots & d_1\, 0 \ldots 0 \\ \vdots \qquad \vdots & \vdots & 0\; d_2 \ldots 0 \\ & \vdots & \vdots \\ a_{r1} \ldots a_{rk} & \vdots & 0 \ldots\ldots d_r \end{bmatrix} \qquad (**)$$

ist das *Faktorenmuster*.

Wir schreiben die Gleichung (*) nunmehr in standardisierter „Meßwertform"

$$z_{ij} = a_{i1} f_{1j} + a_{i2} f_{2j} + \ldots + a_{ik} f_{kj} + d_i u_{ij}; \quad i = 1, \ldots, r; \quad j = 1, \ldots, N,$$

wobei f_{ij} und u_{ij} die hypothetischen „Meßwerte" der F_i und U_i darstellen.

Unter Verwendung der Bezeichnung

$$F = [f_{ij}] \begin{smallmatrix} i = 1, \ldots, k \\ j = 1, \ldots, N \end{smallmatrix}$$

$$U = [u_{ij}] \begin{smallmatrix} i = 1, \ldots, r \\ j = 1, \ldots, N \end{smallmatrix}$$

läßt sich Z wie folgt als Matrixgleichung schreiben

$$Z = A\,F + D\,U.$$

Man setzt bezüglich dieses Systems voraus:

(a) $U\,U' = N\,I$, d. h. die spezifischen Faktoren sind untereinander unkorreliert,
(b) $U\,F' = 0$, d. h. die spezifischen Faktoren sind mit den gemeinsamen Faktoren unkorreliert, und
(c) $F\,F' = N\,I$, d. h. die gemeinsamen Faktoren sind untereinander unkorreliert.

Aufgrund dieser Voraussetzungen erhält man für die Korrelationsmatrix

$$R = A\,A' + D\,D.$$

Die Hauptdiagonalelemente dieser drei Matrizen lauten

$$(r_{ii} =)\ 1 = a_{i1}^2 + a_{i2}^2 + \ldots + a_{ik}^2 + d_i^2 \tag{VZ}$$

$$= h_i^2 + d_i^2$$

$h_i^2 = \sum\limits_{l=1}^{k} a_{il}^2$ heißt i-te Kommunalität oder Kommunalität der i-ten Variablen, d_i^2 ist die Einzelvarianz der i-ten Variablen. Die Formel (VZ) wird auch als *Varianzzerlegung* bezeichnet.

Dies ist wie folgt einzusehen: Die Kommunalität einer bestimmten Variablen Z_i (Behandlungsart etc.) setzt sich zusammen aus

$a_{i1}^2 =$ Bestimmtheitsmaß (Quadrat des Korrelationskoeffizienten) zwischen Z_i und dem 1. (gemeinsamen) Faktor F_1, zugleich der vom 1. Faktor F_1 „verursachte" Anteil an der Streuung von Z_i.

$a_{i2}^2 =$ Bestimmtheitsmaß zwischen Z_i und dem 2. Faktor F_2, zugleich der von F_2 verursachte Anteil an der Streuung von Z_i usw.

$a_{ik}^2 =$ Bestimmtheitsmaß zwischen Z_i und dem k-ten Faktor F_k, zugleich der von F_k verursachte Anteil an der Streuung von Z_i.

Soweit die Kommunalität von Z_i. Hinzu kommt die Einzelvarianz d_i^2.

Daß die Streuungsausdrücke allesamt zugleich Bestimmtheitsmaße sind, kommt von der Normierung

$$\frac{s_i^2}{s_i^2} = 1 = \frac{s_{i1}^2}{s_i^2} + \frac{s_{i2}^2}{s_i^2} + \ldots + \frac{s_{ik}^2}{s_i^2} + \frac{s_e^2}{s_i^2}$$

$$s_e^2 = \text{Reststreuung.}$$

Die Summe

$$\sum\limits_{i=1}^{r} h_i^2 = \sum\limits_{i=1}^{r} \sum\limits_{l=1}^{k} a_{il}^2$$

heißt Gesamtkommunalität. Ersetzt man in der Korrelationsmatrix R die Hauptdiagonale, welche aus Einsen besteht, durch die Kommunalitäten, so erhält man mit

$$R_h = R - D\,D$$

die sog. *reduzierte Korrelationsmatrix*, für die gilt

$$R_h = A\,A'.$$

Nun kommt der Dentalteil. Um der Überbestimmtheit des Modells zu begegnen, müssen Faktoren extrahiert und rotiert werden. Die Rotation dient der Transformation der extrahierten Faktoren in eine interpretierbare Gestalt.

234

Das ursprüngliche Verfahren von Thurstone [1931] wendet die Hauptkomponentenanalyse auf die reduzierte Korrelationsmatrix R_h an. Später wurden viele andere Vorschläge gemacht; der heute übliche Weg ist der, daß man die Spaltenvektoren a_l der Matrix A wie folgt bestimmt:

1. Spaltenvektor: $a_1' a_1 \to$ max unter der Nebenbedingung $R_h = A A'$.
2. Spaltenvektor: $a_2' a_2 \to$ max unter der Nebenbedingung $R_h = A_{(1)} A_{(1)}'$, wobei $A_{(1)}$ die Faktorladungsmatrix A nach Einsetzen der ersten Spalte ist usw.

k-ter Spaltenvektor: $a_k' a_k \to$ max unter der Nebenbedingung $R_h = A_{(k-1)} A_{(k-1)}'$, wobei $A_{(k-1)}$ die Faktorladungsmatrix A nach Einsetzen der $k-1$ ersten Spalten ist.

Die unbekannten Kommunalitäten h_i^2 kann man als multiple Bestimmtheitsmaße schätzen oder so, daß man den betragsmäßig größten Korrelationskoeffizienten abseits der Hauptdiagonalen nimmt. Die Faktorenzahl k, d. h. die Zahl der zu extrahierenden Faktoren, läßt sich dadurch bestimmen, daß sie zusammen – je nach Problemlage – 80% bis 95% der Gesamtkommunalität erklären.

Objektive oder auch nur allseits akzeptierte Verfahren für die Schätzung der Kommunalitäten und die Bestimmung der Anzahl der Faktoren gibt es nicht. „Das Gebiet der Faktorenanalyse ist mit seinen mehr als 1500 Publikationen überaus vielfältig und unübersichtlich" [Selbmann 1979, S. 58].

Allen bisher betrachteten Verfahren ist gemeinsam, daß sie mit einem Minimum an A-priori-Kenntnis bedeutende Resultate erzielen wollen. Die Anwendung derartiger empiristischer Verfahren stellt aber eine Art Roulette dar. Wenn der Zufall günstig ist, sind die Verfahren gut.

39.5 Pfadmodelle

Bereits im Jahre 1934 wurde das Gedankengebäude der „Kanonischen Korrelation – Hauptkomponentenanalyse – Faktorenanalyse" von Wright um ein interessantes Stück erweitert, die Pfadanalyse. Ende der sechziger und Anfang der siebziger Jahre wurde diese Technik mit relativ geringen Modifikationen auf Soziologie und Ökonomie angewandt, dann aber von H. Wold als „latente Pfadanalyse" interpretiert und zur weichen Modellbildung verallgemeinert.

Das ursprüngliche (latente) Pfadmodell geht von drei Variablentypen aus:

(a) Beobachtbare „manifeste" exogene Variablen (Indikatoren) $x_1, x_2, \ldots, x_m$
(b) Beobachtbare („manifeste") endogene Variablen, $y_1, y_2, \ldots, y_n$
(c) Nicht-beobachtbare „latente" Variablen.

Alle beobachtbaren Variablen sind normiert. Das Pfadmodell lautet

$$(1) \qquad \omega = \sum_{j=1}^{m} \alpha_j x_j + v$$

$$(2) \qquad y_i = \beta_i \omega + v_i \quad i = 1, 2, \ldots, n,$$

wobei die α_j und β_i zu schätzende Koeffizienten sind und v sowie v_i Störterme.

In graphischer Darstellung ergibt sich

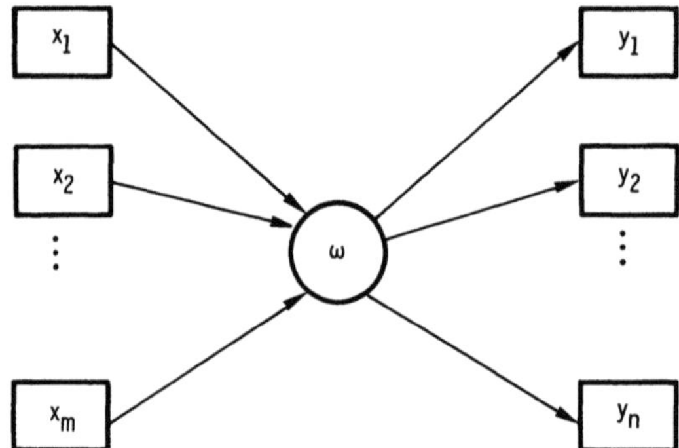

Abb. 21: Pfadmodell einfachster Art

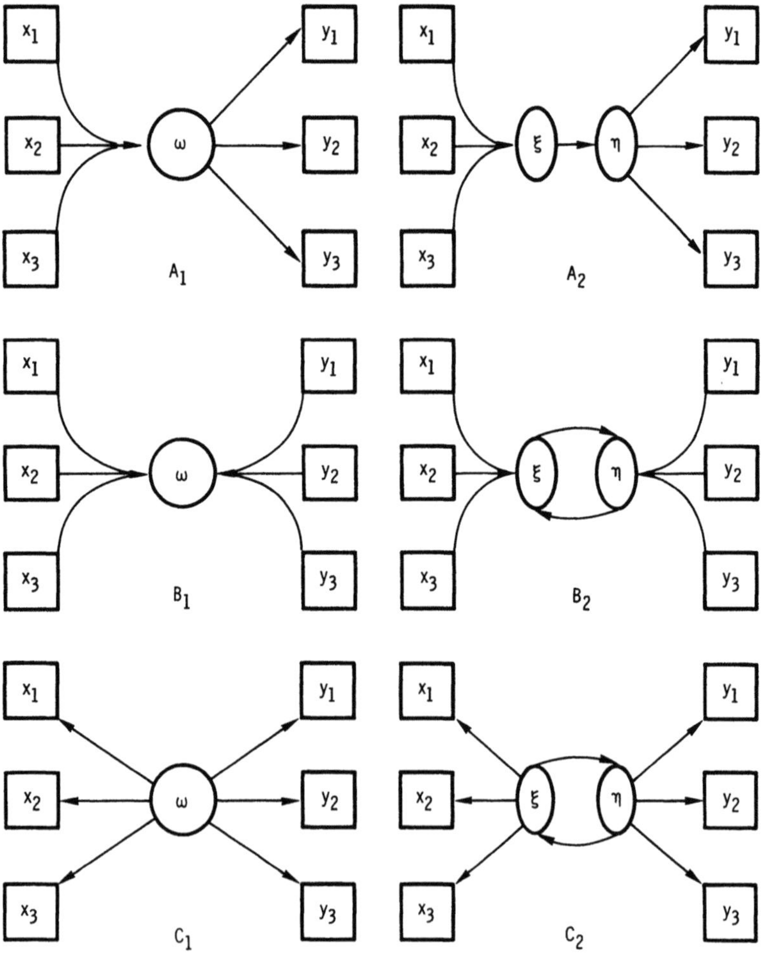

Abb. 22: Sechs Pfadmodelle nach H. Wold

In Abb. 21 zeigen die Pfeile kausale Beziehungen an. Die exogenen Variablen (Indikatoren) $x_1, x_2, \ldots, x_m$ wirken nicht direkt, sondern auf dem „Pfad" über die Konstruktvariable ω auf die endogenen Variablen $y_1, y_2, \ldots, y_n$. Das Konstrukt ω ist z.B. Lebensqualität, Gesundheit, Infrastruktur, also nicht direkt meßbar, sondern indirekt durch Indikatoren $x_1, \ldots, x_m$, bei der Lebensqualität etwa Pro-Kopf-Einkommen, Gewässer- und Luftreinheit etc. Das Konstrukt, z.B. Lebensqualität, hat seinerseits Wirkungen auf manifeste Größen wie Sterblichkeit, Produktivität usw.

Eine erste Verallgemeinerung hat Wold [1974, S. 15 f.] vorgenommen, indem er sechs Pfadmodelltypen unterschied (vgl. Abb. 22). Beim Typ 1 ist nur ein Konstrukt zwischen die exogenen und endogenen Variablen geschaltet, bei Typ 2 sind es zwei Konstrukte, etwa Lebensqualität und Gesundheit. Die beiden Grundtypen 1 und 2 unterscheiden sich in A, B und C nach der Pfeilrichtung. A ist die übliche kausale Pfeilrichtung, wie man sie von der Regressionstheorie her gewohnt ist. In B sind die Pfeile „einwärts" gerichtet, im Falle B_2 führt dies zu der uns wohlbekannten kanonischen Korrelation. Das Erkenntnisziel ist nicht, wie im Falle von A, auf die endogenen Variablen gerichtet, sonden auf die Konstrukte selbst. Im Falle C sind die Pfeile allesamt auswärts gerichtet; das Konstrukt bzw. die Konstrukte sind Hauptkomponenten im Sinne der Hauptkomponentenanalyse. Das Erkenntnisinteresse ist auf diese Hauptkomponenten gerichtet, freilich stehen sie stellvertretend für den Zusammenhang zwischen den exogenen und den endogenen Variablen.

Die Pfadmodelle sind hauptsächlich für die Anwendung bei Prognosen gedacht. Wir werden daher in Abschnitt 53.4 noch einmal auf sie zurückkommen.

Hier wollen wir noch kurz die Verallgemeinerung der Pfadmodelle auf *weiche Modelle* skizzieren.

39.6 Weiche Modellbildung

Herman Wold hat in den letzten Jahren die bisher in diesem Abschnitt betrachteten Analysetechniken neu formuliert und unter dem Aspekt der *weichen Modellbildung* (soft modelling) zusammengefaßt und erweitert. Die weiche Modellbildung verdient großes Interesse, da viele klassische Analysetechniken obsolet geworden sind, infolge der durch Energiekrise, Umweltprobleme etc. eingetretenen und noch zu erwartenden Strukturveränderungen. Jene klassischen Analysetechniken waren durch harte Annahmen und große Ansprüche (z.B. auf kausale Erklärung) gekennzeichnet. Die weiche Modellbildung von H. Wold ist indessen wie folgt zu charakterisieren:

(a) Relativ schwache A-priori-Annahmen,
(b) Verwendung von vagen Daten,
(c) Verzicht auf kausale Erklärung (zugunsten „bloßer" Prädiktorspezifikation),
(d) Interpretation der Residuen als Abweichungen von bedingten Erwartungen.

Da bei der weichen Modellbildung die Modellspezifikation und die Analyse mit der Prognose Hand in Hand gehen, wollen wir das Gebiet jetzt verlassen und erst im Kapitel 11 über Prognosen wieder zu ihm zurückkehren.

39.7 Cluster-Analyse

Wolds Linie S bezeichnet auf dem Weg von der deskriptiven zur erklärenden Analyse (im Bereich nicht-experimenteller Daten) „sieben Stadien der methodologischen Entwicklung" [Wold 1979, S. 88]. Diese Stadien unterscheiden sich durch den Grad an verfügbarer A-priori-Information und durch die Art der Daten. Am unteren Ende steht die „Datenarbeit" praktisch ganz ohne A-priori-Information, dann folgt die Cluster-Analyse, „fast ganz" ohne vorgängige Kenntnisse. Das macht denn auch ihren Unterschied zur Klassifikation aus, wo man die Klassen a priori kennt.

Der Begriff der Cluster-Analyse stammt von Tryon [1939]. Andere Bezeichnungen mit geringfügig anderer oder gar nicht unterschiedlicher Bedeutung sind: Automatische Klassifikation, Gruppierungsstrategie, Numerische Taxonomie; in bestimmten Zusammenhängen spricht man auch von automatischem oder nicht-überwachtem Lernen (Unsupervised Learning).

Man tendiert heute offenbar dazu, Cluster-Analyse (von englisch Cluster = Klumpen) und Klassifikationsverfahren als Methoden der Mustererkennung zu betrachten, und zwar die Cluster-Analyse als „pattern cognition" (Musterkognition oder Mustererkennung im engeren Sinne) und die Klassifikation als „pattern recognition" (Musterrekognition oder Musterwiedererkennung). Ein weiterer Unterschied, der aber nicht immer eingehalten wird, ist der, daß die Cluster-Analyse als eine Q-Technik betrachtet wird und die Klassifikationsanalyse als eine R-Technik (vgl. Abschnitt 39.1). Wold indessen sieht auch die Klassifikationsverfahren als Q-Technik an.

In beiden Analyseverfahren, Cluster-Analyse wie Klassifikationsverfahren, braucht man ein Ähnlichkeitsmaß und eine Distanzfunktion. Relativ beliebt ist noch immer der Korrelationskoeffizient zur Messung der Ähnlichkeit. Man gibt sich dann z.B. eine bestimmte Höhe des Ähnlichkeitsmaßes „Korrelation" vor, z.B. 0,9, und vereinigt alle „Konstrukte" (oder allgemeiner: Beobachtungsmengen), die untereinander mindestens mit 0,9 korreliert sind.

Doch sind inzwischen auch viele andere Konzepte entwickelt bzw. wiederentdeckt worden, z.B. die Euklidische Distanz und bestimmte Verallgemeinerungen derselben, wie die L_r-Normen oder die Mahalanobis-Distanz, die seit ihrer „Entdeckung" durch Mahalanobis im Jahre 1936 die wichtigste in der Statistik ist.

Wir können auf die vielschichtigen Probleme der Cluster-Analyse hier nicht eingehen, doch möchte ich das achtstufige Ablaufschema der Cluster-Analyse nach Steinhausen/ Langer [1977] wiedergeben:

(1) Präzisierung der Fragestellung der Untersuchung (wichtig, doch selbst-evident)
(2) Auswahl der Elemente und Variablen (in bezug auf das Untersuchungsziel)
(3) Aufbereitung der Daten (Anordnung der ermittelten Meßwerte, Korrekturen derselben, Normierung, Standardisierung)
(4) Festlegung einer angemessenen Distanz- bzw. Ähnlichkeitsfunktion (dies ist der problematischste Teil; es muß ein Maß gefunden werden, das einerseits dem Untersuchungsziel, andererseits dem Datenmaterial entspricht)
(5) Bestimmung des Gruppierungsalgorithmus (ebenfalls problematisch; hier ist ein Kompromiß zwischen Untersuchungsziel, Datenmaterial und Datenverarbeitungsmerkmalen wie Rechenzeit, Programmverfügbarkeit etc. zu finden)
(6) Technische Durchführung (überlassen wir den Rechnern)

(7) Analyse der Ergebnisse (formale Analyse des Gruppierungsresultats und Beurteilung der statistischen Qualität)
(8) Interpretation der Ergebnisse (der Kreis schließt sich; siehe Punkt (1)).

39.8 Klassifikationsverfahren

Nachdem die Ähnlichkeitsstruktur einer Datenmenge mittels Cluster-Analyse festgelegt ist, entsteht (nicht notwendig, aber in der Praxis häufig) das Problem der Klassifikation, d.h. der Bestimmung eines Teilmengensystems, welches die Ähnlichkeitsstruktur möglichst gut wiedergibt und eine hinreichende Datenreduktion erlaubt [Bock, 1974, S. 22]. Man unterscheidet drei verschiedene Klassifikationsarten mit einigen Unterformen:

(a) Disjunkte Gliederung
(b) Nicht-disjunkte Gliederung; mit der wichtigsten Unterform der maximalen Cliquen
(c) Hierarchische Gliederung; mit der wichtigsten Unterform der agglomerativen Verfahren.

Abb. 23 veranschaulicht die Unterschiede zwischen diesen Grundtypen.

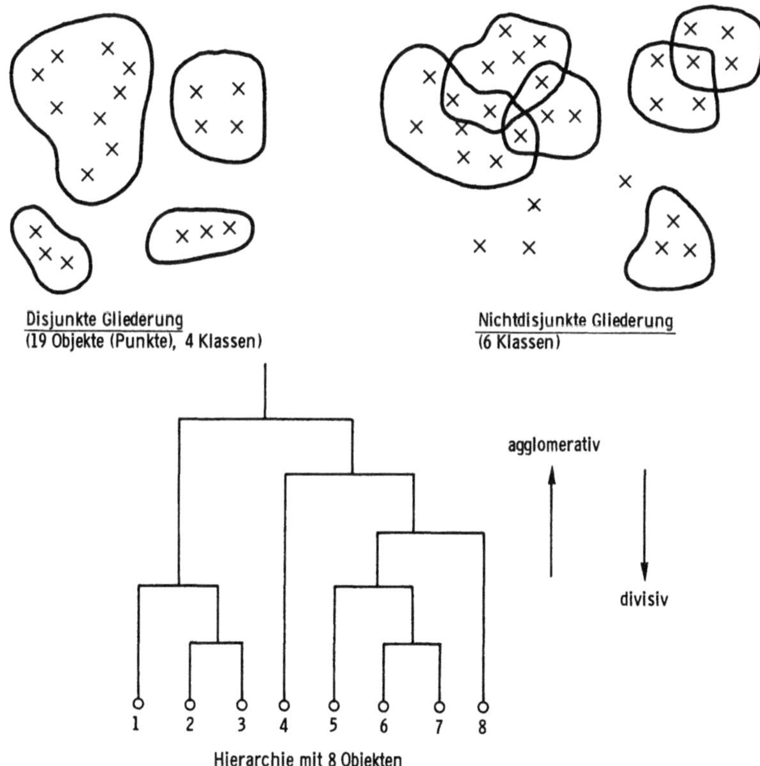

Abb. 23: Veranschaulichung der drei Grundtypen von Klassifikationsverfahren

Im Fall der disjunkten Gruppierung, die meist nicht erschöpfend verstanden wird, ist die Objektmenge derart in Teilmengen (Klassen) zerlegt, daß die Teilmengen elementfremd sind, wobei einige Elemente unklassifiziert sein, d. h. ihre eigene Klasse bilden können. Zur Lösung dieses Problems sind mehrere Verfahren entwickelt worden; inferenztheoretische, entscheidungstheoretische, graphentheoretische, schlicht optimierende und sog. numerische, bei denen die Klassifikation Schritt um Schritt aufgebaut wird, in der Regel in rekursiver Form derart, daß man ein „typischstes" Element auswählt, dieses als Kern betrachtet, um das herum eine Klasse aufgebaut wird. Dann sucht man für die verbliebenen Elemente ein typischstes Element und verfährt analog weiter.

Bei der nicht-disjunkten Klassifizierung wird zugelassen, daß ein Objekt zu zwei oder mehr Klassen gleichzeitig gehört; in der deskriptiven Statistik spricht man analog von häufbaren Merkmalen (vgl. Abschnitt 8.2). Das wichtigste Verfahren der nicht-disjunkten Klassifizierung ist das *„Verfahren der maximalen Cliquen"*. Hier wird eine Mindestähnlichkeit als Schranke s postuliert, und es werden diejenigen Objekte zur Clique der Stufe s zusammengefaßt, die sich ähnlicher als s sind. Um naheliegende Schwierigkeiten (z. B. sind einelementige Mengen stets Cliquen) zu vermeiden, verlangt man, daß die Cliquen maximal oder vollständig sind, d. h., daß die betreffende Clique so festgelegt wird, daß ihr kein Objekt aus dem jeweiligen Rest „Objektmenge minus Clique" zugeordnet werden kann, ohne daß die Distanzschranke überschritten wird.

Während in den 60er Jahren viel über dieses Verfahren geschrieben wurde, findet man es neuerdings kaum noch diskutiert. Dies mag mit den Nachteilen zusammenhängen, die dieses Verfahren hat. Es führt zwar zu in sich homogenen Klassen (Cliquen), aber es kann nicht erreicht werden, daß die Cliquen sich wesentlich voneinander unterscheiden. Doch mag es nützlich sein, den Cliquenbegriff am Leben zu erhalten.

Schließlich kommen wir zu den hierarchischen Verfahren, sie stellen eine Folge von disjunkten Gruppierungen dar, derart, daß die Klassenanzahl schrittweise vergrößert bzw. verkleinert wird.

Man beginnt mit der Klassenzahl 1, einer einzigen Klasse, welche die gesamte Objektmenge M enthält. Die Objektmenge wird auf der ersten Partitionsstufe in innerlich

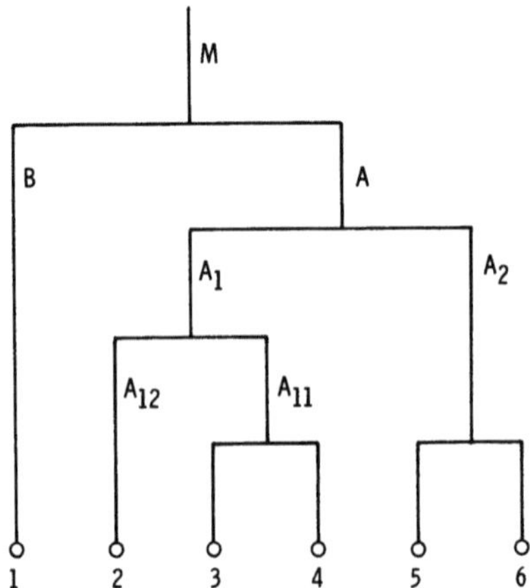

Abb. 24: Dendrogramm

homogene, äußerlich heterogene Klassen aufgeteilt (vgl. Abb. 24); dies sind die beiden Klassen A und B.

Die Klasse B enthält nur ein Element, nämlich das Objekt 1, die Klasse A die restlichen Objekte 2 bis 6. Auf der nächsten Zerlegungsstufe wird die Klasse A in die Klassen A_1 und A_2 zerlegt. A_1 enthält die Objekte 2, 3, 4; A_2 enthält 5 und 6. A_1 wird nunmehr in die Unterklassen A_{12} (Objekt 2) und A_{11} (Objekt 3 und 4) weiter zerlegt. Man kann die Heterogenität einer Klasse daran erkennen, wie nahe sie bei M ist: A ist im Beispiel der Abb. 24 heterogener als A_1 und A_2, A_1 heterogener als A_2 usw. Den „Ausreißer" B erkennt man sofort als solchen. Usw.

Wird das Dendrogramm nicht von oben nach unten, d. h. von M aus, sondern von unten nach oben aufgebaut, indem man also Klassen auf eine höhere Stufe fusioniert, dann spricht man von (hierarchisch-)agglomerativen Verfahren. Ein solches ist das von meinem Heidelberger Institut im Rahmen einer größeren Studie benutzte Wroclaw-Verfahren, das wir geringfügig modifiziert haben [vgl. Sherif 1977 und Menges-Sherif 1977].

39.9 Diskriminanzanalyse

Im Unterschied zur Cluster-Analyse und zur Klassifikation werden bei der Diskriminanzanalyse bereits gegebene und/oder analysierte Klassen optimal diskriminiert, d. h. so getrennt, daß möglichst viele der in eine betreffende Klasse gehörenden Elemente auch in dieser Klasse vertreten sind. Wegen des sog. polythetischen Charakters der meisten Klassifizierungen der Praxis ist dies nicht, wie man meinen könnte, eine triviale oder auch nur einfache Aufgabe. Polythetisch heißt, daß die Zugehörigkeit der Einheiten zu Klassen sich nicht exakt aufgrund bestimmter Merkmale und Merkmalskombinationen ergibt (monothetische Klassifizierung), sondern daß die Klassifizierung überhaupt vage ist oder daß die zu einer bestimmten Klasse gehörenden Einheiten nicht alle Merkmale oder Merkmalskombinationen der betreffenden Klasse aufweisen. Die Diskriminanzanalyse beseitigt diese Ambivalenz und leistet daher neben der Zuordnung von Einheiten zu Klassen auch eine Präzisierung der Klassen selbst.

Die Diskriminanzanalyse ist ein relativ altes statistisches Verfahren, aus dem die Cluster-Analyse und die modernen Klassifikationsverfahren hervorgegangen sind. Heute rechnet man sie vielfach zu den Verfahren der Mustererkennung. Sie geht auf R. A. Fisher [besonders 1936] zurück und ist in gewisser Weise eine Anwendung der Streuungsanalyse. Von Kendall/Stuart [Bd. 3, 1976, S. 327] werden vier Probleme unterschieden, die von der Diskriminanzanalyse gelöst werden können (zumindest prinzipiell).

(1) *Verlorene Information*

Die zu klassifizierenden Einheiten sind nicht in allen wesentlichen Aspekten bekannt. Kendall/Stuart bringen ein archäologisches Beispiel, wobei „essential information has crumbled into dust" [S. 327].

(2) *Unerreichbare Information*

Die eigentlich gemeinten Phänomene können nicht beobachtet werden, aus benachbarten beobachtbaren Phänomenen schließt man klassifikatorisch auf die nichtbeobachtbaren.

(3) *Vorhersage*

Aus Beobachtungen der Vergangenheit und Gegenwart schließt man auf die Zukunft.

(4) *Zerstörende Prüfung*

Wenn die Prüfung der Objekte (z.B. Brenndauer von Glühlampen) die Objekte zerstört oder unbrauchbar macht, „... it is desirable to find descrimators of a non-destructive kind to predict the result of the test". (S. 328). Sic.

Die Verfahren der Diskriminanzanalyse laufen darauf hinaus, die Objekte in Klassen so einzuordnen, daß möglichst viele Objekte in ihrer zugehörigen Klasse zu liegen kommen *und* daß Gruppenziehung zwischen den Klassen möglichst einfach ist (vgl. Abb. 25).

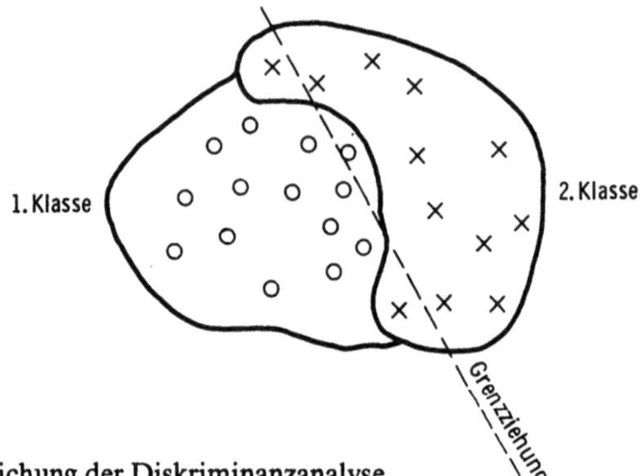

Abb. 25: Veranschaulichung der Diskriminanzanalyse

Wir beschränken die weitere Betrachtung auf den Fall zweier Klassen, zunächst sogar auf eine einzige Variable. Die Verteilung innerhalb jeder Klasse sei normal mit den Mittelwerten μ_1 und μ_2 sowie bekannter Standardabweichung $\sigma_1 = \sigma_2 = \sigma$. Es wird jetzt eine Beobachtung x gemacht und gefragt, ob diese Beobachtung in Klasse 1 (mit Mittelwert μ_1) oder in Klasse 2 (mit Mittelwert μ_2) gehört ($\mu_1 < \mu_2$). Eine vernünftige Zuordnungsregel besteht offenbar darin, den Mittelwert $\mu = (\mu_1 + \mu_2)/2$ als Grenze zu betrachten und die Beobachtung dann der Klasse 1 zuzuschlagen, wenn x < μ, andernfalls der Klasse 2.

Gelegentlich begeht man dabei einen Fehler; dessen Wahrscheinlichkeit ist unter den getroffenen Voraussetzungen zu ermitteln: Die Zuordnung ist stets dann falsch, wenn x > ($\mu_1 + \mu_2$)/2, d.h. nach der Studentisierung

$$\frac{x - \mu_1}{\sigma} > \frac{(\mu_1 + \mu_2)/2 - \mu_1}{\sigma} = \frac{\mu_2 - \mu_1}{2\sigma} = \frac{d}{2\sigma}.$$

Die Wahrscheinlichkeit p einer falschen Klassifikation ist als Flächenwert unter der Normalverteilung abzulesen, und zwar als p = F (∞) − F (d/2 σ).

Im multivariaten Fall haben wir die k (Zufalls-)Variablen $X_1, \ldots^{(i)}, X_k$, die als normalverteilt mit Mittelwerten μ_{1i} und μ_{2i}, Streuungen $\sigma_i^2 = \sigma_{ii}$ sowie Kovarianzen σ_{ij} angenommen werden. (Die Streuungen und Kovarianzen seien jeweils dieselben in den beiden Klassen). Die Differenz der beiden Klassenmittelwerte ist bei der i-ten Variablen

$$d_i = \mu_{2i} - \mu_{1i} \quad (i = 1, \ldots, k).$$

Gesucht ist nunmehr eine Linearkombination von der Art eines Kontrastes (vgl. Abschnitt 38.1)

$$d = \sum_{i=1}^{k} \alpha_i \, d_i,$$

wobei die α_i so zu bestimmen sind, daß die Wahrscheinlichkeit der Fehlklassifikation minimiert wird.

Der Ausdruck $\sum_{i=1}^{k} \alpha_i \, X_i$, genannt (lineare) *Diskriminanzfunktion*, ist unter den oben getroffenen Annahmen eine normalverteilte Zufallsvariable.

Wie man sich unschwer überzeugt, ergibt sich die Menge der optimalen α_i durch Maximierung von

$$\Delta^2 = \frac{\left(\sum_{i=1}^{k} \alpha_i \, d_i \right)^2}{\sum_{\substack{i=1 \\ j=1}}^{k} \alpha_i \, \alpha_j \, \sigma_{ij}}$$

als Lösung des Gleichungssystems

$$\alpha_1 \sigma_{11} + \alpha_2 \sigma_{12} + \ldots + \alpha_k \sigma_{1k} = d_1$$
$$\vdots \qquad\qquad \vdots \qquad\qquad \vdots$$
$$\alpha_1 \sigma_{k1} + \alpha_2 \sigma_{k2} + \ldots + \alpha_k \sigma_{kk} = d_k.$$

Δ^2 heißt auch verallgemeinerter (quadrierter) Abstand. Setzt man die optimalen α_i in Δ^2 ein, erhält man $\Delta^2 = d$.

Die Größe d spielt auch die zentrale Rolle bei der Streuungsanalyse der Diskriminanzfunktion:

Variations-ursache	Zahl der Freiheitsgrade	Summe der Abweichungsquadrate	mittleres Abweichungsquadrat
Klassifizierung (zwischen den Klassen)	K	$Q_1 = \dfrac{N_1 \, N_2 \, d^2}{N_1 + N_2}$	$\dfrac{Q_1}{K}$
„Zufall" (innerhalb der Klassen)	$N - K - 1$	$Q_2 = d$	$\dfrac{Q_2}{N - K - 1}$
Zusammen	$N - 1$	$Q = Q_1 + Q_2$	$\dfrac{Q}{N - 1}$

wobei N_1 die Zahl der Beobachtungen in Klasse 1 und N_2 die Zahl der Beobachtungen in Klasse 2 ist:

$$N = N_1 + N_2.$$

Die Größe

$$\frac{Q_1}{Q_2} \cdot \frac{N - K - 1}{K}$$

ist unter den getroffenen Annahmen F-verteilt mit K und $N - K - 1$ Freiheitsgraden. Im allgemeinen verlangt man hier sehr hohe F-Werte, höhere als in der üblichen Streuungsanalyse.

Die Diskriminanzanalyse kompliziert sich beträchtlich, wenn die vereinfachenden Annahmen, die wir eingeführt haben, fallengelassen werden.

Der Vollständigkeit halber erwähne ich schließlich noch die Kovarianzanalyse, die der Streuungsanalyse, aber auch anderen Verfahren der Multivariaten Analyse analog ist und diese letztere in vielfacher Weise zu ergänzen vermag. Die Kovarianzanalyse geht wie die Diskriminanzanalyse auf R. A. Fisher [1954] zurück. Das ursprünglich von ihm intendierte Anwendungsgebiet war die Experimentplanung. Tatsächlich kann man hier die Genauigkeit durch das Modell der Kovarianzanalyse beträchtlich verbessern, sofern „Kovariablen" gegeben sind.

Sei X_{ij} wie bisher die Meßvariable (j-te Beobachtung in der i-ten Klasse) und Z_{ij} eine Kovariable, die linear mit X_{ij} möglichst eng verbunden ist ($i = 1, \ldots, N; j = 1, \ldots, r$), dann lautet das Kovarianzanalyse-Modell (im einfachsten Fall):

$$X_{ij} = \mu_i + \beta (Z_{ij} - \bar{Z}) + \varepsilon_{ij},$$

wobei die μ_i die üblichen Klassenmittelwerte darstellen; β ist der Regressionskoeffizient zwischen X und Z und $\bar{Z}$ der Mittelwert der Z-Werte.

40. Zeitreihenanalyse

40.1 Kausalität und Bewegung

Eine statistische Analyseform, die der Deskription recht nahe steht, ist die Zeitreihenanalyse, d.h. die Analyse einer Variablen oder eines Merkmals in der Zeit. Natürlich hat die Zeitreihenanalyse prinzipielle epistemologische Probleme, da die Zeit nicht wirklich einen Faktor der Verursachung darstellen kann, aber viele Faktoren manifestieren sich in der Zeit, so daß es nicht ganz unvernünftig ist, die Zeit wie einen Quasi-Kausalfaktor zu behandeln. Das überzeugendste Beispiel ist die „Saison", aber auch in der Konjunktur manifestieren sich zahlreiche, gleichwohl meist nicht spezifizierte Kausalfaktoren. Während viele Zeitreihenanalytiker an ihrer Gretchenfrage, nämlich der Kausalfrage, vorübergehen, hat sich Tiede [1968] mit ihr auseinandergesetzt und mögliche Kausalfaktoren zu identifizieren versucht. Wir werden im folgenden kurz von ‚Saison' und ‚Trend' reden, aber wir meinen stets die entsprechende Kausalfaktorengruppe.

Die entscheidende Annahme der Zeitreihenanalyse ist, daß die verschiedenen Komponenten sich auf einfache Weise, z.B. additiv, zusammensetzen. Das in der Zeit variierende Phänomen (Bevölkerung, Aktienkurse, Niederschlagsmenge, Zahl der Verkehrsunfälle etc.) sei mit X (t) bezeichnet; t ist die Zeit. Dann ist die meist (und auch in diesem Abschnitt) getroffene Grundannahme

$$X (t) = T (t) + K (t) + S (t) + \varepsilon (t),$$

wobei T = Trend, K = Konjunktur und S = Saison, sowie ε die irreguläre (zufällige nicht-systematische) Komponente ist.

Naheliegende Erweiterungen, die wir hier nicht betrachten, sind multiplikative

$$X (t) = T (t) \cdot K (t) \cdot S (t) \cdot \varepsilon (t)$$

und gemischte Zusammensetzung der Komponenten, etwa

$$X (t) = (T (t) + K (t)) \cdot S (t) + \varepsilon (t).$$

Gelegentlich wird auch noch eine Komponente v (t) für singuläre Ereignisse (Naturkatastrophen, Streiks) eingeführt:

$$X (t) = f (T (t), K (t), S (t), \varepsilon (t), v (t)).$$

Entsprechend dieser einfachen Beziehung ist die Problemstellung der Zeitreihenanalyse die Eliminierung und Isolierung einzelner Komponenten. Das heißt, man will den Trend rechnerisch tilgen oder man will ihn gerade herausholen und alle anderen Komponenten eliminieren; oder man will Konjunktur und Saison herausholen und die restlichen Komponenten tilgen usw.

Den Trend zusammen mit der Konjunktur bezeichnet man auch als ‚glatte Komponente‘. Manchmal heißt die Konjunkturkomponente allein, gelegentlich in Verbindung mit der saisonalen Komponente oszillatorisch.

Die meisten Verfahren und Arbeiten der Zeitreihenanalyse gelten dem Saisoneffekt, sei es, daß man ihn isolieren oder eliminieren will. Während die Isolierung des Trends in der Regel mittels Polynomen (z.B. quadratische Funktionen), Exponential-, Potenz- und periodischen Funktionen (mit Perioden größer als 12 Monate) oder Kombinationen dieser Typen erfolgt, ist die Saisonisolierung (bis zum Aufkommen der Spektraluntersuchungen) stets mit Hilfe periodischer Funktionen (mit Perioden von höchstens 12 Monaten) vorgenommen worden.

40.2 Einige Grundbegriffe

Bestands- und Bewegungsmassen. Ich erinnere an die Ausführungen in Abschnitt 8.2; zu ergänzen ist: Es gibt Zeitreihen von Bestandsgrößen, das sind Reihen von Werten zu Zeitpunkten (z.B. Bevölkerung) und es gibt Zeitreihen von Bewegungs- oder Ereignisgrößen, das sind Reihen von Werten aus Zeiträumen (z.B. Geburt).

Kalendertage. Zwar hat die Woche immer 7 Tage, aber nicht gleichviele Arbeitstage. Der Monat variiert zwischen 28 und 31 Tagen und noch stärker in der Zahl von Arbeitstagen. Dasselbe gilt auch für Quartale. Ein Vor-Problem der Zeitreihenanalyse ist das Fragenpaar:

(1) Sollen die Werte der Zeitreihe (z. B. arbeitstäglich) „bereinigt" werden?
(2) Wenn ja, welche Bereinigungen, auf welche Weise?

Wendepunkte. Sie sind Reihenwerte, die besonderes Interesse verdienen. Unter einem unteren Wendepunkt versteht man einen Reihenwert, dessen beide Nachbarn größer sind als er selbst. Unter einem oberen Wendepunkt versteht man einen Reihenwert, dessen beide Nachbarn kleiner sind als er selbst.

Im folgenden handelt es sich um Modifizierungen bzw. Verallgemeinerungen von deskriptiv bekannten Begriffen und Konzepten auf stochastische Ansätze bzw. stochastische Prozesse.

Periodische Funktion. Eine Funktion f ist periodisch (mit Periode τ), wenn

$$f(x \pm \tau) = f(x)$$

oder auch

$$f(x \pm k\,\tau) = f(x); \quad k = 1, 2, 3, \ldots$$

Die bekanntesten Beispiele sind die Sinus- und Cosinusfunktionen

$$\sin(x \pm 2\,\pi\,k) = \sin x$$
$$\cos(x \pm 2\,\pi\,k) = \cos x; \quad k = 1, 2, 3, \ldots$$

Auf diese werden wir mehrmals in diesem Abschnitt zurückkommen.

Stationarität. Hier sind mehrere Begriffe zu unterscheiden. In unspezifischer Form nennt man stationär einen Prozeß, der sich nicht ändert, wenn er auf der Zeitachse hin- und hergeschoben wird, d.h. empirisch gesehen eine Reihe ohne Trend, evtl. Konjunktur- und saisonale Komponenten, wobei Trend und Saison (evtl. auch Konjunktur) von vornherein nicht vorhanden gewesen waren oder aber eliminiert wurden.

In einem spezifischen Sinn spricht man von Stationarität wie folgt:

a) *Verteilungsstationarität.* Eine zeitliche Folge von Zufallsvariablen X_t, $X_{t+1}, \ldots$ heißt verteilungsstationär, wenn für alle $n \geqq 0$ die Verteilungsfunktion $F(X_t, X_{t+1}, \ldots, X_{t+n})$ unabhängig von t ist, d.h. $F(X_t, X_{t+1}, \ldots, X_{t+n}) = F(X_{t+i}, X_{t+1+i}, \ldots, X_{t+n+i})$ für $i = 0, 1, 2, \ldots$

b) *Stationarität im Mittel.* Die Erwartungswerte μ_{t+i} der X_{t+i} ($i = 0, 1, 2, \ldots$) sind gleich.

c) *Stationarität in der Streuung.* Die Streuungen σ^2_{t+i} der X_{t+i} ($i = 0, 1, 2, \ldots$) sind gleich.

Mittelwertfunktion. Das klassische Konzept des arithmetischen Mittels wird dynamisiert:

$$E(X(t)) = \mu(t);$$
$$\text{Annahme 1: } \mu(t) = \mu.$$

(Auto-)Kovarianzfunktion. Bei der gewöhnlichen Kovarianz sind zwei verschiedene Variablen, X und Y, beteiligt. Bei der Autokovarianz ist es eine Variable X_t und ihre Verwirklichung zu einem früheren (oder späteren) Zeitpunkt $X_{t \pm i}$.

Auch die Autokovarianz wird zur Autokovarianzfunktion dynamisiert und verallgemeinert:

$$\text{Cov}\,(X\,(t_1),\,X\,(t_2)) = \text{Cov}\,(t_1,\,t_2);$$

Annahme 2: $\text{Cov}\,(t_1,\,t_2) = \text{Cov}\,(t_1 - t_2) = \gamma\,(t_1 - t_2) < \infty.$

Diese Annahme bedeutet die Stationarität und Endlichkeit der Autokovarianzen.

Prozesse, die sowohl Annahme 1 für die Mittelwertfunktion als auch Annahme 2 für die Autokovarianzfunktion erfüllen, heißen *schwach stationär*. Für schwach stationäre Prozesse lautet die Autokovarianzfunktion

$$\gamma\,(k) \quad \text{für} \quad k = 0,\,\pm 1,\,\pm 2,\,\dots\,.$$

Natürlich ist $\gamma\,(0) = \sigma^2$ und $\gamma\,(-k) = \gamma\,(k)$.

Autokorrelationsfunktion. Analog wie bei der Kovarianz wird die Korrelation verändert, nämlich so, daß nur eine Variable beteiligt ist, diese aber zu verschiedenen Zeitpunkten.

Für einen schwach stationären Prozeß heißt

$$\varrho\,(k) = \frac{\gamma\,(k)}{\gamma\,(0)}; \quad k = 0,\,\pm 1,\,\pm 2,\,\dots$$

Autokorrelationsfunktion.

Weißes Rauschen. Ein Begriff, der aus der Frequenzbetrachtung (Abschnitt 40.7) stammt. (Was kommt aus dem Radio, wenn kein Sender drin ist und auch keine Störungen?)

$$\gamma\,(s) = \begin{cases} \sigma^2 & \text{für} \quad s = 0 \\ 0 & \text{für} \quad s \neq 0. \end{cases}$$

Gleitende Durchschnitte. Schon lange kannte man in der Statistik das Konzept der gleitenden Durchschnitte. Bei Zusammenfassung von je drei Werten ($2\,m + 1 = 3$, d.h. $m = 1$; siehe unten) ersetzt man die drei ersten Werte durch $\tilde{x}_2 = \frac{1}{3}\,(x_1 + x_2 + x_3)$, den 2., 3. und 4. Wert durch $\tilde{x}_3 = \frac{1}{3}\,(x_2 + x_3 + x_4)$ usw. bis $\tilde{x}_{n-1} = \frac{1}{3}\,(x_{n-2} + x_{n-1} + x_n)$. Am Anfang und am Ende der ursprünglichen Reihe fällt durch die gleitende Durchschnittsbildung je ein Wert (allgemein fallen je m Werte) weg. Ein Teilintervall von $2\,m + 1$ aufeinanderfolgenden Werten heißt *Stützbereich*. Für beliebiges m ist die gleitende Durchschnittsbildung definiert durch:

$$\tilde{x}_t = \frac{1}{2\,m + 1}\,(x_{t-m} + x_{t-m+1} + \dots + x_{t-1} + x_t + x_{t+1} + \dots + x_{t+m}).$$

Nunmehr betrachten wir die stochastische Seite.

Der *gleitende Durchschnittsprozeß* (*Moving Average* Process) wird (so wie die Reihe der gleitenden Durchschnitte aus einer ursprünglichen Reihe) aus einem Primärprozeß gebildet, allerdings meistens nur aus dem Gegenwartswert und den Vergangenheitswerten.

Ein *Primärprozeß* ist eine Folge unabhängiger identisch verteilter Zufallsvariablen (X_{t-s}); dieser wird gleitend summiert mit dem gleitenden Mittel:

$$Y\,(t) = \sum_{s=0}^{m} b\,(s)\,X\,(t - s).$$

Der MA-Prozeß hat die Eigenschaften

$$\gamma\,(s) = \begin{cases} \left[\displaystyle\sum_{i=0}^{m-s} b\,(i)\,b\,(i+|s|) \right] \sigma_x^2 & \text{für} \quad |s| = 0, 1, \ldots, m \\[2ex] 0 \quad \text{für} \quad |s| > m \end{cases}$$

$$\gamma\,(0) = \sigma_y^2 = \sigma_x^2 \sum_{s=0}^{m} b^2\,(s).$$

Autoregressiver Prozeß (Autoregressive Process). Dieser Begriff hat in der klassischen Statistik eine Entsprechung in Form der (deskriptiven) Autoregressionsfunktion. Diese ist eine Regressionsfunktion, deren Regressand y_t von dessen früheren Beobachtungen bzw. Verwirklichungen y_{t-i}, z. B. y_{t-1}, abhängig ist, etwa linear:

$$y_t = a_0 + a_1\,y_{t-1}.$$

Die stochastische und erweiterte Interpretation führt zum Begriff des autoregressiven Prozesses:

$$Y\,(t) = \sum_{s=1}^{m} a_s\,Y\,(t-s) + X\,(t)$$

z. B. erster Ordnung

$$Y\,(t) = a_1\,Y\,(t-1) + X\,(t).$$

Ergodizität. Unter Ergodizität versteht man die Schätzbarkeit der Parameter eines stationären stochastischen Prozesses aus einer einzigen Prozeßrealisation (d. h. aus einer Zeitreihe).

Mittelwertergodizität. Sei

$$\bar{X}_\tau = \frac{1}{\tau} \sum_{t=1}^{\tau} X\,(t)$$

das zeitliche Mittel in der Stichprobe (Zeitreihe = Prozeßrealisation) und μ der Mittelwert der Grundgesamtheit (Erwartungswert des Prozesses), dann ist $\bar{X}_\tau$ eine ergodische Schätzung für μ, wenn

$$\lim_{\tau \to \infty} E\,(\bar{X}_\tau - \mu)^2 = 0.$$

$\bar{X}_\tau$ ist hiernach eine für μ konsistente oder ergodische Schätzung. Analog definiert ist die

Autokovarianzergodizität:

$$\lim_{\tau \to \infty} E\,(c_k - \gamma\,(k)) = 0 \quad \text{für} \quad k = 0, 1, 2, \ldots$$

mit

$$c_k = \frac{1}{\tau - k} \sum_{t=1}^{\tau-k} (X_t - \bar{X}_\tau)\,(X_{t+k} - \bar{X}_\tau).$$

40.3 Analyse im Zeitbereich

Die klassische Form der Analyse im Zeitbereich ist heute eher die Ausnahme, meist werden Zeitreihen nach der Transformation in den Frequenzbereich oder gemischt analysiert. Mit dieser grundsätzlichen Einschränkung wollen wir einige Verfahren betrachten, die auch oder sogar vorwiegend im Zeitbereich operieren.

Vorwiegend im Zeitbereich operiert die (zu Recht) ehrwürdige, aber ewig junge Methode der kleinsten Quadrate. Sie wird zum Analyse-Instrument im Zeitbereich par excellence, indem die Zeit t als Regressor fungiert:

$$X(t) = f(t).$$

Grundsätzlich kann mit diesem Ansatz jede Aufgabe im Bereich der Zeitreihenanalyse gelöst werden, jede Eliminierung wie jede Isolierung. Wir betrachten ein paar Beispiele:

(1) *Trendisolierung*

Linearer Trend:

$$T(t) = a_0 + a_1 t.$$

Polynomialer Trend:

$$2. \text{ Grades: } T(t) = a_0 + a_1 t + a_2 t^2$$

$$3. \text{ Grades: } T(t) = a_0 + a_1 t + a_2 t^2 + a_3 t^3$$

$$\text{n-ten Grades: } T(t) = \sum_{j=0}^{n} a_j t^j.$$

Logistischer Trend

$$T(t) = a(1 + e^{b-ct})^{-1} \quad \text{mit} \quad a > 0, b > 0, c > 0;$$

$$\text{für} \quad t \in [0, +\infty) \quad \text{ist} \quad T(t) \in \left[\frac{a}{1+e^b}, a\right).$$

Dieser Trend wird auch als Sättigungstrend bezeichnet. Man interessiert sich gerade hier oft für die erste und zweite Ableitung:

$$T'(t) = a\,c\,e^{b-ct}(1 + e^{b-ct})^{-2},$$

$$T''(t) = a\,c^2\,e^{b-ct}(e^{b-ct} - 1)(1 + e^{b-ct})^{-3};$$

a ist der Sättigungswert; oft transformiert man die Funktion so, daß $a = 100\%$ ist.

Exponentieller Trend

$$T(t) = a\,e^{bt};$$

für $a > 0$ und $b > 0$ heißt der exponentielle Trend positiv, er läßt sich dann logarithmisch linear schreiben:

$$\ln T(t) = \ln a + b\,t.$$

Die beiden ersten Ableitungen lauten:

$$T'(t) = a\,b\,e^{bt}, \quad T''(t) = a\,b^2\,e^{bt}.$$

Wegen weiterer Trendfunktionen sei auf Abschnitt 51.3 verwiesen. Ein Überblick findet sich bei [Ulrich/Köstner 1979].

(2) *Isolierung der Saison und/oder Konjunktur*

Die Methode der kleinsten Quadrate läßt sich grundsätzlich auch für die Isolierung der Saison (und/oder Konjunktur) und damit für die Eliminierung der jeweils restlichen Komponenten benutzen, am einfachsten bei Monatsdaten durch trigonometrische Polynome der Form

$$S(t) = \sum_{j=1}^{6} \left(a_j \sin\left(\frac{2\pi}{12} j\, t\right) + b_j \cos\left(\frac{2\pi}{12} j\, t\right) \right).$$

Die Analyse mit Hilfe derartiger trigonometrischer Polynome heißt − wegen der Analogie zu den Fourier-Koeffizienten − auch harmonische Analyse:

(Reine) *Harmonische Saisonfunktion*

$$S(t) = \sum_{j=1}^{h} \left(a_j \sin\left(\frac{2\pi}{12} j\, t\right) + b_j \cos\left(\frac{2\pi}{12} j\, t\right) \right).$$

Meist wird man $h = 6$ wählen und kann sich dabei auf $j \in \{3, 6\}$ beschränken, d.h. auf Quartale und Halbjahre; allgemein auf j aus einer vorgegebenen Indexmenge J.

(Reine) *Harmonische Konjunkturfunktion*

Für einen Konjunkturzyklus von Z Monaten:

$$K(t) = d \cdot \sin\left(\frac{2\pi}{Z} t\right) + e \cdot \cos\left(\frac{2\pi}{Z} t\right).$$

Mischungen von Saison und Konjunktur sind natürlich ohne weiteres möglich. Da die meisten empirischen Zeitreihen außer Saison und Konjunktur einen Trend aufweisen, ist auch dieser zu berücksichtigen. Das erfolgt entweder dadurch, daß er mit in die Funktion aufgenommen wird:

$$X(t) = T(t) + K(t) + \sum_{j \in J} \left(a_j \sin\left(\frac{2\pi}{12} j\, t\right) + b_j \cos\left(\frac{2\pi}{12} j\, t\right) \right),$$

wobei z. B.

$$T(t) = c_0 + c_1 t \qquad \text{(linearer Trend)}$$

$$K(t) = d \cdot \sin\left(\frac{2\pi}{Z} t\right) + e \cdot \cos\left(\frac{2\pi}{Z} t\right) \qquad \text{(harmonische Konjunkturfunktion).}$$

Eine andere Möglichkeit ist, daß man zunächst den Trend isoliert und die „Residuen"

$$R(t) = X(t) - T(t)$$

harmonisch bezüglich Saison und/oder Konjunktur analysiert. Auf analoge Weise läßt sich neben dem Trend auch die Konjunktur eliminieren, nämlich durch Bestimmung der „Residuen"

$$R_{T,K}(t) = X(t) - (T(t) + K(t))$$

und anschließende harmonische Analyse derselben bezüglich der Saison.

250

(3) *Saisonbereinigung*

Die vorstehend skizzierten Methoden der Saisonisolierung lassen sich freilich auch für
die Saisoneliminierung verwenden, indem man die Saisonkomponente S (t) zunächst
isoliert, um sie anschließend allein oder zusammen mit anderen Komponenten aus
X (t) zu eliminieren:

$$R_s (t) = X (t) - S (t).$$

Diese naheliegende Möglichkeit findet indessen ihre Beschränkung in der Stabilität
der Saison, d.h. die trigonometrischen Polynome („harmonische Analyse") sind nur
anwendbar, wenn die Saisonfigur (relativ) starr ist.

Ist die Saisonfigur variabel, d.h. ändert sich der saisonale Ablauf in der Zeit, dann sind
die trigonometrischen Polynome nicht mehr anwendbar, zumindest nicht direkt. Man
kann die Koeffizienten a_j und b_j zeitabhängig schreiben; ein anderer Ausweg ist die
multiplikative Verknüpfung (siehe oben). Eine weitere Möglichkeit liegt in sogenannten gleitenden Stützbereichen, d.h. einer entsprechend interpretierten und erweiterten
gleitenden Durchschnittsbildung (siehe unten).

Eine weitere Möglichkeit zur Saisonisolierung bei Monatsdaten wird darin gesehen,
daß man den Trend mittels eines gleitenden 12-Monats-Durchschnitts bestimmt und
aus der Ursprungsreihe (additiv oder multiplikativ) herausfiltert, d.h. herausrechnet.
Die resultierenden Residuen (Differenzen bei additiven Filtern bzw. Quotienten bei
multiplikativen Filtern) werden über die Jahre monatsweise zu Saisonindices (Januar-
Index, Februar-Index, ..., Dezember-Index) gemittelt. Mit dieser Saisonindexreihe
können (wegen des gleitenden 12-Monatsmittels) Zeitreihen auch dann saisonbereinigt werden, wenn die Saisonfigur beweglich ist [vgl. Croxton, Cowden und Klein
1967 und Hannan 1979].

Die Praxis hat sich sehr komplizierte und wenig überzeugende Kombinationen ausge-
dacht; hauptsächlich sind hier das sogenannte Berliner Verfahren und das auf US-
amerikanische Vorbilder zurückgehende Bundesbankverfahren zu nennen. Das erste
operiert aber auch im Frequenzbereich. Wir kommen deshalb nach der Betrachtung
der Analyse im Frequenzbereich auf sie zurück.

Zu erwähnen ist noch, daß die Berücksichtigung, z.B. Isolierung, der singulären Ereignisse (Ausreißer) v (t) aufgrund sachlogischer Verfahren erfolgen kann oder mit Hilfe
der Methode der kleinsten Quadrate, wobei v (t) als sogenannte dummy variable betrachtet wird, z.B.

$$v (t) = \begin{cases} 1 & \text{für} \quad t = \text{Ausreißer} \\ 0 & \text{sonst}. \end{cases}$$

Die Restkomponente ε (t) spielt bei den Komponentenverfahren der Zeitreihenanalyse dieselbe Rolle wie das Störglied bei der stochastisch interpretierten Regressions-
analyse. Idealerweise ist ε (t) nur weißes Rauschen.

40.4 Filtertechniken

Da in der modernen Zeitreihenmethodik viel transformiert wird, lag die Einführung des Filterbegriffs nahe. Er spielt heute in der Tat eine fast zentrale Rolle. Allerdings sind die Filterentwurfsverfahren (kausale Filter, Transversalfilter, rekursive Filter usw.) so kompliziert, daß ihre Darstellung zu viele Vorbereitungen erfordern würde. Wir beschränken uns auf klassische Grundkonzepte. Ein Filter F kann allgemein als Transformation einer Inputfunktion, z. B. Z (t), in eine Outputfunktion

$$Y (t) = F (Z (t))$$

aufgefaßt werden. Im linearen diskreten zeitinvariaten Fall ist z. B.

$$Y (t) = \sum_{\tau} \alpha (\tau) Z (t - \tau)$$

der Filter, mit $\alpha (\tau)$ als Filterfunktion.

Der Filter kann so gewählt werden, daß die ursprüngliche Zeitreihe in voller Länge — transformiert — aus der black box herauskommt, aber auch verkürzt oder verlängert. Im letzteren Fall spricht man von Vorhersagefiltern (vgl. Abschnitt 52.1). Hier im Rahmen der Analyse interessiert uns hauptsächlich der Fall, daß die Länge der Outputfunktion gleich der Länge der Inputfunktion ist (Anpassungsfilterung). Alle im vorigen Abschnitt betrachteten Verfahren — mit Ausnahme der gleitenden Durchschnitte — sind von dieser Art. (Bei den gleitenden Durchschnittsverfahren ist die Outputfunktion kürzer als die Inputfunktion.)

Da die Anpassungsfilterung sich als Spezialfall der Vorhersagefilterung auffassen läßt, betrachten wir im folgenden kurz die letztere in ihrer inzwischen klassisch zu nennenden Form. Gegeben sei der stationäre diskrete Inputprozeß Z (t) mit dem Outputprozeß Y (t) bzw. Y (t + α); $\alpha = 0, 1, 2, \ldots$ ist die Vorhersagedistanz ($\alpha = 0$ bedeutet Anpassungsfilterung). Y (t + α) soll mittels einer Linearkombination von Vergangenheitswerten Z (t − j); j = 0, . . . , m, bestimmt (angepaßt bzw. prognostiziert) werden;

$$\sum_{j=0}^{m} f_j Z (t - j) \rightarrow Y (t + \alpha).$$

$\{f_j \,|\, j = 0, 1, \ldots, m\}$ ist der Filteroperator oder die Filterfunktion. Man bestimmt die Filtergewichte f_j so, daß der Erwartungswert der quadrierten Abweichung des „prognostizierten" Wertes $\sum_{j=0}^{m} f_j Z (t - j)$ von dem tatsächlichen Wert der Reihe Y (t + α) minimal wird, d. h.

$$W = E \left(\sum_{j=0}^{m} f_j Z (t - j) - Y (t + \alpha) \right)^2 \rightarrow \min! \tag{*}$$

Dies erreicht man, indem W partiell nach den f_j abgeleitet wird und die Ableitungen gleich Null gesetzt werden. Das Resultat bildet das Gleichungssystem

$$\sum_{j=0}^{m} f_j \, \sigma_{ZZ} (j, k) = \sigma_{YZ} (- \alpha, k) \qquad (k = 0, 1, \ldots, m) \tag{**}$$

mit $\qquad \sigma_{ZZ} (j, k) = \mathrm{Cov} (Z (t - j), Z (t - k))$

und $\qquad \sigma_{YZ} (j, k) = \mathrm{Cov} (Y (t - j), Z (t - k)).$

Zur Bestimmung der im Sinn von (*) optimalen Filtergewichte f_j benötigt man also die Autokovarianzen $\sigma_{ZZ}(j, k)$ der Reihe $Z(t)$ und die Kreuzkovarianzen $\sigma_{YZ}(-\alpha, k)$ zwischen den Reihen $Y(t)$ und $Z(t)$. Diese Koeffizienten sind in der Regel unbekannt und müssen — unter Verwendung zusätzlicher Stationaritätsannahmen — aus beobachteten Werten $(y(t), z(t))$ $(t = 1, 2, \ldots, T)$ beider Reihen geschätzt werden. Sind dann die Filtergewichte f_j durch Lösung des Gleichungssystems (**) bestimmt, lautet die Prognose für die Reihe $Y(t)$ zum Zeitpunkt $T + \alpha$:

$$y(T + \alpha) = \sum_{j=0}^{m} f_j \, z(T - j).$$

40.5 ARMA und ARIMA

Einige diskrete Zeitreihenmodelle, besonders in stochastischer Interpretation, haben großes Interesse in der Theorie und in der Praxis, und zwar sowohl bei der Analyse im Zeitbereich wie bei der Analyse im Frequenzbereich (siehe unten) gefunden. Es sind die ARMA- und ARIMA-Modelle (mit einigen Abwandlungen). Sie werden außer für die Analyse (z.B. Saisonbereinigung) auch für Prognosen als wichtig angesehen (vgl. Abschnitt 52.5). In der Ökonometrie spielen sie bei der Definition von Zufallsvariablen eine wachsende Rolle; vgl. z.B. [Schönfeld, 1979, S. 63]. Mit den beiden separaten Komponenten AR(p) und MA(q) lautet die vielbenutzte Liste:

(a) Autoregressiver Prozeß AR(p):
$$X(t) = a_1 X(t - 1) + a_2 X(t - 2) + \ldots + a_p X(t - p) + u(t)$$
(b) Gleitender Durchschnittsprozeß MA(q):
$$X(t) = u(t) + b_1 u(t - 1) + \ldots + b_q u(t - q)$$
(c) Gemischter Prozeß ARMA(p, q):
$$X(t) = a_1 X(t - 1) + \ldots + a_p X(t - p) + u(t) + b_1 u(t - 1) + \ldots + b_q u(t - q)$$
(d) ARIMA-Prozeß ARIMA(p, d, q)
$$Y(t) \quad = \Delta^d X(t), \quad \text{wobei}$$
$$\Delta X(t) = X(t) - X(t - 1) \quad \text{mit}$$
$$Y(t) \quad = a_1 Y(t - 1) + \ldots + a_p Y(t - p) + u(t) + b_1 u(t - 1) + \ldots + b_q u(t - q).$$

Die ARIMA(p, d, q)-Modelle stammen im wesentlichen von Box und Jenkins [1970]; (vgl. auch Leiner [1979]).

Sie sind wie (c) Mischungen von autoregressiven und gleitenden Durchschnittsprozessen der Ordnung p bzw. q, im Gegensatz zu (c) aber auf die d-fachen Differenzen der Ursprungsreihe angewandt. Diese d-Komponente, die das I in ARIMA erklärt (von „integrated"), soll die Überführung einer beliebigen in eine stationäre Folge leisten. Die ARIMA(p, d, q)-Modelle können auch als Filter aufgefaßt werden, mit weißem Rauschen als Input und der (heftig kolorierten) Zeitreihe $Y(t)$ als Output.

Box und Jenkins haben sich im 5. Kapitel ihres Buches [1970] auch Gedanken über die Schätzung der zahlreichen Parameter gemacht. Unter relativ starken Annahmen wird das Konzept der individuellen Prognosestreuung (vgl. Abschnitt 53.6) herangezogen.

40.6 Von Bagdad nach Stambul

Beträchtliche Verständnisschwierigkeiten bereitet dem Anfänger in der Regel die Zeitreihenanalyse im Frequenzbereich. Wir werden deshalb in diesem Abschnitt zunächst recht ausführlich die Transformation vom Zeitbereich in den Frequenzbereich erörtern.

In der Zeitbereichsbetrachtung ist die Zeit t die unabhängige Variable, das Zeitphänomen (die Zeitreihe) die abhängige, sie sei mit y (t) bezeichnet. Die allgemeine Sinusfunktion lautet dann

(sin) $\qquad$ y (t) = r sin (ω t + φ).

Da die Kosinusfunktion der Sinusfunktion um $\dfrac{\pi}{2}$ vorauseilt, enthält y (t) = r sin (ω t + φ) (vgl. Abb. 26) auch die Kosinusfunktion. Die Parameter von (sin) sind:

r $\;$ = Amplitude

ω = Kreisfrequenz = Winkelgeschwindigkeit = 2 π f

f $\;$ = Schwingungsfrequenz = Anzahl der Schwingungen pro Zeiteinheit.
$\quad$ 2 π/ω = T ist die Schwingungsdauer (Wellenlänge).

φ = Phasendifferenz.
$\quad$ Bei t = 0: y (t) = r sin φ, im Einheitskreis: y (t) = sin φ.

Abb. 27 stellt den Zusammenhang zwischen Frequenzbereich und Zeitbereich graphisch dar und erläutert mehr als viele Worte.

Meistens bezieht man die Frequenzbetrachtung auf den Einheitskreis, d. h. den Kreis mit dem Radius r = 1. Der Umfang des Einheitskreises beträgt 2 π (allgemein 2 π r); daher entspricht im Einheitskreis dem vollen Gradmaß des Winkels, nämlich 360°, der Kreisbogen 2 π. (Kreisbogen durch Kreisradius = Winkel im Bogenmaß.)

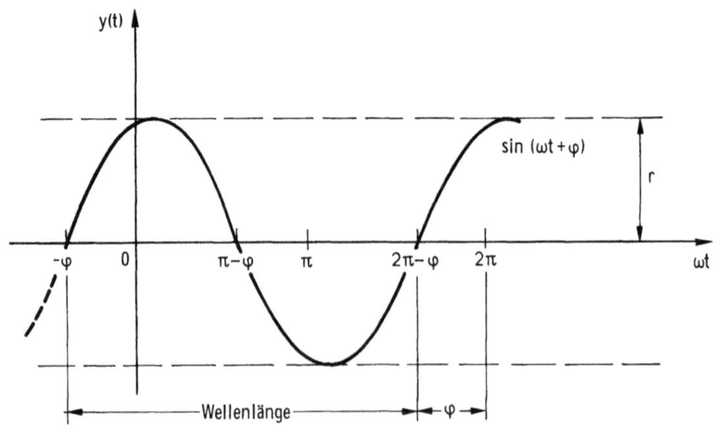

Abb. 26: Sinusfunktion

254

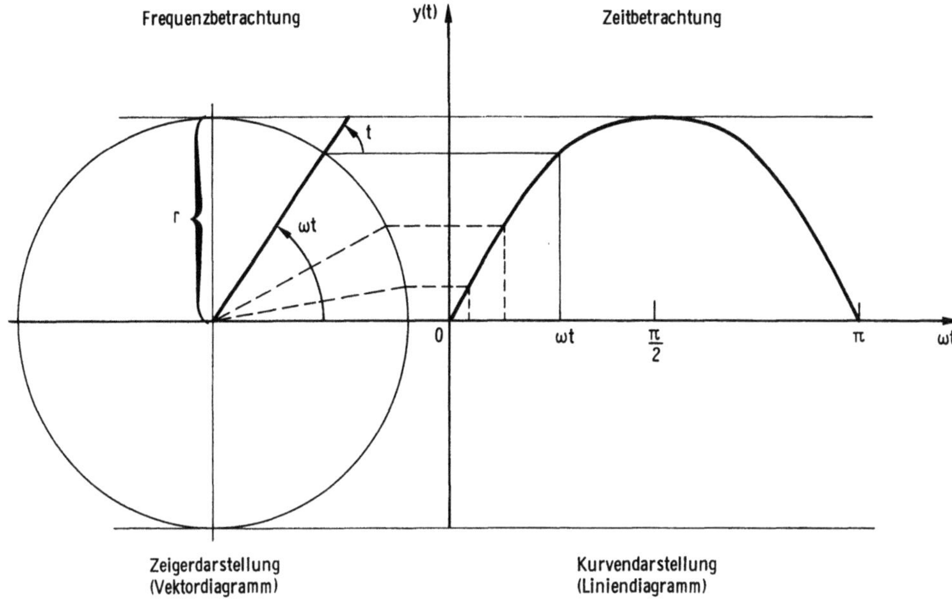

Abb. 27: Frequenz- und Zeitbetrachtung

Die Beziehung zwischen dem üblichen Gradmaß $\alpha°$ des Winkels und dem Bogenmaß α im Einheitskreis lautet:

$$\alpha = \frac{\alpha°}{180°}\,\pi \quad \text{(dimensionslos)}.$$

Die Geschwindigkeit ist in der Physik bekanntlich als Weg durch Zeit definiert. Analog ist bei der (gleichförmigen) Bewegung entlang der Peripherie des Einheitskreises die Winkelgeschwindigkeit gleich dem vom Radius durchlaufenen Winkel, dividiert durch die dazu erforderliche Zeit. Nach Abb. 27 ist z. B. nach t sec. der Winkel $\alpha = \omega\,t$ zurückgelegt. Die Winkelgeschwindigkeit ω hat die Dimension sec.$^{-1}$, da ja das Bogenmaß α dimensionslos ist.

Die Winkelgeschwindigkeit ist zugleich die Kreisfrequenz. Um diese Gleichsetzung zu verstehen, betrachten wir zunächst die Umlaufzeit T, das ist die Zeit, die zum einmaligen vollen Durchlaufen des Kreises erforderlich ist. Ist. z. B. $T = \frac{1}{2}$ sec, so wird der Kreis in der vollen Sekunde zweimal umlaufen. Die Frequenz f ist daher

$$\text{(Freq.)} \qquad f = \frac{1}{T}\,\text{Hz}.$$

mit der Dimension sec.$^{-1}$ = Hertz (nach dem Physiker Heinrich Hertz (1857−1894)), abgekürzt Hz.

Da der volle Winkel $\alpha = 2\,\pi$ genau während T durchlaufen wird und nach (Freq.) $T = 1/f$ ist, können wir für ω und α auch schreiben:

$$\omega = \frac{2\,\pi}{T} = 2\,\pi\,f, \quad \alpha = 2\,\pi\,f\,t.$$

Im Sinne der Schwingung, d.h. eines periodischen Vorgangs, ist die Umlaufzeit eine Periode, da und insofern sich nach der Zeit T der Vorgang des Kreisumlaufs wiederholt (vgl. Abb. 28).

In Abb. 28 bewegt sich ein Punkt gleichförmig auf der Peripherie eines Kreises mit Mittelpunkt M und Radius r. Nach einer gewissen Zeit t befindet sich der Punkt in D, also um den Winkel α aus der Anfangsstellung MO gedreht. Die Stellung P des Punktes wird nach P' projiziert. Die Projektion aller Punkte auf der Kreisperipherie ergibt die in der Zeit laufende Kurve. Ein voller Kreisumlauf entspricht der Hin- und Herbewegung O'R'O'S'O'.

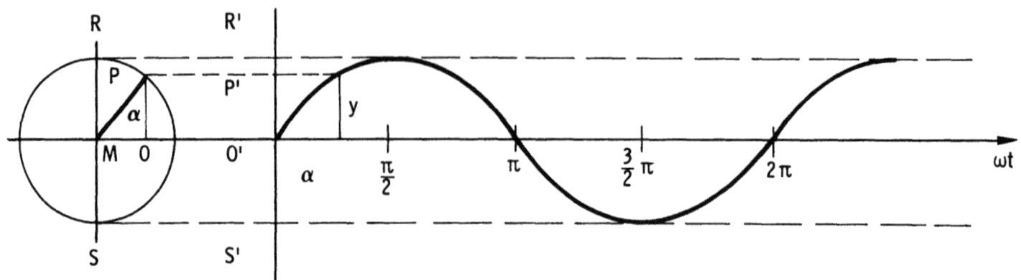

Abb. 28: Projektion eines Punktes zu verschiedenen Zeitpunkten bei gleichförmiger Bewegung entlang eines Kreises

Im rechtwinkligen Dreieck PMO ist, wenn wir die Strecke PO mit y bezeichnen,

$(\sin_1)$ $\qquad y = r \sin \alpha$

bzw. wegen $\alpha = \omega\, t$ und $\omega = 2\,\pi\, f = \dfrac{2\,\pi}{T}$

$(\sin_2)$ $\qquad y = r \sin (\omega\, t)$

$(\sin_3)$ $\qquad y = r \sin \left(\dfrac{2\,\pi}{T}\, t\right).$

Die Kreisfrequenz $2\,\pi/T$ ist somit gleich ω. Sie ist die Anzahl der Umläufe, wenn t von 0 bis $2\,\pi$ sec. läuft, während die Frequenz f angibt, wie oft der Kreis in einer Sekunde durchlaufen wird; f heißt darum auch Schwingungszahl. Beim Vergleich von $(\sin_1)$ bis $(\sin_3)$ mit (sin) bemerken wir noch einen Unterschied, nämlich das Vorkommen von φ in (sin). Bei $\varphi > 0$ verschiebt sich die Sinuskurve nach links (Phasenvoreilung), bei $\varphi < 0$ nach rechts (Phasenverzögerung). Der Faktor r, der in der Frequenzbetrachtung den Radius darstellt, ist in der Zeitbetrachtung die Amplitude.

Gegenüber $r = 1$ (Einheitskreis) ist $r > 1$ eine Dehnung, $r \in (0, 1)$ eine Pressung; bei $r < 0$ kommt noch eine Spiegelung um die t-Achse hinzu.

Die Kosinusfunktion erhält man als erste Ableitung der Sinusfunktion; leitet man die Kosinusfunktion ab, erhält man die negative Sinusfunktion, diese abgeleitet ergibt die negative Kosinusfunktion, diese abgeleitet ergibt wieder die ursprüngliche Sinusfunktion.

Von Superposition oder Überlagerung spricht man, wenn y (t) aus mehreren verschiedenen Sinus- und Kosinusfunktionen besteht.

256

Ein Prozeß der Form

$$\text{(HP)} \qquad Y(t) = \sum_{k=0}^{n} (a_k \cos \omega_k t + b_k \sin \omega_k t), \quad \text{für alle} \quad k: \omega_k \in [0, \pi]$$

heißt ein harmonischer Prozeß. Die a_k und b_k sind sogenannte Fourier-Koeffizienten. Für $E(a_k) = E(b_k) = 0$ für alle $k = 1, \ldots, n$ sowie

$E(a_i b_k) = 0$ für alle $i, k = 1, \ldots, n$, d.h. verschwindende Erwartungen und Kovarianzen sowie

$E(a_i a_k) = E(b_i b_k) = \sigma_k^2$ für $i = k$ bzw. 0 für $i \neq k$ $(i, k = 1, \ldots, n)$ ist der harmonische Prozeß schwach-stationär mit der Autokovarianzfunktion (vgl. Abschnitt 40.2)

$$\text{(AKF}_1) \qquad \gamma(\tau) = \sum_{k=1}^{n} \sigma_k^2 \cos \omega_k \tau \qquad (\tau = 1, 2, \ldots),$$

$$\text{(AKF}_2) \qquad \gamma(0) = \sum_{k=1}^{n} \sigma_k^2.$$

Die Folge der Streuungen $\sigma_k^2 = \sigma^2(\omega_k)$ ist das Spektrum des Prozesses (HP). Die Gleichung (AKF$_2$) ist wie folgt zu interpretieren.

Die Gesamtstreuung des Prozesses ist ein Maß für die in einer Zeitreihe enthaltene Bewegungsenergie, sie setzt sich additiv aus den Einzelstreuungen ihrer Komponenten (Frequenzkomponenten!) zusammen. Das Spektrum stellt eine Bestandsaufnahme aller Frequenzen (mit ihren die Bedeutung der jeweiligen Frequenz charakterisierenden Teilstreuungen) dar und erlaubt somit die Identifizierung wichtiger Frequenzbereiche.

40.7 Analysen im Frequenzbereich

Mit der Transformation vom Zeitbereich in den Frequenzbereich geht zwar eine Informationsumwandlung einher, aber der Informationsgehalt, der in einer Zeitreihe steckt, wird damit nicht größer noch kleiner. Gleichwohl hofft man, mit der in den Frequenzbereich transformierten Information leichter und besser verfahren zu können. Ob diese Hoffnung zu Recht besteht, sei dahingestellt; jedenfalls ist sie ein wesentliches Motiv für das Analysieren im Frequenzbereich. Dieses erfordert ein gewisses Um- und Hineindenken, insbesondere in Kreisfrequenz oder Winkelgeschwindigkeit ω und Winkel bzw. Phase α.

Das wichtigste Konzept der Analyse im Frequenzbereich ist die Spektralanalyse. Nach Vorläufern in der Optik, Akustik, Chemie, Ozeanographie usw. wird sie seit etwa 20 Jahren auch auf wirtschaftliche Reihen angewandt.

Wir kehren zum harmonischen Prozeß des vorigen Abschnitts zurück. Dessen Autokovarianzfunktion

$$\text{(AKF)} \qquad \gamma(\tau) = \sum_{k=1}^{n} \sigma_k^2 \cos \omega_k \tau \qquad (\tau = 0, 1, 2, \ldots)$$

wird bestimmt durch die Frequenzen ω_k (k = 1, 2, ..., n) und die Streuungen σ_k^2 (k = 1, 2, ..., n). Nimmt man nun mehr und mehr Frequenzen ω_k hinzu und läßt schließlich alle Frequenzen $\omega \in [-\pi, \pi]$ zu, so erhält man folgende stetige Darstellung

$$(\text{AKF*}) \qquad \gamma(\tau) = \int_{-\pi}^{\pi} f(\omega) \cos(\omega \tau) \, d\omega \qquad (\tau = 0, 1, 2, \ldots).$$

Bei diesem Übergang wurde das Summenzeichen zum Integral und die diskreten Gewichte σ_k^2 wurden verallgemeinert zur stetigen Gewichtsfunktion $f(\omega)$. Ebenso wie die Streuungen σ_k^2 gibt die Funktion $f(\omega)$ die Verteilung der Gesamtvarianz

$$\gamma(0) = \int_{-\pi}^{\pi} f(\omega) \, d\omega = \sigma^2$$

auf die Frequenzen ω an; allerdings in Form einer Dichtefunktion. Damit sind wir angelangt bei der *Spektraldichte*. Da diese symmetrisch zu Null ist, wird sie nur für das Intervall $[0, \pi]$ angegeben (vgl. Abb. 29).

Mathematisch gesehen hängen die Autokovarianzfunktion $\gamma(\tau)$ und die Spektraldichte $f(\omega)$ über eine *Fourier-Transformation* zusammen. Man kann daher auch die Spektraldichte durch die Autokovarianzfunktion ausdrücken:

$$f(\omega) = \frac{1}{2\pi} \sum_{\tau=-\infty}^{+\infty} \gamma(\tau) \cos(\omega \tau), \qquad \omega \in [-\pi, \pi].$$

Dieser Zusammenhang bildet die theoretische Grundlage für die Schätzung der Spektraldichte aus der geschätzten Autokovarianzfunktion.

Da der zugrundeliegende Prozeß aber nur während eines endlichen Zeitabschnitts beobachtet wird, läßt sich nicht die gesamte Autokovarianzfunktion schätzen, so daß der Ansatz

$$\hat{f}(\omega) = \frac{1}{2\pi} \sum_{\tau=-\infty}^{+\infty} \hat{\gamma}(\tau) \cos(\omega \tau)$$

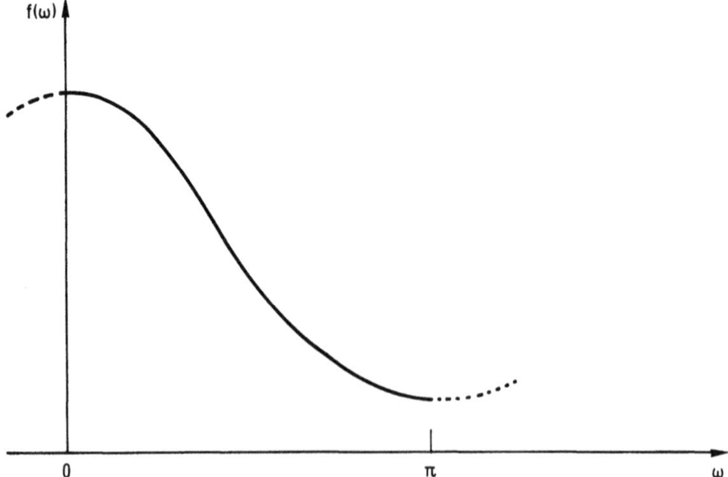

Abb. 29: Spektraldichte

258

zur Schätzung der Spektraldichte nicht realisierbar ist. Man benutzt daher

$$\hat{f}(\omega) = \frac{1}{2\pi} \sum_{\tau=-\infty}^{+\infty} L(\tau)\,\hat{\gamma}(\tau)\,\cos(\omega\,\tau)$$

mit dem sogenannten *Lag-Fenster* $L(\tau)$. Das Lag-Fenster $L(\tau)$, durch welches ein Ausschnitt aus der Autokovarianzfunktion $\gamma(\tau)$ ‚sichtbar‘ gemacht wird, ist eine Gewichtsfunktion für τ, z. B.

$$\text{(a) Einheitsfenster } L_E(\tau) = \begin{cases} 1 & \text{für } \tau = 0, \pm 1, \ldots, \pm m \\ 0 & \text{sonst} \end{cases}$$

$$\text{(b) Bartlett-Fenster } L_B(\tau) = \begin{cases} 1 - \dfrac{|\tau|}{m} & \text{für } \tau = 0, \pm 1, \ldots, \pm m \\ 0 & \text{sonst.} \end{cases}$$

Das Anwendungsfeld der Spektralanalyse wird beträchtlich erweitert, indem nicht nur eine Zeitreihe, sondern mehrere kausal zusammenhängende Zeitreihen gleichzeitig untersucht werden. Sind z. B. zwei solcher Zeitreihen, $X(t)$ und $Y(t)$, gemeinsam stationär, d. h. sind die individuellen Prozesse stationär und sind die Kreuzkovarianzen $\gamma_{XY}(\tau) = \text{Cov}(X(t), Y(t-\tau))$ zeitinvariant, dann ist das Kreuzspektrum $Cr(\omega)$ zwischen $X(t)$ und $Y(t)$ definiert als

$$Cr(\omega) = \frac{1}{2\pi} \sum_{\tau=-\omega}^{+\omega} \gamma_{XY}(\tau)\,e^{-i\omega\tau}.$$

Aus dem Kreuzspektrum berechnet man die Kohärenz

$$C(\omega) = \frac{Cr(\omega)^2}{f_x(\omega)^2\,f_y(\omega)^2}.$$

Die Kohärenz mißt, ähnlich der Korrelation, die Stärke der Abhängigkeit zwischen den beiden Zeitreihen bei einer bestimmten Kreisfrequenz ω. Verallgemeinerungen liegen in der Kohärenz bei verschiedenen Kreisfrequenzen ω_x, ω_y.

Zur Charakterisierung der Erkenntnismöglichkeiten, welche die Spektralanalyse vermittelt, betrachten wir noch kurz ein paar Beispiele (Abb. 30).

Fall a ist charakteristisch für das Vorhandensein einer starken saisonalen Komponente und zwar derart, daß der saisonale Einfluß im Niederfrequenzbereich, d. h. für kleine Frequenzen ω und entsprechend große Periodenlänge $T = 2\pi/\omega$ groß ist. Fall b zeigt ein unspezifisches Spektrum, aus dem wenig Erkenntnis herauszuholen ist. Fall c zeigt hohe (signifikante) Spektraldichten im Niederfrequenzbereich, d. h. große Periodenlängen, etwa Konjunktureinflüssen entstammend, sind sehr ausgeprägt. Fall d zeigt hohe Spektraldichten im Hochfrequenzbereich, d. h. geringe Periodenlänge, z. B. – bei Monatsdaten – Quartalseinflüsse sind stark.

Analysen im Frequenzbereich benutzen heute auch die gängigen Saisonbereinigungsverfahren, insbesondere um die Wirkung der Filter auf spezielle Reihen zu untersuchen.

In Deutschland benutzt das Berliner Verfahren (auch DIW-Verfahren oder Verfahren des Statistischen Bundesamtes genannt) Spektralanalysen zur Saisonbereinigung, im

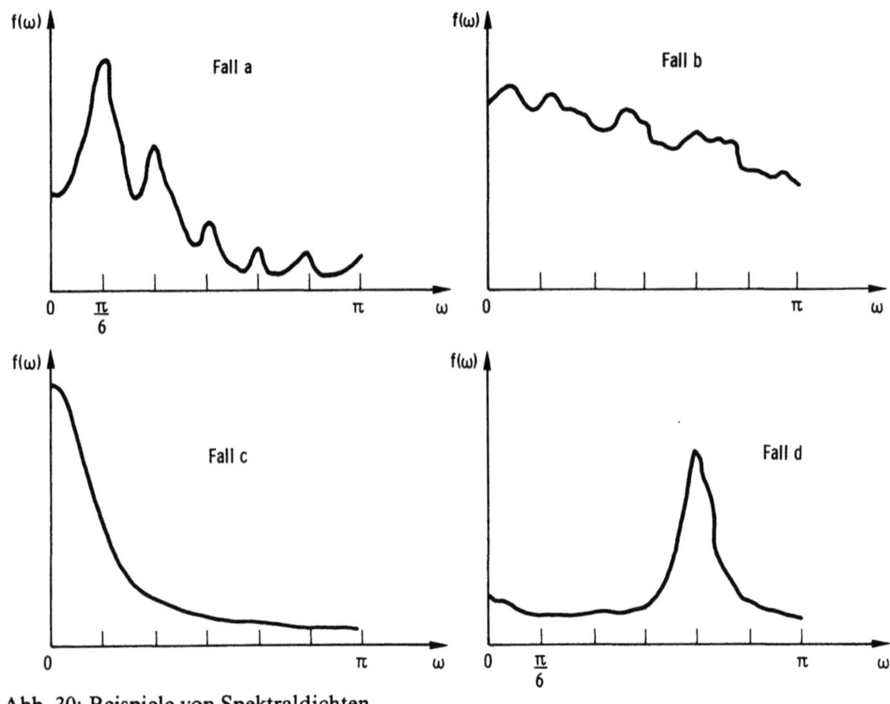

Abb. 30: Beispiele von Spektraldichten

Gegensatz zum allseits heftig befehdeten Bundesbankverfahren. Das Berliner Verfahren ist mit dem SAEG-Verfahren (Verfahren des Statistischen Amtes der EG) verwandt, welches auf Studien von J. Bongard [1963] und Mesnage zurückgeht. Letzteres ist auch als SEABIRD-Verfahren bekannt geworden. Seine Hauptmerkmale sind:

(1) Trendermittlung durch gleitende Durchschnitte
(2) Aktualisierungsverfahren, um den Informationsverlust (durch die gleitende Durchschnittsbildung) am Reihenende zu kompensieren.

Etwas ausführlicher betrachten wir nunmehr das Berliner Verfahren. Im Gegensatz zu den meisten anderen modernen Saisonbereinigungsverfahren hat es ein, wenn auch umstrittenes, so doch relativ klar definiertes theoretisches Konzept. Für das Folgende verweise ich auf Nullau [1970]. (Obgleich die hier geschilderte Variante nicht die aktuellste ist, scheint sie mir doch besonders klar dargestellt zu sein.) Kritische Bemerkungen findet man bei Creutz [1979]. Den neuesten Stand schildert Nourney [1975] in „Wirtschaft und Statistik". Nunmehr in Stichworten die wichtigsten Charakteristika:

Trend und Konjunktur werden zur glatten Komponente zusammengefaßt; diese wird in Form von Polynomen dritten Grades für Stützbereiche geschätzt, die den gesamten Beobachtungszeitraum gleitend überdecken. Die Eigenschaften der glatten Komponente werden spektralanalytisch (im Niederfrequenzbereich) untersucht bzw. festgelegt. Die Saisonkomponente wird − nach Extremwertbereinigung − ebenfalls mittels gleitender Durchschnitte geschätzt. Die Basisfunktionen sind trigonometrische Polynome sechsten Grades. Auch die Eigenschaften der (variablen) Saisonkompo-

260

nente werden spektralanalytisch (im Hochfrequenzbereich) untersucht bzw. festgelegt. Von der Restkomponente wird angenommen, daß sie eine normalverteilte Zufallsvariable mit Mittelwert 0 und konstanter Streuung darstellt. Das Zeitreihenmodell, das die Komponenten zusammensetzt, ist additiv.

Rosenblatt [1968] hat einige Spektralkriterien für die Saisonbereinigung aufgestellt:

(a) Nachdem die Ursprungsreihe saisonbereinigt ist, sollen im Niederfrequenzbereich die beiden Spektren (der Ursprungs- und der transformierten Reihe) einander entsprechen. Das Spektrum der transformierten Reihe soll im Hochfrequenzbereich „glatt" verlaufen.
(b) Die beiden Reihen sollen in Phase verlaufen, d. h. $\psi = 0$.
(c) Das Spektrum der Restkomponente soll in dem gesamten Frequenzbereich „glatt" sein.

(Ein weiteres Kriterium betrifft die Kohärenz, es erscheint mir jedoch problematisch.) Schäffer [1970] sieht im Kriterium (b) das wichtigste.

Die Entwicklung der Saisonbereinigungsverfahren ist noch immer im Fluß und wird es wohl noch eine Weile bleiben.

Analysen im Frequenzbereich werden außerdem für nützlich bei der Entwicklung von distributed-lag-Modellen (vgl. Abschnitt 53.5) gehalten.

40.8 Straaklatten (Splines)

Seit einigen Jahren ist in die Zeitreihenanalyse ein Verfahren eingedrungen, mit dem man sehr verschiedenartige Aufgabenstellungen bewältigen möchte. Man will u. a. direkt damit prognostizieren, man will damit Filter glätten, Spektren glätten, Lag-Strukturen ermitteln usw. Es sind die *splines* gemeint. In der ursprünglichen Bedeutung ist ein spline eine Straaklatte, ein längliches Stück Holz, das im Schiffsbau zur Erzielung eines glatten Verlaufs der Schiffswand benutzt wurde. Man unterstützt den spline an bestimmten Punkten und biegt ihn; die Elastizität des homogenen Materials bringt dann einen glatten geschwungenen Verlauf hervor. Die Spline-Funktionen sind entsprechend Klassen von Interpolationsfunktionen mit der Haupteigenschaft, die geringste Biegungsenergie unter allen Biegekurven durch die gegebenen Stützpunkte aufzuweisen. Während bei herkömmlichen Interpolationskurven starke Schwankungen auftreten können, setzt die Spline-Interpolation Kurvenstücke aneinander, die Polynome niedrigen Grades sind und an den Anschlußstellen zusammenpassen.

Weiterführende Literatur:

Bock 1974
Carvalho, Grether, Nerlove 1979
Jenkins 1979
Kendall 1975
Steinhausen, Langer 1977
Späth 1975

Neuntes Kapitel

Schätzen

41. Ungewißheit und Inferenz

41.1 Beobachtungen und Parameter

Das Schätzen ist eine wichtige, vielleicht die zentral zu nennende Aufgabe der Statistik. Viele Laien werden, nach der Aufgabe der Statistik befragt, am ehesten an das Schätzen denken. Gleichwohl ist die Theorie des statistischen Schätzens noch keineswegs saturiert.

Den Grundgedanken wollen wir uns wie folgt klarmachen: Wir haben einen bestimmten Würfel und wir wollen feststellen, wie groß die Wahrscheinlichkeit ist, mit ihm eine Eins zu würfeln. Wir würfeln 10 000mal mit dem Würfel, die Eins kommt 1658mal. Als Lösung der gestellten Aufgabe wird man die unbekannte Wahrscheinlichkeit, bei diesem bestimmten Würfel eine Eins zu würfeln, mit 0,1658 festlegen. Damit ist die tatsächliche unbekannte Wahrscheinlichkeit nicht ermittelt (wir haben uns lediglich für einen plausiblen Wert entschieden). Die tatsächliche Wahrscheinlichkeit ist und bleibt unbekannt. Sodann ist freilich zu vermuten, daß bei den nächsten 10 000 Würfen nicht wieder genau 1658mal die Eins kommt, sondern vielleicht 1660- oder 1670mal usw. Aber aufgrund der 1658 Einsen unter 10 000 Würfen (und sonst keiner Information, außer der über die Unveränderlichkeit seiner Beschaffenheit) fühlen wir uns berechtigt, die Wahrscheinlichkeit auf 0,1658 festzulegen, d. h. letztlich eine Entscheidung zu treffen.

Die Suspendierung des Entscheidungsgedankens ist zur Gänze zwar nicht möglich, aber im Wechselspiel von Inferenz und Entscheidung kann man versuchen, den Entscheidungsgedanken zurückzudrängen, etwa dadurch, daß man statt einer Punktschätzung wie oben eine Intervallschätzung festlegt.

41.2 Zum Inferenzbegriff

(1) Unter bestimmten realen Bedingungen gewonnene empirische Beobachtungen bilden die „Evidenz", d. h. die objektive Basis der Induktion.
(2) Von dieser Basis wird — unter Beachtung bestimmter theoretischer Bedingungen — auf ein allgemeines, in der Regel ein Verteilungsgesetz, geschlossen.
(3) Dieses Vorgehen dient der Reduktion der Ungewißheit.

Statistische Inferenz ist also die Verminderung der Ungewißheit durch induktive Schlüsse, die ihre Basis in empirischen Beobachtungen haben.

Die mathematischen, wahrscheinlichkeitstheoretischen Werkzeuge können für einen Mathematiker Selbstzweck sein, aber nicht für einen Statistiker. Für den Statistiker ist die Beschäftigung mit Erwartungen und Verteilungen sowie ihren Eigenschaften nicht wissenschaftlicher Selbstzweck, sondern auf ein ganz bestimmtes Ziel hin ausgerichtet, auf die Verminderung der Ungewißheit in einem je gegebenen Fall und überhaupt. „Die Ungewißheit" ist dabei durchaus nicht in einem logischen, sondern in einem epistemologischen Sinn zu verstehen. Sie betrifft die Erkenntnis des Seins, sie ist die Ungewißheit über die Welt, d. h. über die Natur ebenso wie über die Gesellschaft, beides im weitesten Sinn. Haben wir uns die Verteilung oder in diesem Zusammenhang besser: das Verteilungsgesetz eines bestimmten Phänomens oder Zusammenhangs erschlossen, so ist die Ungewißheit reduziert: wir wissen dann mehr über die Welt als vorher.

So konkret und wirklichkeitsnah das statistische Geschäft der Inferenz auch ist, man braucht auch für die Ungewißheit ein Modell. Wir müssen sie definieren und typisieren.

41.3 Das klassische Modell der Ungewißheit

Das Phänomen, bezüglich dessen wir die Ungewißheit reduzieren wollen, sei charakterisiert durch eine Zufallsvariable $X^{(n)}$ mit möglichen Realisationen $x \in \mathbb{R}^n$; zwar sind gelegentlich andere Werteräume als $\mathbb{R}^n$ sinnvoll, für die folgenden drei Kapitel bedeutet diese Annahme aber keine wesentliche Einschränkung. Die (n-dimensionale) Verteilungsfunktion $F^{(n)}$ dieser Zufallsvariablen sei Element einer Menge Ω von möglichen Verteilungsfunktionen, es sei uns aber bekannt, daß $F^{(n)} \in \Omega^* \subseteq \Omega$. Dies bedeutet für das Ungewißheitsmodell, daß die Ungewißheit nur bei $\Omega^* = \Omega$ total ist.

Der für die statistische Praxis wichtigere, sogenannte *klassische Fall*, geht von der mehr oder weniger hypothetischen Voraussetzung eines bestimmten Verteilungstypus aus, so daß es eine Teilmenge $\Psi^* \subseteq \mathbb{R}^r$ gibt mit $\Omega^* = \{F^{(n)}(x; \vartheta) \mid \vartheta \in \Psi^*\}$, d. h. daß die Kenntnis des „Parameters" $\vartheta \in \Psi^*$ die Kenntnis der zugrunde liegenden Verteilungsfunktion zur Folge hat. Dann ist es also das Hauptziel der statistischen Inferenz, mehr und mehr über den Parameter in Erfahrung zu bringen. (Der Begriff des Parameters ist bei den einzelnen Verteilungsmodellen im 3. Kapitel bereits verwendet worden, z. B. Bernoulli-Parameter, Poisson-Parameter.)

Der Parameter ist in der klassischen statistischen Theorie eine Konstante. Aber diese Auffassung ist eigentlich ziemlich unrealistisch; er kann selber variieren, und wir sollten ihn daher als Zufallsvariable betrachten mit einer Verteilungsfunktion ζ (r-dimensional). ζ sei ein Element aus einem „höheren" Raum Ξ und wird in der Literatur A-priori-Verteilung über Ψ^* genannt. Die „klassische" Annahme eines konstanten Parameters bedeutet dann, daß Ξ nur aus A-priori-Verteilungen besteht, die einem bestimmten Parameterwert die Wahrscheinlichkeit 1 zuschreiben.

Die in der Statistik typische Ungewißheit kommt dadurch ins Spiel, daß der wahre „Zustand" $\vartheta \in \Psi^*$ nicht bekannt ist [Menges und Diehl 1966]. Diese Unkenntnis kann zwei Ursprünge haben:

(1) *Zufälligkeit:*

Der Zustand ϑ ist eine Zufallsvariable mit bekannter Verteilungsfunktion ζ. Wir wissen nicht, welchen Wert er annehmen wird bzw. angenommen hat.

(2) *Unzureichendes A-priori-Wissen über ϑ.*

Es lassen sich zwei Fälle unterscheiden:

(2.1) Der „wahre Zustand" $\vartheta \in \Psi^*$ ist fest, aber unbekannt. Der Mangel an A-priori-Wissen betrifft also direkt ϑ.

(2.2) ϑ ist eine Zufallsvariable mit Verteilungsfunktion $\zeta \in \Xi$, ζ selbst aber ist unbekannt. Der Mangel an A-priori-Wissen betrifft hier also nicht direkt ϑ, sondern die A-priori-Verteilung ζ.

Aus diesen beiden prinzipiellen Arten von Unkenntnis resultieren *drei verschiedene Ungewißheitstypen.*

Typ I:

Die Ungewißheit beruht allein auf Zufälligkeit (1).

Typ II:

Die Ungewißheit beruht auf Unkenntnis von der Art (2.1), das heißt ϑ ist konstant, aber unbekannt.

Typ III:

Die Ungewißheit betrifft *sowohl* die Zufälligkeit *als auch* Unkenntnis vom Typ (2.2), das heißt die Zufälligkeit wird noch überlagert von der Unkenntnis bezüglich ζ.

Diese drei Typen wollen wir an einem Beispiel, dem Würfelwerfen, illustrieren. Allerdings handle es sich nicht um einen gewöhnlichen Würfel, sondern um einen „Inferenzwürfel". Seine Augenzahlen sind nicht Ereignisse im üblichen Sinn, sondern Parameterwerte, die einem Zufallsmechanismus gehorchen.

Bei Typ I wissen wir, mit welchem Würfel bei einem Zufallsexperiment geworfen wird, aber wir wissen nicht, welche Seite des Würfels nach oben zu liegen kommt.

Bei Typ II ist der Würfel bereits geworfen, ϑ ist also eine feste Zahl, aber wir wissen nicht, welche Zahl es ist.

Bei Typ III ist die Sache etwas komplizierter. Wir müssen uns einen Behälter mit verschiedenen Würfeln vorstellen. Die Würfel weichen in unbekanntem Ausmaß von der Idealform ab. Wir greifen einen Würfel zufällig heraus, um mit ihm zu werfen. Wir wissen hierbei nicht, in welcher Weise der herausgegriffene Würfel von der Idealform abweicht, *und* wir wissen außerdem nicht, was herauskommen wird, wenn wir mit dem Würfel einen Wurf ausführen.

Offenbar sind alle diese Ungewißheitstypen recht unterschiedlich in ihrer Art. Es wird daher auch nicht sehr sinnvoll sein, von *der* statistischen Überwindung der Ungewißheit schlechthin zu reden.

Ungewißheit vom Typ I ist die klassische Ungewißheitssituation der Wahrscheinlichkeitsrechnung. Das Walten eines Naturgesetzes verbürgt die Stabilität der A-priori-Verteilung. Die A-priori-Verteilung selber kann durch Deduktion aus bekannten, z.B. physikalischen oder biologischen Gesetzen gewonnen werden. Ungewiß ist nur, welche spezielle Erscheinungsform die Natur in einem bestimmten Fall produziert. Das ist eine besonders zahme Form von Ungewißheit.

Ungewißheit vom Typ II ist die charakteristische Ungewißheitssituation über die Parameter, wie sie uns in allen Wissenschaften begegnen kann. Gegeben sind Beobachtungen und ein Modell. Die Parameter des Modells sind zu schätzen, das heißt numerisch zu spezifizieren. Die numerische Spezifizierung der Parameter überwindet – mindestens partiell – die Ungewißheit.

Ungewißheit vom Typ III schließlich ist die charakteristische Situation der Sozialwissenschaften.

Übrigens haben die Sozialwissenschaften, deren epistemologische Situation von hier aus gesehen recht pessimistisch zu beurteilen ist – gleichsam „zum Ausgleich" –, noch einen zweiten, ganz anderen Weg des Erkennens zur Verfügung: die Deutung aus dem sozialen Sinn. Der Naturforscher kann durch das Hineindenken in ein Molekül seiner Erkenntnis über das Molekül nichts hinzugewinnen, aber der Sozialforscher kann Erkenntnis über soziale Phänomene gewinnen, indem er sich in einen Unternehmer oder Konsumenten usw. hineindenkt und diesen dadurch „versteht" (im Sinne von Heinrich Rickert und Max Weber).

41.4 Die Überwindung der Ungewißheit durch statistische Inferenz

In der Statistik sind verschiedene Methoden zur Überwindung von Ungewißheit entwickelt worden. Es ist bis jetzt jedoch zu wenig untersucht worden, welche Beiträge die einzelnen Modelle zur Überwindung verschiedener Typen von Ungewißheit leisten können und an welche Voraussetzungen ihre Anwendung gebunden ist.

In welchen Modellen oder Modalitäten sich die Inferenz abspielen kann, soll im folgenden skizziert und ein wenig diskutiert werden. Während wir in den restlichen Abschnitten die gebräuchlichen Inferenztechniken betrachten werden (sozusagen ein Gang durch die Rumpelkammer der statistischen Inferenzwerkzeuge), sollen hier – von Dogmen und Voreingenommenheiten frei – zunächst die möglichen Basismodelle der Inferenz abgehandelt werden, die – wenn man so will – „Inferenzphilosophien".

41.5 Inferenz bei bekannter A-priori-Verteilung: Das Bayes-Modell

Das älteste Inferenzmodell führt uns zu einem alten Freund, zu Reverend Thomas Bayes. Die grundlegende Annahme des Bayesschen Modells ist, daß der unbekannte Parameter keine feste Größe, sondern eine Zufallsvariable Θ mit (A-priori-)Verteilung ζ auf Ψ^* ist (Ungewißheitstyp I). Eine vom Parameter ϑ abhängige Verteilung P_ϑ wird in der Bayesschen Auffassung als bedingte Verteilung $P(x \mid \vartheta)$ angesehen.

Weil aber – umgekehrt – der Wert der Zufallsvariablen $X^{(n)}$, nämlich x, bekannt und der Wert der Zufallsvariablen Θ, nämlich ϑ, unbekannt ist, soll die bedingte Verteilung P $(\vartheta\,|\,x)$ hergeleitet werden; wir betrachten hierbei die Fälle, daß ζ und alle P_ϑ diskret sind oder eine Dichte besitzen. Für die in der Praxis nicht vorkommenden restlichen Fälle kann auf die einschlägige Literatur verwiesen werden.

Gemäß dem Bayesschen Satz (Abschnitt 10.3) erhalten wir im diskreten Fall ($\Psi^* = \{\vartheta_i\,|\,i \in I\}$, I abzählbar und alle P_ϑ diskret) für $j \in I$:

$$P(\vartheta_j\,|\,x) = \frac{P_{\vartheta_j}(x)\,\zeta(\vartheta_j)}{\sum\limits_{i\in I} P_{\vartheta_i}(x)\,\zeta(\vartheta_i)}\,.$$

Analog erhält man die r-dimensionale Dichte $g(\vartheta\,|\,x)$ von $P(\vartheta\,|\,x)$ aus der (eventuell mehrdimensionalen) Dichte $f(x; \vartheta)$ und der (r-dimensionalen) Dichte h von ζ:

$$g(\vartheta\,|\,x) = \frac{f(x;\vartheta)\,h(\vartheta)}{\underset{\Psi^*}{\int} f(x;\vartheta)\,h(\vartheta)\,d\vartheta}$$

für $\vartheta = (\vartheta_1, \ldots, \vartheta_r) \in \Psi^*$. Das Integral im Nenner, eine Randdichte, kann als iteriertes Integral ausgerechnet werden; z. B.:

$$\Psi^* = \mathbb{R}^r: \int\limits_{-\infty}^{\infty} \ldots \int\limits_{-\infty}^{\infty} f(x; \vartheta_1, \ldots, \vartheta_r)\,h(\vartheta_1, \ldots, \vartheta_r)\,d\vartheta_1, \ldots, d\vartheta_r.$$

Man schreibt für beide Fälle auch:

$$P(d\vartheta\,|\,x) = \begin{cases} g(\vartheta\,|\,x)\,d\vartheta, & \text{bei Dichten} \\ P(\vartheta\,|\,x), & \text{diskret.} \end{cases}$$

Diese Form des Bayesschen Satzes ist die Grundlage für die Beurteilung eines unbekannten Parameters aufgrund einer Beobachtung x.

Die *Bayessche Inferenz* besteht darin, aufgrund einer Beobachtung x aus der bedingten Verteilung $P(\vartheta\,|\,x)$ Inferenzaussagen wie z. B. Schätzungen (siehe Abschnitt 43.4) herzuleiten, wobei allerdings die A-priori-Verteilung ζ genau bekannt sein muß, wenn der Parameter ϑ als eine Zufallsvariable angesehen werden und mit dieser Eigenschaft Gegenstand der Inferenz sein soll.

Die Crux des Bayesschen Modells liegt genau an dieser Stelle. Ohne die Kenntnis der A-priori-Verteilung ζ über Ψ^* kann man das Bayessche Modell − auf objektiver Grundlage − nicht anwenden. Man hat auf zwei Weisen Abhilfe zu schaffen versucht:

(a) Erstens durch die Verwendung von subjektiven Wahrscheinlichkeiten; man hat versucht, aus persönlichem Dafürhalten oder aus persönlicher Erfahrung heraus die A-priori-Verteilung ζ zu bestimmen.

(b) Zweitens durch das sog. Bayessche Postulat, welches ζ als eine Gleichverteilung über Ψ^*, sofern überhaupt möglich, annimmt.

Beide Auswege gelten als kontrovers, und sie sind wohl in der Tat anfechtbar. Akzeptiert man die Kritik, dann reduziert sich der Anwendungsbereich des Bayesschen Modells auf solche Fälle, in denen ζ und freilich auch $P(x\,|\,\vartheta)$ genau bekannt sind. In diesen Fällen allerdings ist das Bayessche Modell das wirksamste Inferenzinstrument, das sich denken läßt; es nutzt sowohl die A-priori-Kenntnis als auch die A-posteriori-Information (aufgrund der Beobachtungen) vollständig aus.

41.6 Strukturinferenz

Der kanadische Statistiker D. A. S. Fraser [1968, 1979a, 1979b] schlug ein allgemeines Inferenzmodell vor, das strukturelle Zusammenhänge, die bei der Datengewinnung angenommen bzw. bekannt werden, auszunutzen versucht. Solche Zusammenhänge werden mit Hilfe von Transformationsgruppen dargestellt und behandelt.

Die Verwendung der Gruppenstruktur läßt sich sowohl theoretisch wie operationell begründen:

Theoretisch wegen der Vorstellung, daß eine (für den Statistiker) ungewisse Transformation einen festen stochastischen Grundmechanismus in den die Daten steuernden überführt. Die Gruppenaxiome sind aufgrund ihrer Interpretation im gegebenen Kontext (mehr oder minder) naheliegende Forderungen. So bedeutet z.B. die Abgeschlossenheit bezüglich der Verknüpfung, daß eine erneute Transformation des durch Transformation des Grundmechanismus entstandenen (stochastischen) Mechanismus wieder einen solchen erzeugt.

Operationell läßt sich die Gruppenstruktur begründen, weil eine bestimmte Umkehrbarkeit garantieren soll, daß nach erfolgter Datengewinnung die „Verteilung" der Transformationen bzw. der sie charakterisierenden Parameter bestimmt werden kann.

Die Strukturinferenz manifestiert sich in der Strukturgleichung

$$X = \vartheta + E.$$

„+" ist die Verknüpfung des Stichprobenraums; E ist die latente Variable, die einzige im Strukturmodell, sie wird auch Pivotvariable genannt, ihre Verteilung F_E bzw. f_E ist bekannt, etwa als Normalverteilung mit Mittelwert 0 und Streuung σ^2: $N(0, \sigma^2)$.

X ist die beobachtbare Variable, auch Antwortvariable (response variable) unter der Vorstellung, daß ein System (ein stochastischer Mechanismus) auf Impulse in bestimmter Weise antwortet.

ϑ ist kein Parameter üblicher Auffassung, vielmehr die Transformation ϑ: $E \to X = \vartheta + E$. Die Menge der zugelassenen Transformationen bildet eine Gruppe G. Da ϑ umkehrbar ist (3. Gruppenaxiom), gilt zwar $X = E - \vartheta$. Gleichwohl kann ϑ nicht wie bei üblichen Inferenztechniken „geschätzt" werden. Während E, $X \in \mathfrak{X}$ ($\mathfrak{X}$ = Stichprobenraum), ist ϑ ein Gruppenelement. E und X können jedoch dadurch auch zu Elementen von G gemacht werden, daß man einen Referenzpunkt, z.B. den Nullpunkt, definiert und die Transformation R [X] als Transformation vom Referenzpunkt in den Punkt X bzw. R [E] als Transformation vom Referenzpunkt in den Punkt E auffaßt.

Die Strukturgleichung enthält jetzt nur Elemente $g \in G$.

$$R[X] = \vartheta \cdot R[E],$$

ϑ und R [E] sind jetzt durch die Gruppenoperation $\cdot$ verknüpft. Die Umkehrung liefert

$$\vartheta = R[X] (R[E])^{-1}.$$

Vermöge der Gruppenstruktur zerfällt der Stichprobenraum in Äquivalenzklassen, diese heißen Orbits (Trajektorien). Jedem $X \in \mathfrak{X}$ ist ein Orbit zugeordnet, auf dem ein Referenzpunkt festgehalten wird. Durch den Orbit ist dieser Referenzpunkt selbst eine Funktion von X, genannt D (X). Durch D (X) wird eine wichtige Invarianzeigenschaft gestiftet; für alle Elemente g ∈ G gilt: D (g · X) = D (X). Außerdem ist der Ausdruck D (X) ankillar (ancillary), d. h. er ist nur eine Funktion der Beobachtungen und nicht auch zugleich der Parameter. Mit Hilfe von D (X) kann X in D (X) und R [X] zerlegt und wieder zusammengesetzt werden:

$$X \overset{\nearrow D\,(X) \searrow}{\underset{\searrow R\,[X] \nearrow}{}} X.$$

Wie Schneeweiß [1975, S. 321] zu Recht bemerkt, ist dieser Vorgang fundamental für das statistische Schätzen überhaupt: „D (X) gibt die Trajektorie von X an, die nichts über ϑ, aber das höchstmögliche über E aussagt ... R [X] gibt darüber hinaus die Lage von X auf der Trajektorie an, eine Information, die nichts über E, aber (bei gegebener Trajektorie) das höchstmögliche über ϑ aussagt; ...".

Wir wollen die grundsätzliche Vorgehensweise anhand eines einfachen linearen Regressionsbeispiels erläutern:

$$\begin{bmatrix} Y_1 \\ \cdot \\ \cdot \\ \cdot \\ Y_n \end{bmatrix} = \vartheta \begin{bmatrix} x_1 \\ \cdot \\ \cdot \\ \cdot \\ x_n \end{bmatrix} + \begin{bmatrix} E_1 \\ \cdot \\ \cdot \\ \cdot \\ E_n \end{bmatrix}, \quad \bar{x} \neq 0.$$

$$Y = \vartheta\, x + E.$$

E sei ein n-dimensionaler normalverteilter Zufallsvektor mit Kovarianzmatrix $\sigma^2\, I_n$ (I_n = Einheitsmatrix).

Bei gegebenen $x_1, \ldots, x_n$ charakterisiert jedes ϑ eine Transformation

$$\begin{bmatrix} Z_1 \\ \cdot \\ \cdot \\ \cdot \\ Z_n \end{bmatrix} \rightarrow \vartheta \begin{bmatrix} x_1 \\ \cdot \\ \cdot \\ \cdot \\ x_n \end{bmatrix} + \begin{bmatrix} Z_1 \\ \cdot \\ \cdot \\ \cdot \\ Z_n \end{bmatrix}$$

und damit eine Transformation (der Verteilung) von E in (die Verteilung von) Y. Diese Transformationen bilden eine Gruppe. Deswegen können wir nach der Realisation y von Y die „Verteilung von ϑ" bestimmen.

$$\bar{Y} = \vartheta\, \bar{x} + \bar{E}, \quad E \sim N\,(0, \sigma^2/n),$$

also nach Realisation $\vartheta = \dfrac{\bar{y} - \bar{E}}{\bar{x}}$ und somit die „Verteilung von ϑ" $N\left(\dfrac{\bar{y}}{\bar{x}}, \dfrac{\sigma^2}{n\,\bar{x}^2} \right)$.

Damit wird die Struktur benutzt, um aus der festen Grundverteilung (Verteilung zum festen Grundmechanismus) die „Verteilung von ϑ" herzuleiten. (Die Verteilung von Y bzw. $\bar{Y}$ würde sich bei festem ϑ wie sonst üblich aus der Verteilung von E errechnen lassen.)

Es besteht eine Analogie zum Fiduzialkonzept (siehe anschließenden Abschnitt). Das Verfahren läßt sich auch darauf anwenden, die Annahme wenn nicht einer A-priori-, so doch einer A-posteriori-Verteilung zu stützen, indem man auf die beschriebene

Weise die Struktur benutzt. Das Strukturmodell liefert jedoch per se kein Inferenzverfahren im Sinne der Schätzung, ist aber aufnahmebereit für beliebige Inferenztechniken, am besten für die Fiduzialinferenz und die Likelihoodinferenz, denen wir uns jetzt zuwenden.

41.7 Inferenz ohne Kenntnis der A-priori-Verteilung, aber an strenge Bedingungen geknüpft: Das Fiduzialmodell

Während bei der Anwendung des Bayesschen Modells die A-priori-Verteilung ζ bekannt sein muß, liefert die von R. A. Fisher 1930 vorgeschlagene Fiduzialwahrscheinlichkeit ein objektives Ungewißheitsmaß über dem Parameterraum (Hypothesenraum), ohne daß eine A-priori-Verteilung gegeben sein müßte.

(1) *Die Grundüberlegung*

Im einzelnen ging R. A. Fisher bei der Entwicklung des Fiduzialkonzepts von folgender Überlegung aus: Es ist beispielsweise der Mittelwert μ einer $(\mu, 1)$-Normalverteilung unbekannt. Es liege über diese Verteilung eine Beobachtung x vor. In dieser Beobachtung x steckt eine gewisse Information über den unbekannten Mittelwert μ. Statt den Informationsgehalt von x dadurch auszunutzen, daß man mit x ein Intervall konstruiert, welches μ mit vorgegebener Wahrscheinlichkeit $1 - \alpha$ überdeckt (wie in der üblichen Konfidenzauffassung), wird mittels x eine Verteilung konstruiert, welche für jedes Intervall $[\mu_1, \mu_2] \subset \Psi^*$ im Parameterraum ein Maß dafür angibt, wie sehr damit zu rechnen ist, daß der wahre Wert μ in $[\mu_1, \mu_2]$ liegt. Diese Verteilung über dem Raum Ψ^* heißt *Fiduzialverteilung* für den unbekannten Parameter μ. Die Fiduzialwahrscheinlichkeit ist keine Wahrscheinlichkeit im herkömmlichen Sinn, weil sie keine Aussagen über eine echte Zufallsvariable macht, sondern über einen festen, aber unbekannten Zustand (vgl. auch 41.9).

Es wird von manchen Autoren bezweifelt, daß es überhaupt sinnvoll ist, Wahrscheinlichkeits- bzw. wahrscheinlichkeitsähnliche Aussagen über einen festen Zustand zu machen. Die Größe μ befindet sich, obwohl sie eine Konstante ist, in einem dem *Ungewißheitszustand* einer Zufallsvariablen ähnlichen Zustand – nämlich im Zustand des Unbekanntseins. So wie die Wahrscheinlichkeit als ein Maß der Ungewißheit über künftige Ereignisse aufgefaßt werden kann, so stellt die Fiduzialwahrscheinlichkeit ein Maß der Ungewißheit über unbekannte (aber konstante) Parameter dar. Sie ermöglicht die *Graduierung des Vertrauens* zu den möglichen Werten solcher Parameter aufgrund von vorliegenden Beobachtungen. *Vor* der Durchführung eines stochastischen Experimentes sind also Wahrscheinlichkeitsbetrachtungen im üblichen Sinn relevant, *nach* der Durchführung (wenn eine Realisation x der Zufallsvariablen X vorliegt) dagegen ist (unter anderem) die Fiduzialwahrscheinlichkeit relevant.

Zum Zeitpunkt, zu dem sich das Ergebnis eines stochastischen Experiments realisiert, vertauschen sich die Rollen der Zufallsvariablen und des Parameters. Vor dem Experiment ist x variabel und μ fest, nach dem Experiment ist x fest und μ „im logischen Status" einer Zufallsvariablen. Das ist die Fiduzialphilosophie.

(2) *Konstruktion von Fiduzialverteilungen anhand eines einfachen Beispiels*

Die Zufallsvariable X habe die Verteilungsfunktion F (x; ϑ) mit der Dichtefunktion

$$f(x; \vartheta) = \vartheta\, e^{-\vartheta x}, \quad x \geqq 0.$$

Es liegen n unabhängige Beobachtungen $x_1, \ldots, x_n$ über X vor. Gesucht ist die Fiduzialwahrscheinlichkeit F ($\vartheta|T$) für ϑ, welche auf einer suffizienten Maßzahl T für ϑ beruht.

Die Maßzahl $T = \sum x_i$ ist suffizient für ϑ. Es ist

$$f(T; \vartheta) = \frac{T^{n-1}\,\vartheta^n\, e^{-T\vartheta}}{(n-1)!}$$

(Faltung von n Dichten der obigen Form).

Setzt man

$$u = T\,\vartheta,$$

so gilt

$$P(u \leqq U) = \frac{1}{(n-1)!} \int\limits_0^U u^{n-1} e^{-u}\, du = P(T\,\vartheta \leqq U) = P\left(\vartheta \leqq \frac{U}{T}\right)$$

für ein geeignetes festes T.

Daraus folgt

$$P(\vartheta \leqq \vartheta_0) = \frac{1}{(n-1)!} \int\limits_0^{\vartheta_0 T} u^{n-1} e^{-u}\, du$$

$$= F(\vartheta_0|T).$$

Die Dichte der Fiduzialwahrscheinlichkeit von ϑ ist allgemein

$$f(\vartheta|T) = \left|\frac{\partial F}{\partial \vartheta}\right|\, d\vartheta.$$

Betrachtet man das totale Differential

$$dF(T, \vartheta) = \frac{\partial F}{\partial T}\, dT + \frac{\partial F}{\partial \vartheta}\, d\vartheta,$$

so ist $\left|\dfrac{\partial F}{\partial T}\, dT\right|$ die Wahrscheinlichkeitsdichte für T aus der Sicht *vor* der Durchführung eines stochastischen Experimentes mit T, dagegen ist $\left|\dfrac{\partial F}{\partial \vartheta}\, d\vartheta\right|$ die Dichte der Fiduzialwahrscheinlichkeit für ϑ bei bekanntem Resultat T.

Vor der Beobachtung ist ϑ eine Konstante, woraus folgt $d\vartheta = 0$ und damit

$$dF(T, \vartheta) = \frac{\partial F}{\partial T}\, dT.$$

Nach der Beobachtung ist T Konstante, woraus folgt $dT = 0$ und damit

$$dF(T, \vartheta) = \frac{\partial F}{\partial \vartheta}\, d\vartheta.$$

(3) *Kritik*

Die berechtigte Kritik am Fiduzialargument richtet sich gegen die beiden einschneidenden Voraussetzungen für die Anwendung des Modells, nämlich

(a) die Bindung an kontinuierliche Verteilungstypen und
(b) die Bindung an suffiziente Maßzahlen.

Außerdem muß die Funktionalform von $f(T; \vartheta)$ bzw. $h(\vartheta; \zeta)$ bekannt sein.

Diese Bedingungen schränken den Anwendungsbereich des Fiduzialmodells in der Praxis leider erheblich ein. R. A. Fisher hat darum ein weiteres Inferenzmodell entwickelt und propagiert: Die Likelihood-Inferenz.

41.8 Inferenz ohne Kenntnis der A-priori-Verteilung: Das Likelihood-Modell

Die dem Modell zugrundeliegende Idee ist von genialer Einfachheit: Es sei f die Dichtefunktion bzw. p die Wahrscheinlichkeitsverteilung einer Zufallsvariablen $X^{(n)}$, welche von den unbekannten Parametern $\vartheta_1, \ldots, \vartheta_m$ abhängt:

$$f(x; \vartheta_1, \ldots, \vartheta_m) \quad \text{bzw.} \quad [x_i; p(x_i; \vartheta_1, \ldots, \vartheta_m)].$$

Die Funktionalform von f bzw. p sei gegeben; man weiß z.B., daß f aus der Klasse der Normalverteilungen stammt. Gegeben sind des weiteren die beobachteten Realisationswerte von X:

$$x_1, \ldots, x_n.$$

Dann heißt die Funktion, bei der die Rollen von $x_1, \ldots, x_n$ und $\vartheta_1, \ldots, \vartheta_m$ vertauscht sind, die *Likelihoodfunktion* der Parameter $\vartheta_1, \ldots, \vartheta_m$; im stetigen Fall:

$$L(\vartheta_1, \ldots, \vartheta_m \mid x_1, \ldots, x_n) = f(x_1, \ldots, x_n; \vartheta_1, \ldots, \vartheta_m);$$

im diskreten Fall:

$$L(\vartheta_1, \ldots, \vartheta_m \mid x_1, \ldots, x_n) = p(x_1, \ldots, x_n; \vartheta_1, \ldots, \vartheta_m).$$

Sind die x_i z.B. unabhängig voneinander, dann ist (im stetigen Fall)

$$L(\vartheta_1, \ldots, \vartheta_m \mid x_1, \ldots, x_n) = f(x_1; \vartheta_1, \ldots, \vartheta_m) \cdot \ldots \cdot f(x_n; \vartheta_1, \ldots, \vartheta_m),$$

das heißt die Likelihoodfunktion ist das Produkt der Einzeldichten für die x_i $(i = 1, \ldots, n)$. Für gegebene Beobachtungen $x_1, \ldots, x_n$ ist die Likelihoodfunktion eindeutig bestimmt.

Unter Benutzung der kürzeren Schreibweise $x = (x_1, \ldots, x_n)$ und $\vartheta = (\vartheta_1, \ldots, \vartheta_m)$ ist L also (im stetigen Fall) definiert als

$$L(\vartheta \mid x) = f(x; \vartheta).$$

Die in bestimmter Weise aufgefaßte Dichtefunktion selbst ist also die Likelihoodfunktion! *Vor* der Beobachtung gilt die Funktion als Dichtefunktion mit unbekanntem Parameter, *nach* der Beobachtung gilt die Funktion als Likelihoodfunktion *für* den

Parameter. Die Likelihoodfunktion steht in einer gewissen Analogie zur Bayesschen Funktion. Die Bayessche Funktion gibt die A-posteriori-Dichte $g(\vartheta \mid x)$ für ϑ — von einem Proportionalitätsfaktor

$$k = (\int_{\psi^*} h(\vartheta)\, f(x; \vartheta)\, d\vartheta)^{-1}$$

abgesehen — als Produkt der A-priori-Dichte $h(\vartheta)$ und der Dichtefunktion $f(x; \vartheta)$ der Beobachtungen an:

$$g(\vartheta \mid x) = k\, h(\vartheta) \cdot f(x; \vartheta).$$

Der Bestandteil $f(x; \vartheta)$ oder — was gleichbedeutend ist — $k \cdot f(x; \vartheta)$ kann dann als Likelihoodfunktion aufgefaßt werden, wenn x bekannt und ϑ unbekannt ist. M. a. W.: *Nach* der Beobachtung ist die Bayessche A-posteriori-Dichte das Produkt aus der A-priori-Wahrscheinlichkeit und der Likelihoodfunktion. Oder noch anders gewendet: Setzt man die A-priori-Verteilung konstant gleich 1, dann geht — in der A-posteriori-Situation, also nach Durchführung der Beobachtungen — die Bayessche Funktion in die Likelihoodfunktion über.

Ein einfaches *Beispiel:*

Wir interessieren uns dafür, ob eine Münze (einigermaßen) fair ist oder in bestimmtem Grade beschwert. Auf den Münzwurf paßt das Bernoullimodell mit der Wahrscheinlichkeitsverteilung

$$p(k; p, n) = \binom{n}{k} p^k (1 - p)^{n-k}.$$

Nunmehr wird die Münze dreimal geworfen $(n = 3)$. Zweimal kommt „Kopf" $(k = 2)$. Die Likelihoodfunktion von p lautet danach

$$L(p; k, n) = \binom{n}{k} p^k (1 - p)^{n-k},$$

$$L(p; 2; 3) = \binom{3}{2} p^2 (1 - p)^{3-2},$$

$$L(p) = 3\, p^2 (1 - p) = 3\, p^2 - 3\, p^3.$$

Abb. 31 zeigt diese Likelihoodfunktion.

Aus $L(p)$ erhalten wir den relativen Likelihoodwert, indem wir zunächst das Maximum von $L(p)$ suchen; wir finden

$$\max_{0 \leq p \leq 1} L(p) = L\left(\frac{2}{3}\right) = \frac{4}{9}.$$

Also ist es nicht plausibel, daß die Münze fair ist. Zum Beispiel ist es 1,2mal plausibler, daß $p = \frac{2}{3}$ ist, als daß $p = \frac{1}{2}$ ist. Die schätztheoretische und hypothesentestende Interpretation dieser Zusammenhänge liegt auf der Hand.

Die Likelihood ist ein (Ungewißheits-)Maß über dem Parameterraum. Trotzdem erlaubt sie eine probabilistische Interpretation [Sprott 1965]. Die obige Feststellung „Es ist 1,2mal plausibler, daß in Wahrheit $p = 2/3$ ist, als daß $p = 0,5$ ist" bedeutet, daß

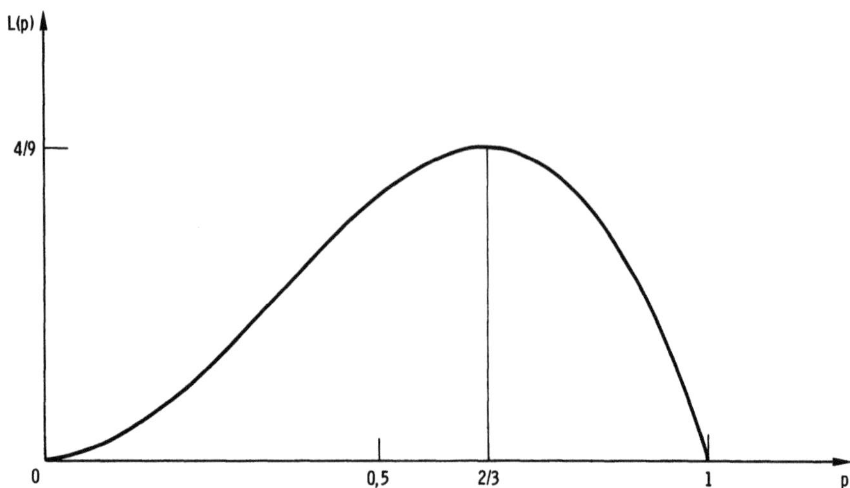

Abb. 31: Beispiel einer Likelihoodfunktion

eine Stichprobe wie die beobachtete 1,2mal *wahrscheinlicher* ist, wenn sie einer Binomialverteilung mit Parameter 2/3 entnommen wurde, als wenn sie einer Binomialverteilung mit Parameter 0,5 entnommen wurde.

Schwächen des Likelihoodmodells sind die folgenden [Sprott 1965]:

(1) Es ist an die Kenntnis des Verteilungstyps gebunden.
(2) Die Likelihood ist ein schwaches und relativ inflexibles Maß, z. B. kann es auf Lage- oder Positionsmaßzahlen nicht angewandt werden, und solche Prozeduren, wie sie im 3. Abschnitt des vorigen Paragraphen mit der Fiduzialverteilung vorgenommen wurden, sind im Rahmen des Likelihoodmodells nicht möglich.
(3) Es liefert im Gegensatz zur Fiduzialwahrscheinlichkeit (aber ebenso wie das Bayessche Modell) nur ein *relatives* Plausibilitätsmaß, d. h. ein auf andere Alternativen hin bezogenes abhängiges Maß. Eine absolute Plausibilität für einen Parameterwert kann nicht angegeben werden.

Stärken des Likelihoodmodells sind die folgenden [Birnbaum 1962]:

(1) Es ist sehr einfach.
(2) Die gesamte durch die beobachtete Stichprobe vermittelte Information geht in die Likelihoodfunktion ein, und die Inferenz gründet sich nur auf diese Information. Das bedeutet, daß zwei beobachtete Stichproben, die zu derselben Likelihoodfunktion führen, „inferenzäquivalent" sind, d. h. dieselbe (Likelihood-)Inferenz zur Folge haben.
(3) Die Likelihoodinferenz ist ein exaktes Verfahren für jeden beliebigen Stichprobenumfang größer als 0 [Diehl und Sprott 1965].

274

41.9 Das Konfidenzmodell

Dieses Modell, das sich den breitesten Anwendungsbereich erobern konnte, wurde von Jerzy Neyman und Egon Pearson entwickelt [Neyman 1930; Neyman und Pearson 1933]. Das Konzept lehnt sich an die Fiduzialmethode von R. A. Fisher an. Der wesentliche Unterschied zwischen Konfidenz- und Fiduzialmethode liegt darin, daß die Konfidenzmethode von Wahrscheinlichkeitsverteilungen über Stichprobenräumen ausgeht, während die bei der Fiduzialmethode auftretenden sogenannten Fiduzialwahrscheinlichkeiten Maße über dem Parameterraum darstellen.

Im übrigen sind sich die Modelle mathematisch recht ähnlich; sie führen auch bei einer sehr großen Klasse von Problemen zu denselben Resultaten. Aber die dahinterstehenden „Philosophien" sind grundverschieden. R. A. Fisher hat das Konfidenzmodell nicht akzeptiert und sogar häufig verspottet.

Wir betrachten jetzt das allgemeine Konfidenzmodell: Gegeben sei eine Klasse $\Omega^* \subset \Omega$ von Verteilungsfunktionen. Es werde eine Stichprobe $(x_1, \ldots, x_n)$ beobachtet, deren Elemente alle unabhängig voneinander nach derselben unbekannten Verteilungsfunktion $F(x) \in \Omega^* \subset \Omega$ verteilt sind.

Wenn es möglich ist, zu vorgegebener Wahrscheinlichkeit α in Ω^* einen nur von $x_1, \ldots, x_n$ abhängigen zufälligen Bereich $B(x_1, \ldots, x_n)$ anzugeben, welcher die wahre, aber unbekannte Verteilungsfunktion F mit Wahrscheinlichkeit $1 - \alpha$ überdeckt, dann sagen wir: $B(x_1, \ldots, x_n)$ ist ein $(1 - \alpha)$-Konfidenzbereich für F. Man schreibt dafür

$$P\{B(x_1, \ldots, x_n) \text{ c } F\} = 1 - \alpha \qquad \text{(c von engl. „covers")}.$$

Im klassischen eindimensionalen Fall (41.3 mit $r = 1$) besteht die Konfidenzinferenz in der Angabe von Zufallsintervallen, welche den unbekannten, festen Parameter mit vorgegebener Wahrscheinlichkeit überdecken.

Sei α eine (vorgegebene) Wahrscheinlichkeit und k_α der Wert mit der Eigenschaft, daß über dem Intervall $(k_\alpha, +\infty)$ die Wahrscheinlichkeitsmasse $\alpha/2$ einer symmetrischen Verteilung, z. B. einer $N(0,1)$-Verteilung, liegt.

Dann gilt für die $N\left(\mu, \dfrac{\sigma_0}{\sqrt{n}}\right)$-verteilte Zufallsvariable $\bar{X}$ die Relation

$$P\left(\left|\frac{\bar{X} - \mu}{\sigma_0/\sqrt{n}}\right| \leq k_\alpha\right) = 1 - \alpha.$$

Bei $\alpha = 0{,}05$ beispielsweise ergibt sich aus Tabellen über die (standardisierte) Normalverteilung $k_\alpha = 1{,}96$.

Hierzu überlegen wir uns nun folgendes: Wenn eine Zufallsvariable X (μ, σ_0)-normalverteilt ist, so ist das arithmetische Mittel von n unabhängigen Zufallsvariablen X_i,

nämlich $\bar{X} = \dfrac{1}{n} \sum\limits_{i=1}^{n} X_i$, $N\left(\mu, \dfrac{\sigma_0}{\sqrt{n}}\right)$-verteilt. Man sieht, daß mit wachsendem n die

Verteilung von $\bar{X}$ sich immer mehr um μ konzentriert (vgl. in Abschnitt 43.5 den Begriff der Konsistenz von Schätzfunktionen). So wie uns die $N(\mu, \sigma_0)$-Verteilung von X Wahrscheinlichkeitsaussagen darüber erlaubt, daß X und μ um einen bestimmten Betrag voneinander abweichen, so erlaubt uns die $N\left(\mu, \frac{\sigma_0}{\sqrt{n}}\right)$-Verteilung von $\bar{X}$ entsprechende Wahrscheinlichkeitsaussagen darüber, daß $\bar{X}$ und μ um einen bestimmten Betrag voneinander abweichen.

Das Intervall

$$I \equiv \left[\bar{X} - k_\alpha \frac{\sigma_0}{\sqrt{n}}, \ \bar{X} + k_\alpha \frac{\sigma_0}{\sqrt{n}}\right]$$

ist ein Zufallsintervall (es hängt nämlich außer von den vorgegebenen Konstanten k_α, σ_0 und n von der Zufallsvariablen $\bar{X}$ ab), welches die folgende Eigenschaft besitzt: Wenn (theoretisch) unendlich viele Beobachtungen $\bar{x}_1$, $\bar{x}_2$, ... gemacht würden, so würden $(1 - \alpha)$ 100% der durch diese gegebenen Intervalle I_1, I_2, ...

$$I_\nu \equiv \left[\bar{x}_\nu - k_\alpha \frac{\sigma_0}{\sqrt{n}}, \ \bar{x}_\nu + k_\alpha \frac{\sigma_0}{\sqrt{n}}\right], \quad \nu = 1, 2, \ldots,$$

den wahren, festen, aber unbekannten Parameter μ überdecken.

Es ist zu beachten, daß der unbekannte Parameter μ eine feste Größe ist, während $\bar{X}$ Zufallsvariable ist. Je kleiner also α und je kleiner das Intervall I ist, desto informativer ist die Beobachtung $\bar{x}$ im Hinblick auf den unbekannten Parameter μ. Das Intervall I heißt $(1 - \alpha)$-*Konfidenzintervall* für den unbekannten Parameter μ. Die Wahrscheinlichkeit α heißt das *Konfidenzniveau*.

Das Eigenartige an der Konfidenzmethode ist nun, daß sie – im Gegensatz zu den anderen Inferenzmodellen – die Wahrscheinlichkeitsaussagen auch dann noch auf $\bar{X}$ bezieht, wenn die Beobachtung $\bar{x}$ getätigt ist, d. h. wenn $\bar{X}$ einen festen Wert angenommen hat.

D. h. die eigenartige Schwierigkeit taucht im „A-posteriori" auf, wenn X sich realisiert hat. Damit sind die Schwächen dieses Modells skizziert.

Seine Stärke liegt in der nahezu unbegrenzten Universalität der Anwendung. Es muß nicht einmal der Verteilungstypus der Dichtefunktion bzw. Wahrscheinlichkeitsverteilung bekannt sein. Hat man diese Kenntnis nicht, dann muß man allerdings zu Recht annehmen können, daß die Stichprobe unabhängig beobachtet wurde, oder man muß das Abhängigkeitsgesetz der Stichprobenelemente genau kennen und bekommt eine nur asymptotische Aussage.

41.10 Inferenz und Entscheidung

Eine grundlegende Auffassung von Inferenz betrachtet als übergeordnetes Prinzip zu den oben besprochenen Inferenzphilosophien die auf A. Wald [Wald 1950] zurückgehende statistische Entscheidungstheorie. Zahlreiche moderne Autoren neigen sogar dazu, das ganze Inferenzproblem als Entscheidungsproblem anzusehen. Außer Frage scheint mir zu stehen, daß die statistische Entscheidungstheorie eine nützliche Ergänzung der „Inferenzstatistik" bildet. Aber so wenig das Entscheidungsproblem sich im Inferenzproblem erschöpft, so wenig erschöpft sich das Inferenzproblem im Entscheidungsproblem. Sie haben jedoch gemeinsame Bereiche, und die Grenzen zwischen beiden sind fließend.

Der Unterschied zwischen beiden liegt darin, daß die Inferenztheorie Methoden für die Überwindung der Ungewißheit liefert, Methoden für das induktive Hineinleuchten in die Dunkelheit der Ungewißheit aufgrund von Beobachtungen, während die Entscheidungstheorie Richtlinien für das Verhalten in ungewissen Situationen liefert. Die Inferenztheorie sagt uns quasi, wie wir einen dunklen Saal am besten mit einem Feuerzeug ausleuchten können, während die Entscheidungstheorie uns sagt, was wir – mit oder ohne Feuerzeug – tun sollen, um in der Dunkelheit nicht zu Schaden zu kommen. Der gemeinsame Bereich in diesem Bild ist das Verhalten in ungewissen Situationen mit Feuerzeug (d.h. mit Beobachtungen). Wir betrachten das Entscheidungsmodell, um daran den Unterschied besser studieren zu können.

Dem Statistiker steht eine gewisse Menge A von Aktionen, Handlungen oder Verhaltensweisen zur Verfügung. Unter einem Zustand der Realität, der mit den Aktionen korrespondiert, versteht man in der statistischen Entscheidungstheorie eine Verteilung einer beobachtbaren Zufallsvariablen X, mit $\mathbb{R}^n$ als Wertebereich, also eine n-dimensionale Verteilungsfunktion F, die Element der Menge Ω aller Verteilungsfunktionen bzw. einer Untermenge Ω^* (vgl. Abschnitt 41.3) von Ω ist.

Jedem möglichen Zusammentreffen einer Aktion a mit einem Zustand F wird eine Konsequenz L (F, a) eindeutig zugeordnet. Die L (F, a) können Nutzenindizes sein oder in Geld bewertete Verluste oder Gewinne (d.h. negative Verluste); wir betrachten sie wie Wald als Verluste. L (F, a) gibt also den Verlust an, den man erleidet, wenn man die Aktion a ergreift, während F der wahre Zustand der Realität ist.

Der Statistiker befindet sich in dem Konflikt, nicht zu wissen, welche Aktion er ergreifen soll; der Konflikt wird durch die Ungewißheit ausgelöst. Würde der Statistiker nämlich die Realität kennen, so wüßte er, wie er sich zu entscheiden hat. Da ihm einerseits mehrere Handlungsalternativen zur Verfügung stehen, andererseits aber der wahre Zustand der Realität ungewiß ist, gerät er in den Entscheidungskonflikt. Die Ungewißheit betrifft also die Realität, die er nicht beherrschen oder beeinflussen kann. Die Entscheidungstheorie liefert nun bestimmte Verhaltensrichtlinien, sog. Entscheidungskriterien, die eine „Entscheidung", auch bei Ungewißheit, ermöglichen.

Üblicherweise versucht man die durch Realisationen $(x_1, \ldots, x_n)$ von X gewonnene Information dadurch zu verwerten, daß statt Aktionen sog. *Entscheidungsfunktionen* ausgewählt werden, d.h. Vorschriften, nach denen Aktionen in Abhängigkeit vom Ausfallen der (empirischen) Beobachtungen (von X) ausgewählt werden. Eine Entscheidungsfunktion d ist also eine meßbare Abbildung des Stichprobenraums $\mathfrak{X}$ in A. Die Entscheidungen d (x) hängen dann nur vom vorhandenen Wissen ab, sind insofern rational (vgl. Abschnitt 42.2). Durch die Verwendung von Entscheidungsfunktionen statt Aktionen wird es nötig, anstelle von Verlusten Verlusterwartungen oder Risiken zu betrachten (die Meßbarkeit und Beschränktheit der Verlustfunktion L wird ohne wesentliche Einschränkung vorausgesetzt):

$$R (F, d) = E (L (F, d (X))) = \int_{\mathfrak{X}} L (F, d (x))\, dF (x).$$

Jetzt ist R (F, d) das *Risiko,* wenn F die wahre Verteilungsfunktion ist und die Entscheidungsfunktion d gewählt wird.

Das bekannte Kriterium, in diesem Zusammenhang in der Waldschen Originalarbeit vorgeschlagen, ist das *Minimaxkriterium.* Diejenige Entscheidungsfunktion d* ist im Sinne dieses Kriteriums optimal, welche

$$\max_{F \in \Omega^*} R\,(F, d) \qquad \text{(als Funktion von d)}$$

minimal macht. Mit Hilfe von d* wird dann (aufgrund von Beobachtungen $x = (x_1, \ldots, x_n)$) d*(x) gewählt.

Ein anderes, ebenfalls von Wald vorgeschlagenes Kriterium, ist das nach Bayes benannte (vgl. Abschnitt 41.5). Seine Anwendung wird später (in Abschnitt 43.4) im Spezialfall der Schätzfunktionen, d.h. $A = \Omega^*$ bzw. Ψ^* (siehe Abschnitt 41.3), durchgeführt und kann leicht auf den allgemeinen Fall übertragen werden. Neue Ansätze in der statistischen Entscheidungstheorie werden in Kapitel 12 beschrieben.

42. Stichprobe und Schätzfunktion

42.1 Ergänzungen zum Stichprobenbegriff

Die Schätzung wie die Hypothesenprüfung sind Verfahren der Inferenz und stellen als solche eine Verbindung her zwischen der beobachteten Stichprobe und der durch eine (unbekannte) Verteilung charakterisierten Grundgesamtheit.

Neben der Kenntnis des stochastischen Modells, das den Zusammenhang zwischen Stichprobe und Grundgesamtheit beschreibt, ist die eigentliche Basis einer Schätzung die Stichprobe. In Abschnitt 17.2 haben wir diesen Begriff bereits eingeführt: Eine Stichprobe ist eine endliche Teilmenge eines stochastischen Prozesses $\{X_t; t \in T\}$, deren Mächtigkeit Stichprobenumfang heißt.

Wir betrachten noch drei wichtige ineinander enthaltene Klassen von Stichproben. Die Unterscheidung knüpft an die Eigenschaften der den Stichproben vom Umfang n zugeordneten n-dimensionalen Verteilungsfunktionen $F^{(n)}(x_1, \ldots, x_n)$ an.

Die allgemeinste Klasse von Stichproben ist die sogenannte Klasse der *beliebigen Stichproben*, die beim Umfang n eine n-dimensionale Verteilungsfunktion besitzen, welche gewöhnlich keine vereinfachende Darstellung mit Hilfe der Verteilungsfunktionen der einzelnen Stichprobenelemente zuläßt.

Läßt sich für jedes natürliche n die n-dimensionale Verteilungsfunktion $F^{(n)}(x_1, \ldots, x_n)$ einer Stichprobe $X^{(n)} = (X_1, \ldots, X_n)$ in der Form

$$F^{(n)}(x_1, \ldots, x_n) = \prod_{i=1}^{n} F_i(x_i)$$

schreiben, dann spricht man von einer *unabhängigen Stichprobe.* Die Elemente X_i einer unabhängigen Stichprobe sind also alle unabhängig voneinander nach gewissen Verteilungsfunktionen $F_i(x)$ verteilt.

Ist eine Stichprobe $X^{(n)}$ unabhängig und ist die Verteilungsfunktion aller Stichprobenglieder dieselbe, so heißt die betreffende Stichprobe eine *identisch verteilte unabhän-*

gige oder *einfache Stichprobe*. Die n-dimensionale Verteilungsfunktion der einfachen Stichprobe lautet:

$$F^{(n)}(x_1, \ldots, x_n) = \prod_{i=1}^{n} F(x_i),$$

wenn $F(x)$ die Verteilungsfunktion aller Stichprobenelemente ist.

Der Fall der einfachen Stichprobe kann allerdings nur dort als realisiert angesehen werden, wo unter konstanten Bedingungen unabhängig voneinander dasselbe stochastische Experiment nach Belieben wiederholt werden kann. Beispiel sind die reinen Glücksspielsituationen: das Werfen einer Münze, das Würfeln mit einem Würfel, das Ziehen der Gewinnzahlen bei der Fernsehlotterie.

Die einfache Stichprobe ist bei den meisten statistischen Verfahren der Schätz- und Prüftheorie die grundlegende Voraussetzung, die der Praktiker als gegeben annehmen muß bzw. durch seine Versuchsplanung anzunähern hat. Oft, um nicht zu sagen meistens, bleibt diese Voraussetzung unerfüllt.

42.2 Die Schätzfunktion

Die Stichprobensituation ist also gegeben durch $\Sigma = (X^{(n)}, F^{(n)}; F^{(n)} \in \Omega^*)$, wobei Ω^* die Menge der möglichen Stichprobenverteilungen darstellt. Die Schätzung besteht dann in der Inferenzaufgabe, die „richtige" Verteilung $F^{(n)} \in \Omega^*$ der Stichprobe mit Hilfe der Kenntnis eines adäquaten Modells Σ der Stichprobensituation einerseits und des beobachteten oder gewonnenen Stichprobenwertes $X^{(n)}$ andererseits „möglichst oft möglichst gut" zu approximieren. Anstelle der richtigen Verteilung $F^{(n)}$ kann auch $\tilde{F}(F^{(n)})$ stehen, wenn eine Ω^* darstellende bijektive Abbildung $\tilde{F}: \Omega^* \to \Psi^*$ existiert (siehe dazu auch Abschnitt 41 und unten); d. h. ein Parameter $\vartheta \in \Psi^*$ eine Verteilung in Ω^* eindeutig bestimmt.

Bei rationalem Vorgehen können Schätzungen nur vom vorhandenen Wissen abhängig gemacht werden, d. h. von der Stichprobe bei der durch Σ gegebenen Stichprobensituation. Eine rationale Schätzung ist also der Wert einer *Schätzfunktion* $M_n = M_n(X^{(n)})$, der Element von Ω^* oder $\tilde{F}(\Omega^*) = \Psi^*$ ist. Wenn Ω^* (und damit Ψ^*) endlich ist, was für praktische Anwendungen keine Einschränkung bedeutet, haben wir damit den Begriff der Schätzfunktion definiert, und zwar auf die im wesentlichen einzig sinnvolle Art und Weise. Andernfalls müßte zusätzlich die Meßbarkeit von M_n gefordert werden, denn, wie wir später sehen, sind nur durch Integration sinnvolle Kriterien für Schätzfunktionen zu erzielen.

Um zu einer handlichen Darstellung von Ω^* zu kommen, nimmt man üblicherweise – mehr oder weniger berechtigt – einen bestimmten Verteilungstyp an, wie den der Normalverteilung. Die handlichere Darstellung gelingt vermöge einer bijektiven Abbildung $\tilde{F}: \Omega^* \to \Psi^*$ mit $\Psi^* \subseteq \mathbb{R}^r = \Psi$. Ψ^* hat die Dimension 1, wenn der Parametervektor nur einen Parameter umfaßt, $\vartheta = (\vartheta_1)$, wie im Falle der Poissonverteilung, wo ϑ_1 gleich dem Poissonparameter λ ist. Ψ^* hat die Dimension 2, wenn der Parametervektor zwei Parameter umfaßt, $\vartheta = (\vartheta_1, \vartheta_2)$, wie im Falle der Normalverteilung, wo $\vartheta_1 = \mu$ und $\vartheta_2 = \sigma$, oder wie im Falle der Binomialverteilung, wo $\vartheta_1 = p$ und $\vartheta_2 = n$, usw. Bei endlichem r umfaßt der Parametervektor ϑ eine endliche Zahl r von Parameterwerten,

$$\vartheta = (\vartheta_1, \vartheta_2, \ldots, \vartheta_r),$$

und dann hat auch Ψ^* die endliche Dimension r. In diesem Falle heißt die *Verteilungsklasse Ω^* parametrisch*, r die (endliche) Dimension des Parameterraums Ψ^*.

Andernfalls, wenn man die Annahme eines bestimmten Verteilungstypus nicht machen kann und eine parametrische Darstellung nicht möglich ist, muß man ein verteilungsfreies Vorgehen versuchen. Da wegen der Rechtsstetigkeit jede Verteilungsfunktion $F^{(n)}$ durch ihre Werte auf den rationalen Gitterpunkten eindeutig bestimmt ist, gibt es immerhin eine Darstellung durch einen Parameterraum von abzählbar unendlicher Dimension; der Parametervektor ist von der Art $\vartheta = (\vartheta_1, \vartheta_2, \ldots, \vartheta_r, \ldots)$. Wir können also definieren: *Wenn die Dimension von Ψ^* (und damit von Ψ) abzählbar unendlich ist, heißt die Verteilungsklasse Ω^* nichtparametrisch.*

Nichtparametrische Verteilungsklassen sind die Menge aller Verteilungsfunktionen, die Menge der kontinuierlichen Verteilungsfunktionen, die Menge der symmetrischen Verteilungsfunktionen, die Menge aller Verteilungen mit festem Erwartungswert und fester Streuung (somit liegt der Tschebyscheffschen Ungleichung eine nichtparametrische Verteilungsklasse zugrunde) usw. Der Ausdruck nichtparametrisch besagt also, daß die in der betreffenden Verteilungsklasse enthaltenen Verteilungsfunktionen nicht durch endlich viele Parameter eindeutig darstellbar sind.

Die nichtparametrischen Theorien liefern Verfahren zur Behandlung fast aller parametrisch diskutierten Probleme, aber ohne die schwerwiegende und oft utopische Normalverteilungsvoraussetzung. Der Preis, der für diese Emanzipation zu zahlen ist, besteht darin, daß beim nichtparametrischen Vorgehen in der Regel die Fehlergrenzen größer sind bzw. die Genauigkeit der Schätzung geringer ist.

Speziell für den parametrischen Fall formulieren wir abschließend die *Definition der Schätzfunktion:*

Eine Schätzfunktion ist eine meßbare Funktion M_n, *die jeder Realisation* $x^{(n)} = (x_1, \ldots, x_n)$ *der Stichprobe* $X^{(n)}$ *eindeutig einen (r-dimensionalen) Vektor* $M_n(x_1, \ldots, x_n) \in \Psi$ *zuordnet (Ψ und nicht Ψ^*, weil gelegentlich eine entsprechende Verallgemeinerung nützlich ist).* $M_n(X^{(n)})$ *ist also eine r-dimensionale Zufallsvariable, deren Realisationen die Schätzwerte* $M_n(x_1, \ldots, x_n)$ *sind.*

Beispiele:

Sei $X^{(n)} = (X_1, \ldots, X_n)$ eine einfache Stichprobe, dann ist $M_{1,n}(X^{(n)}) = \bar{X} = \dfrac{1}{n}(X_1 + \ldots + X_n)$ eine (in gewissem Sinn optimale) Schätzfunktion für den Erwartungswert $\mu = E(X_i)$.

Ist der Parameter (μ, σ^2), mit $\sigma^2 = V(X_i)$, wie etwa bei Annahme der Normalverteilung für die X_i, dann ist

$$M_n(X^{(n)}) = (\bar{X}, S^2) \quad \text{mit} \quad S^2 = \frac{1}{n}(X_1^2 + \ldots + X_n^2) - \bar{X}^2,$$

eine (zweidimensionale) Schätzfunktion.

43. Gütekriterien

43.1 Was heißt „gut"?

Der Schätzwert $M_n (x_1, \ldots, x_n)$ wird als Zufallsresultat im allgemeinen nicht mit dem Parameter ϑ zusammenfallen. Aber man möchte, daß er den Parameter ϑ gut approximiert.

„Gut" heißt, daß die Schätzfunktion (für ϑ) M_n bestimmten Kriterien genügt, insbesondere bei Güte im Sinne der klassischen statistischen Theorie (bis einschließlich R. A. Fisher). Die wichtigsten und am häufigsten benutzten Kriterien sollen hier kurz besprochen werden.

43.2 Verlust- und Risikofunktion

Bei praktischen Problemstellungen kann man häufig, fast kann man sagen in der Regel, angeben, welcher Verlust $L (\vartheta, \hat{\vartheta})$ mit einer bestimmten Abweichung der Schätzung $\hat{\vartheta}$ vom wahren Parameter ϑ verbunden ist. Die aus demselben Grund wie bei der Schätzfunktion als meßbar angenommene Funktion $L: \Psi^* \times \Psi \to [0, + \infty[$ heißt *Verlustfunktion*.

Weil für festes ϑ der Verlust $L (\vartheta, M_n)$ eine Zufallsvariable ist, ergibt sich aus der Verlustfunktion als Gütekriterium für eine Schätzfunktion M_n der Erwartungswert des Verlustes, d.h. das Risiko

$$R (\vartheta, M_n) = E_\vartheta (L (\vartheta, M_n)).$$

Gut heißt dann, im Sinne der modernen Entscheidungstheorie, aber auch schon im Sinne von C. F. Gauß (siehe Gauß [1887], S. 5f.) ein M_n mit kleiner Risikofunktion $(\vartheta \to R (\vartheta, M_n))$.

Damit ist die Formulierung des Schätzproblems als Entscheidungsproblem schon halb fertig. Wir brauchen nur noch verschiedene ϑ als unbekannte *Zustände* der Realität (oder Natur oder Welt) aufzufassen und die Schätzfunktion M_n als Strategie oder Entscheidungsfunktion mit den Schätzungen $\hat{\vartheta}$ als Aktionen:

$$M_n: (x_1, \ldots, x_n) \mapsto \hat{\vartheta}.$$

Die Schätzfunktion (= Entscheidungsfunktion) führt bei gegebener (beobachteter) Stichprobenrealisation $(x_1, \ldots, x_n)$ zur Schätzung (= Aktion) $\hat{\vartheta}$. Dann ist das Schätzproblem als Entscheidungsproblem formuliert. Wir stellen den möglichen Zuständen der Realität die möglichen Aktionen gegenüber und fragen für jedes mögliche Zusammentreffen eines Zustandes mit einer Aktion nach dem zugehörigen Verlust. Die Verluste bilden, zusammen genommen, die Entscheidungsmatrix, d.h. im Falle der Gaußschen Verlustfunktion $1 = (\vartheta - \hat{\vartheta})^2$, die Gauß als einfachste für den Fall vorgeschlagen hat, daß von der Problemstellung her keine andere vorgegeben ist:

$$
\begin{array}{c|cccccc}
 & . & . & . & \vartheta & . & . & . \\
\hline
 & . & & & . & & \\
 & . & & & . & & \\
\hat{\vartheta} & . & . & . & \mathrm{E}\,(\vartheta - \hat{\vartheta})^2 . & . & . \\
 & . & & & . & & \\
 & . & & & . & & \\
 & . & & & . & &
\end{array}
$$

In der Entscheidungstheorie werden, wie wir in Abschnitt 41 gesehen haben, auf der Grundlage von Verlust- bzw. Risikofunktionen Entscheidungsfunktionen ausgewählt, d.h. Regeln, nach denen Aktionen in Abhängigkeit vom Ausfallen empirischer Beobachtungen bestimmt werden.

Die Wahl einer Schätzfunktion für einen Verteilungsparameter ist gleichbedeutend mit der Wahl einer Entscheidungsfunktion, wobei das Risiko R oder, in äquivalenter Notation: $R\,(\vartheta, M_n)$, die Verlusterwartung ist, die man hinnehmen muß, wenn man nach der Vorschrift M_n schätzt, während ϑ der Parameter von $F^{(n)}\,(x)$ ist, der wahren Verteilungsfunktion von $X^{(n)}$.

Wir betrachten jetzt die bereits oben erwähnten klassischen Kriterien im einzelnen. Der Grund für die Aufstellung aller, nicht nur der klassischen Gütekriterien ist die Erkenntnis, daß im allgemeinen keine gleichmäßig beste Schätzfunktion $M_{o,n}$ existiert, d.h. die

$$R\,(\vartheta, M_{o,n}) \leqq R\,(\vartheta, M_n) \quad \text{für alle } \vartheta \in \Psi^*$$

und alle Schätzfunktionen M_n erfüllt. Eine solche würde aber eigentlich gebraucht, weil ja der richtige Parameterwert unbekannt ist. Man versucht daher, die Menge der Schätzfunktionen, die als optimal in Frage kommen, d.h. „zulässig" sind, durch selektiv wirkende Kriterien möglichst klein zu halten.

43.3 Suffizienz, Erwartungstreue und klassische Effizienz

Eine Schätzfunktion S_n bezeichnet man als *suffizient* oder erschöpfend bezüglich ϑ, wenn sie aus der (realisierten) Stichprobe den gesamten Informationsgehalt über $\vartheta \in \Psi^*$ herauszieht (ausschöpft). Geht man von der Risikofunktion als Kriterium aus, dann ist dies bestimmt der Fall, wenn zu jeder Schätzfunktion M_n eine nur von S_n abhängende Schätzfunktion mit derselben Risikofunktion wie M_n gefunden werden kann. Das gilt (genau) bei Suffizienz von S_n im Sinne der folgenden Definition:

Eine Schätzfunktion M_n heißt suffizient bezüglich ϑ, wenn bei bekanntem Wert der Schätzfunktion ihre bedingte Wahrscheinlichkeitsverteilung unabhängig von dem zu schätzenden Parameter ϑ ist. Dies ist dann der Fall, wenn die Dichte φ von $(x_1, \ldots, x_n)$, *allerdings in bezug auf ein beliebiges σ-endliches Maß v und nicht notwendig das Lebesguesche, nämlich*

$$\varphi(x_1, \ldots, x_n; \vartheta),$$

faktorisiert werden kann, d. h. wenn φ sich in die beiden Faktoren φ_1 und φ_2 wie folgt zerlegen läßt:

$$\varphi(x_1, \ldots, x_n; \vartheta) = \varphi_1\{M_n(x_1, \ldots, x_n); \vartheta\} \cdot \varphi_2(x_1, \ldots, x_n).$$

Der erste Faktor φ_1 hängt vom Wert $M_n(x_1, \ldots, x_n)$ und von ϑ ab, während der zweite Faktor φ_2 von ϑ unabhängig ist.

Dies soll an einem *Beispiel* dargelegt werden:

Aus der Normalverteilung ($\exp[a] = e^a$)

$$N(\mu, \sigma_0) = \frac{1}{\sigma_0 \sqrt{2\pi}} \exp\left[-\frac{1}{2\sigma_0^2}(x-\mu)^2\right]$$

wird eine Stichprobe $x_1, \ldots, x_n$ entnommen; μ, der Erwartungswert, sei unbekannt; σ_0, die Standardabweichung, sei bekannt. Ist der Mittelwert $\bar{X} = \dfrac{1}{n}(X_1 + \ldots + X_n)$ suffizient bezüglich μ?

Die Dichte von $\bar{x}$ ist

$$\varphi(\bar{x}) = \frac{1}{(\sigma_0 \sqrt{2\pi})^n} \exp\left[-\frac{1}{2\sigma_0^2}\sum_{i=1}^{n}(x_i-\mu)^2\right].$$

Da $\sum(x_i-\mu)^2 = \sum(x_i-\bar{x})^2 + n(\bar{x}-\mu)^2$, kann $\varphi(\bar{x})$ auch wie folgt geschrieben werden:

$$\exp\left[-\frac{n}{2\sigma_0^2}(\bar{x}-\mu)^2\right] \cdot \frac{1}{(\sigma_0 \sqrt{2\pi})^n} \exp\left[-\frac{1}{2\sigma_0^2}\sum(x_i-\bar{x})^2\right].$$

Der erste Faktor dieses Ausdrucks hängt von $\bar{x}$ *und* μ ab, während der zweite Faktor von μ unabhängig ist. Es ist also $\bar{x}$ suffizient bezüglich μ.

Ist S_n (wie $\bar{X}$ im Beispiel) zusätzlich *vollständig*, d. h. aus

$$E_\vartheta(T(S_n)) = 0 \quad \text{für alle} \quad \vartheta \in \Psi^*$$

folgt $T = 0$ (v-fast überall), dann ist ein wichtiges Ziel der klassischen Theorie erreicht. Denn bei eindimensionalem Parameterraum Ψ^* ist eine suffiziente und vollständige Schätzfunktion S_n, die auch *erwartungstreu* bzgl. ϑ ist, d. h. für die

$$E_\vartheta(S_n) = E_\vartheta\{S_n(X^{(n)})\} = \vartheta \quad \text{für alle} \quad \vartheta \in \Psi^*$$

gilt, gleichmäßig beste für alle konvexen, monoton von $|\hat{\vartheta} - \vartheta|$ abhängigen Verlustfunktionen L_c, allerdings nur − und dies ist wesentlich − unter den erwartungstreuen Schätzfunktionen (Satz von Lehmann-Scheffé):

$$R_c(\vartheta, S_n) := E_\vartheta\{L_c(\vartheta, S_n)\} \leqq R_c(\vartheta, M_n) \tag{*}$$

für alle $\vartheta \in \Psi^*$ und alle erwartungstreuen M_n.

Weil insbesondere die Gaußsche oder quadratische Verlustfunktion 1 die erforderliche Eigenschaft besitzt und weil für erwartungstreue Schätzfunktionen M_n

$$R_1(\vartheta, M_n) := E_\vartheta\{(M_n - \vartheta)^2\} = E_\vartheta\{(M_n - E_\vartheta(M_n))^2\} = \text{Var}_\vartheta(M_n)$$

gilt, ist die zitierte gleichmäßige „Bestheit" von S_n unter allen erwartungstreuen (Ungleichung (*)) gleichbedeutend mit

$$\mathrm{Var}_\vartheta \{S_n\} = \inf \{\mathrm{Var}_\vartheta (M_n) \,|\, M_n \text{ erwartungstreu}\}.$$

Eine erwartungstreue, vollständige und suffiziente Schätzfunktion S_n hat also unter erwartungstreuen die kleinste Varianz. Diese Eigenschaft nennt man *(klassische) Effizienz.*

43.4 Bayes-Schätzungen und Zulässigkeit

Einen Ausweg aus dem zuvor beschriebenen Dilemma, der nicht in der Annahme mehr oder weniger plausibler Eigenschaften der Schätzfunktionen besteht (allerdings, wie wir sehen werden, andere Schwierigkeiten zur Folge hat), bietet die Methode der *Bayes-Schätzungen.* Sie führt zu einem geschlossenen mathematischen Modell, ist aber nur dann gerechtfertigt, wenn die ihr zugrunde liegende Annahme verifiziert werden kann, nämlich daß der unbekannte Parameter keine feste Größe, sondern eine Zufallsvariable mit bekannter „A-priori"-Verteilung ζ ist. Dann kann nämlich die Risikofunktion $R(\vartheta, M_n)$ als Kriterium für eine Schätzfunktion M_n durch das Bayes-Risiko

$$r(M_n) = \int_{\Psi^*} R(\vartheta, M_n) \, \zeta(d\vartheta)$$

als ihr entsprechendes Vergleichskriterium ersetzt werden. Die beste Schätzfunktion B_n, *Bayesisch (bzgl. ζ) genannt,* ist dann definiert durch

$$r(B_n) = \inf_{M_n} r(M_n).$$

(Falls das Infinum nicht angenommen wird, verlangt man nur $r(B_n) \leqq \inf r(M_n) + \varepsilon$ für ein vorgegebenes positives ε. Wir wollen der Einfachheit halber diesen in der Praxis ohnehin seltenen Fall ausschließen.)

Falls die A-priori-Verteilung stets positiv ist (d.h. für alle $\vartheta : \zeta(\vartheta) > 0$), ist die Bayes-Schätzfunktion B_n *zulässig.* Zulässigkeit, eine sinnvolle Forderung an eine Schätzfunktion Z_n im diskreten Fall, ist gegeben, wenn

$$R(\vartheta, M_n) \leqq R(\vartheta, Z_n) \quad \text{für alle} \quad \vartheta \in \Psi^*$$

impliziert, daß

$$R(\vartheta, M_n) = R(\vartheta, Z_n) \quad \text{für alle} \quad \vartheta \in \Psi^*,$$

d.h. wenn es keine gleichmäßig bessere Schätzfunktion mit anderer Risikofunktion gibt. Andernfalls besitzt B_n diese Eigenschaft nur ζ-fast überall, d.h. die Gleichheit der Risikofunktionen in (*) gilt nur mit Ausnahme einer ζ-Nullmenge.

Wie schätzt man Bayesisch bei bekannter A-priori-Verteilung ζ? Die Bayessche Schätzfunktion ist dadurch charakterisiert, daß bei gegebenem Stichprobenwert x (x kann ein Vektor sein) das sog. A-posteriori-Risiko

$$r_x(a) = \int_{\Psi^*} L(\vartheta, a) \, P(d\vartheta \,|\, x) \tag{**}$$

(Bezeichnungen siehe Abschnitt 41) als Funktion von a zu minimieren ist. Somit braucht man nicht die gesamte Bayessche Schätzfunktion B_n, sondern nur den Bayesschen Schätzwert $B_n(x)$ bei gegebenem Stichprobenwert x zu ermitteln (als Minimalstelle von (**)).

Das konkrete Verfahren läßt sich bei endlichem Ψ^* ganz einfach beschreiben:

$$r_x(a) = \frac{\sum\limits_{i=1}^{m} L(\vartheta_i, a)\, f(x \mid \vartheta_i)\, \zeta(\vartheta_i)}{\sum\limits_{j=1}^{m} f(x \mid \vartheta_j)\, \zeta(\vartheta_j)}$$

ist das A-posteriori-Risiko, wenn $\Psi^* = \{\vartheta_1, \ldots, \vartheta_m\}$ und $X^{(n)}$ die Dichte $f(x \mid \vartheta_j)$ (bzgl. v) $j = 1, \ldots, m$ besitzt. Der Bayes-Schätzwert $B_n(x)$ ist das $a \in \Psi^*$ mit dem kleinsten $r_x(a)$.

Für nicht-diskretes ζ soll das folgende Beispiel die konkrete Bestimmung des Bayesschen Schätzwertes erläutern.

43.5 Ein Beispiel

Es sei eine einfache Stichprobe vom Umfang n mit $(\vartheta, 1)$-Normalverteilung gegeben. Wir nehmen das Bayessche Postulat einer Gleichverteilung des Parameters als Zufallsvariable in einem Intervall an, wonach die A-priori-Verteilung die Dichte

$$h(\vartheta) = \begin{cases} (b-a)^{-1} & \text{für} \quad a < \vartheta < b, \quad a < b \\ 0, & \text{sonst} \end{cases}$$

besitzt. Weil der aus der Stichprobe gebildete arithmetische Mittelwert

$$\bar{x} = \frac{1}{n} \sum_{i=1}^{n} x_i$$

suffizient ist, können wir von diesem Wert anstelle vom Stichprobenwert $(x_1, \ldots, x_n)$ ausgehen; der arithmetische Mittelwert hat (als aus der einfachen Stichprobe gebildete Zufallsvariable) $(\vartheta, n^{-1/2})$-Normalverteilung. Bei der Berechnung der Dichte der A-posteriori-Verteilung berücksichtigen wir (automatisch) diese Tatsache und erhalten nach der Formel für bedingte Wahrscheinlichkeitsdichten (Abschnitt 10.1):

$$g(\vartheta \mid \bar{x}) \quad = G(a, b, \bar{x}) \cdot \left(\frac{n}{2\pi}\right)^{1/2} \exp\left(-\frac{n}{2}(\vartheta - \bar{x})^2\right),$$

mit

$$G(a, b, \bar{x}) = \{\Phi(n^{1/2}(b - \bar{x})) - \Phi(n^{1/2}(a - \bar{x}))\}^{-1}.$$

(Φ ist die Verteilungsfunktion der Standardnormalverteilung, $\exp(y) := e^y$.)

Der Bestimmung der Bayesschen Schätzung $B_n'(x) = B_n(\bar{x})$ legen wir die Gaußsche Verlustfunktion

$$l(\vartheta, \hat{\vartheta}) = (\vartheta - \hat{\vartheta})^2$$

zugrunde, die daher die Minimalstelle von

$$\int_a^b (d - \vartheta)^2 \, g \, (\vartheta \,|\, \bar{x}) \, d\vartheta$$

(als Funktion von d) ist. Differentiation unter dem Integral, anschließendes Null-Gleichsetzen, und die Auflösung der so entstandenen Gleichung ergibt

$$B_n \, (\bar{x}) = \int_a^b \vartheta \, g \, (\vartheta \,|\, \bar{x}) \, d\vartheta.$$

Mit Hilfe partieller Integration erhält man also, wenn wir zur Abkürzung

$$g \, (a, b, x) = (2 \, n \, \pi)^{-1/2} \left(\exp \left(- \frac{n}{2} \, (a - x)^2 \right) - \exp \left(- \frac{n}{2} \, (b - x)^2 \right) \right)$$

setzen, die Lösung

$$B_n' \, (x_1, \ldots, x_n) = B_n \, (\bar{x}) = \bar{x} + g \, (a, b, \bar{x}) \cdot G \, (a, b, \bar{x}),$$

den Bayesschen Schätzwert.

43.6 Bemerkungen zur Asymptotik

Leider findet man nur selten Schätzprobleme, bei denen die Grundannahme der Bayes-Theorie erfüllt ist oder die A-priori-Verteilung wenigstens gut approximiert werden kann. Andererseits ist das Konzept der klassischen Effizienz wegen der Beschränkung auf erwartungstreue Schätzfunktionen nicht überzeugend (siehe dazu Abschnitt 43.3); Suffizienz und (fast sichere) Zulässigkeit bedeuten keine ausreichende Einschränkung der Menge aller Schätzfunktionen. (Ausreichend wäre eine Einschränkung, wenn aus der verbleibenden Menge mit Hilfe von Monte-Carlo- und anderen Simulationsverfahren ohne allzu großen Aufwand eine für das konkrete Problem geeignete Schätzfunktion ausgewählt werden könnte.)

Deswegen werden vor allem in der Mathematischen Statistik asymptotische Untersuchungen angestellt, also das Verhalten der Verteilung einer Schätzfunktion M_n untersucht, wenn der Stichprobenumfang n gegen unendlich geht. Als Kriterium für eine Folge $(M_n)_{n \in N}$ von Schätzfunktionen dient dann der Grenzwert $(n \to \infty)$ der Risikofunktion. Während die Asymptotik in bestimmten Anwendungsbereichen mit sehr großer Zahl (potentieller) Beobachtungen (z. B. in der Physik) eine unmittelbare Berechtigung hat, ist sie für Anwendungsgebiete mit kleiner Zahl von Beobachtungen wenig aussagefähig. Hier interessiert nicht so sehr das Verhalten einer Schätzfunktion M_n für $n \to \infty$, sondern das Verhalten für endlichen Stichprobenumfang beim Übergang von n zu $n + 1$.

Eine Art Minimalforderung an M_n ist die *Konsistenz:* M_n heißt *konsistente* Schätzung für ϑ, wenn (M_n) stochastisch gegen ϑ konvergiert. Das älteste Verfahren zur Auffindung konsistenter Schätzungen ist die *Momentenmethode,* wobei allerdings Einfachheit von $X^{(n)}$ für alle n ($X_1, X_2, \ldots$ sind unabhängig und haben alle dieselbe Verteilungsfunktion F) vorausgesetzt wird.

Nach dieser Methode benutzt man das k-te (gewöhnliche) Stichprobenmoment

$$m_k = \frac{1}{n} \sum_{i=1}^{n} x_i^k; \quad k = 1, 2, \ldots$$

als Schätzung ($\hat{\mu}_k$) für das k-te Moment $\mu_k = E(X^k)$ „in der Ausgangsgesamtheit":

$$m_k = \hat{\mu}_k; \quad k = 1, 2, \ldots$$

Also ist z.B. $m_1 = \frac{1}{n} \sum x_i$ die Momentenschätzung für den Erwartungswert $E(X)$, $m_2 - m_1^2$ die Momentenschätzung für die Streuung $V(X)$ usw.

Und zwar werden die Stichprobenmomente deshalb direkt als Schätzungen für die wahren Momente von X benutzt, weil man die Gleichverteilung über den n Stichprobenwerten

$$P(x_i) = \frac{1}{n} \quad (i = 1, \ldots, n)$$

als Annäherung an die Verteilung von X ansehen kann. Die Verteilungsfunktionen sehen z.B. so aus:

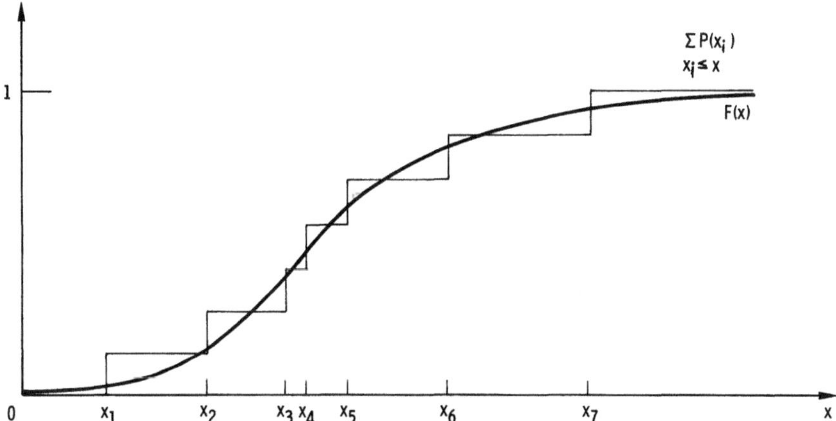

Abb. 32: Verteilungsfunktion und kumulative Häufigkeitsverteilung in der Stichprobe

Je größer n wird, desto besser wird diese Annäherung. Darauf beruht die Eigenschaft der Momentenschätzungen, konsistent zu sein. Sie sind dagegen in der Regel nicht erwartungstreu, doch kann durch geeignete Korrekturfaktoren dieser Mangel beseitigt werden, ohne daß dadurch die Konsistenz gefährdet würde; vgl. [Cramér 1946, S. 352].

R. A. Fisher, der große Kritiker der Momentenmethode, hat nachgewiesen, daß die nach dieser Methode gewonnenen Schätzfunktionen meistens nicht effizient, suffizient und erwartungstreu sind. Sie sind in der Regel nur konsistent und asymptotisch normal. Nach dem harten Verdikt R. A. Fishers sind die Momentenschätzungen fast ganz aus der Statistik verschwunden. Aber eine solche Vernachlässigung ist eigentlich unberechtigt, denn die Momentenmethode ist, selbst von der Asymptotik her gesehen, in vielen Fällen nicht schlechter als die von R. A. Fisher an ihrer Stelle vorgeschlagenen Methoden. Außerdem hat sie einen großen Vorteil. Man braucht nichts über die Verteilungsfunktion der Stichprobe zu wissen.

Durch Übertragung des Grundgedankens der klassischen Effizienz auf die asymptotische Situation erhält man den Begriff der *asymptotischen Effizienz:* Eine Folge $(\tilde{M}_n)$ von Schätzfunktionen heißt *asymptotisch effizient*, wenn die Streuung der Grenzverteilung von $(\sqrt{n}\,(\tilde{M}_n - \vartheta))$ unter allen Folgen (M_n) minimal ist, für die $(\sqrt{n}\,(M_n - \vartheta))$ eine Grenzverteilung mit Erwartungswert Null hat.

Meist sind die Voraussetzungen so gewählt, daß diese Grenzverteilung eine Normalverteilung (nämlich mit Erwartungswert Null) ist. Man spricht in diesem Fall von *asymptotischer Normalverteilung.* Wegen der Zentriertheit der Grenzverteilung gilt die schwächere Eigenschaft der *asymptotischen Erwartungsstreue:*

$$\lim_{n \to \infty} E_\vartheta\,(M_n\,(X^{(n)})) = \vartheta \quad \text{für alle } \vartheta.$$

R. A. Fisher hat die asymptotische Effizienz in bestimmten Verteilungssituationen für seine Maximum-Likelihood-Schätzfunktionen bewiesen.

Besonders nachdem Hodges ein Beispiel einer sogenannten supereffizienten Schätzfunktionenfolge gegeben hat, weiß man, daß die bei der asymptotischen Effizienz betrachtete Klasse von Schätzfunktionenfolgen zu klein gewählt ist. Die von L. Weiss und J. Wolfowitz vorgeschlagene Maximum-Probability-Methode führt (unter gewissen Voraussetzungen) zu Schätzungen mit gleichmäßig minimaler Grenzrisikofunktion in einer größeren Klasse, indem sie die Maximum-Likelihood-Methode weiterentwickelt. Beide Methoden sollen später im einzelnen behandelt werden.

44. Die Maximum-Likelihood-Methode (Größte-Dichte-Methode) und Varianten

44.1 Die Maximum-Likelihood-Methode

R. A. Fisher hat an Stelle der Momentenmethode die Maximum-Likelihood-Methode zur generellen Anwendung empfohlen. In der Statistik, der Ökonometrie, in der Biometrie usw. folgt man diesem Rat auch weitgehend.

(1) *Der Grundgedanke*

R. A. Fisher ging bei der Maximum-Likelihood-Methode von dem Gedanken aus, daß ein realisierter Wert einer Zufallsvariablen „wahrscheinlich" ein Wert großer Wahrscheinlichkeit ist und daß daher „am wahrscheinlichsten" der Wert größter Wahrscheinlichkeit innerhalb des betreffenden Ereignisraumes angenommen wurde.

Wir betrachten nun das Verfahren, wie man mit Hilfe der Maximum-Likelihood-Methode Schätzfunktionen aufstellt. Zum Ausgangspunkt nimmt man die Likelihoodfunktion (Abschnitt 41.8).

Es sei $F(x) \in \Omega^*$ die Verteilungsfunktion der n-dimensionalen Zufallsvariablen X, welche von den unbekannten Verteilungsparametern $(\vartheta_1, \ldots, \vartheta_m)$ abhängt. Sie sollen aufgrund einer Stichprobe $x_1, \ldots, x_n$ geschätzt werden.

Die Likelihoodfunktion lautet: $L(\vartheta_1, \ldots, \vartheta_m \mid x_1, \ldots, x_n)$, wobei $x_1, \ldots, x_n$ die beobachteten Realisationen von X sind. Die Fishersche Idee konkretisiert sich in der Forderung, diejenigen Werte für $\vartheta_1, \ldots, \vartheta_m$ zu finden, welche die Likelihoodfunktion maximieren. Statt L kann man freilich auch log L maximieren, und so formuliert sich das Maximum-Likelihood-Prinzip üblicherweise in dem folgenden Gleichungssystem:

$$\frac{\partial \log L}{\partial \vartheta_i} = 0; \quad i = 1, \ldots, m.$$

Die Lösungen $\hat{\vartheta}$ – falls sie existieren – hängen *nur von den Stichprobenrealisationen* ab:

$$\hat{\vartheta}_i = \hat{\vartheta}_i(x_1, \ldots, x_n); \quad i = 1, \ldots, m.$$

Sie werden direkt als Schätzungen für die Parameter $\vartheta_1, \ldots, \vartheta_n$ betrachtet und heißen Maximum-Likelihood-Schätzungen. Wir betrachten ein einfaches Beispiel.

(2) *Beispiel*

Wie lautet die Maximum-Likelihood-Schätzung für den Bernoulliparameter p einer zweipunktverteilten Zufallsvariablen X mit den beiden möglichen Werten 1 (Erfolg) und 0 (kein Erfolg)? Es wurden n unabhängige Realisationen von X, also eine Stichprobe $x_1, \ldots, x_n$, beobachtet. Damit haben wir auch für die Zufallsvariable

$$Y = X_1 + \ldots + X_n$$

$(X_1, \ldots, X_n:$ n unabhängige Zufallsvariablen wie X) eine Realisation, nämlich $k = x_1 + \ldots + x_n$ (= Anzahl der Erfolge in n Versuchen, $0 \leq k \leq n$). Y ist binomialverteilt mit den Parametern n (bekannt) und p (unbekannt). Die Wahrscheinlichkeitsverteilung von Y ist

$$P(Y = k) = \binom{n}{k} p^k (1 - p)^{n-k} \quad (k = 0, 1, 2, \ldots, n).$$

Die Likelihoodfunktion schreiben wir in der Form

$$L(p \mid k) = \binom{n}{k} p^k (1 - p)^{n-k}.$$

(p, eigentlich der Name des festen unbekannten Parameters, wird jetzt als Symbol einer Variablen verwendet, nämlich für das Argument der Likelihoodfunktion.)

Das Maximum-Likelihood-Prinzip verlangt, daß $L(p \mid k)$ bzw. $\log L(p \mid k)$ nach p differenziert und die Ableitung gleich Null gesetzt wird:

$$\log L(p \mid k) = \log \binom{n}{k} + k \cdot \log p + (n - k) \cdot \log(1 - p),$$

$$\frac{d}{dp} \log L(p \mid k) = \frac{k}{p} - \frac{n - k}{1 - p}.$$

Die Gleichung

$$\frac{d}{dp} \log L\,(p\,|\,k) = \frac{k}{p} - \frac{n-k}{1-p} = 0$$

hat als Lösung

$$\hat{p} = \frac{k}{n}\,.$$

Durch das „Dach" ^ deuten wir an, daß dieser Wert nur eine Schätzung für den an sich unbekannten Parameter p ist. Der nach dem Maximum-Likelihood-Prinzip gewonnene Wert $\hat{p}$ ist gerade die relative Erfolgshäufigkeit in der Stichprobe. Ein für den Frequentisten sehr plausibles Resultat!

(3) *Eigenschaften der Maximum-Likelihood-Schätzfunktionen*

Unter gewissen Voraussetzungen über die Verteilungsfunktionen sind die Maximum-Likelihood-Schätzfunktionen (Wert der Schätzfunktion ist $\hat{\vartheta}\,(x_1, \ldots, x_n)$) konsistent, asymptotisch effizient, asymptotisch erwartungstreu und asymptotisch normal.

Wenn für einen Parameter ϑ einer Verteilung F (x) eine effiziente Schätzfunktion M_n existiert, so ist diese gleich einer Maximum-Likelihood-Schätzfunktion für ϑ. Maximum-Likelihood-Funktionen sind − wenn sie existieren − außerdem stets Funktionen einer suffizienten Stichprobenfunktion.

Die Maximum-Likelihood-Methode liefert also die Möglichkeit, innerhalb einer parametrischen Klasse von Verteilungsfunktionen Schätzfunktionen mit den genannten Güteeigenschaften für ihre Parameter zu konstruieren. An einem weiteren Beispiel wollen wir dies erklären.

(4) *Beispiel*

Eine Zufallsvariable X sei normalverteilt mit der Dichte

$$f\,(x; \mu, \sigma) = \frac{1}{\sqrt{2\,\pi}\,\sigma}\, e^{-\frac{(x-\mu)^2}{2\,\sigma^2}}\,.$$

Die logarithmische Likelihoodfunktion ist

$$\log L = -\frac{1}{2\,\sigma^2} \sum_{i=1}^{n} (x_i - \mu)^2 - \frac{1}{2}\, n \log \sigma^2 - \frac{1}{2}\, n \log 2\,\pi.$$

Es ist also das folgende Gleichungssystem zu lösen:

$$\frac{\partial \log L}{\partial \mu} = \frac{1}{\sigma^2} \sum_{i=1}^{n} (x_i - \mu) = 0$$

$$\frac{\partial \log L}{\partial \sigma^2} = \frac{1}{2\,\sigma^4} \sum_{i=1}^{n} (x_i - \mu)^2 - \frac{n}{2\,\sigma^2} = 0.$$

Die Auflösung des Systems ergibt

$$\hat{\mu} = \bar{x} = \frac{1}{n} \sum_{i=1}^{n} x_i \quad \text{und} \quad \hat{\sigma}^2 = s^2 = \frac{1}{n} \sum_{i=1}^{n} (x_i - \bar{x})^2$$

als Maximum-Likelihood-Schätzungen für μ und σ^2. Das Beispiel zeigt, daß Maximum-Likelihood-Schätzfunktionen – wie hier $\hat{\sigma}^2$ – nicht erwartungstreu, sondern nur asymptotisch erwartungstreu sein können.

(5) *Die Quasi-Maximum-Likelihood-Methode*

Bei den bisherigen Betrachtungen beruhte die Herleitung der Maximum-Likelihood-Schätzfunktion auf einer parametrischen Klasse von Verteilungsfunktionen. Es erhebt sich die Frage, ob auch für allgemeine *nichtparametrische Klassen* nach diesem Verfahren Schätzfunktionen gewonnen werden können.

Die aufgeworfene Frage wird durch die *Quasi-Maximum-Likelihood-Schätzfunktion* beantwortet. Ohne etwas über die Art der Verteilung eines Merkmals zu wissen, nimmt man zur Schätzung eines Verteilungsparameters (beispielsweise μ oder σ) an, daß die Zufallsvariable eine $N(\mu, \sigma)$-Normalverteilung besitzt, und man leitet unter dieser Voraussetzung Maximum-Likelihood-Schätzfunktionen für die zu beurteilenden Verteilungsparameter her. Nachträglich läßt man die genannte Voraussetzung wieder fallen, betrachtet aber weiterhin $\hat{\mu}$ und $\hat{\sigma}^2$ als Schätzfunktionen für den unbekannten Erwartungswert und die unbekannte Streuung. Die solcherart „quasi-voraussetzungslos" gewonnenen Schätzfunktionen bezeichnet man als *Quasi-Maximum-Likelihood-Schätzfunktionen*. Von ihnen läßt sich nachweisen, daß sie wenigstens *konsistent* sind, ungeachtet der Quasi-$N(\mu, \sigma)$-Voraussetzung.

Auf diese Weise – vermöge der Verwendung von *Quasi-Maximum-Likelihood-Schätzfunktionen* – kann also das Schätzen eines Verteilungsparameters nichtparametrisch gestaltet werden. In der Qualität sind die Quasi-Schätzfunktionen allerdings den echten meist unterlegen.

(6) *Andere Varianten*

Bei der Schätzung der Parameter größerer Gleichungssysteme wird die Maximum-Likelihood-Methode oft sehr umständlich und aufwendig. H. Rubin und T. W. Anderson haben daher 1949/50 eine Variante entwickelt, die es erlaubt, die Parameter einer Gleichung oder einiger weniger Gleichungen zu schätzen, ohne jedoch die Variablen, die im Restsystem enthalten sind, ganz zu vernachlässigen. Man verzichtet auf alle A-priori-Informationen, die im Restmodell enthalten sind, bis auf die Liste der dort enthaltenen Variablen. Das Verfahren wird als „Limited Information Method" bezeichnet, zu deutsch: Verfahren der beschränkten Information, oder genauer: *Maximum-Likelihood-Methode bei beschränkter Information* [Menges 1961, S. 104 ff.].

Eine andere Variante, die ebenfalls den Rechenaufwand in Grenzen halten soll, ist der sogenannte *Diagonalfall der Maximum-Likelihood-Methode*. Man nimmt an, die bei der Schätzung beteiligten Zufallsvariablen seien allesamt paarweise unkorreliert.

44.2 Maximum Probability und c-Optimalität

Weiss und Wolfowitz [1969] haben die Maximum-Probability-Methode als Verallgemeinerung der Maximum-Likelihood-Methode mit folgenden Verbesserungen entwickelt.

(1) Die klassische asymptotische Effizienz nach R. A. Fisher bleibt erhalten, obwohl die Einschränkung der Konkurrenzschätzungen weniger stark ist. Nach Kuß [1980 a] ist es sogar möglich, *ohne jede Einschränkung der Schätzfunktionen* auszukommen, wodurch die Asymptotik mehr Sinn bekommt.

(2) Eine evtl. Verlustfunktion(enfolge) wird berücksichtigt, und die Grenzrisikofunktion (in der betrachteten Klasse) gleichmäßig minimiert. Die Voraussetzungen hierfür sind insbesondere im sog. regulären Fall erfüllt, in dem die asymptotische Effizienz der Maximum-Likelihood-Schätzfunktion gesichert ist.

(3) Nicht nur die Maximalstelle der Likelihoodfunktion als einzelner Punkt, sondern eine asymptotisch genügend große Umgebung von ihr, wird zur Grundlage des Schätzverfahrens gemacht. Von diesem Grundgedanken gehen auch Menges und Diehl [1976] aus. Dadurch wird nämlich die in der Likelihoodfunktion enthaltene Information intensiver ausgeschöpft. Infolgedessen verringert diese Methode das Risiko für alle Parameterwerte, nicht nur asymptotisch, sondern auch in manchen Fällen, z. B. bei Exponential- oder Weibullverteilung, bei endlichem Stichprobenumfang (vgl. Kuß [1975] und [1980 a]). Allerdings ist dafür das Bestimmungsverfahrens in der Regel komplizierter, zudem werden nicht mit Hilfe des eigentlichen Berechnungsverfahrens gefundene Schätzfunktionen ebenfalls Maximum-Probability-Schätzfolgen genannt, wenn sie dieselbe Grenzrisikofunktion besitzen. Solche werden vor allem dann verwendet, wenn sie sich, im Unterschied zu den eigentlichen, in einer expliziten Form angeben lassen (siehe nachstehende Tabelle). Sicherlich ist diese Kompliziertheit ein großer Nachteil für praktische Anwendungen, wir wollen daher auch das eigentliche Verfahren nicht beschreiben, sondern auf die Literatur verweisen. Doch sind für einige Verteilungen (einfacher Stichprobenfolgen $X_1, X_2, \ldots$) und häufig verwendete Verlustfunktionen Maximum-Probability-Schätzfunktionen in der Tabelle auf S. 293 zusammengestellt.

Bei I herrscht *Äquivalenz mit der Maximum-Likelihood-Methode*, genau wie bei Normalverteilung (ein- und zweidimensional) und quadratischer Verlustfunktion. Die Schätzung von I kann man auch als Lösung der Gleichung in $\hat{\vartheta}$:

$$\mu\,(\hat{\vartheta}) = \frac{1}{n} \sum_{i=1}^{n} T\,(x_i)$$

erhalten. (Die dreimalige stetige Differenzierbarkeit von c sichert die eindeutige Existenz der Lösung.)

Aus den zweidimensionalen Schätzungen bei II und III erhält man für die Verlustfunktion

$$1_{\{|\alpha - \hat{\vartheta}_1| > r_n\}} \quad \text{bzw. } 1_{\{|\beta - \hat{\vartheta}_2| > r_n\}},$$

die eindimensionale Schätzung für $\hat{\vartheta}_1$ bzw. $\hat{\vartheta}_2$ (bei bekannter anderer Koordinate), indem man die entsprechende Koordinate der Schätzung nimmt, bei der 2. Koordinate jedoch $\min x_i$ durch den bekannten Wert von α ersetzt. Bei diesen Verteilungen (II und III) ist die Risikofunktion gleichmäßig kleiner als die der Maximum-Likelihood-Schätzfunktion, d. h. die Methode ist auch bei endlichem Stichprobenumfang besser.

Die c-optimalen Schätzungen (c-optimale Entscheidungen mit $A = \Psi^*$) von Kuß (siehe Kuß [1980 b, 1980 c]) sind den Maximum-Probability-Schätzungen asymptotisch äquivalent, ihr Hauptanliegen bilden aber realitätsangemessene Eigenschaften

	Verteilungsdichte f (x | ϑ)	Verlustfunktion	Maximum-Probability-Schätzfunktion: $\hat{\vartheta}_n$
I	$c(\vartheta)\, h(x)\, \exp\{\vartheta\, T(x)\}$, (einparametrige Exponential-familie, siehe Abschnitt 15.6); $\vartheta \in \Psi^* = \mathbb{R}$	1, wenn $\|\vartheta - \hat{\vartheta}\| > r_n$; sonst 0. $n^{1/2}\, \varphi_1\,(\|\hat{\vartheta} - \vartheta\|)$ [1] $n^k\, \varphi_2\,(\|\hat{\vartheta} - \vartheta\|)$ [2]	$\mu^{-1}\left(\sum\limits_{i=1}^{n} T(x_i)/n\right)$, wo μ^{-1} die Umkehrfunktion von $[y \rightarrow -c'(y)/c(y)]$ ist.
II	$\dfrac{\gamma}{\beta}\left(\dfrac{x-\alpha}{\alpha}\right)^{\gamma-1}\exp\left\{-\left(\dfrac{x-\alpha}{\beta}\right)^{\gamma}\right\}$, $x > \alpha$ (Weibull-Verteilung); $(\alpha, \beta) \in \Psi^* = \mathbb{R}\ \text{x}\ \mathbb{R}^+$; $\gamma \in (0,1]$ bekannt; $\gamma = 1$ bedeutet zweidimensionale Exponentialverteilung	1, wenn $\|\alpha - \hat{\vartheta}_1\| > r_n$ und $\|\beta - \hat{\vartheta}_2\| > r'_n$; sonst 0.	1. Koordinate: $\min\limits_{1 \le i \le n} x_i - r_n$ 2. Koordinate: $\left(\dfrac{1}{n}\sum\limits_{i=1}^{n}(x_i - \min x_i)^{\gamma}\right)^{1/\gamma}$, also zweidimensionale Schätzung, da Parameter auch zweidimensional (α, β).
III	$\dfrac{\beta}{\Gamma(\gamma)}(x-\alpha)^{\gamma-1}\exp\{-\beta(x-\alpha)\}$ $x > \alpha$ (Gamma-Verteilung); Parameterraum wie II; $\gamma = 1$ bedeutet zweidimensio-nale Exponentialverteilung.	Wie II.	1. Koordinate: wie II 2. Koordinate: $\gamma\,(\bar{x} - \min x_i)^{-1}$, also zweidimensionale Schätzung analog II.

[1] φ_1 strikt monoton wachsend mit $\varphi_1(0) = 0$ und $\varphi_1'(0) > 0$ (φ_1 stetig differenzierbar)

[2] φ_2 strikt monoton wachsend mit $0 = \varphi_2'(0) = \ldots = \varphi_2^{(2k-1)}(0)$, $\varphi_2^{(2k)}(0) > 0$ (φ_2 (2k)-mal stetig differenzierbar)

bei endlichem Stichprobenumfang. Die Konstruktion c-optimaler Entscheidungen und ihre Eigenschaften werden im 12. Kapitel (Abschnitt 59.5) beschrieben; man braucht dort nur $A = \Psi^*$ einzusetzen, um alles Entsprechende für die c-optimalen Schätzungen zu erhalten. Nichtparametrische Anwendungen sind ebenfalls möglich. Bei Verlust-funktionen der Art (vgl. I. in der Tabelle)

$$l_n(\vartheta, \hat{\vartheta}) = \begin{cases} 0, & |\vartheta - \hat{\vartheta}| \le r_n \\ 1, & \text{sonst,} \end{cases}$$

sind c-optimale und Maximum-Probability-Schätzungen identisch. Derartige Verlust-funktionen spielen bei Inferenzproblemen ohne vorgegebene Verlustfunktionen eine wichtige Rolle, weil die Grenzrisikofunktion dann $1 - \lim P\{|\hat{\vartheta}_n - \vartheta| \le r_n\}$, $\vartheta \in \Psi^*$, ist, also gleichmäßige Minimierung des Grenzrisikos die Wahl eines „asymptotisch op-timalen Konfidenzintervalls" bedeutet.

Falls speziell $\Psi^* = \mathbb{R}$ und die Likelihoodfunktion $L(\vartheta \mid x_1, \ldots, x_n)$ stetig und ein-gipfelig ist, was bei den meisten bekannten einparametrigen Verteilungen der Fall ist, erhält man für alle $c \ge 0$ (und daher mit besonderen Güteeigenschaften) die c-opti-male Schätzung $d_0 = d_0(x_1, \ldots, x_n)$ als Lösung d_0 der Gleichung (in d)

$$\log L(d + r_n \mid x_1, \ldots, x_n) = \log L(d - r_n \mid x_1, \ldots, x_n).$$

45. Die Methode der kleinsten Quadrate und robuste Schätzungen

45.1 Die Methode der kleinsten Quadrate

Von ähnlicher Universalität in der Anwendung wie die Maximum-Likelihood-Methode ist die auf C. F. Gauß zurückgehende Methode der kleinsten Quadrate. Diese Methode wird neben ihrer Funktion als Analyseinstrument (vgl. Abschnitt 37.4) auch bei der Schätzung, vorzugsweise bei der Schätzung der Parameter in Regressionsmodellen, angewandt, oft geradezu mit diesem Anwendungsfall identifiziert.

(1) Der „quasiinferentiale" Grundgedanke

Hier sollen zuerst der Grundgedanke so allgemein wie möglich dargestellt und erst daran anschließend wichtige Anwendungstypen betrachtet werden. Es wird sich zeigen, daß die Methode der kleinsten Quadrate, obgleich sie als Analyseinstrument entscheidungstheoretisch wie inferenztheoretisch interpretierbar ist, im Grunde gar kein Schätzverfahren im eigentlichen Sinn ist, sondern − so könnte man sagen − ein mathematisches Ausgleichsverfahren, das unter gewissen Aspekten die Eigenschaften und Zweckbestimmungen eines Schätzverfahrens annimmt.

Es seien $x_1, \ldots, x_n$ Realisationen von n verschiedenen, voneinander unabhängigen Zufallsvariablen $X_1, \ldots, X_n$; die entsprechenden Parameter seien $\vartheta_1, \ldots, \vartheta_n$. Wegen der vorausgesetzten Unabhängigkeit der X_i ist $(X_1, \ldots, X_n)$ eine wohldefinierte Zufallsvariable (Zufallsvektor) und $\vartheta = (\vartheta_1, \ldots, \vartheta_n)$ ihr Parameter; n simultane Schätzfunktionen $\hat{\vartheta}_1, \ldots, \hat{\vartheta}_n$ für $\vartheta_1, \ldots, \vartheta_n$ bilden zusammengenommen eine Schätzfunktion $\hat{\vartheta}$ für ϑ. Unter Zugrundelegung der Gaußschen Verlustfunktion

$$l = \sum_{i=1}^{n} [\hat{\vartheta}_i (x_1, \ldots, x_n) - \vartheta_i]^2$$

= Quadrat des euklidischen Abstandes des Schätzpunktes $(\hat{\vartheta}_1, \ldots, \hat{\vartheta}_n)$ vom wahren Parameterpunkt $(\vartheta_1, \ldots, \vartheta_n)$

ist das Risiko der Schätzstrategie $\hat{\vartheta}$

$$E\left[\sum_{i=1}^{n} (\hat{\vartheta}_i - \vartheta_i)^2 \right] = \sum_{i=1}^{n} E (\hat{\vartheta}_i - \vartheta_i)^2.$$

Hierbei haben wir nichts anderes getan als n einfache Schätzprobleme nebeneinander zu stellen. Ist z.B. $\hat{\vartheta}_i$ jeweils eine klassisch effiziente Schätzfunktion für ϑ_i, so ist $(\hat{\vartheta}_1, \ldots, \hat{\vartheta}_n)$ dasselbe für ϑ (siehe Abschnitt 43.3).

(2) Die Gaußsche Spezialisierung

Die Methode der kleinsten Quadrate läßt sich unter stochastischen Aspekten sowohl entscheidungstheoretisch als auch inferenztheoretisch rechtfertigen. Wir werden für jede der beiden Legitimationen geeignete Sonderannahmen treffen (s. u. 1. und 2. Sonderfall), wollen aber zuvor die beiden gemeinsame Spezialisierung beschreiben.

Wir lehnen uns dabei an die originale Gaußsche Darstellung an, die von van der Waerden in neuzeitlicher Weise wiederaufgegriffen wurde [van der Waerden 1971, S. 124 ff.].

Der zu schätzende Parameter ϑ_i von X_i sei gerade der Erwartungswert dieser Variablen:

$$\vartheta_i = E(X_i); \quad i = 1, \ldots, n;$$

des weiteren nehmen wir an, daß

$$\vartheta_i = \varphi_i(\lambda_1, \ldots, \lambda_k),$$

wo die φ_i bekannte Funktionen, die λ's aber unbekannte Zahlen sind. Durch $\varphi_1, \ldots, \varphi_n$ ist eine Abbildung des $\mathbb{R}^k$ in den $\mathbb{R}^n$ definiert:

$$\underbrace{(\varphi_1, \ldots, \varphi_n)}_{\varphi}(\lambda_1, \ldots, \lambda_k) = [\varphi_1(\lambda_1, \ldots, \lambda_k), \ldots, \varphi_n(\lambda_1, \ldots, \lambda_k)].$$

Diese Abbildung liefert im allgemeinen die parametrische Darstellung einer k-dimensionalen Mannigfaltigkeit[1] Ψ^* im $\mathbb{R}^n$:

$$\varphi(\mathbb{R}^k) = \Psi^* \subset \mathbb{R}^n.$$

Statt jedoch $(\vartheta_1, \ldots, \vartheta_n)$ zu schätzen, bestimmt man ein $(\hat{\lambda}_1, \ldots, \hat{\lambda}_k)$ und setzt

$$\varphi(\hat{\lambda}_1, \ldots, \hat{\lambda}_k) = \hat{\vartheta}.$$

Vermöge der zusammengesetzten Abbildung

$$\mathbb{R}^k \to \mathbb{R}^n \to \text{Verteilungen von } (X_1, \ldots, X_n)$$

bilden auch die λ's ein Parametersystem für $(X_1, \ldots, X_n)$ im Sinne der 1. Definition des Abschnitts 41.3.

Interpretieren wir den oben skizzierten Grundgedanken der Methode der kleinsten Quadrate so, daß $(x_1, \ldots, x_n)$ selbst als „beste" Schätzung für ϑ aufgefaßt wird, dann lautet die Bestimmungsvorschrift für die „zweitbeste" Schätzung:

Minimiere $\sum_{i=1}^{n} [x_i - \varphi_i(\lambda_1, \ldots, \lambda_k)]^2$ durch Wahl geeigneter Werte $\hat{\lambda}_1, \ldots, \hat{\lambda}_k$ für $\lambda_1, \ldots, \lambda_k$.

Gleichbedeutend damit ist die Vorschrift: Minimiere

$\sum_{i=1}^{n} (x_i - \vartheta_i)^2 = [\text{Abstand}(x_1, \ldots, x_n), (\vartheta_1, \ldots, \vartheta_n)]^2$ unter der Nebenbedingung $\vartheta \in \Psi^*$.

Diese Vorschrift kann als so etwas wie ein Entscheidungskriterium aufgefaßt werden, als eine Verhaltensnorm in Ungewißheit. Es liegt eine bestimmte Verlustfunktion zugrunde, die allerdings nicht ohne weiteres spezifiziert ist. Nur für bestimmte Sonderfälle läßt sie sich angeben.

---

1 Eine k-dimensionale Mannigfaltigkeit ist eine in bestimmter Weise auf k Koordinaten bezogene Menge. Die Elemente von Ψ^* lassen sich auf k-tupel reeller Zahlen eineindeutig abbilden.

(3) *Ein Sonderfall: Normalverteilte Beobachtungen*

Ein für die Praxis sehr wichtiger Sonderfall ist der, daß man annimmt, die $X_1, \ldots, X_n$ seien unabhängig voneinander normalverteilt, und zwar alle mit derselben Streuung σ^2 und mit den Mittelwerten

$$\vartheta_i = \varphi_i (\lambda_1, \ldots, \lambda_k) \quad (i = 1, \ldots, n).$$

Bei festen ϑ_i ist die Dichte im Beobachtungspunkt $(x_1, \ldots, x_n)$

$$f(x_1, \ldots, x_n; \vartheta_1, \ldots, \vartheta_n) = \frac{1}{\sigma^n (\sqrt{2\,\pi})^n} \exp\left[-\frac{1}{2\,\sigma^2} \sum_{i=1}^{n} (x_i - \vartheta_i)^2 \right].$$

Die Dichte ist dort am größten, wo der Exponent am größten ist, d. h. wo

$$\sum_{i=1}^{n} (x_i - \vartheta_i)^2$$

am kleinsten ist. Berücksichtigt man jetzt die Nebenbedingung $\vartheta \in \Psi^*$, so ist man bei der Minimierungsvorschrift der Methode der kleinsten Quadrate angelangt.

Da die Dichtefunktion $f(x_1, \ldots, x_n; \vartheta_1, \ldots, \vartheta_n)$ aber für gegebenes Beobachtungstupel $(x_1, \ldots, x_n)$, also nach erfolgter Beobachtung, eine Likelihoodfunktion ist, bedeutet die Minimierungsvorschrift der Methode der kleinsten Quadrate hier dasselbe wie die Maximierungsvorschrift der Maximum-Likelihood-Methode. Wir können also im Sonderfall normalverteilter Beobachtungen die Verlustfunktion spezifizieren (vgl. Abschnitt 43.2), und das Prinzip der Methode der kleinsten Quadrate lautet entscheidungstheoretisch: Wähle die Schätzung (Strategie), bei welcher der Verlust dann am kleinsten ist, wenn der Parameter mit kleinster Summe der Abweichungsquadrate der wahre Parameter ist.

Wann immer die Dichtefunktion eine monotone Funktion des Abstandes (der euklidischen oder einer anderen Distanz) vom Mittelwert ist, kommt man zu einem analogen Resultat.

(4) *Ein anderer wichtiger Sonderfall: Lineare Regression*

Wir betrachten nun einen anderen häufig benutzten Sonderfall, bei welchem der Inferenzcharakter der Methode der kleinsten Quadrate deutlich hervortritt: Wir nehmen an, daß alle X_i dieselbe Streuung σ^2 haben, daß sonst aber nichts über ihre Verteilung bekannt ist. Die wichtige Annahme ist die der Linearität, d. h.

$$\vartheta_i = \varphi_i (\lambda_1, \ldots, \lambda_k) = a_{i1} \lambda_1 + \ldots + a_{ik} \lambda_k.$$

Es folgt, daß Ψ^* ein linearer Unterraum des $\mathbb{R}^n$ ist. Die Kleinst-Quadrat-Schätzung ist gerade die senkrechte Projektion des Beobachtungspunktes $(x_1, \ldots, x_n)$ auf Ψ^*. Diese Schätzung läßt sich linear in den Beobachtungswerten ausdrücken und ist erwartungstreu. Unter *allen* derartigen Schätzungen ist sie durch die kleinste Streuung ausgezeichnet (Satz von Gauß-Markoff [vgl. Menges 1961, S. 94]), ist also unter diesen Rivalinnen die gleichmäßig beste Schätzung.

Die Größen $a_{i1}, \ldots, a_{ik}$ sind für die i-te Zufallsvariable charakteristische feste Zahlen (wenn i festgehalten wird). Es kann sich etwa um Werte handeln, die mit x_i zugleich beobachtet werden und an denen man überhaupt erst erkennt, welche Variable X_i

man beobachtet hat. Sie liefern also die *Information* über den Index i *und* spezifizieren zugleich die Funktionen φ_i durch Angabe der Koeffizienten $a_{i1}, \ldots, a_{ik}$ vollständig. Diese Information und Spezifikation muß in unserem Schätzmodell als absolut präzise angenommen werden. Das ist der Sinn der häufig gehörten Redeweise: die $a_{i\varkappa}$ $(\varkappa = 1, \ldots, k)$ werden als fest vorgegebene reelle Zahlen aufgefaßt, nicht als Realisationen von Zufallsvariablen − sie sind im ökonometrischen Sinn „exogene" Variablen. Damit will man die schlechthin unvergleichbaren Rollen von x_i einerseits und der $a_{i\varkappa}$ andererseits hervorheben, obwohl diese Werte aus einer gemeinsamen Gesamtbeobachtung

$$(x_i, a_{i1}, \ldots, a_{ik})$$

stammen.

(5) *Die Normalgleichungen*

Die Berechnung der Kleinst-Quadrate-Schätzwerte führt, wie schon Gauß ausführlich darlegte, auf ein lineares Gleichungssystem:

$$\sum_{i=1}^{n} [x_i - (a_{i1}\lambda_1 + \ldots + a_{ik}\lambda_k)]^2 = \text{min},$$

$$\frac{\partial}{\partial\lambda_\varkappa} \sum_{i=1}^{n} [x_i - (a_{i1}\lambda_1 + \ldots + a_{ik}\lambda_k)]^2 = 0,$$

$$\sum_{i=1}^{n} a_{i\varkappa} [x_i - (a_{i1}\lambda_1 + \ldots + a_{ik}\lambda_k)] = 0 \quad (\varkappa = 1, \ldots k).$$

Das sind die sogenannten *Normalgleichungen,* von denen es also so viele gibt, wie Unbekannte $\lambda_\varkappa$ vorhanden sind: k Stück. Wir können sie auch so schreiben (vgl. auch Abschnitt 37.5):

$$(\textstyle\sum a_{i1}^2)\,\lambda_1 \quad + (\textstyle\sum a_{i1}a_{i2})\,\lambda_2 + \ldots + (\textstyle\sum a_{i1}a_{ik})\,\lambda_k = \textstyle\sum a_{i1}x_i$$

$$(\textstyle\sum a_{i2}a_{i1})\,\lambda_1 + (\textstyle\sum a_{i2}^2)\,\lambda_2 \quad + \ldots + (\textstyle\sum a_{i2}a_{ik})\,\lambda_k = \textstyle\sum a_{i2}x_i$$

$$\cdot \quad \cdot \quad \cdot \quad \cdot \quad \cdot \quad \cdot \quad \cdot \quad \cdot \quad \cdot \quad \cdot \quad \cdot \quad \cdot \quad \cdot \quad \cdot \quad \cdot \quad \cdot$$

$$(\textstyle\sum a_{ik}a_{i1})\,\lambda_1 + (\textstyle\sum a_{ik}a_{i2})\,\lambda_2 + \ldots + (\textstyle\sum a_{ik}^2)\,\lambda_k \quad = \textstyle\sum a_{ik}x_i.$$

Gauß hat für die in Klammern stehenden Summen, die sich jeweils über i erstrecken, spezielle Symbole eingeführt [Gauß 1887].

Die Lösung des Systems der Normalgleichungen ist die Kleinst-Quadrate-Schätzung $\hat{\lambda}_1, \ldots, \hat{\lambda}_k$. Sie ist als Lösung des Gleichungssystems offenbar linear in den x_i (die rechten Seiten sind es nämlich). Ferner läßt sich auch eine Schätzung für σ^2 angeben. Wegen dieser und anderer Einzelheiten und Beispielen siehe [Gauß 1887, van der Waerden 1971, Menges 1961], wegen nichtlinearer Ansätze [Fraser 1957, S. 242].

45.2 Robuste Schätzungen

(1) *Robustheit nach Huber*

Durch P. J. Huber [1964] kam eine Entwicklung in Gang, die wie eine vielleicht etwas verzerrte Fortsetzung älterer Gedanken anmutet, nämlich die Verwendung des Zentralwertes und von Rangdaten bei statistischen Inferenzproblemen zum Zwecke der *Resistenz* und der *Robustheit.* Resistent sind Verfahren, wenn die Inferenz sich bei Änderung kleiner Beobachtungsmengen nicht ändert. Am einfachsten erreicht man Resistenz, indem man extremen Daten (Ausreißern) ein geringeres Gewicht gibt als den übrigen Daten. Robust (meist: robust in der Effizienz) sind Verfahren, deren Effizienz sich durch eine Abkehr von klassischen Verteilungsannahmen (z. B. Normalverteilung) nicht vermindert. Robustheit kann durch nichtparametrisches Vorgehen erreicht werden [Jaeckel 1972], aber auch dadurch, daß man sich eine relativ enge Verteilungsklasse vorgibt und innerhalb dieser Klasse effiziente Schätzungen sucht.

(2) *Andrews-Schätzer*

Einen vorläufigen Höhepunkt in der Entwicklung robuster Verfahren sehe ich in den sog. Andrews-Schätzern [Andrews 1974]. Im linearen Regressionsmodell üblicher Notation

$$y = X \beta + u,$$

ist y der Spaltenvektor der endogenen Variablen, X die exogene Datenmatrix und u der Spaltenvektor der Störterme. Der Spaltenvektor β der Koeffizienten soll durch

$$\beta = \begin{bmatrix} \beta_1 \\ \vdots \\ \beta_k \end{bmatrix}$$

„robust" geschätzt werden, d. h. so, daß der Anteil an Ausreißern, bei der die Schätzfunktion nicht mehr zutreffend auf die wahre Verteilung schließen läßt, möglichst klein ist. Der Anteil, bei dem das Verfahren „abkippt", heißt der „break-down point" (die „Unfallstelle"). Diese charakterisiert u. a. die Robustheit eines Verfahrens. Die Robustheit wird durch Bereinigung („sweeping") der Datenmatrix $D = [X; y]$ zu erreichen versucht.

Der sweeping operator (Bereinigungsoperator) soll die Abhängigkeit der Variablen untereinander bestimmen und vermindern:

$$R = [R_{ij}] \quad \text{mit} \quad j > i \quad \text{für} \quad j = 2, \ldots, k+1; \quad i = 1, \ldots, k$$

kombiniert die j-te Spalte d_j von D mit dem b-fachen der i-ten Spalte d_i von D

$$R_{ij}: d_j - b\, d_i \rightarrow \bar{d}_j.$$

Die neue Spalte $\bar{d}_j$ tritt jeweils an die Stelle der alten d_j. Und zwar wird die erste Spalte nacheinander mit der 2., 3., ..., (k+1)ten Spalte kombiniert. In der resultierenden Matrix wird die 2. Spalte mit der 3., 4., ..., (k+1)ten kombiniert usf., bis die k-te mit der (k+1)ten kombiniert ist. Zur Ermittlung von b werden nach dem Zentralwertverfahren von Andrews zwei Datengruppen gebildet, indem man zunächst die n Werte der j-ten Spalte von D der Größe nach ordnet und am Anfang sowie am Ende der Reihe jeweils eine Menge von p_1 n Punkten wegnimmt ($p_1 \in [0,1]$). Für die restliche Reihe wird der Zentralwert Z_j ermittelt. Nunmehr wird sowohl direkt unterhalb als auch direkt oberhalb von Z_j eine Menge p_2 n von Punkten weggenommen ($p_2 \in [0,1]$). Man erhält zwei Gruppen von Daten, eine bestehend aus kleinen Werten (N) und eine bestehend aus großen Werten (H). Für diese beiden Gruppen werden die Zentralwerte

$$Z_j^{(H)} \quad \text{und} \quad Z_j^{(N)}$$

bzw.

$$Z_i^{(H)} \quad \text{und} \quad Z_i^{(N)}$$

gebildet und b wie folgt ermittelt:

$$b = \frac{Z_j^{(H)} - Z_j^{(N)}}{Z_i^{(H)} - Z_i^{(N)}} \, .$$

Die Anzahl der R-Operatoren beträgt $\sum_{i=1}^{k} i$, und genauso viele b-Werte sind zu ermitteln. In einem Iterationsschritt! Der R-Operator wird jedoch mehrmals hintereinander auf die Datenmatrix angewandt. Als zufriedenstellende Näherung gilt die Matrix, die man nach $\left(\dfrac{k}{2} + 2\right)$-maliger Ausführung von R erhält.

Mit ihrer Hilfe wird nach einem bestimmten Algorithmus ein Startpunkt für den Schätzvektor β, genannt β_0, ermittelt, außerdem eine entsprechende Startschätzung des Residualvektors. Zur Verbesserung von β_0 wird eine weitere Iteration durchgeführt, und zwar mit Hilfe der Funktion

$$\sum_j \psi(z) = \sum_j \psi(r_j(\beta_i)/s(\beta_{i-1})),$$

wobei $s(\beta_i)$ der Zentralwert von $\{|r_j(\beta_i)|\}$ und $r_j(\beta_i)$ die Residuen sind, die sich aus der Schätzung β_i ergeben.

Die Funktion ψ wird nach β_i abgeleitet, die Ableitung nach β_i aufgelöst und das Ergebnis für β_i im nächsten Iterationsschritt als β_{i+1} wieder in die Funktion ψ eingesetzt.

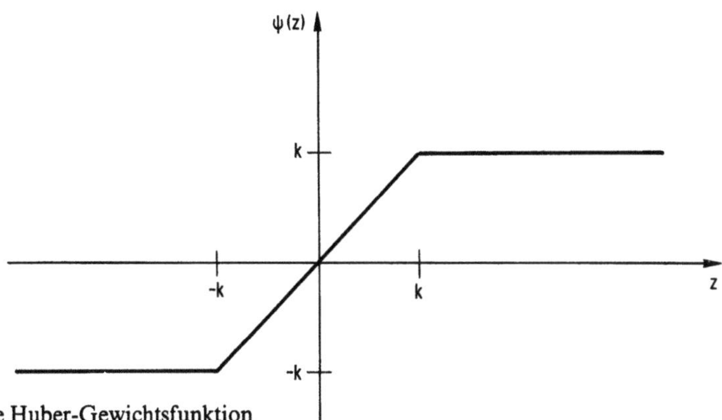

Abb. 33: Die Huber-Gewichtsfunktion

Dieser Vorgang wird mehrmals wiederholt. Durch die Zentralwertbildung (bei jedem Schritt der Folge) bleiben jeweils die extremen Werte unberücksichtigt. Diese Loslösung von extremen Werten wird durch die Wahl von ψ noch verstärkt. Der ursprüngliche Vorschlag von Huber [1964] lautet auf

$$\psi(z) = \begin{cases} -k & \text{für} \quad z < -k \\ z & \text{für} \quad |z| \leqq k \\ k & \text{für} \quad z > k. \end{cases}$$

Ein modifizierter Vorschlag von Hampel [1972], der das Prinzip der Lossagung von extremen Werten noch verstärkt, lautet auf

$$\psi(z) = \begin{cases} \text{sgn}(z) \cdot |z| & \text{für} \quad |z| \leqq a \\ \text{sgn}(z) \cdot a & \text{für} \quad a < |z| \leqq b \\ \text{sgn}(z) \cdot a \dfrac{c-z}{c-b} & \text{für} \quad b < |z| \leqq c \\ 0 & \text{für} \quad |z| > c. \end{cases}$$

Andrews [1974] machte den plausiblen Vorschlag, die Sinusfunktion zu verwenden:

$$\psi(z) = \begin{cases} \sin\left(\dfrac{z}{c}\right) & \text{für} \quad |z| < c\,\pi \\ 0 & \text{für} \quad |z| \geqq c\,\pi. \end{cases}$$

Andrews schlägt vor, c in der Größenordnung von 1,5 oder 1,8 zu wählen; mit wachsendem c tendiert die Schätzung zur Kleinst-Quadrate-Schätzung, d. h. ihre Robustheit geht verloren.

Was wird mit den Andrews-Schätzern erreicht? Andrews kommentiert die Methode wie folgt: „...the principle advantage lies in the detections of observations to be studied further" [2].

Dies ist ein sehr vernünftiger Standpunkt. Obwohl er durch das robuste Vorgehen nicht eigentlich gerechtfertigt wird, ist das Studium von Ausreißern gewiß ein wichtiges Nebenprodukt der robusten Verfahren. Doch ist die Sachlogik der auf dem Zentralwert beruhenden robusten Verfahren an eben diesen gebunden. Damit wird von der angelsächsischen Schule zwar eine Forderung realisiert, die, von Lexis beginnend, über G. v. Mayr und Franz Zizek, hauptsächlich von der Frankfurter Schule (Flaskämper, Blind, Hartwig, Grohman) erhoben worden ist. Während man dem arithmetischen Mittel (Erwartungswert) keine oder kaum Sachlogik zuschreiben konnte, ist der Zentralwert gleichsam reich an Sachlogik oder, heute würde man sagen: rezeptiv für Semantik. Darin ist auch der Vorteil der robusten Verfahren zu sehen. Und es ist

---

2 Die ganze Stelle lautet wie folgt: "The method requires a crude, safe, initial fit which is refined to yield a procedure relatively efficient for near Gaussian data. The procedure is iterative and, compared with least-squares relatively expensive to compute. On the other hand the procedure is insensitive to moderate numbers of extreme observations with the result that these may be readily detected by examining residuals and further calculations with these values set aside may not be necessary. However, the principal advantage lies in the detections of observations to be studied further." [Andrews 1974, S. 531.]

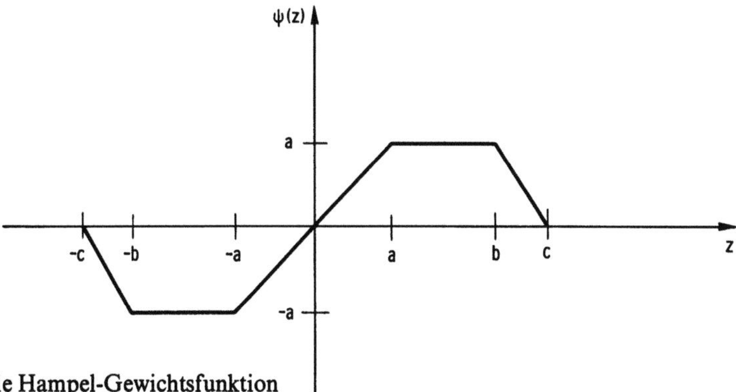

Abb. 34: Die Hampel-Gewichtsfunktion

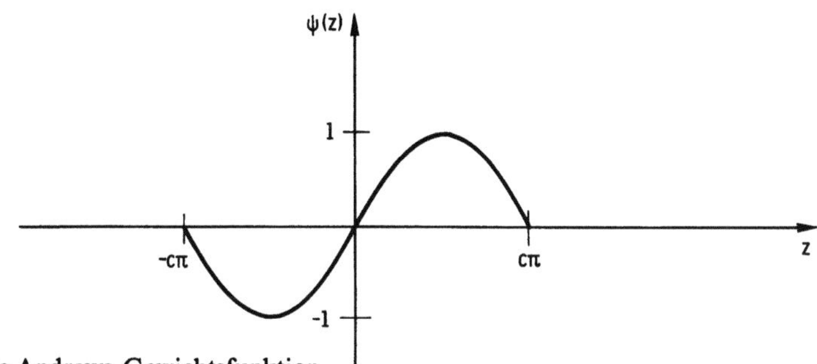

Abb. 35: Die Andrews-Gewichtsfunktion

erfreulich, daß Andrews ähnliche Auffassungen hat, wie aus dem obigen Zitat zu ersehen ist. Im übrigen zeigt die Problematik der Gewichtsfunktion und die „Härte" in der Bestimmung der b's, wie die robuste Methodik zu verbessern ist; durch Minderung der Willkür (in der Gewichtsfunktion) und durch Minderung der Härte (in der Bestimmung der b's).

Weiterführende Literatur:

Barnard, Sprott 1979
Fisher 1950
Fraser 1968
Judge et al. 1980
Weiss, Wolfowitz 1969

Zehntes Kapitel

Prüfen

46. Evidenz und Bestätigung

46.1 Evidenz und Hypothese

Ein Verfahrenskomplex, der in gewisser Hinsicht den Schätzverfahren ähnelt (in anderer Hinsicht nicht) und jedenfalls auch „Inferenz" im weiteren Sinn darstellt, ist die Prüfung von Hypothesen mittels statistischer Tests.

Inhaltlich gesprochen ist ein statistischer Test eine Methode, mit der die Evidenz gemessen wird, die für eine Hypothese spricht. Die naive Vorstellung sieht in der Evidenz nur die empirischen Beobachtungen. Fast ebenso wichtig aber ist das Inferenzmodell und anderes Hintergrundwissen (background knowledge). Im falschen Inferenzmodell können Daten, die mit der Hypothese unvereinbar sind, für die Hypothese sprechen. Und umgekehrt.

Für adaptive Statistik, die auch reichhaltigere Semantik verarbeiten kann, stellt sich das Grundproblem des Testens noch etwas komplexer. Tatsächlich sind es nicht nur die Daten mit Hintergrundwissen im richtig spezifizierten Inferenzmodell, sondern auch die Umstände der Datengewinnung, die Art und Qualität der Daten, welche die Evidenz ausmachen. Hinzu kommen andere, analoge Daten, die andere, analoge Hypothesen stützen oder widerlegen. Es kommen Erfahrungen hinzu, Mißerfolge, die man mit akzeptierten Hypothesen gemacht hat. Eine Rolle spielt auch die Gegenhypothese. Denn oft ist die Evidenz nur vergleichend auswertbar, d. h. die Daten (und das Hintergrundwissen) können nur so verwandt werden, daß sie mehr für die eine Hypothese als für die andere sprechen, und nicht, daß sie „absolut" für eine Hypothese sprechen.

Die Hypothesenprüfung ist die schwierigste Aufgabe, die es in der Wissenschaft gibt (was sollte schwieriger sein?). Es ist daher naiv, anzunehmen, daß man einen χ^2-Wert ausrechnet, ihn mit einem Tabellenwert vergleicht und damit eine Hypothese widerlegt oder bestätigt hat.

Für das Hypothesenprüfen sollte man eine eigene Sprache haben, eine mehrwertige Bestätigungslogik. Eine zweiwertige Bestätigungs- oder induktive Logik war von R. Carnap [z. B. 1962, 1972] ins Auge gefaßt worden. Sie erwies sich indessen wegen gewisser Begrenzungen als inadäquat. Richtig an der Carnapschen Idee war, daß das Problem der Hypothesenprüfung nur mit Hilfe der induktiven Logik angemessen gelöst werden kann. Bei Carnap stellt sich das Grundproblem wie folgt: e ist ein Datum, genauer ein Paar von Datensätzen, h die Hypothese, dann ist der Bestätigungsgrad (degree of confirmation) von h im Lichte von e

$$c(h \mid e) = r .$$

r heißt das quantitative Explikat von c (oder die Wahrscheinlichkeit 1); h und e sind analytische Datensätze einer bestimmten Objektsprache, die Bestätigung c jedoch ist ein analytisches Urteil in einer bestimmten Metasprache.

Carnap hat seine induktive Logik (Bestätigungslogik) in das Prokrustesbett der erststufigen Prädikatenlogik gezwängt und damit u. a. die Verbindung zur inferentialen Statistik unmöglich gemacht (wegen eines Auswegs vgl. Menges [1974]). In der auf dem Strukturbegriff beruhenden mengentheoretischen Sprache (die den Vorteil der reichen Ausdrucksmittel und ontologischen Neutralität gegenüber dem Nachteil hat, keine Modelltheorie zu besitzen) läßt sich die Bestätigungslogik mit der Inferenzmethodik der Statistik verbinden.

46.2 Die Likelihoodfunktion als Bestätigungsmaß

Am Beispiel der Likelihoodfunktion wollen wir die Verbindung zwischen Bestätigungslogik und Inferenzmethodik aufzeigen. Es sei

ϑ Hypothese (z. B. Parameter)
Ω Hypothesenraum (z. B. Parameterraum)
x Stichprobe
$\mathfrak{X}$ Stichprobenraum.

$f(x; \vartheta)$ ist eine auf dem Produktraum $\mathfrak{X} \times \Omega$ definierte Funktion. Für festes $\vartheta_0 \in \Omega$ ist $f(x; \vartheta_0)$ eine Dichtefunktion auf $\mathfrak{X}$; für festes $x_0 \in \mathfrak{X}$, d. h. nach erfolgter Beobachtung, ist $f(x_0; \vartheta)$ eine Likelihoodfunktion auf dem Parameterraum Ω.

Die eventuell entsprechend umdefinierte Likelihoodfunktion $f^*(\vartheta \mid x)$ hat die folgenden vier objektsprachlichen Eigenschaften, die metasprachlich wichtig sind:

(1) *Implikation*
Aus $\vartheta_1 \Vdash \vartheta_2 (\vartheta_1, \vartheta_2 \in \Omega)$ folgt [1]:

$$f^*(\vartheta_1 \mid x) \leqq f^*(\vartheta_2 \mid x) ,$$

d. h. für eine Hypothese ϑ_1, die nicht stärker ist als ϑ_2, ist die Likelihood von ϑ_1 höchstens so groß wie von ϑ_2.

(2) *Konjunktion*
Aus $x \Vdash \vartheta_2$ folgt:

$$f^*(\vartheta_1 \mid x) = f^*(\vartheta_1 \wedge \vartheta_2 \mid x); \qquad \vartheta_1, \vartheta_2 \in \Omega$$

d. h. die Likelihood der Hypothese ϑ_1 vermindert sich nicht, wenn sie mit einer Hypothese ϑ_2 $\wedge$-verbunden wird, wobei ϑ_2 simultan mit x auftritt.

---

1 $\Vdash$ ist ein objektsprachliches Zeichen und bedeutet gleichzeitiges Auftreten im Sinne der Implikation.

(3) *Transitivität*

Aus $f^*(\vartheta_1|x_1) \leqq f^*(\vartheta_2|x_2)$ und $f^*(\vartheta_2|x_2) \leqq f^*(\vartheta_3|x_3)$; $\vartheta_1, \vartheta_2, \vartheta_3 \in \Omega$; $x_1, x_2, x_3 \in \mathfrak{X}$; folgt

$$f^*(\vartheta_1|x_1) \leqq f^*(\vartheta_3|x_3) \,.$$

(4) *Maximum*

Für alle $\vartheta \in \Omega$ und alle $x \in \mathfrak{X}$ und beliebiges $\vartheta^* \in \Omega$ gilt

$$f^*(\vartheta|x) \leqq f^*(\vartheta^*|\vartheta^*) \,,$$

d. h. die Likelihood einer sich selbst bestätigenden Hypothese ist niemals kleiner als für irgendeine andere Hypothese auf der Basis einer beliebigen Beobachtung x.

Die Likelihoodfunktion ist jedoch nur eine Quasi-Wahrscheinlichkeit 1 im Sinne Carnaps. Sie wird zu einer echten, indem man sie standardisiert, d. h. mit einer Konstanten $K(x)$ multipliziert, so daß

$$\int_\Omega K(x)\, f^*(x; \vartheta)\, d\vartheta = 1 \,.$$

$\varphi(\vartheta|x) = K(x)\, f^*(x; \vartheta)$ ist die standardisierte Likelihood. Diese erfüllt die sieben Axiome einer Bestätigungsfunktion (alle $\vartheta \in \Omega$, alle $x \in \mathfrak{X}$; $\sim$ heißt logische Äquivalenz):

Axiom 1: *Beobachtungsäquivalenz*

Aus $x_1 \sim x_2$ folgt:

$$\varphi(\vartheta|x_1) = \varphi(\vartheta|x_2) \,.$$

Axiom 2: *Hypothesenäquivalenz*

Aus $\vartheta_1 \sim \vartheta_2$ folgt:

$$\varphi(\vartheta_1|x) = \varphi(\vartheta_2|x) \,.$$

Axiom 3: *Unvergleichbarkeit*

Aus der logischen Falschheit von $x \wedge (\vartheta_1 \wedge \vartheta_2)$ folgt:

$$\varphi(\vartheta_1 \wedge \vartheta_2|x) = \varphi(\vartheta_2|x)\, \varphi(\vartheta_1|x \wedge \vartheta_2) \,.$$

Axiom 4: *Addition*

Aus der logischen Falschheit von $x \wedge (\vartheta_1 \wedge \vartheta_2)$ folgt:

$$\varphi(\vartheta_1 \vee \vartheta_2|x) = \varphi(\vartheta_1|x) + \varphi(\vartheta_2|x) \,.$$

Axiom 5: *Standardisierung*

Aus $x \Vdash \vartheta$ folgt

$$\varphi(\vartheta|x) = 1 \,.$$

Axiom 6: *Irrelevanz*

Aus $f(x_1 \wedge x_2; \vartheta) = f(x_1; \vartheta)$ folgt:

$$\varphi(\vartheta|x_1) = \varphi(\vartheta|x_1 \wedge x_2) \,.$$

Manchmal fügt man noch ein Häufigkeitsaxiom an, an dem viele möglichen Inferenzmaße scheitern, allerdings nicht die Likelihood, deren frequentistische Interpretation
wegen $f(x_0; \vartheta)$ auf der Hand liegt. Oft zeigt man die Geltung des Häufigkeitsaxioms
für Inferenzmaße, z. B. für Bayessche A-posteriori-Wahrscheinlichkeiten, indem man
sie gerade als Likelihoods interpretiert.

46.3 Inferenzmodelle für das Testen

Die Frage nach dem Inferenzmodell stellt sich auf zwei Weisen.

(1) *Inferenzphilosophien*

Im vorigen Abschnitt haben wir das Inferenzmodell „Likelihood" mit der induktiven
Logik Carnaps zu verbinden versucht. Die Carnapsche Bestätigungslogik könnte
selbst als Inferenzmodell aufgefaßt werden. Andere statistische Inferenzmodelle im
Sinne von Inferenzphilosophien könnten in die Betrachtung einbezogen werden;
solche, die sich bestätigungslogisch interpretieren lassen (z. B. Fiduzialinferenz) und
solche, bei denen das nicht möglich ist (z. B. Konfidenzinferenz). Schließlich ist eine
entscheidungstheoretische Interpretation möglich und in vielen Aspekten bereits
durchgeführt. Eine Zusammenführung oder Vereinheitlichung der verschiedenen
Ansätze ist nicht in Sicht. Die gegenwärtige Situation ist vielmehr wie folgt gekennzeichnet:

Das vorherrschende Inferenzmodell für Hypothesentests ist das in der Regel am
schlechtesten geeignete, nämlich das von J. Neyman und E. Pearson. Es ist quasi-
entscheidungstheoretisch. Das besser fundierte Fishersche Modell wird praktisch
kaum angewandt. Die Bestätigungslogik selbst spielt bis jetzt in der praktischen
Hypothesenprüfung noch keine Rolle, allerdings ist sie bis jetzt auch nicht angewandt
ausgeführt. Die entscheidungstheoretische Interpretation ist zumeist mit dem Ney-
man-Pearson-Ansatz verknüpft.

(2) *Referenzmenge und Wahrscheinlichkeitsfunktion*

Im Fisherschen Sinn stellt sich die Frage nach dem Inferenzmodell in einer
praktischen Weise [R. A. Fisher 1959], nämlich als Wahl einer Referenzmenge R
(mit einer auf R definierten Wahrscheinlichkeitsverteilung $f(R; .)$ unter der Voraussetzung, daß die Hypothese zutrifft) und einem Distanzmaß D (Prüfgröße, Test-
kriterium), das die Art des Abstandes des empirischen Befundes von der Hypothese
definiert. Erst wenn R mit $f(R; .)$ und D spezifiziert sind, kann im Fisherschen Sinn
das Signifikanzniveau α bestimmt werden. Es ist die Wahrscheinlichkeit einer
Distanz, die mindestens so groß wie die beobachtete ist.

In der Neyman-Pearson-Theorie wird das Signifikanzniveau vorgegeben, außerdem
eine kritische Region sowie der Fehler 1. Art, der seinerseits entscheidungstheoretisch
interpretiert ist.

Kalbfleisch [1979b] charakterisiert die Neyman-Pearson-Theorie kritisch wie folgt
(S. 151): „Obgleich einige nützliche Begriffe und Resultate aus dieser Methode

herrühren, scheint diese entscheidungstheoretische Formulierung für eine allgemeine Behandlung von Signifikanztests ungeeignet. Bei den meisten Anwendungen dienen Tests der Interpretation einer bestimmten Datenmenge, und das wichtigste ist, daß die Inferenz genau den Informationsgehalt der Daten widerspiegelt. Dieses Erfordernis wird in der Neyman-Pearson-Theorie vernachlässigt, wo der Nachdruck auf die langfristigen Häufigkeiten falscher Entscheidungen gelegt wird."

Gleichwohl werden wir im folgenden die Neyman-Pearson-Theorie hauptsächlich zugrundelegen, da sie noch immer die gebräuchlichste Testtheorie der Statistik darstellt. Die Fishersche Testtheorie, obgleich größtenteils älter als die Neyman-Pearson-Theorie, hat weder die Ausgestaltung noch die Verbreitung gefunden wie ihre glücklichere, wiewohl im Grunde inferiore Rivalin. Doch möchte ich wenigstens an einem kleinen Beispiel die Grundzüge des Fisherschen Vorgehens erläutern [vgl. Kalbfleisch 1979a, S. 132; Beispiel 12.1.1]: Das Beispiel diene zugleich der Exemplifizierung der Bestätigungsfunktion.

46.4 Referenzmenge, Distanzmaß und Bestätigungsfunktion an einem Beispiel

Ein Test soll klären, ob das Geschlecht des Kindes vom Alter der Mutter abhängt. In der Gesamtbevölkerung ist die Wahrscheinlichkeit einer männlichen Geburt $p = 0{,}52$. Die zu testende Fragestellung lautet: Ist p für Frauen über 40 von 0,52 verschieden? N Geburten (von älteren Frauen) werden registriert, davon sind X Geburten männlich. In der Fisherschen Theorie spielt die Suffizienzbetrachtung eine große Rolle, d.h. es wird (formal und semantisch) untersucht, ob X die gesamte Stichprobeninformation enthält. Diese Untersuchung dient zugleich der Spezifizierung des Inferenzmodells. Die Suffizienz wird aus drei Gründen bejaht: Die Reihenfolge der Geburten spielt keine Rolle; die einzelnen Geburten sind unabhängig voneinander; p ist konstant. X ist daher suffizient und die Referenzmenge R des Tests

$$H: \; p = 0{,}52$$

ist die Variationsbreite der möglichen Realisationen von X unter der Annahme, H sei wahr. $R = \{0, 1, \ldots, N\}$. Die Wahrscheinlichkeitsverteilung $f(x)$ über R ist nach den Spezifikationsüberlegungen eine Binomialverteilung mit dem Bernoulliparameter $p = 0{,}52$:

$$f(x) = \binom{N}{x} 0{,}52^{x}\, 0{,}48^{N-x} \quad \text{für} \quad x = 0, 1, \ldots, N\,.$$

Nun kommt die zweite Aufgabe im Rahmen des Fisherschen Testens, die Bestimmung des Distanzmaßes D. Eine besonders einfache Bestimmung, die bei symmetrischen Verteilungen sinnvoll ist, besteht in der Abweichung vom Erwartungswert, d.h.

$$D(x) = |x - N\,p|\,.$$

Hiernach wird ein beobachtetes x als Stützung der Hypothese H angesehen, wenn $D = |x - N\,p|$ klein ist, andernfalls nicht.

Für $N = 10$ ergibt sich die nachstehende Rangfolge der x nach ihrer Qualität, die Hypothese H zu stützen: 0, 10, 1, 9, 2, 8, 3, 7, 4, 6, 5 (bester Wert).

Das Signifikanzniveau im Fischerschen Sinn ist

$$\alpha_F = P\{|X - N p| \geqq d\},$$

wobei d die beobachtete Distanz $d = |x - N p|$ darstellt.

Wird nun z.B. $X = 2$ beobachtet, d.h. 2 männliche unter 10 Geburten, dann errechnet sich $d = |2 - 5,2| = 3,2$ und α_F zu

$$\alpha_F = 0,057,$$

nämlich als $f(0) + f(10) + f(1) + f(9) + f(2)$.

Die zentrale Schlußfolgerung lautet: Wenn die Hypothese H zutrifft, würde eine Situation wie die betrachtete nur mit der sehr kleinen Wahrscheinlichkeit 0,057 auftreten. Die Hypothese H: $p = 0,52$ ist durch den Befund als nicht gestützt zu betrachten.

Im Carnapschen Sinne wäre die *Bestätigung* für die Hypothese H: $p = 0,52$ unter der Evidenz e: $X = 2$ aus 10 binomialverteilten Werten $= 0,057$, also sehr gering:

$$c(H: p = 0,52 \,|\, e: X = 2) = r = 0,057.$$

Zwar kann daraus noch nicht gefolgert werden, daß irgendeine Gegenhypothese, z.B. $H_1: p \neq 0,52$ entsprechend mit hohem Grad bestätigt ist, aber während Carnap in $r = 0,057$ das „quantitative Explikat der Bestätigung" auch dann sieht, wenn es klein ist (bei einer anderen Hypothese ist r vielleicht noch kleiner), ist die Fischersche Philosophie auf Ablehnung hin orientiert. Kalbfleisch [1979a, S. 136] vergleicht die statistischen Tests gar mit der mathematischen Beweismethode per Widerspruch. Das heißt, der Statistiker nehme eine Hypothese für wahr an, um zu sehen, ob sie konsistent mit den Daten ist. Wird Inkonsistenz gefunden, dann ist die Hypothese widerlegt. Wird keine Inkonsistenz gefunden, dann bleibt die Hypothese problematisch, d.h. weder bestätigt noch widerlegt. Dieser Wissenschaftspessimismus beherrscht auch die Lehre von Karl Popper und seiner Schule (dem kritischen Rationalismus). Sie steht im Widerspruch zur Bestätigungslogik von R. Carnap.

46.5 Der Begriff des statistischen Tests und andere Definitionen

Um nicht schon die Grundbegriffe im Neyman-Pearsonschen Sinne festzuschreiben, betrachten wir zum Schluß unserer grundsätzlichen Überlegungen eine allgemeine Definition des statistischen Tests.

$X^{(n)} = (X_1, \ldots, X_n)$ sei eine beliebige Stichprobe mit einer festen, aber uns unbekannten n-dimensionalen Verteilungsfunktion $F^{(n)}(x_1, \ldots, x_n)$, welche aus einer allgemeinen (also nicht notwendig parametrischen) Klasse $\Omega^*_{(n)}$ von n-dimensionalen Verteilungsfunktionen stamme, also $F^{(n)} \in \Omega^*_{(n)} \subset \Omega_{(n)}$, wobei $\Omega_{(n)}$ die Klasse aller n-dimensionalen Verteilungsfunktionen darstellt. [Zur Vereinfachung der Notation schreiben wir im folgenden F statt $F^{(n)}$, Ω statt $\Omega_{(n)}$, etc.]

Man nennt $\Omega^* \subset \Omega$ im Rahmen der Testtheorie einen *Raum zulässiger Hypothesen* und spricht von parametrischen und nichtparametrischen Räumen zulässiger Hypothesen. Die Einschränkung der Betrachtungen auf einen Raum zulässiger Hypothesen Ω^* statt auf den gesamten *Hypothesenraum* Ω ergibt sich aus gewissen A-priori-Kenntnissen, die man über die einem Problem zugrundeliegende Klasse von Verteilungsfunktionen besitzt. Jede nichtleere Teilmenge aus Ω^* heißt eine *zulässige Hypothese*. Eine gewisse nichtleere Teilmenge $g \in \Omega^*$ heißt der Raum der sogenannten *Nullhypothese;* man symbolisiert die Nullhypothese durch die Schreibweise $H_0(F \in g)$ und versteht darunter, daß die Nullhypothese darin besteht, daß jedes $F \in g$ der Realität einer zu überprüfenden Situation entspricht. Insbesondere kann g nur aus einem Punkt F_0 aus Ω^* bestehen; man nennt die Nullhypothese dann eine *einfache Nullhypothese* und schreibt $H_0(F = F_0)$. Enthält g mehr als einen Punkt aus Ω^*, dann heißt die *Nullhypothese zusammengesetzt.* Der Raum $\Omega^* - g$ heißt der Raum der *Alternativhypothese*, man bezeichnet die Alternativhypothese mit $H_1(F \in \Omega^* - g)$. Die Alternativhypothese heißt *einfach* oder *zusammengesetzt*, je nachdem, ob $\Omega^* - g$ nur einen Punkt oder mehr als einen Punkt enthält.

Definition des statistischen Tests:

Ein statistisches Testverfahren zur Prüfung einer Nullhypothese $H_0(F \in g)$ *gegen die Alternativhypothese* $H_1(F \in \Omega^* - g)$ *auf Grund der Stichprobe* $X^{(n)} = (X_1 \ldots, X_n)$ *besteht aus zwei Teilen,*

(a) *in der Vorgabe oder Wahl einer Sicherheitswahrscheinlichkeit* α *(α ist klein, z.B. 0,05; 0,01; usw.) und*

(b) *in der Wahl einer Untermenge* ω *im n-dimensionalen Stichprobenraum* $\mathfrak{X}$, *so daß mit einer Wahrscheinlichkeit von* α *oder kleiner die Stichprobenrealisation x von X in* ω *liegt, wenn die Nullhypothese richtig ist. Ist F stetig und* H_0 *einfach, so soll diese Wahrscheinlichkeit gleich* α *sein; formelmäßig ausgedrückt*

$$P\{x \in \omega; F\} \leqq \alpha \quad \textit{für} \quad F \in g.$$

Ist die dem Test zugrundeliegende Stichprobe einfach, mit Verteilungsfunktion $F(x)$, dann kann Ω^* als eine Untermenge des Raumes eindimensionaler Verteilungsfunktionen angesehen werden (s. auch das Beispiel). Den Bereich ω des Stichprobenraumes bezeichnet man als *kritische Region* oder als *Ablehnungsbereich. Man lehnt die Nullhypothese ab, wenn die Realisation x von X in* ω *liegt, und man nimmt sie an, wenn x in* $\mathfrak{X} - \omega$ *liegt.* Im Sinne des Konfidenzmodells ist $\mathfrak{X} - \omega$ *ein Konfidenzbereich im Stichprobenraum* $\mathfrak{X}$ *mit Konfidenzkoeffizient* $1 - \alpha$. *Wird* H_0 *abgelehnt, dann wird* H_1 *angenommen, und umgekehrt.* Wegen der Alternative, daß x entweder zu ω gehört oder nicht, kann man auch sagen, daß eine *statistische Entscheidung* herbeigeführt wird. Dabei kann man aber zwei *Fehlentscheidungen* treffen:

Erstens kann es sein, daß wir die Nullhypothese ablehnen, obwohl sie zutrifft. Die Wahrscheinlichkeit dafür, daß dies eintritt, ist nicht größer als α; d.h. wir lehnen höchstens mit der Wahrscheinlichkeit α eine richtige Nullhypothese ab. Man nennt diese Fehlentscheidung einen *Fehler erster Art.*

Zweitens kann es sein, daß wir die Nullhypothese annehmen, obwohl sie falsch ist. Die Wahrscheinlichkeit dafür sei mit β bezeichnet, d.h. wir akzeptieren mit einer uns zunächst unbekannten Wahrscheinlichkeit β eine falsche Nullhypothese und verwerfen die richtige Alternativhypothese. Diese Fehlentscheidung heißt *Fehler zweiter Art*.(Auf diesen Zusammenhang werden wir nach Einführung der sogenannten *Güte-funktion* noch einmal zurückkommen.)

Zur Verdeutlichung betrachten wir ein *Beispiel:*

Auf Grund einer einfachen Stichprobe $X_1, \ldots, X_n$, welche $N(\mu, \sigma_0)$-verteilt ist mit unbekanntem Mittelwert μ und bekannter Streuung σ_0^2, soll die einfache Null-hypothese $\mu = \mu_0$ gegen die zusammengesetzte Alternativhypothese $\mu \neq \mu_0$ geprüft werden. Die Stichprobenvariable $X^{(n)} = (X_1, \ldots, X_n)$ besitzt wegen der Einfachheit der Stichprobe die Verteilung

$$F^{(n)}(x_1, \ldots, x_n; \mu) = \prod_{i=1}^{n} \frac{1}{\sqrt{2\pi}\,\sigma_0} \int_{-\infty}^{x_i} \exp\left[-\frac{(x-\mu)^2}{2\sigma_0^2} \right] dx\,,$$

wobei σ_0 bekannt, μ unbekannt ist. Die Klasse $F^{(n)}(x_1, \ldots, x_n; \mu)$ mit $(-\infty < \mu < \infty)$ ist der Raum der zulässigen Hypothesen.

Da durch μ die Verteilung $F^{(n)}(x_1, \ldots, x_n; \mu)$ eindeutig bestimmt ist, kann man die Zahlengerade $\mathbb{R} \equiv (-\infty < \mu < +\infty)$ als Raum der zulässigen Hypothesen betrach-ten. Die einfache Nullhypothese lautet $H_0(\mu = \mu_0)$; sie ist gegen die zusammen-gesetzte Alternativhypothese $H_1(\mu \neq \mu_0)$ zu prüfen. Als eindimensionale suffiziente und deswegen geeignete Maßzahl $M(X^{(n)})$ zum Vergleich des hypothetischen Wertes μ_0 mit dem wirklichen Wert μ nehmen wir

$$\frac{\bar{X} - \mu_0}{\dfrac{\sigma_0}{\sqrt{n}}} \quad \text{mit} \quad \bar{X} = \frac{1}{n}\sum_{i=1}^{n} X_i\,.$$

Diese Größe ist bei zutreffender Nullhypothese $(0, 1)$-normalverteilt.

Als kritische Region wählen wir zu vorgegebener Sicherheitswahrscheinlichkeit $\alpha = 0,05$ die Menge aller Stichprobenrealisationen $x^{(n)}$, für welche

$$\frac{|\bar{x} - \mu_0|\sqrt{n}}{\sigma_0} \geq 1,96\,.$$

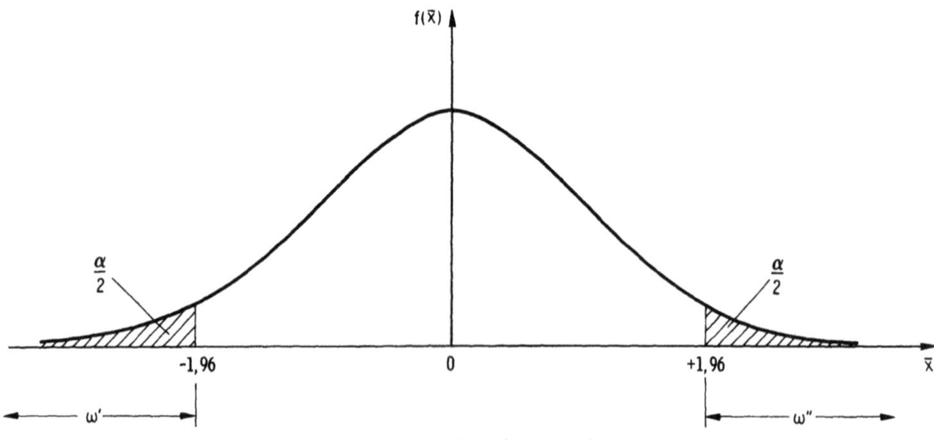

Abb. 36: Illustration eines auf der Normalverteilung beruhenden Tests

310

Die Nullhypothese H_0 wird also abgelehnt, wenn die beobachtete Realisation $\bar{x}$ von $\bar{X}$ die obige Ungleichung erfüllt; H_0 wird akzeptiert, wenn die beobachtete Realisation $\bar{x}$ von $\bar{X}$ die obige Ungleichung nicht erfüllt. Die kritische Region ist deshalb direkt durch die obige Ungleichung gegeben (vgl. Abb. 36).

Die gesamte schraffierte Fläche hat den Inhalt α. Die kritische Region besteht aus den zwei Abszissenabschnitten unter den schraffierten Flächen: $\omega = \omega' \cup \omega''$.

Dieses Beispiel gehört zu einer Klasse von Testproblemen, die man als *Anpassungsprobleme* bezeichnet. Den Anpassungstests gemeinsam ist, daß sie die einfache Nullhypothese $H_0 (F = F_0)$ gegen die Alternative $H_1 (F \neq F_0)$ aufgrund einer einfachen Stichprobe testen. Von Anpassung spricht man deshalb, weil man gewissermaßen prüft, ob die beobachtete Stichprobe mit Verteilung F sich gut genug der Verteilungsfunktion F_0 anpaßt.

47. Gütekriterien und allgemeine Konstruktionsverfahren für Tests

47.1 Allgemeine Gütekriterien

Das Hypothesenprüfen hat sicherlich eine Entscheidungskomponente, die es aber als Inferenzproblem nicht erschöpfen kann. Wie bereits erwähnt, ist die Inferenztechnik leider nur für die Entscheidungskomponente ausreichend entwickelt, so daß wir uns für die Betrachtung der konkreten Prüfverfahren auf sie beschränken müssen. Diese läßt sich als spezielle Schätzsituation folgendermaßen darstellen:

Die Stichprobe $X^{(n)}$ mit Verteilung $F \in \Omega^*$ sei gegeben. Da H_0 durch g und H_1 durch $\Omega^* - g$ charakterisiert ist, wählt man als Verlustfunktion

$$l_n(F, F^*) = \begin{cases} 1, & (F \in g \wedge F^* \notin g) \vee (F \notin g \wedge F^* \in g) \\ 0, & \text{sonst} \end{cases}$$

im parametrischen Fall $\Omega^* = \{P_\vartheta \,|\, \vartheta \in \Psi^*\}$ entsprechend, falls H_0 durch $\vartheta_0 \subset \psi^*$ charakterisiert ist,

$$l_n(\vartheta, \vartheta^*) = \begin{cases} 1, & (\vartheta \in \vartheta_0 \wedge \vartheta^* \notin \vartheta_0) \vee (\vartheta \notin \vartheta_0 \wedge \vartheta^* \in \vartheta_0) \\ 0, & \text{sonst.} \end{cases}$$

Bestimmt man zu dieser Verlustfunktion eine Schätzfunktion $d_0(X^{(n)})$ mit guten Eigenschaften im Sinn irgendeiner Inferenzphilosophie, z.B. eine Bayessche zu vorgegebener A-priori-Verteilung ζ auf ψ^* (siehe Abschnitt 43), so leitet sich daraus vermöge

$$\delta_0(X^n) = \begin{cases} \text{Annahme von } H_0, & \text{falls } d(X^{(n)}) \in g \text{ (bzw. } \vartheta_0) \\ \text{Annahme von } H_1, & \text{sonst} \end{cases}$$

ein entsprechender Test her, z. B. ein Bayesscher Test, welcher dann die Optimalitätseigenschaft hat, das „mittlere Risiko"

$$\int_{\psi^*} P_\vartheta \{\delta_0 \text{ entscheidet falsch}\} \, \zeta(d\vartheta)$$

so klein wie möglich zu halten.

(1) *Die Gütefunktion eines Tests*

Der Risikofunktion von d_0 entspricht

$$R(\delta_0, F) = \begin{cases} 1 - P\{X^{(n)} \in \omega; F\}, & \text{falls } F \in g \\ P\{X^{(n)} \in \omega; F\}, & \text{sonst} \end{cases}$$

als die die Güte des Tests δ_0 messende Funktion.

Daher liegt es nahe, den Ausdruck

$$G_\omega(F) = P\{X \in \omega; F\},$$

sofern er für alle F aus einem gewissen Hypothesenraum $\Omega^* \subset \Omega$ existiert, als die Gütefunktion des Tests δ_0 mit Ablehnungsbereich ω zu bezeichnen. Den Ausdruck $1 - G_\omega(F)$ bezeichnet man als die *Operationscharakteristik* (OC) oder auch als Testcharakteristik. Es gilt $0 \leqq G_\omega(F) \leqq 1$ und damit auch $0 \leqq 1 - G_\omega(F) \leqq 1$, da G_ω als Wahrscheinlichkeit definiert ist. Die Gütefunktion eines Tests gibt an, mit welcher Wahrscheinlichkeit eine Nullhypothese abgelehnt wird, wenn die Verteilung $F \in \Omega^*$ „wahr" ist, d. h. der Wirklichkeit entspricht. Ist H_0 falsch, dann wird man verlangen, daß für $F \in \Omega^* - g$ die Gütefunktion $G_\omega(F)$ einen großen Wert annimmt.

An folgendem einfachen *Beispiel* wollen wir uns die Begriffe der Gütefunktion klarmachen:

$X^{(n)}$ sei eine einfache, (μ, σ_0)-normalverteilte Stichprobe vom Umfang n. Wir wollen die Gütefunktion des dazu angewandten Tests mit dem Ablehnungsbereich

$$\omega = \left\{ x \,\left|\, \frac{|\bar{X} - \mu_0| \sqrt{n}}{\sigma_0} \geqq 1,96 \right. \right\}$$

in Abhängigkeit von μ aufstellen.

Die Gütefunktion lautet

$$G_\omega(\mu) = P\left\{ \frac{|\bar{X} - \mu_0| \sqrt{n}}{\sigma_0} \geqq 1,96; \mu \right\}$$

bzw.

$$G_\omega(\mu) = 1 - P\left\{ -1,96 + \lambda \sqrt{n} < \frac{(\bar{X} - \mu) \sqrt{n}}{\sigma_0} < 1,96 + \lambda \sqrt{n}; \mu \right\}.$$

Dabei ist $\lambda = |\mu - \mu_0|/\sigma_0$.

Man sieht sofort, daß $G_\omega(\mu_0) = \alpha$ unabhängig von n ist. Dagegen ist für $\mu \neq \mu_0$ die Gütefunktion von n abhängig.

Wir stellen die Gütefunktion $G_\omega(\mu)$ und die Operationscharakteristik $1 - G_\omega(\mu)$ graphisch dar, indem wir auf der Abszissenachse die Werte $\lambda \geqq 0$ und auf der Ordinatenachse die Werte $G_\omega(\mu)$ bzw. $1 - G_\omega(\mu)$ auftragen.

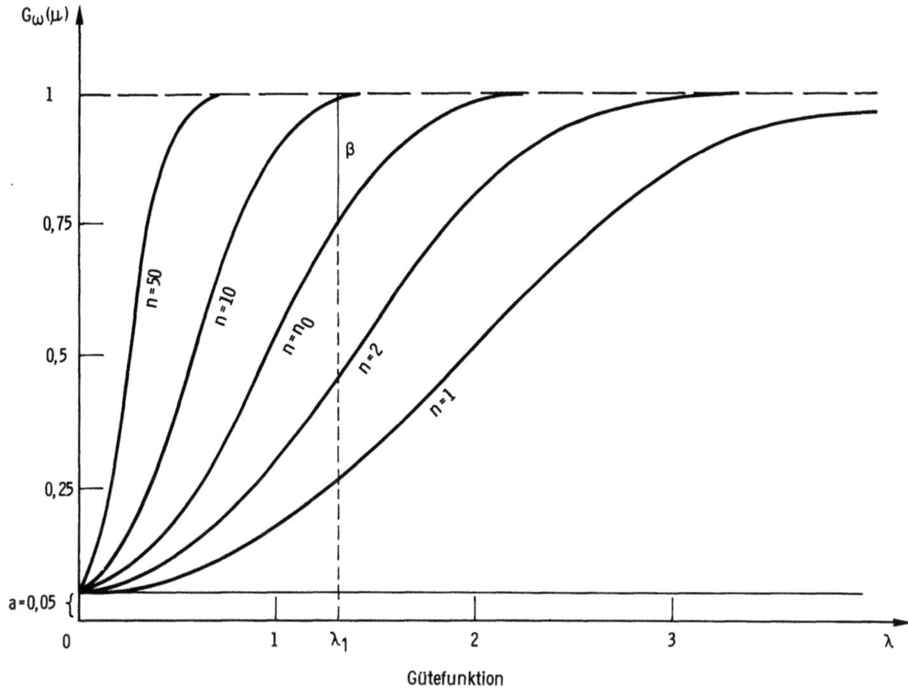

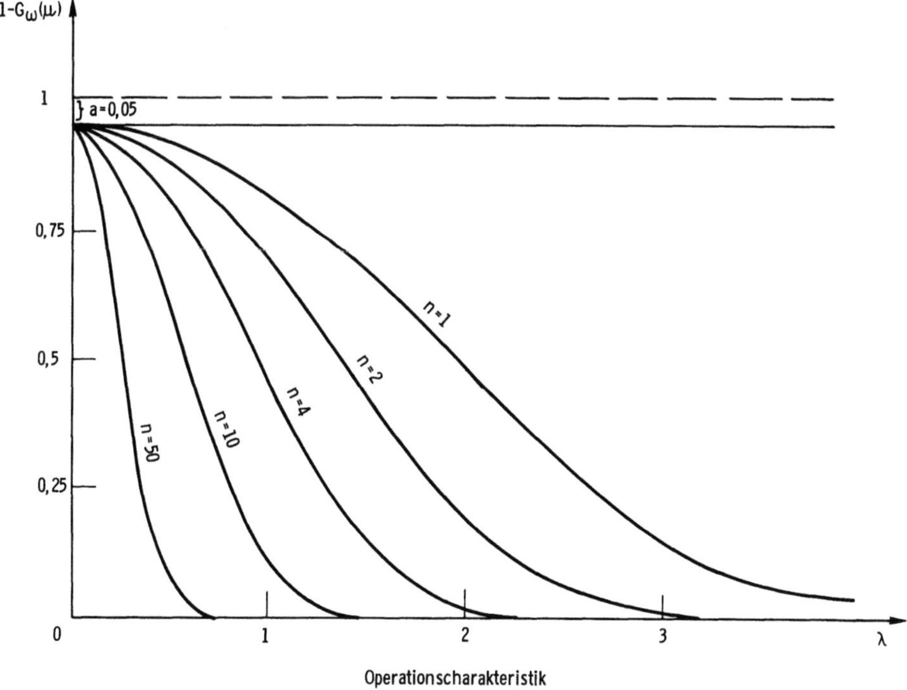

Abb. 37: Gütefunktion und Operationscharakteristik eines Tests

Man sieht, daß sich alle Kurven im Punkt ($\mu = \mu_0$, $G_\omega = \alpha$) schneiden. Dies entspricht dem Umstand, daß die Sicherheitswahrscheinlichkeit α von n unabhängig ist.

Wählen wir jetzt beispielsweise $H_0(\mu = \mu_0)$ und $H_1(\mu = \mu_1)$ bzw. $H_1(\lambda = \lambda_1)$, so gibt der Wert $\beta(n_0)$ in der oberen Figur den Fehler zweiter Art an, wenn wir den Stichprobenumfang $n = n_0$ wählen. Der Wert $G_\omega(\mu_1) = 1 - \beta(n_0)$ ist die Ablehnungswahrscheinlichkeit für H_0, wenn H_1 zutrifft. Man sieht, daß man bei festen einfachen Hypothesen H_0 und H_1 die Wahrscheinlichkeiten α und β vorgeben kann und aus der Figur den Stichprobenumfang $n = n_0$ finden kann, der durch α und β eindeutig bestimmt ist.

Je steiler die Gütefunktion eines Tests ansteigt, desto „besser" ist der Test, wenn wir als Kriterium für die Güte eines Tests die Höhe der Ablehnungswahrscheinlichkeit von H_0 ansehen, wenn eine sehr nahe liegende Alternativhypothese richtig ist.

Außerdem bemerkt man, daß nur für kleine n das Anwachsen von n eine schnelle Verbesserung des Verlaufs von G_ω bewirkt. Für $n \geq 50$ erreicht man durch Vergrößerung von n nur eine geringfügige Verbesserung. (Bei teuren Stichproben kann es daher unzweckmäßig sein, den Stichprobenumfang über 50 zu erhöhen, wenn bei einer Normalverteilung eine Hypothese über den Mittelwert zu prüfen ist.)

Von den durch Übertragung aus der Schätztheorie gewonnenen Güteeigenschaften sind neben der bereits genannten Bayesschen noch die beiden folgenden für die Behandlung der konkreten Testverfahren von Bedeutung.

(2) *Unverfälschtheit*

Der Erwartungstreue einer Schätzfunktion entspricht die (im Englischen mit demselben Wort unbiasedness bezeichnete) Unverfälschtheit eines (zugehörigen) Tests: Ein Test δ mit $G_\delta(F) \leq \alpha$ für $F \in g$ heißt *unverfälscht* (unbiased), wenn für alle $F \in \Omega^* - g$ gilt:

$$G_\delta(F) \geq \alpha \,.$$

Das heißt: Die Hypothese H_0 wird niemals, wenn sie falsch ist, mit kleinerer Wahrscheinlichkeit als α abgelehnt. Oder anders gewendet: Ein unverfälschter Test führt stets mit einer größeren Wahrscheinlichkeit zum Verwerfen der Nullhypothese, wenn sie falsch ist, als im Fall, daß sie richtig ist.

(3) *Konsistenz*

Es sei δ_n eine Folge von Tests zur Prüfung einer Nullhypothese H_0 ($F \in g$) im Raum der zulässigen Hypothesen Ω^*; n ist der Stichprobenumfang.

Es gelte die Ungleichung

$$G_{\delta_n}(F) \leq \alpha \quad \text{für alle} \quad F \in g \,.$$

Wenn für jedes $F \in \Omega^* - g$ der Grenzwert

$$\lim_{n \to \infty} G_{\delta_n}(F) = 1$$

ist, dann heißt die *Folge der Tests δ_n konsistent bezüglich des zulässigen Hypothesenraums Ω^**, d.h. für groß werdende n wird jede falsche Nullhypothese mit der Wahrscheinlichkeit 1 abgelehnt.

314

47.2 Beste Tests auf vorgegebenem Niveau

Falls die Anwendung eines speziellen Inferenzmodells wie des Bayesschen nicht gerechtfertigt ist, steht man in der Testtheorie, bei der Behandlung des Entscheidungsaspektes der Hypothesenprüfung, natürlich vor demselben Dilemma wie in der Schätztheorie (vgl. Abschnitt 43): Vergrößert man den Ablehnungsbereich eines Tests, dann wird zwar die Wahrscheinlichkeit des Fehlers 2. Art kleiner, aber dafür in der Regel die des Fehlers 1. Art größer. Hier kann nur ein zusätzliches Kriterium Abhilfe schaffen. Das bekannteste geht auf J. Neyman und E. S. Pearson zurück. Ausgehend von dem Grundgedanken, daß der Naturwissenschaftler eine bewährte Hypothese (die Nullhypothese) erst dann ablehnt, wenn die Experimente deutlich dagegen sprechen, soll eine wahre Nullhypothese höchstens mit einer vorgegebenen Sicherheitswahrscheinlichkeit, dem Niveau α, abgelehnt werden. Geht man von der Gütefunktion als Kriterium aus, dann werden also nur *Tests δ auf Niveau* α, d. h. mit

$$\sup_{F \in g} G_\delta(F) \leqq \alpha \, ,$$

miteinander verglichen.

Bei einfacher Alternativhypothese H_1 $(F = F_1)$ findet man in jeder Klasse K von Tests mit Niveau α (unter schwachen Voraussetzungen, unter anderem, daß ein Test dieses Niveau annimmt) einen besten Test δ_0, den man auch einen *trennscharfen (most powerful) Test* in K nennt:

$$G_\delta(F_1) \geqq G_\delta(F_1) \quad \text{für alle} \quad \delta \in K \, .$$

Im allgemeinen Fall sucht man nach einem *gleichmäßig besten Test δ_0* auf Niveau α, d. h., der unter allen Tests δ auf diesem Niveau die Gütefunktion auf $(\Omega^* - g)$, der Alternativhypothese, gleichmäßig maximiert:

$$G_{\delta_0}(F) \geqq G_\delta(F) \quad \text{für alle} \quad F \in (\Omega^* - g) \, .$$

Diese als *dominante Trennschärfe* bezeichnete Eigenschaft ist in diesem Kontext die strengste Forderung an die Güte eines Testverfahrens.

(1) *Das Fundamentallemma von Neyman und Pearson*

Dieses Lemma bildet die Basis der entsprechenden Theorie, ermöglicht die Konstruktion eines besten Tests allerdings nur dann, wenn der Raum der zulässigen Hypothesen nur aus zwei Punkten besteht.

Aufgrund der Stichprobe X ist die einfache Nullhypothese H_0 $(F = F_0)$ gegen die einfache Alternativhypothese H_1 $(F = F_1)$ mit der Sicherheitswahrscheinlichkeit α zu prüfen. $f_i(x)$ sei die zu F_i gehörige Dichtefunktion bzw. Wahrscheinlichkeitsverteilung von X $(i = 0,1)$.

Gilt für die Menge ω aller $x \in \mathfrak{X}$ mit der Eigenschaft

$$z = \frac{f_1(x)}{f_0(x)} \geqq k$$

die Relation $\int_\omega dF_0(x) = \alpha$, d. h. $P\{X \in \omega; F_0\} = \alpha$, dann ist ω der *beste* Test in der Klasse aller Tests mit der Sicherheitswahrscheinlichkeit α. Bei diskreter Verteilung wählt man die nächsterreichbare Wahrscheinlichkeit $\leq \alpha$. Auf den Beweis dieses Lemmas verzichten wir.

Die Logik des Neyman-Pearsonschen Konstruktionsverfahrens liegt darin begründet, daß z klein sein soll für Stichprobenrealisationen, die in der kritischen Region liegen, und umgekehrt z groß sein soll für Stichprobenrealisationen außerhalb der kritischen Region; dann ist nämlich der Fehler zweiter Art minimal (sofern eben k so bestimmt wird, daß die Sicherheitswahrscheinlichkeit gerade α ist).

(2) *Ein- und zweiseitige Hypothesenstellung*

Bei zusammengesetzten Hypothesen (hauptsächlich wenn H_1 aus mehr als einem Element besteht) werden folgende Fragestellungen im parametrischen Fall (vgl. Abschnitt 48) behandelt:

1. Die Nullhypothese ist H_0: $\vartheta \leq \vartheta_0$ oder $\vartheta = \vartheta_0$ (d.h. $\Theta_0 =]-\infty, \vartheta_0]$ oder $\Theta_0 = \{\vartheta_0\}$), die Alternativhypothese ist H_1: $\vartheta > \vartheta_0$, man spricht von *einseitiger Hypothesenstellung*.

2. Oder die Nullhypothese ist H_0: $\vartheta = \vartheta_0$ und die Alternativhypothese H_1: $\vartheta \neq \vartheta_0$, diese Situation nennt man *zweiseitig*.

Der zu 1. symmetrische Ergänzungsfall H_0: $\vartheta \geq \vartheta_0$ ($\vartheta = \vartheta_0$) gegen H_1: $\vartheta < \vartheta_0$ läßt sich meist simultan durch Vorzeichenwechsel (und lineare Transformation) behandeln. Die jeweiligen Tests ändern sich in der Regel nicht (siehe unten), wenn die Nullhypothese im einseitigen Fall $\vartheta \leq \vartheta_0$ statt $\vartheta = \vartheta_0$ ist; dies liegt an der Monotonie der Gütefunktion.

Der Ausbau der *parametrischen Testtheorie* auf der Basis des Fundamentallemmas von Neyman und Pearson sieht nun im einseitigen Fall so aus: Unter den angegebenen Voraussetzungen ist der den Likelihoodquotienten (oder – meistens – den Logarithmus davon) als *suffiziente* Testgröße („Teststatistik") gemäß dem Fundamentallemma verwendende Test bester Test auf seinem Niveau gegen jede Alternative $\vartheta_1 \notin \Theta_0$ und damit *gleichmäßig bester Test auf dem vorgegebenen Niveau $\alpha \in (0,1)$*. Die Struktur eines solchen Tests ist die folgende:

$$\delta_1(X^{(n)}) = \delta_1(T(X^{(n)})) = \begin{cases} \text{Ablehnung von } H_0, & \text{falls} \quad T > K_\alpha \\ \text{Annahme,} & \text{sonst} \end{cases},$$

wobei die Schranke K_α so gewählt wird, daß

$$P_{\vartheta_0}\{T(X^{(n)}) > K_\alpha\} = \alpha \quad \text{ist.}$$

Falls, etwa bei diskreter Verteilung, die Gütefunktion das Testniveau α als Maximum auf Θ_0 nicht bei ϑ_0 annimmt, wird randomisiert oder – besser – ein exakt erreichbares Niveau α^* gewählt (vgl. Abschnitt 48.2).

Im *zweiseitigen* Fall gibt es leider auch unter analogen Voraussetzungen im allgemeinen keinen gleichmäßig besten Test auf seinem Niveau α, sondern nur unter allen *unverfälschten* (siehe oben) auf dem gegebenen Niveau $\alpha \in (0, 1)$ einen gleichmäßig besten. Seine Struktur ist die folgende:

$$\delta_2(X^{(n)}) = \delta_2(T(X^{(n)})) = \begin{cases} \text{Ablehnung von } H_0, & \text{falls } T > K_{\alpha/2} \text{ oder } T < K_{\alpha/2}^*, \\ \text{Annahme,} & \text{sonst} \end{cases}$$

wobei $K_{\alpha/2}^*$ sich meist (symmetrisch) aus $K_{\alpha/2}$ ergibt, welches also $P_{\vartheta_0}\{T > K_{\alpha/2}\} = \alpha/2$ erfüllt, analog dem einseitigen Test. Allgemein wählt man K_α, K_α^* so, daß

$$P_{\vartheta_0}\{T > K_\alpha \ \text{oder} \ T < K_\alpha^*\} = \alpha \quad \text{ist.}$$

Wir werden im folgenden nur Tests mit dem „symmetrischen" Fall, symbolisiert durch das halbe Niveau im Index der Testschranke, behandeln.

(3) *Beispiel zur Konstruktion eines besten Tests*

Wir wollen für einfache Stichproben den besten Test zur Prüfung der einfachen Nullhypothese $H_0\{N(\mu, 1) = N(0, 1)\}$ gegen die einfache Alternativhypothese $H_1\{N(\mu, 1) = N(1, 1)\}$ finden, welcher auf der Sicherheitswahrscheinlichkeit α beruht. Nach dem obigen Fundamentallemma ist der beste Test gegeben durch die Menge ω aller x im Stichprobenraum, für welche

$$z = \frac{\dfrac{1}{(\sqrt{2\pi})^n} \exp\left[-\dfrac{1}{2} \sum_{i=1}^{n} (x_i - 1)^2\right]}{\dfrac{1}{(\sqrt{2\pi})^n} \exp\left[-\dfrac{1}{2} \sum_{i=1}^{n} (x_i^2)\right]}$$

$$= \exp\left[-\frac{1}{2} \sum_{i=1}^{n} [(x_i - 1)^2 - x_i^2]\right] = e^{n\bar{X} - \frac{n}{2}} \geq k \quad \text{ist,}$$

bzw. für welche $\bar{X} \geq \dfrac{n + 2 \log k}{2n} = k^*$ ist.

Da $\bar{X}$ beim Zutreffen von H_0 $N\left(0, \dfrac{1}{\sqrt{n}}\right)$-verteilt ist, ist k^* eindeutig bestimmt durch die Beziehung

$$\frac{\sqrt{n}}{\sqrt{2\pi}} \int_{k*}^{\infty} \exp\left[-\frac{n\bar{X}^2}{2}\right] d\bar{X} = \alpha.$$

Den Wert der Gütefunktion bei Gültigkeit von H_1 — also den Fehler zweiter Art β — finden wir aus der Beziehung

$$1 - \beta = \frac{\sqrt{n}}{\sqrt{2\pi}} \int_{k*}^{\infty} \exp\left[-\frac{n(\bar{X} - 1)^2}{2}\right] d\bar{X}.$$

Ist z.B. $\alpha = 0{,}05$ und $n = 9$, so ergibt sich aus den Tafeln der Normalverteilung $k^* = 0{,}55$ und $\beta = 0{,}09$. β hat gegenüber allen anderen möglichen kritischen Regionen ω' mit der Wahrscheinlichkeitsmasse α den kleinsten Wert, d.h. ω ist der beste Test in der Klasse aller Tests mit Sicherheitswahrscheinlichkeit α.

In diesem Beispiel waren der Stichprobenumfang n und der Fehler erster Art α sowie die einfachen Hypothesen H_0 und H_1 vorgegeben. Diese Vorgaben erlaubten die Konstruktion eines besten Tests und die Bestimmung von β. In der Praxis geht man jedoch oft so vor, daß man H_0, H_1, α *und* β vorgibt, alsdann den zugehörigen besten Test sucht und den Stichprobenumfang so bestimmt, daß die Fehler erster und zweiter Art gerade gleich α und β sind.

47.3 Der Maximum-Likelihood-Quotienten-Test

Wir wollen jetzt ein allgemeines Konstruktionsverfahren betrachten, welches auf den allgemeinen Fall einer zusammengesetzten Nullhypothese und einer zusammengesetzten Alternativhypothese anwendbar ist − die *Maximum-Likelihood-Quotienten-Methode:* Es sei X eine Stichprobe mit einer n-dimensionalen Verteilungsfunktion $F(x) \in \Omega^*$. Es ist die Nullhypothese $H_0(F \in g)$ gegen die Alternativhypothese $H_1(F \in \Omega^* - g)$ zu prüfen. Mit $f(x; F)$ bezeichnen wir die zu F gehörige Dichtefunktion bzw. Wahrscheinlichkeitsverteilung von X. Wir setzen:

$$\lambda(x) = \frac{\max\limits_{F \in g} f(x; F)}{\max\limits_{F \in \Omega^* - g} f(x; F)} \, .$$

$\lambda(X)$ ist eine Zufallsvariable und heißt in diesem Zusammenhang auch Testgröße. Sie kann, wie man sich leicht überzeugt, nur Werte ≥ 0 annehmen.

$\lambda(x)$ kann als Maß dafür aufgefaßt werden, wie stark die Beobachtungen für die Gegenhypothese sprechen. Je größer $\lambda(x)$, desto eher wird die Gegenhypothese abzulehnen sein. Man geht wie folgt vor:

Durch

$$0 \leq \lambda(x) \leq \lambda_0 \quad (0 < \lambda_0)$$

wird im Stichprobenraum $\mathfrak{X}$ ein Bereich ω definiert. Durch entsprechende Wahl von λ_0 kann man erreichen, daß die Ungleichung

$$P\{x \in \omega; F\} \leq \alpha \quad \text{für alle } F \in g$$
$$= \alpha \quad \text{für (mindestens) ein } F \in g$$

für eine vorgegebene Sicherheitswahrscheinlichkeit α gilt. ω heißt dann der durch die Testgröße erklärte *Maximum-Likelihood-Quotienten-Test* zur Prüfung der genannten Nullhypothese. [An die Stelle von λ kann auch jede monotone stetige Funktion $m(\lambda)$ treten.] Der Maximum-Likelihood-Quotienten-Test verwirft die Nullhypothese H_0 also genau dann, wenn $\lambda \leq \lambda_0$ beobachtet wird, wobei λ_0 so bestimmt ist, daß

$$\max\limits_{h} \int\limits_{0}^{\lambda_0} h(\lambda) \, d\lambda = \alpha \, ,$$

wenn α die vorgegebene Sicherheitswahrscheinlichkeit ist und $h(\lambda)$ die Dichtefunktionen durchläuft, welche für $\lambda(X)$ bei Zugrundelegung der verschiedenen Verteilungsfunktionen F der Nullhypothese H_0 gelten. (Ist $\lambda(X)$ diskret verteilt, so tritt an Stelle des Integrals die Summation über die Wahrscheinlichkeiten der Werte von $\lambda(X)$ in der Reihenfolge ihrer Größe so lange, bis beim nächstgrößeren Wert α überschritten würde.)

Der Maximum-Likelihood-Quotienten-Test ist in vielen Fällen konsistent. Ein bester Test ist er allerdings meist nur bei großem n (asymptotisch bester Test). Das Maximum-Likelihood-Quotienten-Verfahren geht im Falle der Einfachheit der Null- und Alternativhypothese in die Neyman-Pearsonsche Konstruktion über.

Eine überraschende, aber für die Praxis sehr nützliche Eigenschaft dieses Test ist, daß unter sehr allgemeinen Bedingungen die Verteilung der Größe

$$- 2 \log \lambda\,(X)$$

bei wachsendem n (X ist Stichprobe von Umfang n) gegen eine χ^2-Verteilung mit so vielen Freiheitsgraden konvergiert, wie Gleichungen für F notwendig sind, um die Nullhypothese eindeutig in Ω^* zu charakterisieren; vgl. [Schmetterer 1956, S. 280].

Eine andere überraschende Eigenschaft des Maximum-Likelihood-Quotienten-Tests ist die, daß im Fall der Prüfung einer einfachen Nullhypothese gegen eine einfache Alternativhypothese jeder Maximum-Likelihood-Quotienten-Test eine Bayessche Entscheidungsfunktion mit gleichmäßiger A-priori-Verteilung darstellt [Mood und Graybill 1963, S. 284].

Diesem entscheidungstheoretischen Zusammenhang wollen wir schließlich noch im Rahmen eines kleinen Beispiels nachgehen. Es soll zugleich die Verbindung zwischen Test- und Entscheidungstheorie illustrieren und lehnt sich an ein Beispiel bei [Mood und Graybill 1963, S. 280ff.] an. Eine Zufallsvariable X sei normalverteilt mit bekannter Streuung 1 und unbekanntem Erwartungswert μ. Gegeben sind die beiden einfachen folgenden Hypothesen über den Erwartungswert μ:

$$H_0 \equiv \mu = -1$$
$$H_1 \equiv \mu = 0\,.$$

Der Parameterraum $\Psi = \{-1, 0\}$ ist sowohl Hypothesenraum als auch, in entscheidungstheoretischer Sicht, der Raum der Zustände der Realität. Der Aktionenraum A enthält die beiden Aktionen

$$a_0 = \text{Annahme der Nullhypothese } H_0 \equiv \mu = -1,$$

$$a_1 = \text{Annahme der Gegenhypothese } H_1 \equiv \mu = 0;$$

$A = \{a_0, a_1\}$. Die Verluste beim Zusammentreffen einer Aktion a_i mit einem Zustand der Realität H_j (i und j = 0, 1) mögen sein:

$$L(a_0, H_0) = 0 \qquad L(a_0, H_1) = 1$$
$$L(a_1, H_0) = 4 \qquad L(a_1, H_1) = 0\,.$$

Nunmehr nehmen wir an, daß eine Stichprobe vom Umfang n = 1 aus $N(\mu, 1)$ gezogen wird. Die Realisation x kann irgendeinen Wert auf der reellen Achse annehmen: $x \in \mathbb{R}$. Es ist eine kritische Region festzulegen. Wir haben u. a. folgende zwei Möglichkeiten:

$$\omega_1 = [-1, \infty) \qquad\qquad \omega_2 = (-\infty, -1{,}67] \cup [-0{,}33, \infty)$$
$$\mathbb{R} - \omega_1 = (-\infty, -1) \qquad\qquad \mathbb{R} - \omega_2 = (-1{,}67, -0{,}33)\,.$$

Die zugehörigen Tests können wir als Entscheidungsfunktionen betrachten:

$$d_1\colon \text{wenn } x \in \mathbb{R} - \omega_1, \text{ ergreife man Aktion } a_0, \text{ sonst } a_1;$$

$$d_2\colon \text{wenn } x \in \mathbb{R} - \omega_2, \text{ ergreife man Aktion } a_1, \text{ sonst } a_0.$$

Zur Berechnung der Verlusterwartungen oder Risiken benötigen wir die *Aktionswahrscheinlichkeiten*, d.h. die Wahrscheinlichkeiten, daß bei einem gegebenen Zustand der Realität die eine oder andere Aktion ergriffen wird:

für d_1:	$P(a_i|\mu)$	$\mu = -1$	$\mu = 0$
a_0		0,5	0,16
a_1		0,5	0,84

für d_2:	$P(a_i|\mu)$	$\mu = -1$	$\mu = 0$
a_0		0,5	0,32
a_1		0,5	0,68

Diese Aktionswahrscheinlichkeiten sind nun direkt als Fehler erster und zweiter Art zu interpretieren.

Fehler erster Art: $\quad P(a_1|\mu = -1) = 0,5 = \alpha$ in beiden Fällen.

Fehler zweiter Art: $\quad P(a_0|\mu = 0) = \begin{cases} 0,16 = \beta_1 & \text{im Fall } d_1 \\ 0,32 = \beta_2 & \text{im Fall } d_2 \,. \end{cases}$

Man sieht sofort, daß die Entscheidungsfunktion d_1, als Test aufgefaßt, besser im Sinne der Dominanz ist als d_2, weil das zu d_1 gehörige β_1 kleiner ist als das zu d_2 gehörige β_2; oder: d_1 dominiert d_2. Dieses Ergebnis sagt, daß aufgrund der Fehler erster und zweiter Art, also ohne überhaupt die Verlustfunktion zu betrachten, eine Entscheidung herbeigeführt werden kann. Stellen wir die Risiken zusammen und berechnen wir die Bayesschen Risiken aufgrund des Bayesschen Postulates (Annahme der Gleichverteilung über $\{H_0, H_1\}$), dann erhalten wir:

$r(d, H)$	H_0	H_1	Risiko
d_1	2	0,16	1,08
d_2	2	0,32	1,16

Man sieht, daß das kleinere Bayessche Risiko bei d_1 liegt; außerdem erkennt man natürlich sofort, daß in unserem Beispiel bei jeder anderen A-priori-Verteilung über $\{H_0, H_1\}$ dasselbe Resultat herauskommen würde. Nunmehr interpretieren wir das Beispiel noch im Sinne des Maximum-Likelihood-Quotienten-Tests.

Da X N$(0, 1)$- bzw. N$(-1, 1)$-verteilt ist, ist die Testgröße

$$\lambda = \lambda(x) = \frac{N(-1, 1)}{N(0, 1)} = \frac{e^{-0,5(x+1)^2}}{e^{-0,5x^2}} = e^{-0,5(2x+1)} \,.$$

Setzen wir $\lambda_0 = e^{0,5}$, so bedeutet die Bedingung $\lambda > \lambda_0$:

$$e^{-0,5(2x+1)} > e^{0,5} \,,$$

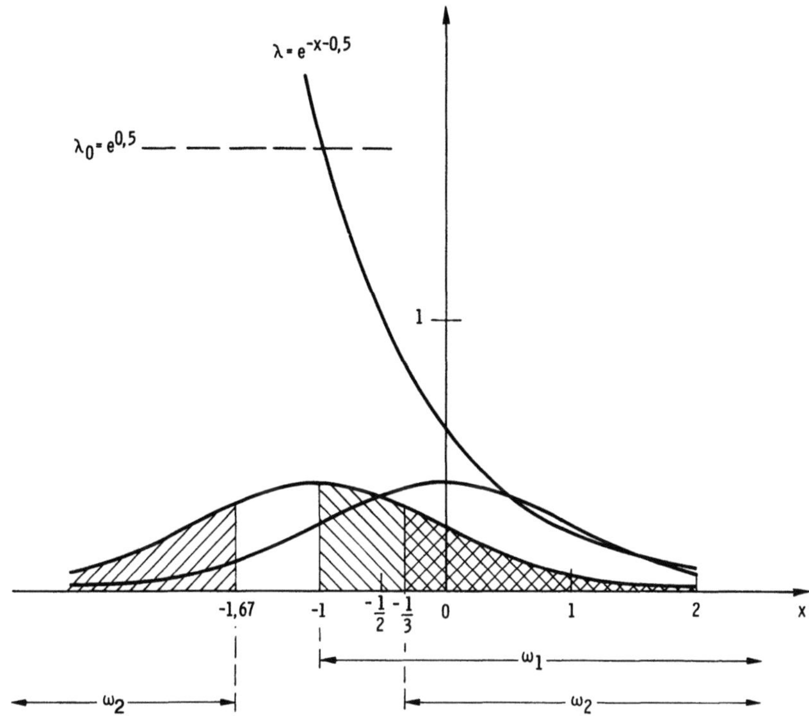

Abb. 38: Vergleich zweier Tests

oder gleichwertig dazu (da e eine streng monoton wachsende Funktion ist):

$$-0,5\,(2x+1) > 0,5\,,$$

das heißt

$$2x + 1 < -1\,,$$
$$2x \quad < -2\,,$$
$$x \quad < -1\,.$$

Dadurch wird gerade der Annahmebereich $\mathbb{R} - \omega_1$ des ersten Tests d_1 definiert, der also ein Likelihood-Quotienten-Test ist. Daß das für d_2 nicht zutrifft, ist unmittelbar einzusehen (nur einseitige Bereiche können herauskommen, siehe Abb. 38).

48. Einige parametrische Tests

48.1 Vorbemerkung

Noch vor einigen Jahren war eine (fast) erschöpfende Aufzählung der Tests möglich. Man stellte den (klassischen) Prüfverfahren (Normalverteilung, t-Verteilung, F-Verteilung, χ^2-Verteilung) die klassischen Maßzahlen gegenüber und − siehe da − auf jedes Töpfchen paßte ein Deckelchen. Ich glaube, daß kaum jemand so naiv war, im klassischen Testritual eine wissenschaftlich belangvolle Tätigkeit zu erblicken. Aber es gehörte dazu.

Heute ist die Situation aus drei eng miteinander verbundenen Gründen differenzierter. Der erste Grund hängt mit der fortgeschrittenen Datentechnik zusammen. Man simuliert sich die auf das jeweilige Problem passende Prüfverteilung. Der zweite Grund hängt mit dem Vordringen der Analysetechniken zusammen. Auf die Clusteranalyse, Zeitreihenanalyse, Faktorenanalyse etc. paßten die klassischen Prüfverteilungen nicht mehr. Man entwickelte neue Prüfverfahren, simulierte sich welche oder unterließ das Testen ganz. Der dritte Grund liegt darin, daß die Testmethodik selbst eine hundertfältige Zellteilung erlebte.

Gleichwohl sind einige Tests klassisch und gebräuchlich geblieben. Von diesen möchte ich im folgenden einige darstellen; insbesondere solche, deren Begründung und Motivation in den vorangegangenen Kapiteln bereits diskutiert wurde. Man sieht dann wenigstens etwas deutlicher den Kontext. Doch sollte der Leser wissen, daß diese Behandlung nicht erschöpfend ist und nicht ohne Augenzwinkern. (Das wirkliche Prüfen von Hypothesen ist viel schwerer.)

48.2 Prüfung einer relativen Häufigkeit (vgl. Abschnitt 13.5)

Wir betrachten hier das Modell der Binomialverteilung (Abschnitt 14.1) mit der binomialverteilten Zufallsvariablen X und Bernoulliparameter p. Die zu prüfende Hypothese sei, daß der wahre Bernoulliparameter einen bestimmten Wert ϑ hat, die Gegenhypothese, daß er diesen Wert nicht hat (zweiseitige Hypothesenstellung):

$$H_0: \quad p = \vartheta \quad \text{(in Beispiel von Abschnitt 46.3: 0,52)}$$

$$H_1: \quad p \neq \vartheta \,.$$

Die exakte Prüfung erfolgt mittels der Binomialverteilung (für angenäherte Prüfungen nimmt man die Normalverteilung usw.). Die Binomialverteilung $b(x; p, n)$ gibt die Wahrscheinlichkeiten für die möglichen Realisationen $x = 0, 1, \ldots, n$ von X an, wobei n die Zahl der Beobachtungen ist.

Das Signifikanzniveau α ist wegen der Ganzzahligkeit der Realisationen x von X in der Regel nicht exakt erzielbar, wenn man von einer Randomisierung der Tests, die meist nicht angemessen ist, absieht.

Sucht man nach einem gleichmäßig besten (zweiseitigen) unverfälschten Test auf gegebenem Niveau, so hat man theoretisch das Niveau auf das nächst kleinere erreichbare, α^*, abzuändern. Praktisch geht man folgendermaßen vor („Konservative" Festlegung):

Man wählt die untere Grenze x_u des zweiseitigen Tests als größte ganze Zahl mit

$$\sum_{x=0}^{x_u} b(x; \vartheta, n) \leqq \alpha/2 \,.$$

Das Zweifache dieser Summe ist das „verbesserte" Niveau α^*. Man lehnt sodann die Nullhypothese ab, wenn

$$\text{entweder}\quad x \leq x_u \qquad \text{(untere Grenze)}$$

$$\text{oder}\quad x \geq n - x_u \qquad \text{(obere Grenze)},$$

andernfalls nimmt man sie an.

Der entsprechend gleichmäßig beste Test auf Niveau α^* für die einseitige Hypothesenstellung

$$H_0: \quad p \leq \vartheta$$

$$H_1: \quad p > \vartheta$$

sieht so aus: Sei x_0 die kleinste ganze Zahl mit

$$\sum_{x=0}^{x_0} b(x; \vartheta, n) \geq 1 - \alpha$$

(α^* ist dann die Summe), dann lehnt man die Nullhypothese $p \leq \vartheta$ ab, wenn $x > x_0$.

Im Beispiel von Abschnitt 46.3 (Knabengeburten älterer Frauen) ergibt sich bei zweiseitiger Hypothesenstellung

$$x_u = 1, \quad x_0 = 9$$

da

$$\sum_{x=0}^{x_u} b(x; \vartheta, n) = b(0; \vartheta, n) + b(1; \vartheta, n)$$
$$= 0,0006 + 0,0070 = 0,0076$$

($b(2; \vartheta, n) = 0,0343$). In 46.3 war ein beobachteter Wert von $x = 2$ zugrundegelegt worden. Nach der Testregel (Annahme von H_0 bei $x \leq x_u$) wird also die Hypothese $H_0: p = 0,52$ auf dem 0,05-Niveau (genauer auf dem konservativen 0,0152-Niveau) angenommen. Der Befund spricht hiernach nicht dafür, daß ältere Frauen eine andere Wahrscheinlichkeit für Knabengeburten haben (als die Grundgesamtheit, nämlich 0,52).

48.3 Prüfung eines Korrelationskoeffizienten und von Regressionskoeffizienten (Abschnitt 37.3)

(1) Prüfung eines Korrelationskoeffizienten

Ein beobachteter Korrelationskoeffizient r_{XY} zwischen zwei Zufallsvariablen X und Y wird häufig daraufhin geprüft, ob er zufällig oder wesentlich von Null verschieden ist:

$$H_0: \quad \varrho_{XY} = 0$$

$$H_1: \quad \varrho_{XY} \neq 0.$$

R. A. Fisher hat schon 1915 bewiesen, daß die Prüfgröße

$$t = r_{XY} \sqrt{\frac{n-2}{1 - r_{XY}^2}}$$

bei normalverteiltem (X, Y) unter der Nullhypothese t-verteilt ist mit $n - 2$ Freiheitsgraden. Das Signifikanzniveau ergibt sich, indem man den beobachteten t-Wert mit Tafelwerten t_α der t-Verteilung bei entsprechendem Signifikanzniveau α abliest.

Beispiel:

Im Beispiel zu Abschnitt 37.3 errechnete sich für $n = 20$ ein Korrelationskoeffizient $r_{XY} = 0{,}9991$. Nach der oben angegebenen Formel errechnet sich der Wert $t = 97{,}76$, der signifikant auf dem Niveau $\alpha = 0{,}001$ ist.

Im Jahre 1921 hat R. A. Fisher des weiteren bewiesen, daß die Prüfgröße

$$z = \frac{1}{2} \ln \frac{1 + r_{XY}}{1 - r_{XY}}$$

ab ca. $n > 30$ approximativ normalverteilt ist mit Erwartungswert

$$E(Z) = \frac{1}{2} \ln \frac{1 + \varrho_{XY}}{1 - \varrho_{XY}}$$

und Streuung

$$V(Z) = \frac{1}{n - 3} \, .$$

Diese Prüfgröße Z ist nach Standardisierung approximativ $N(0, 1)$-verteilt, so daß sich Hypothesen über den Korrelationskoeffizienten damit besonders leicht testen lassen.

(2) *Prüfung von Regressionskoeffizienten*

Die t-Verteilung ist auch eine beliebte Prüfverteilung für die Koeffizienten linearer Regressionsmodelle.

In der linearen Regressionsfunktion

$$Y = \alpha_0 + \alpha_1 X + \varepsilon$$

seien die unbekannten Parameter α_0, α_1 nach der Methode der kleinsten Quadrate mit $\hat{\alpha}_0$, $\hat{\alpha}_1$ geschätzt. Eine Hypothese bezüglich α_0, α_1 laute (mit entsprechender Gegenhypothese)

$$H_0: \begin{bmatrix} \alpha_0 \\ \alpha_1 \end{bmatrix} = \begin{bmatrix} \vartheta_0 \\ \vartheta_1 \end{bmatrix},$$

$$H_1: \begin{bmatrix} \alpha_0 \\ \alpha_1 \end{bmatrix} \neq \begin{bmatrix} \vartheta_0 \\ \vartheta_1 \end{bmatrix}.$$

Es soll geprüft werden, ob die geschätzten Koeffizienten $\hat{\alpha}_0$, $\hat{\alpha}_1$ signifikant von ϑ_0, ϑ_1 abweichen oder nicht; die Prüfgrößen

$$t_i = \frac{\hat{\alpha}_i - \vartheta_i}{\hat{\sigma}_{\hat{\alpha}_i}}, \quad i = 0, 1$$

sind t-verteilt mit $n - 2$ Freiheitsgraden, wobei $\hat{\sigma}_{\hat{\alpha}_i} = \sqrt{\hat{V}(\hat{\alpha}_i)}$ die geschätzte Standardabweichung der Schätzung $\hat{\alpha}_i$ ist. Man findet, daß

$$\hat{V}(\hat{\alpha}) = \frac{\hat{\sigma}^2}{n^2 s_x^2} \begin{bmatrix} \sum_{i=1}^{n} x_i^2 & -\sum_{i=1}^{n} x_i \\ -\sum_{i=1}^{n} x_i & n \end{bmatrix} .$$

Hierbei ist $\hat{\sigma}^2$ die geschätzte Residualstreuung, s_x^2 die Streuung der x-Werte in der Stichprobe und

$$\hat{\alpha} = \begin{bmatrix} \hat{\alpha}_0 \\ \hat{\alpha}_1 \end{bmatrix} .$$

Allerdings liegen der Anwendung des t-Tests bei der Prüfung von Regressionskoeffizienten einige z.T. recht scharfe Annahmen zugrunde. Es sind freilich die in der Ökonometrie üblichen [vgl. Menges 1961].

48.4 Prüfung von Mittelwerten (Abschnitt 39.10) und das Behrens-Fisher-Problem

Für diesen klassischen Fall wollen wir ein kleines Beispiel rechnen, dieses ausführlich interpretieren und mehrfach modifizieren.

(1) *u-Test*

Bei einem akademischen Test werden Fragebogen ausgegeben, und man interessiert sich für die typische Zahl der Fehler, die bei der Beantwortung gemacht werden. Alle Fragen und alle Fehler werden gleichgewichtet. Der einfachste Testfall ist der Fall bekannter Streuung. In diesem Fall kann zur Prüfung die Normalverteilung herangezogen werden. Wir wollen an diesem kleinen überschaubaren Beispiel alle Einzelschritte verfolgen. Das Vorgehen lehnt sich an die didaktisch mustergültige Behandlung bei W. W. Daniel [1978, S. 163 ff.] an.

(a) *Vorwissen und Stichprobenresultat*

Das Vorwissen bestehe in der Kenntnis der Streuung $\sigma^2 = 45$. Aufgrund von $n = 10$ ausgefüllten Fragebogen hat sich ein empirischer Mittelwert von $\bar{x} = 22$ ergeben.

(b) *Voraussetzungen*

Es wird vorausgesetzt, die Stichprobe sei einfach und normalverteilt.

(c) *Hypothesenstellung*

$$H_0: \quad \mu = 25$$
$$H_1: \quad \mu \neq 25 .$$

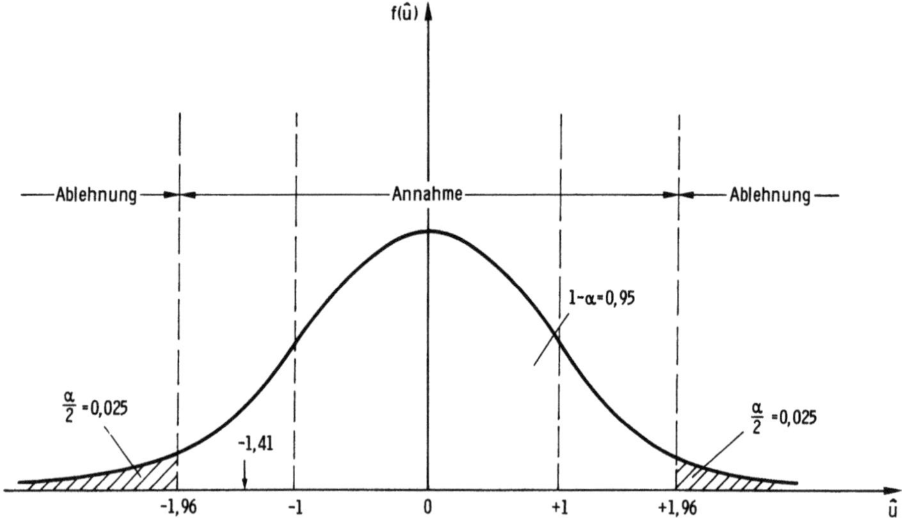

Abb. 39: Veranschaulichung des u-Tests

Der Hypothese „25 Fehler im Durchschnitt" steht die Gegenhypothese entgegen, daß die durchschnittliche Fehlerzahl nicht 25 beträgt. Das Signifikanzniveau wird auf $\alpha = 0,05$ festgelegt.

(d) *Prüfgröße und Prüfverteilung*

Aufgrund einfacher Sätze aus der Wahrscheinlichkeitstheorie ist bekannt, daß die Prüfgröße

$$\hat{u} = (\bar{x} - \mu_0) \frac{\sqrt{n}}{\sigma}$$

$N(0, 1)$-normalverteilt ist, wenn H_0 zutrifft. Wir berechnen

$$\hat{u} = (22 - 25) \sqrt{\frac{10}{45}} = -1,41 \, .$$

(e) *Annahmeentscheidung*

Den Tafeln der Normalverteilung entnehmen wir für $\alpha/2 = 0,025$ den theoretischen u-Wert von 1,96.

Die Annahmeentscheidungen lauten:

Man nehme H_0 an, wenn $|\hat{u}| < |u| = 1,96$.

Man nehme H_1 an, wenn $|\hat{u}| \geqq |u| = 1,96$.

Da das empirisch gewonnene $\hat{u}$ mit $-1,41$ in den Annahmebereich für H_0 fällt, wird die Hypothese $H_0: \mu = 25$ angenommen.

Dieses Resultat kann im Sinne der Konfidenztheorie wie folgt interpretiert werden:

$$P\left(\bar{x} - u\,\frac{\sigma}{\sqrt{n}} \leqq \mu \leqq \bar{x} + u\,\frac{\sigma}{\sqrt{n}}\right) = 1 - \alpha\,,$$

im Beispiel:

$$P\left(22 - 1{,}96\,\frac{\sqrt{45}}{\sqrt{10}} \leqq \mu \leqq 22 + 1{,}96\,\frac{\sqrt{45}}{\sqrt{10}}\right) = 0{,}95\,,$$

$$P\,(17{,}84 \leqq \mu \leqq 26{,}16) = 0{,}95\,,$$

d. h. die Wahrscheinlichkeit, daß (aufgrund von Vorwissen, Stichprobenresultat und Annahmen) der wahre Mittelwert μ um $\dfrac{u\,\sigma}{\sqrt{n}}$ nach oben oder unten vom Stichprobenmittelwert abweicht, ist $1 - \alpha$. Oder numerisch im Beispiel: Die Wahrscheinlichkeit, daß der wahre Mittelwert μ zwischen 17,84 und 26,16 liegt, ist 0,95. (Richtiger wäre zu sagen: Die Wahrscheinlichkeit, daß μ usw. überdeckt wird ...; siehe Abschnitt 41.9). Testtheoretisch ist aus dem konfidenztheoretischen Resultat zu folgern, daß $\mu = 25$ im Konfidenzintervall [17,84; 26,16] liegt und daher H_0 zu akzeptieren ist.

(2) *t-Test* $(\bar{x} - \mu)$

Nunmehr lassen wir die Annahme über das Vorwissen betreffs σ^2 fallen. Dann ändern sich – bei unveränderten Voraussetzungen und unveränderter Hypothesenstellung – die Prüfgröße und ihre Verteilung. Nach wohlbekannten Sätzen der Verteilungstheorie ist nunmehr die mit $n - 1$ Freiheitsgraden t-verteilte Prüfgröße

$$\hat{t} = (\bar{x} - \mu)\,\frac{\sqrt{n-1}}{s_x}$$

heranzuziehen, wobei jetzt (statt σ) s im Nenner steht, die empirische Standardabweichung. Diese sei mit $s_x = 7$ aus der Stichprobe ermittelt. Das empirische $\hat{t}$ errechnet sich zu

$$\hat{t} = (22 - 25)\,\frac{\sqrt{9}}{7} = -\,1{,}286\,.$$

Den Tafeln der t-Verteilung entnehmen wir für $\alpha = 0{,}05$ und $n = 10$ (Z. d. F.: 9) den t-Wert 1,8331. Der beobachtete Wert $|\hat{t}|$ ist kleiner als $t = 1{,}8331$; somit ist die Hypothese H_0: $\mu = 25$ anzunehmen.

(3) *t-Test* $(\bar{x} - \bar{y}$; *d. h. Zweistichprobenfall*)

Die Testsituation kompliziert sich, wenn zwei empirische Mittelwerte gegeneinander getestet werden.

Um einen Test mit den geforderten Optimalitätseigenschaften (Abschnitt 47.2) zu erhalten, müssen wir, neben der Unabhängigkeit der einfachen X-Stichprobe (mit Umfang n_1), von der einfachen Y-Stichprobe (mit Umfang n_2), die Gleichheit der Streuungen voraussetzen. (Bei Ungleichheit der Streuungen, aber bekannten Streuungsquotienten $q = \sigma_1/\sigma_2$ gewinnt man die Gültigkeit dieser Voraussetzung, indem man die Y-Stichprobe mit q multipliziert; natürlich hat man Hypothesen und Test entsprechend abzuändern.)

Der Fragebogen werde 10 weiblichen Testpersonen und 10 männlichen Testpersonen zur Beantwortung übergeben; das Stichprobenresultat laute:

	Männer	Frauen
Mittelwert	$\bar{x} = 23$	$\bar{y} = 19$
Standardabweichung	$s_x = 7$	$s_y = 9$
Beobachtungszahl	$n_1 = 10$	$n_2 = 10$

Es soll geprüft werden, ob der Mittelwert in der Grundgesamtheit für Männer (μ_x) von dem der Frauen (μ_y) verschieden ist:

$$H_0: \quad \mu_x = \mu_y$$

$$H_1: \quad \mu_x \neq \mu_y .$$

In der Verteilungstheorie wird bewiesen, daß die Testgröße

$$\hat{t} = (\bar{X} - \bar{Y}) \sqrt{\frac{n_1 \, n_2 \, (n_1 + n_2 - 2)}{(n_1 + n_2)(n_1 \, s_x^2 + n_2 \, s_y^2)}}$$

t-verteilt ist mit $n_1 + n_2 - 2$ Freiheitsgraden, falls H_0 richtig ist. In unserem Beispiel ist $n_1 = n_2 = n$. Die obige Formel für $\hat{t}$ vereinfacht sich dann zu

$$\hat{t} = (\bar{X} - \bar{Y}) \frac{\sqrt{n - 1}}{\sqrt{s_x^2 + s_y^2}} .$$

Im Beispiel ergibt sich

$$|\hat{t}| = |23 - 19| \frac{\sqrt{9}}{\sqrt{49 + 81}} = 1{,}052 .$$

Für $\alpha = 0{,}05$ und 18 Freiheitsgrade finden wir den Tafelwert $t_\alpha = 1{,}7171$. Aus $|\hat{t}| < t_\alpha$ folgert man die Annahme von H_0. (Daß die Frauen im Durchschnitt weniger Fehler gemacht haben, war nur Zufall.)

(4) *Das Behrens-Fisher-Problem*

Wir modifizieren das Beispiel ein weiteres Mal und fragen jetzt nach der Prüfung der Hypothese

$$H_0: \quad \mu_1 > \mu_2$$

mit Gegenhypothese

$$H_1: \quad \mu_1 \leqq \mu_2 .$$

Dieses Problem heißt nach R. A. Fisher und W. U. Behrens (1903–1963) Behrens-Fisher-Problem. Es besteht, genauer formuliert, in der Angabe eines Verfahrens, mit welchem sich beurteilen läßt, ob die Mittelwerte μ_1 und μ_2 zweier Normalverteilungen

$N(\mu_1, \sigma_1)$ und $N(\mu_2, \sigma_2)$ voneinander verschieden sind oder nicht, wenn sowohl σ_1 als auch σ_2 als auch σ_1/σ_2 unbekannt sind.

Das Fiduzialargument liefert die einzige bekannte Methode für die exakte Lösung des Problems. Die Lösung besteht in folgendem: $x_1, \ldots, x_m$ sei eine beobachtete Stichprobe aus einer Normalverteilung mit unbekanntem Mittelwert μ und unbekannter Streuung σ_1, und $y_1, \ldots, y_n$ sei eine beobachtete Stichprobe aus einer Normalverteilung mit unbekanntem Mittelwert μ_2 und unbekannter Streuung σ_2. Gesucht ist die Fiduzialverteilung von $\mu_1 - \mu_2$:

Die Pivotalgrößen

$$t_1 = \frac{\bar{x} - \mu_1}{s_x} \sqrt{m} \qquad \bar{x} = \frac{1}{m} \sum x_i$$

$$s_x = \sqrt{\frac{1}{m-1} \sum (x_i - \bar{x})^2}$$

und

$$t_2 = \frac{\bar{y} - \mu_2}{s_y} \sqrt{n} \qquad \bar{y} = \frac{1}{n} \sum y_i$$

$$s_y = \sqrt{\frac{1}{n-1} \sum (y_i - \bar{y})^2}$$

sind unabhängig voneinander nach der Studentschen t-Verteilung mit $m-1$ bzw. $n-1$ Freiheitsgraden verteilt.

$\bar{x}, \bar{y}, s_x, s_y$ seien jetzt Konstanten, während

$$\mu_1 = \bar{x} - t_1 \frac{s_x}{\sqrt{m}}$$

und

$$\mu_2 = \bar{y} - t_2 \frac{s_y}{\sqrt{n}}$$

als „im logischen Status" von Zufallsvariablen sich befindend aufgefaßt werden.

Man betrachte

$$\mu_1 - \mu_2 = \bar{x} - \bar{y} - \frac{s_x}{\sqrt{m}} t_1 + \frac{s_y}{\sqrt{n}} t_2$$

$$= \bar{x} - \bar{y} - r (\sin \vartheta \, t_1 - \cos \vartheta \, t_2),$$

wobei

$$r^2 = \frac{s_x^2}{m} + \frac{s_y^2}{n}, \qquad \sin \vartheta = \frac{s_x}{r \sqrt{m}}, \qquad \cos \vartheta = \frac{s_y}{r \sqrt{n}}.$$

Die Fiduzialverteilung für $\mu_1 - \mu_2$ ergibt sich also als Verteilung der Linearkombination

$$e = \sin \vartheta \, t_1 - \cos \vartheta \, t_2$$

der unabhängigen Variablen t_1 und t_2. Diese Verteilung wurde von Sukhatme tabelliert [Fisher und Yates 1963]. Sei $[-e_\alpha, +e_\alpha]$ das Intervall der Sukhatme-

Verteilung, über welchem die Fiduzialwahrscheinlichkeit $1 - \alpha$ liegt, so ist

$$[\bar{x} - \bar{y} - r\, e_\alpha, \bar{x} - \bar{y} + r\, e_\alpha]$$

das gesuchte $(1 - \alpha)$-Fiduzialintervall für $\mu_1 - \mu_2$.

48.5 Prüfung der Residualstreuung (Abschnitt 38.1)

Der klassische Streuungstest ist der χ^2-Test, der hier als parametrischer Test Verwendung findet. (Später werden wir ihn auch als nichtparametrischen Test kennenlernen; vgl. Abschnitt 49.2.) Die einfachste Art, die Zuständigkeit der χ^2-Verteilung für Streuungstests zu begründen, ist ein Satz (vgl. Abschnitt 15.5 (2)), der besagt, daß die Summe der Quadrate von m standardisierten, normalverteilten und gegenseitig unabhängigen Zufallsvariablen eine χ^2-Verteilung mit Parameter m besitzt. Daraus ergibt sich, daß im k-Variablen-Fall $\left(Y = \alpha_0 + \sum_{j=1}^{k} \alpha_j X_j + \varepsilon\right)$ die Größe

$$\chi^2 = \frac{(n - k - 1)\, \hat{\sigma}^2}{\sigma^2}$$

χ^2-verteilt ist mit $n - k - 1$ Freiheitsgraden. Hierbei ist $\hat{\sigma}^2$ die geschätzte Reststreuung.

Man will damit meistens drei Aufgaben lösen: Beurteilung der Zuverlässigkeit der Schätzung $\hat{\sigma}^2$, Bestimmung von Konfidenzintervallen für σ^2, Prüfung von Hypothesen über σ^2. Die Zahlen beziehen sich auf das Konsumfunktionsbeispiel.

(1) *Zuverlässigkeitsbeurteilung*

Die wahre Reststreuung sei (z. B. aufgrund langjähriger Erfahrung) bekannt als $\sigma^2 = 10$. Auf dem Niveau $\alpha = 0{,}05$ sollen die Konfidenzen für die Schätzung $\hat{\sigma}^2$ angegeben werden (dies ist eine reine Wahrscheinlichkeitsaufgabe, d.h. es sind keine Inferenzaspekte involviert).

Bei 11 Freiheitsgraden erhält man für das Niveau $\alpha = 0{,}05$ den χ^2-Wert

$$\chi^2_{0,05} = 19{,}675; \quad \text{d.h. } P\,(\chi^2 \leq 19{,}675) = 0{,}95.$$

Daraus läßt sich folgern

$$P\left(0 \leq \frac{(n - 2)\, \hat{\sigma}^2}{\sigma^2} \leq 19{,}675\right) = 0{,}95$$

oder

$$P\,(0 \leq \hat{\sigma}^2 \leq 17{,}9) = 0{,}95,$$

d.h. die Wahrscheinlichkeit, daß die geschätzte Reststreuung zwischen 0 und 17,9 liegt, beträgt 0,95. Das Konfidenzintervall lautet [0; 17,9].

(2) *Konfidenzintervall für σ^2*

Das Beispiel der Zuverlässigkeitsbeurteilung „invertiert" hier zur (inferentialen) Bestimmung von Konfidenzintervallen für σ^2. Aus der Tafel der χ^2-Werte findet man

$$P\,(\chi^2 > 4{,}575) = 0{,}95.$$

Hieraus kann gefolgert werden:

$$P\left((n-2)\,\frac{\hat\sigma^2}{\sigma^2} > 4{,}575\right) = 0{,}95$$

oder mit $\quad \hat\sigma^2 = 14{,}7075$

$$P\,(0 \leqq \sigma < 5{,}95) = 0{,}95$$

d.h. mit (Konfidenz-) Wahrscheinlichkeit 0,95 liegt σ zwischen 0 und 5,95.

(3) *Hypothesenprüfung*

Das „Vorwissen $\sigma^2 = 10$" wird jetzt problematisiert, indem wir es als Hypothese

$$H_0: \ \sigma^2 = 10$$
$$H_1: \ \sigma^2 \neq 10$$

formulieren. Nach dem Vorausgegangenen wissen wir bereits, daß

$$P\left(\frac{(n-2)\,\hat\sigma^2}{\sigma^2} > 19{,}675\right) = 0{,}05$$

oder für das Beispiel

$$P\,(\hat\sigma^2 > 17{,}8864) = 0{,}05$$
$$P\,(\hat\sigma^2 \leqq 17{,}8864) = 0{,}95$$
$$P\,(\hat\sigma \ \leqq \ 4{,}23) \quad = 0{,}95.$$

Da in unserem Konsumfunktionsbeispiel $\hat\sigma = 3{,}835$, ist die letzte Ungleichung erfüllt. Die Nullhypothese $H_0: \ \sigma^2 = 10$ wird auf dem Signifikanzniveau α, d.h. mit Irrtumswahrscheinlichkeit $\alpha = 0{,}05$ angenommen.

Die Zuverlässigkeitsprüfung und Hypothesenprüfung sind für gegebene empirische Evidenz natürlich alternativ. Es wäre ein ausgesprochener Zirkel, wenn das mit einer bestimmten Stichprobe geprüfte Vorwissen seinerseits zur Zuverlässigkeitsprüfung benutzt würde oder umgekehrt.

48.6 Das Prüfen von Streuungsverhältnissen

Durch die statistische Analyse, insbesondere aber durch die gesamte Streuungsanalyse zieht sich wie ein roter Faden als Prüfverteilung die F-Verteilung. Der auf ihr beruhende F-Test ist der Test schlechthin für Streuungsverhältnisse. Das einfachste Problem in diesem Zusammenhang wollen wir etwas ausführlicher interpretieren.

(1) *Vorwissen und Stichprobenresultat*

Aus zwei Stichproben von 10 männlichen und 10 weiblichen Versuchspersonen errechnen sich folgende Stichprobenmaßzahlen

	Männer	Frauen
Mittelwert	$\bar{x}_1 = 19$	$\bar{x}_2 = 23$
Streuung	$s_1^2 = 49$	$s_2^2 = 81$
Beobachtungszahl	$n_1 = 10$	$n_2 = 10$

Ein Vorwissen besonderer Art besteht nicht.

(2) *Voraussetzungen*

Es wird vorausgesetzt, daß die Stichproben einfach und normalverteilt sind.

(3) *Hypothesenstellung*

$$H_0: \sigma_1^2 \leqq \sigma_2^2$$
$$H_1: \sigma_1^2 > \sigma_2^2.$$

(4) *Prüfgröße*

$$\hat{F} = \frac{s_1^2}{s_2^2} = 0{,}605.$$

(5) *Prüfverteilung*

Bei Gültigkeit der Hypothese H_0 ist die Prüfgröße F-verteilt mit $n_1 - 1$ und $n_2 - 1$ Freiheitsgraden. Aus entsprechenden Tafeln der F-Verteilung liest man für das Signifikanzniveau $\alpha = 0{,}05$ ab:

$$F_\alpha (n_1 - 1 = 9 = n_2 - 1) = 3{,}18.$$

(6) *Prüfentscheidung*

Da $\hat{F} < F_\alpha$, wird H_0 angenommen. In den Abschnitten 38.1, 38.2, 38.3, 38.4 und 38.5 haben wir für die wichtigsten Fragestellungen aus der Streuungsanalyse bereits die zugehörigen Prüfverteilungen angegeben. Weitere Betrachtungen erübrigen sich.

48.7 Prüfen bei faktoriellen Experimenten

Für das etwas komplexere Mehrfaktorenexperiment wollen wir noch ein Beispiel mit Hypothesenprüfung rechnen. Dabei stützen wir uns auf die bereits in den Abschnitten 24.2 und 25 angestellten Betrachtungen.

(1) *Stichprobenergebnisse*

Es soll die Arbeitsleistung unter verschiedenen Bedingungen festgestellt werden. Die Bedingungen sind die Beleuchtung (B_0: künstliches Licht, B_1: Tageslicht), die Körperhaltung (K_0: stehend, K_1: sitzend) und das Alter des Arbeiters (A_0: unter 40, A_1: 40 Jahre alt und älter). Wir haben somit ein 2^3-Faktorenexperiment, $k = 3$ Bedingungen mit je 2 Erscheinungsformen $m = 2$, so daß $m^k = 8$ Kombinationen gebildet werden können. Bezeichnen wir die „Behandlungsarten" B_0, K_0 und A_0 als erste Stufe (mit dem Symbol 0) und die Behandlungsarten B_1, K_1 und A_1 als zweite Stufe (mit dem Symbol 1), dann ergibt sich bei $p = 4$ Nachbildungen je Kombination mit den Meßergebnissen x_{ij} ($i = 1, \ldots, 8$; $j = 1, \ldots, 4$) in Form von Benotungen:

B K A	Bezeichnung	Meßergebnisse x_{ij}				$\sum$
0 0 0	(1)	6	3	5	4	18
1 0 0	b	6	5	6	3	20
0 1 0	k	4	6	5	5	20
0 0 1	a	5	3	4	5	17
1 1 0	bk	7	8	7	6	28
0 1 1	ka	4	6	8	7	25
1 0 1	ba	4	6	4	5	19
1 1 1	bka	6	9	7	8	30

(2) *Voraussetzungen*

Es wird vorausgesetzt, daß die Einzelwerte in jeder Kombination unabhängig voneinander sind sowie normalverteilt mit identischen Streuungen.

(3) *Hypothesenstellung*

$$H_0: \mu_1 = \mu_2 = \ldots = \mu_n$$
$$H_1: \text{Mindestens einmal gilt } \mu_{i*} \neq \mu_{i**}.$$

(4) *Prüfgröße*

$$\hat{F} = \frac{(p - 1)\, m^k\, Q_1}{(m^k - 1)\, Q_2}.$$

$Q_1 = p \sum_{i=1}^{n} (\bar{x}_i - \bar{x})^2$, wobei $\bar{x}_i$ der Mittelwert der Meßergebnisse der i-ten Kombination ist, $\bar{x}$ der Gesamtmittelwert. (Zwischen den Kombinationen.)

$Q_2 = \sum_{i=1}^{n} \sum_{j=1}^{p} (x_{ij} - \bar{x}_j)^2$. (Innerhalb der Kombinationen.)

(5) *Prüfverteilung*

Man beweist, daß unter den getroffenen Voraussetzungen $\hat{F}$ F-verteilt ist mit $(p - 1)\, m^k$ und $(m^k - 1)$ Freiheitsgraden.

(6) Prüfentscheidung

Unser Streuungsverhältnis errechnet sich aus der Zerlegungstafel

	Z.d.F.	Summe der Abweichungsquadrate
Zwischen den Kombinationen Innerhalb der Kombinationen	$8 - 1 = 7$ $3 \cdot 8 = 24$	$41{,}719 = Q_1$ $34{,}250 = Q_2$
Zusammen	31	$75{,}969 = Q = Q_1 + Q_2$

$$\text{zu} \qquad \hat{F} = \frac{(p-1)\, m^k\, Q_1}{(m^k - 1)\, Q_2} = \frac{5{,}960}{1{,}427} = 4{,}177.$$

Die F-Verteilung liefert auf dem Signifikanzniveau $\alpha = 0{,}05$ bei 7 und 24 Freiheitsgraden: $F_\alpha = 2{,}43$. Der Unterschied zwischen den Kombinationen ist wegen $\hat{F} > F_\alpha$ wesentlich und die Nullhypothese H_0 mithin zu verwerfen.

Um herauszufinden, welche Faktoren für dieses Ergebnis verantwortlich sind, berechnen wir die einzelnen Komponentenwirkungen und Wechselwirkungen. Für die Hauptwirkung „Beleuchtung" erhalten wir z. B.

$$B = b + bk + ba + bka - (1) - k - a - ka$$
$$B = 20 + 28 + 19 + 30 - 18 - 20 - 17 - 25 = 17.$$

Die Summe der Abweichungsquadrate ist, da es sich um orthogonale Vergleiche handelt:

$$B^2/\text{Zahl der Beobachtungsergebnisse}$$
$$= 17^2/32 = 9{,}03125.$$

Auf die gleiche Weise lassen sich alle übrigen Ergebnisse ermitteln, und es entsteht folgende Zusammenfassung:

Streuung	Zahl der Freiheitsgrade	Summe der Abweichungsquadrate Komponenten von Q_1	Streuungsverhältnis zu Q_2
B	1	9,03125	6,33
K	1	26,28125	18,42
A	1	0,78125	1,83
BK	1	2,53125	1,77
KA	1	2,53125	1,77
BA	1	0,28125	6,07
BKA	1	0,28125	6,07
Insgesamt	7	41,71875	

Die Zusammenstellung verdeutlicht das Untersuchungsergebnis: Die Werte der F-Verteilung bei 1 und 24 (für den F-Wert aus B, K, BK, KA) bzw. bei 24 und 1 (für den F-Wert aus A, BA, BKA) Freiheitsgraden betragen

$$\text{für } (1, 24) \qquad \text{bzw.} \qquad (24, 1)$$
$$F_{0,05} = 4{,}26 \qquad\qquad F_{0,05} = 249$$
$$F_{0,01} = 7{,}82 \qquad\qquad F_{0,01} = 6234.$$

Ein Blick auf die Zusammenstellung zeigt, daß lediglich wesentliche Hauptwirkungen von der unterschiedlichen Beleuchtung und von der unterschiedlichen Körperhaltung ausgehen, wobei die erste Wirkung weniger gut gesichert ist als die zweite. Diese Auffassung nimmt ihre Berechtigung daraus, daß der Test nach irgendwelchen Wechselwirkungen kein signifikantes Ergebnis zutage förderte und somit die Hauptwirkung durch Abhängigkeiten der Wirkungen der einzelnen Faktoren untereinander nicht verzerrt worden ist. Diese Aussage kann noch dahingehend präzisiert werden, daß die natürliche Beleuchtung der künstlichen und die sitzende Stellung der stehenden, hinsichtlich der hervorgebrachten Arbeitsleistung, überlegen ist. Würde sich hingegen eine Wechselwirkung als signifikant erweisen, so müßten die Hauptwirkungen, die dann nicht mehr rein additiv wären, eine andere Erklärung erfahren.

49. Nichtparametrische Testverfahren

49.1 Grundgedanke

Die Annahme, daß die einer Stichprobe zugrundeliegende Verteilung eine bestimmte Form hat, wie z. B. die Normalverteilung, ist streng genommen nicht nachprüfbar und oft nicht einmal in guter Näherung zutreffend. Es ist daher prinzipiell angebracht, statt parametrischer Tests nichtparametrische anzuwenden. Sie vermeiden nicht nur die scharfen Verteilungsannahmen, sie sind in der Regel auch leicht zu interpretieren, einfach und robust. Allerdings sollte man die Grenze der nichtparametrischen Verfahren etwas deutlicher sehen. Weitreichende Mißverständnisse über die Wirkungsweise und die Möglichkeiten nichtparametrischer Tests sind an der Tagesordnung.

Nichtparametrisch bedeutet üblicherweise, d.h. bei den gängigen Verfahren, keineswegs den Verzicht auf jegliche Verteilungsannahme. Insbesondere strukturelle Voraussetzungen, die ihrer Natur nach gleichfalls recht scharf sind, wie Unabhängigkeit und identische Verteilung (evtl. nach gewissen Transformationen der Daten und mit unwesentlichen Ausnahmen), werden bei den nichtparametrisch genannten Verfahren beibehalten und sind auch nicht ohne weiteres durch andere, schwächere, zu ersetzen.

Wir werden im folgenden einige (nach Verbreitung und Fragestellung wichtige) Verfahren behandeln und an diesen die Vorgehensweise und die Problematik paradigmatisch aufzeigen.

49.2 χ^2-Test auf Unabhängigkeit

Auf ein häufig anzutreffendes Mißverständnis wollen wir gleich zu sprechen kommen. Die immer wieder auch in der nichtparametrischen Theorie auftretende Unabhängigkeitsvoraussetzung (inklusive identischer Verteilung) glauben manche mit Hilfe eines (im weiteren oder engeren Sinne) nichtparametrischen Tests prüfen zu können. Dies ist nicht einmal bei (hypothetischer) Unabhängigkeit zweier Merkmale möglich, erst recht nicht bei Zugrundelegung von n Beobachtungsobjekten (auch nicht bei großem n). Es trifft nur bei sehr enger Auslegung des Prüfbegriffs zu. Dies zeigt schon der bekannteste und verbreitetste Test für diese Fragestellung, der χ^2-Test auf Unabhängigkeit zweier Merkmale.

Wir gehen aus von einer Gliederung von N Objekten auf zwei Merkmale A und B mit r bzw. s Modalitäten. $A_1, \ldots, A_r$ ist eine vollständige Aufzählung von paarweise unvereinbaren Modalitäten des Merkmals A; $B_1, \ldots, B_s$ ist eine vollständige Aufzählung von paarweise unvereinbaren Modalitäten des Merkmals B. Durch Kombination von A und B erhalten wir Klassen der Form $A_i B_j$. Der kombinierten Klasse $A_i B_j$ kommen n_{ij} Elemente zu;

$$\sum_{i=1}^{r} \sum_{j=1}^{s} n_{ij} = n \, .$$

Die Prüfgröße auf Unabhängigkeit lautet

$$\hat{\chi}^2 = \sum_{i=1}^{r} \sum_{j=1}^{s} \frac{(n_{ij} - \hat{n}_{ij})^2}{\hat{n}_{ij}} \, , \tag{*}$$

mit den bei Unabhängigkeit zu erwartenden Besetzungen

$$\hat{n}_{ij} = \frac{1}{n} \sum_{j=1}^{s} n_{ij} \sum_{i=1}^{r} n_{ij} \, .$$

Die Prüfgröße $\hat{\chi}^2$ ist unter der Nullhypothese

H_0: A und B sind unabhängig

mit der Alternativhypothese

H_1: A und B sind nicht unabhängig

approximativ χ^2-verteilt mit $(r-1)(s-1)$ Freiheitsgraden. Die Verteilung von $\hat{\chi}^2$ konvergiert unter H_0 für $n \to \infty$ gegen die angegebene χ^2-Verteilung. (Die Berechnung der exakten Verteilung ist wegen des hohen Aufwandes eine eher theoretische Möglichkeit.)

Auf dem Signifikanzniveau α wird die Hypothese H_0 abgelehnt, wenn bei $(r-1)(s-1)$ Freiheitsgraden das den Tafelwerken entnommene χ^2_α

$$\chi^2_\alpha \leq \hat{\chi}^2 \, .$$

Bei der Vierfeldertafel

A	B	A + B
C	D	C + D
A + C	B + D	n

$$n = A + B + C + D$$

vereinfacht sich die Formel (*) zu

$$\hat{\chi}^2 = \frac{n\,(AD - BC)^2}{(A + B)\,(C + D)\,(A + C)\,(B + D)}$$

(**)

bei einem Freiheitsgrad.

Beispiel:

Gestorbene in der Bundesrepublik Deutschland 1975 nach Geschlecht und Ehestand (ledig, verheiratet) in 10^3

	ledig	verheiratet	
männlich	38	240	278
weiblich	52	96	148
	90	336	426

$$\hat{\chi}^2 = \frac{426\,(38 \cdot 96 - 240 \cdot 52)^2}{278 \; 148 \; 90 \; 336} = 26,7 \cdot 10^3 \, .$$

Für $\alpha = 0,05$ und einen Freiheitsgrad findet man in den χ^2-Tafeln den Wert $\chi_\alpha^2 = 3,84$. Unser beobachteter Wert ist viel höher:

$$\hat{\chi}^2 > \chi_\alpha^2 \, .$$

Damit ist die Nullhypothese, daß Geschlecht und Ehestand in der betrachteten Grundgesamtheit unabhängig sind, abzulehnen.

Dieses Resultat wollen wir uns jetzt noch sachlogisch etwas verdeutlichen. Es ist bei fast vernachlässigbarer Irrtumswahrscheinlichkeit gesichert. Der beobachtete $\hat{\chi}^2$-Wert liegt nicht nur jenseits des $\alpha = 0,05$-Signifikanzniveaus, sondern jenseits des $\alpha = 0,01$ und $\alpha = 0,001$-Signifikanzniveaus.

Wie kommt es dazu? Von den Gestorbenen waren rund 65% Männer. Da von den gestorbenen Verheirateten rund 71% männlich sind, hätten sich also bei Unabhängigkeit der beiden Merkmale unter den 426 Gestorbenen insgesamt rund 219 männliche Verheiratete befinden müssen. Tatsächlich waren es viel mehr, nämlich 240 (immer in 10^3). Entsprechend sieht die Verteilung bei Unabhängigkeit wie folgt aus

59	219
31	117

Kann aus diesem „hochgesicherten" Ergebnis geschlossen werden, daß die Verheiratung bei den Männern „tödlicher" ist als bei den Frauen? Nicht unbedingt. Das zutage getretene Phänomen verdankt sein Entstehen vermutlich in der Hauptsache bestimmten dritten Faktoren, z.B. der höheren Lebenserwartung des weiblichen Geschlechts überhaupt und in den höheren Altersklassen, außerdem, daß ledige Frauen häufig berufstätig sind und dann ein „männliches Sterberisiko" haben.

Die testtheoretische Konsequenz ist erfreulich. Man entscheidet gegen Unabhängigkeit zu Unrecht höchstens mit einer sehr, sehr kleinen Wahrscheinlichkeit.

Das ist nun aber auch das Einzige, was man, selbst bei Richtigkeit der Grundvoraussetzung, sicher weiß.

Die Fehlerwahrscheinlichkeit zweiter Art bleibt beim χ^2-Test auf Unabhängigkeit unbekannt und damit erst recht die Frage nach der Optimalität bei diesem Test. Ohne weitere Voraussetzung kann auch die Asymptotik nicht weiterhelfen.

Auch die im engeren Sinn nichtparametrischen Testverfahren, die auf Rangzahlen (Abschnitt 49.6) basieren, können an diesem Dilemma prinzipiell nichts ändern.

49.3 Der Vorzeichentest

Vermutlich der älteste Test in der Geschichte der Statistik und zugleich einer der verdienstvollsten ist dieser einfache, fast ohne Rechnung auskommende „Schnelltest". Ähnlich wie später J. P. Süßmilch in Deutschland, versuchte John Arbuthnot im Jahre 1810 in England die göttliche Vorsehung zu beweisen, indem er Geburtenregister auswertete. Arbuthnot symbolisierte eine Mädchengeburt mit + sowie eine Knabengeburt mit − und „testete" das göttliche Wirken.

In heutiger Sicht basiert ein Vorzeichentest auf einer einfachen Stichprobe vom Umfang n mit stetiger Verteilungsfunktion, weswegen ohne Einschränkung das Nicht-Verschwinden der Stichprobenwerte vorausgesetzt werden kann. In der Anwendung entsteht diese Stichprobe meistens als Differenz $Z_i = X_i - Y_i$ $(i = 1, \dots, n)$, z.B. werden an n Versuchstieren vor einer Behandlung die Werte X_i, nach der Behandlung die Werte Y_i $(i = 1, \dots, n)$ gemessen. Interessiert ist man jedoch nur an der Veränderung Z_i, z.B. Erhöhung der Temperatur.

Man will prüfen, ob die Wahrscheinlichkeit p der Positivität von Z 1/2 ist oder nicht. Die Hypothesenstellung ist

$$H_0: \quad p = 1/2$$

$$H_1: \quad \begin{cases} \text{einseitig:} \quad p > \frac{1}{2} \\ \text{zweiseitig:} \quad p \neq \frac{1}{2} \end{cases} .$$

Nimmt man die Anzahl positiver Werte von Z_i, also positiver Vorzeichen, dann ist die Prüfgröße binomialverteilt mit Bernoulliparameter p. Man kann also den ein- bzw. zweiseitigen Binomialtest (Abschnitt 46) mit $\vartheta = \frac{1}{2}$ anwenden, um eine Entscheidung zu treffen. Bradley [1968] spricht von einer nichtparametrischen Variante des Binomialtests.

49.4 Kolmogoroff-Smirnoff-Test für das Einstichprobenproblem

Wieder sei eine einfache Stichprobe $X^{(n)} = (X_1, \ldots, X_n)$ mit stetiger Verteilungsfunktion F gegeben. Die Hypothesenstellung sei

$$H_0: \quad F = F_0$$

$$H_1: \quad F \neq F_0 \quad \text{(im zweiseitigen Fall)} .$$

F_0 sei eine bekannte stetige Verteilungsfunktion. Geprüft wird die „Anpassungsgüte" (goodness of fit) der Verteilung F der (einen) Stichprobe $X^{(n)}$ an die hypothetische Verteilung F_0. Der von Kolmogoroff und Smirnoff vorgeschlagene Test beruht auf der Prüfgröße

$$T_n = \sup_x \left| F_0(x) - F_n(x) \right| ,$$

wobei F_n die empirische Verteilungsfunktion von $X^{(n)}$ ist,

$$F_n(x) = \frac{1}{n} \sum_{x_i \leq x} 1 .$$

$K_{1-\alpha}$ wird so gewählt, daß

$$P\{T_n \geq K_{1-\alpha}\} = \alpha ,$$

α ist das vorgegebene Signifikanzniveau. Tabellen für $K_{1-\alpha}$ findet man in den einschlägigen Tafelwerken.

Die Nullhypothese wird abgelehnt, wenn

$$T_n \geq K_{1-\alpha} .$$

Da die Verteilung der Prüfgröße T_n von F_0 nicht abhängt, kennt man stochastische Eigenschaften des Tests auch im finiten Fall. Trotzdem ist die einzige gesicherte Güteeigenschaft des Tests (natürlich bei exakter Einhaltung des Niveaus) die Konsistenz. Diese impliziert auch die bekannte Konsistenz der empirischen Verteilungsfunktion unter der Annahme, die Stichprobe $X^{(n)}$ sei einfach, als nichtparametrische Schätzfunktion für F. (Damit soll zugleich darauf hingewiesen werden, daß auch Schätzprobleme grundsätzlich nichtparametrisch gelöst werden können.)

49.5 Wald-Wolfowitz-Iterationstest für das Zweistichprobenproblem

Hier sind zwei einfache Stichproben gegeben:

$$X^{(n)} = (X_1, \ldots, X_n) \quad \text{mit stetiger Verteilungsfunktion F}$$

und

$$Y^{(m)} = (Y_1, \ldots, Y_m) \quad \text{mit stetiger Verteilungsfunktion G.}$$

Die Nullhypothese lautet

$$H_0: \quad F = G \, .$$

Der nichtparametrischen Zielsetzung entsprechend sollen die Stichproben $X^{(n)}$ und $Y^{(m)}$ zwar einfach sein, aber sonst sollen keine weiteren Annahmen über F und G gemacht werden. Die gemeinsame Beobachtungsmenge $\{x_1, \ldots, x_n; y_1, \ldots, y_m\}$ wird nunmehr vollständig geordnet, und die derart geordneten Beobachtungen werden zu einem Vektor zusammengestellt: $z_1, \ldots, z_{n+m}$. Man nennt diesen Vektor eine „geordnete Statistik" (ordered statistic). (Hier scheint mir die Übersetzung von statistic als Statistik vertretbar, während sonst die deutsche Übersetzung des Begriffs statistic mit „Statistik" auf sprachlicher Ignoranz beruht.) In der geordneten Statistik bezeichnet x bzw. y jedoch weiterhin die Herkunft aus der ersten bzw. zweiten Stichprobe.

Die Prüfgröße T ist die Zahl der Iterationen. Unter einer Iteration (engl. run) versteht man die Folge von einem oder mehreren gleichen Symbolen (x oder y), denen entweder ein anderes oder kein Symbol unmittelbar vorangeht oder folgt. Die (hier allein sinnvolle) zweiseitige Gegenhypothese lautet

$$H_1: \quad F \neq G \, .$$

H_0 wird auf dem Niveau α abgelehnt, wenn $T < r_\alpha$; r_α wird so gewählt, daß

$$P\{T < r_\alpha\} = \alpha \, .$$

In einschlägigen Tabellenwerken findet man die Prüfgröße r_α für verschiedene α's tabelliert [z. B. bei Büning-Trenkler 1978, S. 374].

Die Prüfgröße T hat ihr Minimum bei $T = 2$, d.h. entweder $x \ldots xy \ldots y$ (woraus $F \geqq G$ zu folgern ist) oder $y \ldots yx \ldots x$ (woraus $F \leqq G$ zu folgern ist), d.h. die Nullhypothese wird zwar abgelehnt, aber zwischen $F \geqq G$ und $G \leqq F$ kann nicht unterschieden werden.

Ein kleines *Beispiel* für $T > 2$:

Die 20 Testpersonen (die uns immer noch zur Verfügung stehen) ordnen wir nach der Qualität ihrer Beantwortung des Fragebogens (m = männlich, w = weiblich):

$$w \; w \; m \; w \; w \; m \; w \; m \; w \; m \; m \quad m \; m \; w \; m \; w \; w \; w \; m \; m$$

Die Zahl der Iterationen berechnen wir hieraus mit $T = 12$. In der Tafel finden wir als nächstgelegenen Wert von $r_{0,05} = 8$, d.h. H_0 wird nicht abgelehnt: das Geschlecht hat keinen Einfluß auf die Qualität der Beantwortung.

Der Wald-Wolfowitz-Test benutzt von der vorgegebenen Information wenig und ist daher nicht sehr effizient. In der Literatur wird das Problem der Bindungen (ties) vielbeachtet, d.h. der Fall gleicher x- und y-Werte. Vom Modell her kann man das Problem jedoch negieren, da wegen der Stetigkeit der Verteilungsfunktion eine Bindung mit Wahrscheinlichkeit 0 auftritt. Die beste Möglichkeit, das Bindungsproblem zu lösen, besteht infolgedessen darin, die Bindungen einfach wegzulassen. Hat man den Eindruck, daß dann der Informationsverlust zu groß ist, sollte man ein anderes Testverfahren als das von Wald und Wolfowitz heranziehen. Über die Güte des Wald-Wolfowitz-Tests liegen nur asymptotische Ergebnisse vor. Der Test ist konsistent und T asymptotisch normalverteilt.

49.6 Wilcoxon-(U-)Test für das Zweistichproben-problem

Am Beispiel dieses Tests wollen wir eine für die nichtparametrische Methodik wichtige Verarbeitung der Daten zeigen, den Übergang zu den sog. Rangstatistiken. Man numeriert die x_i und y_i der geordneten kombinierten Stichprobenwerte nach aufsteigender Größe; die Rangnummern der x_i-Werte seien mit $r_1, \ldots, r_n$ bezeichnet. Das kleinste x_i erhält die Rangnummer r_1, das nächstgrößere r_2 usf. bis r_n. Die $r_1, \ldots, r_n$ werden als Realisationen der „Rangstatistik" $R_1, \ldots, R_n$ aufgefaßt. Die Prüfgröße, meist U genannt, ist dann

$$U = \sum_{i=1}^{n} R_i - \frac{1}{2} n (n - 1) .$$

Die Nullhypothese (im Zweistichprobenfall) ist wieder

$$H_0: \quad F = G .$$

Die Gegenhypothese lautet

$$H_1: \begin{cases} G > F, \ \text{d. h. } G(x) \geqq F(x) \text{ für alle } x, \\ G(x) > F(x) \text{ für mindestens ein } x \\ \text{(einseitig)} \\ G \neq F, \ \text{d. h. } G(x) \neq F(x) \text{ für mindestens ein } x \\ \text{(zweiseitig)}. \end{cases}$$

Wir betrachten nur den zweiseitigen Fall.

Für Verteilungsrechnungen ist die Darstellung von U in der folgenden Form geeigneter:

$$U = \sum Z_{ik}, \quad \text{wobei} \quad Z_{ik} = \begin{cases} 1 & \text{falls } X_i > X_k \\ 0 & \text{sonst} \end{cases} .$$

U ist dann die Anzahl der „Inversionen" und kommt ohne Rangstatistik aus.

Die Nullhypothese wird auf dem Signifikanzniveau α abgelehnt, wenn der Wert u von U oder $(nm - u)$ eine Schranke u_α übersteigt. Die Werte von u_α sind wieder in einschlägigen Tabellenwerken zu finden. Unter der Nullhypothese errechnen sich Erwartungswert und Varianz von U zu

$$E(U) = \frac{1}{2} n m ,$$

$$V(U) = \frac{1}{12} n m (n + m + 1) .$$

Die Beweise finden sich z. B. bei B. L. van der Waerden [1971, S. 346 f.]. Dort ist auch die asymptotische Verteilung für $n, m \to \infty$ und $m \to \infty$ berechnet.

Der Studentsche t-Test hat unter der Annahme der Normalverteilung von $X^{(n)}$ und $Y^{(m)}$ (mit identischer Streuung) die bekannte Optimalitätseigenschaft, bei einseitiger Hypothesenstellung auf seinem Niveau gleichmäßig bester Test bzw. bei zweiseitiger Hypothesenstellung bester unverfälschter Test zu sein. Man vergleicht daher asymptotisch den Wilcoxon-Test mit dem t-Test.

Beim t-Test, der sozusagen die maximale Güte hat, kommt man, gegenüber dem Wilcoxon-Test, mit im Verhältnis $\dfrac{3}{\pi} \approx \dfrac{21}{22}$ verkleinerter Anzahl n und m aus und erhält asymptotisch dieselbe Gütefunktion wie beim U-Test mit den ursprünglichen Anzahlen. Diese Eigenschaft des U-Tests ist, verglichen mit anderen nichtparametrischen Tests, von einer gewissen praktischen Bedeutung.

Zum Schluß wollen wir noch bemerken, daß die Verarbeitung des Datenmaterials in Rangstatistiken bei allen ähnlichen nichtparametrischen Verfahren unter Zugrundelegung der Gütefunktion mit keinem Güteverlust verbunden ist, wenn die Rangstatistiken erschöpfend (suffizient) sind. Dies ist dann der Fall, wenn die Datenqualität so gering ist, daß nur die Anordnung nach der Größe eine verwertbare Information darstellt. In der Praxis ist dieser Fall durchaus nicht selten.

49.7 Der Kruskal-Wallis-Test für das Mehrstichprobenproblem

Das Mehrstichprobenproblem wird ähnlich dem Zweistichprobenproblem behandelt. Als wichtigstes Beispiel betrachten wir den Kruskal-Wallis-Test.

Statt zwei haben wir jetzt k einfache Stichproben $(X_{i1}, \ldots, X_{in_i})$ $(i = 1, \ldots, k)$ mit den Realisationen

$$
\begin{array}{ll}
x_{11}, \ldots, x_{1n_1} & \text{(1. Stichprobe)} \\
\vdots \quad \vdots \quad \vdots \quad \vdots & \\
x_{k1}, \ldots, x_{kn_k} & \text{(k-te Stichprobe)}.
\end{array}
$$

Sämtliche k Stichproben sind als unabhängig voneinander angenommen mit stetiger Verteilungsfunktion F_i, $i = 1, \ldots, k$. Alle $N = \sum\limits_{i=1}^{k} n_i$ Elemente der kombinierten Stichproben werden geordnet und mit den Rangzahlen $1, \ldots, N$ versehen. R_{ij} ist der Rang von X_{ij} aufgrund der Beobachtungen x_{ij} $(i = 1, \ldots, k; j = 1, \ldots, n_i)$. Dann werden die den Beobachtungen in jeder Stichprobe zugeordneten Rangzahlen addiert. Man erhält k Rangsummen der Art $R_i = \sum\limits_{j=1}^{n_i} R_{ij}$. Unter der Nullhypothese ist der Erwartungswert von R_i

$$
E(R_i) = n_i \frac{N+1}{2}, \quad i = 1, \ldots, k.
$$

Die Prüfgröße T summiert die Abweichungsquadrate $(R_i - E(R_i))^2$

$$
T = \sum_{i=1}^{k} \left(R_i - n_i \frac{N+1}{2} \right)^2.
$$

Diese Prüfgröße ist angenähert χ^2-verteilt mit $k - 1$ Freiheitsgraden. Die Qualität der Annäherung und damit die nicht ganz unproblematische Angemessenheit der Verwendung der χ^2-Verteilung als Prüfverteilung wurde von Gabriel und Lachenbruch [1969] untersucht.

Die Nullhypothese lautet

$$H_0: \quad F_1 = \ldots = F_k = F$$

mit der Gegenhypothese

$$H_1: \quad F_i(x) = F(x - c_j) \quad \text{für alle x und } c_i \neq c_j$$
$$\text{für mindestens ein Paar } i, j; \quad 1 \leq i, j \leq k.$$

Damit setzt man voraus, daß die F_i sich nur in ihrer Lage und nicht in der Verteilungsgestalt unterscheiden.

Als Beispiel ziehen wir noch einmal 18 Testpersonen heran. Diesmal unterwerfen wir sie einem Reaktionstest. Wir messen die Reaktionszeit für drei Gruppen von Testpersonen: A = ohne Einnahme von Alkohol, B = nach Einnahme von 1 l Starkbier, C = nach Einnahme von 2 l Starkbier.

Die Rangzahlen seien die folgenden (1: schnellste Reaktion; 18: langsamste Reaktion)

	A	B	C
	5, 6, 8, 14, 15, 18	2, 7, 11, 13, 16, 17	1, 3, 4, 9, 10, 12
Σ	66	66	39

Hat die Einnahme von Starkbier keinen Einfluß auf die Reaktionsgeschwindigkeit (H_0) oder doch (H_1)?

Die Prüfgröße errechnet sich zu T = 8,84. Die Ablesung von χ^2 auf dem Signifikanzniveau $\alpha = 0,05$ bei 2 Freiheitsgraden ergibt $\chi^2 = 5,99$. Auf diesem Niveau ist somit die Nullhypothese zu verwerfen. Woran das liegt, zeigt ein Blick auf die obige Tabelle. Die Einnahme von 2 l Starkbier erhöht die Reaktionsgeschwindigkeit, während es für die Reaktionsgeschwindigkeit gleichgültig ist, ob man kein Bier trinkt oder 1 l. Falls die Polizei andere Maßstäbe anlegt, z.B. ein Signifikanzniveau von $\alpha = 0,005$, dann wird die Nullhypothese (mit $\chi^2 = 10,597$) gerettet. Unser Beispiel ist aus mehreren Gründen besonders einfach, einmal weil $n_1 = n_2 = n_3$, außerdem weil alle n_i größer sind als fünf. Sind diese Vereinfachungen nicht gegeben, dann kompliziert sich der Kruskal-Wallis-Test [vgl. z.B. Büning-Trenkler 1978, S. 201 ff.]. Will man weitere Merkmale in die Betrachtung einbeziehen (im Beispiel etwa das Geschlecht), dann kommt man in den Bereich des Friedman-Testtyps, des nichtparametrischen Pendants zur mehrfachen Streuungszerlegung.

50. Der Sequenzquotiententest

50.1 Sequentielle Inferenz- und Entscheidungsmodelle

Sequentielle Inferenzmodelle und die zugehörigen Verfahren unterscheiden sich dadurch prinzipiell von allen anderen, daß der Umfang der Stichprobe nach vernünftigen Grundsätzen erst noch festgelegt wird.

Können die Kosten C_n $(F^{(n)}, x_1, \ldots, x_n)$, die durch die ersten n Beobachtungen bei $F^{(n)}$ als zugrundeliegender Verteilung (der Stichprobenvariablen $X^{(n)}$ mit Werten $(x_1, \ldots, x_n)$) entstehen, spezifiziert werden, so kann ein allgemein gehaltenes Entscheidungsverfahren d_n auch auf ein sequentielles Modell übertragen werden, indem die Verluste L_n $(F^{(n)}, d_n(x_1, \ldots, x_n))$ ersetzt werden durch die Gesamtkosten, wenn nach den ersten n Beobachtungen abgebrochen wird (d.h. n als Stichprobenumfang festgelegt wird) und d_n $(x_1, \ldots, x_n)$ die (Schluß-)Entscheidung ist:

$$L_n (F^{(n)}, d_n(x_1, \ldots, x_n)) + C_n (F^{(n)}, x_1, \ldots, x_n) .$$

Die Menge A der möglichen Entscheidungen (Aktionen des Statistikers) ist zu erweitern um die Menge $\{0, 1, \ldots\}$ der möglichen Stichprobenumfänge.

$$A^* = A \times \{0, 1, \ldots\}$$

(0 bedeutet, daß man keine Beobachtungen machen will.) Der Stichprobenumfang n in den Gesamtkosten hängt natürlich von den Beobachtungen ab, nur der Einfachheit halber sehen wir von einer entsprechenden Indizierung ab.

Die im 12. Kapitel beschriebenen allgemeinen Entscheidungsprinzipien können auf diese Weise auf ein sequentielles Modell allgemeiner Art übertragen werden, die zugehörigen Verfahren theoretisch ebenfalls. (Für praktische Übertragungen sind konkrete Untersuchungen nötig.)

A. Wald hat in seinem Buch [1950] schon den allgemeinen entscheidungstheoretischen Rahmen auch für sequentielle Verfahren entwickelt und für einfache Hypothesenstellung ein Testverfahren angegeben, das wir nun als das einzige voll entwickelte und nicht spezielle (Test-)Verfahren der sequentiellen Theorie behandeln werden.

50.2 Sequenzquotiententest von A. Wald (Sequential Probability Ratio Test)

Beobachtungsbasis bildet eine Folge $X_1, X_2, \ldots$ unabhängiger und identisch verteilter Zufallsvariablen (reellwertig), deren Verteilungsfunktion F_0 oder F_1 ist (d.h. eine Folge einfacher Stichproben $X^{(n)} = (X_1, \ldots, X_n)$ ist gegeben). Es ist daher nur eine einfache Hypothesenstellung möglich; ohne Einschränkung sei die Nullhypothese H_0, daß die Verteilungsfunktion F_0 ist.

F_0 und F_1 haben nun bezüglich eines Maßes Q (man kann als Q immer das arithmetische Mittel der zu F_0 und F_1 gehörigen Wahrscheinlichkeitsmaße auf $\mathbb{R}$ nehmen und erhält somit Q als dominierendes Wahrscheinlichkeitsmaß) Dichten, die mit f_0 bzw. f_1 bezeichnet seien. Angenommen, es sind schon n Beobachtungen $x_1, \ldots, x_n$ gemacht, dann ist der Quotient

$$q_n(x_1, \ldots, x_n) = \prod_{i=1}^{n} \frac{f_1(x_i)}{f_0(x_i)}$$

ein Gradmesser für die Bestätigung der Alternativhypothese ($H_1: F_1$) durch die ersten n Beobachtungswerte $x_1, \ldots, x_n$. Daher ist es sehr plausibel, bei großem q_n H_1 zu vermuten, bei kleinem H_0 und dazwischen mindestens eine weitere Beobachtung zu machen; also legt der Test von A. Wald Zahlen A und B mit $0 < A < 1 < B < +\infty$ fest und entscheidet:

Annahme von H_0, falls $q_n(x_1, \ldots, x_n) \leqq A$

Annahme von H_1, falls $q_n(x_1, \ldots, x_n) \geqq B$.

Weitere Beobachtung x_{n+1}, falls $A < q_n(x_1, \ldots, x_n) < B$.

Aus Gründen der rechentechnischen Vereinfachung legt man auch a, b mit $-\infty < a < 0 < b < +\infty$ fest und wählt als *Prüfgröße* $\log q_n(X_1, \ldots, X_n) = \sum_{i=1}^{n} (\log f_1(x_i) - \log f_0(x_i))$. Im Prinzip ist das sequentielle Testverfahren damit bekannt, allerdings sind noch A und B so zu bestimmen, daß das Verfahren gute Eigenschaften bekommt.

50.3 Optimalitätseigenschaft und vollständige Bestimmung des Verfahrens

Betrachtet man das Waldsche Verfahren als Ausweitung der klassischen Neyman-Pearson-Theorie, dann wird man A und B (bzw. a und b) so festlegen, daß die vorgegebenen Wahrscheinlichkeiten eines Fehlers 1. Art, α_0 und 2. Art, α_1, (mit $0 < \alpha_0$, $\alpha_1 < 1$ und $\alpha_0 + \alpha_1 < 1$) angenommen werden und erhoffen, daß durch das Verfahren der Stichprobenumfang in gewissem Sinn minimal wird. Diese Optimalitätserwartung ist (im klassischen Sinn) insofern gerechtfertigt, als in der Tat der Waldsche Sequenzquotiententest unter allen Verfahren mit denselben Fehlern 1. und 2. Art den Erwartungswert des benötigten Stichprobenumfangs $r = r(X_1, \ldots, X_n)$ minimiert, bei Zugrundelegen sowohl von F_0 als auch F_1.

Doch kann man im allgemeinen die Testgrenzen A und B (bzw. a und b) nicht exakt berechnen. Die im folgenden verwendeten Näherungen sind allerdings so gewählt, daß die beiden Fehlerwahrscheinlichkeiten α_0 und α_1 nicht überschritten werden. In seiner rechentechnisch einfachsten Form sieht das Waldsche Sequentialverfahren bei (im beschriebenen Sinn) vorgegebenen Fehlerwahrscheinlichkeiten α_0 (für falsche Ablehnung von H_0) und α_1 (für falsche Ablehnung von H_1), mit $0 < \alpha_0$, $\alpha_1 < 1$ und $\alpha_0 + \alpha_1 < 1$, folgendermaßen aus:

Man setze $a = \log(\alpha_1) - \log(1 - \alpha_0)$ und $b = \log(1 - \alpha_1) - \log(\alpha_0)$ (Näherungen) und entscheide auf:

$$\text{Annahme von } H_0 \, (F_0), \quad \text{falls} \quad \sum_{i=1}^{n} (\log f_1(x_i) - \log f_0(x_i)) \leqq a$$

$$\text{Annahme von } H_1 \, (F_1), \quad \text{falls} \quad \sum_{i=1}^{n} (\log f_1(x_i) - \log f_0(x_i)) \geqq b$$

$$\text{Weitere Beobachtung } X_{n+1}, \text{ sonst.}$$

Eine Beobachtung wird (mindestens) gemacht, mit Wert x_1, dann geht man gemäß diesem Verfahren vor mit $n = 1, 2, \ldots$, bis es zu einer Entscheidung für eine der beiden Hypothesen kommt.

Damit ist gesichert, daß die vorgegebenen Fehlerwahrscheinlichkeiten α_0 und α_1 nicht überschritten und ungefähr angenommen werden, aber auch, daß das Verfahren unter allen sequentiellen mit den gleichen Fehlerwahrscheinlichkeiten den kleinsten erwarteten (bei F_0 und F_1) Stichprobenumfang $E(r)$ hat. Man weiß auch, daß r fast sicher endlich ist, und hat eine Abschätzung für $E(r)$. Wenn die Kosten C_n der ersten n Beobachtungen eine lineare Funktion von n sind, d. h. $C_n(F^{(n)}, x_1, \ldots, x_n) = c \cdot n$ mit $c > 0$, so ist der Waldsche Sequenzquotiententest in diesem Sinne (klassisch) optimal. Der Beweis beruht darauf, daß der Waldsche Sequentialtest sich als bestes Bayesverfahren interpretieren läßt, wenn diese lineare Kostenfunktion zugrundegelegt wird.

50.4 Ein Beispiel

Das Funktionieren eines neuen Bauelements soll geprüft werden; es habe entweder die gleiche Zuverlässigkeit (Wahrscheinlichkeit zu funktionieren) p_0 wie das bisher produzierte oder eine andere, aber durch die Konstruktion des Elements bekannte, p_1. Die Prüfkosten hängen linear von der Anzahl der geprüften Teile ab. Mathematisch heißt das, daß jedes X_i den Wert 0 (wenn das Bauelement nicht funktioniert) mit Wahrscheinlichkeit p und den Wert 1 (wenn es funktioniert) mit Wahrscheinlichkeit $(1 - p)$ annimmt, und H_0: $p = p_0$ gegen H_1: $p = p_1$ getestet wird.

Der Waldsche Sequenzquotiententest, der bei vorgegebenen Fehlerwahrscheinlichkeiten α_0 und α_1 den erwarteten Stichprobenumfang und damit den Erwartungswert der Kosten minimiert, läßt sich hier exakt bestimmen (nicht nur mit angenäherten Testgrenzen a und b) und sieht folgendermaßen aus. Analog der allgemeinen Prozedur sei

$$K(Z) = Z + n \log\left(\frac{1 - p_1}{1 - p_0}\right) \Big/ \log\left(\frac{p_1(1 - p_0)}{p_0(1 - p_1)}\right).$$

$$H_0 \text{ annehmen, wenn} \quad \sum_{i=1}^{n} x_i \leqq K(a),$$

$$H_1 \text{ annehmen, wenn} \quad \sum_{i=1}^{n} x_i \geqq K(b),$$

und sonst eine weitere Beobachtung x_{n+1} machen. $\sum x_i$ ist die Anzahl der funktionierenden Bauelemente. Falls man nicht randomisieren will, sind erreichbare α_0 und α_1 zu wählen (vgl. Binomialtest, Abschnitt 48.2). Dann kann man a und b errechnen:

$$a = K(a) \log \left(\frac{p_1(1 - p_0)}{p_0(1 - p_1)} \right) - n \log \left(\frac{1 - p_1}{1 - p_0} \right),$$

wobei $K(a)$ so, daß

$$\sum_{K=0}^{K(a)} p_0^K (1 - p_0)^{n-K} = \alpha_0 \, .$$

b ergibt sich entsprechend, wenn α_0 durch α_1, $K(a)$ durch $K(b)$ und p_0 durch p_1 ersetzt wird.

Weiterführende Literatur:

Büning, Trenkler 1978
Hodges, Lehmann 1964
Kalbfleisch 1979, 1979a
Lehmann 1959, 1975
Lienert 1973, 1978

Elftes Kapitel

Prognostizieren

51. Einige Grundbegriffe

51.1 Theorie und Beobachtung

Im Kreis der statistischen Tätigkeiten ist das Prognostizieren relativ neu. Zwar impliziert jede Theorie, zumindest indirekt, auch Zukunftsbehauptungen, und insofern ist das Prognostizieren so alt wie das Theorienbilden. Aber die Prognostik als selbständige statistische Methode kam erst im vorigen Jahrhundert auf. Als Methode der Wettervorhersage ist sie 1863, als Methode des wirtschaftlichen Prognostizierens zu Anfang dieses Jahrhunderts entstanden.

Der Anfang der Wirtschaftsprognose wird meist im „Harvard Index of Business Conditions" (kurz: Harvardbarometer) gesehen, der, nach einigen Vorläufern, aus einem Dreikurvensystem: „A: Spekulation, B: Geschäftsgang, C: Geld" bestand. B folgte A, C folgte B. Zumindest für einige Zeit. Die Prognose-Alphabete – neben dem Harvardbarometer gab es noch weitere – kamen 1929 anläßlich der Weltwirtschaftskrise nachhaltig durcheinander. Die Kritik an der „Barometrik" ist in gewisser Weise bis heute aktuell geblieben; es ist die Kritik am Empirismus, d.h. an der wissenschaftlichen Hoffnung, allein aus der Empirie Erkenntnisse zu gewinnen. „Measurement without theory" ist so wie „theory without measurement" stets verfehlt, im besonderen Maße aber beim Prognostizieren, das vom Wechselspiel zwischen Theorie (unter Einschluß der Sachlogik oder Semantik) und Beobachtung lebt. In die Sachlogik gehört übrigens auch die Deskription, genauer: die verständige Beschreibung des gegenwärtigen und vergangenen Zustands. Man hat oft gesagt: „Gute Prognose ist gute Erklärung", aber mindestens mit dem gleichen Recht kann man sagen: „Gute Prognose ist gute Deskription".

51.2 Zum statistischen Prognosebegriff

In der Medizin, wo der Begriff herkommt, bezeichnet die Prognose, in Ergänzung der Diagnose, den wahrscheinlichen Krankheitsverlauf und die Chancen der Genesung. Eine statistische Prognose ist die auf die Erkenntnis von Vergangenheit und Gegenwart gegründete objektive, möglichst genaue, Vorausbestimmung des zukünftigen Wertes eines Phänomens. Der einfachste Fall, den wir später als den direkten bezeichnen, ist das Würfeln mit zwei Würfeln. Wir schütteln die Würfel; wir wissen, daß die Würfel praktisch ideal sind, dann prognostizieren wir z.B.: Daß beim einmaligen Werfen eine Augenzahlsumme von 6, 7 oder 8 herauskommt, ist sehr wahrscheinlich, nämlich mit dem Wahrscheinlichkeitsmaß $\dfrac{16}{36} = 0,44$.

Die statistische Prognose ist keine subjektive Erwartung, sie ist, auch in ihrer entscheidungstheoretischen Interpretation, nicht normativ in dem Sinne, daß sie angäbe, was zu tun ist. Wenn man dem Kettenraucher sagt, daß er mit sehr großer Wahrscheinlichkeit ein Bronchialkarzinom bekommen wird, so können bei der Wahrscheinlichkeitsbestimmung zwar normative Elemente in die Betrachtung eingehen, aber die Prognose über das Bronchialkarzinom bedeutet nicht die normative Aussage (den Befehl), mit dem Rauchen aufzuhören.

Die statistische Prognose ist auf Phänomene gerichtet, die nicht (zumindest nicht überwiegend) vom Menschen beherrscht werden. Typisch ist auch hier die Wetterprognose. Bei Wirtschaftsprognosen muß man oft mit feedbacks rechnen; sie sind wie alle sozialwissenschaftlichen und viele medizinischen Prognosen aktiv, d.h. üben selber Wirkungen auf den jeweiligen Prozeß aus, während die naturwissenschaftlichen Prognosen, z.B. in der Astronomie, Physik oder Meteorologie, (in der Regel) passiv sind.

Die statistische Prognose ist keine Projektion, wenn man unter Projektionen fiktive Prognosen versteht (und nicht, wie heute oft, langfristige Prognosen), d.h. die statistischen Prognosen sind immer realiter und versuchen, alle Umstände, die für die Zukunftsbehauptung wichtig sind oder werden können, in die Betrachtung einzubeziehen.

Die statistische Prognose ist keine Bedarfsermittlung, wenn letztere sich auch oft statistischer Prognosen bedient (und bedienen sollte).

Die statistischen Prognosen zerfallen in zwei große Klassen: stochastische und sylleptische. Bei ersteren wird der Wahrscheinlichkeitsgedanke explizit in die Betrachtung eingeführt, bei letzteren nicht. Quasi an die Stelle der Wahrscheinlichkeiten treten vage aber wichtige Begriffe, wie die Semantik, der Sinnzusammenhang, der Begründungszusammenhang, der Zukunftszusammenhang (vgl. Abschnitt 16.4).

Für beide Typen gilt die Wissenschaftlichkeit, d.h. sie können sein und sollen sein:

nicht-trivial,
objektiv begründet,
nachprüfbar.

51.3 Wirtschaftsprognosen

Ohne hier schon die Dualität von Stochastik und Sylleptik, welche für die Wirtschaftsprognosen sehr wichtig ist, aufzugreifen, möchte ich noch einige Besonderheiten der Wirtschaftsprognosen angeben. Eine Besonderheit haben wir in Form der *Aktivität* der Wirtschaftsprognose schon kennengelernt. Eine weitere werden wir in Form der Bedeutung der sachlogischen Komponente kennenlernen.

Nach der Fristigkeit unterscheidet man bei den Wirtschaftsprognosen ultrakurzfristige (einige Tage oder Monate), kurzfristige (1 bis 3 Jahre), mittelfristige (3 bis 6 Jahre), langfristige (8 bis 10 Jahre) und ultralangfristige (derzeit bis etwa zum Jahre 2050). Parallel zu dieser Unterteilung geht die in Saisonprognosen (bis zu 1 Jahr), Konjunkturprognosen (bis 6 Jahre) und Wachstumsprognosen (länger als 6 Jahre).

In neuerer Zeit interessiert man sich besonders für *Substitutionsprognosen*, z.B. in sektoraler Form (Substitution von Eisen oder Holz durch chemische Produkte) oder als Faktorsubstitution (Arbeit durch Kapital).

Große Bedeutung in der Praxis haben auch die Sättigungsprognosen. Man unterscheidet zwei Grundmodelle, das endogene und das exogene; das endogene hängt nur von der Zeit ab, das exogene von einer anderen und zwar „kausalen" Variablen. Die bekannte exponentielle Sättigungsfunktion ist endogen und lautet:

$$x = x^* \left(1 - e^{a - bt}\right) ,$$

wobei x die zu prognostizierende Größe ist, x^* die Sättigungshöhe, entsprechend $x^* - x$ das Sättigungspotential, t die Zeit sowie a und b Parameter ($a \leq 0$; $b > 0$). An der Stelle $t = 0$ ist x

$$x_0 = x^* \left(1 - e^{a}\right) .$$

Sehr beliebt ist neuerdings auch die *Weibullfunktion* („63%-Funktion" oder „Gesetz des progressiven Wachstums"):

$$x = x^* \left(1 - e^{-\left(\frac{t}{a}\right)^b}\right) ,$$

wobei $a > 0$, $b > 1$. An der Stelle $t = 0$ ist $x = 0$, d.h. die Weibullfunktion entspringt dem Nullpunkt. Im übrigen ist auch sie endogen. Der Parameter a heißt die Eigenzeit der Entwicklung. An der Stelle $t = a$ erreicht x 63% des Sättigungswertes x^*.

Schließlich betrachten wir noch ein Beispiel für eine exogene Sättigungsfunktion, die *Gompertz-Funktion:*

$$x = x^* a^{-b^z} ,$$

wobei $a > 1$, $b \in (0, 1)$ und z eine exogene Größe, von der das Wachstum von x abhängt, etwa die bisher realisierten Größen von x. Im Gegensatz zu der exponentialen haben die Weibull- und Gompertz-Funktion einen Wendepunkt. Bei der Weibullfunktion hat er die Koordinaten

$$t_w = a \left(\frac{b-1}{b}\right)^{\frac{1}{b}} , \qquad x_w = x^* \left(1 - e^{\frac{1-b}{b}}\right) ,$$

d.h. x_w ist unabhängig von der Eigenzeit a der Entwicklung.

Bei der Gompertzfunktion hat der Wendepunkt die Koordinaten

$$z_w = \frac{\ln a}{b} , \qquad x_w = \frac{x^*}{e} .$$

Setzt man $x^* = 100\%$, dann liegt der Wendepunkt der Sättigungskurve bei 36,8%.

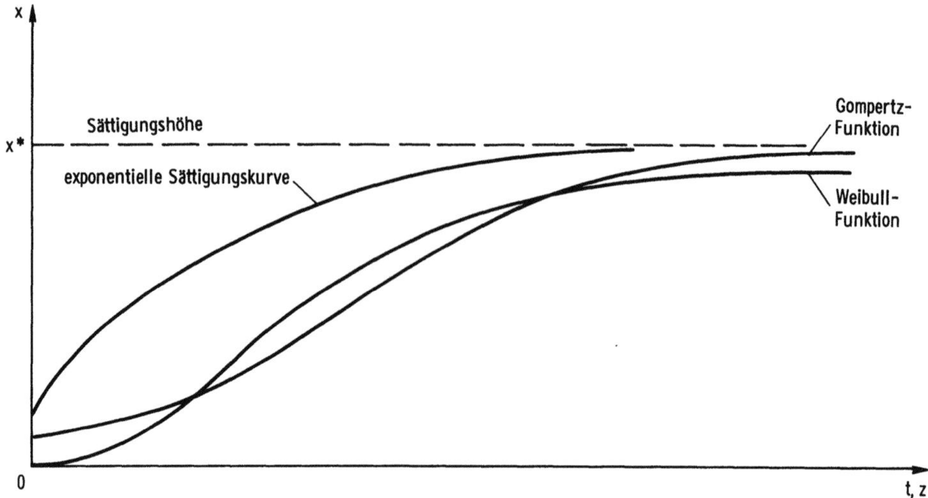

Abb. 40: Prognosefunktionen

In der Literatur sind (mit Modifikationen) einige hundert Sättigungs- und sonstige Prognosefunktionen entwickelt worden. Eine große Zahl von ihnen findet man bei [Ulrich/Köstner 1979] beschrieben. Viele derartige Funktionen passen auf wirtschaftsprognostische Aufgabenstellungen, das steht außer Frage. Nur welche wann gerade paßt, das steht eher in den Sternen als in Frage. Gleichwohl gibt es den − zumal aus Erfahrung gewonnenen − Fall, daß man von einem bestimmten Typ weiß, daß er gerade paßt. Dann ist alles gut.

52. Autoprojektive Verfahren

52.1 Definitionen und drei Grundfragen

Autoprojektiv heißen Prognoseverfahren, welche die zukünftige Entwicklung eines Phänomens direkt und ausschließlich (oder nahezu nur) aus dem Vergangenheitsverlauf dieses Phänomens abzuleiten versuchen.

Sei die Beobachtungsreihe des betreffenden Phänomens

$$x_1, x_2, \ldots, x_\tau \qquad\qquad (*)$$

und die prognostizierte Reihe desselben Phänomens

$$\tilde{x}_1, \tilde{x}_2, \ldots, \tilde{x}_m , \qquad\qquad (**)$$

dann heißt die Reihe (*) der Input (der Impuls), die Reihe (**) der Output (die Antwort).

352

Input und Output werden durch einen Schwarzen Kasten, ein System oder eine Box miteinander verbunden; am gebräuchlichsten ist der Ausdruck „Filtern"; (*) ist der Kaffee mit Satz, (**) der Kaffee ohne Satz.

$$x_1, \ldots, x_\tau \;\rightarrow\; \boxed{\text{Filter}} \;\rightarrow\; \tilde{x}_1, \ldots, \tilde{x}_m \,.$$

Man spricht

bei $m < \tau$ von einem Anpassungsproblem,
Bei $m = \tau$ von einem reinen Filterproblem,
bei $m > \tau$ von einem Vorhersagefilterproblem.

Bei den autoprojektiven Verfahren treten drei Grundprobleme auf, nämlich:

a) Welche Gewichte soll man den einzelnen Werten des Vergangenheitsverlaufs $x_1, \ldots, x_\tau$ zuteilen?

b) Welche Prognosefunktion (welches Filter) soll zugrundegelegt werden?

c) Wie kann eine Wahrscheinlichkeitsbeurteilung der Resultate $\tilde{x}_1, \tilde{x}_2, \ldots, \tilde{x}_m$ erreicht werden?

52.2 Naive Fortschreibungen

Man hat die Größe des betreffenden Phänomens zu den Zeitpunkten t und $t-1$ (z.B. August 1980 und Juli 1980) gemessen. Die Differenz $x_t - x_{t-1}$ liefert das Filter Δt:

$$\Delta t = x_t - x_{t-1} \,.$$

Das Filter wird zur Schätzung (Prognose) x_{t+1} benutzt:

$$x_{t+1} = x_t + \Delta t \,.$$

Eine naheliegende Verfeinerung besteht darin, das Filter als Mittelwert

$$\bar{\Delta} = \frac{1}{\tau} \sum_{t=1}^{\tau} \Delta t = \frac{1}{\tau} (x_\tau - x_1)$$

zu errechnen und zur Schätzung (Prognose) zu benutzen:

$$x_{t+1} = x_t + \bar{\Delta} \,.$$

Statt mit Differenzen kann man auch mit Wachstumsraten fortschreiben:

Filter:

$$d_t = \frac{x_t}{x_{t-1}} \quad \text{bzw.} \quad \bar{d} = \sqrt[\tau]{\frac{x_\tau}{x_1}} \,.$$

Prognose:

$$x_{t+1} = d_t\, x_t \quad \text{bzw.} \quad x_{t+1} = \bar{d} x_t \,.$$

Vorteile dieses Verfahrens sind Einfachheit und Plausibilität. Nachteilig ist, daß es bei anderen als Ultrakurzfristprognosen meistens versagt.

Man kann die naive Fortschreibung in verschiedene Richtungen modifizieren:

a) Wenn kein Trend vorhanden ist, aber eine starke Saisonkomponente:

$$x_{t+1} = x_{t-11} \, .$$

b) Wenn neben einer starken Saisonkomponente ein Trend vorhanden ist:

$$x_{t+1} = x_{t-11} \sqrt{\frac{x_t}{x_{t-12}} \frac{x_{t-1}}{x_{t-13}}} \, ,$$

d. h. man hat als Filter den Wurzelausdruck, der das geometrische Mittel aus den beiden letzten Wachstumsraten darstellt. Man kann freilich die n letzten Wachstumsraten nehmen, wenn es zweckmäßig erscheint.

c) Eine Verbesserung kann darin bestehen, daß man bei fehlendem oder ausgeschaltetem Trend über einen längeren Zeitraum hinweg die Januarwerte, die Februarwerte usw. die Dezemberwerte ermittelt und die erhaltenen sog. „Phasendurchschnitte" so normiert, daß ihre Summe 1200 beträgt. Die normierten Phasendurchschnitte repräsentieren den Saisonverlauf. (Hoffentlich!)

52.3 Trendextrapolation

Sie ist eine Methode der Fortschreibung der Bewegungsrichtung; in der Praxis wird sie noch immer häufig als Prognoseinstrument eingesetzt. Solange man ihre Grenzen beachtet, ist nichts gegen sie einzuwenden. In Zeiten ruhiger Aufwärtsentwicklung wird die Prognose mittels linearen Trends sogar gute Dienste leisten. Man mag diese Dienste als trivial bezeichnen, aber die Trendextrapolationen stellen eben doch Prognosen dar, deren Bedingungen und Möglichkeiten sich abschätzen lassen, was sich von bloß intuitiven Voraussagen nicht behaupten läßt. Außerdem ist die Trendextrapolation im Gegensatz zu den meisten modernen Verfahren nicht an das Vorhandensein stationärer Prozesse gebunden; das Verfahren ist zudem rasch und billig.

Die große Schwäche der Trendextrapolation ist, daß sie Umschwünge in der Entwicklung nicht vorhersagen kann. Zwar lassen sich quadratische und kubische etc. Trendfunktionen zugrundelegen, die einen bzw. gar mehrere Quasi-Umschwünge vorhersagen, aber ein derartiges Vorgehen ermangelt meist völlig der Sachlogik oder Semantik. Hat man starke sachlogische (und zwar umschwungsemantische, d. h. auf die Identifikation des Umschwungs abgestellte) Gründe für die Zugrundelegung eines Polynoms bestimmter (2., 3., usw.) Ordnung, dann kann man dieses für die Prognose verwenden. (Dann braucht man allerdings oft wohl auch kein Polynom mehr.)

Die Trendextrapolation besteht in der Regel aus drei Schritten:

(1) *Spezifikation*

Festlegung der Trendfunktion f(t) aus exogenen (z. B. apriorischen Gründen), etwa in linearer Form $x_t = \alpha_0 + \alpha_1 t + \varepsilon_t$ oder als Polynom n-ter Ordnung

$$x_t = \alpha_0 + \alpha_1 t + \alpha_2 t^2 + \ldots + \alpha_n t^n + \varepsilon_t$$

oder als Weibull- oder Gompertz- etc. -Funktion.

(2) *Schätzung*

Aus den Wertepaaren (x_t, t), $t = 1, \ldots, \tau$ wird mit Hilfe der – hier stochastisch interpretierten – Methode der kleinsten Quadrate die Trendfunktion $f(t)$ bzw. ihre Parameter bestimmt (geschätzt). Dies ist der inferentiale Teil der Trendextrapolation. $f(t)$ ist die Filterfunktion; beiläufig sei erwähnt, daß die Filterfunktion natürlich auch für die Vergangenheit gefilterte Werte liefert, nämlich $\tilde{x}_1, \tilde{x}_2, \ldots, \tilde{x}_\tau$, die Werte auf der Trendkurve.

(3) *Prognose*

Was aber viel mehr interessiert, sind die zukünftigen Werte von x, die man erhält, indem man in die Trendfunktion $f(t)$ die Werte $\tau + 1$, $\tau + 2, \ldots, m - 1, m$ $(m > \tau)$ einsetzt.

(4) *Wahrscheinlichkeitsbestimmung*

Das latente Glied ε_τ erlaubt, wenn man genug über es weiß oder über es annehmen kann, Wahrscheinlichkeitsbestimmungen. Wenn wir die Fehler außer acht lassen, die durch die Schätzung der Parameter der Trendfunktion ins Spiel kommen, dann wird durch die Ungleichung

$$\tilde{x}_{\tau+i} - k\,\sigma_\varepsilon \leqq x_{\tau+i} \leqq \tilde{x}_{\tau+i} + k\,\sigma_\varepsilon; \quad i = 1, 2, \ldots, m - \tau$$

ein Prognoseintervall

$$I_{\tau+i} = [\tilde{x}_{\tau+i} - k\,\sigma_\varepsilon; \ \tilde{x}_{\tau+i} + k\,\sigma_\varepsilon]$$

festgelegt, wobei $\tilde{x}_{\tau+i}$ die „Punktprognose" von x zum Zeitpunkt $\tau + i$ darstellt, d. h. den Wert von x auf der Trendfunktion zum Zeitpunkt $t \in \{\tau + 1, \ldots, m\}$; σ_ε ist die indirekt zu schätzende, konstant angenommene Standardabweichung des Zufallsgliedes ε_t, dessen Erwartungswert konstant gleich Null ist. Der Faktor k ist der Sicherheitsfaktor, der so gewählt wird, daß der zukünftige Wert $x_{\tau+i}$ mit Wahrscheinlichkeit α im Prognoseintervall $I_{\tau+i}$ liegt. $1 - \alpha$ heißt auch das Prognose-Konfidenzniveau. Für festes k hängt α nur von der Verteilungsfunktion $F(\varepsilon_t)$ ab. Für die häufige Annahme, daß die ε_t identisch und unabhängig normalverteilt sind, kann man die Flächenwerte der Normalverteilung, bzw. für relativ kleines τ die Flächenwerte der t-Verteilung, heranziehen.

In etwas anderer Interpretation läßt sich sagen: Die Wahrscheinlichkeit, daß das zufällig variierende Intervall

$$I^*_{\tau+i} = [X_{\tau+i} - k\,\sigma_\varepsilon, X_{\tau+i} + k\,\sigma_\varepsilon]$$

den Punktprognosewert $\tilde{x}_{\tau+i}$ überdeckt (c von engl. to cover = überdecken), beträgt

$$P(I^*_{\tau+i} \ c \ \tilde{x}_{\tau+i}) = \alpha.$$

Ein kleines Beispiel:

In diesem Beispiel ist $\tau = 15$, $m = 18$, $\alpha = 95\%$. Es wird angenommen, daß die Beobachtungen x_t $(t = 1, \ldots, 15)$ Realisationen von Zufallsvariablen

$$X_t = \alpha_0 + \alpha_1 t + \varepsilon_t \quad (t = 1, \ldots, 15)$$

sind und die ε_t unabhängig $N(0, \sigma_\varepsilon^2)$-verteilt sind.

Die Schätzung der Koeffizienten α_0 und α_1 nach der Methode der kleinsten Quadrate ergibt die Regressionsgrade (Punktprognosen)

$$\tilde{x}_t = 19{,}067 + 10{,}375\, t$$

und die Schätzung für σ_ε

$$\hat{\sigma}_\varepsilon = 10{,}006\,.$$

Aus der Normalverteilungsannahme für die ε_t folgt, daß $\varepsilon_{\tau+i}/\hat{\sigma}_\varepsilon$ einer t-Verteilung mit $\tau - 2 = 13$ Freiheitsgraden gehorcht. Wegen

$$95\% = \alpha = P\left(\tilde{x}_{\tau+i} - k\,\hat{\sigma}_\varepsilon \le x_{\tau+i} \le \tilde{x}_{\tau+i} + k\,\hat{\sigma}_\varepsilon\right) = P\left(-k \le \frac{\varepsilon_{\tau+i}}{\hat{\sigma}_\varepsilon} \le k\right)$$

erhält man den k-Wert aus der Tafel einer t-Verteilung mit 13 Freiheitsgraden von $k = 2{,}16$.

Die Intervallprognosen für $x_{\tau+i}$ (i = 1, 2, 3) erhält man aus den Punktprognosewerten $\tilde{x}_{\tau+i}$ (i = 1, 2, 3) durch Addieren bzw. Subtrahieren von $k \cdot \hat{\sigma}_\varepsilon = 21{,}6$.

Die Ausgangsdaten und Prognosen sind in der folgenden Tabelle zusammengestellt.

t	x_t	$\tilde{x}_t$	$\tilde{x}_t - 2{,}16\,\hat{\sigma}_\varepsilon$	$\tilde{x}_t + 2{,}16\,\hat{\sigma}_\varepsilon$
1	34	29,4		
2	33	39,8		
3	45	50,2		
4	62	60,6		
5	80	70,9		
6	75	81,3		
7	104	91,7		
8	118	102,1		
9	102	112,4		
10	106	122,8		
11	122	133,2		
12	141	143,6		
13	166	153,9		
14	167	164,3		
$\tau = 15$	176	174,7		
$\tau + 1 = 16$	–	185,1	163,5	206,7
$\tau + 2 = 17$	–	195,4	173,8	217,0
$\tau + 3 = m = 18$	–	205,8	184,2	227,4

52.4 Exponentielle Glättung

Der Grundgedanke des exponential smoothing (manchmal auch adaptive forecasting genannt) besteht darin, daß die Vergangenheitswerte gemittelt werden, aber nicht alle identisches Gewicht bekommen, sondern Gewichte entsprechend einer (exponentiellen) Vergessensfunktion. Der so errechnete Mittelwert dient als Prognosewert. Also statt des gewöhnlichen arithmetischen Mittels

$$\bar{x}_\tau = \frac{1}{\tau}(x_\tau + x_{\tau-1} + \ldots + x_1)$$

berechnet man das exponentiell geglättete

$$\bar{x}_\tau = \frac{1}{\sum\limits_{t=1}^{\tau} g_t}(g_1 x_\tau + g_2 x_{\tau-1} + \ldots + g_\tau x_1).$$

Die Folge $g_1, \ldots, g_\tau$ heißt die Vergessensfunktion, meist ist sie eine geometrische Reihe der Art

$$1, (1-\alpha), (1-\alpha)^2, \ldots, (1-\alpha)^{\tau-1}, \quad \alpha \in [0,1].$$

Für $\alpha = \frac{1}{2}$ lautet die Folge: $1, \frac{1}{2}, \frac{1}{4}, \frac{1}{8}, \ldots, (\frac{1}{2})^{\tau-1}$. Durch die Rekursionsbeziehung

$$\bar{x}_{\tau+1} = \alpha x_{\tau+1} + (1-\alpha)\bar{x}_\tau,$$

wobei

$$\bar{x}_\tau = \alpha x_\tau + (1-\alpha)\bar{x}_{\tau-1},$$

wird eine rasche und leichte Aktualisierung ermöglicht. Die Prognose für $\tau + 1$, nennen wir sie $\hat{x}_{\tau+1}$, lautet:

$$\hat{x}_{\tau+1} = \bar{x}_\tau.$$

Daran zu glauben ist für das Verfahren von ausschlaggebender Bedeutung. Ein kleines statistisches Problem ist noch die Bestimmung von α.

Die Vertreter dieses Verfahrens empfehlen ein trial-and-error-Vorgehen. Man beginne mit 0,5 und bewege sich iterativ von dieser festen Zahl nach links und rechts gleichmäßig fort, aber nicht weiter als bis 0 (links) bzw. 1 (rechts). Das Kriterium ist die Minimierung von

$$\sum_{t=1}^{\tau}(\hat{x}_t - x_t)^2.$$

Man kann Saison- und Trendkorrekturen anbringen, eine Trendkorrektur z.B. durch Einbeziehung des Trendkorrekturfaktors R_t

$$\hat{x}_t = \alpha x_t + (1-\alpha) R_t \bar{x}_{t-1}; \quad t = \tau+1, \tau+2, \ldots, m$$

wobei R_t als exponentiell geglätteter gewogener Durchschnitt aus den beobachteten Verhältnissen

$$R_t = c\frac{\bar{x}_t}{\bar{x}_{t-1}} + (1-c) R_{t-1}$$

ermittelt wird; c wird ähnlich wie α gefunden. Die Prognose „mit Trendkorrektur" lautet

$$\hat{x}_{\tau+i} = \bar{x}_\tau R_t^i; \quad i = 1, \ldots, m - \tau.$$

Weitere Modifikationen wollen wir uns ersparen. Daß dieses Verfahren eine so große Verbreitung gefunden hat, ist m.E. dadurch zu erklären, daß die Anwender seine Schwächen nicht erkannt haben und weil das exponentielle Glätten schon lange in software-Paketen verkauft wird.

52.5 Box-Jenkins-Verfahren

Von mindestens gleich starker Verbreitung wie das exponentielle Glätten ist die *Box-Jenkins-Methodik*, deren Grundgedanken wir uns kurz ansehen wollen.

Box und Jenkins [1970] versuchen, die stochastische Struktur einer Zeitreihe dadurch zu erkennen, daß die Zeitreihe in einen autoregressiven und einen gleitenden Durchschnittsteil aufgeteilt wird und dadurch, daß die Zeitreihe endlich oft „differenziert" wird.

(1) ARMA (p, q)

Im einfachen Fall setzt sich ein Box-Jenkins-Modell aus einem AR-Teil (AR für autoregressiv) und einem MA-Teil (MA für moving average) wie folgt zusammen:

$$X_t + \varphi_1 X_{t-1} + \ldots + \varphi_p X_{t-p} = a_t + \vartheta_1 a_{t-1} + \vartheta_q a_{t-q}$$

$$\text{AR mit p} \qquad\qquad \text{MA mit q}$$

Die X_t sind als Zufallsvariablen mit konstantem Erwartungswert Null angenommen; Die a_t bilden eine (schwach) stationäre Folge unkorrelierter Zufallsvariablen mit Erwartungswert Null.

(2) ARIMA (p, d, q)

Im erweiterten ARIMA-Modell, das wir etwas ausführlicher betrachten, wird eine Zeitverzögerung durch Differenzenbildung wie folgt erzielt: Es wird die Existenz einer positiven ganzen Zahl d angenommen, so daß

$$W_t = (1 - B)^d X_t \qquad\qquad (*)$$

stationär ist. Hierbei ist B der sog. „back-shift"-Operator (Rückwärtsverschiebungsoperator), der die gewünschte Zeitverzögerung bewirkt, so daß

$$B X_t = X_{t-1}, B^2 X_t = X_{t-2}, \ldots . \qquad\qquad (**)$$

W_t ist ein autoregressiver – gleitender Durchschnittsprozeß der Form

$$(1 - \varphi_1 B - \varphi_2 B^2 - \ldots - \varphi_p B^p) W_t$$
$$= \vartheta_0 + (1 - \vartheta_1 B - \vartheta_2 B^2 - \ldots - \vartheta_q B^q) a_t, \qquad\qquad (***)$$

wobei ϑ_0 eine für Trendprobleme wichtige Konstante darstellt. Die a_t-Glieder sind Zufallsvariablen, die die Restgröße „weißes Rauschen" repräsentieren. Die Gleichungen (*), (**), (***) zusammengenommen bilden das ARIMA (p, d, q)-Modell:

$$(1 - \varphi_1 B - \varphi_2 B^2 - \ldots - \varphi_p B^p) (1 - B)^d X_t$$
$$= \vartheta_0 + (1 - \vartheta_1 B - \vartheta_2 B^2 - \ldots - \vartheta_q B^q) a_t . \qquad\qquad (****)$$

ARIMA steht als Abkürzung für „*a*utoregressiv *i*ntegrated *m*oving *a*verage process", „integrated" seinerseits deutet auf die Differenzenbildung hin. Der Zusatz (p, d, q) bezieht sich auf die drei Parameter p, d, q in (****).

Natürlich geht es auch hier nicht ohne scharfe Annahmen ab. Die wichtigsten sind, daß X_t und a_t (schwach) stationäre Prozesse sind und die a_t identisch verteilte, unkorrelierte homoskedastische Zufallsvariablen mit Erwartungswert Null.

Eine Modifikation, die wir uns wieder schenken wollen, ist die saisonale.

Die Prognosemethodik rollt in einem iterativen Dreiphasenzyklus ab:

(a) *Identifikation*
In dieser Phase werden vorläufige Werte für p, d, q gewählt.

(b) *Schätzung*
Die Koeffizienten $\varphi_1, \ldots, \varphi_p$ und $\vartheta_0, \vartheta_1, \ldots, \vartheta_q$ werden geschätzt.

(c) *Diagnostische Überprüfung*
Man kontrolliert die Anpassung des geschätzten Modells an die gegebene Zeitreihe. Ist die Anpassung nicht zufriedenstellend, geht das Verfahren zurück in die erste Phase.

(d) *Prognose*
Nach einer entsprechenden Zahl von Iterationen wird das Modell endlich in die Prognosephase verbracht, und zwar auf folgende Weise:

(d.a) Man geht von (****) aus und ersetzt t schrittweise durch $\tau + 1, \tau + 2, \ldots$.

(d.b) Man berechnet die bedingten Erwartungen für alle beteiligten Zufallsvariablen. Da die Erwartungswerte für a_t per Annahme konstant gleich Null sind, sind nur die Erwartungswerte für X_t nicht-verschwindend und stellen die Prognosen dar.

Die „große Schönheit" des Verfahrens sehen Newbold und Granger [1974, S. 133] in der breiten Wahlmöglichkeit verschiedener Prognosefunktionen. Doch: ... „it is pertinent to ask whether much the same success could be obtained through a more ad hoc procedure". Sic!

52.6 Spektralanalytische Verfahren und Splines

Spektrale Untersuchungen dienen nicht nur der Zeitreihenanalyse, d.h. der Bestandsaufnahme der Frequenzen, sondern auch der Prognose. Zwar ist die Spektralanalyse per se kein Prognoseverfahren, doch kann mit ihrer Hilfe das Prognostizieren in gewissen Fällen erleichtert werden. Hat man nämlich aufgrund der Spektralanalyse wichtige Frequenzbereiche identifiziert, so kann man diese in den Zeitbereich zurücktransformieren und z.B. einen Grundtrend entsprechend harmonisch überlagern, wobei der (so überlagerte) Grundtrend bzw. seine Parameter z.B. mit Hilfe der Methode der kleinsten Quadrate geschätzt werden können.

Ähnlich wie Spektraldichten können auch Splines eine wichtige Hilfe bei der Glättung von Filtern oder bei der Schätzung von Lag-Verteilungen [Fahrion 1978, 1980] abgeben. Ich möchte es allerdings als sehr problematisch bezeichnen, Splines direkt zu Prognosen heranzuziehen. Es mag Gründe für die Annahme geben, daß Filter in Wahrheit „glatt" sind, aber es sind keine Gründe vorstellbar, warum die zukünftige Entwicklung eines Realphänomens sich so gestalten sollte, daß die Biegungsenergie minimal ist. Im Gegenteil: Man könnte Gründe für das Auftreten abrupter Veränderungen finden (z. B. Ölpreisschock Ende 1973).

53. Stochastische Kausalverfahren

53.1 Ihre wissenschaftliche Basis

Die stochastischen Kausalverfahren unterscheiden sich von den autoprojektiven Verfahren dadurch, daß ein bestimmtes Phänomen nicht aufgrund seiner *eigenen* früheren Realisationen prognostiziert wird, sondern aufgrund der Realisationen eines *anderen* Phänomens. Dieses andere Phänomen wird als ursächlich (richtiger: ätial) für das zu prognostizierende angesehen. Interessiert etwa der zukünftige Konsum, so ist es sicher vernünftig, eine Konsumprognose aus der Abhängigkeit des Konsums vom Einkommen herzuleiten. Der Prognostiker schließt von bekannten Ursachen auf unbekannte Wirkungen: $A \rightarrow B$. Solange immer nur ein B da ist, bleibt der prognostische Schluß deterministisch. Allerdings: Da wir mit Bezug auf die Realität mit letzter Sicherheit nie wissen können, daß nur ein B als Folge eines gegebenen A existiert, gibt es strenggenommen gar keine deterministischen Prognosen. Eine Ursache (oder auch ein Ursachenbündel) kann mehrere verschiedene Wirkungen produzieren:

$$A$$
$$\swarrow \downarrow \searrow$$
$$\{B_1, B_2, \ldots\}$$

Natürlich wäre es ganz töricht für den Prognostiker, dem Vorbild des Ursachenforschers zu folgen und etwa zu versuchen, das wahre B auszusondern. Da das wahre B zum Zeitpunkt der Prognose sich noch gar nicht realisiert hat, kann es auch nicht als das wahre identifiziert werden. Aber die einzelnen B's werden sich – als Folge von A – mit bestimmter, in der Regel unterschiedlicher Leichtigkeit verwirklichen. Betrachten wir ein bestimmtes B*. Seine Neigung, sich – relativ gegen die anderen B's – zu verwirklichen, ist die Wahrscheinlichkeit p*. Wir können p* auffassen als den „gerechten" Anteil, der B* bei der Zerlegung des ganzen Wirkungsbündels $B = \{B_1, B_2, \ldots\}$ zukommt (apriorische Wahrscheinlichkeitsinterpretation) oder als die relative Häufigkeit der Verwirklichung von B* bei über alle Grenzen wachsender Zahl von Beobachtungen (aposteriorische Wahrscheinlichkeitsinterpretation). Im Sinne der Prognose ist p* ein Maß der objektiven Rechtfertigung, B* als die Wirkung von A (und entsprechend A als die Ursache von B*) zu betrachten, trifft doch die Behauptung, daß A B* bewirkt habe, auf die Dauer im p*-ten Teil aller Verwirklichungen der Folgen von A tatsächlich auch zu. A ist also Prädiktor von B*, aber eben nicht in dem deterministischen Sinn, daß auf A stets B* folgen würde, sondern in dem statistischen Sinn, daß auf A mit Wahrscheinlichkeit p* B* folgen werde. Es ist also nicht das Kausalprinzip in seiner klassischen Form, welches dem

Geschehen zureichende Begründung geben könnte, sondern das Ätialprinzip, d.h. die Verknüpfung von allgemeiner Ursache und Verteilungsgesetz in Hartwigs Sinn. Ist die allgemeine Ursache A gegeben, so können wir prognostizieren:

B_1 wird mit Wahrscheinlichkeit p_1 die Folge sein,
B_2 wird mit Wahrscheinlichkeit p_2 die Folge sein,

$\vdots$

B_n wird mit Wahrscheinlichkeit p_n die Folge sein; $\sum\limits_{i=1}^{n} p_n = 1$.

Mehr läßt sich nicht sagen.

53.2 Die inferentialen Grundlagen der stochastischen Prognose

Die einfachste und natürlichste Prognosetechnik ist der direkte Schluß von einem bekannten Verteilungsgesetz auf zukünftige Realisationen der Zufallsvariablen. Wenn jemand mit einem Würfel, von dem er weiß, daß er fair ist, würfelt, so können wir prognostizieren: Mit Wahrscheinlichkeit $\frac{1}{6}$ wird die Eins oben liegen, mit Wahrscheinlichkeit $\frac{1}{6}$ die Zwei, usw., mit Wahrscheinlichkeit $\frac{1}{6}$ die Sechs. Wem die Prognosewahrscheinlichkeit von $\frac{1}{6}$ zu niedrig ist, kann sie beliebig bis 1 erhöhen. Freilich ist ein Preis dafür zu zahlen: Die Prognose selber wird ungenauer. Zum Beispiel können wir prognostizieren: Mit Wahrscheinlichkeit $\frac{2}{3}$ wird eine Augenzahl größer als 2 herauskommen. Oder wenn wir das Verteilungsgesetz $F(x; \mu)$ kennen, so können wir die einzelnen Realisationen x mit bestimmter, numerisch bekannter Wahrscheinlichkeit prognostizieren.

Warum macht man von dieser einfachen Technik der „direkten Prognose" praktisch so gut wie nie Gebrauch? Weil man das Verteilungsgesetz nicht kennt und/oder weil μ eine Zufallsvariable mit unbekannter A-priori-Verteilung ist! In allen Fällen, in denen das Verteilungsgesetz nicht exakt bekannt ist, kann man nicht direkt prognostizieren. Außerdem ist man in allen Fällen, in denen das Verteilungsgesetz nicht bekannt ist, unerläßlich auf empirische Beobachtungen angewiesen. Und an dieser Stelle fangen alle Schwierigkeiten der stochastischen Prognose an. Mit den Beobachtungen beginnt die Vertreibung aus dem Prognoseparadies. Eine erste Möglichkeit ist die Heranziehung des Bayesschen Theorems. Es erlaubt die Auffindung einer A-posteriori-Verteilung des Parameters μ aufgrund der empirischen Beobachtung x. Weitere Möglichkeiten liegen in der Fiduzialprognose, d.h. der Prognose aufgrund von Fiduzialinferenz, der strukturellen Prognose, der Likelihoodprognose und der Konfidenzprognose, immer entsprechend zum gewählten Inferenzverfahren.

53.3 Ökonometrische Prognosen

Ökonometrische Prognosen sind stochastische Prognosen, welche auf ökonomische Erscheinungen gerichtet sind. Der Inferenzteil folgt meist dem Likelihoodkonzept, der eigentliche Prognoseteil dem Konfidenzkonzept. Das ist ein wenig merkwürdig, hat sich aber so als allgemeine Praxis durchgesetzt.

Der Grundgedanke der Konfidenzprognose ist überaus einfach. Es sei die Zufallsvariable X normal verteilt mit dem Mittelwert μ und Standardabweichung σ; ein $x_0 \in \mathfrak{X}$ mit

$$x_0 \sim N(\mu, \sigma),$$

wurde beobachtet; aufgrund der realisierten Beobachtung x_0 soll eine Aussage über eine zukünftige Beobachtung x_f getroffen werden. Da ebenfalls

$$x_f \sim N(\mu, \sigma),$$

ist die Differenz

$$x_f - x_0 \sim N(0, \sigma \sqrt{2}),$$

d.h. normal verteilt mit Mittelwert 0 und Standardabweichung $\sigma \sqrt{2}$. Es wird das Intervall

$$[x_0 - k_\alpha, x_0 + k_\alpha]$$

als Konfidenzintervall für x_f bei beobachtetem x_0 abgegrenzt; $[x_0 - k_\alpha, x_0 + k_\alpha]$ heißt die *α-Konfidenzprognose* oder das *α-Vorhersageintervall* („prediction interval") für x_f. Über $[- k_\alpha, + k_\alpha]$ liegt die Wahrscheinlichkeitsmasse α (z. B. $\alpha = 0,99$ oder $\alpha = 0,95$) einer $N(0, \sigma \sqrt{2})$-Verteilung. Die berühmte Häufigkeitsinterpretation der Konfidenzprognose ist entsprechend wie folgt zu formulieren: Wenn *sowohl* x_0 *als auch* x_f unendlich oft beobachtet werden, so liegt in

$$\alpha \cdot 100\% \text{ der Fälle}$$

x_f im Intervall $[x_0 - k_\alpha, x_0 + k_\alpha]$.

Mißlich bei der Konfidenzprognose ist, daß durch jede neu hinzukommende Beobachtung das Konfidenzintervall sich verschiebt, bis es bei über alle Grenzen wachsender Zahl von Beobachtungen zur Ruhe kommt.

Nach der Konfidenztheorie besteht die Prognose also in der Angabe von *zufälligen* Intervallen, welche den festen unbekannten Parameter mit vorgegebener Wahrscheinlichkeit α überdecken.

Der übliche, mit der Konfidenzauffassung verbundene Weg des ökonometrischen Prognostizierens weist die folgenden Stationen auf:

(1) Gegeben ist das (lineare) ökonometrische Modell [1]

$$M: \ BY + AX = U$$

mit dem Verteilungsgesetz F_u für die latenten Variablen U.

(2) Mit Hilfe der Beobachtungsmatrizen Y für die endogenen Variablen und X für die exogenen Variablen wird eine numerische Struktur S in M festgelegt (Inferenzteil). Die *geschätzte Struktur* $\hat{S}$ sei:

$$\hat{S}: \ \hat{B}Y_t + \hat{A}X_t = u_t; \quad t \in T_B$$

$$(T_B = \text{Beobachtungsperiode}).$$

---

1 Zur Notation siehe die Zusammenstellung am Ende des Abschnittes.

(3) $\hat{S}$ wird durch Multiplikation mit B^{-1} und Auflösung nach Y_t in die sogenannte *Prognoseform der Struktur* gebracht:

$$\hat{S}_p: \quad Y_t = \hat{C}\,X_t + V_t; \quad t \in T_B\,.$$

Die geschätzte (lineare) Prognose- oder reduzierte Form $\hat{S}_p$ der Struktur S läßt also die endogenen Variablen als Funktionen der exogenen Variablen explizit in Erscheinung treten. Freilich genügt es in praxi, die geschätzte Struktur nur so weit nach den endogenen Variablen aufzulösen, daß die Prognosewerte durch schrittweises Einsetzen ermittelt werden können (rekursive Prognoseform).

(4) Es wird X_t für ein t aus dem Prognosezeitraum T_p „vorherbestimmt" und daraus

$$P: \quad \hat{Y}_t = \hat{C}X_t \quad \text{für} \quad t \in T_p$$

prognostiziert. Die *Prognose* P ist eine sogenannte Punkt- oder exakte Prognose. Bei ihr werden vernachlässigt:

a) der Schätzfehler von $\hat{C}$ und
b) der Einfluß von v_t.

(5) Meistens begnügt man sich nicht mit der Punktprognose P. Und man tut gut daran, sich nicht mit ihr zu begnügen. In der Tat steht sie auf der Grenzlinie, welche die wissenschaftlichen Prognosen von den Prophezeiungen und vom Betrug trennt. Am Beispiel des Würfelns möchte ich die wissenschaftliche Berechtigung für Punktprognosen erläutern. Nach längerem Würfeln mit einem bestimmten Würfel W habe sich gezeigt, daß (bei W) die Wahrscheinlichkeit für die 4 um ein geringes größer als bei den anderen Zahlen sei. Darum hat „4" die maximale Wahrscheinlichkeit; nun prognostiziert man: Beim nächsten Wurf wird die 4 kommen! Das ist die Logik der Punktprognose!

Zur *Intervallprognose* I gelangt man, indem man den Einfluß von v_t und eventuell zugleich (dies allerdings seltener) den Schätzfehler von $\hat{C}$ berücksichtigt.

(6) Wir reduzieren die Betrachtung auf die j-te Gleichung von $\hat{S}_p$

$$\hat{S}_p^{(j)}: \quad y_{jt} = \hat{c}_j\,X_t + \hat{v}_{jt}$$

mit $\hat{c}_j = (\hat{c}_{j1}, \hat{c}_{j2}, \ldots, \hat{c}_{jm})$ und schreiben, indem wir den Index j weglassen,

$$y_t = \hat{c}\,X_t + \hat{v}_t \quad \text{mit} \quad \hat{c} = (\hat{c}_1, \ldots, \hat{c}_m)\,.$$

Wir fragen nach der Zufallsstreuung von $\hat{y}_t = \hat{c}\,x_t$ um den „wahren" Wert $y_t = cX_t + v_t$, $t \in T_p$. Die Zufallsstreuung ist

$$Z = E((\hat{c} - c)\,X_t - v_t)^2 = X_t'\,\Sigma_{\hat{c}}\,X_t + \sigma_v^2,$$

wobei

$$\Sigma_{\hat{c}} = (\text{Cov}\,(\hat{c}_i, \hat{c}_j))_{j=1,\ldots,n}^{i=1,\ldots,m}$$

die Streuungs-Kovarianzmatrix von $\hat{c}$ ist. Man sieht, daß Z sich aus zwei separaten Komponenten zusammensetzt. Die eine Komponente, $X_t'\,\Sigma_{\hat{c}}\,X_t$, ist durch den Schätzfehler von $\hat{c}$ bewirkt, die andere, σ_v^2, durch den Einfluß der latenten Variablen.

(7) Durch die Ungleichung

$$\hat{y}_t - k\,\sqrt{z} \leqq y_t \leqq \hat{y}_t + k\,\sqrt{z}; \quad t \in T_p$$

wird, analog wie im Fall der Trendextrapolation, ein Vorhersageintervall festgelegt.

Die (Konfidenz-)Wahrscheinlichkeit hängt nur von k ab; die Intervallprognose I ist daher

$$\text{I:}\quad P(\hat{y}_t - k\sqrt{z} \leqq y \leqq \hat{y}_t + k\sqrt{z}) = f(k) = \alpha\,.$$

Welchen Wert α besitzt, hängt für festes k vom Verteilungsgesetz F_y ab. Ist das Verteilungsgesetz normal, so kann man den Wert für α leicht vorhandenen Tafeln entnehmen bzw. umgekehrt für vorgegebenes α das zugehörige k aufsuchen.

Zusammenstellung der Notation

$T_B = \{1, 2, \ldots, T\}$ Beobachtungszeitraum
m = Anzahl der exogenen Variablen
$X = (x_{it})_{t=1,\ldots,T}^{i=1,\ldots,m} = (X_1, X_2, \ldots, X_T)$
n = Anzahl der endogenen Variablen
$Y = (y_{jt})_{t=1,\ldots,T}^{j=1,\ldots,n} = (Y_1, Y_2, \ldots, Y_T)$
$U = (u_{jt})_{t=1,\ldots,T}^{j=1,\ldots,n} = (u_1, u_2, \ldots, u_T)$
$A = (a_{ki})_{i=1,\ldots,m}^{k=1,\ldots,n}$
$B = (b_{kj})_{j=1,\ldots,n}^{k=1,\ldots,n}$
$C = -B^{-1}A = (c_{ji})_{i=1,\ldots,m}^{j=1,\ldots,n}$
$V = B^{-1}U = (v_1, v_2, \ldots, v_T)\,.$

53.4 Prognosen aufgrund weicher Modelle

Die bei der ökonometrischen Prognostik benötigten Annahmen sind relativ stark. Auch ist das Problem der Vorherbestimmung der exogenen Variablen noch nicht befriedigend gelöst. Etwas weniger problematisch ist die Prognostik aufgrund weicher Modelle. Wir greifen den in Abschnitt 39.6 verlassenen Faden wieder auf.

Modell A_1, das aus nur einer latenten Variablen ω und zwei Blöcken von manifesten Variablen bestand, hatten wir in Strukturform wie folgt geschrieben (vgl. Abschnitt 39.5)

$$\omega = \sum_{j=1}^{m} \alpha_j x_j + v \tag{1}$$

$$y_i = \beta_i \omega + v_i\,, \quad i = 1, \ldots, n\,. \tag{2}$$

Die latente Variable ω wird so normiert, daß sie den Erwartungswert 0 und die Streuung 1 hat.

Nunmehr werden alle Relationen (1) und (2) als Prädiktoren spezifiziert. Eine lineare Regression steht in Prädiktorspezifikation, wenn ihr systematischer Teil, in (1) z.B. $\sum_{j=1}^{m} \alpha_j x_j$, die bedingte Erwartung der isoliert stehenden Variablen, z.B. in (1) ω selbst, darstellt. Für (1) und (2) bekommen wir somit

$$E(\omega | x_1, \ldots, x_m) = \sum_{j=1}^{m} \alpha_j x_j\,, \tag{1a}$$

$$E(y_i | \omega) = \beta_i \omega; \quad i = 1, \ldots, n\,. \tag{2a}$$

364

Dies ist die Prädiktorspezifikation für das latente Modell A_1. Für A_2, wo die latente Variable in zwei Komponenten ξ und η aufgespalten war, bekommen wir entsprechend die Strukturform als

$$\xi = c_1 \sum_{j=1}^{m} \alpha_j x_j + u \qquad (u = \text{Störterm}) \tag{3}$$

$$\eta = c_2 \sum_{i=1}^{n} (\beta_i y_i + v_i) \quad (v_i = \text{Störterme}) \,. \tag{4}$$

c_1 und c_2 sind die Normierungsfaktoren, die bewirken, daß ξ und η Erwartungswerte Null und Streuungen 1 haben.

Die Prädiktorspezifikationen lauten

$$E(\eta \,|\, x_i) = \sum_{j=1}^{m} \alpha_j x_j \,, \tag{5}$$

$$E(y_i \,|\, \xi) = \beta_i \,\xi \,. \tag{6}$$

Damit wird indirekt auch eine Relation zwischen ξ und η gestiftet.

In Modell B_1 führt die Umkehrung der inferentialen Richtung zwischen y und ω dazu, daß statt einfacher Regressionen hier eine multiple Regression zu beachten ist:

$$\omega = \sum_{i=1}^{n} \beta_i y_i + v \tag{7}$$

mit der Prädiktorspezifikation

$$E(\omega \,|\, y_1, \ldots, y_n) = \sum_{i=1}^{n} \beta_i y_i \,. \tag{7a}$$

Obgleich die inferentiale Richtung zwischen den x_i und ω so wie in Modell A_1 ist, sind die β_i von (7a) von den früheren (4) verschieden. Die Prädiktorspezifikation bei den anderen Modellen verläuft analog wie bis jetzt gezeigt.

Für die Schätzung der jeweils unbekannten Parameter und der latenten Variablen wurde von H. Wold 1979 (und anderen, besonders Lyttkens [1973]) das NIPALS-Verfahren entwickelt, dessen Anwendungsbereich allerdings über die Schätzung der Parameter weicher Modelle hinausgeht. Andererseits lassen sich auch andere Schätzverfahren als NIPALS für die Schätzung der Parameter weicher Modelle vorstellen. NIPALS (*n*onlinear *i*terative *p*artial *l*east *s*quares) ist ein Verfahren, das aus einer bestimmten Kombination von Modellspezifikation und Parameterschätzung besteht. Die Modellspezifikation ist, wie wir gesehen haben, die Prädiktorspezifikation; die Schätzmethode ist eine iterative Folge von Regressionen nach dem Prinzip der kleinsten Quadrate. (Wegen Einzelheiten siehe z.B. Wold [1979a] und die dort zitierte Literatur.)

53.5 Modelle mit verteilten Verzögerungen; Distributed Lags

Wenn wir die beiden Modellvarianten „autoprojektiv versus kausal" den beiden Modellvarianten „unverzögert versus verzögert" gegenüberstellen, resultieren die folgenden vier Modelltypen:

	unverzögert	verzögert
auto- projektiv	Zeitreihenanalyse	exponentielle Glättung
kausal	Regressionsmodelle (üblicher Art)	verteilte Verzögerungen

(Mischformen sind natürlich möglich.)

Drei der Grundtypen haben wir bereits kennengelernt. Es fehlen uns noch die distributed-lag-Modelle, die ebenfalls zu Prognosen verwendet werden können. Ihre Grundform lautet

$$Y(t) = \varphi \, (X(t), X(t-1), \ldots) + v(t) \, , \tag{DL}$$

wobei $Y(t)$ eine abhängige Größe, etwa der Konsum einer Volkswirtschaft im Jahre t, darstellt und $X(t)$ eine andere (unabhängige) Variable, im Beispiel etwa das Volkseinkommen. Diese letztere Variable kommt indessen nicht nur zum selben Zeitraum wie Y vor, sondern auch zu den früheren Zeiträumen $t-1, t-2, \ldots$. Das Beispiel beschreibt die sogenannte habit-persistence-Hypothese, d. h. die Vorstellung, daß der Konsum der laufenden Periode vom Einkommen der laufenden Periode abhängig ist, aber außerdem auch vom Einkommen der Vorperiode, evtl. der Vorvorperiode usw., da die Kosumenten ein einmal eingefahrenes „habit" (Verhalten, Einstellung) beizubehalten trachten. Andere Beispiele für derartige Beziehungen sind die Nachfrage als (distributed-lag-)Funktion von Preisen oder der Kapitalstock als (distributed-lag-) Funktion von Investitionen, die Lagerhaltung als Funktion der Verkäufe etc.

Derartige Modelle werden schon seit 1930 (Tinbergen) diskutiert und angewandt. Besonders bekannt wurden die Arbeiten von Koyck [1954], Cagan [1956] und Nerlove [1958] auf diesem Gebiet.

Im einfachsten Fall schreibt man die (DL)-Modelle linear

$$Y(t) = \alpha + \beta_0 X(t) + \beta_1 X(t-1) + \ldots + \beta_m X(t-m) + v(t). \tag{LDL}$$

Am verbreitetsten im linearen Modell sind die geometrischen lags: die β_j vermindern sich monoton.

$$Y(t) = \alpha + \beta_0 (X(t) + \lambda X(t-1) + \lambda^2 X(t-2) + \ldots + \lambda^m X(t-m)) + v(t)$$
$$\text{mit} \quad \lambda \in [0, 1] \, . \tag{*}$$

Für das Modell (*) werden zwei Unterformen unterschieden:
- das adaptive Erwartungsmodell und
- das adaptive Anpassungsmodell.

Bei ersterem stehen auf der rechten Seite Erwartungsgrößen, z. B. noch nicht direkt beobachtbare Preiserwartungen sowie auf der linken Seite z. B. die Nachfrage. Beim Anpassungsmodell stehen auf der rechten Seite Bestandsveränderungen und links eine Größe, die sich den Bestandsveränderungen anpaßt, z. B. die Lagerbestellungen.

Prognostisch wichtig wird das Modell (*) insbesondere dann, wenn ein zukünftiger Wert von X, $X^*(t+1)$, als Funktion der $X(t-i)$ aufgefaßt wird:

$$X^*(t+1) = (1-\lambda)(X(t) + \lambda X(t-1) + \ldots + \lambda^m X(t-m)) \,,$$

woraus die Rekursionsbeziehung (Koyck-Transformation) folgt:

$$X^*(t+1) = (1-\lambda) X(t) + \lambda X^*(t) \,.$$

Auf zahlreiche Spezialisierungen und Interpretationen müssen wir verzichten. Hier ging es nur um die Darlegung einiger Grundgedanken.

53.6 Der individuelle und der durchschnittliche Prognosefehler

Im Falle der linearen Einfachregression vereinfacht sich der Ausdruck P für die Prognose aus Abschnitt 53.3 zu der Prognose (Punktprognose):

$$\hat{Y}_p = \hat{\alpha}_0 + \hat{\alpha}_1 X_p \,,$$

wobei X_p der vorherbestimmte Wert der exogenen Variablen ist, $\hat{\alpha}_0 + \hat{\alpha}_1$ die geschätzten Parameter und $\hat{Y}_p$ die Punktprognose der abhängigen Variablen. Sei T_p der Prognosezeitraum, so ist $p \in T_p$. Das wahre Y_p ist zum Zeitpunkt der Prognose unbekannt. Die Differenz

$$d_p = Y_p - \hat{Y}_p$$

ist die Prognoseabweichung von $\hat{Y}_p$; d_p setzt sich additiv aus zwei Komponenten zusammen (vgl. auch Abschnitt 53.3):

$$d_p = Y_p - \hat{Y}_p = \underbrace{[Y_p - E(Y_p)]}_{\text{1. Komponente}} + \underbrace{[E(Y_p) - \hat{Y}_p]}_{\text{2. Komponente}}$$

Die erste Komponente, $Y_p - E(Y_p)$, ist so zu interpretieren: da die Realisation von Y_p nicht genau auf der Regressionslinie zu liegen kommen wird, es sei denn durch Zufall, muß die Abweichung des wahren Y_p vom Erwartungswert in Rechnung gestellt werden (s. Abb. 41). Diese Abweichung ist der Fehler ε_p. Dieser Fehler entsteht selbst dann, wenn die SRF (sampling regression function)

$$\hat{Y}_t = \hat{\alpha}_0 + \hat{\alpha}_1 X_t \qquad\qquad\qquad \text{(SRF)}$$

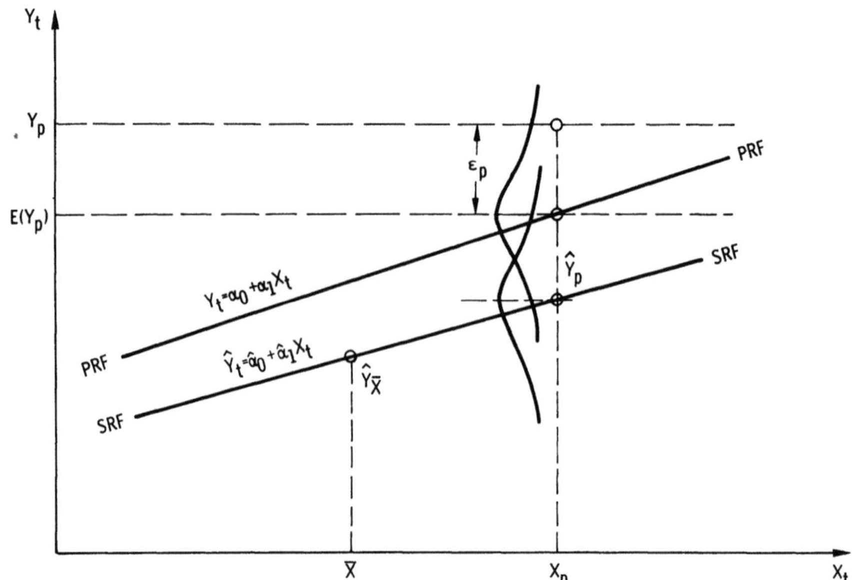

Abb. 41: Die Komponenten der Prognoseabweichung

genau mit der PRF (population regression function)

$$Y_t = \alpha_0 + \alpha_1 X_t \tag{PRF}$$

zusammenfiele. Tatsächlich ist aber wegen der Ersetzung des wahren Parametervektors (α_0, α_1) der PRF durch den geschätzten Parametervektor $(\hat{\alpha}_0, \hat{\alpha}_1)$ der SRF eine weitere Abweichung zu erwarten, nämlich *die zweite Komponente*, $E(Y_p) - \hat{Y}_p$. Sie berücksichtigt die durch den Stichprobenfehler bei der Schätzung $(\hat{\alpha}_0, \hat{\alpha}_1)$ hervorgerufene Abweichung. Es ist die Abweichung, die „auf die Dauer und im Durchschnitt" eintreten wird. Bei vielen ökonometrischen Prognosen wird sie vernachlässigt. Da der ihr entsprechende Fehler jedoch wie die erste Komponente meßbar ist, und da dieser Fehler von der Größenordnung her keinesfalls vernachlässigbar ist, spricht nichts dafür, sie zu unterschlagen.

Bis jetzt haben wir nur von der Prognoseabweichung, d.h. von der Differenz $d_p = Y_p - \hat{Y}_p$, gesprochen. Nunmehr fragen wir nach der zu *erwartenden* Prognoseabweichung oder dem *Prognosefehler*. Entsprechend den bisherigen Betrachtungen lassen sich zwei Typen von Prognosefehlern unterscheiden:

(1) der *durchschnittliche Prognosefehler;*

(2) der *individuelle Prognosefehler.*

Unter dem durchschnittlichen Prognosefehler $\sigma_{\hat{Y}_p}$ verstehen wir

$$\sigma_{\hat{Y}_p} = \sqrt{E[\{\hat{Y}_p - E(\hat{Y}_p \mid X_p)\}^2]} \ .$$

$\sigma_{\hat{Y}_p}$ ist der Fehler, der – im Sinne der 2. Komponente – auf die Dauer und im Durchschnitt begangen wird.

368

$\sigma^2_{\hat{Y}_p}$ ist die Streuung des mittleren *Prognosewertes* um seinen Erwartungswert; es ist die Streuung, die auf die Abweichung des SRF (sample regression function) von der PRF (population regression function) zurückzuführen ist.

Definition des Prognosewertes:

Der Prognosewert $\hat{Y}_p$ ist eine lineare Funktion der beobachteten Werte $y_1, \ldots, y_\tau$ *der endogenen Variablen* $Y_1, \ldots, Y_\tau$:

$$\hat{Y}_p = K_1\, y_1 + K_2\, y_2 + \ldots + K_\tau\, y_\tau,$$

*wobei die K_t solche Koeffizienten sind, die $\hat{Y}_p$ zu einem „guten" Prognosewert machen. Zum Beispiel soll $\hat{Y}_p$ BLUP sein, d.h. **best linear unbiased predictor** = bester linearer unverzerrter Prognosewert.*

Man kann das τ-Tupel $\{K_1, \ldots, K_\tau\}$ als linearen *Vorhersagefilter* F_K auffassen, der den Beobachtungsvektor $(y_1, \ldots, y_\tau) = y$ in die Prognose $\hat{Y}_p$ transformiert:

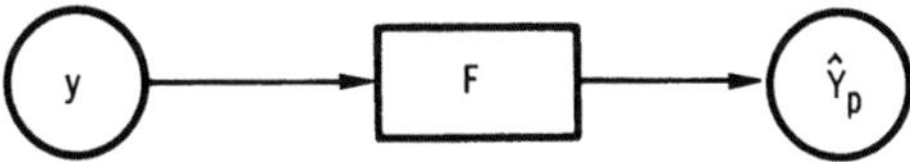

Der Prognosewert $\hat{Y}_p$ ist BLUP genau dann, wenn für den Filter F gilt:

$$F = \left\{ K_t = \frac{1}{\tau} + \frac{(X_p - \bar{X})\,(X_t - \bar{X})}{\sum\limits_{t=1}^{\tau} (X_t - \bar{X})^2} \;\middle|\; t = 1, \ldots, \tau \right\},$$

wobei X_p der vorherbestimmte Wert der exogenen Variablen ist.

Berücksichtigt man neben dem durchschnittlichen Prognosefehler noch den Fehlerspielraum, der durch die Zufallsvariation der endogenen Variablen selbst bewirkt ist, so resultiert der Typ von Prognosefehler, der im folgenden als individuell bezeichnet wird.

Unter dem *individuellen Prognosefehler* σ_{Y_p} verstehen wir

$$\sigma_{Y_p} = \sqrt{E[\{Y_p - \hat{Y}_p\}^2]}\;.$$

σ_{Y_p} ist der gesamte Prognosefehler, mit dem die Prognose $\hat{Y}_p$ behaftet ist. Der individuelle Prognosefehler berücksichtigt sowohl den Stichprobenfehler, mit dem die SRF gegenüber der PRF behaftet ist, als auch die zufällige Abweichung der zukünftigen „wahren" Beobachtung Y_p von der PRF.

Unter den getroffenen Annahmen gilt:

$$\sigma^2_{Y_p} = \sigma^2 \left[1 + \frac{1}{\tau} + \frac{(X_p - \bar{X})^2}{\sum\limits_{t=1}^{\tau} (X_t - \bar{X})^2} \right]. \qquad \text{(IPS)}$$

Die Größe

$$\frac{Y_p - \hat{Y}_p}{\hat{\sigma}_{Y_p}}$$

ist t-verteilt mit $\tau - 2$ Freiheitsgraden.

Aus (IPS) ergibt sich folgende Interpretation des individuellen Prognosefehlers.

(1) Der individuelle Prognosefehler ist desto kleiner, je größer τ, die Zahl der Beobachtungstupel, ist. Durch Vergrößerung des Beobachtungshorizontes kann der Prognosefehler also beliebig klein gemacht werden. Allerdings ist zu berücksichtigen, daß bei größerem Beobachtungshorizont einige der üblicherweise eingeführten Annahmen, z. B. die Zeitstabilität der Parameter, unrealistischer werden.

(2) Der individuelle Prognosefehler ist desto kleiner, je größer die Variabilität der beobachteten Werte der exogenen Variablen ist. Daraus resultiert die Forschungsstrategie, in einem Prognosemodell möglichst solche exogenen Variablen zu verwenden, die stark streuen. Aber:

(3) Der individuelle Prognosefehler ist auch desto kleiner, je kleiner der Abstand zwischen dem vorherbestimmten Wert der exogenen Variablen einerseits und dem Mittelwert der beobachteten Werte der exogenen Variablen andererseits ist. Das bedeutet, daß die Forschungsstrategie optimal ist, die solche exogenen Variablen verwendet, die zwar einerseits stark streuen, aber keinen oder nur einen schwachen Trend aufweisen.

Eine weitere Möglichkeit, den Prognosefehler zu charakterisieren, besteht darin, den Fehler des mittleren Prognosewertes, gemessen von seinem zu erwartenden wahren Wert und gegeben den Erwartungswert der exogenen Variablen, zu bestimmen. Wir nennen diesen Prognosefehler „charakteristisch", da er unabhängig von dem vorherbestimmten Wert der exogenen Variablen ist. Er charakterisiert die „reine" Prognosetauglichkeit der betreffenden Funktion, unabhängig von der Interpretation, die gleichsam zu Lasten der exogenen Variablen geht.

Unter dem *charakteristischen* Prognosefehler $\sigma_{Y_p|X}$ verstehen wir

$$\sigma_{Y_p|X} = \sqrt{E[\{Y_p - (\hat{Y}_p|\bar{X})\}^2]}\,.$$

(1) *Prognoseintervalle*

Zur Konstruktion von Prognose-Konfidenzintervallen machen wir uns zunutze, daß die Größen $(Y_p - \hat{Y}_p)/\hat{\sigma}_{Y_p}$ und $(Y_p - (\hat{Y}_p|\bar{X}))/\hat{\sigma}_{Y_p|X}$ t-verteilt mit $\tau - 2$ Freiheitsgraden sind.

Der zum $100\,(1 - \gamma)\%$-Konfidenzintervall gehörige Wert der t-Verteilung sei (nach Tabelle)

$$t_{\gamma/2}\,,$$

z. B. für $\gamma = 0{,}05$, d. h. für das 95%-Konfidenzintervall

$$t_{\frac{0{,}05}{2}} = 2{,}201\,.$$

Dann hat das Prognose-Konfidenzintervall I_{Y_p} die Grenzen

$$\hat{\alpha}_0 + \hat{\alpha}_1\,Y_p \pm t_{\gamma/2}\,\hat{\sigma}_{Y_p}$$

für den individuellen Prognosefehler und

$$\hat{\alpha}_0 + \hat{\alpha}_1\,Y_p \pm t_{\gamma/2}\,\hat{\sigma}_{Y_p|X}$$

für den charakteristischen Prognosefehler.

Für den individuellen Prognosefehler gilt somit die Wahrscheinlichkeit

$$P(Y_p \in I_{Y_p}) = 1 - \gamma,$$

d. h. die Wahrscheinlichkeit, daß der prognostizierte Wert Y_p der endogenen Variablen tatsächlich im Intervall I_{Y_p} zu liegen kommt, beträgt $1 - \gamma$, z. B. 0,95, wobei

$$I_{Y_p} = \left[\hat{\alpha}_0 + \hat{\alpha}_1 - t_{\gamma/2}\,\hat{\sigma} \sqrt{1 + \frac{1}{\tau} + \frac{(X_p - \bar{X})^2}{\sum_{t=1}^{\tau}(X_t - \bar{X})^2}} \;; \right.$$

$$\left. \hat{\alpha}_0 + \hat{\alpha}_1 + t_{\gamma/2}\,\hat{\sigma} \sqrt{1 + \frac{1}{\tau} + \frac{(X_p - \bar{X})^2}{\sum_{t=1}^{\tau}(X_t - \bar{X})^2}} \right].$$

Analog für den charakteristischen Prognosefehler:

$$P\left(Y_p \in \left[\hat{\alpha}_0 + \hat{\alpha}_1 - t_{\gamma/2}\,\hat{\sigma} \sqrt{1 + \frac{1}{\tau}} \;; \; \hat{\alpha}_0 + \hat{\alpha}_1 + t_{\gamma/2}\,\hat{\sigma} \sqrt{1 + \frac{1}{\tau}} \right]\right)$$

$$= 1 - \gamma, \quad \text{z. B.} \quad 0,95.$$

(2) *Der relative Prognosefehler*

So wie der geschätzte Residualfehler $\hat{\sigma}$ auf den Mittelwert $\bar{Y}$ der endogenen Variablen relativiert wird, so daß das Maß VA entsteht, lassen sich auch die geschätzten Prognosefehler auf $\bar{Y}$ relativieren (entsprechend zu $\hat{\sigma}_{\hat{Y}_p}$, $\hat{\sigma}_{Y_p}$, $\hat{\sigma}_{Y_p|X}$):

$$VA_{\hat{Y}_p} = \frac{\hat{\sigma} \cdot 100}{\bar{Y}} \sqrt{\frac{1}{\tau} + \frac{(X_p - \bar{X})^2}{\sum_{t=1}^{\tau}(X_t - \bar{X})^2}},$$

$$VA_{Y_p} = \frac{\hat{\sigma} \cdot 100}{\bar{Y}} \sqrt{1 + \frac{1}{\tau} + \frac{(X_p - \bar{X})^2}{\sum_{t=1}^{\tau}(X_t - \bar{X})^2}},$$

$$VA_{Y_p|X} = \frac{\hat{\sigma} \cdot 100}{\bar{Y}} \sqrt{1 + \frac{1}{\tau}}.$$

Durch diese Relativierung werden die Prognosefehler verschiedener Funktionen untereinander vergleichbar, da die vergleichsstörende Unterschiedlichkeit in der Größenordnung der endogenen Variablen beseitigt ist.

54. Sylleptische Kausalverfahren

54.1 Dualismus der Prognosemethoden

In der Prognostik gibt es Verfahren, die ohne den Wahrscheinlichkeitsgedanken auskommen. So wie die Statistik zwei prinzipiell verschiedene Erkenntnisaufgaben (und

-möglichkeiten) hat, eine stochastische und eine nichtstochastische, die von Flas-kämper als Dualismus der statistischen Erkenntnisziele bezeichnet wurde, so hat sie einen Dualismus der Gewinnungsmethoden (vgl. Abschnitt 16.5). Diesen beiden Dualismen entspricht ein „vermischter Dualismus" in der Analyse, wo beide Prinzipien eng verwoben vorkommen. Während aber die Deskription eine rein nicht-stochastische Kategorie ist und die Schätzung eine rein stochastische, sind die Hypothesenprüfung und mehr noch die Prognose wieder „vermischte Dualismen".

Man hat die nicht-stochastische Erkenntnisaufgabe gelegentlich als die sylleptische bezeichnet, von griech. $\sigma\upsilon\lambda\lambda\alpha\mu\beta\acute{\alpha}\nu\epsilon\iota\nu$ = zusammenfassen. Der Begriff der Sylleptik hat im Laufe der Zeit verschiedene Deutungen erhalten (Rümelin [1882], v. Bortkiewicz [1917], Menges [1959, 1961], Esenwein-Rothe [1967]), man tendiert aber heute doch zu einer Kennzeichnung der Gesamtheit der nicht-stochastischen Erkenntnisfunktionen, -mittel und -ziele. Das wichtigste Erkenntnismittel der Sylleptik ist die Sachlogik oder Semantik.

Sylleptik also bedeutet den Verfahrenskomplex, der auf die Schaffung eines wirk-lichkeitsgetreuen, verstehender Sinndeutung zugänglichen, numerisch spezifizierten Systems gerichtet ist. So wie der Wahrscheinlichkeitsbegriff über der Stochastik steht, so ist es der Begriff des Sinnzusammenhangs, der über der Sylleptik steht. Wenn ein solcher sylleptischer Sinnzusammenhang hergestellt und analysiert ist, dann kann der verständige Ökonom oder Mediziner etc. daraus in der Regel eine Prognose ab-leiten, ebenso leicht bzw. schwer wie aus einem stochastischen (z.B. ökonometrischen) Modell.

Es sind, schreibt Blind [1964], „... alle bereits erkennbaren Einflußgrößen in ihrer Bedeutung so eingehend wie möglich zu untersuchen, um dann durch sachliche Erwägung gestützte, möglichst realistische Annahmen über ihre mutmaßliche künf-tige Gestaltung zu machen und so zu einer vorläufigen Meinung über Richtung und Tempo der weiteren Entwicklung zu kommen. Dabei ist aber das Eindringen in die Sachzusammenhänge und nicht die Formel und die Rechnung die Hauptsache."

Die sylleptische Prognose ist schwierig und − problematisch. Schwierig ist die Hereinnahme außerstatistischer Instanzen in die Begründungszusammenhänge, weil es keine festen Regeln und Kriterien dafür geben kann, es sei denn so vage wie die, daß alles Wichtige, Bedeutende, Zukunftsträchtige zu berücksichtigen sei. Problema-tisch ist sie, weil sie an der Grenze der Objektivität und Kommunizierbarkeit steht. Was in Maß und Zahl dargelegt ist, läßt sich − nach dem Appell ans „Verstehen" − kommunizieren. Nicht so das „Außerstatistische".

54.2 Verhältnisse und Substitutionsprognosen

Seit den ersten Anfängen numerischer Prognosen sind Verhältniszahlen beliebte Prognoseinstrumente. Sie haben Eingang in die amtliche nationale und internationale bzw. supranationale Statistik gefunden, wo hauptsächlich Erwerbsquoten und Alters-strukturangaben prognostiziert werden. Von Instituten und privaten Forschern wurden des weiteren Arbeits- und Kapitalproduktivitäten, Kapitalkoeffizienten, Investitions-quoten, Konsumquoten usw. direkt prognostiziert oder als Grundlage für Prognosen benutzt. Auch diese Verfahren sind sachlogisch, weil (und insofern) die Beziehungen zu anderen Erscheinungen nicht formalisiert werden, sondern (mehr oder minder) dem Parallelismus von Sach- und Zahlenlogik folgen. Verhältniszahlen können durchaus als Grenzfälle ökonomischer Modelle angesehen werden, selbst dann, wenn man ein ökonomisches Modell in moderner Sicht als ein System von numerisch noch unspezifizierten Funktionen auffaßt. Eine Konsumquote z.B. ist ein „System", welches nur eine Funktion umfaßt, wobei diese eine Funktion, nämlich die Konsumfunktion, homogen-linear geschrieben ist. Freilich liegt darin gerade nicht das Wesen der Konsumquote als eines sachlogischen Instrumentes, sondern darin, daß sie in einen (nichtformalisierten) der Logik der Sache entsprechenden Begründungszusammenhang gebracht wird.

Häufig bestehen sachlogische Prognosetechniken auch darin, daß zwei und mehr Verhältniszahlen in ihrem Zusammenspiel betrachtet und prognostiziert werden. Theoretisch lassen sich unübersehbar viele derartige Techniken vorstellen. Zwei Typen hat Roos [1955] hervorgehoben:

(1) *Leitindexmethode*

In der Vergangenheit wurde von zwei Indizes beobachtet, daß der eine dem anderen vorauseilte. Man stellte Überlegungen an, ob dieses Vorauseilen so bleiben wird. Wenn man es bejaht, kann man aus dem vorauseilenden Index auf die künftige Entwicklung des anderen Index schließen.

(2) *Methode der vergleichenden Gewichte*

Aufgrund der Differenz zweier Größen schätzt man durch adaptive Korrektur voraus (z.B. distributed lag). X^* sei die Erwartungsgröße (z.B. Preiserwartung) für X (Preis). Dann kann es (sylleptische) Gründe für die folgende Gleichung geben:

$$\underbrace{X^*(t+1) - X^*(t)}_{\substack{\text{Erwartungs-}\\\text{zuwachs}}} = \underbrace{(1 - \lambda)}_{\substack{\text{Korrektur-}\\\text{faktor}}} \underbrace{(X(t) - X^*(t))}_{\substack{\text{Erwartungs-}\\\text{differenz}}}$$

Daraus folgt die wohlbekannte Beziehung

$$X^*(t+1) = (1 - \lambda) X(t) + \lambda X^*(t) \,.$$

$X(t)$ bekommt das Gewicht $(1 - \lambda)$, $X^*(t)$ das Gewicht λ. Allgemein kann man sagen, daß Verhältniszahlen besonders gut für sylleptische Prognosen geeignet sind, wegen ihres hohen Grades an Plausibilität und Anschaulichkeit.

Substitutionsprognosen

Ein ganz anderer Typ sachlogischer Prognosen, der sich unmittelbar an der „Sache" orientiert und darum keine feste zahlenlogische Entsprechung hat, sind die statistischen Substitutionsbetrachtungen. Sie gewinnen zunehmend an Bedeutung, obgleich sie längst nicht die Aufmerksamkeit erlangt haben, die sie verdienen.

54.3 Datentableaus

Eine eingehende sachlogische Deskription der wirtschaftlichen Situation wird sich in der Regel nicht in einer Handvoll Maßzahlen erschöpfen. Vielmehr bedarf es eines größeren systematischen Datentableaus, aus dem dann evtl. einzelne Größen herausgegriffen und zu Maßzahlen weiterverarbeitet werden. Solche Tableaus im gesamtwirtschaftlichen Rahmen sind z.B. Volkswirtschaftliche Gesamtrechnungen und Input-Output-Tabellen. Es lassen sich andere Formen, insbesondere analoge im Rahmen von Sektoren, Branchen oder Einzelbetrieben vorstellen, auch andere außerhalb der Ökonomie.

Auf eine wichtige derartige Form wollen wir etwas ausführlicher eingehen, die Input-Output-Prognose. Die Input-Output-Tabelle, auf der sie beruht, stellt ein derartiges Datentableau von beträchtlicher theoretischer und statistischer Ausgestaltung dar. Die Grundidee, die im Kreislaufdenken wurzelt (z.B. F. Quesnay, L. Walras), wurde statistisch erstmals konkretisiert und dargestellt von F. Grüning Mitte der zwanziger Jahre. Die theoretische Ausgestaltung erhielt sie durch ihren Namensgeber W. Leontief, der für seine Leistungen auf diesem Gebiet den Nobelpreis erhielt. Wir betrachten im folgenden das sog. offene statische Modell, das praktisch allen empirischen Input-Output-Tabellen zugrundeliegt.

Definition der Input-Output-Tabelle

Sie ist ein Darstellungs- und Rechenschema der zwischen den Teilen einer Volkswirtschaft (Sektoren) fließenden bewerteten Ströme an Gütern und Diensten, bezogen auf ein räumlich fest abgegrenztes Gebiet und einen bestimmten Zeitraum.

Definition der Input-Output-Prognose

Sie ist die (an Modellen orientierte) Auswertung der in den Tabellen gespeicherten Angaben (und evtl. anderer) zum Zweck der Prognose.

Wir betrachten zunächst den produzierenden Bereich. Einen bewerteten Strom von Gütern und Diensten vom produzierenden Sektor i an den produzierenden Sektor j bezeichnen wir mit

$$x_{ij} \quad (i, j = 1, \ldots, n).$$

Die x_{ij} bilden die Elemente der sog. Zentralmatrix $X = [x_{ij}; i, j = 1, \ldots, n]$. Das ist die Matrix der intersektoralen Transaktionen im produzierenden Bereich.

	an	(j)		
von		1	2 ...	n
1		x_{11}	x_{12} ...	x_{1n}
2		x_{21}	x_{22} ...	x_{2n}
(i) ·		·	· ·	·
n		x_{n1}	x_{n2} ...	x_{nn}

Die Gesamtnachfrage nach Gütern des Sektors i, z.B. Landwirtschaft, sei mit X_i bezeichnet; dann besagt die i-te horizontale Bilanzgleichung $(i = 1, \ldots, n)$

$$X_i = \sum_{j=1}^{n} x_{ij} + y_i \,,$$

daß die Gesamtnachfrage (der Gesamtoutput) X_i sich aus der Zwischennachfrage (intermediäre Verwendung) $\sum_{j=1}^{n} x_{ij}$ und der Endnachfrage (letzte Verwendung) y_i zusammensetzt. Dies war die Betrachtung vom Liefersektor aus. Vom Empfängersektor aus gesehen besagt die j-te vertikale Bilanzgleichung $(j = 1, \ldots, n)$

$$X_j = \sum_{i=1}^{n} x_{ij} + z_j \,,$$

daß sich der Gesamtinput X_j aus den intersektoralen Inputs $\sum_{i=1}^{n} x_{ij}$ und dem j-ten Primärinput z_j zusammensetzt.

Endnachfragekategorien sind (bei den Tabellen des Deutschen Instituts für Wirtschaftsforschung): Privater Verbrauch, Staatsverbrauch, Anlageinvestitionen, Vorratsveränderungen, Ausfuhr.

Primärinputkategorien sind (bei den DIW-Tabellen): Einfuhr, Abschreibungen, Indirekte Steuern, Arbeitnehmereinkommen, Unternehmereinkommen und Kuppelprodukte (eine Saldenkategorie für bestimmte Umsetzungen).

Berücksichtigt man diese Aufteilungen, so hat man neben der Zentralmatrix

— eine Matrix der letzten Verwendung (Endnachfragematrix)

$$Y = [y_{ik} \,|\, i = 1, \ldots, n; k = 1, \ldots, m]$$

— und eine Primärinputmatrix

$$Z = [z_{lj} \,|\, j = 1, \ldots, n; l = 1, \ldots, h] \,.$$

Der Vektor der Gesamtverwendung sei x,

$$x = \begin{bmatrix} X_1 \\ \vdots \\ X_n \end{bmatrix} .$$

Dann läßt sich die Input-Output-Tabelle wie folgt schematisch darstellen:

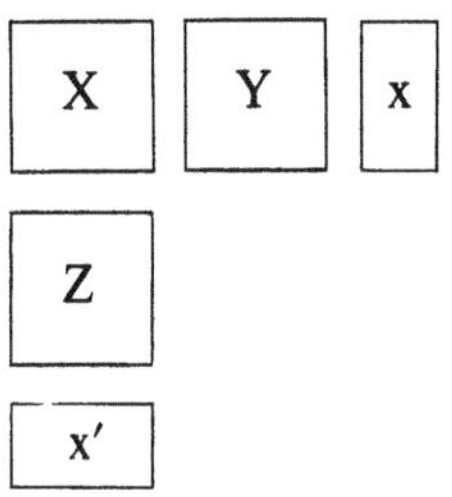

Sei $e = \begin{bmatrix} 1 \\ \vdots \\ 1 \end{bmatrix}$ der Einervektor, d.h. ein Spaltenvektor, der nur aus Einsen besteht (bitte nicht mit dem Einheitsvektor verwechseln), dann können wir die rechnerischen Zusammenhänge in der Input-Output-Tabelle wie folgt leicht darstellen:

$$X\,e + Y\,e = x \qquad \text{(Horizontale Bilanzgleichung)}, \qquad (\text{IO}\,1)$$

$$e'\,X + e'\,Z = x' \qquad \text{(Vertikale Bilanzgleichung)}. \qquad (\text{IO}\,2)$$

Auf die Betrachtung der umfangreichen Möglichkeiten der deskriptiven und analysierenden Auswertungen der Input-Output-Tabelle wollen wir hier verzichten, vielmehr den prognostischen Möglichkeiten nachgehen.

Durch Normierung der Spaltenwerte von X, Y und Z auf die Spaltensummen erhalten wir die sog. Input-Koeffizienten oder technologischen Koeffizienten und zwar

(1) für die Produktionsbereiche die Struktur der sektoralen Herkunft der Vorleistungen

intermediär

$$a_{ij}^{(1)} = \frac{x_{ij}}{X_j}; \qquad [a_{ij}^{(1)}] = A_1 = X\,(\text{diag } x)^{-1}; \qquad i, j = 1, \ldots, n,$$

primär

$$a_{lj}^{(2)} = \frac{z_{lj}}{X_j}; \qquad [a_{lj}^{(2)}] = A_2 = Z\,(\text{diag } x)^{-1}; \qquad l = 1, \ldots, h; \quad j = 1, \ldots, n,$$

(2) für die Bereiche der letzten Verwendung (Endnachfrage) die Beiträge der produzierenden Sektoren zur Befriedigung der Endnachfrage

$$d_{ik} = \frac{y_{ik}}{\displaystyle\sum_{i=1}^{n} y_{ik}}; \qquad [d_{ik}] = Y\,(\text{diag } e'Y)^{-1} = D.$$

Es gelten jetzt außerdem folgende Beziehungen:

$$e'\,A_1 + e'\,A_2 = e', \qquad (\text{IO}\,3)$$

$$e'\,D = e'. \qquad (\text{IO}\,4)$$

Von besonderem Interesse ist die Matrix A_1, welche auch Technologiematrix oder einfach Technologie heißt. Mit ihrer Hilfe kann (IO 1) wie folgt geschrieben werden:

$$A_1\,x + Y\,e = x,$$

woraus die erste Fundamentalgleichung folgt:

$$A\,x = y, \qquad (\text{IO}\,5)$$

wobei $y = Ye$ und $A = I - A_1$ die sog. *Leontiefmatrix*

$$A = \begin{bmatrix} 1 - a_{11} & - a_{12} \ldots & - a_{1n} \\ - a_{21} & 1 - a_{22} \ldots & - a_{2n} \\ \vdots & \vdots & \vdots \\ - a_{n1} & - a_{n2} \ldots & 1 - a_{nn} \end{bmatrix}$$

($y \geqq 0$ und $I - A_1$ nicht-singulär) ist. Die Inversion führt zur zweiten Fundamentalgleichung

$$x = A^{-1} y . \tag{IO 6}$$

Mit den beiden Gleichungen (IO 5) und (IO 6) hat man zahlreiche Analysemöglichkeiten und zwei wichtige Prognosemöglichkeiten an die Hand bekommen. Diese letzteren wollen wir betrachten. Dazu schreiben wir die drei Ausdrücke als Funktionen der Zeit (T = Beobachtungsperiode, P = Prognoseperiode).

Prognose der Endnachfrage (und ihrer Struktur)

$$y (t \in P) = A (t \in T) \cdot x (t \in P) \tag{E(1)}$$

oder

$$y (t \in P) = A (t \in P) \cdot x (t \in T) . \tag{E(2)}$$

Im ersteren Falle wird der Outputvektor (Produktionsvektor) x „vorherbestimmt" und angenommen, daß die Technologie A konstant bleibt. Aufgrund von E(1) errechnet sich daraus die zukünftige Endnachfrage y.

Im zweiten Fall wird die Technologie A „vorausbestimmt" und angenommen, daß der Output (die Produktion) x unverändert bleibt. Aufgrund von E(2) errechnet sich die zukünftige Endnachfrage y.

Prognose des Outputs (und seiner Struktur)

$$x (t \in P) = A^{-1} (t \in T) \cdot y (t \in P) \tag{O(1)}$$

oder

$$x (t \in P) = A^{-1} (t \in P) \cdot y (t \in T) . \tag{O(2)}$$

Gegenüber der Endnachfrageprognose sind hier die Rollen von y und x vertauscht, im übrigen gilt das oben Gesagte analog. Outputprognosen sind praktisch von besonderem Interesse. Ein Element a^{ij} der Matrix A^{-1} gibt an, wieviel Sektor i produzieren muß, damit eine Einheit Endnachfrage nach Gütern bzw. Diensten des Sektors j befriedigt werden kann, unter Berücksichtigung auch der indirekten Effekte. Eine weitere Möglichkeit wäre, A zu isolieren und zum Gegenstand der Prognose zu machen. Doch gibt es nicht viel Sinn, die Technologie auf diese Weise zu prognostizieren, da ihre zukünftige Entwicklung nicht von x und y abhängt, jedenfalls nicht direkt, sondern vom technischen Fortschritt und seiner ökonomischen Realisierung sowie von Substitutionen (s. o.).

Von R. Stone und Hatanaka wurde eine Prognosemethodik für die Technologie A entwickelt, die nicht auf x und y gegründet ist. Vielmehr werden bei der Prognose von

$a_{ij}(t)$ nach $a_{ij}(p)$, d.h. von den alten zu den neuen Inputkoeffizienten, „Fabrikationseffekte" r_i und „Substitutionseffekte" s_j berücksichtigt:

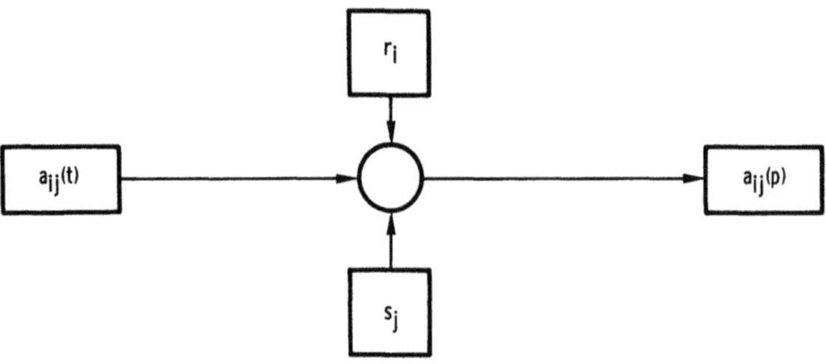

r_i ist eine zeilenweise Korrektur, die Substitution des intermediären Inputs des Sektors i; s_j ist eine spaltenweise Korrektur, die Substitution von intermediärem Input durch andere primäre oder Sektorinputs.

Der neue technologische Koeffizient $a_{ij}(p)$ ist $r_i\,a_{ij}(t)\,s_j$ oder in Matrixform

$$A(t \in P) = R \cdot A(t \in T) \cdot S\,,$$

wobei $R = \mathrm{diag}\,r_i$ und $S = \mathrm{diag}\,s_j$. R und S sind direkt betriebswirtschaftlich oder ingenieurwissenschaftlich-technisch zu ermitteln. Gelegentlich wird vorgeschlagen, die r_i und s_j durch Expertenbefragungen in Erfahrung zu bringen.

Die Input-Output-Prognose ist nicht unproblematisch. Dieselben Schwierigkeiten, mit denen die Input-Output-Analyse zu kämpfen hat, gelten auch bei der Input-Output-Prognose, und sogar in verstärkter Form. Die Hauptschwierigkeit sehe ich darin, daß eine Isomorphie „Sektor−Gut−Produktionsverfahren" unterstellt wird (werden muß), d.h. daß die Annahme zugrundeliegt, in einem Sektor wird genau ein Gut nach genau einem Produktionsverfahren hergestellt. Trotz dieser Schwierigkeit und vieler anderer ist die Input-Output-Prognose eines der wichtigsten Werkzeuge der mittelfristigen Wirtschaftsprognose.

55. Scenarios (und andere waghalsige Techniken)

55.1 Begriff und Konzept

Während die kausalen Verfahren hauptsächlich der mittelfristigen und die autoprojektiven Verfahren hauptsächlich der kurzfristigen Prognostik dienen, wurden für langfristige Prognosen andere Verfahren entwickelt, allen voraus die Scenario-Technik.

Begriff und Konzept der Scenarien kamen, von Vorläufern, z.B. in der Militärwissenschaft, abgesehen, durch das Hudson-Institut bzw. Herman Kahn und Anthony

378

Wiener auf. Die meisten Wissenschaftler standen dem Verfahren zunächst recht skeptisch (und spöttisch) gegenüber. Inzwischen ist die Scenariotechnik einigermaßen salonfähig geworden, als Ausdruck verschiedener Bestrebungen und Reaktionen, als Antwort einmal auf die ungewöhnlich große Ungewißheit, in der wir gegenwärtig leben, aber auch als Reaktion auf die rein syntaktischen (autoprojektiven) Verfahren, die das Bild der Prognostik bis vor kurzem dominierten, und schließlich – gleichsam endogen – als Folge davon, daß die Scenario-Technik über das rein oder vorwiegend intuitive Vorgehen hinausgewachsen ist.

Die Scenario-Technik in ihrer heutigen Form läßt sich stichwortartig wie folgt charakterisieren:

Allgemeine Zielsetzung ist der Entwurf zukünftiger Situationen.

Als Zwecke und Funktionen findet man in der Literatur genannt: Denkhilfe, Diskussionsgrundlage, Planungs- und Entscheidungsgrundlage, Berücksichtigungen auch unwahrscheinlicher Entwicklungen, Zusammenführung verschiedener Komplexe, Historisierung von Gegenwartssituationen usw.

Als wichtige Merkmale werden genannt: Plausibilität, Konsistenz der Teile untereinander, interdisziplinäre Ausrichtung, Transparenz.

Das Vorgehen wird meist als intuitiv bezeichnet, gelegentlich heuristisch oder explorativ. Jedenfalls läßt sich sagen, daß die Vorgehensweise nicht fest ist, d.h. sie stellt nicht eigentlich eine Methode dar.

Gleichwohl gibt es in der Regel drei Phasen der Scenario-Erstellung und drei Varianten. Die Phasen sind:

1. Analyse, und zwar der Gegenwart und der Vergangenheit,
2. Prognose als der materiell wichtigste Teil und
3. was als Synthese, Synopse oder als Integrationsphase bezeichnet wird.

Das Resultat erst der dritten Phase ist das Scenario. Meist tritt das Scenario jeweils in mehreren, etwa drei Varianten auf, z.B.

1. als optimistische Variante,
2. als Null- oder Normal- oder status-quo-Variante und
3. als pessimistische Variante.

55.2 Ein Beispiel

Ich möchte hier schon ein Beispiel einführen, auf das wir später noch einmal zurückkommen werden, nämlich die „Scenarien zur wirtschaftlichen und technologischen Entwicklung in der Bundesrepublik Deutschland bis 1995" des Bundesministeriums für Forschung und Technologie vom April 1980. Das Problem dieser Studie ist die Wirkung des technischen Fortschritts auf Wirtschaft und Arbeitsmarkt. Man spricht in der Scenario-Technik auch vom Problemfeld, im Gegensatz zu den Problem-Umfeldern. Diese letzteren sind in unserem Beispiel weit gefächert: politische Stabilität, Energiemärkte, Welthandel, Weltinflation, Bevölkerung und Erwerbstätigkeit, Konsumverhalten, Umwelt und schließlich das Investitionsverhalten.

Es wird eine Aufspaltung in drei Varianten vorgenommen, die ich hier abkürzend bezeichnen möchte als

S_1: verminderte staatliche Aktivität,

S_2: gleichbleibende staatliche Aktivität,

S_3: verstärkte staatliche Aktivität.

Aufgrund des Problemfeldes und seiner Umfelder werden bestimmte Variablen bis zum Jahre 1995 prognostiziert: Wachstum, Produktivität, Beschäftigung und Entwicklung der öffentlichen Haushalte.

55.3 Methoden der eigentlichen Prognosephase

Die Prognosephase ist die wichtigste im Rahmen der Scenario-Technik und wird ihrerseits in vier Prozeßschritte zerlegt [Oberkampf 1976]:

(1) Auswahl der Annahmen über voraussehbare Entwicklungen. – Als Prognosemethoden gelten hier einige der von uns bereits betrachteten, außerdem das Prognose-Delphi und die Cross-Impact-Analyse. Darüber sogleich Näheres.

(2) Erstellung von Präscenarien. – Als Methoden fungieren hier Expertenbefragungen (u. a. Experten-Delphi) und sonstige Recherchen (z. B. in der Literatur).

(3) Entwicklung von Entscheidungskriterien.

(4) Identifikation überraschender Ereignisse. Für beide Prozeßschritte werden an Methoden u. a. genannt: Brainstorming und Ideen-Delphi.

Auf die Delphi-Techniken gehen wir in Abschitt 55.4 ein.

Cross-Impact-Analyse

Teilscenarien entstehen durch die Aufspaltung des Gesamtproblems in überschaubare und fachlich zurechenbare Teilprobleme.

Präscenarien sind vorläufige Umsetzungen von Annahmen und Informationen in scenarien-ähnliche Aufstellungen. Solche Aufspaltungen sind zwar sehr nützlich, lassen aber die Gefahr entstehen, daß das Wesentliche vernachlässigt wird, so wie eine Menge von Suboptima noch kein Gesamtoptimum ergibt. Bei der Cross-Impact-Analyse versucht man, diese Gefahr dadurch zu bannen, daß man die Wirkungen der einzelnen Teile aufeinander, evtl. in der Beschränkung auf wesentliche Kombinationen, untersucht. Die bisherige Scenario-Technik scheint allerdings im wesentlichen auf Simulationsstudien von Expertenurteilen über zukünftige Entwicklungen und subjektive Abschätzungen von Wahrscheinlichkeiten beschränkt geblieben zu sein [Lippold-Welters 1976, Welters 1975]. In Abschnitt 60 werden wir in der Theorie der Bewertungssimplices ein weiteres (und objektives) Verfahren kennenlernen.

55.4 Die Delphi-Methode

Sie wurde in den vierziger Jahren von der RAND-Corp. entwickelt und dient der Zusammenführung und Analyse von Expertenmeinungen. Ihr Nutzen bei Prognosen, direkt oder über andere Techniken, ist mehr heuristischer Natur, besonders bei vielschichtigen Phänomenen. Sie ist aus den Panel-Diskussionen der empirischen Sozialforschung hervorgegangen und stellt gewissermaßen einen Versuch dar, Schwierigkeiten zu überwinden, die dort aufgetaucht waren. Zwar wurden die Prinzipien der „Diskussion" und des „Konsensus" beibehalten, aber um die Prinzipien „Anonymität" und „Vermeidung des band-wagon-Effekts" erweitert.

Die wissenschaftlichen Pfeiler (wenn man von solchen überhaupt reden will) der Delphi-Methode sind 1. die Annahme, daß Experten die Zukunft besser kennen als andere und 2., daß mehrere Experten nicht schlechter prognostizieren als ein einzelner.

Typischerweise gestaltet sich die technische Abwicklung wie folgt (nach [Sullivan-Claycombe 1977]):

(1) Eine Beschreibung des Prognoseproblems (gelegentlich schon mit den Experten vorberaten) wird zusammen mit Informationsmaterial an die Teilnehmer (Experten) verschickt.

(2) Die Teilnehmer reagieren; aufgrund der Reaktionen wird ein erster Fragebogen verschickt, der von den Teilnehmern beantwortet wird.

(3) Das Ergebnis der Fragebogenaktion wird den Teilnehmern mitgeteilt, meist in Form von Zentralwerten und Quantilen.

(4) Die Teilnehmer werden gebeten, ihre Meinung aufgrund der Ergebnisse der ersten Runde zu überdenken. Weiteres Informationsmaterial kann angefordert werden. Der (evtl. revidierte) Fragebogen wird ein zweites Mal versandt.

Usw.

Überraschenderweise wird bei den praktischen Anwendungen der Delphi-Technik meist eine Konvergenz zu einer Meinung festgestellt. Wo nicht, konvergieren die Meinungen zu zwei polarisierenden Standpunkten.

Wegen einer ausführlichen Kritik an der Delphi-Methode siehe Sackman [1974] und Sullivan-Claycombe [1977].

55.5 Subjektive Wahrscheinlichkeiten und das Gordon-Hayward-Verfahren

Unter die Verfahren der Verwendung von subjektiven Informationen (bei Scenarios, Delphi-Befragungen usw.) gehört natürlich auch die subjektive Wahrscheinlichkeit. Wenn man diese letztere im Range von Delphi-Befragungen sieht (wo sie nicht selten eine Rolle spielt), dann hat sie ihren angemessenen Platz gefunden, nämlich als subjektive Einschätzung von (objektiven) Wahrscheinlichkeiten durch Experten. Eine solche Einschätzung ist gerade bei Prognosen oft nützlich, da die objektiven Wahrscheinlichkeiten die Vergangenheit betreffen, während zukünftige Wahrscheinlichkeiten gebraucht werden. Aktualisierungsverfahren in diesem Sinn werden oft subjektiv sein müssen. Ein interessantes Aktualisierungsverfahren ist das von Gordon-Hayward.

Sei p_1 die objektive Wahrscheinlichkeit für das Auftreten eines bestimmten Ereignisses A in der Gegenwart, p_2 die (subjektive) Wahrscheinlichkeit für das Auf-

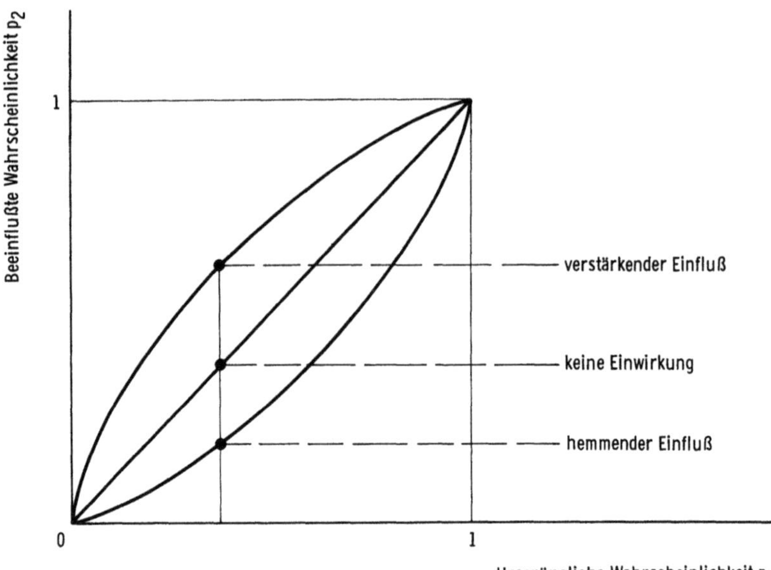

Abb. 42: Veranschaulichung der Gordon-Hayward-Formel

treten des Ereignisses A in der Zukunft, nachdem ein anderes Ereignis B sich ereignet hat oder nicht. B steht für den Komplex der Umstände, die auf p einwirken. Des weiteren sei

$$K = \begin{cases} -1 & \text{bei Verstärkung der B begünstigenden Umstände} \\ +1 & \text{bei Abschwächung der B begünstigenden Umstände.} \end{cases}$$

S ist eine Zahl zwischen 0 und 1, die die Stärke des Einflusses von B auf A (subjektiv) messen soll. Sie ist zugleich ein Maß, das zur Kennzeichnung des cross impact verwendet wird („cross" deswegen, weil die Stärke des Einflusses und die Art des Einflusses betrachtet wird).

Für p_2 erhält man die Gordon-Hayward-Formel

$$p_2 = p_1 + K S p_1 (p_1 - 1) .$$

Abb. 42 veranschaulicht diese Formel.

55.6 Syntax und Semantik

Vom wissenschaftstheoretischen Standpunkt aus lassen sich die „subjektiven Prognoseverfahren" (Scenario-Techniken, Delphi-Methode, Gordon-Hayward-Methode) wenn auch nicht begründen, so doch ein Stück rechtfertigen durch ihre Aufnahmefähigkeit für Semantik oder Sachlogik.

In der Logik unterscheidet man bekanntlich in der Lehre von den Zeichen oder der Semiotik einmal die *Syntax*, d.h. die Beziehung der Zeichen untereinander, die *Semantik*, d.h. die Beziehung zum Gegenstand und die *Pragmatik* (Beziehung zum Zeichenempfänger). Natürlich haben die subjektiven Prognoseverfahren auch pragmatische und syntaktische Eigenschaften, aber ihr Hauptcharakteristikum ist ihre Problem- und Sachbezogenheit und ihre Rezeptivität dafür. In klassischen Prognoseverfahren wie etwa der Zeitreihenanalyse herrschen die syntaktischen Eigenschaften vor und die semantischen sowie pragmatischen sind schwach ausgeprägt oder nicht vorhanden.

Die subjektiven Prognoseverfahren aber liegen am anderen Ende des Fächers; sie sind praktisch ohne Syntax, sie sind (fast) reine Semantik. Das ist insofern ein Vorteil, zumal in Zeiten großer Ungewißheit, weil Intuition, Erfahrung, Vorahnungen usw., die syntaktisch nicht faßbar sind, als Information oder sagen wir Quasi-Information in die Problemlösung eingebracht werden können. Doch: Ist das noch Wissenschaft? Die klare Antwort: Nein! Ein auch nur halbwegs strenger Wissenschaftsbegriff kann die Scenario-Technik und die anderen nicht aufnehmen. Ein Verfahren ohne Syntax ist wissenschaftlich buchstäblich sprachlos, mögen auch noch so viele Worte gemacht werden.

Wie können die subjektiven Prognoseverfahren gerettet werden? Nach dem Vorangegangenen: indem man ihnen eine Syntax gibt. Die Syntax, die ich vorschlage, ist eine Theorie und Methodik der linearen partiellen Bewertung. In der Tat läßt sich das LPI-Konzept von Kofler/Menges [1976] zu einem neuen, auf die subjektiven Prognoseverfahren passenden Konzept uminterpretieren (vgl. die Abschnitte 59, 60).

Weiterführende Literatur

Gilchrist 1976
Jenkins 1979
Menges 1967
Mertens 1975
Sullivan, Claycombe 1977

Zwölftes Kapitel
Entscheiden

56. Entscheiden bei Risiko und Ungewißheit

56.1 Der Grundgedanke

R. A. Fisher, der Begründer der modernen Inferenzstatistik, hat die Entscheidungstheorie abgelehnt. Viele, vor allem amerikanische Statistiker wollen die ganze Statistik entscheidungstheoretisch interpretieren. Vernünftig ist m. E., in einem gegebenen Problem die (objektive) Inferenz, d. h. ja auch: die Wahrheitssuche, so weit zu treiben wie nur irgend möglich; dort aber und nur dort, wo die gefundene Wahrheit nicht ausreicht, um eine Aktion zu ergreifen, die inferentiale Lücke mittels Entscheidung zu schließen. „Nur dort" im zweifachen Sinne, nur dort, wo die „Wahrheit" nicht ausreicht, und nur dort, wo eine Aktion zu ergreifen ist, d. h. dort, wo man etwas tun muß.

Sieht man, wie R. A. Fisher, die Aufgabe der Statistik nur in der gesicherten Inferenz (d. h. in der gesicherten „Wahrheitssuche"), dann ist (fast) kein Platz für Entscheiden. Doch sollte man vernünftigerweise die Aufgabe der Statistik weiter sehen. Wenn sich nämlich nicht wissenschaftliche Statistiker dem Entscheidungsproblem widmen, dann werden es Politiker und Scharlatane tun.

Die Inferenz liefert Methoden für die Verminderung der Ungewißheit, während die Entscheidungstheorie Richtlinien für das Verhalten unter Ungewißheit liefert. Die Inferenzmethoden sagen uns, wie wir einen dunklen Saal beleuchten können, mit einer Lampe oder – oft – nur mit einem Feuerzeug. Die Entscheidungsverfahren sagen uns, was wir – mit oder ohne Feuerzeug – tun sollen, um in der Dunkelheit nicht zu Schaden zu kommen.

Die Metapher kann weiter ausgebaut werden: Ist die Beleuchtung sehr gut (d. h. ist die Inferenz sehr sicher und aufschlußreich), dann erübrigen sich Entscheidungsverfahren oder ihre Anwendung ist trivial. Ist die Beleuchtung ganz schlecht (d. h. ist Inferenz gar nicht möglich oder zu teuer oder schwach und nicht aufschlußreich), dann liegt ein reines Entscheidungsproblem vor. Tatsächlich gibt es Entscheidungsverfahren, wir werden sie sogleich kennenlernen, die bei totaler Ungewißheit noch zur Entscheidung verhelfen wollen. Daß dieses Vorgehen grundsätzlich problematisch ist, versteht sich. Es ist gerechtfertigt nur in Fällen „akuten Entscheidungsnotstandes", d. h. wenn man aus irgendwelchen Gründen den dunklen Saal betreten muß. Besser ist es, entweder zu warten, bis etwas Licht gemacht ist, oder ganz draußen zu bleiben.

Andererseits kann aber das „Illuminationsproblem" selbst zu einer Entscheidungsfrage gemacht werden. Nämlich: Soll ich Licht machen und wie hell? Tatsächlich ist das statistische Arbeiten immer eine Folge von Inferenzen und Entscheidungen. Auch Lernprozesse können eingebaut werden. Nachdem ich einmal in dem dunklen Zimmer zu Schaden gekommen bin, habe ich etwas über die Realität erfahren und kann diese Erfahrung künftig berücksichtigen, und zwar sowohl bei der Inferenz wie bei der Entscheidung.

Der Leser sollte sich den Zusammenhang an einem ihn betreffenden Beispiel verdeutlichen, z.B. am Problem des Zusammenhangs von Rauchen und Lungenkrebs und der Entscheidung, mit dem Rauchen aufzuhören oder nicht.

Terminologisch sei vorab noch bemerkt: Die beiden Fälle (eigentlich Grenzfälle) des Entscheidens heißen *Risiko* und *Ungewißheit*. Vom Entscheiden unter Risiko spricht man, wenn die Wahrscheinlichkeiten für das Auftreten der Zustände der Realität genau bekannt sind (volle Information; nicht zu verwechseln mit Gewißheit). Vom Entscheiden unter Ungewißheit spricht man, wenn die Wahrscheinlichkeiten für das Auftreten der Zustände vollkommen ungewiß sind (Nullinformation).

In Abschnitt 59 werden wir eine wichtige weitere Klasse von Entscheidungsproblemen kennenlernen, die Klasse der Fälle zwischen Risiko und Ungewißheit. Wir nennen sie Entscheidungen bei partieller Information:

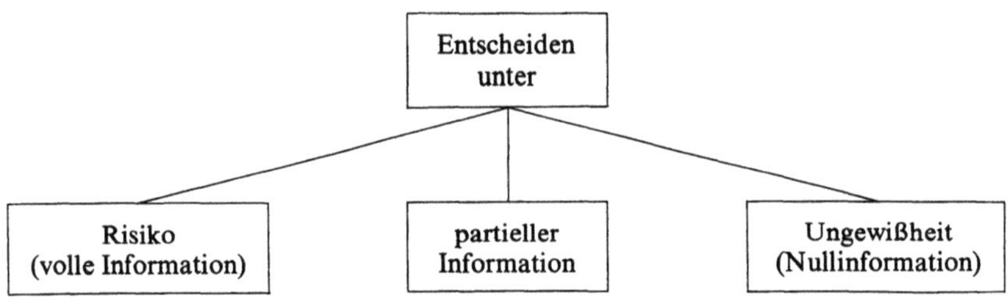

56.2 Das Grundmodell der statistischen Entscheidungstheorie und seine Konstituenten

Trotz ihrer Vielfältigkeit weisen die statistischen Entscheidungsprobleme in ihrer formalen Struktur gewisse Übereinstimmungen auf, die es nahelegen, ein Grundmodell aufzustellen, das so angelegt ist, daß die zur Entscheidung notwendigen Gegebenheiten als Konstituenten in ihm enthalten sind.

(1) Im Mittelpunkt des Grundmodells steht der Entscheidende, d.h. ein rational handelndes Subjekt, dem unbegrenzte logische Fähigkeiten und Rechenhilfsmittel unterstellt werden.

(2) Die Entscheidung selbst betrifft die Wahl einer *Aktion* a aus mehreren zur Auswahl zugelassenen, welche eine Menge A bilden.

(3) Die Lösung des Entscheidungsproblems besteht in der Wahl eines

$$a^* \in A$$

derart, daß bestimmte Rationalitätsanforderungen erfüllt sind, d. h. die Wahl von a* ∈ A muß in näher zu definierender Weise „optimal" sein.

(4) Über die Aktionenmenge A können Wahrscheinlichkeitsmaße δ definiert werden, die angeben, mit welcher Wahrscheinlichkeit (Aktionswahrscheinlichkeit) bestimmte Aktionen ergriffen werden sollen. Die Menge aller solchen Wahrscheinlichkeitsmaße sei mit Δ bezeichnet. Das ursprüngliche Entscheidungsproblem verlagert sich ein erstes Mal: Statt eines optimalen a* ∈ A soll ein in − näher zu spezifizierender − Hinsicht optimales Wahrscheinlichkeitsmaß

$$\delta^* \in \Delta$$

ausgewählt weren. Die Wahl von δ^* besagt, daß man sich für einzelne a ∈ A mit bestimmten (durch δ^* festgelegten) Wahrscheinlichkeiten entscheiden soll.

Die Einführung von Aktionswahrscheinlichkeiten ist in der statistischen Entscheidungstheorie meist nicht nötig, während sie in der Theorie der strategischen Spiele den guten Sinn hat, dem Gegner das Erkennen der eigenen Entscheidungen zu erschweren. Der Vollständigkeit halber sei der Begriff jedoch eingeführt. Die direkte Aktionswahl ist ein Sonderfall, wenn nämlich δ^* so beschaffen ist, daß es einem bestimmten a* ∈ A die Wahrscheinlichkeit 1 zuordnet.

(5) Dem Entscheidenden steht entgegen die Realität, Umwelt, Natur oder Welt mit gewissen Zuständen F, welche eine Menge Ω bilden, den sog. *Zustandsraum*.

(6) Zumeist betrachtet man die Elemente F ∈ Ω direkt als Verteilungsfunktionen F (x) einer Zufallsvariablen X, welche Werte x aus einem Stichprobenraum $\mathfrak{X}$ realisiert. Der Zustandsraum Ω ist dann eine bestimmte Verteilungsklasse, unter Umständen die Klasse aller Verteilungsfunktionen. Über Ω können Wahrscheinlichkeitsmaße λ eingeführt werden. Die Verteilungen λ (F) bezeichnet man als A-priori-Verteilungen, um anzudeuten, daß λ (F) vorgängig bekannt sein muß. Die Klasse aller über Ω erklärten A-priori-Verteilungen sei mit Γ bezeichnet.

(7) Da von Wald bereits die Modifikation vorgesehen war, daß die Entscheidung vom Ausfallen einer Beobachtung x ∈ $\mathfrak{X}$ abhängt, betrachten wir Abbildungen s des Stichprobenraums $\mathfrak{X}$ entweder in den Raum der Aktionswahrscheinlichkeiten Δ oder direkt in den Aktionsraum A:

$$\bar{s}: \quad x \to \Delta$$

$$s: \quad x \to A .$$

Solche Abbildungen heißen Strategien oder Entscheidungsfunktionen, und zwar bezeichnet man meist

$\bar{s}$ als zufällige Entscheidungsfunktion (randomized decision function)
s als nicht-zufällige Entscheidungsfunktion (non-randomized decision function);
auf diese beschränken wir uns.

Die Menge der Entscheidungsfunktionen sei mit S bezeichnet. Jede Entscheidungsfunktion s ∈ S ordnet jeder Stichprobe x ∈ $\mathfrak{X}$ eindeutig ein a ∈ A zu, d. h.

$$s (x) = a \in A .$$

Die Entscheidungsfunktion ist also eine Regel, nach welcher Aktionen in Abhängigkeit vom Ausfallen empirischer Beobachtungen x gewählt werden.

(8) Ist die Verteilungsfunktion F(x) unbekannt, aber die A-priori-Verteilung $\lambda \in \Gamma$ bekannt, dann haben wir ein Entscheidungsproblem unter Risiko.

Ist auch λ unbekannt, dann liegt der Fall eines Entscheidungsproblems unter (völliger) Ungewißheit vor.

(9) In allen Fällen muß der Entscheidende, um rational handeln zu können, die Konsequenzen kennen, die das Zusammentreffen eines Zustandes F mit einer Aktion a hat. Hier kommt die Theorie des Nutzens bzw. (mit umgekehrtem Vorzeichen) des Verlusts ins Spiel.

Wir setzen die Existenz und Kenntnis einer sog. Verlustfunktion $v(F, a)$ voraus. $v(F, a)$ ist eine reellwertige begrenzte Funktion, welche das kartesische Produkt $\Omega \times A$ in die Menge der reellen Zahlen abbildet:

$$v: \quad \Omega \times A \to \mathbb{R}.$$

(10) Da weder im Risikofall noch im Ungewißheitsfall das wahre F bekannt ist, fragt man zweckmäßigerweise zunächst nach den Verlusterwartungen oder Risiken $r(F, s)$. Mit Hilfe der Verlustfunktion $v(F, a)$ werden die Risiken auf $\Omega \times S$ wie folgt definiert:

$$r(F, s) = \int_{\mathfrak{X}} v(F, s(x)) \, dF(x) .$$

$r(F, s)$ ist das Risiko, das der Entscheidende eingeht, wenn er seine Aktion nach der Entscheidungsfunktion S auswählt und $F \in \Omega$ den wahren Zustand beschreibt.

(11) Aus der Menge S von Entscheidungsfunktionen sondern wir die Teilmenge S* der sog. zulässigen Strategien oder Entscheidungsfunktionen aus. Eine Entscheidungsfunktion heißt *zulässig*, wenn sie von keiner anderen dominiert wird, d.h. wenn es keine gibt, die gleichmäßig besser ist als sie.

Es seien s_1 und s_2 zwei Entscheidungsfunktionen mit

$$r(F, s_1) \leqq r(F, s_2) \quad \text{für alle } F \in \Omega$$

$$r(F, s_1) < r(F, s_2) \quad \text{für mindestens ein } F \in \Omega ;$$

dann ist s_1 gleichmäßig besser als s_2; oder s_1 dominiert s_2.

Das Dominanzkriterium ist ein sog. schwaches Entscheidungskriterium, das zur Lösung eines Entscheidungsproblems meist nicht ausreicht. Man muß dann ein starkes Entscheidungskriterium zur endgültigen Lösung des Entscheidungsproblems anwenden: das Bayes- oder das Minimaxkriterium (oder eine Variante).

(12a) Existiert eine „wahre" A-priori-Verteilung $\lambda^* \in \Gamma$ und ist sie dem Entscheidenden bekannt (Risikofall), dann kann das Entscheidungsproblem nach der Regel von Bayes gelöst werden. Das Bayessche Kriterium verlangt, daß man zunächst die Risikoerwartung bezüglich λ^* bilden

$$R(\lambda^*, s) = E[r(F, s)] = \int_{\Omega} r(F, s) \, d\lambda^*(F)$$

und alsdann die Entscheidungsfunktion nehmen soll, für welche die Risikoerwartung minimal ist:

s* $\in$ S* ist eine Bayessche Lösung bezüglich λ^*, wenn

$$R(\lambda^*, s^*) = \inf_{s \in S^*} R(\lambda^*, s) .$$

(12b) Existiert keine „wahre" A-priori-Verteilung oder ist sie dem Entscheidenden nicht bekannt (Ungewißheitsfall), dann empfiehlt Wald die Wahl derjenigen Entscheidungsfunktion $s' \in S^*$, für welche die Verlusterwartung „minimaximal" ist (Kriterium des minimaximalen Risikos):

$s' \in S^*$ ist eine Minimax-Lösung, wenn

$$\sup_{F \in \Omega} r(F, s') = \inf_{s \in S^*} \sup_{F \in \Omega} r(F, s) \,.$$

Für eine große Klasse von Problemen bedeutet die Minimax-Lösung eine Bayessche Lösung bezüglich der für den Entscheidenden ungünstigsten A-priori-Verteilung $\lambda \in \Gamma$. Daher interpretierte Wald die Anwendung des Minimaxkriteriums eben auch als Spiel des Entscheidenden gegen die Natur (aber diese Analogie trägt nicht weit).

(13) Wichtige Modifikationen der beiden Typen von Entscheidungskriterien betrachten wir in Abschnitt 57.

56.3 Zwei einfache Beispiele: Pascal und Heringe

Erstes Beispiel: Pascal

Dieses zeigt eine unmittelbare statistische Anwendung der Entscheidungsverfahren: Es sei der Bernoulliparameter p einer Pascalverteilung zu schätzen. Die möglichen Schätzungen („Aktionen") seien $\hat{p}_1 = 0{,}6$ und $\hat{p}_2 = 0{,}3$. Es werde eine Beobachtung gemacht. Sie ist entweder „kein Erfolg" $x_0 = 0$ oder „Erfolg" $x_1 = 1$. Der Stichprobenraum ist also ein eindimensionaler Ereignisraum, der nur die Punkte 0 und 1 enthält: $\mathfrak{X} = \{0, 1\}$. Im gegebenen Problem existieren vier mögliche Entscheidungsfunktionen (Schätzfunktionen) s:

$$
\begin{array}{llll}
s_1\colon & x_0 \rightarrow \hat{p}_1 & \qquad s_3\colon & x_0 \rightarrow \hat{p}_2 \\
 & x_1 \rightarrow \hat{p}_1 & & x_1 \rightarrow \hat{p}_1 \\[2mm]
s_2\colon & x_0 \rightarrow \hat{p}_1 & \qquad s_4\colon & x_0 \rightarrow \hat{p}_2 \\
 & x_1 \rightarrow \hat{p}_2 & & x_1 \rightarrow \hat{p}_2 \,.
\end{array}
$$

Außerdem seien nur zwei Verteilungsfunktionen $F_1(x)$ und $F_2(x)$ zum Problem zugelassen. Sie seien Pascalsche Verteilungsfunktionen mit den Bernoulliparametern $p_1 = 0{,}6$ und $p_2 = 0{,}3$. Natürlich wissen wir nicht, welches F das wahre ist.

Ist $F_1(x)$ die wahre Verteilungsfunktion und wir wählen die Schätzung („Aktion") $\hat{p}_1$, dann entsteht ein Verlust von − sagen wir − $L(\hat{p}_1, F_1) = -1$, also ein Gewinn von 1; ist $F_2(x)$ die wahre Verteilungsfunktion und wir wählen $\hat{p}_2$, dann sei aufgrund von Ermittlungen der Verlust $L(\hat{p}_2, F_2) = 0$. Außerdem hätten wir ermittelt, daß $L(\hat{p}_1, F_2) = 5$ und $L(\hat{p}_2, F_1) = 3$, d. h. wenn wir $\hat{p}_1$ als Schätzung nehmen, während F_2 die wahre Verteilungsfunktion ist, oder wenn wir $\hat{p}_2$ als Schätzung nehmen, während F_1 die wahre Verteilungsfunktion ist, dann würden wir relativ große Verluste erleiden, nämlich im Ausmaß von 5 bzw. 3. Die Verlusttabelle hat folgendes Aussehen:

$L(\hat{p}_i, F_j)$	F_1	F_2
$\hat{p}_1$	-1	5
$\hat{p}_2$	3	0

Darin drückt sich nun der Konflikt aus: Wählt man $\hat{p}_1$, so kann man zwar einen Gewinn erzielen (wenn nämlich F_1 die wahre Verteilungsfunktion ist), aber man riskiert, 5 zu verlieren (wenn nämlich F_2 die wahre Verteilung ist). Wählt man hingegen $\hat{p}_2$, so vermeidet man die Gefahr des großen Verlustes 5, aber man hat auch nicht die Chance, 1 zu gewinnen. Statt dessen kann man damit rechnen, nichts zu verlieren (wenn F_2 die wahre Verteilungsfunktion ist) bzw. 3 zu verlieren (wenn F_1 die wahre Verteilungsfunktion ist). Was soll man tun? Das Minimaxkriterium, falls wir das Entscheidungsproblem diesem Kriterium überantworten, verlangt von uns, das Risiko zu minimaximieren. Berechnen wir zunächst die statistische Entscheidungstabelle; für ein bestimmtes F_{j*} und ein bestimmtes s_{i*} erhalten wir die Schätzrisiken

$$r(F_{j*}, s_{i*}) = E\{L[F_{j*}, s_{i*}(x)]\}$$
$$= L[F_{j*}, s_{i*}(x_0)] P(x_0 | F_{j*}) + L[F_{j*}, s_{i*}(x_1)] P(x_1 | F_{j*}) .$$

Dabei ist $P(x_0 | F_{j*}) = 1 - p_{j*}$ und $P(x_1 | F_{j*}) = p_{j*}$.

Danach erhalten wir folgende Risikotabelle:

r	F_1 ($p_1 = 0{,}6$)	F_2 ($p_2 = 0{,}3$)
s_1	$r(F_1, s_1) = -1$	$r(F_2, s_1) = 5$
s_2	$r(F_1, s_2) = 1{,}4$	$r(F_2, s_2) = 3{,}5$
s_3	$r(F_1, s_3) = 0{,}6$	$r(F_2, s_3) = 1{,}5$
s_4	$r(F_1, s_4) = 3$	$r(F_2, s_4) = 0$

Weiterhin ist

$$\max_{j=1,2} r(F_j, s_1) = 5$$

$$\max_{j=1,2} r(F_j, s_2) = 3{,}5$$

$$\max_{j=1,2} r(F_j, s_3) = 1{,}5$$

$$\max_{j=1,2} r(F_j, s_4) = 3 .$$

In dieser Reihe ist der *kleinste* Wert 1,5. Also ist in unserem Beispiel

$$\min_i \max_j r(F_j, s_i) = 1{,}5 .$$

Die zu diesem Minimaximum gehörige Entscheidungsfunktion ist s_3. Sie ist die Lösung des Entscheidungsproblems; in Worten besagt sie:

Wird „kein Erfolg" (x_0) beobachtet, dann nehme man die Schätzung $\hat{p}_2 = 0{,}3$. Wird „Erfolg" (x_1) beobachtet, dann nehme man die Schätzung $\hat{p}_1 = 0{,}6$. Das ist auch ganz plausibel.

Wenn wir nun noch das Bayessche Kriterium auf das Beispiel anwenden wollen, stehen wir vor der Schwierigkeit, eine A-priori-Verteilung λ über $\Omega = \{F_1, F_2\}$ zu finden. Wir verwenden das sog. Bayessche Postulat, d. h. die Gleichverteilung über Ω. Sowohl F_1 als auch F_2 kommt danach die „A-priori"-Wahrscheinlichkeit 0,5 zu, und es errechnen sich die Bayesschen Risiken $r^*(\lambda, s_i) = 0{,}5 \cdot r(F_1, s_i) + 0{,}5 \cdot r(F_2, s_i)$ für $i = 1, \ldots, 4$ als

$$r^*(\lambda, s_1) = 2$$

$$r^*(\lambda, s_2) = 2{,}45$$

$$r^*(\lambda, s_3) = 1{,}05$$

$$r^*(\lambda, s_4) = 1{,}5 \, .$$

Das kleinste $r^*(\lambda, s_3)$ ist 1,05. Dieser Wert wählt die Entscheidungsfunktion s_3 als Bayessche Lösung aus. In unserem Beispiel fällt die Minimax-Lösung also mit der Bayesschen Lösung zusammen.

Zweites Beispiel: Heringe

Während das erste Beispiel ein unmittelbar statistisches ist, nämlich ein Schätzproblem, soll das zweite Beispiel zeigen, daß praktische Probleme, die − oberflächlich betrachtet − gar nichts mit Statistik zu tun haben, gleichwohl mit Hilfe der statistischen Entscheidungstheorie gelöst werden können. Bei näherem Zusehen zeigt sich freilich, daß die Statistik beträchtlich involviert ist, in Form von Beobachtungen und Verteilungsfunktionen.

Der Entscheidende ist der Kapitän eines Heringsloggers. Er steht vor der Aktionenwahl

$$a_1 = \text{auslaufen}, \quad a_2 = \text{nicht auslaufen}.$$

Die möglichen Zustände der Realität sind

$$m_1 = \text{der Heringszug trifft ein}, \quad m_2 = \text{der Heringszug trifft nicht ein}.$$

Die Verlustfunktion lautet:

	m_1	m_2
a_1	-2	2
a_2	1	1

Eine Zufallsvariable X hat die beiden möglichen Realisationen

$x_1 = \text{es werden Möwen im Fanggebiet beobachtet},$
$x_2 = \text{es werden keine Möwen im Fanggebiet beobachtet}.$

X ist mit (m_1, m_2) wie folgt verknüpft:

$$P(X = x_1 | m_1) = 0,7 \qquad P(X = x_2 | m_1) = 0,3$$
$$P(X = x_1 | m_2) = 0,2 \qquad P(X = x_2 | m_2) = 0,8 \ .$$

Man finde

a) die vier möglichen Entscheidungsfunktionen,
b) die Risikofunktion,
c) die Bayesschen Risiken bei Gleichverteilungsannahme,
d) die Bayessche Lösung des Problems,
e) die Minimax-Lösung des Problems.

a) Entscheidungsfunktionen:

$$s_1(x_1) = s_1(x_2) = a_1$$
$$s_2(x_1) = a_1, s_2(x_2) = a_2$$
$$s_3(x_1) = a_2, s_3(x_2) = a_1$$
$$s_4(x_1) = s_4(x_2) = a_2$$

b) Risikofunktion:

$$r(m_i, s_j) = L(m_i, s_j(x_1)) \, P(x_1 | m_i) + L(m_i, s_j(x_2)) \, P(x_2 | m_i)$$

c) Bayessche Risiken bei Gleichverteilungsannahme:

$$r^*(s_j) = 0,5 \, r(m_1, s_j) + 0,5 \, r(m_2, s_j)$$

d) Bayessche Lösung des Problems:

$$\min_j r^*(s_j) = r^*(s_1); \ s_1 \text{ ist die Bayessche Lösung.}$$

e) $\min\limits_{j} \max\limits_{i} r(m_i, s_j) = r(m_1, s_4) = r(m_2, s_4); \ s_4$ ist die Minimax-Lösung.

56.4 Einige wichtige Sätze

Viele Sätze der statistischen Entscheidungstheorie, wie das Minimaxtheorem, entstammen der Spieltheorie. Solche Sätze betrachten wir hier nicht. Spezifisch statistische Sätze beruhen hauptsächlich auf den Begriffen der Zulässigkeit (Dominanz) und der Vollständigkeit. Der Begriff der Zulässigkeit ist bereits definiert (vgl. 56.2).

Vollständigkeit:

Eine Klasse $D \subset S$ von Entscheidungsfunktionen heißt *vollständig*, wenn es für jedes $s \in S$ außerhalb D ein s dominierendes $s_0 \in D$ gibt, d.h. $r(F, s) \geqq r(F, s_0)$ für alle $F \in \Omega$ und $r(F, s) > r(F, s_0)$ für mindestens ein $F \in \Omega$.

Um eine Vorstellung von den in der statistischen Entscheidungstheorie bewiesenen Sätzen zu erhalten, betrachten wir einige einfache, welche keiner weiteren Vorbereitung bedürfen.

Satz 1:

Jede zulässige Minimax-Entscheidungsfunktion ist eine Bayessche Entscheidungfunktion bezüglich der – für den Statistiker – ungünstigsten A-priori-Verteilung (sofern diese existiert).

Definition der Äquivalenz:

Zwei Entscheidungsfunktionen $s_1, s_2 \in S$ *heißen äquivalent, wenn für alle* $F \in \Omega$ *gilt:* $r(F, s_1) = r(F, s_2)$.

Satz 2:

Eine Bayessche Entscheidungsfunktion, die in bezug auf eine gegebene A-priori-Verteilung bis auf Äquivalenz eindeutig ist, ist auch zulässig.

Satz 3:

Sei $\Omega = \{F_1, F_2, \ldots, F_k\}$, die korrespondierende A-priori-Verteilung $(p_1, p_2, \ldots, p_k)$ und s_0 die Bayessche Entscheidungsfunktion in bezug auf diese Verteilung, dann folgt aus $p_j > 0$ für $j = 1, \ldots, k$ die Zulässigkeit von s_0.

Satz 4:

Für endliche Ω ist jede zulässige Entscheidungsfunktion eine Bayes-Lösung in bezug auf eine bestimmte A-priori-Verteilung.

Andere wichtige Theoreme sind hauptsächlich Existenz- und Invarianzsätze sowie solche Sätze, welche das modern gefaßte Entscheidungsproblem mit den klassischen statistischen Aufgaben des Schätzens, Hypothesenprüfens und Prognostizierens verbinden (Ferguson [1967], Bamberg [1972]).

57. Weitere Entscheidungskriterien: Enttäuschung, Optimismus und Erfahrung kommen ins Spiel

57.1 Pro und Contra Minimax

Während das Bayes-Kriterium von vielen (keineswegs von allen; vgl. z.B. [Allais-Hagen 1979]) akzeptiert und als unmittelbarer Ausdruck von Rationalität aufgefaßt wird, blieb das Minimax- bzw. Maximin-Kriterium umstritten; für dasselbe wurden vier *begründende* Interpretationen geliefert:

(1) *Vorsichtsbegründung*
Es ist (bei sehr schwachen Voraussetzungen) das Bayes-Kriterium bezüglich der ungünstigsten A-priori-Verteilung. Da man die wahre A-priori-Verteilung nicht kennt, nimmt man, um sicher zu gehen, das Schlimmste bezüglich der Verteilungen an.

(2) *Spieltheoretische Begründung*

Die Unkenntnis der A-priori-Verteilung bedeutet, daß man die Realität nicht kennt. Daher unterstellt man der Realität ein Verhalten, als ob sie eine rational handelnde Gegnerin sei, die dem Statistiker schaden wolle. Man sprach vom „teuflischen Fräulein Natur".

(3) *Maximierung des Sicherheitsniveaus*

Man kann die Zeilenmaxima

$$\max_j r(F_j, s_i)$$

der Entscheidungsmatrix als Sicherheitsniveau interpretieren, das keine noch so teuflische Natur überschreiten kann. Die Minimax-Lösung ist diejenige, welche das Sicherheitsniveau maximiert (bzw. das Unsicherheitsniveau minimiert).

(4) *Gewißheitsbegründung*

Über die Minimax-Lösung kann die gewisseste Aussage getroffen werden, in dem Sinne, daß der Statistiker sicher ist, daß seine eigene Situation der Natur gegenüber sich nicht verschlechtern kann, gleichgültig, welche Strategie die Natur auch immer hervorbringen wird.

Diese vier Begründungen sind sich freilich recht ähnlich; sie bezeichnen im Grunde nur verschiedene Aspekte ein und derselben Sache.

Gegen das Minimaxkriterium wurde immer wieder eingewandt, daß es zu pessimistisch und konservativ sei, zumal von starrem Pessimismus. Außerdem verletzt es das „Prinzip der Unabhängigkeit von irrelevanten Alternativen" *(Savage)*. Dieser wichtige Einwand sei an einem Beispiel verdeutlicht. Mit der folgenden Entscheidungsmatrix

		Zustände			
	Verluste	m_1	m_2	max	
Aktionen	a_1	1000	0	1000	min
	a_2	999	999	999	

konfrontiert, würde wohl jeder vernünftige Mensch a_1 wählen, sofern die Wahrscheinlichkeit $p(m_2) > 0$. Denn bei der Wahl von a_1 hat der Entscheider die Chance, mag sie auch noch so klein sein, nichts zu verlieren, während er bei der Wahl von a_2 in jedem Fall stark verliert. Man hat durch verschiedene Tricks versucht, die Nachteile des Minimax-Kriteriums zu mildern.

394

57.2 Minimax-Regret-Kriterium nach Savage-Niehans

Savage [1951] meinte, Wald habe eigentlich ein Kriterium der minimaximalen Enttäuschung (und nicht des minimaximalen Risikos) im Sinne gehabt. Savage führte die Enttäuschungsfunktion (regret function) ein.

Es wird die Differenz zwischen $r(F, s)$ und dem bezüglich der zugelassenen Entscheidungsfunktionen kleinsten solchen Risiko als Enttäuschung

$$T(F, s) = r(F, s) - \inf_{s \in S^*} r(F, s)$$

gemessen und die Minimaxidee auf $T(F, s)$ statt auf $r(F, s)$ angewandt. Optimal ist hiernach die Entscheidungsfunktion $s^* \in S^*$, für die

$$\sup_{F \in \Omega} T(F, s^*) = \inf_{s \in S^*} \sup_{F \in \Omega} T(F, s) \,.$$

$T(F, s)$ gibt die Enttäuschung an, die der Entscheider darüber empfindet, daß er nicht die „gute" Entscheidungsfunktion $\hat{s}$ mit

$$r(F, \hat{s}) = \inf_{s \in S^*} r(F, s)$$

d.h. die, die zum kleinsten Risiko geführt hätte, gewählt hat, sondern eben die ungünstigere Entscheidungsfunktion s. Die Befolgung dieses Prinzips schützt weniger vor Risiken als vor Reue.

Dieses Prinzip wird jedoch kaum in der Praxis angewandt. Sein Hauptnachteil ist, daß es empfindlich auf Hinzufügen von Strategien reagiert.

57.3 Optimismuskriterium nach Hurwicz

Der Optimismus des Entscheidenden wird durch den Optimismusparameter α ($\alpha \in [0, 1]$) ausgedrückt und sodann als optimal die Entscheidungsfunktion $\bar{s} \in S^*$ angesehen, für welche

$$\alpha \inf_{F \in \Omega} r(F, \bar{s}) + (1 - \alpha) \sup_{F \in \Omega} r(F, \bar{s})$$

$$= \inf_{s \in S^*} [\alpha \inf_{F \in \Omega} r(F, s) + (1 - \alpha) \sup_{F \in \Omega} r(F, s)] \,.$$

Das minimale (optimistischste) Element $\inf_{F \in \Omega} r(F, s)$ wird also mit α und das maximale (pessimistischste) mit $1 - \alpha$ gewichtet und im übrigen das Minimaxprinzip auf diese Mischung angewendet. Auch dieses Kriterium hat keine nennenswerte Bedeutung erlangt.

57.4 Erfahrungskriterium nach Hodges-Lehmann

Der Starrheit des Waldschen Minimax-Pessimismus soll eine weitere Modifizierung abhelfen, die Einbeziehung der Erfahrung. Hodges und Lehmann [1952] waren die ersten, welche eine Hybridform aus Bayes- und Minimax-Kriterium vorschlugen, und zwar soll die Erfahrung, welche der Entscheidende besitzt, berücksichtigt werden. Im Maße, wie der Statistiker aufgrund vorgängiger Erfahrung der A-priori-Verteilung vertraut, soll er das Bayes-Kriterium anwenden, im übrigen das Minimax-Kriterium. Das Vertrauen des Statistikers wird durch eine fest vorgegebene Verteilung F_0 und den Vertrauensparameter p ($p \in [0, 1]$) charakterisiert (p drückt das Vertrauen aus, das der Entscheidende in das Vorliegen von F_0 setzt) und die Entscheidungsfunktion $\tilde{s} \in S^*$ als optimal angesehen, für welche

$$p \, r(F_0, \tilde{s}) + (1 - p) \sup_{F \in \Omega} r(F, \tilde{s}) = \inf_{s \in S^*} [p \, r(F_0, s) + (1 - p) \sup_{F \in \Omega} r(F, s)] \, .$$

Die als wahr vermutete A-priori-Verteilung F_0 wird also mit dem Vertrauen p gewichtet, das Mißtrauen $1 - p$ dient als Gewicht für die ungünstigste A-priori-Verteilung. Diese entspricht, wie wir wissen, dem Minimax-Kriterium.

57.5 Hybridformen

Diese Idee der Mischung von Bayes- und Minimaxkriterium aufgrund vorgängiger Erfahrung ist später von vielen Autoren aufgegriffen worden. Sie wird uns im nächsten Abschnitt in einem neuen Gewand beschäftigen. Eine klassische Form — neben dem Hodges-Lehmann-Kriterium — ist:

Das gestreckte Bayes-Kriterium:

Der Raum Ω wird in eine endliche Anzahl t von disjunkten Unterräumen

$$\Omega_i: \left\{\Omega_1, \ldots, \Omega_t \,\middle|\, \bigcup_i \Omega_i = \Omega; \; \Omega_i \cap \Omega_j = \emptyset \quad \text{für} \quad i \neq j\right\}$$

zerlegt derart, daß der Entscheidende weiß, daß das wahre F mit Wahrscheinlichkeit $p_i \left(\sum_{i=1}^{t} p_i = 1\right)$ in Ω_i liegt; als optimal gilt dann die Entscheidungsfunktion $s' \in S^*$, für welche

$$\sum_{i=1}^{t} p_i \sup_{F \in \Omega_i} r(F, s') = \inf_{s \in S^*} \sum_{i=1}^{t} p_i \sup_{F \in \Omega_i} r(F, s) \, .$$

Wenn $i = 1$ ist, d.h. Ω nicht zerlegt werden kann, geht die gestreckte Bayes-Lösung in das Minimaxkriterium über. Ist die Zerlegung von Ω hingegen so fein, daß in jedem Ω_i nur ein F liegt, dann geht die gestreckte Bayes-Lösung in das reine Bayeskriterium über.

Weitere Modifikationen, Hybridformen und Verallgemeinerungen findet der Leser bei Menges [1963], Schneeweiß [1964] und bei Watson [1974], der auch einen Überblick gibt.

58. Das Risikomodell der vollständigen Information

Wie eingangs schon angedeutet, ist von den beiden Waldschen Fällen des Entscheidens das Risikomodell das bei weitem stärker beachtete. Das hat einmal seinen Grund in der subjektivistischen Auffassung des Wahrscheinlichkeitsbegriffs, der viele Entscheidungstheoretiker folgen und die bewirkt, daß die für das reine Risikomodell erforderliche Vollständigkeit der Information subjektiv (personell) gewonnen wird. Das hat aber auch darin seinen Grund, daß man heute meist den im reinen Ungewißheitsmodell mit der Anwendung des Minimaxkriteriums praktizierten Pessimismus für übertrieben hält, auch dann, wenn der Wahrscheinlichkeitssubjektivismus nicht akzeptiert wird. Denn einige Informationen über die A-priori-Verteilung sind meist vorhanden.

Wir betrachten nun das reine Risikomodell, also das Modell der vollständigen Information über die „A-priori-Verteilung". Im Anschluß an Schneeweiß [1967] treffen wir die (z. T. vereinfachenden) Annahmen:

(1) Die Handlungskonsequenzen sind monetär gemessen; sie heißen daher auch Einkommen.

(2) Auf den Einkommen gibt es eine Wahrscheinlichkeitsverteilung w; ihre Menge ist W.

(3) Auf W existiert eine Präferenzrelation „$\succsim$".

(4) *Ordinales Prinzip:*

Es existiert ein sogenanntes Präferenzfunktional ψ, das jeder Wahrscheinlichkeitsverteilung $w \in W$ eine reelle Zahl $\psi[w]$ zuordnet derart, daß für je zwei $w_1, w_2 \in W$

$$\psi[w_1] \geqq \psi[w_2] \quad \text{äquivalent mit} \quad w_1 \succsim w_2 \text{ ist.}$$

Das Präferenzfunktional ist dadurch nur bis auf monotone Transformationen bestimmt. Das Ordinale Prinzip hat zur Konsequenz, daß W vermöge der Relation $\succsim$ einfach schwach geordnet ist, insbesondere sind also zwei w aus W vergleichbar. Dieses Prinzip ist aber nicht die einzige Richtlinie für rationales Verhalten; wenigstens muß das folgende einschränkende Prinzip noch befolgt werden.

(5) *Dominanzprinzip:*

Es sei x_w eine Zufallsvariable mit Wahrscheinlichkeitsverteilung w und $x' = f(x)$ eine (reelle, meßbare) Funktion, die jedem Einkommen x ein günstigeres $x' \succsim x$ zuordnet. w' sei die Wahrscheinlichkeitsverteilung von $f(x_w)$. Dann ist $w' \succsim w$.

In der Regel wird ein höheres Einkommen einem niedrigeren vorgezogen, und man bezeichnet daher dieses Verhalten als normal (mit $x_1 > x_2$ ist auch $x_1 \succ x_2$). Im Normalfall kann das Dominanzprinzip einfacher formuliert werden. Mit F_w bezeichnen wir die Verteilungsfunktion von w:

(5a) *Dominanzprinzip I im Normalfall*

Es sei f eine zunehmende Funktion und w_f die durch f transformierte Wahrscheinlichkeitsverteilung von w, dann ist $w_f \succsim w$.

(5 b) *Dominanzprinzip II im Normalfall*

Ist $F_{w_1}(x) \geqq F_{w_2}(x)$ für alle x, dann ist $w_2 \gtrsim w_1$.

Danach ist w_2 deshalb günstiger als w_1, weil für jedes x die Wahrscheinlichkeit, ein Einkommen zu erhalten, das x übersteigt, größer ist, wenn die Wahrscheinlichkeitsverteilung w_2 zugrunde liegt, als wenn w_1 vorliegt.

Im Dominanzprinzip I werden die Einkommen verbessert, die Wahrscheinlichkeiten bleiben unverändert. Im Prinzip II werden die Einkommen gelassen, aber die Wahrscheinlichkeiten geändert, und zwar so, daß ein günstigeres w entsteht. Beide Prinzipien stehen in enger Beziehung zueinander, und es gelten folgende Sätze:

Satz 1:

Das Dominanzprinzip II ist allgemeiner als das entsprechende Prinzip I.

Satz 2:

Sind F_1 und F_2 streng monoton steigende, stetige Verteilungsfunktionen von w_1 bzw. w_2 und gilt das Dominanzprinzip I, dann gilt für diese Wahrscheinlichkeitsverteilungen auch das Dominanzprinzip II.

Definition des Sicherheitsäquivalents:

Ein Sicherheitsäquivalent einer Wahrscheinlichkeitsverteilung w ist ein (sicheres) Einkommen s, das zu w indifferent ist $(s \sim w)$;

$$\psi[s] = \psi[w] \,.$$

Dem Entscheidenden ist es gleichgültig, ob ihm das sichere Einkommen s oder die Wahrscheinlichkeitsfunktion w für das Einkommen angeboten wird.

Nicht jede Wahrscheinlichkeitsverteilung besitzt ein Sicherheitsäquivalent, und auch bei Existenz desselben muß es nicht eindeutig bestimmt sein, es sei denn, der Normalfall liegt vor. In diesem Fall gilt der

Satz 3:

Besitzt jede Wahrscheinlichkeitsverteilung ein Sicherheitsäquivalent und liegt der Normalfall vor, dann ist dieses ein Präferenzfunktional.

Es wurde schon früh in der ökonomischen Diskussion des Risikos vorgeschlagen, daß das Präferenzfunktional nicht von der ganzen Wahrscheinlichkeitsverteilung, sondern nur von einigen ihrer Verteilungsparameter abhängen soll, wie Mittelwert, Streuung und höhere Momente. Sind $\alpha_1, \alpha_2, \ldots, \alpha_n$ solche Parameter für die Wahrscheinlichkeitsverteilung w und ist W der Raum aller Wahrscheinlichkeitsverteilungen, für die alle Parameter existieren, dann sei über W das Präferenzfunktional ψ als eine Präferenzfunktion ψ in den α_i repräsentiert. Es gelte:

Das klassische Prinzip:

In den Parametern $\alpha_1, \ldots, \alpha_n$ gibt es eine Funktion ψ mit $\psi[w] = \psi(\alpha_1, \alpha_2, \ldots, \alpha_n)$. Die Präferenzfunktion ψ ist wieder nur bis auf eine monotone Transformation bestimmt.

Dem klassischen Prinzip zufolge sind alle Wahrscheinlichkeitsverteilungen, für die die Parameter $\alpha_1, \ldots, \alpha_n$ dieselben Werte annehmen, indifferent, gleichgültig wie sehr die

398

Wahrscheinlichkeitsverteilungen ansonsten voneinander abweichen. Gewöhnlich ergeben sich so Indifferenzklassen, die unendlich viele Wahrscheinlichkeitsverteilungen umfassen. Das klassische Prinzip läßt die Frage nach der Form der Präferenzfunktion offen. Man kann aber, falls erforderlich, an die Funktion ψ Forderungen wie Stetigkeit, Differenzierbarkeit, Verträglichkeit mit dem Normalfall usw. stellen, schränkt aber dabei im allgemeinen den Bereich der Transformationen ein.

Der wichtigste Fall des klassischen Prinzips liegt vor, wenn ψ eine streng monoton steigende Funktion des Mittelwertes μ_w der Wahrscheinlichkeitsverteilung w ist, wobei $\mu_w = E_w[x]$ den Erwartungswert des Einkommens x bei der Wahrscheinlichkeitsverteilung w bedeutet. Nach einer geeigneten Transformation kann man immer erreichen, daß ψ die Identität wird. Mithin lautet das

μ-Prinzip:

$$\psi[w] = \mu_w \, .$$

Unter dieser Verhaltenshypothese ist μ_w das Sicherheitsäquivalent zu w, da für w = x auch $\mu_w = x$. Das Prinzip stimmt mit der Bayesregel überein.

Die Rolle des Erwartungswertes kann in dem μ-Prinzip auch von anderen Mittelwerten, wie dem wahrscheinlichsten Wert des Einkommens oder dem Median übernommen werden, doch besitzen diese Mittelwerte einige gewichtige Nachteile gegenüber dem Erwartungswert.

Entscheidungskriterien, die nicht nur von einem Mittelwert (zumeist dem Erwartungswert) abhängen, werden andere Verteilungsparameter insoweit zu berücksichtigen suchen, als sie ein adäquates Maß für das Risiko, d. h. für die Ungewißheit darstellen. Hier bietet sich die Standardabweichung an, die zur Aufstellung des folgenden Kriteriums veranlaßt.

Das (μ, σ)-Prinzip:

Es gibt eine Präferenzfunktion ψ in μ und σ, so daß $\psi[w] = \psi(\mu, \sigma)$.

Bereits J. Marschak [1938] hat es als für die meisten Fälle hinreichende Approximation des klassischen Prinzips bezeichnet; nach seiner Feststellung zielen die wirtschaftspolitischen Maßnahmen nicht nur auf die Maximierung der mathematischen Erwartung, sondern zugleich auf eine Reduktion der Ungewißheit.

Über die Gestalt der Präferenzfunktion ψ, die nur bis auf eine monotone Transformation bestimmt ist, wird im (μ, σ)-Prinzip nichts ausgesagt. Daher ist allein das zu ihr gehörige Präferenzfeld relevant.

Das Bernoulli-Prinzip:

Für den Entscheidenden gibt es eine Funktion u(x), seine (subjektive) Nutzenfunktion, so daß sein Präferenzfunktional die Gestalt

$$\psi[w] = E_w[u(x)]$$

annimmt. Nach diesem Prinzip ist das Sicherheitsäquivalent einer Wahrscheinlichkeitsverteilung w, sofern es eindeutig existiert, gegeben durch

$$s[w] = u^{-1}(E_w[u(x)]) \, ,$$

wobei u^{-1} die Umkehrfunktion von u bedeutet.

Der Einsatz Y für w ist definiert als der mit einem Minuszeichen versehene Betrag, um den die Wahrscheinlichkeitsverteilung w verschoben werden muß, damit sie das Sicherheitsäquivalent 0 hat. Bei Beachtung des Bernoulli-Prinzips ist daher der Einsatz für die Wahrscheinlichkeitsverteilung w, sofern er eindeutig definiert ist, diejenige Zahl $Y = Y[w]$, mit der $E_w[u(x - Y)] = u(0)$ wird.

Einsatz und Sicherheitsäquivalent sind im allgemeinen verschieden voneinander, es sei denn, die Nutzenfunktion habe eine sehr spezielle Form. Es gilt der folgende

Satz 4:

Es sei u eine stetig differenzierbare Nutzenfunktion mit $u'(x) \neq 0$ für alle x. Hieraus folgt zunächst, daß jede Wahrscheinlichkeitsverteilung, für die $E[u(x)]$ existiert, ein eindeutig bestimmtes Sicherheitsäquivalent besitzt. Alsdann gibt es zu jeder Wahrscheinlichkeitsverteilung, für die $E[u(x)]$ existiert, einen eindeutig bestimmten und mit dem Sicherheitsäquivalent übereinstimmenden Einsatz dann und nur dann, wenn u linear oder die Exponentialfunktion ist: $u(x) = a x + b$ oder $u(x) = A e^{Bx} + C$.

Das Bernoulli-Prinzip erfüllt das Dominanzprinzip, denn der Übergang von einem Einkommen x zu einem (subjektiv) günstigeren x' vergrößert den Nutzen: $u(x') > u(x)$ und damit den Wert des Präferenzfunktionals. Im Normalfall ist $u(x)$ eine streng monoton steigende Funktion. Im Gegensatz zum klassischen Prinzip kann das Bernoulli-Prinzip auch für die Wahrscheinlichkeitsverteilungen formuliert werden, die nicht Einkommen oder andere meßbare Größen zum Gegenstand haben. Dann ist x irgendein (nichtnumerisches) Ergebnis, das aus dem Zusammentreffen einer Aktion des Entscheidenden und eines Zustandes der Realität resultiert, und $u(x)$ seine Nutzenbewertung. Bemerkenswert an dem Bernoulli-Prinzip ist, daß es keine Aussage über die Gestalt der Nutzenfunktion macht; sie gehört gewissermaßen zum persönlichen Geschmack des Entscheidenden. Insbesondere ist mit $u(x) = x$ das μ-Prinzip ein Spezialfall des Bernoulli-Prinzips.

Es läßt sich zeigen (Schneeweiß [1967]), daß das (μ, σ)-Prinzip bei gegebenem Präferenzfunktional rational ist, doch ist die zugehörige Nutzenfunktion ganz unplausibel. Ähnliche oder noch ungünstigere Resultate erhält man für die anderen klassischen Prinzipien. Trotz der negativen Beurteilung der klassischen Entscheidungsprinzipien lassen sich diese gleichwohl wenigstens teilweise rechtfertigen, wenn man die Anwendung auf spezielle Verteilungsklassen, z.B. auf Normalverteilungen, einschränkt. Es darf angenommen werden, daß viele der Verfechter klassischer Prinzipien sich diese auf solche Risikosituationen angewandt dachten, die sich zumindest approximativ durch eine Normalverteilung beschreiben lassen. Da die Normalverteilungen schon durch die Parameter „Mittelwert μ" und „Standardabweichung σ" bestimmt sind, genügt es, klassische Entscheidungsprinzipien zu untersuchen, die ebenfalls nur μ und σ verwenden; andere Prinzipien lassen sich auf diese zurückführen. Während nun fast alle (μ, σ)-Prinzipien im allgemeinen Fall unrational sind, findet man auf der Klasse der Normalverteilungen eine Fülle rationaler (μ, σ)-Prinzipien, nämlich zu jeder Nutzenfunktion eines.

59. Entscheidungen bei partieller Information

59.1 Unschärfe im Sinn der fuzzy sets

Die Begriffe in den nicht- (oder nicht nur) experimentellen empirischen Wissenschaften, wie in den Sozialwissenschaften, in der Medizin, in der Psychologie etc., sind von unvermeidlicher Vagheit oder Unschärfe. In den Sozialwissenschaften, ähnlich aber auch in der Medizin oder Psychologie, müssen die natürlichen Grenzen zwischen den Phänomenen abgebaut werden, zugunsten von gedanklichen Konstruktionen, z.B. Wohlstand oder Gesundheit oder Intelligenz. Selbst ein Begriff wie Konsum kommt in der Realität nicht vor, genau genommen ist auch er ein Konstrukt.

Nicht nur die Begriffe, auch die Modelle in diesen Wissenschaften und die Messungen der Phänomene sind unscharf. Noch mehr als in den Wissenschaften ist die entsprechende Politik, die Wirtschaftspolitik oder die Gesundheitspolitik usw. von unscharfen Begriffen durchdrungen: „zurückhaltende Lohnpolitik", „mäßiges Wachstum", „deutliche Besserung", usw.

Bei den klassischen Ausgestaltungen der Statistik hat man stets versucht, unscharfe Begriffe durch Festlegungen (z.B. Definitionen) zu operationalisieren. L. A. Zadeh [1965] entwickelte eine Theorie und Methodik der Unschärfe, die bis 1977 bereits auf 763 Bücher und Artikel angewachsen war [Gaines, Kohout 1977] und die man auf die verschiedensten Gebiete anzuwenden versuchte, neben der Statistik auf Logik, Zeichenerkennung, Mustererkennung, Systemtheorie, Entscheidungstheorie, usw.

Die Grundbegriffe und Grundgedanken der Theorie der fuzzy sets (FS) sind die folgenden.

Sei X eine Universalmenge und $A \subseteq X$ eine beliebige Teilmenge. In der klassischen Mengenlehre wird die Teilmenge A durch die charakteristische Funktion $f_A(x)$ identifiziert:

$$A \subseteq X: \quad f_A(x) = \begin{cases} 1 & \text{für} \quad x \in A \\ 0 & \text{für} \quad x \notin A \end{cases}; \quad f_A(x): \ X \to \{0, 1\}. \tag{1}$$

FS-unscharfe Teilmengen von X werden durch eine Entschärfung der charakteristischen Funktion gewonnen. Die Entschärfung besteht im Übergang zur Zugehörigkeitsfunktion (membership function) $\mu_A(x)$, eine Abbildung von X in das abgeschlossene Intervall [0, 1]:

$$\mu_A(x): \ X \to [0, 1]. \tag{2}$$

Die Grenzfälle sind

$$\mu_A(x) = 0 \quad \text{keine Zugehörigkeit} \tag{3}$$

$$\mu_A(x) = 1 \quad \text{vollständige deterministische Zugehörigkeit} \tag{4}$$

Nimmt die Zugehörigkeitsfunktion (2) nur ihre Grenzfälle (3) und (4) an, dann geht sie in die charakteristische Funktion (1) über.

Eine FS-unscharfe Menge $\tilde{A}$ ist eindeutig bestimmt durch die Menge der geordneten Paare $(x, \mu_A(x))$:

$$\tilde{A} = \{(x, \mu_A(x)) \,|\, x \in X\}.$$

Mit der Zugehörigkeitsfunktion wird der Grad der Zugehörigkeit von x zu Ã charakterisiert und zugleich der Wahrheitsgrad der Aussage „x gehört zu Ã".

Die klassischen Definitionen und Operationen der Mengenlehre (Gleichheit, Inklusion, Vereinigung, Durchschnitt, Komplement, Kommutativität, Assoziativität, Distributivität usw.) können auf natürliche Weise erweitert werden.

Ein *kleiner* Nachteil der FS-Theorie in ihrer bisherigen Gestalt ist ihre ausschließlich deterministische Interpretation, die für Stochastik keinen Raum läßt.

Ein *großer* Nachteil der FS-Theorie ist die Schwierigkeit der Bestimmung der Zugehörigkeitsfunktion. Die Zugehörigkeitsfunktion soll z.B. durch Umfragen oder Expertenbefragungen bestimmt werden. Dies mag bei subjektiven Konstrukten wie künstlerischer Wert oder Glaube, Liebe, Hoffnung angehen, aber nicht im Rahmen wissenschaftlicher Untersuchungen. Will man andererseits die Zugehörigkeitsfunktion objektiv wissenschaftlich bestimmen, dann wird man in der Regel soviel Anstrengung und Aufwand investieren müssen, daß man mehr Einsicht in die Probleme gewinnt als in einem unscharfen Begriff Zadehscher Art Platz haben kann.

59.2 Der Grundgedanke der Theorie der partiellen Information

Das gestreckte Bayeskriterium, das wir in Abschnitt 57.5 kennengelernt haben, sowie das Erfahrungskriterium (Abschnitt 57.4) wiesen bereits auf die Möglichkeit hin, die Lösung des Entscheidungsproblems dem Ungewißheitsgrad anzupassen. Je mehr Informationen, desto weniger pessimistisch und desto näher am Bayeskriterium, je weniger Informationen, desto pessimistischer und desto näher am Minimaxkriterium.

Die Theorie der Entscheidungen bei partieller Information, von Kofler und Menges zunächst unabhängig voneinander, später gemeinsam [Kofler, Menges 1976] entwickelt, ist eigentlich eine neue Theorie der Statistik; da sie nicht nur Methoden zur Entscheidungsfindung, sondern auch der Schätzung, Hypothesenprüfung und Prognose sowie der Deskription liefert. In Abschnitt 60 werden wir Beispiele für diese Grundaufgaben angeben.

Sachlich gesehen besteht der Grundgedanke der Theorie der partiellen Information darin:

Man nutze jedes A-priori-Wissen und jede empirische Information soweit wie möglich für die Erkenntnis der „wahren" Situation aus und schließe die verbleibende Lücke durch Entscheidungen, und zwar mit einem Kriterium, das den Kenntnisstand berücksichtigt.

Die bisher von der Statistik offerierten Methoden waren zu starr und inflexibel, als daß sie dem Anspruch auf Verwertung unvollständiger Informationen hätten gerecht werden können.

59.3 Lineare Partielle Information im stochastischen Sinn (LPI)

Zunächst gehen wir von einem endlichen Zustandsraum $\Omega = \{F_1, F_2, \ldots, F_n\}$ und Wahrscheinlichkeitsverteilungen auf Ω aus. Die Menge aller Wahrscheinlichkeitsverteilungen auf Ω bilden das sog. *Verteilungssimplex* $S^{(n)}$ im n-dimensionalen Raum $\mathbb{R}^{(n)}$:

$$S^{(n)} = \left\{ p = (p_1, \ldots, p_n) \,\middle|\, p_i \geqq 0, \sum_{i=1}^{m} p_i = 1 \right\}.$$

Kenntnisse über die Wahrscheinlichkeitsverteilung über den Zuständen (für festen Zustandsraum Ω) bezeichnen wir als *Stochastische Information* [Kofler/Menges et al. 1980]. *Die Menge der Stochastischen Informationen SI ist die Potenzmenge*

$$\text{Pot } S^{(n)} = \{S \,|\, S \subseteqq S^{(n)}\}.$$

Wir nennen eine stochastische Information S:

Nullinformation: $\leftrightarrow$ $S = S^{(n)}$

Vollständige Information: $\leftrightarrow$ S enthält genau ein Element

Partielle Information: $\leftrightarrow$ $S \neq S^{(n)}$ und S enthält mindestens zwei Elemente.

Es interessieren uns als Teilmengen von $S^{(n)}$ hauptsächlich die konvexen Polyeder. Eine Teilmenge $\tilde{P} \subseteqq S^{(n)}$ heißt *konvexes Polyeder*, wenn $\tilde{P}$ als Lösungsmenge eines linearen Ungleichungssystems darstellbar ist:

$$\tilde{P} = \{p \in \mathbb{R}^n \,|\, A\,p \leqq b, A \in \mathbb{R}^{m \times n}, b \in \mathbb{R}^m\}.$$

Die Vereinigung endlich vieler konvexer Polyeder $\tilde{P}$ in $S^{(n)}$ heißt *Polyeder* P in $S^{(n)}$.

Für ein Polyeder $P \subseteqq S^{(n)}$ heißt $e \in P$ ein *Eckpunkt* von P, wenn für alle $p^1, p^2 \in P$ und für alle $\alpha \in [0, 1]$ gilt:

$$e = \alpha\,p^1 + (1 - \alpha)\,p^2 \rightarrow \alpha \in \{0, 1\}.$$

Man zeigt, daß jedes Polyeder P in $S^{(n)}$ nur endlich viele Eckpunkte besitzt. Ein konvexes Polyeder $\tilde{P}$ in $S^{(n)}$ ist durch die Angabe der Menge seiner Eckpunkte $\{e^1, e^2, \ldots, e^k\}$ wie folgt vollständig charakterisiert: Ist $\{e^1, e^2, \ldots, e^k\}$ die Menge aller Eckpunkte eines konvexen Polyeders $\tilde{P}$ in $S^{(n)}$, so gilt:

$$\tilde{P} = \left\{ \sum_{i=1}^{k} \lambda_i\,e^i \,\middle|\, \lambda_i \in [0, 1], \sum_{i=1}^{k} \lambda_i = 1 \right\}.$$

Wir nennen eine stochastische Information *linear*, wenn sie ein Polyeder in $S^{(n)}$ beschreibt.

Ist eine stochastische Information SI linear und partiell, so ist sie eine LPI (lineare partielle Information). Die Eigenschaft der Linearität besagt, daß die SI in Form von linearen Ungleichungssystemen oder logischen Verknüpfungen solcher bzgl. der Komponenten von p vorliegen.

Drei wichtige Fälle der linearen partiellen Information sind:

(1) Unvollständigkeit: Einige der Wahrscheinlichkeiten p_i sind exakt bekannt, einige sind unbekannt.
(2) Intervall-Unschärfe: Einige oder alle Wahrscheinlichkeiten sind nur in Intervallform bekannt.
(3) Ordinale Messung: Von einigen oder allen Wahrscheinlichkeiten ist nur eine schwache Ordnung bekannt.

In der Praxis wird man meistens mit linearen Beschränkungssystemen auszukommen suchen, weil sie einfach sind und weil neu hinzutretende Informationen, die in Bewertungen bestehen, in der Regel linear sein werden. Selbstverständlich kann man die LPI-Theorie auch mit nichtlinearen Beschränkungssystemen formulieren; eine beliebige Teilmenge S des Simplexes (meßbar) als Lösungsmenge des u. U. nichtlinearen Beschränkungssystems ersetzt dann die oben aufgeführten Polyeder, die eben Lösungsmengen linearer Beschränkungssysteme sind.

59.4 Das Entscheidungsprinzip

LPI's und ihre Eckpunkteverteilungen können auf mannigfache Art inferential genutzt werden. Insbesondere können durch neu hinzutretende Informationen, z.B. Stichproben-Beobachtungen, die den LPI's entsprechenden Polyeder immer kleiner gemacht werden, was sachlich bedeutet, daß die Unbestimmtheit reduziert wird.

Doch wird stets ein Rest von Unbestimmtheit bleiben. Wenn man nur an der Wahrheit interessiert ist, dann läßt man diese Unbestimmtheit stehen. Muß aber aus Gründen, die von der Politik und nicht der Wahrheitssuche vorgegeben sind, die restliche Unbestimmtheit auch noch überwunden (nicht reduziert) werden, dann braucht man Bewertungen der Konsequenzen und ein Kriterium, das die Entscheidung herbeiführt. Die Bewertung der Konsequenzen erfolgt durch eine Verlust- oder Nutzenfunktion. Wir wollen in diesem Abschnitt des Buches Nutzenfunktionen und nicht wie vorher (Abschnitte 56, 57) Verlustfunktionen heranziehen. (Die beiden unterscheiden sich nur durch das Vorzeichen.) Den Zuständen $F_1, \ldots, F_n$ stehen nun wieder Aktionen $a_1, \ldots, a_m$ gegenüber, die entsprechenden Mengen seien wieder mit $A = \{a_1, \ldots, a_m\}$ bzw. $\Omega = \{F_1, \ldots, F_n\}$ bezeichnet. Die reelle beschränkte Funktion

$$u\colon\ A \times \Omega \to \mathbb{R}$$

ist die Nutzenfunktion, $u(a_i, F_j)$ oder kurz: u_{ij} ist der Nutzen, den der Entscheidende hat, wenn er die Aktion a_i ergreift und F_j der wahre Zustand ist. Über der Zustandsmenge Ω ist zwar keine exakte Wahrscheinlichkeitsverteilung (Bernoullifall) [1] gegeben, wohl aber entsprechend der partiellen Information eine LPI. Das Entscheidungsproblem kann deshalb wie folgt geschrieben werden:

$$[A, \Omega, \text{LPI}, u_{ij};\ i = 1, \ldots, m;\ j = 1, \ldots, n]\,.$$

---

1 Es sei daran erinnert, daß das Bayes-Modell als Bernoulli-Modell bezeichnet wird, wenn die Konsequenzen in Nutzen- und nicht in Verlusteinheiten gemessen werden.

404

Seine Lösung, d.h. die Wahl einer Aktion a ∈ A, erfolgt durch das sog. MaxEmin-Prinzip. Es ist eine natürliche Zusammenfassung von Bernoulli- und Maximin- bzw. Bayes- und Minimax-Kriterium, die es als Grenzfälle einbegreift. Ist nämlich die LPI das ganze Verteilungssimplex (vollständige Ignoranz, Nullinformation), dann geht das MaxEmin-Prinzip in das Maximin-Prinzip über; besteht die LPI aus nur einem Punkt (vollständige Information), dann geht das MaxEmin-Prinzip in das Bernoulli-Prinzip über.

Das Vorgehen nach dem MaxEmin-Prinzip verlangt zunächst die Bildung der Nutzenerwartungswerte im LPI-Bereich und die Minimierung derselben für jede Aktion

$$\min_{p \in LPI} U_p(a_i) \quad \text{mit} \quad U_p(a_i) = \sum_{j=1}^{n} u_{ij}\, p_j\,.$$

Dies entspricht dem vorsichtigen Verhalten in ungewissen Situationen. Man rechnet mit dem Schlimmsten! Ja, in der Tat, aber nicht mit dem Schlimmsten im ganzen Verteilungssimplex, wie es dem Maximin-Prinzip entspräche, sondern mit dem Schlimmsten in dem durch die LPI gegebenen Polyeder, dem Bereich der Ungewißheit.

Sodann wird das Maximum dieser Minima gesucht und die Aktion a* als optimal betrachtet, für die eben die Minima $\min_{p \in LPI} U_p(a_i)$ ihr Maximum haben.

Eine Aktion a* ∈ A heißt daher *maxEmin-optimal*, falls

$$\min_{p \in LPI} U_p(a^*) = \max_{a \in A}\ \min_{p \in LPI} U_p(a)\,.$$

Da die Nutzenerwartung $U_p(a)$ für jedes a ∈ A eine in p lineare Funktion ist, muß man die Minima nur unter den Eckpunkten der LPI suchen. Die Nutzenerwartungswerte in den Eckpunkten des LPI-Bereichs erhält man durch Nachmultiplikation der Nutzenmatrix $[u_{ij}]$ mit der *Eckpunktematrix* M (LPI), die spaltenweise aus allen Eckpunkten der LPI aufgebaut ist. Das optimale a* ∈ A erhält man durch Anwendung des maximin-Prinzips auf die *Entscheidungsmatrix*

$$E = [u_{ij}]\, M\, (LPI)\,.$$

$\min_{p \in LPI} U_p(a)$ ist für eine Aktion a die mindestens garantierte Nutzenerwartung und kann als *semantischer Informationswert* aufgefaßt werden. Der semantische Informationswert der Entscheidungssituation ist die mindestens garantierte Nutzenerwartung der optimalen Aktion a*.

Bei der allgemeinen SPI-Problemstellung hat das Entscheidungsprinzip die Konstituenten:

A = Aktionsraum
Ω = Zustandsraum
u = Nutzenfunktion u: $A \times \Omega \rightarrow \mathbb{R}$, beschränkt
$S \subseteq S^{(n)}$, eine gegebene Stochastische Information.

MaxEmin-Prinzip:

Mit dem Entscheidungsproblem $[A, \Omega, S, u]$ konfrontiert, bewerte man jede Aktion mit der kleinsten Nutzenerwartung bezüglich aller p ∈ S und wähle die Aktion, die am höchsten bewertet ist.

Bei gegebenem Entscheidungsproblem $[A, \Omega, S, u]$ heißt $a^* \in A$ (zu vorgegebenem $\varepsilon \geqq 0$) *maxEmin-optimal*, falls

$$\inf_{p \in S} U_p(a^*) \geqq \sup_{a \in A} \inf_{p \in S} U_p(a) - \varepsilon \quad \text{mit} \quad U_p(a) = \int_\Omega u(a, F)\, dp(F)\,.$$

Wir setzen $\varepsilon = 0$, falls das Supremum angenommen wird.

59.5 Beispiele

Im Falle $n = 2$ ist das Verteilungssimplex $S^{(n)}$ durch eine Strecke darstellbar, die dick eingezeichnete in der nachstehenden Abbildung:

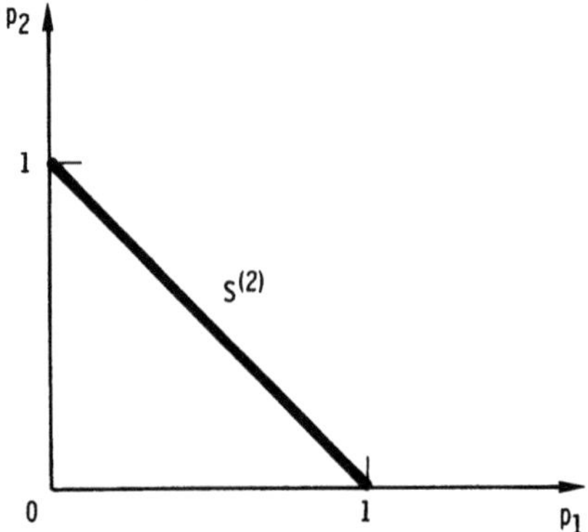

Abb. 43: Das Verteilungssimplex $S^{(2)}$

Die Eckpunkte sind $(0, 1)$ und $(1, 0)$.

Im Falle $n = 3$ ist $S^{(n)}$ durch ein gleichseitiges Dreieck darstellbar. Jeder Punkt des Dreiecks hat drei nicht-negative, baryzentrische Koordinaten, deren Summe stets gleich 1 ist.

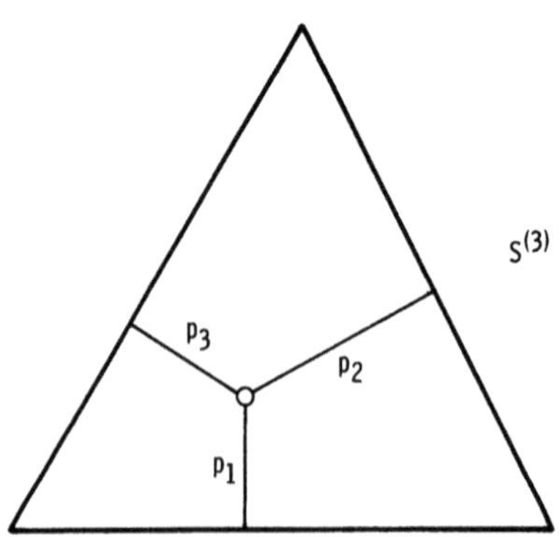

Abb. 44: Das Verteilungssimplex $S^{(3)}$

406

Erstes Beispiel: n = 2

Wir unterscheiden zwei Fälle:

a) Die LPI ist in Form einer *schwachen Ordnung* gegeben.

b) Die LPI ist in *Intervallform* gegeben.

ad a) Die *schwache Ordnung* laute

$$\text{LPI}_1: \quad p_1 \leqq p_2; \quad (p_1, p_2 \geqq 0; p_1 + p_2 = 1).$$

Dann ist das Verteilungssimplex

$$S^{(2)} = \{p = (p_1, p_2) \mid p_j \geqq 0, p_1 + p_2 = 1\}$$

durch eine Strecke darstellbar (siehe Abb. 43).

Das Teilgebiet, das die LPI_1 repräsentiert, ist gegeben durch das Ungleichungssystem

$$p_1 \leqq p_2$$
$$p_1 \geqq 0$$
$$p_2 \geqq 0$$
$$p_1 + p_2 = 1$$

und läßt sich graphisch repräsentieren durch das konvexe Polyeder:

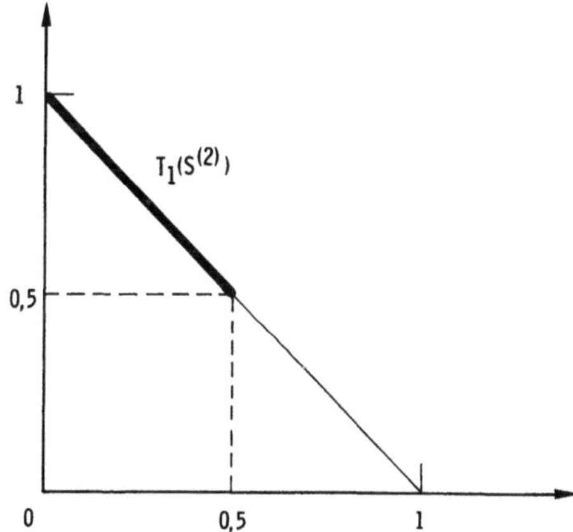

Abb. 45: Ein Teilpolyeder von $S^{(2)}$

welches ein echtes Teilgebiet von $S^{(2)}$ ist. Die Eckpunktematrix $M(\text{LPI}_1)$ lautet hier:

$$M(\text{LPI}_1) = \begin{bmatrix} \frac{1}{2} & 0 \\ \frac{1}{2} & 1 \end{bmatrix}.$$

Der größte Wert, den p_1 annehmen kann, ist $\frac{1}{2}$, dann ist auch $p_2 = \frac{1}{2}$; der kleinste Wert, den p_1 anehmen kann, ist 0, dann ist $p_2 = 1$. Die Eckpunkte des konvexen Polyeders lauten also $(\frac{1}{2}, \frac{1}{2})$ und $(0, 1)$.

ad b) Jetzt sei die LPI in *Intervallform* gegeben:

$$\text{LPI}_2: \quad p_1 \in [\alpha_1, \beta_1]; \quad (p_1, p_2 \geqq 0; \; p_1 + p_2 = 1).$$
$$p_2 \in [\alpha_2, \beta_2].$$

Das Verteilungssimplex ist dasselbe wie vorher, aber das Teilgebiet, das die LPI repräsentiert, ist jetzt durch das Ungleichungssystem

$$\begin{bmatrix} 1 & 0 \\ 0 & 1 \\ -1 & 0 \\ 0 & -1 \end{bmatrix} \begin{bmatrix} p_1 \\ p_1 \end{bmatrix} \geqq \begin{bmatrix} \alpha_1 \\ \alpha_2 \\ -\beta_1 \\ -\beta_2 \end{bmatrix}$$

gegeben, in graphischer Repräsentation:

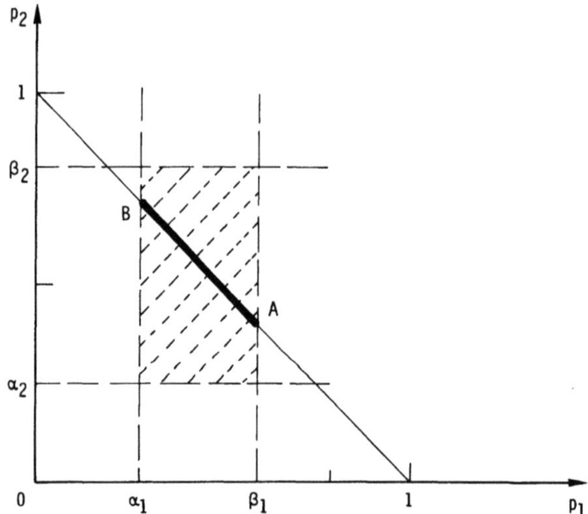

Abb. 46: Ein weiteres Teilpolyeder von $S^{(2)}$

Die Strecke $\overline{AB}$ ist das Teilgebiet $T_2(S^{(2)})$, das die LPI_2 repräsentiert.

Etwas schwieriger gestaltet sich im allgemeinen die Bestimmung der Eckpunktematrix. Wir beschränken uns zunächst auf ein einfaches numerisches Beispiel: Es sei

$$\alpha_1 = 0{,}3; \quad \beta_1 = 0{,}6$$
$$\alpha_2 = 0{,}5; \quad \beta_2 = 1 \; .$$

Die untere Intervallgrenze für p_1 ist 0,3. Realisiert sich dieser Wert, dann ist $p_2 = 0{,}7$, womit $p_2 \in [0{,}5; 1]$ verträglich ist. Die erste Spalte von $M(\text{LPI})$ lautet demnach $\begin{bmatrix} 0{,}3 \\ 0{,}7 \end{bmatrix}$.

408

Nimmt p_1 die obere Intervallgrenze an, nämlich 0,6, so müßte $p_2 = 0,4$ möglich sein. Dies ist aber nicht möglich, da ja $p_2 \in [0,5; 1]$. Folglich ist ($p_1 = 0,6$; $p_2 = 0,4$) kein Eckpunkt, vielmehr ist ($p_1 = 0,5$; $p_2 = 0,5$) ein Eckpunkt.

Die folgende Abbildung veranschaulicht diese Überlegung:

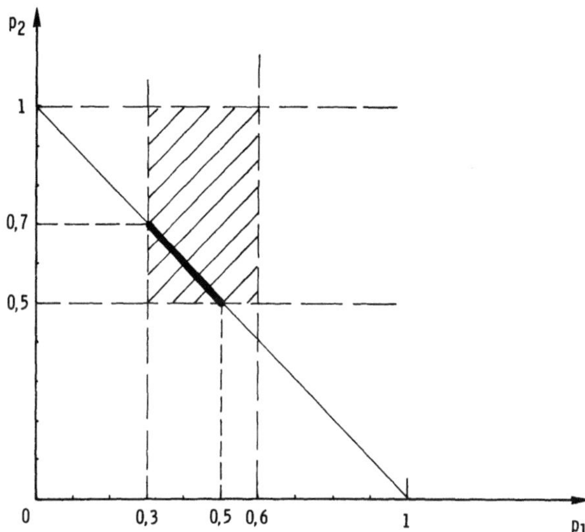

Abb. 47: Ein drittes Teilpolyeder von $S^{(2)}$

Das ganze schraffierte Rechteck entspricht den Bedingungen $p_j \in [\alpha_j, \beta_j]$, aber nur die dicke Strecke (= LPI) entspricht innerhalb des Rechtecks der Bedingung $p_1 + p_2 = 1$. Ihre Eckpunkte sind (0,3; 0,7) und (0,5; 0,5), wie oben schon durch Rechnung ermittelt wurde.

Die ganze Eckpunktematrix lautet demnach:

$$M(\text{LPI}_2) = \begin{bmatrix} 0,3 & 0,5 \\ 0,7 & 0,5 \end{bmatrix}.$$

Die Bestimmung der Eckpunktematrix ist relativ einfach, wenn die LPI als vollständige schwache Ordnung gegeben ist; in allen anderen Fällen, auch dann, wenn die LPI in Form von Intervallen gegeben ist, gestaltet sich die Bestimmung von M(LPI) im allgemeinen schwierig und rechenaufwendig. Glücklicherweise dürfte der Fall der vollständigen schwachen Ordnung der häufigste in der Praxis sein. Denn es wird sehr oft möglich sein, daß man, wenn man die exakten Wahrscheinlichkeiten nicht kennt, die Zustände wenigstens danach ordnen kann, wie wahrscheinlich sie sind bzw. wie häufig sie auftreten.

Zweites Beispiel:

Das zur LPI$_\leq$: $p_1 \leqq p_2 \leqq \ldots \leqq p_n$ gehörige Ungleichungssystem lautet:

$$
\begin{aligned}
p_1 &\leqq p_2 \\
p_2 &\leqq p_3 \\
&\vdots \\
p_{n-1} &\leqq p_n \\
p_j &\geqq 0 \qquad (j = 1, \ldots, n) \\
\sum_{j=1}^{n} p_j &= 1 \, .
\end{aligned}
$$

Da in einem Eckpunkt n Bedingungen als Gleichungen erfüllt sein müssen, gilt für die Eckpunkte

$$
\begin{aligned}
&p_1 = p_2 = \ldots = p_n \quad \text{und} \quad \sum p_j = 1 \\
&p_1 = 0; \; p_2 = p_3 = \ldots = p_n \quad \text{und} \quad \sum p_j = 1 \\
&p_1 = p_2 = 0; \; p_3 = \ldots = p_n \quad \text{und} \quad \sum p_j = 1 \\
&\vdots \\
&p_1 = p_2 = p_3 = \ldots = p_{n-1} = 0 \quad \text{und} \quad \sum p_j = 1 \, .
\end{aligned}
$$

Somit ergibt sich als Eckpunktematrix $M(\text{LPI}_\leq)$ der LPI$_\leq$

$$
M(\text{LPI}_\leq) = [t_{jk}] \quad \text{mit} \quad t_{jk} =
\begin{cases}
0 & \text{für} \quad j < k \\[2mm]
\dfrac{1}{n - k + 1} & \text{für} \quad j \geqq k
\end{cases}
$$

oder ausgeschrieben

$$
M(\text{LPI}_\leq) =
\begin{bmatrix}
\dfrac{1}{n} & 0 & 0 & \cdots & 0 \\[3mm]
\dfrac{1}{n} & \dfrac{1}{n-1} & 0 & \cdots & 0 \\[3mm]
\dfrac{1}{n} & \dfrac{1}{n-1} & \dfrac{1}{n-2} & \cdots & 0 \\[2mm]
\vdots & & & & \\[2mm]
\dfrac{1}{n} & \dfrac{1}{n-1} & \dfrac{1}{n-2} & \cdots & 1
\end{bmatrix}
$$

Drittes Beispiel:

Jetzt betrachten wir das Ungleichungssystem und die Eckpunktematrix $M(\text{LPI}_{[\,]})$ der LPI, die aus Intervallangaben der Form

$$
\text{LPI}_{[\,]}: \quad \alpha_j \leqq p_j \leqq \beta_j; \quad \sum_{j=1}^{n} p_j = 1
$$

besteht. Wir bestimmen zunächst das Ungleichungssystem, das der LPI$_{[\ ]}$ entspricht.

$$\begin{bmatrix} 1 & 0 & 0 & \ldots & 0 \\ 0 & 1 & 0 & \ldots & 0 \\ 0 & 0 & 1 & \ldots & 0 \\ \vdots & & & & \\ 0 & \cdot & \cdot & \ldots & 1 \\ -1 & 0 & 0 & \ldots & 0 \\ 0 & -1 & 0 & \ldots & 0 \\ 0 & 0 & -1 & \ldots & 0 \\ \vdots & & & & \\ 0 & \cdot & \cdot & \ldots & -1 \end{bmatrix} \begin{bmatrix} p_1 \\ p_2 \\ \cdot \\ \cdot \\ \cdot \\ p_n \end{bmatrix} \geqq \begin{bmatrix} \alpha_1 \\ \alpha_2 \\ \alpha_3 \\ \cdot \\ \alpha_n \\ -\beta_1 \\ -\beta_2 \\ -\beta_3 \\ \cdot \\ -\beta_n \end{bmatrix}$$

Oder in verkürzter Schreibweise

$$\begin{bmatrix} I \\ -I \end{bmatrix} p \geqq \begin{bmatrix} \alpha \\ -\beta \end{bmatrix}.$$

Sind die Intervallangaben widerspruchsfrei, d. h. gilt

$$\sum_{j=1}^{n} \alpha_j \leqq 1 \quad \text{und} \quad \sum_{j=1}^{n} \beta_j \geqq 1 \,,$$

so nehmen in jedem Eckpunkt $n-1$ Komponenten ihre Intervallschrankenwerte an und die n-te Komponente muß die Summenbedingung $\sum p_j = 1$ erfüllen.

59.6 c-Optimalität

Die Verbindung der LPI-Theorie mit klassischen statistischen Begriffen und Verfahren wäre sehr problematisch, um nicht zu sagen unmöglich geblieben, wenn nicht rechtzeitig ein Optimalitätsbegriff vorgeschlagen worden wäre, der eine Verbindung zwischen LPI- bzw. SPI-Theorie einerseits und klassischen statistischen Konzepten andererseits herstellen kann, die *c-Optimalität* [Kuß 1980 c].

So wie robuste Verfahren die Härte klassischer Modelle abmildern, mildert die c-Optimalität die Härte klassischer Optimalitätsbegriffe. Grundgedanke ist, daß es bei praktischen Problemen nicht so sehr darauf ankommt, die Optimalität genau zu treffen. Vielmehr genügt es, das Optimum bis auf eine vorgegebene kleine positive Zahl c zu erzielen. Die Vorteile einer derart robusten Optimalität sind vielgestaltig, von besonders großer Bedeutung ist aber die „Desensibilisierung" bei der Spezifikation und Lösung eines Entscheidungsproblems bei unvollständiger Information.

Zu den Konstituenten des SPI-Problems A, Ω, u und S tritt die Robustheit hinzu. Eine Entscheidungsfunktion s (s: $\mathfrak{X} \to$ A, meßbar) hat bei den A-priori-Verteilungen auf Ω die Robustheit oder Toleranz T, wenn sie den erwarteten Nutzen bezüglich aller A-priori-Verteilungen von $V(\delta)$ bis auf c maximiert. Die Toleranz $T(s)$ einer Entscheidungsfunktion s ist definiert durch

$$T(s) = \sup\{\delta \geqq 1 \mid s \text{ erfüllt } (*) \text{ für alle } p \in V(\delta)\},$$

wobei

$$R(p, s) \geqq \max_{s'} R(p, s') - c$$

mit

$$R(p, s') = \sum_{F \in \Omega} \int_{\mathfrak{X}} u(s'(x), F) \, dF(x) \, p(F)$$

und

$$V(\delta) = \left\{p \in S \,\middle|\, \sup_{F \in \Omega} \cdot p(F) \leqq \delta \cdot \inf_{F \in \Omega} p(F)\right\}$$

(p ist eine Wahrscheinlichkeitsverteilung auf Ω). Man sucht die Entscheidungsfunktion, welche die größte Toleranz $T(s)$ hat; somit heißt eine Entscheidungsfunktion s_c „*c-optimal*", wenn gilt

$$T(s_c) = \sup\{T(s) \mid s \text{ Entscheidungsfunktion}\}.$$

Unter den von Kuß für die c-Optimalität bewiesenen Sätzen ist von besonderer Bedeutung der folgende:

Jede c-optimale Entscheidungsfunktion ist zulässig.

60. Deskriptive Partielle Information (DPI) und Allgemeine Partielle Information (API)

60.1 Deskriptive Partielle Information

Bei zahlreichen Aufgaben der Statistik ist die Heranziehung des Wahrscheinlichkeitsgedankens nicht nur entbehrlich, sondern durchaus unangebracht, z.B. bei den meisten deskriptiven Aufgaben. Will man etwa den Wohlstand zweier Entwicklungsländer vergleichen, so genügt es nicht, zwei Sozialproduktgrößen pro Kopf zu berechnen, selbst dann nicht, wenn diese Größen relativ „ordentlich ermittelt sind", weil nämlich viele andere Aspekte, neben dem Sozialprodukt pro Kopf, für die Wohlstandsmessung von Bedeutung sind. Übrigens taucht das Problem strenggenommen auch bei „ordentlicher Ermittlung" in entwickelten Ländern auf. (Auch das Sozialprodukt der Bundesrepublik Deutschland ist streng genommen ein Konstrukt mit vielen Komponenten, die zu bewerten und zusammenzusetzen sind.) Tatsächlich sind viele Einzelstatistiken zu bewerten und zu vergleichen, außerdem Angaben, die nicht in kardinal gemessener Form vorliegen, sondern in Form von Intervallen, von Ordnungen oder sonstwie unscharf.

Für die Zwecke der Verarbeitung unscharfer nicht-stochastischer (im wesentlichen deskriptiver) Informationen ist zwar der Wahrscheinlichkeitsgedanke zu suspendieren, nicht aber das Modell der stochastischen Information. Wir haben nur das

Wort stochastisch durch „deskriptiv" zu ersetzen und die Wahrscheinlichkeiten entsprechend als Bewertungen zu interpretieren.

Es sei wieder ein endlicher Zustandsraum $\Omega = \{F_1, F_2, \ldots, F_n\}$ gegeben, der jetzt selber als Menge von Informationen aufgefaßt werden kann, z.B. aus Stichprobenerhebungen herrührend, aus nicht-repräsentativen Teilerhebungen, symptomatischen Zahlen usw. Auf dem so interpretierten Zustandsraum ist ein Bewertungsvektor $b = (b_1, \ldots, b_n)$ zu definieren. Die Menge aller Bewertungsvektoren auf Ω bildet dann ein *Bewertungssimplex* $B^{(n)}$ im n-dimensionalen Raum $\mathbb{R}^n$:

$$B^{(n)} = \left\{ b = (b_1, \ldots, b_n) \,\middle|\, b_i \geqq 0, \ \sum_{i=1}^{n} b_i = 1 \right\}.$$

Die Bewertungen sind also so zu normieren, daß sie alle nicht negativ sind und sich ihre jeweilige Summe zu 1 ergänzt. Wenn dies garantiert ist, dann gelten die Definitionen und Sätze für LPI und SPI und viele weitere auch für das Bewertungssimplex, z.B. auch das MaxEmin-Prinzip, wobei die Erwartungswertbildung entsprechend durch Durchschnittsbildung (im Sinne des arithmetischen Mittels oder des Zentralwertes) zu ersetzen ist.

60.2 Allgemeine Partielle Information

Die Aufgaben der Statistik werden aber nicht nur aufgrund von Bewertungen und Wahrscheinlichkeiten gelöst, sondern auch durch relative Häufigkeiten, Glaubwürdigkeiten, Prioritäten, Zielsetzungen usw. Allgemein können wir sagen: durch Gewichte irgendwelcher Art.

Auf einem entsprechend verallgemeinert interpretierten Zustandsraum ist ein Gewichtsvektor $g = (g_1, \ldots, g_n)$ zu definieren. Die Menge aller Gewichtsvektoren auf Ω bildet dann ein Gewichtssimplex $G^{(n)}$ in $\mathbb{R}^n$:

$$G^{(n)} = \left\{ g = (g_1, \ldots, g_n) \,\middle|\, g_i \geqq 0, \ \sum_{i=1}^{n} g_i = 1 \right\}.$$

Auch diese Gewichte sind so zu normieren, daß alle nichtnegativ sind und daß sich ihre Summe zu 1 ergänzt.

Innerhalb des Gewichtssimplex $G^{(n)}$ werden wieder Teilmengen betrachtet, welche die vorhandene Information charakterisieren.

Die Potenzmenge von $G^{(n)}$, Pot $G^{(n)}$, ist die Menge der Gewichts-Informationen, wobei die Informationen weiterhin nicht notwendig in stochastischer Form gegeben sein müssen.

60.3 Mehrstufigkeit

Analog zu dem Vorgehen in 59.3 und 60.2 ist es möglich, zu jeder endlichen Menge X ein Gewichtssimplex und die Menge der linearen Gewichts-Informationen zu erhalten.

Es können daher verschiedene alternative Gewichtungen, ausgedrückt durch Teilmengen $T^1, \ldots, T^k$ des Gewichtssimplex $G^{(n)}$, zu einer neuen Grundmenge

$$X = \{T^1, \ldots, T^k\}$$

zusammengefaßt werden. Alle Gewichtsvektoren auf X bilden ein neues Gewichtssimplex $G^{(k)}(X)$. Die Gewichtungen $T^1, \ldots, T^k$ lassen sich dann auf einer höheren Stufe gewichten, indem man Teilmengen von $G^{(k)}(X)$ spezifiziert. Alternative Gewichtungen auf dieser Stufe lassen sich wieder auf einer höheren Stufe gewichten usw. Von großer Wichtigkeit ist es, die Gewichtungshierarchien auf eine Stufe zu projizieren. Dies kann z.B. erfolgen, indem man den Gewichtungen ähnliche formale Eigenschaften wie Wahrscheinlichkeiten zuschreibt und den Satz von der totalen Wahrscheinlichkeit formal analog anwendet.

60.4 Ein Beispiel für Bewertungen

Statt die theoretische Darlegung fortzuführen, betrachten wir ein einfaches numerisches Beispiel, aufbauend auf den drei Scenarien des Abschnitts 55.2:

$$S_1 \quad S_2 \quad S_3$$

Die Bewertungen von S_1, S_2, S_3 seien die Wahrscheinlichkeiten p_1, p_2, p_3 mit der LPI: $p_1 \leqq p_2 \leqq p_3$, d.h. der – sagen wir – Arbeitsmarktpolitiker halte das Scenario S_1 (sinkende staatliche Aktivität) für am unwahrscheinlichsten und das Scenario S_3 (steigende staatliche Aktivität) für am wahrscheinlichsten. Dies sei jedoch die gesamte Information über die Wahrscheinlichkeiten des Eintretens der drei Scenarien.

Nun wollen wir annehmen, daß der Arbeitsmarktpolitiker sich im Rahmen einer bestimmten zu treffenden Maßnahme für ein Scenario zu entscheiden hat. Naheliegend wäre, daß er sich für das mit der größten Wahrscheinlichkeit entscheidet, also für S_3. Damit würde er ein Schätzprinzip befolgen, das in Analogie steht zur maximum probability method oder zur maximum likelihood method. Es ist außerdem die Lösung, die sich nach dem Bernoulliprinzip (Bayesprinzip) und einigen Modifikationen ergibt, wenn die sog. *Nutzenfunktion des Wissenschaftlers* zugrundegelegt wird; d.h. die Wahl des maximal wahrscheinlichen Scenarios wäre die „rein" wissenschaftliche oder objektive Lösung, aber nicht unbedingt die beste, d.h. es muß nicht zugleich auch die Lösung sein, die, wenn sie falsch ist, den geringsten Schaden anrichtet oder die, die den maximalen Nutzen für die Bevölkerung oder die Erwerbstätigen stiftet.

Will man solche Betrachtungen in das Prognoseproblem einbauen, so hat man es auch explizit als das zu schreiben, was es implizit ist, nämlich ein Entscheidungsproblem.

Den möglichen wahren Scenarios S_1, S_2, S_3 stellen wir die möglichen Zukunftsbehauptungen, d.h. Prognosen $\hat{S}_1$, $\hat{S}_2$, $\hat{S}_3$ gegenüber, d.h. dieselben Zustände fungieren einmal als hypothetisch wahre und dann als wahr akzeptierte. Den im letzteren Sinn interpretierten Zuständen geben wir zur Kennzeichnung ein Dach.

414

Nun kommt wieder eine Bewertungsfrage; es bewertet der Politiker jede mögliche Kombination von S und $\hat{S}$:

	S_1	S_2	S_3
$\hat{S}_1$	c_1	c_6	c_9
$\hat{S}_2$	c_4	c_2	c_5
$\hat{S}_3$	c_8	c_7	c_3

$$c_1 \gtrsim c_2 \gtrsim \ldots \gtrsim c_9 \qquad \text{(c steht für ,,consequences'')} . \qquad\qquad (*)$$

Diese Bewertungen sind freilich von ganz anderer Natur als die Wahrscheinlichkeiten für die Zustände. Sie reflektieren die Präferenzen des Bewertenden. Aus der schwachen vollständigen Ordnung (*) kann man eine Nutzenfunktion ableiten, wenn man die Luce-Raiffa-Axiome akzeptiert. Die Axiomatik des Erwartungsnutzens, genauer das Stetigkeits-Axiom, verlangt, daß alle Konsequenzen c in Äquivalenten des geringst- und des höchst-präferierten Resultates ausgedrückt werden. Welche Kombinationen als äquivalent betrachtet werden, hängt von der Risikoeinstellung des Bewertenden ab. Die Nutzenfunktion wird mit $u(c_1) = 1$ und $u(c_9) = 0$ normiert.

$$u(c_1) = 1$$
$$c_2 \sim (\tfrac{7}{8}\, c_1, \tfrac{1}{8}\, c_9)$$
$$c_3 \sim (\tfrac{6}{8}\, c_1, \tfrac{2}{8}\, c_9)$$
$$c_4 \sim c_5 \sim (\tfrac{5}{8}\, c_1, \tfrac{3}{8}\, c_9)$$
$$c_6 \sim c_7 \sim c_8 \sim (\tfrac{4}{8}\, c_1, \tfrac{4}{8}\, c_9)$$
$$u(c_9) = 0 .$$

Hieraus errechnet sich die Nutzenmatrix:

		S_1	S_2	S_3
	$\hat{S}_1$	1	0,5	0
$U =$	$\hat{S}_2$	0,625	0,875	0,625
	$\hat{S}_3$	0,5	0,5	0,75

Sie ist jedoch wegen des Vorhandenseins einer unvollständigen Information noch nicht die Entscheidungsmatrix. Wir wissen bereits, daß man die Entscheidungsmatrix aus der Nutzenmatrix erhält, indem man letztere mit der Eckpunktematrix der LPI nachmultipliziert. Die Eckpunktematrix M der LPI lautet:

$$M\,(LPI) = \begin{bmatrix} 0 & 0 & \frac{1}{3} \\ 0 & \frac{1}{2} & \frac{1}{3} \\ 1 & \frac{1}{2} & \frac{1}{3} \end{bmatrix}$$

Die Entscheidungsmatrix $E = U \cdot M$ errechnet sich daraus zu

$$E = \begin{bmatrix} 0 & 0,25 & 0,5 \\ 0,625 & 0,75 & 0,708 \\ 0,75 & 0,625 & 0,583 \end{bmatrix} \begin{matrix} \hat{S}_1 \\ \hat{S}_2 \\ \hat{S}_3 \end{matrix}$$

Die Prognose $\hat{S}_1$ (abnehmende staatliche Aktivität) kann sofort ausgeschlossen werden, da sie von den beiden anderen dominiert wird. Es konkurrieren also nur noch $\hat{S}_2$ und $\hat{S}_3$.

Das MaxEmin-Prinzip verlangt, daß in jeder Zeile von E der jedenfalls garantierte Nutzenerwartungswert, er ist zugleich der semantische Informationswert V der betreffenden Prognose, gesucht wird:

$$V(\hat{S}_2) = 0,625$$
$$V(\hat{S}_3) = 0,583 \, .$$

Unter den semantischen Informationswerten wählt man den größten, im Beispiel 0,625. Damit ist die Wahl des Scenarios S_2 als optimale Prognose identifiziert, optimal bezüglich der gegebenen partiellen Information und der Risikoeinstellung des Bewertenden, z. B. Politikers.

60.5 Ein Beispiel für Mehrstufigkeit

Wir betrachten noch ein weiteres Beispiel, das die Mehrstufigkeit zeigen soll, und wie der semantische Prognosewert sich erhöht, wenn weitere Informationen hinzutreten, d. h. zugleich, wie man aus dem Zuwachs der semantischen Information den Wert der Information selbst bestimmen kann.

Diesmal seien die Wahrscheinlichkeiten für die zwei Scenarien S_2 und S_3 in Intervallform angegeben:

$$\text{LPI}^{(1)}: \quad p_2 \in \left[\frac{1}{9}, \frac{7}{9} \right]; \quad p_3 = 1 - p_2 \, ,$$

$$\text{Eckpunktematrix } M(\text{LPI}^{(1)}) = \frac{1}{9} \begin{bmatrix} 1 & 7 \\ 8 & 2 \end{bmatrix} .$$

Wenn wir die alte Bewertungsmatrix U übernehmen (ohne S_1), erhalten wir als Entscheidungsmatrix E_1

$$E_1 = \frac{1}{72} \begin{bmatrix} 47 & 59 \\ 52 & 40 \end{bmatrix} .$$

Der maximale semantische Informationswert ist $\frac{47}{72}$, er identifiziert $\hat{S}_2$ als optimale Prognose.

Um die LPI$^{(1)}$ für neue Informationen aufnahmebereit zu machen, zerlegen wir das Intervall (und zwar symmetrisch) in die LPI's

$$\text{LPI}_1^{(1)}: \quad p_2 \in \left[\frac{1}{9}, \frac{4}{9}\right]; \quad p_3 = 1 - p_2\,,$$

$$\text{LPI}_2^{(1)}: \quad p_2 \in \left[\frac{4}{9}, \frac{7}{9}\right]; \quad p_3 = 1 - p_2\,.$$

Die neue Information sei zwar sehr vage, aber doch so geartet, daß sie der Alternative S_3 (verstärkte staatliche Aktivität) höhere Glaubwürdigkeit π beimesse. Es ist eine LPI höheren Grades entstanden

$$\text{LPI}^{(2)}: \quad \pi(\text{LPI}_1^{(1)}) \leqq \pi(\text{LPI}_2^{(1)})\,.$$

Die Eckpunktematrix

$$M(\text{LPI}^{(2)}) = \frac{1}{18} \begin{bmatrix} 5 & 14 \\ 13 & 4 \end{bmatrix}$$

erhält man aus den beiden Extremfällen $\pi(\text{LPI}_1^{(1)}) = 0$ bzw. $\pi(\text{LPI}_1^{(1)}) = \frac{1}{2}$; für $\pi(\text{LPI}_1^{(1)}) = 0$ erhält man das maximale p_2 von $\frac{7}{9}$; für $\pi(\text{LPI}_1^{(1)}) = \frac{1}{2}$ erhält man das minimale p_2 als $\frac{1}{2} \cdot \frac{1}{9} + \frac{1}{2} \cdot \frac{4}{9} = \frac{5}{18}$.

Indem wir sie mit der alten Bewertungsmatrix vormultiplizieren, gewinnen wir die neue Entscheidungsmatrix

$$E_2 = \frac{1}{18 \cdot 8} \begin{bmatrix} 7 & 5 \\ 4 & 6 \end{bmatrix} \begin{bmatrix} 5 & 14 \\ 13 & 4 \end{bmatrix}$$

$$= \frac{1}{144} \begin{bmatrix} 100 & 118 \\ 98 & 80 \end{bmatrix}\,.$$

Hier erweist sich $\hat{S}_2$ als dominant, d.h. das Scenario S_2 ist weiterhin, auch nach Berücksichtigung der neuen, S_3 favorisierenden Information, die optimale Prognose; doch ist sie jetzt in höherem Maße bestätigt als vorher. Der semantische Wert V der Information I errechnet sich zu

$$V(I) = \frac{100}{144} - \frac{94}{144} = \frac{6}{144} \doteq 0{,}04\,.$$

Andeutungsweise möchte ich das Problem der mehrfachen Zielsetzung bei unscharfer Gewichtung erwähnen, welches bereits in [Kofler/Menges [1979], Abschnitt 6] behandelt ist.

60.6 Rechenaufwand

Die Verfahren der partiellen Information sind bei üblichen Problemstellungen mit hohem Rechenaufwand verbunden. Auf die Frage, weshalb in der statistischen

Methodologie nicht schon früher derartige Verfahren eingeführt wurden, läßt sich antworten, daß für die früheren technischen Gegebenheiten der Rechenaufwand prohibitiv war. Inzwischen verfügt man aber über hocheffiziente und immer effizienter werdende Rechenmaschinen. Sie erlauben, harte Annahmen fallenzulassen.

In der Tat wurden in der herkömmlichen Statistik viele Annahmen, vielleicht die meisten, eingeführt, um den Rechenaufwand zu reduzieren. Zwar wird man wohl kaum je ohne Annahmen auskommen können, aber viele üblich gewesenen Annahmen sind durch die fortschreitende Rechentechnik obsolet geworden. Insofern ist es auch an der Zeit, daß sich der rund ein Jahrhundert lang gehaltene Trend zugunsten harter statistischer Methoden umkehrt.

Weiterführende Literatur:

Bamberg 1972
Ferguson 1967
Kofler, Menges 1976
Menges, Kofler 1980
Menges 1974
Wald 1950

Dreizehntes Kapitel
Präsentieren

61. Die Aufgabenstellung

61.1 Die Präsentationsaufgabe der Statistik

Die Brockhaus-Enzyklopädie hat den Begriff noch nicht; Präsentation gibt es auch in der Tat noch nicht als eigenständige Disziplin. Gleichwohl ist sie eine wichtige, zu entwickelnde Aufgabe der Statistik. Im Vergleich zur ganz vernachlässigten Kompilierung hat sich die bisherige statistische Methodologie mit einigen Präsentationsproblemen befaßt, ohne sie so zu nennen. Der Präsentationsbegriff, wie ich ihn im folgenden „präsentieren" möchte, stützt sich auf seine zwei lateinischen Grundbedeutungen (lat. praesentire darreichen, vorführen), nämlich

– zur Verwendung darbieten und
– anwesend sein.

Hiernach gehört die graphische Darstellung ebenso wie die Datenbank zur Präsentationsmethodik der Statistik. Daß die Statistik eine Präsentationsaufgabe hat, folgt aus ihrer Eigenschaft als methodische Hilfswissenschaft. Das statistische Resultat allein kann niemals ein Schlußpunkt des Informations- oder Erkenntnisprozesses sein, sondern erst die semantische Interpretation des Resultates ist es sowie dessen Verwendung als Grundlage von „Aktionen" oder dessen Einbau in ein fachwissenschaftliches (oder auch administratives) Gesamtgefüge („System"), z.B. ein ökonomisches, psychologisches, medizinisches „System" (oder eine administrative Fragestellung). Präsentation ist dann alles, was diesen Zwecken dient; dazu gehört die Abrufbarkeit ebenso wie die semantische Kolorierung oder Veranschaulichung. Diese beiden Prinzipien, gleichermaßen wichtig, stehen in einem antagonistischen Verhältnis zueinander. Je stärker die semantische Kolorierung, d.h. auch die Anfragerelevanz der Daten, desto geringer ist im allgemeinen die Abrufbarkeit. Dieser Antagonismus kann als ein Problem der Mustererkennung definiert werden.

61.2 Erkennung von relevanten Datenmustern

Freilich geht das Problem der Mustererkennung über das Präsentationsproblem der Statistik hinaus. Viele Problemstellungen aus der Schätz-, Test-, Prognose- und Entscheidungstheorie, ja aus Analyse und Beschreibung, können als Probleme der

Mustererkennung aufgefaßt werden. (Allerdings können sie alle via Mustererkennung oder nicht − auch als Präsentationsaufgabe aufgefaßt werden.) Wir betrachten eine Menge gespeicherter (Abrufproblem) oder zu speichernder Daten (Planungsproblem) D, andererseits bestimmte semantische Anfragen S an den Datenträger (Tabelle, Datenbank). Die vollständige Isomorphie zwischen S und D ist nicht herstellbar, aber für S kann es einen bestimmten Interpretationsrahmen geben. Beschreibungen von Elementen aus S in diesem Sinne sind die Muster $S_T \subset S$. Dem Muster S_T soll eine Datenmenge $D_T \subset D$ zugeordnet werden, die zu S_T möglichst isomorph ist.

Zwischen S_T und S können weitere Systeme vorgestellt werden: $S_T \subseteq S_1 \subset S_2 \subset \ldots \subset S_n \subseteq S$. Je näher das Muster S_i $(i = 1, \ldots, n)$ bei S liegt, desto besser ist es spezifiziert (oder spezifizierbar), aber desto geringer ist seine Semantik bzw. desto geringer ist die „empirische Bedeutung" der entsprechenden Datenmenge $D_i \subseteq D$ $(i = 1, \ldots n)$, d. h. die Relevanz der Datenklasse D_j im Sinne der Anfrage.

Jeder Mustererkennung kann ein Klassifikator zugeordnet werden, ein Automat oder ein Mensch, der Muster klassifiziert. Zunächst betrachten wir den Bayesschen Klassifikator. Im folgenden nehmen wir als Mustervariable eine Zufallsvariable an; das ist nicht typisch und geschieht hier nur zu Vereinfachungszwecken. Im allgemeinen ist die Mustervariable mehrdimensional und kompliziert zusammengesetzt. Die Zufallsvariable X hat die Realisationen x (beobachtete) Muster; $j = 1, \ldots, m$ ist die Klassenindizierung (m = Gesamtzahl der Klassen). Dieser Indizierung entspricht eine Klassengliederung der Datenmenge D, evtl. binär: D_1 = relevant, D_2 = nicht relevant, $D_1 \cup D_2 = D$, $D_1 \cap D_2 = \emptyset$. Im allgemeinen ist m endlich, aber größer als 2. Sei weiterhin $L(x \mid k_j)$ die Likelihoodfunktion. Sie gibt für festes k_j (und damit D_j) die Wahrscheinlichkeit für das „Auftreten" des Musters x an, für festes beobachtetes Muster ist sie die Likelihood (Plausibilität) dafür, daß k_j die wahre Klasse, d. h. daß D_j die richtige Datenmenge ist. Dann besteht die Mustererkennung in der Bestimmung der A-posteriori-Wahrscheinlichkeit π dafür, daß k_j die wahre Klasse ist, wenn das Muster x beobachtet wird

$$\pi(k_j \mid x) = \frac{p_j\, L(x \mid k_j)}{p(x)};$$

hierbei ist p (x) die A-priori-Wahrscheinlichkeit für das Muster x:

$$p(x) = \sum_{j=1}^{m} p_j\, L(x \mid k_j),$$

d. h. die mit den A-priori-Wahrscheinlichkeiten p_j $(j = 1, \ldots, m)$ gewichtete Summe aller Likelihoods $L(x \mid k_j)$.

Ein weiterer Klassifikator ist der Likelihood-Klassifikator. Wir zeigen seine Wirkungsweise an der binären Klassifizierung

0 = nicht relevant
1 = relevant.

Das Likelihoodverhältnis $R(x) = L(x \mid k_0)/L(x \mid k_1)$ wird verglichen mit einem Schwellenwert

$$Q = \frac{p(k_0)\, u_{10}}{p(k_1)\, u_{01}},$$

wobei u_{10} = Nutzen der Klassifikation ist, wenn k_0 die richtige Klasse ist und k_1 die erkannte Klasse, während u_{01} der Nutzen der Klassifikation ist, wenn k_1 die richtige und k_0 die erkannte Klasse ist.

Die entsprechende Mustererkennungsregel lautet dann

$R(x) \leq Q$: Muster x gehört zu Klasse k_0
$R(x) > Q$: Muster x gehört zu Klasse k_1.

In [Menges 1979] wurde gezeigt, wie eine unscharfe oder adaptive Mustererkennung mit Milfe des LPI-Konzepts optimal durchgeführt werden kann.

61.3 Sachlogik, Nutzen und Ästhetik

Daten werden auf Maße reduziert, beschreibende, analysierende und inferentiale im weitesten Sinn. Die Maße werden präsentiert. Die Präsentation soll effizient, übersichtlich, plausibel und anschaulich gestaltet werden. Für deskriptive Zwecke wird dies allgemein anerkannt. Die Präsentationsgrundsätze gelten aber auch für analysierende und im weitesten Sinn inferentiale Zwecke, d. h. generell, wenn auch bei verschiedenen Problemstellungen in unterschiedlichem Maß.

Die Befolgung der Präsentationsgrundsätze dient dem „Verstehen". Daten sollten dem Benutzer so dargeboten werden, daß er sie möglichst leicht möglichst gut verstehen kann, d. h. (im Sinne der Ausführungen über Sachlogik) daß ihm die Entschlüsselung der den Daten innewohnenden empirischen Bedeutung ermöglicht und erleichtert wird. Solche Entschlüsselung erfolgt vor allem unter den Prinzipien der Sachlogik, daneben aber noch unter dem Grundsatz der Nützlichkeit und schließlich unter ästhetischen Prinzipien. Eine ästhetisch ansprechende („schöne") Darstellungsform ist natürlich nicht von primärer Bedeutung, aber sie hat eine wichtige ergänzende Funktion, da sie das Verständnis der Daten und die Kommunikation zwischen Datenproduzent und Maschine einerseits und dem Benutzer der Zahlen andererseits erleichtern kann.

61.4 Darstellungsformen

Formal können vier Methoden der Darstellung unterschieden werden:

(1) „Darstellung" der Zahlen im Text
(2) Darstellung in Tabellen
(3) Darstellung in halbtabellarischer Anordnung
(4) Graphische Darstellung.

Von der Darstellung der Zahlen im Text wird heute im Gegensatz zu früher nur noch sehr wenig Gebrauch gemacht. Die moderne Datenproduktion liefert viele Daten, und sie liefert sie in systematischer Form. Die Darstellung vieler systematischer Zahlen im Text ist zeitraubend und umständlich. Der Interessierte wäre gezwungen, den ganzen Text durchzulesen, um einige Zahlen herauszufischen. Insofern ist die Tabelle schon besser. Sie ist einerseits übersichtlicher, nützlicher, „schöner", aber andererseits kann die Erschließung des gemeinten Sinns oder der empirischen Bedeutung leichter gelingen, wenn die Zahlen im Text dargestellt sind. Die Darstellung im Text ist vielleicht allzu leichtfertig aus dem Darstellungsarsenal der Statistik eskamotiert worden.

Auch die halbtabellarische Darstellung, d. h. die Einbettung einer „verstümmelten Tabelle" (z. B. ohne Überschrift oder ohne Kopf oder Vorspalte) in verbalem Text, findet aus analogen Gründen und mit ähnlichen Gegengründen keine allzu häufige Anwendung mehr.

62. Die tabellarische Darstellung

Sie ist eine Transformation der ersten Darstellungsart. Durch eine Tabelle sollen ständige Wiederholungen, die bei textlicher Darstellung unumgänglich sind, vermieden, und es soll eine größere Übersichtlichkeit und Abrufbarkeit geschaffen werden. In genau diesem Sinn rechtfertigt sich die Verwendung von Tabellen. In genau diesem Sinne wird sie aber zunehmend der Verwendung von Datenbanken weichen müssen.

Es kommt nicht von ungefähr, daß der Einzug der Tabelle in die Statistik mit großen Kämpfen verbunden war. Die Auseinandersetzung fand vor rd. 200 Jahren statt. J. P. Ancherson (1700−1765) und A. F. W. Crome (1753−1833) waren die ersten „Tabellenstatistiker", die viele Anfeindungen durch ihre Zeitgenossen erlebten. Man schalt sie unverständig und „seelenlos", bezeichnete sie als „Tabellenknechte", ihre Produkte als „hirnlose Machwerke".

62.1 Definition und Typologie

Eine statistische Tabelle ist die logische Anordnung aufeinander bezogener Datenmaße in vertikalen Spalten und horizontalen Zeilen, mit genügender Erklärung und qualifizierenden Worten oder Sätzen in Form von Überschrift, Kopf, Vorspalte und Fußnoten, die den Ursprung der Daten klarmachen. Nach Seutemann [1911] unterscheidet man *Materialtabellen* und *Ausdruckstabellen* (Pfanzagl [1967]: Quellentabellen und Aussagetabellen). Die Materialtabellen bezwecken eine möglichst übersichtliche und vollständige Darstellung des Zahlenmaterials. Sie enthalten möglichst viele Kombinationen und Details, während die Ausdruckstabellen mit möglichst wenig Details belastet sein sollen. Müller [1927, S. 161 ff.] unterscheidet nach dem Verwendungszweck:

(1) Nachschlagetabellen
(2) Übersichtstabellen
(3) Spezial- oder Auswertungstabellen.

(1) *Nachschlagetabellen*

Die Nachschlagetabellen sollen wissenschaftlichen wie auch praktischen Zwecken dienen. Sie sollen dem Kaufmann, dem Politiker, dem Forscher usw. Material liefern. Der Nützlichkeitszweck dominiert ästhetische Gesichtspunkte. Daher sind für Nachschlagetabellen folgende drei Eigenschaften von Bedeutung:

a) Reiche Aufgliederung. Die Aufgliederung erfolgt besonders in räumlicher und sachlicher, weniger in zeitlicher Hinsicht. Bei einer Volkszählung z.B. werden die Nachschlagetabellen in räumlicher Hinsicht sehr stark gegliedert sein, so daß man selbst für kleinste Bezirke, ja sogar Gemeinden, die gesuchten Werte finden kann. In sachlicher Hinsicht wird man nach vielen Merkmalen gliedern, z.B. nach Konfession, Beruf, usw. Indessen wird in zeitlicher Hinsicht der Monat in der Regel die kleinste Einheit sein, bis zu der man untergliedert.

b) Großer Umfang. Nachschlagetabellen füllen oft viele Seiten und sogar ganze Bände. Eine Folge des großen Umfangs ist jedoch die

c) geringe Kombinierung. Wenn nämlich zu der reichen Aufgliederung noch eine große Kombinierung käme, würden die technischen Möglichkeiten der Präsentation schnell überschritten.

(2) *Übersichtstabellen*

Sie geben eine gedrängte Übersicht über die wichtigsten Züge der Massenerscheinung. Bedeutung haben sie besonders für den Praktiker, der schnell und einfach einen kurzen Überblick haben möchte. Hier sind deshalb ästhetische Aspekte von Bedeutung. Für den Wissenschaftler sind sie meist nur als Hinweis von Bedeutung. Auch bei ihnen sind drei Eigenschaften zu beachten:

a) Mittlere Aufgliederung.
b) Mittlerer Umfang, höchstens eine Doppelseite, am besten aber nur eine Seite, da sonst der Überblick und die Klarheit verlorengehen.
c) Geringe Kombinierung, da sonst der Effekt der geringeren Aufgliederung aufgehoben und die Unübersichtlichkeit verstärkt würden. Andererseits haben Übersichtstabellen oft einen höheren Kombinierungsgrad als Nachschlagetabellen.

(3) *Spezial- oder Auswertungstabellen*

Ihr Zweck ist, bestimmte Spezialfragen zahlenmäßig darzustellen. Sie sind oft das Ergebnis von Forschungsarbeiten. Sie sind wie folgt charakterisiert:

a) Geringe Gliederung. Spezialtabellen sollen nur ganz wenige, aber charakteristische Zahlen bringen. Daher haben sie auch nur einen
b) geringen Umfang.
c) Kombinierung. Der Kombinierungsgrad ist *das* Problem der Spezialtabellen. Es ist notwendig, das richtige Maß zu finden zwischen einerseits möglichst weiter Entfaltung und andererseits den gebotenen, unerläßlichen Einschränkungen. Ein Maßstab dafür ist die „tabellarische Ästhetik", die schon G. von Mayr [1914] gefordert hat. Aus dem Widerspruch zwischen hohem Kombinationsgrad und geringem Umfang der Spezialtabelle gibt es oft einen Ausweg: Auswahl nur weniger,

besonders kennzeichnender Merkmalsmodalitäten (synoptische Tabelle). Ist dieser Weg nicht gangbar, dann bleiben die monographischen Tabellen. Diese sind aber deshalb wenig beliebt und wenig gebräuchlich, weil man die gesuchten Werte aus zahlreichen Tabellen exerpieren muß. So spielt denn in der Praxis die synoptische Tabelle die größte Rolle, und die Beschränkung auf die charakteristischen Merkmalsmodalitäten ist darum die wesentliche Aufgabe beim Aufbau einer Spezialtabelle.

62.2 Aufbau einer Tabelle

In den meisten Fällen gehört zu einer Tabelle eine Überschrift. Wenn in einem Werk mehrere Tabellen vorkommen, ist es auch ratsam, jeder Tabelle eine Nummer zuzuordnen. An die Überschrift sind folgende Anforderungen zu stellen:

(1) Darlegung des Inhalts der Tabelle in geschmeidiger, nicht zu weitschweifiger Form,

(2) Angaben darüber, zu welcher Zeit (Stichtag oder Zeitraum) die Daten gesammelt wurden, und über die Zeit, über welche das statistische Material in der Tabelle aussagt (zeitliches Identifikationsmerkmal),

(3) Angabe, für welches Gebiet die Zahlen gelten (geographisches Identifikationsmerkmal),

(4) Angabe über die verschiedenen Klassifikationen der Daten, die in der Tabelle gezeigt werden.

Als nächstes folgt die eigentliche Tabelle. Die oberste Zeile wird stets zu einer „Kopfzeile“, oder kurz „Kopf“ genannt, gestaltet. Als Gegenstück dazu gibt es die „Vorspalte“, die, wie das Wort sagt, *vor* den übrigen Spalten steht. Im Kopf stehen die Bezeichnungen für die in den Spalten stehenden Zahlen, in der Vorspalte diejenigen für die in den Zeilen stehenden Zahlen, d.h. die Vorspalte kennzeichnet den Inhalt der Zeilen und der Kopf den Inhalt der Spalten. Normalerweise wird das Fach in der Kreuzung von Tabellenkopf und Vorspalte als Kopf zur Vorspalte benutzt. Es kann aber auch als Kopf für die Kopfzeile gelten. Dies muß dann jedoch besonders kenntlich gemacht werden. Häufig ist dieses Fach durch einen Diagonalstrich geteilt, wobei die eine Hälfte als Vorspaltenkopf, die andere als Tabellenkopfvorspalte verwendet wird. Kopf und Vorspalte nennt man den Textteil, den Rest Zahlenteil der Tabelle.

Von großer Bedeutung ist die übersichtliche Anordnung der Tabelle. Hier kann man mit den verschiedensten Varianten arbeiten. Merkmalsgruppen trennt man gewöhnlich durch Doppelstriche, die Unterteilungen in den Gruppen selbst nur durch einfache Striche. Auch kann man im Druck variieren (z.B. Fettdruck). Auf Farben sollte man bei Tabellen verzichten. Bei größeren Zahlen verwende man die Schreibweise, Dreiergruppen durch einen Zwischenraum voneinander zu trennen (nicht etwa durch einen Punkt). Bei größeren Tabellen ist es oft angebracht, die Spalten zu numerieren, manchmal mag dies sogar bei den Zeilen notwendig sein. Von großem Nutzen ist auch die Bildung sinnvoller Zwischensummen.

Ein letztes Wort noch zu den Tabellenfeldern. Es ist unzweckmäßig, Tabellenfelder leer zu lassen, da sonst Fehlinterpretationen provoziert werden. Ist keine Einheit vorhanden, so schreibt man einen Querstrich (–), sind die vorhandenen Einheiten kleiner als die Hälfte der vorgesehenen kleinsten Einheit, so schreibt man Null (0 oder 0,0 oder auch 0,00). Können Angaben noch nicht gemacht werden, weil die betreffenden Informationen noch nicht vorliegen oder überhaupt nicht ermittelt werden, so schreibt man einen Punkt (.). Zwei Punkte (..) bedeuten: Die Angabe ist logisch oder sachlich unmöglich. Zeilen und Spalten mit einem (–) sind natürlich addierbar, auch solche mit einer (0) innerhalb einer gewissen Fehlerspanne, die oft unberücksichtigt bleiben kann. Wenn Angaben nicht gemacht werden können (.), sind die entsprechenden Spalten und Zeilen sinnvoll nicht addierbar. Oft ist die letzte Zeile einer Tabelle eine Summenzeile, die letzte Spalte eine Summenspalte.

Auch Quellenangaben sind erforderlich. Sie stehen, soweit sie nicht in der Überschrift enthalten sind, als Anmerkung unter dem eigentlichen Tabellenteil. Dort stehen evtl. auch noch Fußnoten zu irgendwelchen Angaben im Text- oder Zahlenteil der Tabelle.

Einfaches Beispiel einer Tabelle

Überschrift

Fachrichtung	Studierende				Σ	} Kopf
	Deutsche			Aus- länder		
	männl.	weibl.	insges.			
Geisteswiss.	←——— Zeile ———→					
Naturwiss.		↑				
Wirtschaftswissensch.						
Recht						
Bildende Künste						
Σ		Spalte				

Vorspalte

Fußnoten

63. Die graphische Darstellung

63.1 Aufgabe der graphischen Darstellung

Die erste Aufgabe der graphischen Darstellung ist, den Inhalt einer Tabelle in ihren wesentlichen Teilen anschaulich, leicht überblickbar und einprägsam darzubieten. Eine weitere Aufgabe ist es, die Ergebnisse der Tabellen, die z. T. nur für Fachleute durchschaubar

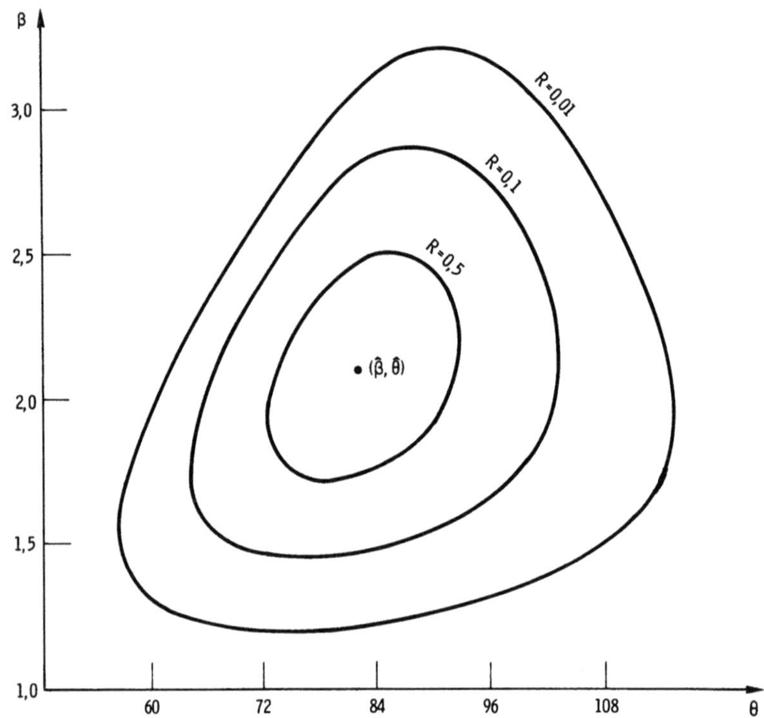

Abb. 48: Konturen konstanter Likelihoodquotienten R für die Parameter der Weibullverteilung

sind, breiten Massen zugänglich zu machen. Dies bedeutet nicht, daß die Graphik keinen wissenschaftlichen Wert hätte; sie ist auch für den Wissenschaftler ein unentbehrliches Hilfsmittel; außerdem ist sie ein (wenngleich vernachlässigtes) wissenschaftliches Problem. Schließlich hat sie heuristische Qualitäten. Sie kann z. B. die Auffindung von Beziehungen zwischen mehreren Reihen erleichtern.

Die Bedeutung der graphischen Darstellung erschöpft sich keineswegs in der Deskription. Viele Analysetechniken (allen voran: die Zeitreihenanalyse) bedürfen fast unabdingbar der graphischen Veranschaulichung (und Veranschaulichmachung). In der Testtheorie ist es z. B. sehr wichtig, die Operationscharakteristik auch graphisch zu veranschaulichen. Oder in der Schätztheorie wird die Interpretation des Resultats im Sinne der Sachlogik (Semantik, empirische Bedeutung) erleichtert, wenn es graphisch dargestellt ist, zumal dann, wenn es wie die Weibullverteilung (vgl. Abschnitt 15.6) zweiparametrig ist. Die kanadische Sprott-Kalbfleisch-Schule empfiehlt in solchen Fällen, die Konturen konstanter Likelihood-Quotienten zu zeichnen (vgl. Abb. 48). Man ersieht aus der Figur die inferentiale Plausibilität des Parameterpaares (β, ϑ). Die Likelihood-Schätzung ist ein einzelner Punkt $(\hat{\beta}, \hat{\vartheta})$. Innerhalb der R = 0,5-Konturlinie liegende Wertepaare sind plausibel. Nach außen werden sie immer unplausibler, aber, wie die Figur zeigt, nicht gleichmäßig.

426

63.2 Haupttypen der statistischen Graphik

Ehe wir auf nähere Einzelheiten eingehen, sei kurz eine Einteilung der statistischen Graphiken gegeben.

Diagramme	Kartogramme

Punktdiagramme (Stigmogramme)
Liniendiagramme
Flächendiagramme
	Punktkartogramme
	Linienkartogramme
	Flächenkartogramme
	   Kartendiagramme
	   Statistische Karten (Kartogramme i.e. S.)

63.3 Punktdiagramme

Beim Punktdiagramm wird jede Einheit durch einen Punkt repräsentiert. Eine Veranschaulichung ergibt sich durch Nebeneinanderstellung einer verschieden großen Anzahl von Punkten. Das Punktdiagramm hat wenige sinnvolle Anwendungsmöglichkeiten.

63.4 Liniendiagramme

Die Darstellung von kontinuierlich ineinander übergehenden Zahlenwerten nennt man Liniendiagramme, statistische Kurven oder Kurvendiagramme (Pfanzagl [1972]), obgleich sie keine Kurven im streng geometrischen Sinn sind.

Zwar können sie grundsätzlich bei der Darstellung aller Arten der Abhängigkeit einer Erscheinung (oder mehrerer) von einer anderen verwendet werden, ihr Hauptanwendungsfeld ist aber die Darstellung längerer Zeitreihen. Pfanzagl [1972, S. 230] bemerkt: „Überall dort, wo eine längere kontinuierliche Zahlenreihe vorliegt, wird man sich mit Vorteil der graphischen Darstellung durch eine Kurve bedienen. Die Vorstellung, die uns die Kurve von einem zeitlichen Ablauf vermittelt, ist ungleich klarer als jene Vorstellung, die man aus dem Studium des Zahlenmaterials selbst gewinnt."

Im folgenden betrachten wir einige Grundsätze, die bei Verwendung von Liniendiagrammen beachtet werden sollten:

(1) Anlage des Diagramms im allgemeinen
(2) Art der Linienziehung
(3) Äußere Erscheinungsform der Linie.

(1) *Anlage des Diagramms im allgemeinen*

Auf der Abszisse werden die Zeitpunkte, -räume oder Größenklassen, allgemein die Werte der unabhängigen Variablen aufgetragen, auf der Ordinate die Aussagewerte, die Werte der abhängigen Variablen.

Feste Regeln für die Wahl der Abstände auf den Ordinaten und Abszissen gibt es nicht. Aus diesem Grund bieten gerade die statistischen Kurven viele Möglichkeiten, den ungeschulten Betrachter zu täuschen. Je nach dem Grundnetz entsteht ein flacher (stumpfer) oder ein spitzer Kurvenverlauf. Daher sollte es Pflicht eines ehrlichen Statistikers sein, Extreme zu vermeiden und das Grundnetz derart einzurichten, daß es weder zu einem übertriebenen noch umgekehrt zu einem untertriebenen Kurvenverlauf kommt, daß vielmehr die Entwicklung angemessen zum Ausdruck gelangt (vgl. Abb. 49).

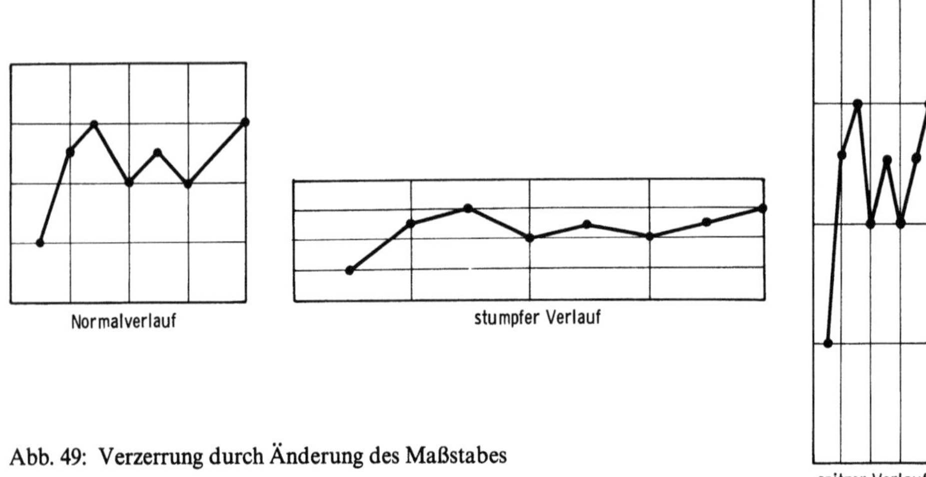

Abb. 49: Verzerrung durch Änderung des Maßstabes

Man sollte bei Liniendiagrammen stets die gesamte Skala der Erscheinungsmöglichkeiten berücksichtigen, d. h. die Skala sollte möglichst bei 0 anfangen, da bei der ausschließlichen Darstellung der Schwankungen eine übertriebene Vorstellung der Variabilität hervorgerufen wird.

Bei der Verwendung eines logarithmischen Maßstabes ist Vorsicht geboten. Sinnvoll wird seine Verwendung dann sein, wenn Unterschiede gleicher Bedeutung durch gleiche Quotienten und nicht durch gleiche Differenzen charakterisiert werden (vgl. geometrisches Mittel; Abschnitt 33.4). In der graphischen Darstellung erscheinen dann gleiche Quotienten als gleiche Differenzen. Nicht zu rechtfertigen ist die Verwendung eines logarithmischen Maßstabes, wenn sie nur durch die bequeme Darstellbarkeit des Zahlenmaterials begründet wird.

(2) *Die Linienziehung*

Die Punkte werden durch gerade Linien verbunden. Zwar mag in manchen Fällen eine Abrundung des Gesamtkurvenverlaufs durch Interpolation gerechtfertigt sein, normalerweise beruht die Abrundung aber mehr oder minder auf Willkür und der „Sehnsucht mathematisch veranlagter Statistiker nach Auffindung streng geometrischer Kurven" (G. von Mayr).

428

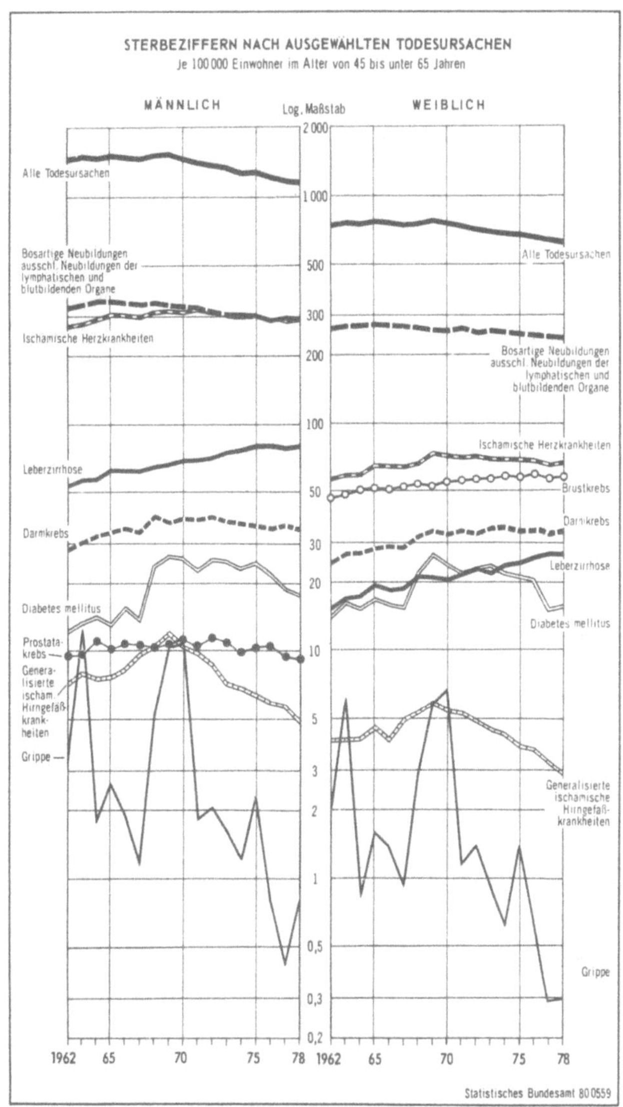

Abb. 50: Sterbeziffern nach ausgewählten Todesursachen
[Wirtschaft und Statistik 7/1980, S. 476]

(3) *Äußere Erscheinungsform*

Die äußere Erscheinungsform der statistischen Kurve ist in der Regel ein ausgezogener Kurvenzug. Enthält dagegen ein Diagramm mehrere Kurven, die sich kreuzen, so greift man zu gebrochenen Linien, Punktierung u.a.m. sowie schließlich gar zur Darstellung mit Farben.

63.5 Anforderungen an Liniendiagramme

(1) Genügend dichte Aufeinanderfolge der beobachteten Werte.

(2) Kennzeichnung der Interpolation, z. B. durch gebrochenen Kurvenzug (der geglättete Kurvenzug täuscht Werte vor, die gar nicht beobachtet wurden).

(3) Nach Möglichkeit sind nur ganze Ordinaten zu zeichnen. Ist dies wegen einer sonst zu großen Darstellung nicht möglich, so muß die Ordinate *deutlich* unterbrochen werden.

(4) Die Maßstäbe sind so zu wählen, daß die Schwankungen so stark in Erscheinung treten, wie es dem sachlichen Gewicht, das ihnen der verantwortungsbewußte Statistiker beimißt, entspricht. Die praktische Erfahrung tendiert mit gutem Erfolg dahin, die zur Verfügung stehende Blattfläche gut auszunützen. Die höchsten Zahlen und die Blattgröße bestimmen dann die Maßverhältnisse.

(5) Bei mehreren darzustellenden Kurvenverläufen ist darauf zu achten, daß das gesamte Diagramm übersichtlich bleibt.

63.6 Sonderfälle

(1) Polar- und Kreisdiagramme. Diese Darstellungsweise hat ihre Berechtigung, wenn die darzustellenden Verhältnisse sich in einem Kreislauf abwickeln, d. h. sie dient der Veranschaulichung von Erscheinungen mit periodischen Schwankungen, wie z. B. der des Fremdenverkehrs; vgl. [Menges, 1955, S. 98]. Bei der „statistischen Spirale" werden im Kreis geordnete Punkte in mehrmaligem Umlauf um den Kreismittelpunkt durch eine Kurve verbunden.

(2) Man kann auch zwei zeitliche Kurven so kombinieren, daß die *eine* den Verlauf der Erscheinungen nach einzelnen konkreten Zeitabschnitten darstellt, die *andere* den

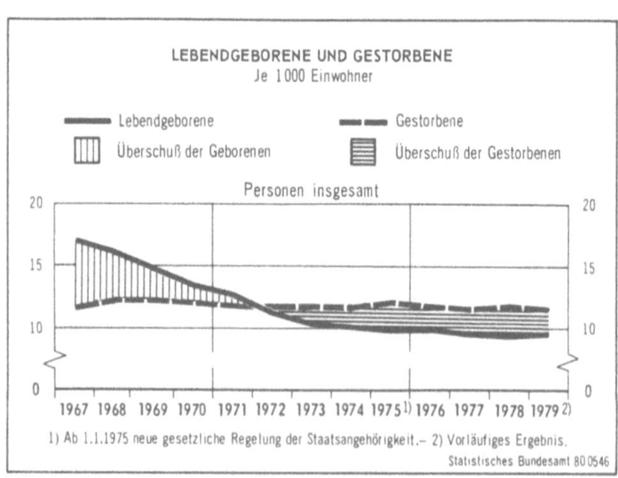

Abb. 51: Lebendgeborene und Gestorbene je 1000 Einwohner
[Wirtschaft und Statistik 7/1980, S. 445]

Verlauf der gleichen Erscheinungen, jedoch in abgekürzter Gestaltung als Durchschnittserscheinung aus größeren Zeitstrecken (z.B. Jahreskurven einerseits, Jahrzehntekurven andererseits).

(3) Zeitreihen können des weiteren so kombiniert werden, daß sie gewisse Überschüsse anzeigen: In Abbildung 51 ist die Kombination der Lebendgeborenen und der Gestorbenen dargestellt. Hier bildet die Fläche zwischen dem Kurvenverlauf der Gestorbenen und dem der Lebendgeborenen den Geburtenüberschuß bzw. das Geburtendefizit.

63.7 Flächendiagramme (Darstellung von diskret nebeneinander stehenden Größen – Stäbchendiagramme)

(1) Während das Liniendiagramm im allgemeinen zur Darstellung einer fortlaufenden Entwicklung, also von Bewegungs- oder Ereignismassen, geeignet ist, ist das Flächendiagramm vorteilhaft zur Darstellung einer Bestandsmasse heranzuziehen.

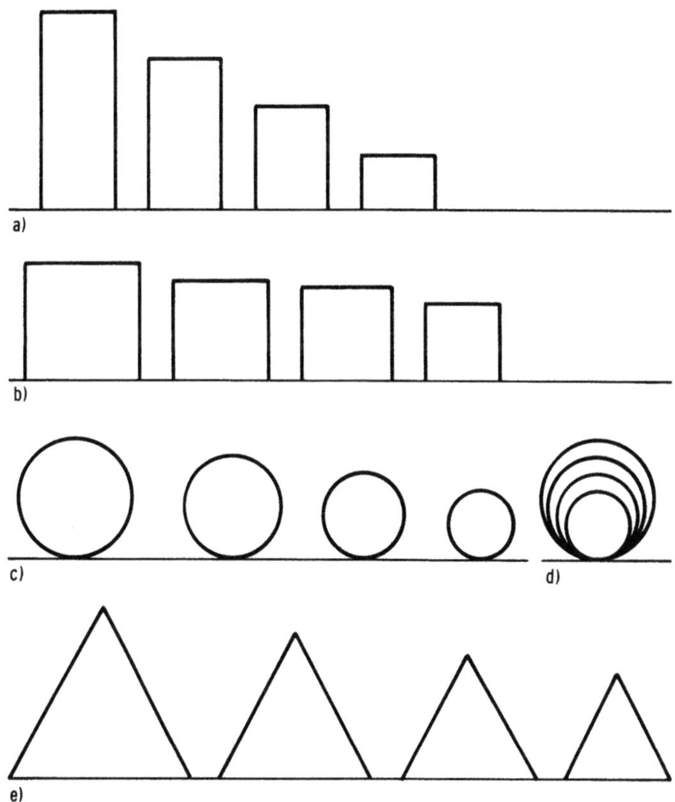

Abb. 52: Die Verwendung von Rechteck, Quadrat, Kreis und Dreieck für Flächendiagramme

Besonders wenn es gilt, das innere Gefüge derselben zum Ausdruck zu bringen, ist die Fläche das geeignetste Mittel. Soll bei Bewegungserscheinungen die Gestaltung des inneren Gefüges einzelner Glieder dargestellt werden, so reiht man die Flächen, die jeweils untergliedert sind, nebeneinander auf.

Handelt es sich um eine einzige Masse, die nach einem Merkmal oder mehreren Merkmalen unterteilt ist und deren inneres Gefüge sichtbar gemacht werden soll, so kommen der Kreis, das Quadrat und das Rechteck in Betracht. Der Kreis ist stets dann am Platz, wenn nur eine einfache Untergliederung verlangt wird, welche man dann durch entsprechende Kreisausschnitte darstellt. Handelt es sich um kombinierte Untergliederungen, sollte man das Quadrat oder das Rechteck wählen, weil die durch Querteilung neugebildeten Rechtecke leichter zu vergleichen sind als sonst etwa zu bildende konzentrische Kreise. Die vorstehende Abb. 52 zeigt die Anwendung von Rechteck, Quadrat, Kreis und Dreieck, wenn sich die Flächen wie 5:4:3:2 verhalten sollen.

Man erkennt, daß die verschiedenen geometrischen Figuren in unterschiedlicher Weise Größenverhältnisse suggerieren. Ganz ungeeignet ist die Abbildung d. Daß man meist das Rechteck wählt, hat seine Ursache nicht nur in der größeren Klarheit, sondern auch in der einfacheren Konstruierbarkeit.

(2) Die Anwendung von Flächendiagrammen. Die Rechtecke mit gleicher Basis, welche eine sehr große Rolle bei den Flächendiagrammen spielen, sind besonders

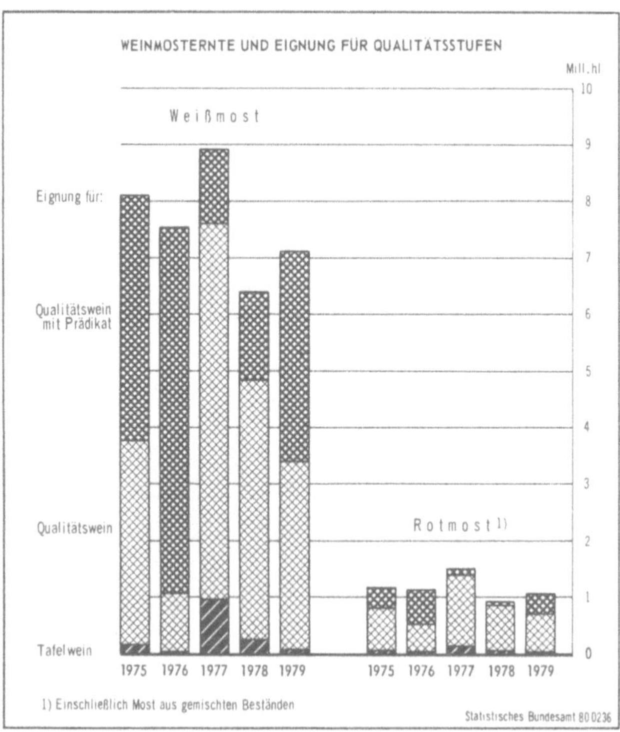

Abb. 53: Weinmosternte und Eignung für Qualitätsstufen [Wirtschaft u. Statistik 4/1980, S. 247]

432

geeignet, an Stelle der (nur summarische Ergebnisse veranschaulichenden) statistischen Kurven *Bewegungserscheinungen* unter gleichzeitiger Veranschaulichung der *Bewegungsgestaltung* bei den einzelnen Teilmassen zum Ausdruck zu bringen. Dazu als Beispiel die Abbildung 53.

63.8 Die Darstellung empirischer Häufigkeitsverteilungen

Um Aufschluß über die Struktur einer Masse zu erhalten, kann man bei einem diskreten Merkmal so vorgehen, daß für jede Modalität die Anzahl oder der Prozentsatz der auf sie entfallenden Elemente angegeben wird. Ist das Merkmal jedoch stetig, so muß zunächst eine Größenklassierung geschaffen werden. Wird die Größenklassenbreite durch die Basis eines Rechtecks charakterisiert, so ist die Höhe des Stäbchens derart zu wählen, daß die Fläche proportional der Besetzungszahl der Größenklasse ist. Dabei kann es durchaus sinnvoll sein, verschiedene Gruppenbreiten zu wählen, wenn beispielsweise bei konstanter Gruppenbreite einzelne Gruppen zu schwach besetzt wären. Zur Wahl der Gruppenbreite selbst ist zu sagen, daß sie nicht zu klein sein soll, da sonst statistische Schwankungen zu sehr in Erscheinung treten. Als Faustregel sei angegeben, daß die Anzahl der Gruppen $\sqrt{n}$ nicht überschreiten soll, wenn n die Anzahl der Beobachtungen oder Messungen ist. Die folgende Abbildung soll den erwähnten Sachverhalt veranschaulichen.

Es soll noch bemerkt sein, daß es für Vergleichszwecke günstig ist, die Flächen unter den einzelnen Häufigkeitsverteilungen zu normieren. Bei Massen mit verschiedenem Umfang sollten die Flächen so gewählt werden, daß sie proportional dem Verhältnis der Besetzungszahl der Gruppe zu Massenumfang (= relative Häufigkeit) sind.

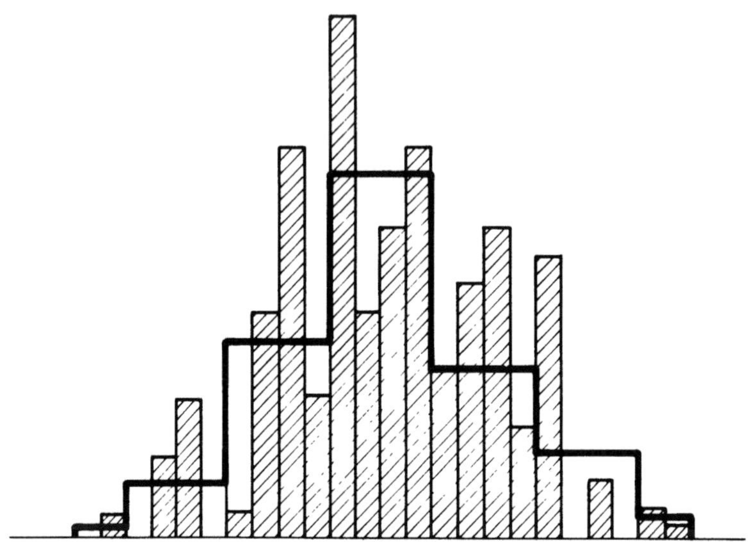

Abb. 54: Gegenüberstellung zweier Häufigkeitsverteilungen

63.9 Bildstatistik

Eine Sonderform der Flächendiagramme ist die Bildstatistik, die in den letzten Jahrzehnten zunehmend an Bedeutung gewonnen hat. Bei ihr werden statt geometrischer Flächen charakterisierende Abbilder wie Personen, Autos usw. verwendet. Es handelt sich sozusagen um eine Primitiverfüllung des Gebots der Anschaulichkeit und Verständlichkeit. Die charakterisierenden Figuren sollten wenigstens annähernd denselben Inhalt haben wie die entsprechenden Stäbchen, Kreise usw. Dieses Gebot ist nicht einfach zu realisieren. In Wirklichkeit arbeiten die Zeichner mehr nach dem Gefühl als mit Rücksicht auf die genauen Zahlenergebnisse. Oft werden die Figuren nach einem einfachen Maßstab, z. B. der linearen Höhe, entworfen. Die Entstellung der wahren Größenverhältnisse und eine gewisse Unzuverlässigkeit sind nach G. v. Mayr erhebliche Nachteile der Bildstatistik.

Den Problemen, die bei verschieden großen Figuren auftauchen, geht die sog. „Wiener Methode" aus dem Weg. Bei ihr bedeutet jede der Figuren (die alle gleichgroß sind) eine bestimmte Anzahl von Einheiten. Hat man verschiedene Werte, so reiht man eine verschieden große Anzahl dieser Figuren nebeneinander. Dieses Verfahren hat sich hauptsächlich bei den Kartogrammen eingebürgert.

64. Kartogramme

Wie bei den Diagrammen unterscheiden wir auch hier Punktkartogramme, Linienkartogramme und Flächenkartogramme. Die Flächenkartogramme wiederum zerfallen in Kartendiagramme (oder auch Diagrammkarten) und in statistische Karten (oder auch Kartogramme im engeren Sinn).

(1) *Punktkartogramme*

Mit einem Punktkartogramm haben wir es zu tun, wenn auf einer Landkarte bestimmte Merkmale durch verschieden dichte Anhäufung von Punkten deutlich gemacht werden, z. B. wenn die Bevölkerung in Industrierevieren durch eine entsprechend große Anzahl von Punkten, die in Landgebieten durch wenige verstreute Punkte dargestellt wird. Der Nachteil der Punktkartogramme liegt darin, daß sie nur einen groben Eindruck vermitteln, zu näherer Untersuchung jedoch nicht geeignet sind.

(2) *Linienkartogramme*

Diese entstehen, wenn man in Landkarten Linien verschiedener Länge einzeichnet, die bestimmte Merkmale in ihrer Größe darstellen sollen.

(3) *Flächenkartogramme*

Die wichtigsten und anschaulichsten Kartogramme sind die Flächenkartogramme. Die Kartendiagramme (Diagrammkarten) dienen der Veranschaulichung von Grundzahlen und die statistischen Karten (Kartogramme im engeren Sinn) der Veranschaulichung von Verhältniszahlen und Durchschnitten.

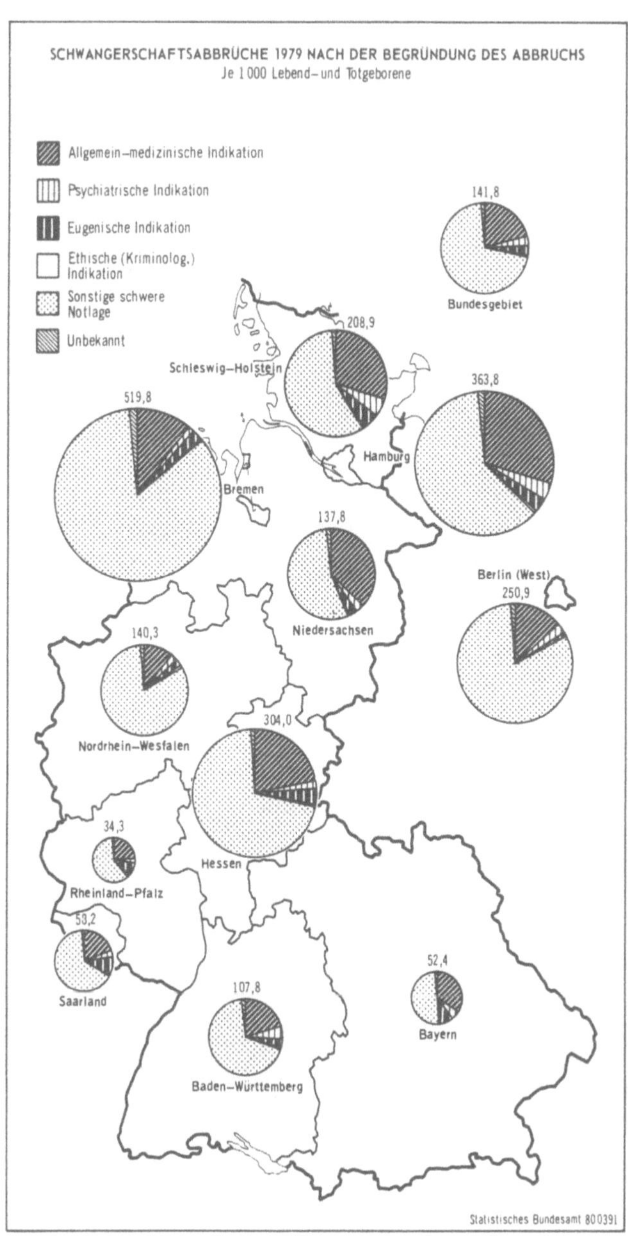

Abb. 55: Kartendiagramm (mit isolierten Flächendiagrammen)
[Wirtschaft und Statistik 5/1980, S. 327]

(1) Kartendiagramme (Diagrammkarten)

Nach G. von Mayr können wir bei den Kartendiagrammen wiederum unterscheiden:

a) Karten mit isolierten Flächendiagrammen in geographischer Position,

b) Karten mit zusammenhängenden Flächendiagrammen auf gegebenen geographischen Grundlinien.

ad a) Karten mit isolierten Flächendiagrammen in geographischer Position.

Bei diesen werden entweder Flächendiagramme gemäß einer durch die allgemeinen geographischen Verhältnisse bedingten räumlichen Verteilung gruppiert, oder es sind gewöhnliche, nur statistisch erweiterte Landkarten. Im ersten Fall werden statistische Gesamt- oder Durchschnittsergebnisse für Erdteile, Länder, Kreise oder sonstige größere Gebiete auf Landkarten durch Flächendiagramme ausgedrückt, welche räumlich innerhalb oder neben der geographischen Wiedergabe der betreffenden Gebietsteile auf der Karte untergebracht werden, d.h. man zeichnet Quadrate,

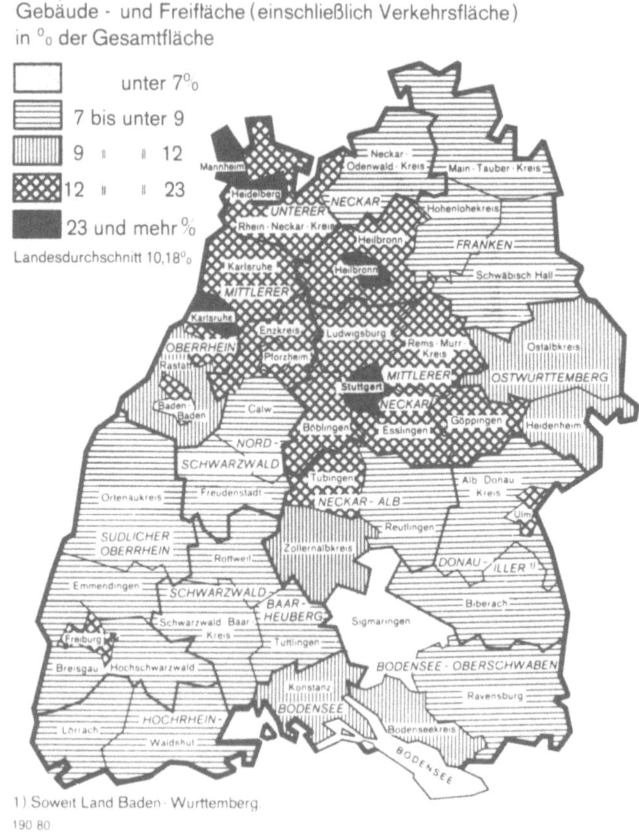

Abb. 56: Kartogramm im engeren Sinn [Baden-Württemberg in Wort und Zahl 6/1980, S. 215]

436

Rechtecke, Kreise, die wiederum untergegliedert sein können, auf die entsprechenden Teile einer Karte ein.

Im zweiten Fall werden statistische Verhältnisse eines bestimmten, auf der Landkarte individuell vorgetragenen Ortes diagraphisch veranschaulicht (z. B. die Bevölkerung). Die Technik der Kartendiagramme wirft keine besonderen Probleme auf. Man wählt einfache, klare Formen, wie Rechtecke, Kreise, Quadrate, und beschränkt sich auf eine kleinere Zahl von Untergliederungen. Das Diagramm soll sich von der Landkarte deutlich abheben. Darum sind starke, intensive Farbtöne angebracht.

ad b) Karten mit zusammenhängenden Flächendiagrammen auf gegebenen geographischen Grundlinien.

Diese Kartogramme kann man kurz „Bänderdiagramme" nennen. Sie dienen der Darstellung räumlicher Bewegung von Massen. Das Bänderdiagramm ist besonders geeignet zur Darstellung des Verkehrs im allgemeinen und der Verkehrsbewegung z. B. gewisser Gütermengen (Kohle, Erze usw.).

(2) Statistische Karten (Kartogramme im engeren Sinne)

Diese sind Landkarten, auf welchen für sämtliche Abschnitte eines gegebenen Gebiets Verhältniszahlen oder Durchschnitte dargestellt werden, z. B. indem man verschiedene Gebiete mit unterschiedlicher Bevölkerungsdichte durch besondere Schraffuren deutlich unterscheidet (vgl. Abb. 56). Statt der Schraffuren kann man wieder verschiedene Farbtöne wählen.

Bei der Bestimmung der einzelnen Gebiete richtet man sich oft nach Verwaltungsgesichtspunkten. Man sollte jedoch möglichst nur solche Gebiete zusammenlegen, die in ihrer Struktur ähnlich sind. Es ist z. B. unsinnig, die Bevölkerungsdichte für ein Gebiet darzustellen, das zu einem Teil dichte Industriebezirke enthält, zum anderen weite Landstriche mit nur geringer Bevölkerung.

65. Datenbanken und andere Probleme

65.1 Ästhetische Maße

Nachdem wir auf die klassischen Darstellungsformen näher eingegangen sind, sollen einige für den Kommunikationsprozeß (Mensch–Mensch, Mensch–Maschine, Maschine–Maschine) wichtige Aspekte aufgezeigt werden. Diese Diskussion ergänzt die ökonomisch-statistischen Informationssysteme des ersten Kapitels.

Um Ansatzpunkte für eine brauchbare Theorie der Darstellungsformen zu erhalten, muß zunächst versucht werden, Anforderungen an die Präsentation, wie beispielsweise den komparativen Begriff der Übersichtlichkeit, quantitativ zu fassen, also ein Meßverfahren anzugeben. Was werden wir, wenn der Einfachheit halber die graphischen Darstellungsformen hier nicht berücksichtigt werden, von der Darstellung statistischer Daten verlangen? Zunächst sicherlich, daß sämtliche relevanten Daten mit einem Blick überschaubar sind. Das hat zur Folge, daß eine tabellarische Darstellung einer Darstellung der Daten im laufenden Text vorgezogen wird und daß die

Tabelle nicht allzuweit von einer quadratischen bzw. der durch den „Goldenen Schnitt" gegebenen rechteckigen Form abweichen soll. Weiterhin wird man wünschen, daß in einer Tabelle nur zwei Richtungen, nämlich die horizontale und die vertikale, von Bedeutung sind.

Diese Forderungen können als verschiedene Aspekte des Ordnungsverhaltens des Objektes Tabelle aufgefaßt werden. Es liegt daher nahe, als Maß für die Übersichtlichkeit das ästhetische Maß von Birkhoff [1933] zu verwenden. Es ist als

$$M = \frac{O}{C}$$

definiert und somit proportional dem Ordnungsverhalten O und umgekehrt proportional zu C, der Komplexität. Wiewohl dieses Maß nicht allzuweit reichen wird, wenn es darum geht, das Empfinden eines ästhetischen Erlebnisses zu quantifizieren, dürfte es sich doch als recht brauchbares Maß für die Übersichtlichkeit herausstellen.

65.2 Datenbanken – Allgemeines

Die Daten in statistischen Jahrbüchern und Mitteilungen amtlicher und privater Stellen sind meist veraltet, wenn sie dem Benutzer zur Verfügung gestellt werden. Die notwendigen Daten liegen oft überhaupt nicht in der gewünschten Form vor. Der Aufwand für Suche und Ablochen ist in aller Regel bedeutend. Es liegt daher nahe, die Möglichkeiten der modernen Elektronik nicht nur für Rechenaufgaben, sondern auch für organisatorische Probleme, wie Sammlung und Nutzbarmachung von Datenmaterial, heranzuziehen. Das Endziel wäre ein nationales oder supranationales Informationssystem, das dem Benutzer die Möglichkeit bietet, mittels Datenfernübertragung die notwendigen Daten in der geeigneten Konzentration von Datenbanken abzurufen. Umgekehrt können relevante Daten, die bei den Benutzern anfallen, sofort dem Änderungsdienst der betreffenden Datenbank übermittelt werden. Der angedeutete Direktverkehr mit Datenbanken setzt natürlich neben den Übertragungseinrichtungen auch für den Dialogverkehr geeignete Sprachen voraus, die den spezifischen strukturellen Aufbau von Datenbanken berücksichtigen. Als Beispiel einer solchen Sprache sei ADAM (**A** generalized **Data** **M**anagement System) genannt, welches seit 1965 verwendet wird.

Welche Struktur wird nun ein effizientes heuristisches Verfahren haben? Zunächst wird es in Anbetracht der zur Verfügung stehenden Informationen von der Möglichkeit der Rückkopplung (feedback) Gebrauch machen. Das heißt, die Differenzen zwischen dem Wunschobjekt und dem erzeugten Objekt werden bewertet, und in Abhängigkeit davon ist entweder abzubrechen oder ein neuer Operator anzuwenden. Zeichnet sich ein Operator durch besondere Effizienz (starke Annäherung des erzeugten Objekts an das Wunschobjekt) aus, so wird die Annäherung festgehalten und dem entsprechenden Operator eventuell eine höhere Priorität zugewiesen (Lernen). Ein weiterer wichtiger Aspekt ist die Ausnutzung der Informationen, die sich aus der Kommunikation mit den Benutzern ergeben (Häufigkeiten, mit denen gewisse Problemstellungen auftreten, Rückfragen usw.). Durch diese ist es möglich, eine weitere Lernphase einzuleiten, die beispielsweise dazu führen kann, daß Daten in der Zukunft schon in einer standardisierten Form vorliegen. Daß diese Lernphase auch auf den Benutzer rückwirken wird, ist leicht vorauszusehen. Insbesondere ist zu erwarten, daß die Anfragen im Laufe der Zeit immer präziser ausfallen werden.

Die Bedeutung von Datenbanken als neue Instrumente des Statistikers fand ihren Niederschlag in einem neuen Aufgabenbereich des Statistischen Bundesamtes, nämlich eine statistische Datenbank zu errichten, die wesentlicher Bestandteil eines automatisierten Informationssystems des Bundes sein soll. Einen Überblick über die damit zusammenhängenden Probleme und den derzeitigen Stand der Planungsarbeiten findet man in [Statistisches Bundesamt: Das Arbeitsgebiet der Bundesstatistik 1981].

65.3 Datenbanken – Organisatorische Aspekte

Die Entwicklung der modernen Industriegesellschaft bewirkte in allen Ländern einen ständig wachsenden Bedarf an statistischer Information. In der Regel war es dabei eine Zweckmäßigkeitsfrage, ob eine eigenständige statistische Behörde zur Erhebung, Aufbereitung und Verarbeitung geschaffen oder ob die statistischen Arbeiten von den jeweiligen fachlichen Institutionen zusätzlich zu ihrer Ressortarbeit durchgeführt werden sollten. Im ersten Falle spricht man von *ausgelöster* Statistik, während für den zweiten Fall in der Literatur die Begriffe *nicht ausgelöste* Statistik und Ressort-Statistik parallel verwendet werden. Welche der beiden Organisationsformen jeweils zu empfehlen ist, läßt sich rational nur durch eine Nutzen-Kostenanalyse beantworten. Wir wollen die spezifischen Vorteile der genannten Organisationsformen anführen. Zugunsten der ausgelösten Statistik sprechen die größere Erfahrung der Fachorgane in methodisch-statistischer Hinsicht, die im allgemeinen zweckmäßigere maschinelle Ausstattung (EDV) und: Die Sonderinteressen einzelner Gruppen bleiben im Hintergrund.

Dagegen spricht für die nicht ausgelöste Statistik, daß die einzelnen Behörden grundsätzlich eine bessere Sachkunde des zu bearbeitenden Gegenstandes besitzen.

Haben rationale Überlegungen oder die traditionelle Entwicklung in einem Land zu einer Auslösung der Statistik geführt, so erhebt sich eine weitere Frage, nämlich die nach dem optimalen Zentralisierungsgrad. Die Skala der Möglichkeiten reicht dabei von der totalen Zentralisierung – jegliches Erhebungsmaterial wird einer einzigen Stelle zugeführt und dort verarbeitet – bis zur vollständigen Dezentralisierung, bei der das Erhebungsmaterial sogleich von den Erhebungsbehörden verarbeitet wird.

Für die Zentralisierung sprechen ähnlich wie für die Auslösung:

(1) Die Fachorgane verfügen in der Regel über sehr gute methodisch-statistische Kenntnisse.

(2) Die maschinelle Ausstattung (EDV) kann großzügig geplant und gestaltet werden.

(3) Die Ausnutzung der Datenverarbeitungsanlagen ist höher.

(4) Sonderinteressen können nicht so leicht durchgesetzt werden. Dadurch ist die Objektivität der Bearbeitung weitgehend gewährleistet.

(5) Durch die sorgfältige Planung und die Ausführung großer Erhebungen (z.B. Volks- und Berufszählung) wird Doppelarbeit vermieden.

Demgegenüber kann für die Dezentralisierung angeführt werden, daß

(1) man durch die größere Nähe zum Erhebungsobjekt mit diesem besser vertraut ist und

(2) für die einzelnen Verwaltungsebenen Ergebnisse genügend detailliert ausgewiesen werden.

In der Praxis treten die beiden Extrema, totale Zentralisierung bzw. totale Dezentralisierung, nie rein auf. Man beobachtet vielmehr die verschiedensten Mischformen. In der Bundesrepublik Deutschland beispielsweise geht eine starke fachliche Zentralisierung Hand in Hand mit einer der bundesstaatlichen Organisation entsprechenden regionalen Dezentralisierung. Das Statistische Bundesamt in Wiesbaden erstellt den überwiegenden Teil der amtlichen Statistiken der BRD, wozu es in der Regel von den Statistischen Landesämtern die bis zur Erstellung von Landesergebnissen aufbereiteten Unterlagen erhält.

Unsere bisherigen Überlegungen bezogen sich nur auf die amtliche Statistik, also auf jene, deren Träger Organe oder Behörden der allgemeinen Staatsverwaltung sind. Das eben Gesagte gilt jedoch analog für die private Statistik, zu deren Trägern neben natürlichen und juristischen Personen des Privatrechts auch juristische Personen des öffentlichen Rechts, wie Industrie- und Handelskammern, gehören.

65.4 Das Funktionieren einer Datenbank

Für den Benutzer einer Datenbank am wichtigsten ist ihre Struktur, die man auch Datenmodell oder Datenbankschema nennt. Das Datenmodell bestimmt sich zunächst nach der Logik des Aufbaus, z. B. (nach Remus [1976], S. 18 ff.) hierarchisch oder in Netzwerkform; (vgl. Abb. 57).

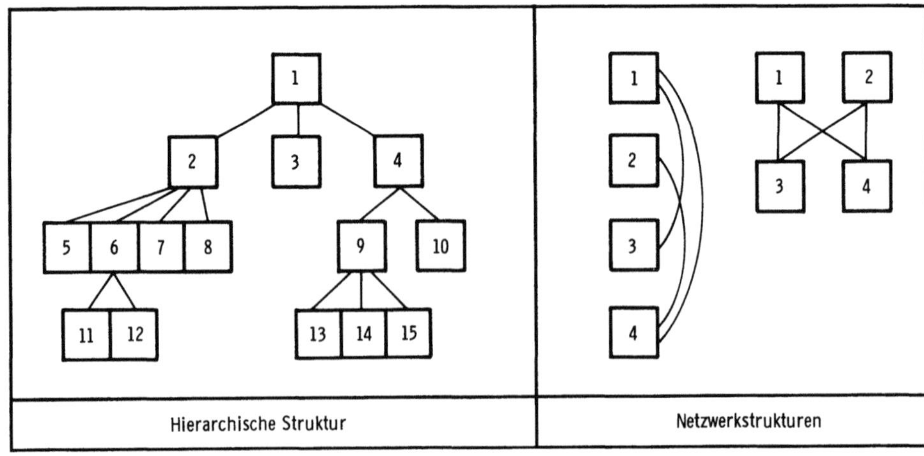

Abb. 57: Datenbankstrukturen: Beziehungen zwischen Datenfeldern

Sodann sind die Sprachstrukturen der Datenbanksoftware von Bedeutung, die Definitionssprachen (DDL), die Manipulationssprachen (DML) und die Speichermedienkontrollsprache (DMCL), die für den Benutzer allerdings nicht wichtig ist. In der DDL werden Struktur und Format der Daten in der Datenbank ausgedrückt; in DML werden hauptsächlich die für datenbankbezogene Speicherungen erforderlichen Operationen ausgedrückt, meist auf einer benutzerfreundlichen konventionellen Programmiersprache basierend [Weber 1978, S. 218 f.].

Als wichtigste Postulate gelten für die Daten selbst:

(1) Minimale Redundanz,

(2) Vielseitige Verwendbarkeit,

(3) Unabhängigkeit, nämlich der Anwendungsprogramme von der Datenorganisation und Zugriffstechnik.

Wichtige Postulate bezüglich der Datenbanken sind

(1) Effizienz (günstige Nutzen-Kosten-Resultate, kurze Antwortzeiten etc.)

(2) Integrität (Verständlichkeit und Zuverlässigkeit der gespeicherten Daten),

(3) Kompatibilität (Datenbanken sollen kombiniert und austauschbar verwendet werden können),

(4) Sicherheit (Schutz vor unautorisiertem Eingriff); Näheres bei Weber [1978, S. 221 ff.].

Ein sehr wichtiger Aspekt aber scheint mir die Lernfähigkeit zu sein, d. h. Datenbanken sollten nicht starr angelegt werden, sondern als lernende Systeme, z. B. als Bayessche Lernsysteme im Sinne von Abschnitt 65.2.

Datenbanken gibt es heute bei vielen Behörden (Verkehrsdatenbank, Sozialdatenbank) und zahlreichen amtlichen und privaten Institutionen. Die Datenbank des Statistischen Bundesamtes enthält vorwiegend Aggregatdaten, die für Sonderauswertungen und Berechnungen im Rahmen von Prognosen genutzt werden. Als Regionalsystem soll die seit 1977 (Vorläufer seit 1972) bestehende baden-württembergische SRDB (Struktur- und Regionaldatenbank) genannt werden, mit einem Bestand (Okt. 1979) von fast 18 000 Merkmalen und 100 Millionen Daten über die Bevölkerung und die Wirtschaft des Landes.

Seit Mitte 1977 ist *Statis-Bund,* das statistische Informationssystem des Bundes, in Betrieb. Mit Statis-Bund sollen hauptsächlich die folgenden Ziele verfolgt werden:

(1) Bereitstellung von Daten und Auswertungsprogrammen,

(2) Bereitstellung von Aufbereitungsmethoden für die Erstellung neuer Tabellen,

(3) Durchführung von Sonderaufbereitungen mit einer einfachen Benutzersprache, die ohne Programmierkenntnisse angewandt werden kann.

Aus dem supra- und internationalen Bereich ist das vom Statistischen Amt der EG entwickelte CRONOS-Software zu erwähnen, ein Datenbanksystem hauptsächlich für die Verarbeitung von Zeitreihen, sowie das EURONET, ein europäisches On-line-Netz mit Direktzugang zu wissenschaftlichen, technischen und sozioökonomischen Daten.

65.5 Datenschutz

Ein heute vielbeachtetes Problem ist der Datenschutz. Datenschutz ist die „Erarbeitung von Rechtsnormen und Organisationsvorschriften, die festlegen, was aus ethischen, sozialen, wirtschaftlichen oder nachrichtendienstlichen Gründen nicht jedermann zugänglich sein soll oder nicht in eine Datenbank eingebracht werden darf. Der Datenschutz ist besonders wichtig im Hinblick auf personenbezogene Daten". (Wedekind [1976], S. 316).

§ 1, Absatz 1, des Bundesdatenschutzgesetzes (BDSG) vom 27. 1. 1977 besagt: „Aufgabe des Datenschutzes ist es, durch den Schutz personenbezogener Daten vor Mißbrauch bei ihrer Speicherung, Übermittlung, Veränderung und Löschung (Datenverarbeitung) der Beeinträchtigung schutzwürdiger Belange der Betroffenen entgegenzuwirken." Fünfzehn Paragraphen dieses Gesetzes betreffen die Datenverarbeitung der Behörden und sonstiger öffentlicher Stellen. Vor dem Inkrafttreten des BDSG hatte das Bundesverfassungsgericht (Beschluß vom 16. 7. 69, Az. 1 BvL 19/63) bereits einen für die amtliche Statistik wichtigen Leitsatz (Mikrozensus-Beschluß) festgelegt:

„Mit der Menschenwürde wäre es unvereinbar, wenn der Staat das Recht für sich in Anspruch nehmen könnte, den Menschen zwangsweise in seiner ganzen Persönlichkeit zu registrieren und zu katalogisieren, sei es auch in der Anonymität einer staatlichen Erhebung, ... Ein solches Eingreifen in den Persönlichkeitsbereich, durch eine umfassende Einsichtnahme in die persönlichen Verhältnisse seiner Bürger, ist dem Staat deshalb versagt, weil dem einzelnen in der freien und selbstverantwortlichen Entfaltung ein Innenraum verbleiben muß, in den er sich zurückziehen kann und zu dem die Umwelt keinen Zutritt hat."

Ich möchte dem voll beipflichten und zwei Anmerkungen anbringen, eine Feststellung und eine Frage:

(1) Man muß sehen, daß das Mikrozensus-Urteil, wie später auch das BDSG, mit dem Interesse des Staates, der Gesellschaft, der Wirtschaft etc. konfligiert, für alle möglichen Zwecke, z.B. auch die Sicherung der Grundrechte, Informationen zu sammeln. Z.B. ist der Umweltschutz nicht möglich ohne sehr eingehende Informationen; d.h. Datenschutz und Umweltschutz können gleichzeitig nur auf dem Kompromißweg verwirklicht werden.

(2) Wie steht es mit dem Eindringen der privaten Markt- und Meinungsforscher und der wissenschaftlichen Informationssammler in den „Innenraum" (siehe oben)? Das Problem löst sich nicht durch die Freiwilligkeit der Auskunfterteilung oder gar durch den Schutz, den §§ 22–30 des BDSG geben. Aus vielen freiwillig gegebenen Auskünften können (gerade bei hochgradigem und durchaus auch zulässigem Datenverbund) Informationen entstehen, die in den „Innenraum" nicht nur der Auskunftwilligen eindringen, sondern (z.B. durch statistische Analysen) indirekt auch der Auskunftsunwilligen, die ihren Innenraum geschützt sehen möchten. Außerdem werden solche „Informationen", windig, wie sie oft sind, von der Gesetzgebung und Verwaltung nicht selten stärker beachtet als amtliche. Die amtlichen bleiben gerade wegen des Datenschutzes oft uninteressant.

65.6 Computer-Kriminalität

Das ist nicht das vom Computer ausgeübte, sondern das von Menschen verübte
„... deliktische Handeln ... , bei dem der Computer Werkzeug oder Ziel der Tat ist".
(Fischer [1979], S. 7). Das bei weitem häufigste Delikt dieser Art ist die Manipulation
von Daten und Programmen. Hierher gehören die berühmten 64 000 Scheinversiche-
rungen bei der Equity Funding-Versicherungsgesellschaft in den USA. Weitere Formen, neben der Manipulation, sind Zeitdiebstahl, EDV-Sabotage und Wirtschaftsspio-
nage sowie – für die Statistik besonders wichtig – Verstöße gegen die Datenschutzbestimmungen. Die Möglichkeiten, gegen Datenschutzbestimmungen zu verstoßen, sind
so zahlreich und – ohne Gegenmaßnahme – so leicht zu realisieren, daß ergänzend zu
Strafrechtsbestimmungen (die beabsichtigt sind) nur umfassende Datensicherung den
Datenschutz garantieren kann. Datensicherung betrifft die Frage „Wie ist zu schützen?" (Zugriffssicherheit); diese Frage steht in enger Verbindung nicht nur zum Datenschutz, sondern auch zur Datenintegrität, d. h. zur Fehlerlosigkeit der Datenbanken.
(Einem unbescholtenen Bürger, der z. B. fälschlich als Terrorist geführt wird, ist die
Zugriffssicherheit besonders wichtig, aber wohl noch wichtiger wird ihm sein, daß der
Fehler korrigiert wird.)

Die Diskussion über Sicherheit und Integrität von Datenbanken (neben Effizienz und
Kompatibilität) füllt inzwischen Bände und reicht von physischen Sicherheits-
maßnahmen wie Schlüsselvergabe über „privacy locks" im Rechner bis hin zu
komplizierten kryptographischen Methoden (Chiffrierung und Dechiffrierung). Besonders interessant scheinen mir die „Authentifikationsverfahren", die gerade dann
effizient sind, wenn der sich ausweisende Benutzer (nach einer bestimmten, im
Rechner geschützten Regel) etwas im Kopf ausrechnen muß.

Weiterführende Literatur:

Fischer 1979
Hasselmeier, Spruth 1976
Ullmann 1973
Weber 1978

Vierzehntes Kapitel
Fehler abschätzen

66. Statistische Fehler

66.1 Der Begriff des statistischen Fehlers

Jede statistische Beobachtung und jedes statistische Experiment, daher auch jedes statistische Resultat, ist mit einem Fehler behaftet. Es ist die Aufgabe des Zahlenproduzenten oder Experimentators, die Erhebung oder das Experiment so einzurichten, daß der Fehler abgeschätzt werden kann und möglichst klein bleibt, und es ist die Aufgabe des Benutzers der Statistik, sich über die mögliche Fehlerhaftigkeit eines statistischen Resultats zu informieren und objektiv die Konsequenzen des möglichen Fehlers zu bedenken und bei Schlußfolgerungen zu berücksichtigen, und es ist schließlich Aufgabe der statistischen Methodenlehre, die (theoretischen) Fehlermöglichkeiten systematisch darzustellen und zu erörtern, sowie Verfahren zur Entdeckung von Fehlern zu entwickeln (vgl. Abschnitt 70.6).

Da jede statistische Beobachtung und jedes statistische Experiment mit einem Fehler behaftet ist, weist natürlich auch jedes statistische Beobachtungs- oder Experimentresultat und jede statistische Aussage (die aus diesen gewonnen ist) einen Fehler auf. Meistens hat man das unmittelbare Resultat der statistischen Gewinnung im Auge, wenn man vom Gegenstand des Fehlers spricht. In diesem (etwas eingeschränkten) Sinn definieren wir: *Der statistische Fehler ist die Abweichung des Ergebnisses einer Beobachtung oder eines Experiments von seinem „wahren" Wert.*

Der „wahre" Wert des Beobachtungs- oder Experimentergebnisses bleibt grundsätzlich unbekannt. Er kann indessen approximativ in Erfahrung gebracht werden, „abgeschätzt" werden, und dieser Aspekt der Fehler ist der wichtigste vom Standpunkt der statistischen Methodenwissenschaft. Er steht im Mittelpunkt der nachstehenden Erörterungen. Der statistische Fehler tritt auf als

1. *zufälliger Fehler* (random error),
2. *systematischer* (nicht-zufälliger) *Fehler.*

In Analogie zur obigen Definition können wir definieren:

1. Der zufällige Fehler oder Zufallsfehler ist die zufällige Abweichung des Ergebnisses einer Beobachtung oder eines Experiments von seinem „wahren" Wert.
2. Der systematische Fehler ist die nicht-zufällige, systematische (verzerrende) Abweichung des Ergebnisses einer Beobachtung oder eines Experiments von seinem „wahren" Wert.

Im Rahmen der Betrachtungen über die statistische Adäquation (Abschnitt 16.5) haben wir gesehen, daß eine statistische Definition niemals exakt den eigentlich gemeinten Begriff treffen kann. Dieser ist oft selbst unscharf und historisch wandelbar. Eine minimale Diskrepanz ist zwar anzustreben und vielleicht hat das Streben auch Erfolg, aber eine gewisse Diskrepanz bleibt: der *Adäquationsfehler*. Bei Experimenten wird man ihn oft vernachlässigen können, aber bei nicht-experimentellen Ermittlungen kann er eine große Rolle spielen. Da der Adäquationsfehler jedoch so gut wie unerforscht ist (vgl. [Menges 1982]), müssen wir ihn im folgenden außer Betracht lassen.

Die numerische Bestimmung des Fehlers führt zu einem Meßproblem und einem Bewertungsproblem. Das Problem der Messung besteht darin, daß der

$$\text{wahre Wert } X^w$$

numerisch verglichen werden muß mit dem

$$\text{beobachteten Wert } X^b.$$

Dazu ist ein

$$\text{Distanzmaß } d(X^w, X^b)$$

erforderlich. Falls X^w und X^b eindimensional und metrisch skaliert sind, bietet sich das Distanzmaß

$$(D\,1) \qquad d(X^w, X^b) = |X^w - X^b|$$

an. Sind X^w und X^b mehrdimensional,

$$X^w = (X_1^w, \ldots, X_n^w), \quad X^b = (X_1^b, \ldots, X_n^b),$$

so ist ein Distanzmaß z. B. die euklidische Distanz

$$(D\,2) \qquad d(X^w, X^b) = \sqrt{\sum_{i=1}^{n} (X_i^w - X_i^b)^2},$$

aber grundsätzlich sind auch andere Distanzmaße denkbar, z. B.

$$d(X^w, X^b) = \frac{1}{n} \sum_{i=1}^{n} |X_i^w - X_i^b|$$

oder

$$d(X^w, X^b) = \max_i |X_i^w - X_i^b|.$$

Liegen anstatt einer Beobachtung X^b mehrere Beobachtungen $X^1, \ldots, X^N$ vor, so führen die Fragen nach dem Vergleich und nach der Zusammenfassung mehrerer Fehler

$$d_i = d(X^w, X^i) \qquad (i = 1, \ldots, N)$$

zu einem Bewertungsproblem.

Mit einer auf der positiven reellen Halbachse monoton wachsenden Funktion m (z. B. m (x) = x, m (x) = x², . . .) erhält man eine Verlustfunktion

$$v(X^w, X^i) = m(d(X^w, X^i)),$$

die es ermöglicht, verschiedene Fehler zu vergleichen.

Die Zusammenfassung mehrerer individueller Fehler erfolgt durch Bildung eines durchschnittlichen Fehlers mit Hilfe eines Mittelwertkonzeptes, z. B.

$$(M\,1) \qquad \frac{1}{N} \sum_{i=1}^{N} d_i$$

oder

$$(M\,2) \qquad \sqrt{\frac{1}{N} \sum_{i=1}^{N} d_i^2}\,.$$

Eine andere Möglichkeit ist die Mittelung nach erfolgter Bewertung, d. h. die Betrachtung durchschnittlicher Verluste

$$\frac{1}{N} \sum_{i=1}^{N} v\,(X^b, X^i).$$

Auch hier sind andere Mittelwertkonzepte denkbar.

Die Probleme der Messung und der Bewertung sind nicht streng voneinander zu trennen, wie das Beispiel

$$\bar{d} = \sqrt{\frac{1}{N} \sum_{i=1}^{N} (X^w - X^i)^2}$$

zeigen soll.

$\bar{d}$ kann interpretiert werden

(1) als durchschnittlicher Fehler mit dem Distanzmaß (D 1) und dem Mittelwertkonzept (M 2),

(2) als durchschnittlicher Verlust mit der Verlustfunktion $v\,(X^w, X^i) = |X^w - X^i|$ und dem Mittelwertkonzept (M 2),

(3) als Verlust desjenigen Fehlers, der durch die euklidische Distanz zwischen $(X^1, \ldots, X^N)$ und $(X^w, \ldots, X^w)$ gemessen wird, wenn die Verlustfunktion durch $m\,(x) = x/\sqrt{N}$ definiert ist.

$\bar{d}^2$ kann interpretiert werden als durchschnittlicher Verlust mit der quadratischen Verlustfunktion $v\,(X^w, X^i) = (X^w - X^i)^2$ und dem quadratischen Mittel als Mittelwertkonzept.

Man sollte sich bewußt sein, daß die übliche Fehlertheorie eine Spezialisierung in mehreren Beziehungen ist:

(1) Das fast ausschließlich herangezogene Mittelwertkonzept ist das arithmetische Mittel bzw. der Erwartungswert.

(2) Die Verlustfunktion ist in der Regel die quadratische Verlustfunktion.

(3) Die Daten sind metrisch.

(4) Fehlerabweichungen beziehen sich in der Regel auf den arithmetischen Mittelwert (bzw. den Erwartungswert) eines metrischen Merkmals in einer Grundgesamtheit.

66.2 Der Zufallsfehler

Wir haben den Beobachtungsfehler als zufällige Abweichung eines beobachteten
Wertes von seinem „wahren" Wert kennengelernt. Das Gesetz der großen Zahlen
erweist sich als der zentrale Satz über den Zufallsfehler, besagt es doch, daß mit
wachsender Zahl von Beobachtungen die individuellen Zufallsfehler zum gegenseitigen Ausgleich tendieren.

Damit ist denn auch in der Tat die Haupteigenschaft des Zufallsfehlers charakterisiert: Auf die Dauer werden die positiven Abweichungen den negativen die Waage
halten. Deming vergleicht den Zufallsfehler mit den Schüssen, die ein guter Schütze
aus einem einwandfreien Gewehr auf ein Ziel abgibt. Die Schüsse werden nicht alle
im Ziel liegen (den „wahren" Wert treffen), aber doch in zufälliger Weise um das Ziel
herum (und einige auch im Ziel selbst) liegen.

Die zweite wichtige Eigenschaft des Zufallsfehlers ist seine Meßbarkeit. Diese
Meßbarkeit bezieht sich allerdings nicht auf den „wahren" Zufallsfehler. Dieser bleibt
uns grundsätzlich − ebenso wie der „wahre" Typus der Erscheinung selbst − unbekannt. Aber wir können eine ausreichend genaue Schätzung für ihn finden (sofern der
Umfang der Beobachtungen hinreichend groß ist).

66.3 Der systematische Fehler

Stets dann, wenn der Zufallsfehler nicht mit numerischer Wahrscheinlichkeit bestimmt werden kann, d. h. stets dann, wenn seine „Reinheit" in Frage steht, wenn also
von den möglichen Abweichungen des tatsächlichen Erhebungsresultats vom „wahren"
nicht bekannt ist, ob sie eine zufällige Störung sind, besteht die Gefahr einer „Verzerrung", eines systematischen Fehlers. Er ist ein sehr viel größerer Feind des Statistikers
als der zufällige Fehler, er ist ein heimtückischer Gegner, der meist im Dunkeln
bleibt. Er bedroht alle Arten von Erhebungen, auch die Totalerhebungen. Es gibt
zahlreiche klassische Beispiele von systematischen Fehlern: Bei Volkszählungen z. B.
die vielen Sonntagskinder, die ihre statistische Existenz der elterlichen Eitelkeit
verdanken, die vielen über 100 Jahre alten Personen, deren wahres Alter niedriger
liegt (Greiseneitelkeit) oder bei Volkszählungen in geringer kultivierten Ländern die
vielen Personen, deren Alter „genau" 10, 20, 30 usw. Jahre beträgt, weil die Befragten
ihr wahres Alter nicht kennen. Oder bei Marktforschungen (auf Grund von Beurteilungsstichproben) die Überrepräsentation von Hausmeistern (weil die Interviewer
meistens im Parterre geklingelt haben) usw. Sodann ist noch eimal an den Inter-
viewer-Bias zu erinnern, jene besondere Art des systematischen Fehlers.

Andere Beispiele sind: In der Medizinalstatistik beobachtet man, daß die Zahl der
Krankheitsfälle (neben Veränderungen aus anderen Ursachen) Schwankungen in Abhängigkeit von den gesetzlichen Bestimmungen der Krankenversorgung unterliegt.
Die Krankenversicherten entwickeln ein „Kassenverhalten des Krankwerdens", das
natürlich zu einer Verzerrung des statistischen Bildes führt. In der Kriminalstatistik
werden nur die bekanntgewordenen Delikte erfaßt. Ihre Zahl weist gegenüber
der Zahl aller tatsächlichen Delikte einen systematischen Fehler auf. Zahlreiche

Beispiele ließen sich aus der internationalen Statistik finden, wo bei der Gegenüberstellung einer statistischen Zahl X_A für Land A mit einer statistischen Zahl X_B für Land B häufig Verzerrungen zu berücksichtigen sind, die aus unterschiedlichen Definitionen oder unterschiedlichen Erhebungsmethoden resultieren. Systematische Fehler entstehen gewöhnlich, wenn nicht aus der Psychologie des Befragten oder des Interviewers, aus inkommensurablen Definitionen und Methoden, aus Planungsirrtümern oder Unkenntnis der Wirkung von Planungsmaßnahmen, sodann wegen mangelnder technischer Hilfsmittel und nicht selten auch aus Kostengründen (vgl. auch die detaillierte Liste am Ende dieses Abschnitts).

Die Haupteigenschaften des systematischen Fehlers liegen darin, daß er sich einer Meßbarkeit weitgehend entzieht (während der Zufallsfehler meßbar ist) und daß die individuellen systematischen Abweichungen sich nicht gegenseitig paralysieren (wie die individuellen zufälligen Abweichungen), sondern sich kumulieren.

Wir ziehen − nochmals Deming folgend − die Metapher vom Schützen zur Verdeutlichung heran. Während der Zufallsfehler durch die gewöhnliche Streuung der Schüsse, abgegeben von einem guten Schützen aus einem einwandfreien Gewehr, charakterisiert wird, entspricht dem systematischen Fehler die Abgabe von Schüssen aus einem Gewehr, dessen Korn verklemmt ist (d. h. das nicht einwandfrei schießt). Die Schüsse werden mit großer Wahrscheinlichkeit ihr Ziel verfehlen, mag der Schütze gut oder schlecht schießen; ja, die Schüsse werden mit um so größerer Wahrscheinlichkeit ihr Ziel verfehlen, je besser der Schütze schießt, d. h. je kleiner die Streuung ist.

Eine andere Metapher ist vielleicht noch anschaulicher: Man stelle sich vor, jemand führt Messungen aus mit Hilfe eines Bandmaßes, das − etwa durch häufigen Gebrauch − überdehnt ist, seine Länge mißt nicht 100 m, sondern − sagen wir − 105 m. (Der systematische Fehler beträgt hier 5%; freilich ist die Frage, ob dieser relative Fehler über das ganze Maßband hinweg konstant ist.) Wie oft auch eine Strecke mit diesem Band gemessen werden mag, die Meßergebnisse sind und bleiben falsch, bis der systematische Fehler entdeckt ist.

Bei wirtschafts- und sozialstatistischen Erhebungen ist − wegen der mehrfach besprochenen Eigenart des Erhebungsobjektes − die Gefahr des Auftretens systematischer Fehler besonders groß, und die Möglichkeiten systematischer Fehler sind besonders zahlreich. Deming [1950, S. 26 ff.] hat 19 Ursachen zusammengestellt, von denen 15 − zum Teil modifiziert und zum Teil als Wiederholung − im folgenden aufgeführt werden:

(1) Fehlerhafte Problemstellung
(2) fehlerhafte Fragebogen
(3) Einflüsse der verschiedenen Arten der Durchführung einer Erhebung (Erhebung durch Post, Telephon, Telegraph, Direktinterview; intensives oder extensives Interview; mehr oder weniger zahlreiche Antwortmodalitäten; vorfixierte oder „freie" Antwortgebung; usw.)
(4) mangelhafte Definition der Grundgesamtheit und mangelhafte Erhebungsgrundlage
(5) falsche oder unpräzise formulierte Erhebungsrichtlinien und Definitionen
(6) Antwortverweigerung
(7) verspätete Antwortgebung

(8) beabsichtigte oder unbeabsichtigte Fehler in der Beantwortung

(9) Unterschiede in der Antwortgebung in Abhängigkeit von sozialen Merkmalen

(10) Verzerrungen der Antwortgebung durch Interviewereinflüsse (siehe oben)

(11) Verzerungen der Antwortgebung durch unterschiedliche Zielsetzungen (es hat sich erwiesen, daß die Antwortgebung je nachdem beeinflußt wird, ob private oder öffentliche Institutionen die Erhebung durchführen)

(12) mangelhafte Sorgfalt der Interviewer

(13) mangelhaft organisierte Außenarbeit

(14) falsche Wahl des Zeitpunktes oder Zeitraumes der Erhebung

(15) inadäquate Aufbereitung und Tabellierung.

66.4 Stichprobenfehler und „Nichtstichprobenfehler"

Eine andere Klassifikation der Fehlerarten ist bei wirtschafts- und sozialstatistischen Erhebungen die Unterteilung in *Stichprobenfehler* (sampling errors) und *Nichtstichprobenfehler* (non-sampling errors).

Stichprobenfehler (sampling errors)	zufällige Stichprobenfehler (sampling variances)	
	Stichprobenverfälschungen (sampling biases)	Fehler in der Erhebungsgrundlage (framework biases)
		Fehler in der Erhebungsmethode (biased sampling method)
		Falsche Auswahl der Stichprobe
		Verzerrte Schätzung (biased estimates)
Nichtstichprobenfehler (non-sampling errors)	Erfassungsfehler (coverage errors)	Erfassungsdefekte: – fehlende Einheiten – mehrfacherhobene Einheiten – fälschlich erhobene Einheiten
		Fehlende Antwort (non-response): – Antwortverweigerung – Fragebogen verloren – nicht angetroffen
	Inhaltsfehler (content errors)	bei der Erhebung: – Angabefehler – Interviewerfehler – Aufzeichnungsfehler bei der Verarbeitung: – Kodierungsfehler – Schreibfehler – Ausgabefehler – Rechenfehler – Tabellierungsfehler

Stichprobenfehler sind solche, die durch die Tatsache des Stichprobenziehens hervorgerufen werden und bei Vollerhebungen nicht auftreten. Die „Nichtstichprobenfehler" können sowohl bei Stichprobenerhebungen als auch bei Vollerhebungen auftreten. Beide Klassen sind in jüngster Zeit Gegenstand ausgedehnter Untersuchungen. Insbesondere der Angabefehler wurde von Strecker [1980] und anderen erforscht. Inzwischen hat sich eine internationale Übereinstimmung in der Bildung und Bezeichnung von Untergruppen der beiden obigen Klassen entwickelt [Strecker 1980, S. 389].

Im Sinn der zuvor getroffenen Einteilung in zufällige und systematische Fehler ist der zufällige Stichprobenfehler rein zufällig, die Stichprobenverfälschungen sind rein systematisch und die Nichtstichprobenfehler stellen Mischungen aus zufälligen und systematischen Fehlern dar.

67. Der Standardfehler des Mittelwertes

67.1 Unproblematische Abschätzung

Sieht man zunächst von Beobachtungs- und Experimentfehlern ab, so würde eine Totalerhebung den wahren Wert einer gewünschten Maßzahl, meist des Mittelwertes, liefern. Ist eine Totalerhebung unmöglich oder unzweckmäßig, so wird man versuchen, durch (zufällige) Stichprobenerhebungen zumindest einen Schätzwert für die interessierende Maßzahl zu erhalten. Ein solches Vorgehen ist natürlich mit einem Fehler behaftet, der prinzipiell so lange unbekannt bleibt, bis der wahre Wert bekannt ist. Wurde die Stichprobe zufällig gezogen, so ist auch die Größe des Fehlers ein Ergebnis des Zufalls und damit ist seine Abschätzung statistischen Verfahren zugänglich. Wir beschränken uns hier auf die Behandlung des Standardfehlers $\sigma_{\bar{X}}$ des Mittelwertes. Sein Quadrat, die Zufallsstreuung oder das Quadrat des mittleren Fehlers ist definiert als die mathematische Erwartung des Quadrats der Abweichung des Stichprobenmittelwertes $\bar{X}$ von seinem Erwartungswert:

$$\sigma_{\bar{X}}^2 = E[(\bar{X} - E[\bar{X}])^2] \, .$$

Der Stichprobenmittelwert $\bar{X}$ ist eine unverzerrte (erwartungstreue) Schätzung des Mittelwertes der Grundgesamtheit μ; es gilt also $E(\bar{X}) = \mu$. Aus einer Grundgesamtheit vom Umfang N können $\binom{N}{n} = N!/n!\,(N-n)!$ verschiedene Stichproben vom Umfang n gezogen werden. Wir erhalten daher:

$$E(\bar{X}) = \frac{\sum \bar{X}}{N!/n!\,(N-n)!} = \frac{\sum (X_1 + \ldots + X_n)}{n\,(N!/n!\,(N-n)!)} \, ,$$

wobei sich die Summe über alle verschiedenen Stichproben erstreckt.

Da weiterhin ein bestimmtes Element in

$$\binom{N-1}{n-1} = (N-1)!/(n-1)!\,(N-n)!$$

Stichproben vorkommt, ergibt sich:

$$\sum (X_1 + \ldots + X_n) = \frac{(N-1)!}{(n-1)!\,(N-n)!}\,(x_1 + \ldots + x_N)$$

und somit

$$E(\bar{X}) = \frac{n!\,(N-n)!\,(N-1)!}{n\,N!\,(n-1)!\,(N-n)!}\,(x_1 + \ldots + x_N)$$

$$= 1/N\,(x_1 + \ldots x_N) = \mu\,.$$

Daher können wir schreiben:

$$\sigma_{\bar{X}}^2 = E[(\bar{X} - \mu)^2]\,.$$

Daraus ergibt sich nach dem binomischen Lehrsatz

$$\sigma_{\bar{X}}^2 = E((\bar{X}^2) - 2\bar{X}\mu + \mu^2)\,,$$

und da E ein linearer Operator ist,

$$\sigma_{\bar{X}}^2 = E(\bar{X}^2) - 2\mu\,E(\bar{X}) + \mu^2\,.$$

Wegen $E(\bar{X}) = \mu$ folgt

$$\sigma_{\bar{X}}^2 = E(\bar{X}^2) - 2\mu^2 + \mu^2 = E(\bar{X}^2) - \mu^2\,.$$

Wir betrachten jetzt allein den Ausdruck $E(\bar{X}^2)$.

Da $\bar{X} = \dfrac{1}{n} \sum\limits_{i=1}^{n} X_i$, können wir zunächst

$$E(\bar{X}^2) = E\left[\frac{1}{n} \sum X_i\right]^2 = \frac{1}{n^2} E[\sum X_i]^2$$

schreiben und betrachten nun den Ausdruck $[\sum X_i]^2$, für den wir schreiben können:

$$[\sum X_i]^2 = (X_1 + \ldots + X_n) \cdot (X_1 + \ldots + X_n) = \begin{cases} X_1^2 & + X_1 X_2 + \ldots + X_1 X_n \\ + X_2 X_1 + X_2^2 & + \ldots + X_2 X_n \\ \;\;\vdots & \quad\vdots \qquad\qquad \vdots \\ + X_n X_1 + X_n X_2 & + \ldots + X_n^2. \end{cases}$$

Werden die quadratischen Glieder gesondert aufaddiert, so ergibt sich

$$[\sum X_i]^2 = \sum X_i^2 + \sum_{i \neq j} \sum X_i X_j$$

und somit

$$\sigma_{\bar{X}}^2 = \frac{1}{n^2} E\left[\sum X_i^2 + \sum_{i \neq j} \sum X_i X_j\right] - \mu^2$$

oder

$$\sigma_{\bar{X}}^2 = \frac{1}{n^2} E[\sum X_i^2] + \frac{1}{n^2} E\left[\sum_{i \neq j} \sum X_i X_j\right] - \mu^2\,. \tag{1}$$

Wir betrachten zunächst nur den Ausdruck $E\left[\sum_{i=1}^{n} X_i^2\right]$ und beachten dabei, daß E und $\sum$ vertauschbar sind, also

$$E\left[\sum_{i=1}^{n} X_i^2\right] = \sum_{i=1}^{n} E(X_i^2) \,.$$

Da die Wahrscheinlichkeit, bei einer Ziehung x_i^2 zu erhalten, gleich der des Auftretens von x_i, nämlich $1/N$, ist, ergibt sich

$$E(X_i^2) = \frac{1}{N} \sum_{j=1}^{N} x_j^2 \,.$$

Wegen

$$\sigma^2 = \frac{1}{N} \sum_{j=1}^{N} x_j^2 - \mu^2$$

erhalten wir

$$E(X_i^2) = \sigma^2 + \mu^2$$

und somit

$$\sum_{i=1}^{n} E(X_i^2) = n(\sigma^2 + \mu^2) \,. \tag{2}$$

Weiterhin gilt

$$E\left[\sum_{\substack{i=1 \\ i \neq j}}^{n} \sum_{j=1}^{n} X_i X_j\right] = \sum_{\substack{i=1 \\ i \neq j}}^{n} \sum_{j=1}^{n} E(X_i X_j) \,.$$

Da jedes der Produkte $X_i X_j$ denselben Erwartungswert – etwa $E(X_1 X_2)$ – hat und $n(n-1)$ Produkte der Form $X_i X_j$ mit $i \neq j$ existieren, folgt

$$\sum_{i \neq j} \sum E(X_i X_j) = n(n-1)\, E(X_1 X_2) \,. \tag{3}$$

Setzen wir nun die neuen Ausdrücke (2) und (3) in die Gleichung (1) ein, so erhalten wir

$$\sigma_{\bar{X}}^2 = \frac{\sigma^2}{n} - \mu^2 \frac{n-1}{n} + \frac{n-1}{n} E(X_1 X_2) \,.$$

Um nun den letzten Ausdruck dieser Gleichung, nämlich $E(X_1 X_2)$, auch noch in schätzbare Größen zerlegen zu können, müssen wir eine Voraussetzung über die Art der Zufallsentnahme der Erhebungseinheiten treffen. Die beiden Entnahmemodelle, die zur Diskussion stehen, sind:

(a) Ziehung ohne Zurücklegen,
(b) Ziehung mit Zurücklegen.

Entsprechend gestaltet sich die Auflösung des Ausdrucks $E(X_1 X_2)$ unterschiedlich.

Ziehungsschema „mit Zurücklegen“	Ziehungsschema „ohne Zurücklegen“

Ziehungsschema „mit Zurücklegen“

Es seien insgesamt N Erhebungseinheiten $x_1, \ldots, x_N$ (Kugeln in der Urne) vorhanden. Daher gibt es N^2 mögliche Produkte $x_i x_j$ $(i, j = 1, \ldots, N)$ in der Grundgesamtheit (Urne). Die Wahrscheinlichkeit für ein bestimmtes Produkt $x_i x_j$ ist deshalb $\frac{1}{N^2}$. Also können wir schreiben:

$$E(X_1 X_2) = \frac{1}{N^2} \sum_{i=1}^{N} \sum_{j=1}^{N} x_i x_j$$

$$= \frac{1}{N^2} \sum_i x_i \sum_j x_j = \frac{1}{N^2} \left(\sum_i x_i \right)^2$$

$$= \frac{1}{N^2} (N \mu)^2 = \mu^2,$$

da $\sum_{i=1}^{N} x_i = N \mu$ ist.

Ziehungsschema „ohne Zurücklegen“

Es seien insgesamt N Erhebungseinheiten $x_1, \ldots, x_N$ (Kugeln in der Urne) vorhanden. Daher gibt es $N(N-1)$ mögliche Produkte $x_i x_j$ $(i, j = 1, \ldots, N; \ i \neq j)$ in der Grundgesamtheit (Urne). Die Wahrscheinlichkeit für ein bestimmtes Produkt $x_i x_j$ ist deshalb $\frac{1}{N(N-1)}$. Also können wir schreiben:

$$E(X_1 X_2) = \frac{1}{N(N-1)} \sum_{\substack{i=1 \\ i \neq j}}^{N} \sum_{j=1}^{N} x_i x_j$$

$$= \frac{1}{N(N-1)} \sum_{\substack{i \\ i \neq j}} x_i \sum_j x_j$$

$$= \frac{1}{N(N-1)} \sum_i x_i \left(\sum_j x_j - x_i \right)$$

$$= \frac{1}{N(N-1)} \left[\left(\sum_i x_i \right)^2 - \sum_i x_i^2 \right]$$

$$= \frac{1}{N(N-1)} \left[(N \mu)^2 - N (\sigma^2 + \mu^2) \right],$$

da $\sum_{i=1}^{N} x_i^2 = N (\sigma^2 + \mu^2)$.

Somit erhalten wir

$$E(X_1 X_2)$$

$$= \frac{1}{N(N-1)} \left((N^2 - N) \mu^2 - N \sigma^2 \right)$$

$$= \mu^2 - \frac{\sigma^2}{N-1}.$$

In die Gleichung für $\sigma_{\bar{X}}^2$ eingesetzt, ergibt sich

$$\sigma_{\bar{X}}^2 = \frac{\sigma^2}{n} - \mu^2 \left(\frac{n-1}{n} \right) + \frac{n-1}{n} \mu^2,$$

woraus unmittelbar folgt:

$$\sigma_{\bar{X}}^2 = \frac{\sigma^2}{n}.$$

In die Gleichung für $\sigma_{\bar{X}}^2$ eingesetzt, ergibt sich

$$\sigma_{\bar{X}}^2 = \frac{\sigma^2}{n} - \mu^2 \left(\frac{n-1}{n} \right) + \frac{n-1}{n} \left(\mu^2 - \frac{\sigma^2}{N-1} \right),$$

woraus folgt:

$$\sigma_{\bar{X}}^2 = \frac{\sigma^2}{n} \frac{N-n}{N-1}.$$

Entsprechend ist der Standardfehler des Mittelwertes im Falle des Ziehungsschemas „mit Zurücklegen":

$$\sigma_{\bar{X}} = \frac{\sigma}{\sqrt{n}} \,,$$

im Falle des Ziehungsschemas „ohne Zurücklegen":

$$\sigma_{\bar{X}} = \frac{\sigma}{\sqrt{n}} \sqrt{\frac{N-n}{N-1}} \,.$$

Die beiden Resultate unterscheiden sich also um den Faktor $\sqrt{\dfrac{N-n}{N-1}}$. Dieser Faktor wird oft, da $N \doteq N-1$ (für großes N), in der folgenden Näherungsform geschrieben:

$$c = \sqrt{\frac{N-n}{N-1}} \doteq \sqrt{1 - \frac{n}{N}} \doteq 1 - \frac{n}{2N} \quad \text{(für großes N)} \,.$$

Die meisten Erhebungen der Praxis folgen dem Schema „ohne Zurücklegen", d.h. die einmal gezogene Erhebungseinheit wird nicht wieder (in die Empirie bzw. in die Urne) zurückgelegt. Daher müßte die Praxis sehr oft den Faktor $\sqrt{\dfrac{N-n}{N-1}}$ berücksichtigen. Trotzdem wird er meistens vernachlässigt. Da nämlich $N-1 \doteq N-n$ (für großes N und kleines n), ist

$$c = \sqrt{\frac{N-n}{N-1}} \doteq 1 \quad \text{(für großes N und kleines n)} \,.$$

Ist N hingegen nicht sehr groß, so muß der Faktor berücksichtigt werden. Diese Handhabung der Praxis hat ihm seinen Namen gegeben. Der Faktor $\sqrt{\dfrac{N-n}{N-1}}$ heißt „Korrekturfaktor für endliche Gesamtheiten", was keine glückliche Bezeichnung ist, da mit ihm keine Korrektur vorgenommen wird, aber die Bezeichnung ist im allgemeinen Gebrauch.

67.2 Der wahrscheinliche Fehler

Der *wahrscheinliche Fehler* (probable error) $\sigma_{\bar{X}}^{*}$ ist der Zufallsfehler, dessen Wahrscheinlichkeit genau 0,5 ist; oder wieder genauer formuliert: Die Wahrscheinlichkeit, bei der zufälligen Entnahme von n (aus N) Erhebungseinheiten einen Mittelwert $\bar{X}$ zu erhalten, der um nicht mehr als den wahrscheinlichen Fehler $\sigma_{\bar{X}}^{*}$ vom wahren Mittelwert μ nach oben oder unten abweicht, beträgt genau ein halb (sofern $\bar{X}$ normalverteilt ist mit dem Erwartungswert μ). Die „Chancen" stehen also 1 zu 1 dafür, daß ein Fehler im Ausmaß des „wahrscheinlichen Fehlers" auftritt, während die Chancen 0,3173 zu 0,6827 oder *rund 1 zu 2* dafür stehen, daß ein Fehler im Ausmaß des Standardfehlers auftritt. Zwischen dem wahrscheinlichen Fehler $\sigma_{\bar{X}}^{*}$ und dem Standardfehler $\sigma_{\bar{X}}$ des Mittelwertes besteht folgende einfache Beziehung (wenn $\bar{X}$ normalverteilt ist mit dem Erwartungswert μ):

$$\sigma_{\bar{X}}^* = 0{,}6745\ \sigma_{\bar{X}}\,,$$

da nämlich bei der Normalverteilung

$$P(\mu - \sigma_{\bar{X}}^* \leqq \bar{X} \leqq \mu + \sigma_{\bar{X}}^*)$$

$$= \int_{\mu - 0{,}6745\,\sigma_{\bar{X}}}^{\mu + 0{,}6745\,\sigma_{\bar{X}}} \frac{1}{\sigma_{\bar{X}}\sqrt{2\pi}} \exp\left[-\frac{(\bar{X}-\mu)^2}{2\sigma_{\bar{X}}^2}\right] d\bar{X} = 0{,}5\,.$$

67.3 Zufallsfehler und Erhebungsmethode

Alle Maße des Zufallsfehlers sind bei der Totalerhebung gleich Null. Die Totalerhebung weist keinen Zufallsfehler auf. Freilich kann sie einen systematischen Fehler aufweisen. Es können sogar zufällige Fehler auftreten, allerdings nur solche, die nicht dadurch zustandekommen, daß nur ein Teil der Erhebungsmasse in die Erhebung einbezogen wird. Man könnte deshalb einen terminologischen Unterschied sehen zwischen *dem* stochastischen Zufallsfehler, der durch n < N ins Spiel kommt und anderen möglichen zufälligen Fehlern, wie z.B. versehentlich falschen Eintragungen im Fragebogen: Jemand verschreibt sich bei der Eintragung und gibt sein Alter versehentlich überhöht an, jemand anderes verschreibt sich ebenfalls und gibt sein Alter versehentlich zu niedrig an. Auch diese zufälligen (Nicht-Stichproben-)Fehler tendieren zum gegenseitigen Ausgleich. Andere Beispiele sind Auslassungen und Doppelzählungen, sofern sie zufällig sind, also nicht etwa auf einer mangelhaften Erhebungsgrundlage beruhen, oder Fehler beim Sortieren und Auszählen der Fragebogen, sofern sie auf ein gelegentliches (nicht-systematisches) Versagen des Arbeiters oder der Maschine zurückzuführen sind.

Bei der Repräsentativerhebung hingegen ist ex definitione stets n < N, was bedeutet, daß sie einen Zufallsfehler aufweist. In der Tat ist die Repräsentativerhebung *die* typische zufallsfehlerbehaftete Erhebungsart.

Sieht man vom Korrekturfaktor für endliche Gesamtheiten ab, so ist der (als Standardfehler gemessene) Zufallsfehler des Mittelwertes — bei festem σ — *umgekehrt proportional zur Quadratwurzel aus der Zahl der Beobachtungen.*

Je größer die Zahl n der Erhebungseinheiten (je größer der Umfang der Stichprobe), desto kleiner ist — bei gegebenem σ — der Zufallsfehler. Diese Grundregel gilt für Wahrscheinlichkeitsstichproben genau so wie für Beurteilungsstichproben. Aber: Während wir mit dem aus Wahrscheinlichkeitsstichproben bestimmten Zufallsfehler eine numerische Wahrscheinlichkeitsaussage verbinden können (siehe oben, wo es für einen normalverteilten Mittelwert getan wurde) und damit seine Bedeutung überhaupt erst charakterisieren, bleibt der aus Beurteilungsstichproben bestimmte Zufallsfehler eine Zahl, deren Bedeutung wir mit einer numerischen Wahrscheinlichkeit nicht charakterisieren können, da wir nicht wissen, wie der Entnahmemechanismus vor sich gegangen ist. Man weiß nur, daß er nicht dem strengen Zufallsprinzip gefolgt ist, und daß deshalb die Entnahmemodelle „mit Zurücklegen" und „ohne Zurücklegen" nicht zugrunde gelegt werden können (es müßte ein anderes Modell zugrunde gelegt werden, aber man kennt es eben nicht). Wenn wir deshalb in Abschnitt 17.2 gesagt haben: „Der Fehler ist bei Beurteilungsstichproben nicht meßbar", so sind wir zwar der üblichen Ausdrucksweise gefolgt, aber wir wissen jetzt, daß es heißen müßte: Bei Beurteilungsstichproben ist es nicht möglich, eine numerische Wahrscheinlichkeit für den Zufallsfehler anzugeben, weil das wahrscheinlichkeitsrechnerische Entnahmemodell weder bekannt ist noch in Erfahrung gebracht werden kann.

Ebenso verhält es sich bei den symptomatischen Erhebungen, den nicht-repräsentativen Erhebungen, den Erhebungen typischer Einzelfälle und den Erhebungen von Indizien. Die Staffelungsmethode nimmt eine Sonderstellung ein, auf die wir hier jedoch nicht eingehen. Bei ihnen allen – ebenso wie bei den Beurteilungsstichproben – kann der „Zufallsfehler", obgleich de facto vorhanden, nicht mit numerischer Wahrscheinlichkeit bestimmt werden; statt dessen muß er aus außerstatistischen Instanzen heraus beurteilt werden.

67.4 Stochastische Abschätzung des systematischen Fehlers

Wahrscheinlichkeitsrechnerisch ausgedrückt ist der systematische Fehler $b_{\bar{X}}$ des Mittelwertes die Differenz zwischen der mathematischen Erwartung des Stichprobenmittelwertes $\bar{X}$ und dem wahren Parameter μ:

$$b_{\bar{X}} = E(\bar{X}) - \mu.$$

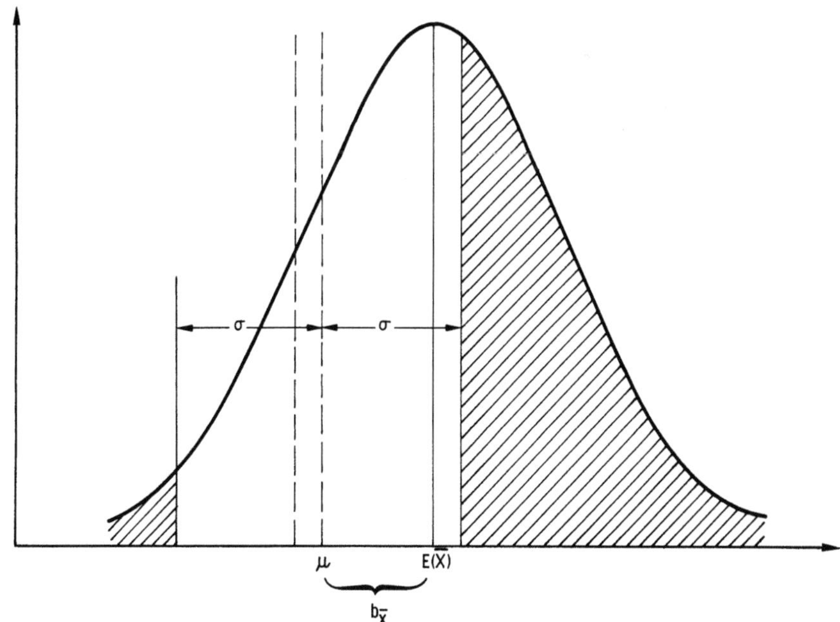

Abb. 58: Der systematische Fehler bei der Normalverteilung

Man bezeichnet daher auch die Abwesenheit von systematischen Fehlern als Unverzerrtheit oder *Erwartungstreue:* $b_{\bar{X}} = 0 \rightarrow E(\bar{X}) = \mu$. Sie ist das Gegenteil der Verzerrung.

In Abbildung 58 ist eine Verzerrung graphisch veranschaulicht. Die (normal angenommene) Ausgangsverteilung hat den Mittelwert μ und die Standardabweichung σ.

μ und σ sind die beiden „wahren" Parameter. Die Verteilung aller möglichen Stichprobenmittelwerte $\bar{X}$ hat den Mittelwert $E(\bar{X})$, der wegen des Vorhandenseins des systematischen Fehlers nicht mit μ zusammenfällt. Entsprechend verändern sich auch die Fehlergrenzen. Zwar verändert sich $\sigma_{\bar{X}}$ selbst nicht, die durch den Standardfehler begrenzte Fläche unter der Verteilung indessen ist kleiner geworden:

$$P(\mu - \sigma_{\bar{X}} \leqq \bar{X} \leqq \mu + \sigma_{\bar{X}}) < P(E(\bar{X}) - \sigma_{\bar{X}} \leqq \bar{X} \leqq E(\bar{X}) + \sigma_{\bar{X}}); \quad (b_{\bar{X}} > 0).$$

(Strenggenommen ist die Behauptung, daß $\sigma_{\bar{X}}$ sich nicht verändere, nur eine methodische Vereinfachung. Tatsächlich kann auch $\sigma_{\bar{X}}$ systematischen Veränderungen unterliegen.)

$P(\mu - \sigma_{\bar{X}} \leqq \bar{X} \leqq \mu + \sigma_{\bar{X}}) = 0,6827$, wenn X normalverteilt ist mit dem Erwartungswert μ. Wir wollen feststellen, wie sich diese Wahrscheinlichkeit vermindert, je nachdem wie groß $b_{\bar{X}}$ ist. Zu diesem Zwecke werten wir das Integral

$$P(\mu - \sigma_{\bar{X}} \leqq \bar{X} \leqq \mu + \sigma_{\bar{X}}) = \int\limits_{\mu - \sigma_{\bar{X}}}^{\mu + \sigma_{\bar{X}}} \frac{1}{\sigma_X \sqrt{2\pi}} \exp\left[-\frac{[\bar{X} - (\mu + b_{\bar{X}})]^2}{2\sigma_{\bar{X}}^2}\right] d\bar{X}$$

für verschiedene hypothetische Werte von $b_{\bar{X}}$ aus. Man beachte, daß der Mittelwert dieser Normalverteilung nicht μ, sondern $E(\bar{X}) = \mu + b_{\bar{X}}$ ist. Wir erhalten die nachstehende Tabelle.

Flächenwerte der Normalverteilung bei verschiedenen $b_{\bar{X}}$-Werten ($\sigma_{\bar{X}} = 1$)

$b_{\bar{X}}$	$P(\mu - \sigma_{\bar{X}} \leqq \bar{X} \leqq \mu + \sigma_{\bar{X}})$
0,0	0,6827
0,2	0,6730
0,4	0,6449
0,6	0,6006
0,8	0,5434
1,0	0,4772
1,2	0,4068
1,4	0,3364
1,6	0,2696
1,8	0,2093
2,0	0,1574

Die Wahrscheinlichkeitswerte der obigen Tabelle können wie folgt interpretiert werden: Die Wahrscheinlichkeit, bei der zufälligen Entnahme von n (aus N) Erhebungseinheiten einen Mittelwert $\bar{X}$ zu erhalten, der sich um nicht mehr als $\sigma_{\bar{X}}$ vom wahren Mittelwert μ nach oben oder unten entfernt, beträgt (statt 0,6827, wenn $E(\bar{X}) = \mu$) bei einem systematischen Fehler $b_{\bar{X}}$ von 0,2: 0,6730, von 1: 0,4772, von 2: 0,1574 usw.

67.5 Der Gesamtfehler

Wenn bei einer Erhebung ein systematischer Fehler b_X zusammen mit dem Zufallsfehler σ_X auftritt, so setzt sich das Quadrat des *Gesamtfehlers* (engl. mean square error) g_X

$$g_X^2 = E(\bar{X} - \mu)^2$$

aus den beiden Komponenten wie folgt zusammen:

$$g_X^2 = \sigma_X^2 + b_X^2 .$$

Diese Behauptung ist wie folgt einzusehen:

Da $\qquad \mu = E(\bar{X}) - b_X ,$

ist $\qquad E(\bar{X} - \mu)^2 = E(\bar{X} - E(\bar{X}) + b_X)^2$

$$= E(\bar{X} - E(\bar{X}))^2 + 2E(\bar{X} - E(\bar{X})) b_X + b_X^2 .$$

Da der mittlere Ausdruck der vorstehenden Gleichung wegen $E(\bar{X} - E(\bar{X})) = 0$ verschwindet und da ex def. $E(\bar{X} - E(\bar{X}))^2 = \sigma_X$, folgt die obige Behauptung.

Den Einfluß, den ein systematischer Fehler b_X auf den Gesamtfehler g_X ausübt, werden wir noch etwas näher verfolgen. Wir bilden das Verhältnis

$$c = \frac{b_X}{\sigma_X} ,$$

d. h. wir drücken den systematischen Fehler in Einheiten des Zufallsfehlers aus. Durch das Hinzutreten des systematischen Fehlers wird $g_X > \sigma_X$. Zwar gilt weiterhin, daß der Fehler (hier der Gesamtfehler) desto kleiner wird, je größer n ist, aber wir sehen, daß (und mit welchem Grade) es für die Verminderung des Gesamtfehlers wirksamer ist, b_X im Verhältnis zu σ_X zu vermindern als n zu vergrößern.

In der Praxis wird diese Alternative (entweder n zu vergrößern oder b_X zu vermindern) häufig unter Kostenaspekten entschieden. Sowohl die Vergrößerung der Zahl der Erhebungseinheiten als auch Maßnahmen zum Schutz gegen Verzerrungen verursachen Kosten. In der Praxis wird man im allgemeinen der zweiten Alternative den Vorzug geben, aber es lassen sich trotzdem bestimmte Situationen denken, wo eine Verzerrung bewußt im Kauf genommen wird, um die dadurch eingesparten Kosten zur Vergrößerung von n zu verwenden. Voraussetzung für die Hinnahme von Verzerrungen ist freilich, daß das Ausmaß der Verzerrung abgeschätzt werden kann, was keineswegs immer möglich ist. Unter den abschätzbaren systematischen Fehlern pflegt man (als eine Faustregel) solche von $b_X/\sigma_X < 0{,}25$ zu vernachlässigen.

67.6 Problematik der Aufspaltung des Gesamtfehlers

Von den (oben aufgeführten) Fehlerursachen her betrachtet, sind indessen beide bisher betrachteten Fehlertypen, der zufällige wie der systematische Fehler, theoretische „Ideale", die etwa auch durch das Fehlerpaar „Stichprobenfehler-Nichtstich-probenfehler" ausgedrückt werden können. Die Wirklichkeit wird in der Regel Misch-formen produzieren. Der wirkliche Gesamtfehler einer Erhebung wird sich – entspre-chend den verschiedenen Fehlerursachen – aus zahlreichen Komponenten zusammen-setzen, die mit bestimmtem Grade systematisch und zufällig sind und teils Stichpro-benfehler sind, teils nicht.

Freilich ist es möglich, worauf Kallmeyer [1956, S. 32] hingewiesen hat, daß mit wachsender Aggregation systematische Fehler wieder Zufallscharakter annehmen. Die Erhebung einer Erscheinung A möge in den Ergebnissen für das Saarland einen systematischen Fehler im Ausmaß von a_s aufweisen. Dieser Fehler kann durchaus typisch für A-Erhebungen im Saarland sein (d.h. bei beliebig häufigen Wieder-holungen der A-Erhebungen stellt sich ein Fehler im Ausmaß a ein). Analoges möge für andere Bundesländer gelten. Der („typische") systematische Fehler möge in Bayern a_B, in Niedersachsen a_N betragen usw. Indessen können die systematischen Fehler der Landesergebnisse von einer Art sein, daß sie sich gegenseitig ausgleichen.

68. Numerischer Fehler

68.1 Überblick

Zur Lösung vieler statistischer Probleme sind umfangreiche numerische Berech-nungen auszuführen. Man denke dabei nur an die Auflösung linearer Gleichungs-systeme, wie sie bei der Berechnung von Kleinst-Quadrate-Schätzwerten auftreten. Sieht man einmal ab von den Fehlern, die dadurch entstehen, daß das mathematische Modell fast immer eine Idealisierung und somit keine exakte Beschreibung der Realität ist und daß die Parameter, die in das Modell eingehen, meist nur mit be-schränkter Genauigkeit bekannt sind, so bleiben noch zwei Fehlerquellen, die wir hier zu besprechen haben:

(1) Rundungsfehler
(2) Verfahrensfehler.

Die Rundungsfehler haben ihre Ursache darin, daß die Stellenzahl, mit der die Daten in einer DVA dargestellt werden, beschränkt ist (meist auf 7–12 Dezimalstellen). Sie haften prinzipiell jeder numerischen Rechnung an und werden sich um so stärker bemerkbar machen, je mehr Zwischenschritte für die Rechnung erforderlich sind und je kleiner die Stellenzahl (Wortlänge) ist. Außerdem werden sie von der Reihenfolge, in der die arithmetischen Operationen ausgeführt werden, beeinflußt.

Im Gegensatz zu den Rundungsfehlern hängen die Verfahrensfehler vom gewählten Näherungsverfahren ab. Dabei ist zu bemerken, daß Näherungsverfahren teils aus Zweckmäßigkeitserwägungen heraus – die Stirlingsche Formel sei dafür als Beispiel genannt − und teils aus prinzipiellen Gründen verwendet werden. Da eine DVA nur Aufgaben lösen kann, die eine endliche Anzahl arithmetischer Operationen mit rationalen Zahlen erfordert, sind ihr die für die Mathematik nützlichen Begriffe des Kontinuums und des Grenzwertes nicht zugänglich. Man ist damit zu Näherungsverfahren gezwungen, die zu sogenannten Abbrechfehlern führen, wenn ein Grenzprozeß nach endlich vielen Schritten abgebrochen wird, und zu Diskretisierungsfehlern, wenn eine Funktion $f(x)$ einer kontinuierlichen Variablen x durch eine Folge von Funktionswerten $f_k = f(s_k)$ einer diskreten Zahlenfolge x_k approximiert wird.

Es kann nicht unsere Aufgabe sein, die Vor- und Nachteile der vielen numerischen Methoden, die für die Probleme der linearen Algebra und der Analysis entwickelt wurden, zu diskutieren; nur eine Warnung sei hier ausgesprochen: Man hüte sich davor, vorhandene Programme kritiklos zur Lösung eines individuellen Problems zu verwenden.

68.2 Das Rechnen mit festem Komma

Wird eine DVA zu numerischen Berechnungen herangezogen, so ist grundsätzlich zu beachten, daß dabei nur Zahlen mit einer a priori fixierten Höchststellenanzahl zugelassen sind. Die Höchststellenanzahl liegt dabei meist zwischen 7 und 12 Dezimalstellen. Sie kann durch programmiertechnische Vorkehrungen gesteigert werden. Man spricht dann von Rechnen mit doppelter, dreifacher usw. Genauigkeit. Dabei ist jedoch zu beachten, daß sich bei Verdoppelung der Stellenanzahl die Rechenzeit etwa verzehnfacht. Um die Rechenzeit in vernünftigen Grenzen zu halten, empfiehlt es sich daher, von dieser Möglichkeit nur sparsam und gezielt Gebrauch zu machen. So etwa an jenen Programmstellen, wo von vornherein angenommen werden kann, daß numerisch kritische Situationen auftreten. Ist eine Abschätzung nicht möglich, so wird man zunächst mit einfacher Genauigkeit rechnen und sodann auf Grund eines Kriteriums entscheiden, ob die Berechnung (oder Teile derselben) mit doppelter Genauigkeit zu wiederholen ist.

Bei der Festkommadarstellung berücksichtigt die DVA nicht die Wertigkeit. Das heißt, der Anwender muß wissen, ob es sich bei der Ziffernfolge 8029 um 0,8029 oder beispielsweise um 80,29 handelt. Üblicherweise denkt man sich den Dezimalpunkt vor der höchsten Stelle. Die Wertigkeit einer Zahlenfolge wird dann extern durch die Angabe eines sogenannten Skalenfaktors festgelegt. Für Illustrationszwecke sei eine DVA angenommen, bei der in jedem Wort eine 5-stellige Dezimalzahl dargestellt werden kann. Die Zahl 0.25267 wird als

$$0,\ \boxed{2\ |\ 5\ |\ 2\ |\ 6\ |\ 7}\qquad\begin{array}{l}\text{Skalenfaktor}\\ 10^0\end{array}$$

dargestellt. Vereinbaren wir, daß der Dezimalpunkt vor der ersten führenden Ziffer zu denken ist, so erlaubt uns dies die Darstellung von Zahlen, die kleiner als 1 sind. Weiterhin ist klar, daß nur Zahlen, die größer oder gleich 0,1 sind, auch 5 wesentliche

Dezimalstellen haben können. Die Zahl 0,00252 beispielsweise wird als

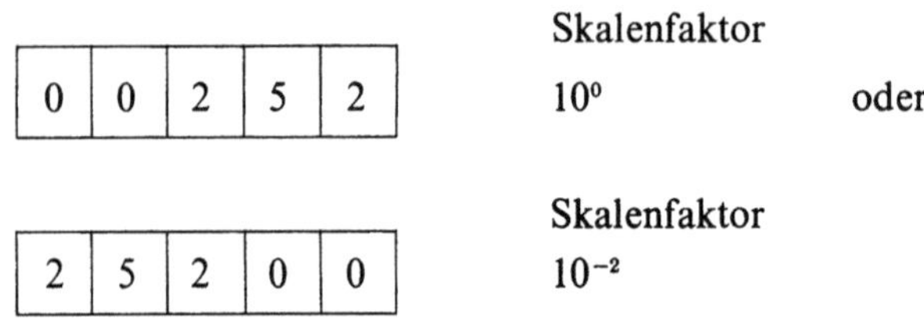

dargestellt und hat in der ersten Darstellung 3 wesentliche Dezimalstellen. Die beiden Nullen vor den 3 wesentlichen Stellen nennt man führende Nullen.

Vorteile der Festkommadarstellung:

(1) Es wird kein Platz für die Speicherung des Exponenten benötigt.
(2) Die Operationszeiten für arithmetische Festkommaoperationen sind kürzer.

Nachteile der Festkommadarstellung:

(1) Die Größenordnung, also der Skalenfaktor, aller Zwischenergebnisse muß a priori abgeschätzt, und es müssen entsprechende Stellenverschiebungen eingeplant werden, um Überläufe zu vermeiden.

Beispiel: Es sollen 65 und 980 addiert werden.

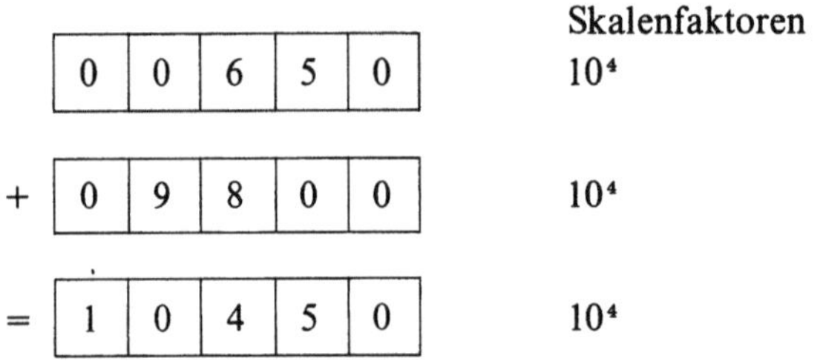

(2) Der darstellbare Zahlenbereich ist relativ eng, er umfaßt bei unserer hypothetischen DVA 0,00000 bis 0,99999.
(3) Die führenden Nullen in den Operanden pflanzen sich in das Produkt fort.

Beispiel: Multiplikation von 0,024 und 0,003

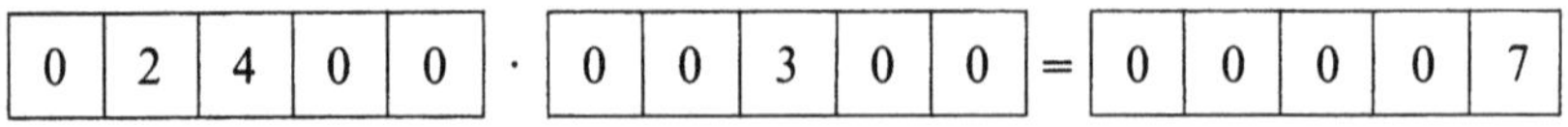

Wie man an Hand des Beispiels sieht, kann dies im Verlauf einiger Multiplikationen leicht dazu führen, daß das Ergebnis nur mehr aus führenden Nullen besteht (sogenannter Multiplikationsunterlauf). Im Gegensatz zu Additions- und Divisionsüberläufen werden Multiplikationsunterläufe i. a. nicht von der DVA angezeigt.

Aus den eben angeführten Gründen hat sich, insbesondere im wissenschaftlichen Bereich, die Gleitkommadarstellung allgemein durchgesetzt.

68.3 Das Rechnen mit gleitendem Komma

Die Darstellung einer Dezimalzahl erfolgt hier durch Mantisse und Exponent. Der Dezimalpunkt liegt vor der ersten Mantissenstelle. Die Zahl 95,8 wird also durch $0,958 \cdot 10^2$ und 0,0389 durch $0,389 \cdot 10^{-1}$ dargestellt. Um negative Exponenten zu vermeiden, wird oft 50 zum Exponenten addiert. Die obigen Zahlen würden dann durch

9	5	8	5	2

und

3	8	9	4	9

dargestellt werden. In unserer hypothetischen DVA sind jetzt 2 der 5 Stellen eines Wortes für den Exponenten, auch Charakteristik genannt, reserviert, und somit liegt der darstellbare Zahlenbereich zwischen $000 \cdot 10^{50}$ und $999 \cdot 10^{49}$, wobei $000 \cdot 10^{-50}$ der Repräsentant für die Null ist.

Um die Höchstzahl wesentlicher Stellen zu erhalten, wird bei der Gleitkommadarstellung meist vereinbart, daß der Dezimalpunkt unmittelbar vor der ersten führenden Ziffer steht − man nennt dies die normalisierte Gleitkommadarstellung. Das Ergebnis arithmetischer Operationen fällt dabei immer normalisiert an. Somit können sich also keine Überläufe ergeben. Manche Datenverarbeitungsanlagen verfügen neben den Befehlen für Festkomma- und normalisierte Gleitkommaarithmetik auch über solche für nicht-normalisierte Gleitkommaarithmetik.

Beispiele:

(1) Multiplikationen: $0,417 \cdot 10^{-2} \cdot 0,213 \cdot 10^{-3} = 0,088821 \cdot 10^{-5}$

normalisiert:

4	1	7	4	8

$\cdot$

2	1	3	4	7

$=$

8	8	8	4	4

unnormalisiert:

4	1	7	4	8

$\cdot$

2	1	3	4	7

$=$

0	8	8	4	5

Wie man sieht, kann es bei unnormalisierter Multiplikation, selbst dann, wenn die Anfangsdaten in normalisierter Form vorliegen, nach einigen Schritten zu einem Multiplikationsunterlauf kommen.

(2) Division: $\dfrac{0,888 \cdot 10^2}{0,111 \cdot 10^1} = 8,000 \cdot 10^1$

normalisiert:

8	8	8	5	2

$:$

1	1	1	5	1

$=$

8	0	0	5	2

unnormalisiert:

8	8	8	5	2

$:$

1	1	1	5	1

$=$

0	0	0	5	1

Der Divisionsüberlauf kann also nur durch Normalisierung vermieden werden.

(3) Subtraktion: Bei ihr müssen wie bei der Addition die Exponenten zunächst angeglichen werden.

$$0,101 \cdot 10^3 - 0,990 \cdot 10^2 = 0,002 \cdot 10^3$$

normalisiert:

1	0	1	5	3	−	0	9	9	5	3	=	2	0	0	5	1

unnormalisiert:

1	0	1	5	3	−	0	9	9	5	3	=	0	0	2	5	3

Das gewählte Beispiel zeigt, daß bei der Subtraktion nahezu gleicher Zahlen ein Effekt auftritt, der sich im gegenseitigen Wegheben führender Ziffern bemerkbar macht. Man sagt: Es tritt Auslöschung führender Ziffern ein. Diese Auslöschung macht sich bei der normalisierten Gleitkommarechnung äußerlich nicht bemerkbar, da Nullen eingeschleppt werden, die keinen Aussagewert für die numerische Rechnung haben und große Genauigkeit vortäuschen. Es ist daher angebracht, die Stellen eines numerischen Prozesses, an denen Subtraktionen vorkommen, kritisch unter die Lupe zu nehmen. Eine unnormalisierte Rechnung kann hier von Vorteil sein, da sie einen Anhaltspunkt dafür gibt, wieviele Stellen signifikant sind.

69. Rundungsfehler

69.1 Problemstellung

Wie schon bemerkt wurde, steht zur Zahlendarstellung in einer DVA nur eine beschränkte feste Stellenanzahl zur Verfügung. Daraus folgt, daß die meisten Zahlen nicht exakt darstellbar sind; sie müssen daher durch Zahlen approximiert werden, die die zulässige Stellenanzahl nicht überschreiten. Um den so entstehenden Fehler möglichst klein zu halten, wählt man zur Darstellung die nächstgelegene Zahl mit zulässiger Stellenanzahl; mit anderen Worten: Es wird gerundet. Es soll nun dargestellt werden, wie sich die Rundungsfehler auf die vier Grundrechenarten auswirken. Da jeder noch so komplizierte numerische Prozeß letztlich auf diese zurückführbar ist, haben wir, zumindest theoretisch, ein Mittel zur Hand, um die Genauigkeit einer beliebigen Rechnung zu beurteilen.

69.2 Rundungsfehler bei den Grundrechenarten

Wir beschränken uns im folgenden auf die normalisierte Gleitkommadarstellung von Dezimalzahlen. In ihr wird jede Zahl durch

$$x = 10^b \cdot a$$

dargestellt. b ist dabei eine ganze Zahl und a, $0,1 \leq |a| < 1$, ein Dezimalbruch, der durch die nächstgelegene Zahl mit zulässiger Stellenanzahl, sie sei mit n bezeichnet, dargestellt wird.

Der maximale Betrag des relativen Rundungsfehlers ε,

$$\varepsilon = \frac{x_{\text{gerundet}} - x}{x} = \frac{10^b \cdot (a_{\text{gerundet}} - a)}{10^b \cdot a}$$

läßt sich leicht abschätzen. Da die Differenz zwischen a_{gerundet} und a betragsmäßig höchstens eine halbe Einheit der letzten zulässigen Stelle ausmachen kann und $0,1 \leq |a| < 1$ gilt, erhalten wir sofort die Abschätzung

$$|\varepsilon| \leq \frac{0,5 \cdot 10^{-n}}{0,1} = 5 \cdot 10^{-n}.$$

Würde für die Abschätzung das binäre Zahlensystem zugrundegelegt werden, so ergäbe sich

$$|\varepsilon| \leq 2^{-n}.$$

Daraus ersieht man, daß das Binärsystem wegen seiner feineren Abstufung dem Dezimalsystem im Hinblick auf Rundungsfehler überlegen ist.

Wir können jetzt Fehlerschranken für die vier Grundrechenarten angeben. Dazu soll angenommen werden, daß in der betrachteten DVA die arithmetischen Operationen normalisiert mit doppelter Genauigkeit ausgeführt werden. Erst danach wird auf einfache Stellenzahl gerundet. Kann man dies nicht voraussetzen, so werden die Abschätzungen komplizierter. Für die Addition zweier Zahlen ergibt sich aus den folgenden Bemerkungen und obigen Überlegungen:

$$(x_1 + x_2)_{\text{gerundet}} = (x_1 + x_2)(1 + \varepsilon); \quad |\varepsilon| \leq 5 \cdot 10^{-n}.$$

Sei $x_1 = 10^{b_1} \cdot a_1$ und $x_2 = 10^{b_2} \cdot a_2$, so kann ohne Beschränkung der Allgemeinheit $b_1 \geq b_2$ vorausgesetzt werden. In der DVA wird nun die Addition in der Form $x = 10^{b_1}(a_1 + 10^{b_2 - b_1} a_2)$ ausgeführt; es erfolgt also zunächst eine Rechtsverschiebung von a_2 um $b_1 - b_2$ Stellen, sodann wird die Addition in einem Register doppelter Stellenzahl ausgeführt und abschließend auf einfache Stellenzahl gerundet. Diese Vorgangsweise stellt sicher, daß $a_1 + a_2$ in der DVA mindestens auf $n + 1$ Stellen genau vorliegt. Das genügt für die angegebene Abschätzung.

Analog erhalten wir für die Subtraktion

$$(x_1 - x_2)_{\text{gerundet}} = (x_1 - x_2)(1 + \varepsilon); \quad |\varepsilon| \leq 5 \cdot 10^{-n}.$$

Da das Produkt zweier Zahlen in einem Register doppelter Stellenzahl exakt dargestellt werden kann, ergibt sich

$$(x_1 \cdot x_2)_{\text{gerundet}} = (x_1 \cdot x_2)(1 + \varepsilon); \quad |\varepsilon| \leq 5 \cdot 10^{-n}.$$

Für die Division zweier Zahlen x_1/x_2, $x_2 \neq 0$ haben wir zwei Fälle zu unterscheiden:

(1) Gilt $|a_1| > |a_2|$, so wird a_1 im Register doppelter Stellenzahl um eine Stelle nach rechts geschoben; sodann wird $10^{-1} a_1$ durch a_2 dividiert und auf einfache Stellenzahl gerundet. Der Exponent ergibt sich als $b_1 - b_2 + 1$.

(2) Gilt $|a_1| < |a_2|$, so kann die Division sofort durchgeführt werden. Der Exponent ergibt sich als $b_1 - b_2$.

Da in beiden Fällen a_1/a_2 mindestens auf $n + 1$ Stellen genau vorliegt, ergibt sich ganz ähnlich wie vorher

$$(x_1/x_2)_{\text{gerundet}} = (x_1/x_2)(1 + \varepsilon); \qquad |\varepsilon| \leq 5 \cdot 10^{-n}.$$

Wir wollen nun unsere Ergebnisse zur Abschätzung des Fehlers, der bei k-facher Addition auftreten kann, heranziehen. Da in einer DVA nur jeweils zwei Zahlen addiert werden können, ergibt sich

$$(x_1 + x_2 + \ldots + x_k)_{\text{gerundet}} = (\ldots ((x_1 + x_2)_{\text{gerundet}} + x_3)_{\text{gerundet}} + \ldots).$$

Wegen
$$(x_1 + x_2)_{\text{gerundet}} = (x_1 + x_2)(1 + \varepsilon_1)$$

$$((x_1 + x_2)_{\text{gerundet}} + x_3)_{\text{gerundet}} = ((x_1 + x_2)(1 + \varepsilon_1) + x_3)(1 + \varepsilon_2)$$
$$\vdots \qquad\qquad\qquad\qquad \vdots$$

können wir schreiben:

$$(x_1 + x_2 + \ldots + x_k)_{\text{gerundet}}$$
$$= (x_1 + x_2)(1 + E_1) + x_3(1 + E_2) + \ldots + x_k(1 + E_{k-1});$$

dabei gilt

$$\begin{aligned}
1 + E_1 &= (1 + \varepsilon_1)(1 + \varepsilon_2) \ldots (1 + \varepsilon_{k-1}) \\
1 + E_2 &= \qquad\quad (1 + \varepsilon_2) \ldots (1 + \varepsilon_{k-1}) \\
\vdots \qquad & \vdots \qquad\qquad\qquad\quad \vdots \\
1 + E_{k-1} &= \qquad\qquad\qquad\quad (1 + \varepsilon_{k-1})
\end{aligned}$$

und wegen $|\varepsilon| \leq 5 \cdot 10^{-n}$ schließlich

$$(1 - 5 \cdot 10^{-n})^{k-i} \leq 1 + E_i \leq (1 + 5 \cdot 10^{-n})^{k-i}; \quad i = 1, 2, \ldots, k - 1.$$

Schon dieses einfache Beispiel zeigt, daß die Fehlerabschätzung mit einigem Aufwand verbunden ist. Bei komplizierteren Berechnungen wird sie oft schnell den vertretbaren Arbeitsaufwand überschreiten.

70. Abschätzung der Fehler in den Resultaten

70.1 Allgemeines

Wird eine numerische Rechnung durchgeführt, so wollen wir über eine Möglichkeit verfügen, Schranken für den Fehler in den Endresultaten anzugeben. Dazu bieten sich zunächst A-priori-Verfahren an, die auf den Abschätzungen für die Grundrechenarten basieren. Ein Beispiel haben wir eben kennengelernt. Diese Verfahren beginnen prinzipiell bei den Ausgangsdaten, wobei die Fehler in den Ausgangsdaten technisch wie

Rundungsfehler behandelt werden können. Seien die Ausgangsdaten x_0 mit dem Fehler ε_0 behaftet, so beginnt der numerische Prozeß mit $\bar{x}_0 = x_0 + \varepsilon_0$ (durch Überstreichung werden jene Größen gekennzeichnet, die effektiv in der DVA gespeichert werden). Nun wird $\bar{x}_0$ einer numerischen Operation $\mathfrak{O}_1$ unterworfen, und es entstehen neue Fehler; wir schreiben

$$\bar{x}_1 = \overline{\mathfrak{O}_1(\bar{x}_0)} = \mathfrak{O}_1(\bar{x}_0) + \varepsilon_1 = \mathfrak{O}_1(x_0) + \varepsilon_1^*$$

und allgemein

$$\bar{x}_i = \overline{\mathfrak{O}_{1i}(\bar{x}_{i-1})} = \mathfrak{O}_{1i}(\bar{x}_{i-1}) + \varepsilon_i = \mathfrak{O}_{1i}(x_{i-1}) + \varepsilon_i^* \,.$$

Da der betrachtete numerische Prozeß nach endlich vielen, etwa n, Schritten abbrechen muß, suchen wir eine Schranke für $|\varepsilon_n^*|$, wobei $\varepsilon_n^* = x_n - \bar{x}_n$ die Differenz zwischen den theoretisch exakten Enddaten und den effektiv berechneten, mit Fehlern behafteten Daten ist. Damit kann das gesuchte exakte Ergebnis durch ein Zahlenpaar, nämlich durch einen Näherungswert und eine Fehlerschranke, charakterisiert werden.

70.2 Intervallzahlen

Durch die Angabe eines Näherungswertes und einer Fehlerschranke ist ein Intervall charakterisiert. Dies nutzte Moore [1969] konsequent zur Definition von Intervallzahlen und einer Intervallarithmethik aus. Ähnlich wie die rationalen Zahlen im wesentlichen geordnete Paare ganzer Zahlen sind, werden die Intervallzahlen als geordnete Paare reeller Zahlen definiert. Eine Intervallzahl I, $I = [a, b]$, ist somit die Menge der reellen Zahlen x mit $a \leqq x \leqq b$. Die entarteten Intervalle der Form $[a, a]$ entsprechen den reellen Zahlen. Die arithmetischen Operationen sind für Intervallzahlen wie folgt definiert:

$$[a, b] + [c, d] = [a + c, b + d]$$
$$[a, b] - [c, d] = [a - d, b - c]$$
$$[a, b] \cdot [c, d] = [\min(ac, ad, bc, bd), \max(ac, ad, bc, bd)]$$
$$[a, b] : [c, d] = [a, b] \cdot [1:d, 1:c]; \quad 0 \notin [c, d] \,.$$

Aus diesen Definitionen folgt sofort, daß die Intervalladdition und Intervallmultiplikation assoziativ und kommutativ sind, d. h. sind I_1, I_2 und I_3 Intervallzahlen, so gilt:

$$I_1 + I_2 = I_2 + I_1$$
$$I_1 \cdot I_2 = I_2 \cdot I_1$$
$$I_1 + (I_2 + I_3) = (I_1 + I_2) + I_3$$
$$I_1 \cdot (I_2 \cdot I_3) = (I_1 \cdot I_2) \cdot I_3 \,.$$

Dagegen gilt in der Intervallarithmetik nicht immer das distributive Gesetz, wie das folgende Beispiel zeigt:

$$[2, 3]([2, 3] - [2, 3]) = [2, 3]([-1, 1]) = [-3, 3]$$
$$[2, 3][2, 3] - [2, 3][2, 3] = [4, 9] - [4, 9] = [-5, 5] \,.$$

Die Möglichkeit, mit Intervallzahlen zu rechnen, regt bei numerischen Problemen den folgenden Lösungsweg an: Es werden Intervalle konstruiert, die das gewünschte exakte Ergebnis enthalten. Wenn nötig, wird versucht, die Intervalle zu verkleinern. Dieses Vorgehen entspricht grundsätzlich dem Verfahren von Archimedes, der eingeschriebene und umgeschriebene Polygonzüge eines Kreises verwendete, um obere und untere Schranken für die Zahl π zu erhalten.

Der große Vorteil des Rechnens mit Intervallzahlen liegt darin, daß sich bei jedem numerischen Prozeß automatisch Näherungswerte und Fehlerschranken für die exakten Lösungen ergeben.

Berücksichtigt man, daß die Endpunkte eines Intervalls im allgemeinen nicht exakt in einer DVA darstellbar sind, so erhält man eine gerundete Intervallarithmetik. Sie liefert Intervalle, die neben den exakten Ergebnissen auch die nichtgerundeten maschinenarithmetischen Ergebnisse enthalten. Das heißt, wir erhalten nur dann kleine Intervalle, wenn die maschinenarithmetischen Operationen hinreichend gute Approximationen der exakten reellen Operationen sind.

70.3 Triplex-Zahlen

Die Intervallzahlen haben trotz beachtlicher numerischer Erfolge, die mit ihnen erzielt wurden, zwei wesentliche Nachteile:

(1) Berechnungen, die einmal mit gewöhnlichen Gleitkommazahlen und einmal mit Intervallzahlen durchgeführt wurden, liefern keine vergleichbaren Resultate.
(2) Die Schranken können bei längeren Rechnungen derart weit auseinander liegen, daß das Ergebnis keinen praktischen Wert besitzt. Dagegen kann die gewöhnliche Gleitkommarechnung durchaus brauchbare Resultate zeitigen, wenn die Rundungsfehler − was meist der Fall ist − zum Ausgleich tendieren. Jedenfalls verzichtet man bei alleiniger Verwendung von Intervallzahlen auf eine wertvolle Information.

Um diese Nachteile zu beheben, führte man den Begriff der „Triplex-Zahl" (Fehlerschranken-Zahl) ein. Dabei ist eine Triplex-Zahl T durch ein Intervall und einen Mittelwert definiert und kann somit als Zahlentripel $(\underline{a}, a, \bar{a})$ mit a als Mittelwert dargestellt werden. Arbeitet man mit Triplex-Zahlen, so werden automatisch die Vorteile der Gleitkommaarithmetik mit denen der Intervallarithmetik verbunden.

70.4 Statistische Fehlerabschätzung

Wir wollen noch kurz auf die statistische Abschätzung der Fehler eingehen. In ihrer klassischen Form unterscheidet sie sich von den oben behandelten A-priori-Methoden nur dadurch, daß in jedem Schritt statt von exakten Schranken von Verteilungen der Fehler Gebrauch gemacht wird. Entsprechend liegt dann das Hauptproblem bei den oft nur mit relativ großem Aufwand zu berechnenden Verteilungen und den erforderlichen statistischen Annahmen, wie der Annahme der statistischen Unabhängigkeit der

Fehler. Auf andere Formen der statistischen Fehlerabschätzung gehen wir in Abschnitt 70.5 f ein.

Als einfaches Beispiel für das klassische Vorgehen soll die Festkommaaddition von n positiven Zahlen $a_1 + a_2 + \ldots + a_n$ untersucht werden, die mit den absoluten Fehlern $\varepsilon_1, \varepsilon_2, \ldots, \varepsilon_n$ behaftet sind. Der absolute Fehler der Summe S ergibt sich dann durch Addition der ε_i. Gilt für die ε_i, daß $-\varepsilon \leqq \varepsilon_i \leqq \varepsilon$, und können sie als voneinander statistisch unabhängige Größen angesehen werden, die einer bestimmten Wahrscheinlichkeitsverteilung gehorchen, so lassen sich für die Summe Mittelwert und Streuung angeben. Unter der speziellen Annahme, daß die ε_i gleichverteilt mit $\mu = 0$ sind, woraus mit der obigen Intervallfestlegung $\sigma^2 = \varepsilon^2/3$ folgt, ergibt sich der Mittelwert der statistisch kumulierten Fehler mit 0 und die Varianz mit $\dfrac{n \cdot \varepsilon^2}{3}$; der mittlere quadratische Fehler $\varepsilon \cdot \sqrt{n/3}$ wächst also wesentlich langsamer als die Schranke $n \cdot \varepsilon$ für den Absolutbetrag des Fehlers, nämlich nur mit $\sqrt{n}$.

70.5 A-posteriori-Abschätzungen

Die A-posteriori-Abschätzungen haben sich wegen der Schwierigkeiten, die bei den A-priori-Verfahren auftreten, weitgehend durchgesetzt. Sie sind im Unterschied zu jenen grundsätzlich an das Problem gebunden. Man geht dabei so vor, daß eine Lösung $\bar{x}_n$ akzeptiert und ein benachbartes Problem, das als Störung des ursprünglichen angesehen werden kann, gesucht wird, das $\bar{x}_n$ ergäbe, wenn alle arithmetischen Operationen theoretisch exakt durchgeführt würden. Mit anderen Worten: Wir suchen einen gestörten (benachbarten) Operator, der mit $(\mathfrak{D}_i + \delta\mathfrak{D}_i)$ bezeichnet sei, so daß die Gleichung

$$\bar{x}_i = \overline{\mathfrak{D}_i(\bar{x}_{i-1})} = \mathfrak{D}_i(\bar{x}_{i-1}) + \varepsilon_i = (\mathfrak{D}_i + \delta\mathfrak{D}_i)(\bar{x}_{i-1})$$

gilt.

Der Vorteil dieses Verfahrens liegt darin, daß die Beziehungen zwischen den verschiedenen $\delta\mathfrak{D}_i$ oft einfacher sind als jene zwischen den ε_i^* bei den A-priori-Verfahren.

An Hand eines Beispiels soll dieses Vorgehen erläutert werden. Gegeben sei das lineare Gleichungssystem

$$A\,x = b$$

und eine Näherungslösung $\bar{x} = (\bar{x}_1, \ldots, \bar{x}_n)$. Bilden wir nun $A\,\bar{x}$, so ergibt sich nicht genau b, sondern

$$A\,\bar{x} = b + \delta b\,,$$

und bei Einführung des Fehlervektors $f = \bar{x} - x$,

$$A\,f = \delta b\,.$$

Da δb bekannt ist, muß von δb auf f geschlossen werden; interessiert uns etwa der größtmögliche Fehler, mit dem ein Element x_i des Lösungsvektors behaftet sein kann, so benötigen wir eine Abschätzung der Art

$$\max_i |f_i| \leqq K \cdot \max_i |\delta b_i|.$$

Kennt man die inverse Matrix von A, sie sei mit B bezeichnet (AB = E, wobei E die Einheitsmatrix ist), so steht eine solche Konstante K zur Verfügung, nämlich

$$K = \max_i \sum_j |b_{ij}|.$$

Die b_{ij} sind dabei die Elemente der inversen Matrix. Ist K sehr groß, d.h. der mögliche Fehler in der Lösung liegt um einige Größenordnungen über $\max_i |\delta b_i|$, so sagen wir, daß A von „schlechter Kondition" ist.

Der Nachteil dieses Verfahrens besteht darin, daß die inverse Matrix berechnet werden muß, was etwa den dreifachen Arbeitsaufwand im Vergleich zur direkten Lösung des Gleichungssystems erfordert. Es gibt jedoch einfachere Verfahren der Bestimmung von K, wenn die Matrix A besondere Eigenschaften hat.

70.6 Mit Fehlern leben

In den vergangenen Abschnitten haben wir klassische Fehlerkonzepte und einige einfache Möglichkeiten der Abschätzung kennengelernt. Mit ihnen ist in der Statistik jedoch bestenfalls nur ein Anfang gemacht. Das Wichtigste steht noch aus. Ich stelle mir vor, daß in einer zukünftigen adaptiven Statistik ungefähr so viele Methoden der Feststellung und Berücksichtigung von Fehlern gewidmet sein werden wie den klassischen Aufgaben des Beschreibens, Analysierens, Schätzens, Prüfens und Prognostizierens. Und ich stelle mir vor, daß die andere Hälfte der Methoden der Art und Qualität der Daten Rechnung tragen wird, der Qualität, d. h. u. a. (nicht ausschließlich) der Fehlerhaftigkeit der Daten.

Insbesondere ist die Genauigkeitsbeurteilung, die in diesem letzten Abschnitt anstand, so wie sie sich heute darstellt, sehr unvollständig. Zwar sind die Intervallzahlen nützliche Instrumente, und man wird auf die sog. statistischen wie auf die sog. A-posteriori-Abschätzungen, wie sie bisher konzipiert wurden, nicht verzichten können. Aber materiell ruht die Genauigkeitsbeurteilung auf dem eingehenden Studium der Fehler, nicht so sehr des klassischen Zufallsfehlers, sondern der mannigfachen Stichprobenverfälschungen (siehe 66.4) und ganz besonders des sog. Nichtstichprobenfehlers. Daß man sozusagen jene Büchse der Pandora nicht ins Korn zu werfen braucht, haben die vordem zitierten Arbeiten von Strecker (und anderen) gezeigt.

Zu Anfang des Kapitels sagte ich, es sei das unvermeidliche Schicksal der Statistik, mit Fehlern leben zu müssen. Davon ist nichts zurückzunehmen. Aber: Es ist keineswegs das Schicksal der Statistik, mit unbekannten Fehlern leben zu müssen, sich vor den Fehlern verstecken zu müssen oder sich mit jeder Art und jedem Ausmaß von Fehlern abfinden zu müssen. Die Axiome einer „deontischen Fehlertheorie" lauten vielmehr:

(1) Man „problematisiere" die Fehler. Die Statistik braucht Fehlertheorien, eine Fehlermethodologie, d.h. ein Instrumentarium für die Aufspürung und Messung von

Fehlern, nicht der schönen, stochastisch wohlgeformten und asymptotisch braven Fehler, sondern der häßlichen, ungebärdigen und versteckten Adäquationsfehler, Angabefehler, Antwortverweigerungsfehler usw.

(2) Man suche die Fehler. Die Information über einen Fehler ist prinzipiell so wichtig wie ein statistisches Resultat, manchmal fast so wichtig, manchmal wichtiger, letzteres dann, wenn die Gültigkeit (Realgeltung) eines statistischen Resultats für eine bestimmte Fragestellung von dem beobachteten Fehler abhängt.

(3) Man sammle die Fehler. Eine zukünftige Fehlertheorie wird sich (u. a.) der Frage anzunehmen haben, wie Fehler verschiedener Art und Herkunft sich aggregieren und auch − wie sie sich dabei fortpflanzen.

(4) Man messe die Fehler. Und zwar möglichst so, daß die Messung empirische Bedeutung hat (vgl. Abschnitt 16.2). Oft wird die Fehlermessung nur ordinal sein können.

(5) Man vergleiche die Fehler. Durch Vergleiche und Analogieschlüsse entstehen Erfahrungen in der Aufspürung, Interpretation und in der Vermutung von Fehlern.

(6) Man berücksichtige entdeckte Fehler sofort bei der Planung von Erhebungen („feedback").

(7) Man simuliere Fehler. Wo keine Anhaltspunkte für eine adäquate Messung vorliegen, werden Simulationsstudien der einzige Ausweg sein. Die fehlende Kenntnis können sie natürlich nicht ersetzen, aber evtl. Hinweise geben.

(8) Man mache die statistischen Methoden aufnahmefähig für Fehlerbetrachtungen. Alle statistischen Methoden sollten dieses Postulat erfüllen, von den Methoden der Gewinnung über die Methoden des Beschreibens, Analysierens, Schätzens usw. bis zur Präsentation. Und zwar sollten die statistischen Methoden so eingerichtet sein, daß sie sowohl die Aufspürung von Fehlern ermöglichen oder erleichtern als auch, daß sie möglichst unempfindlich gegenüber Fehlern sind.

Somit werden von den statistischen Fehlern her gesehen einige Grundsätze zusätzlich gestützt, die uns durch das Buch begleitet haben und die ich abschließend zusammenstellen möchte:

> Abkehr von rigiden Methoden,
> Abkehr von scharfen Annahmen,
> Abkehr von der Asymptotik,
> Hinwendung zu adaptiven Verfahren, die der Semantik (insbesondere der Ausgangsfragestellung) adäquat sind,
> Hinwendung zu Methoden, die mit schwachen (realgültigen) Annahmen auskommen,
> Hinwendung zum eingehenden Studium der Fehler.

Weiterführende Literatur:

Deming 1950
Deming 1960
Menges 1967 a
Moore 1969
Strecker 1980

Anhang I
960 dreistellige Zufallszahlen

960 unabhängige Realisationen einer auf $(0, 1, 2, \ldots, 998, 999)$ gleichverteilten Zufallsvariablen:

194	164	240	961	602	965	367	515	783	58	299	273	940	181	627
131	142	668	726	342	517	22	481	687	790	548	183	159	308	412
701	495	660	504	83	962	24	485	687	759	370	384	978	405	630
131	114	502	984	384	448	233	357	47	68	982	280	837	497	449
220	279	689	620	516	513	436	993	35	272	310	415	692	419	279
908	931	414	100	871	321	88	635	14	369	88	201	418	691	385
91	80	655	212	373	331	630	797	112	494	957	291	130	157	775
234	424	440	822	963	384	632	335	322	910	564	187	45	585	105
358	204	998	147	901	79	362	460	495	835	550	781	736	381	661
536	268	778	257	536	903	586	388	54	832	503	527	635	69	696
549	32	245	180	874	624	874	627	893	711	230	982	813	44	943
255	46	977	445	875	248	605	403	964	160	280	241	922	359	856
900	691	47	61	937	73	2	356	114	475	824	667	578	466	591
349	774	503	51	778	205	223	490	931	174	656	373	330	619	747
910	729	187	558	658	929	647	519	290	66	786	119	643	783	907
393	195	635	51	588	69	116	74	395	705	674	693	95	325	95
646	21	303	633	66	696	586	249	211	29	268	349	679	929	459
390	209	741	566	719	220	850	115	40	200	839	237	866	65	587
938	346	629	658	291	819	293	384	661	507	92	988	96	679	210
149	7	695	104	367	265	290	353	501	831	474	357	879	55	419
14	316	761	725	496	453	250	417	255	772	336	67	377	658	553
400	417	901	648	778	833	998	483	915	145	632	485	218	946	712
755	115	896	338	966	751	805	72	179	429	958	886	690	165	776
173	49	736	967	178	367	596	267	239	31	33	918	205	966	948
991	413	555	614	686	588	352	818	736	56	706	733	38	628	428
914	628	546	616	782	148	852	775	979	897	570	349	961	618	60
793	213	141	928	301	450	988	872	341	194	95	823	82	82	752
774	879	301	895	660	909	510	877	667	106	633	842	346	501	888
817	911	106	437	670	83	463	33	28	873	980	23	312	665	181
103	984	976	996	188	162	278	213	768	693	243	222	141	844	796
174	880	711	345	672	922	478	573	135	646	661	148	944	323	442
748	506	300	244	760	359	313	642	35	433	276	761	76	607	957
273	24	682	877	121	829	883	840	90	974	36	449	362	131	528
988	168	116	182	51	665	527	172	288	172	442	102	632	871	536

373	413	121	10	964	695	493	699	756	243	654	733	513	475	235
129	658	786	793	684	961	609	6	554	265	600	214	884	378	307
439	867	253	715	7	608	583	24	899	170	931	55	945	174	533
635	7	324	880	361	250	244	217	101	651	992	90	611	855	623
42	647	503	190	609	943	173	548	727	430	34	331	677	76	363
494	693	712	31	774	366	232	93	465	953	531	608	867	728	560
806	793	502	876	730	500	426	55	488	434	211	353	221	146	883
980	932	767	212	365	283	412	916	792	503	887	794	776	512	82
882	558	405	406	790	88	410	667	315	880	445	747	472	109	406
454	67	318	301	941	934	129	368	45	952	310	286	928	991	590
620	411	882	592	613	347	564	256	457	437	510	126	162	839	574
887	159	968	371	515	745	840	329	413	512	356	522	928	873	880
420	600	817	507	681	525	18	378	105	226	411	429	872	372	382
942	205	754	678	277	561	869	164	161	493	500	568	902	298	667
319	909	582	309	612	895	859	94	831	133	320	721	438	138	887
76	474	158	679	650	783	846	28	556	81	479	144	551	13	117
578	419	305	58	603	95	139	979	620	912	889	124	743	336	327
935	664	568	431	469	935	390	920	12	790	626	646	240	627	599
950	307	286	952	136	244	234	211	155	32	793	465	654	737	530
544	494	64	939	54	870	728	536	664	162	991	487	3	633	769
913	554	107	656	969	911	744	258	851	785	46	208	832	117	214
232	463	691	978	647	73	616	35	664	670	39	204	870	387	488
443	263	595	199	836	220	800	814	683	768	456	820	819	532	815
103	279	744	950	999	446	677	51	209	794	883	151	954	367	614
381	754	98	797	894	194	114	934	577	55	135	316	673	194	109
906	448	538	187	285	22	565	185	25	482	664	640	864	417	725
598	62	985	353	250	317	655	73	544	603	722	902	906	318	754
660	175	106	60	407	901	741	338	360	113	437	604	688	692	961
532	542	469	927	342	708	171	648	346	245	354	912	284	498	425
67	575	846	899	783	604	573	5	871	179	231	768	532	275	861

Anhang II
Flächen- und Ordinatenwerte der standardisierten Normalverteilung

$U \sim N(0,1)$ mit Dichtefunktion $\varphi(u)$ und Verteilungsfunktion $\Phi(u)$					
u	$\varphi(u) = \varphi(-u)$	$P(U \leqq u)$ $= \Phi(u)$	$P(U \leqq -u)$ $= P(U > u)$ $= \Phi(-u)$ $= 1 - \Phi(u)$	$P(-u < U \leqq u)$ $= \Phi(u) - \Phi(-u)$	$P(0 < U \leqq u)$ $= \Phi(u) - \Phi(0)$
0,0	0,39894	0,50000	0,50000	0,00000	0,00000
0,1	0,39695	0,53983	0,46017	0,07966	0,03983
0,2	0,39104	0,57926	0,42074	0,15852	0,07926
0,3	0,38139	0,61797	0,38209	0,23582	0,11791
0,4	0,36827	0,65542	0,34458	0,31084	0,15542
0,5	0,35207	0,69146	0,30854	0,38292	0,19146
0,6	0,33322	0,72575	0,27425	0,45150	0,22575
0,7	0,31225	0,75804	0,24196	0,51608	0,25804
0,8	0,28969	0,78814	0,21186	0,57628	0,28814
0,9	0,26609	0,81594	0,18406	0,63188	0,31594
1,0	0,24197	0,84134	0,15866	**0,68268**	0,34134
1,1	0,21785	0,86433	0,13567	0,72866	0,36433
1,2	0,19419	0,88493	0,11507	0,76986	0,38493
1,3	0,17137	0,90320	0,09680	0,80640	0,40320
1,4	0,14973	0,91924	0,08076	0,83848	0,41924
1,5	0,12952	0,93319	0,06681	0,86638	0,43319
1,6	0,11092	0,94520	0,05480	0,89040	0,44520
1,7	0,09405	0,95543	0,04457	0,91086	0,45543
1,8	0,07895	0,96407	0,03593	0,92814	0,46407
1,9	0,06561	0,97128	0,02872	0,94256	0,47128
2,0	0,05399	0,97725	0,02275	**0,95450**	0,47725
2,1	0,04398	0,98213	0,01787	0,96426	0,48213
2,2	0,03547	0,98610	0,01390	0,97220	0,48610
2,3	0,02833	0,98928	0,01072	0,97856	0,48927
2,4	0,02239	0,99180	0,00820	0,98360	0,49180
2,5	0,01753	0,99379	0,00621	0,98758	0,49379
2,6	0,01358	0,99534	0,00466	0,99068	0,49534

U ~ N (0, 1) mit Dichtefunktion $\varphi(u)$ und Verteilungsfunktion $\Phi(u)$					
u	$\varphi(u) = \varphi(-u)$	$P(U \leqq u)$ $= \Phi(u)$	$P(U \leqq -u)$ $= P(U > u)$ $= \Phi(-u)$ $= 1 - \Phi(u)$	$P(-u < U \leqq u)$ $= \Phi(u) - \Phi(-u)$	$P(0 < U \leqq u)$ $= \Phi(u) - \Phi(0)$
2,7	0,01042	0,99653	0,00347	0,99306	0,49653
2,8	0,00792	0,99744	0,00256	0,99488	0,49744
2,9	0,00595	0,99813	0,00187	0,99626	0,49813
3,0	0,00443	0,99865	0,00135	**0,99730**	0,49865
3,5	0,00087	0,99977	0,00023	0,99953	0,49977
4,0	0,00013	0,99997	0,00003	0,99994	0,49997
4,5	0,000016	0,999997	0,000003	0,999993	0,499997
5,0	0,0000015	0,9999997	0,0000003	0,9999994	0,4999997
1,64	0,10313	**0,95000**	**0,05000**	**0,90000**	0,45000
1,96	0,05844	0,97500	0,02500	**0,95000**	0,47500
2,33	0,02665	**0,99000**	**0,01000**	0,98000	0,49000
2,58	0,01446	0,99500	0,00500	**0,99000**	0,49500
3,09	0,00337	**0,99900**	**0,00100**	0,99800	0,49900
3,29	0,00177	0,99950	0,00050	**0,99900**	0,49950

Literaturverzeichnis

Abels, H.: Wirtschaftsstatistik. Opladen 1976.

Achenwall, G.: Abriss der neuesten Staatswissenschaften der vornehmsten europäischen Reiche und Republicken. Göttingen 1749.

Ahrens, H. J.: Multidimensionale Skalierung. Weinheim-Basel 1974.

Allais, M. u. O. Hagen (Hrsg.): Expected Utility Hypotheses and the Allais Paradox. Dordrecht-Boston-London 1979.

Anderberg, M. R.: Cluster Analysis for Applications. 2. Aufl., New York-London 1973.

Anderson, O.: Probleme der statistischen Methodenlehre in den Sozialwissenschaften. 5. Aufl., Würzburg 1965.

Anderson, O., et al.: Schätzen und Testen. Eine Einführung in die Wahrscheinlichkeitstheorie und schließende Statistik. Berlin-Heidelberg-New York 1976.

Anderson, V. L. u. R. A. McLean: Design of Experiments. A Realistic Approach. New York 1974.

Andrews, D. F.: A robust method for multiple linear regression. Technometrics, 16 (1974), S. 523–531.

Arbib, M. A.: Algebraic Theory of Machines, Languages, and Semigroups. New York-London 1968.

Arbib, M. A.: Theories of Abstract Automata. Englewood Cliffs, N. J. 1969.

Bamberg, G.: Statistische Entscheidungstheorie. Würzburg-Wien 1972.

Bamberg, G. u. F. Baur: Statistik. München-Wien 1980.

Barnard, G. A. u. D. A. Sprott: Schätztheorie, In: Handwörterbuch der Mathematischen Wirtschaftswissenschaften. Bd. 2: Ökonometrie und Statistik. Hrsg.: G. Menges. Wiesbaden 1979, S. 161–190.

Bartels, H.: Zum Aufbau eines statistischen Datenbanksystems. Allgemeines Statistisches Archiv, 55 (1971), S. 89–101.

Baudin, L.: Der sozialistische Staat der Inka. Hamburg 1956.

Bauer, H.: Wahrscheinlichkeitstheorie und Grundzüge der Maßtheorie. 3. Aufl., Berlin-New York 1978.

Bayes, T.: An essay towards solving a problem in the doctrine of chances. (Communicated by Mr. Price, in a letter to John Canton, M. A., F. R. S.). Philosophical Transactions, 53 (1763), S. 370–418. Wiederabgedruckt in: Biometrika, 45 (1958), S. 296–315.

Bayes, T.: A demonstration of the second rule in the essay towards the solution of a problem in the doctrine of chances, published in the Philosophical Transactions, Vol. LIII. (Communicated by the Rev. Mr. Richard Price, in a letter to Mr. John Canton, M. A., F. R. S.). Philosophical Transactions, 54 (1764), S. 296–325.

Bayes, T.: Versuch zur Lösung eines Problems der Wahrscheinlichkeitsrechnung. Hrsg.: H. E. Timerding. Leipzig 1908.

Bernoulli, D.: Specimen theoriae novae de mensura sortis. Comentarii Acad. Petrop., Bd. 5, 1730/31, S. 175–192.

Bernoulli, D.: Dijudicatio maxime probabilis plurium observationum discrepantium atque verisi millima inductio inde formanda. Acta Acad. Petrop. 1777, S. 3–23. Übersetzung: The most probable choice between several discrepant observations and the formation therefrom of the most likely induction. Biometrika, 48 (1961), S. 3–13 (Übers.: C. G. Allen; anschließend S. 13–18 der Kommentar von L. Euler: Observations on the foregoing dissertation of Bernoulli).

Bernoulli, J.: Ars conjectandi, opus post humum. Accedit tractatus de seriebus infinitis et epistola gallice scripta de ludo pilae reticularis. Basel 1713.

Bernoulli, J.: Wahrscheinlichkeitsrechnung (Ars conjectandi). Übers.: R. Haussner. Leipzig 1899.

Bernoulli, N.: Dissertatio inauguralis mathematico-juridica de usu artis conjectandi in jure, quam ... ad diem 14 junii a. d. 1709 ... publice defendet M. Nicolaus Bernoulli. Basel.

Birkhoff, G. D.: Aesthetic Measure. Cambridge, Mass. 1933.

Birnbaum, A.: On the foundations of statistical inference. Journal of the American Statistical Association, 57 (1962), S. 269–306 (Diskussion S. 307–326).

Bishop, L., D. A. S. Fraser u. K. W. Ng: Some decompositions of spherical distributions. Statistische Hefte, 20 (1979), S. 2–21.

Bishop, Y. M. M., S. E. Fienburg u. P. W. Holland: Discrete Multivariate Analysis: Theory and Practice. Cambridge-London 1975.

Blackorby, C. u. D. Donaldson: Measures of relative equality and their meaning in aereas of social welfare. Journal of Economic Theory, 18 (1978), S. 59–80.

Bleymüller, J., G. Gehlert u. H. Gülicher: Statistik für Wirtschaftswissenschaftler. München 1979.

Blind, A.: Das harmonische Mittel in der Statistik. Allgemeines Statistisches Archiv, 36 (1952), S. 231–236.

Blind, A.: Die neue Entwicklungsrichtung der sozialwissenschaftlichen Statistik. Zeitschrift für die gesamte Staatswissenschaft, 108 (1952a) S. 528–537.

Blind, A.: Die sachlogische Bedeutung des geometrischen Mittels in der sozialwissenschaftlichen Statistik. Annales Universitatis Saraviensis, Rechts- und Wirtschaftswissenschaften, II, 3 (1953), S. 127–144.

Blind, A.: Probleme und Eigentümlichkeiten sozialstatistischer Erkenntnis. Allgemeines Statistisches Archiv, 37 (1953a), S. 301–313.

Blind, A.: Das derzeitige Verhältnis zwischen Statistik und Nationalökonomie. In: Das Verhältnis der Wirtschaftswissenschaft zur Rechtswissenschaft, Soziologie und Statistik. Schriften des Vereins für Socialpolitik, N. F., 33 (1964), S. 337–360.

Blind, A.: Allgemeine Methodenlehre der sozialwissenschaftlichen Statistik. Frankfurt a. M. 1969 (Skriptum nach der Vorlesung und weiteren Unterlagen).

Blum, J. R. u. J. Rosenblatt: On partial a priori information in statistical inference. The Annals of Mathematical Statistics, 38 (1967), S. 1671–1678.

Bock, H. H.: Automatische Klassifikation. Göttingen 1974.

Böhling, K. H. u. K. Indermark: Endliche Automaten. I. Mannheim-Wien-Zürich 1969.

Bongard, J.: L'élimination des variations saisonnières par la méthode des modèles mobiles. EWG Statistische Informationen, 1963, No. 1, S. 63–103.

v. Bortkiewicz, L.: Die Iterationen. Ein Beitrag zur Wahrscheinlichkeitstheorie. Berlin 1917.

v. Bortkiewicz, L.: Zweck und Struktur der Indexzahl. Nordisk Statistisk Tidskrift, 2 (1923), S. 369–408 u. 3 (1924), S. 208–251.

Bosse, W.: Einführung in das Programmieren mit ALGOL W. Mannheim-Wien-Zürich 1976.

Botero, G.: Le relationi universali, divisi in ... Aggiontovi di novo le quattro parti del mondo intagliate in rame. Vincenza 1595.

Box, G. E. P. u. G. M. Jenkins: Time Series Analysis. Forecasting and Control. San Francisco-Cambridge-London-Amsterdam 1970.

Bradley, J. V.: Distribution-Free Statistical Tests. Englewood Cliffs, N. J. 1968.

Brenner, D. u. D. A. S. Fraser: The identification of distribution form. Statistische Hefte, 21 (1980), S. 296–304.

Bruckmann, G.: Schätzung von Wahlresultaten aus Teilergebnissen. Frühzeitige Aussagen über den Ausgang von politischen Wahlen durch Anwendung von Stichprobenverfahren. Würzburg-Wien 1966.

Bruckmann, G.: Einige Bemerkungen zur statistischen Messung der Konzentration. Metrika, 14 (1969), S. 183–213.

Büning, H. u. G. Trenkler: Nichtparametrische statistische Methoden. Berlin-New York 1978.

Cagan, P.: The monetary dynamics of hyper-inflation. In: Studies in the Quantity Theory of Money. Hrsg.: M. Friedman. Chicago 1956, S. 25–117.

Cantor, M.: Vorlesung über Geschichte der Mathematik. 4 Bände, Neudruck der 3. Aufl. (1907). New York-Stuttgart 1965.

Cardano G.: The Book on Games of Chance. Übers.: H. Gould. Vorwort: S. S. Wilks. New York 1961. (Die Übersetzung wurde erstmals 1952 publiziert).

Carnap, R.: Logical Foundation of Probability. 2. Aufl., Chicago-London-Toronto 1962.

478

Carnap, R.: Bedeutung und Notwendigkeit. Eine Studie zur Semantik und modalen Logik. Wien-New York 1972.

Carvalho, J. L., D. M. Grether u. M. Nerlove: Analysis of Economic Time Series. A Synthesis. New York-San Francisco-London 1979.

Chung, K. L.: Elementary Probability Theory with Stochastic Processes. New York-Heidelberg-Berlin 1974.

Chochran, W. G.: Stichprobenverfahren. Berlin-New York 1972.

Chochran, W. G.: Sampling Techniques. 3. Aufl., New York-Santa Barbara-London-Sydney-Toronto 1977.

Cochran, W. G. u. G. M. Cox: Experimental Design. 2. Aufl., New York-London 1957.

Coombs, C. H.: A Theory of Data. New York 1964.

Cox, D. R.: Planning of Experiments. New York-London 1958.

Cox, D. R. u. H. D. Miller: The Theory of Stochastic Processes. London 1970.

Cramér, H.: Mathematical Methods of Statistics. Princeton, N. J. 1946.

Creutz, G.: Möglichkeiten und Probleme der Beurteilung von Saisonbereinigungsverfahren. Frankfurt a. M. 1979.

Croxton, F. E., D. J. Cowden u. S. Klein: Applied General Statistics. 3. Aufl., Englewood Cliffs, N. J. 1967.

Čuprow, A.: Očerki po teorii statistiki. 2. izd., St. Petersburg 1910 (zitiert nach einer Arbeitsübersetzung von C. Merz).

Cureton, E. E.: Rank-biserial correlation. Psychometrika, 21 (1956), S. 287−290.

Dalton, H.: The measurement of the inequality of income. The Economic Journal, 30 (1920), S. 348−361.

Daniel, W. W.: Biostatistics: A Foundation for Analysis in the Health Sciences. 2. Aufl., New York-London-Sydney-Toronto 1978.

David, F. N.: Games, Goods and Gambling. The Origins and History of Probability and Statistical Ideas from the Earliest Times to the Newtonian Era. London 1962.

David, F. N. u. D. E. Barton: Combinatorial Chance. London 1962.

Debreu, G.: Representation of a preference ordering by a numerical function. In: Decision Processes. Hrsg.: R. M. Thrall, C. H. Coombs u. R. L. Davis. New York-London 1954, S. 159−165.

Deming, W. E.: Some Theory of Sampling. New York-London 1950.

Deming, W. E.: Sample Design in Business Research. New York-London 1960.

Dempster, A. P.: On the difficulties inherent in Fisher's fiducial argument. Journal of the American Statistical Association, 59 (1964), S. 56−66.

Dempster, A. P.: Model searching and estimation in the logic of inference. In: Foundations of Statistical Inference. Proceedings of the Symposium on the Foundations of Statistical Inference. Hrsg.: V. P. Godambe u. D. A. Sprott. Toronto-Montreal 1971, S. 56−77 (Diskussion S. 77−81).

Dichtl, E. u. R. Schobert: Mehrdimensionale Skalierung. München 1979.

Diehl, H.: Modell und Methoden zur Vorausberechnung von Rinderprozessen. Agrarstatistische Studien 8. Hrsg.: Statistisches Amt der Europäischen Gemeinschaften, Luxemburg. 1970.

Diehl, H. u. S. L. Louwes: Zur Optimierung von Informationsprogrammen bei statistischen Entscheidungen. Statistische Hefte, 9 (1968), S. 176−188.

Diehl, H. u. D. A. Sprott: Die Likelihoodfunktion und ihre Verwendung beim statistischen Schluß. Statistische Hefte, 6 (1965), S. 112−134.

Doob, J. L.: Stochastic Processes. New York-London 1953.

Eichhorn, W. u. J. Voeller: Theory of the Price-Index. Berlin-Heidelberg-New York 1976.

Eichhorn, W., et al. (Hrsg.): Theory and Applications of Economic Indices. Proceedings of an International Symposium Held at the University of Karlsruhe. Würzburg 1978.

Esenwein-Rothe, I.: Zur Methodik der statistischen Aggregation. Statische Hefte, 8 (1967), S. 66−78.

Esenwein-Rothe, I.: Die Methoden der Wirtschaftsstatistik. Bd. 1. Göttingen 1976.

Esenwein-Rothe, I.: Die Methoden der Wirtschaftsstatistik. Bd. 2. Göttingen 1976.

Everitt, B. S.: The Analysis of Contingency Tables. London 1977.

Fahrion, R.: Die Splinefunktion als flexibles Instrument zur Schätzung von Lag-Verteilungen. In: Splinefunktionen in der Statistik. Hrsg.: K. A. Schäffer. Göttingen 1978, S. 86–103.

Fahrion, R.: Endliche Lagstrukturen: Klassifizierung und schätztheoretische Behandlung von Spline-Lags. Würzburg 1980.

Fechner, T.: Kollektivmaßlehre. Leipzig 1897.

Fedorov, V. V.: Theory of Optimal Experiments. New York-London 1972.

Feichtner, G.: Bevölkerungsstatistik. Berlin-New York 1973.

Feller, W.: An Introduction to Probability Theory and Its Applications. Vol. I. 3. Aufl., New York-London-Sydney 1968 (1. Aufl., New York 1950).

Feller, W.: An Introduction to Probability Theory and Its Applications. Vol. II. 2. Aufl., New York-London-Sydney 1971 (1. Aufl., New York-London-Sydney 1966).

Ferguson, T. S.: Mathematical Statistics: A Decision Theoretic Approach. New York-London 1967.

Ferschl, F.: Deskriptive Statistik. 2. Aufl., Würzburg-Wien 1980.

Fine, T. L.: Theories of Probability. New York-London 1973.

de Finetti, B.: Theory of Probability, Vol. 1. London-New York-Sydney-Toronto 1974.

de Finetti, B.: Theory of Probability. Vol. 2. London-New York-Sydney-Toronto 1975.

Finney, D. J.: An Introduction to the Theory of Experimental Design. Chicago 1960.

Fischer, T.: Computer-Kriminalität: Gefahren und Abwehrmaßnahmen. Bern 1979.

Fishburn, P. C.: Decision and Value Theory. New York-London 1964.

Fishburg, P. C.: Utility Theory for Decision Making. New York-London 1970.

Fisher, I.: The Making of Index Numbers. 3. Aufl., Boston 1927 (Nachdruck: New York 1967).

Fisher, R. A.: The fiducial argument in statistical inference. Annals of Eugenics, 6 (1935), S. 391–398.

Fisher, R. A.: The use of multiple measurements in taxonomic problems. Annals of Eugenics, 7 (1936), S. 179–188.

Fisher, R. A.: Contributions to Mathematical Statistics. New York-London 1950.

Fisher, R. A.: Statistical Methods for Research Workers. 12. Aufl., Edinburgh-London 1954 (1. Aufl., Edinburgh 1925).

Fisher, R. A.: Statistical Methods and Scientific Inference. 2. Aufl., London 1959 (1. Aufl., Edinburgh-London 1956).

Fisher, R. A.: Smoking – The Cancer Controversary. Edinburgh-London 1959 a.

Fisher, R. A.: The Design of Experiments. 7. Aufl., Edinburgh-London 1960 (1. Aufl., Edinburgh 1935).

Fisher, R. A. u. F. Yates: Statistical Tables for Biological, Agricultural and Medical Research. 6. Aufl., Edinburgh-London 1963 (1. Aufl., London 1938).

Fisz, M.: Wahrscheinlichkeitsrechnung und mathematische Statistik. 10. Aufl., Berlin 1980.

Flaskämper, P.: Theorie der Indexzahlen. Beitrag zur Logik des statistischen Vergleichs. Berlin-Leipzig 1928.

Flaskämper, P.: Das Problem der „Gleichartigkeit" in der Statistik. Allgemeines Statistisches Archiv, 19 (1929), S. 205–234.

Flaskämper, P.: Die Bedeutung der Zahl für die Sozialwissenschaften. Allgemeines Statistisches Archiv, 23 (1933/34), S. 58–71.

Flaskämper, P.: Mathematische und nichtmathematische Statistik. In: Die Statistik in Deutschland nach ihrem heutigen Stand. Ehrengabe für F. Zahn. Bd. 1. Hrsg.: F. Burgdörfer. Berlin 1940.

Flaskämper, P.: Allgemeine Statistik. Grundriß der Statistik. 2. Aufl., Hamburg 1949.

Förstner, K., G. Bamberg u. R. Henn: Einführung in die Wahrscheinlichkeitsrechnung. Meisenheim am Glan 1973.

Fraser, D. A. S.: Nonparametric Methods in Statistics. New York-London 1957.

Fraser, D. A. S.: Statistics. An Introduction. New York-London 1958.

Fraser, D. A. S.: Structural probability and a generalisation. Biometrika, 53 (1966), S. 1–9.

Fraser, D. A. S.: The Structure of Inference, New York-London 1968.

Fraser, D. A. S.: Inference and Linear Models. New York et al. 1979.

Fraser, D. A. S. u. K. W. Ng: Inference for the multivariate regression model. In: Multivariate Analysis IV. Hrsg.: P. R. Krishnaiah. Amsterdam 1977.

Gabriel, K. R. u. P. A. Lachenbruch: Non-parametric ANOVA in small samples: A Monte Carlo study of the adequacy of the asymptotic approximation. Biometrics, 25 (1969), S. 593—596.

Gaines, B. R. u. L. J. Kohout: The fuzzy decade: A bibliography of fuzzy systems and closed related topics. International Journal of Man-Machine Studies, 9 (1977), S. 1—68.

Gauß, C. F.: Abhandlungen zur Methode der kleinsten Quadrate. Übers. u. Hrsg.: A. Börsch u. P. Simon. Berlin 1887 (Nachdruck: Würzburg 1964).

Gilchrist, W.: Statistical Forecasting. Chichester-New York-Brisbane-Toronto 1976.

Glass, G. V.: Note on rank-biserial correlation. Educational and Psychological Measurement, 26 (1966), S. 623—631.

Glass, G. V. u. J. C. Stanley: Statistical Methods in Education and Psychology. Englewood Cliffs, N. J. 1970.

Gnedenko, B. W.: Lehrbuch der Wahrscheinlichkeitsrechnung. 5. Aufl., Berlin 1968.

Godambe, V. P. u. M. E. Thompson: Stichprobenverfahren. In: Handwörterbuch der Mathematischen Wirtschaftswissenschaften. Bd. 2: Ökonometrie und Statistik. Hrsg.: G. Menges. Wiesbaden 1979, S. 223—237.

Göbel, J. W. (Hrsg.): Viri quondam illustris, Hermanni Conringii, Polyhistoris celeberrimi, medicinae ac politicae in academia Julia, qua Helmstadii est, professoris meritissimi, multorum regum et principium consiliarii ... Braunschweig 1730.

Gottinger, H. W.: Subjektive Wahrscheinlichkeiten. Göttingen-Zürich 1974.

Graunt, J.: Natural and Political Observations, Mentioned in a Following Index, and Made upon the Bills of Mortality, chiefly with Reference to the Government, Religion, Trade, Growth, Air, Diseases and the several charges of the said city. 5. Aufl., London 1676 (1. Aufl., London 1662). Abgedr. in: The Economic Writings of Sir William Petty. Bd. 2. Hrsg.: C. H. Hull. Cambridge 1899, S. 314—435.

Gross, M. u. A. Lentin: Mathematische Linguistik. Berlin-Heidelberg-New York 1971.

Härtter, E.: Wahrscheinlichkeitsrechnung für Wirtschafts- und Naturwissenschaftler. Göttingen 1974.

Hampel, F. R.: A general definition of robustness, The Annals of Mathematical Statistics, 42 (1971), S. 1887—1896.

Hampton, J. M., P. J. Moore u. H. Thomas: Subjective probability and its measurement. Journal of the Royal Statistical Society, A, 136 (1973), S. 21—42.

Hannan, E. J.: Saisonale Variation. In: Handwörterbuch der Mathematischen Wirtschaftswissenschaften. Bd. 2: Ökonometrie und Statistik. Hrsg.: G. Menges. Wiesbaden 1979, S. 157—159.

Hansen, M. H., W. N. Hurwitz u. W. G. Madow: Sample Survey Methods and Theory. Vol. I: Methods and Applications. New York-London 1953.

Hansen, M. H., W. N. Hurwitz u. W. G. Madow: Sample Survey Methods and Theory. Vol. II: Theory. New York-London 1953.

Hardy, G. H., J. E. Littlewood u. G. Polya: Inequalities. 2. Aufl., Cambridge 1964.

Harman, H. H.: Modern Factor Analysis. 2. Aufl., Chicago-London 1967.

Harris, R. J.: A Primer of Multivariate Statistics. New York-San Francisco-London 1975.

Hartwig, H.: Naturwissenschaftliche und Sozialwissenschaftliche Statistik. Zeitschrift für die gesamte Staatswissenschaft, 112 (1956), S. 252—266.

Hasselmeier, H. u. W. G. Spruth (Hrsg.): Data Base Systems. Proceedings, 5th Informatic Symposium, IBM Germany. Berlin-Heidelberg-New York 1976.

Hastings, N. A. J. u. J. B. Peacock: Statistical Distributions. New York-London-Sydney-Toronto 1975.

Heller, W.-D., et al.: Stochastische Systeme: Markoffketten, stochastische Prozesse, Warteschlangen. Berlin-New York 1978.

Henn, R. u. P. Kischka: Statistik: Theorie und Anwendung in den Wirtschaftswissenschaften. Teil 1. Königstein/Ts. 1979.

Henn, R. u. P. Kischka: Statistik: Theorie und Anwendung in den Wirtschaftswissenschaften. Teil 2. Königstein/Ts. 1981.

Herfindahl, O.: Concentration in the Steel Industry. Columbia-University 1950 (Dissertation).

Hinkle, D. E., W. Wiersma u. S. G. Jurs: Applied Statistics for the Behavioral Sciences. Chicago 1979.

Hirschmann, A. O.: National Power and the Structure of Foreign Trade. Berkeley, Los Angeles 1945.

Hodges, J. L. u. E. L. Lehmann: The use of previous experience in reaching statistical decisions. The Annals of Mathematical Statistics, 23 (1952), S. 396–407.

Hodges, J. L. u. E. L. Lehmann: Basic Concepts of Probability and Statistics. San Francisco-London-Amsterdam 1964.

Hotz, G. u. H. Walter: Automatentheorie und formale Sprachen. I. Turingmaschinen und rekursive Funktionen. Mannheim-Wien-Zürich 1968.

Hotz, G. u. H. Walter: Automatentheorie und formale Sprachen. II. Endliche Automaten. Mannheim-Wien-Zürich 1969.

Huber, P. J.: Robust estimation of a location parameter. The Annals of Mathematical Statistics, 35 (1964), S. 73–101.

Huyghens, C.: De ratiociniis in ludo aleae. In: Exercitationum Mathematicarum libri quinque. Quitus accedet C. Huygenii tractatus de ratiociniis in aleae ludo. Hrsg.: F. A. Schooten. Lugduni Batarorum 1657.

Jacobs, K.: Measure and Integral. New York-San Francisco-London 1978.

Jaeckel, L. A.: Estimating regression coefficients by minimizing the dispersion of the residuals. The Annals of Mathematical Statistics, 43 (1972), S. 1449–1458.

Jenkins, G. M.: Praktical Experience with Modelling and Forecasting Time Series. St. Helier, Jersey 1979.

John, P. V. M.: Statistical Design and Analysis of Experiments. New York 1971.

John, V.: Geschichte der Statistik. Bd. 1: Von dem Ursprung der Statistik bis auf Quetelet (1835). Stuttgart 1884.

Judge, G. G. et al.: The Theory and Practice of Econometrics. New York 1980.

Kalbfleisch, J. G.: Probability and Statistical Inference I. New York-Heidelberg-Berlin 1979.

Kalbfleisch, J. G.: Probability and Statistical Inference II. New York-Heidelberg-Berlin 1979 a.

Kalbfleisch, J. G.: Die Prüfung statistischer Hypothesen. In: Handwörterbuch der Mathematischen Wirtschaftswissenschaften. Bd. 2: Ökonometrie und Statistik. Hrsg.: G. Menges. Wiesbaden 1979 b, S. 141–152.

Kallmeyer, H.: Über Fehler, Fehlerausgleich und Fehlerfortpflanzung in der Sozialstatistik. Allgemeines Statistisches Archiv, 40 (1956), S. 19–37.

Kellerer, H.: Theorie und Technik des Stichprobenverfahrens. 3. Aufl., München 1963.

Kempthorne, O.: The Design and Analysis of Experiments. New York 1952.

Kendall, M. G.: Daniel Bernoulli on maximum likelihood. Biometrika, 48 (1961), S. 1–2.

Kendall, M. G.: Multivariate Analysis. London-High Wycombe 1975.

Kendall, M. G. u. A. Smith: Randomness and random sampling numbers. Journal of the Royal Statistical Society, 101 (1938), S. 147–167.

Kendall, M. G. u. A. Stuart: The Advanced Theory of Statistics. Vol.3: Design and Analysis, and Time-Series. 3. Aufl., London 1976.

King, C. u. C. B. Read: Pathways to Probability. History of the Mathematics of Certainty and Chance. New York 1963.

Kofler, E. u. G. Menges: Entscheidungen bei unvollständiger Information. Berlin-Heidelberg-New York 1976.

Kofler, E. u. G. Menges: Lineare partielle Information, ‚fuzziness‘ und Vielziele-Optimierung. In: Proceedings in Operations Research 8. Hrsg.: K.-W. Gaede et al. Würzburg-Wien 1979, S. 427–434.

Kofler, E., G. Menges et al.: Stochastische partielle Information (SPI). Statistische Hefte, 21 (1980), S. 160–167.

Kolmogoroff, A. N.: Grundbegriffe der Wahrscheinlichkeitsrechnung. Berlin 1933.

Koyck, L. M.: Distributed Lags and Investment Analysis. Amsterdam 1954.

Krafft, O.: Lineare statistische Modelle und optimale Versuchspläne. Göttingen 1978.

Krantz, D. H. et al.: Foundation of Measurement. Vol. 1: Additive and Polynomial Representations. New York-London 1971.

Kreyzig, E.: Statistische Methoden und ihre Anwendung. 6. Aufl., Göttingen 1975.

Kuß, U.: Maximum probability estimators in the case of exponential distribution. Metrika, 22 (1975), S. 129–146.

Kuß, U.: Ein Schätzverfahren von Menges und Diehl und neue Ergebnisse über die Maximum Probability-Methode. Statistische Hefte, 21 (1980a), S. 2–13.

Kuß U.: Ein allgemeines statistisch-entscheidungstheoretisches Modell als Konsequenz der Ätialität und der Forderung nach weicher Modellbildung. Statistische Hefte, 21 (1980b), S. 168–173.

Kuß, U.: C-optimale Entscheidungen. Statistische Hefte, 21 (1980c), S. 261–279.

Kyburg, H. E.: The Logical Foundations of Statistical Inference. Dordrecht-Boston 1974.

Kyburg, H. E. u. H. E. Smokler (Hrsg.): Studies in Subjective Probability. New York-London-Sydney 1964.

Lamperti, J.: Stochastic Processes. Berlin-Heidelberg-New York 1977.

de Laplace, P.-S.: Théorie analytique des probabilités. Paris 1812.

de Laplace, P.-S.: Essai philosophique sur les probabilités. Paris 1814.

LeCam, L.: Convergence of estimates under dimensionality restrictions. The Annals of Statistics, 1 (1973), S. 38–53.

LeCam, L.: On the information contained in additional observations. The Annals of Statistics, 2 (1974), S. 630–649.

Lehmann, E. L.: Testing Statistical Hypotheses. New York-London-Sydney 1959.

Lehmann, E. L.: Nonparametrics: Statistical Methods Based on Ranks. San Francisco 1975.

Leiner, B.: Spektralanalyse ökonomischer Zeitreihen. 2. Aufl., Wiesbaden 1978.

Leiner, B.: Prognosekontrolle (prediction and control). In: Handwörterbuch der Mathematischen Wirtschaftswissenschaften. Bd. 2: Ökonometrie und Statistik. Hrsg.: G. Menges. Wiesbaden 1979, S. 135–139.

Lexis, W.: Zur Theorie der Massenerscheinungen in der menschlichen Gesellschaft. Freiburg i. B. 1877.

Lexis, W.: Abhandlungen zur Theorie der Bevölkerungs- und Moralstatistik. Jena 1903.

Lienert, G. A.: Verteilungsfreie Methoden in der Biostatistik. Bd. I. 2. Aufl., Meisenheim am Glan 1973.

Lienert, G. A.: Verteilungsfreie Methoden in der Biostatistik. Bd. II. 2. Aufl., Meisenheim am Glan 1978.

Lippold, H. u. K. Welters: Scenario-Technik. Werkstatthefte für Zukunftsforschung. Berlin 1976.

Louwes, S. L.: Cost allocation in agricultural surveys. Review of the International Statistican Institute, 35 (1967), S. 264–290.

Louwes, S. L., H. Diehl u. G. Menges: A decision model for the determination of optimal statistical programmes. In: Contributed Papers, 39th Session of the International Statistical Institute. Wien 1973, Vol. 2, S. 689–696.

Luce, R. D. u. H. Raiffa: Games and Decisions. New York-London 1957.

Lyttkens, E.: The fix-point method for estimating interdependent systems with the underlying model spezification. Journal of the Royal Statistical Society, A, 136 (1973), S. 353–375 (Diskussion S. 375–394).

Maaß, S. et al.: Statistischer Grundkurs für Wirtschafts- und Sozialwissenschaftler. Teil 2: Induktive Statistik. Nürnberg 1975.

Machtey, M. u. P. Young: An Introduction to the General Theory of Algorithmen. New York-Oxford-Shannon 1978.

Magerle, E. W.: Einführung in das Programmieren in BASIC. 2. Aufl., Berlin-New York 1980.

Maistrov, L. R.: Probability Theory. A Historical Sketch. New York-London 1974.

Marschak, J.: Economies of inquiring, communicating, deciding. American Economic Review, 58 (1968), S. 1–18.

Marschak, J. u. K. Miyasawa: Economic comparability of information systems. International Economic Review, 9 (1968), S. 137–174.

Maurer, H.: Theoretische Grundlagen der Programmiersprachen. Mannheim-Wien-Zürich 1969.

v. Mayr, G.: Statistik und Gesellschaftslehre. Bd. 1: Theoretische Statistik. Tübingen 1914.

Menges. G.: Über den schwersten Wert T. Allgemeines Statistisches Archiv, 37 (1953), S. 34–37.

Menges, G.: Probleme und Methoden der deutschen Fremdenverkehrsstatistik. Frankfurt a. M. 1955.

Menges, G.: Stichproben aus endlichen Gesamtheiten. Frankfurt a. M. 1959.

Menges, G.: Ökonometrie. Wiesbaden 1961.

Menges, G.: Über Wahrscheinlichkeitsinterpretationen. Statistische Hefte, 6 (1965), S. 81−96.

Menges, G.: Ökonometrische Prognosen. Köln-Opladen 1967.

Menges, G.: Die statistische Adäquation. (Erscheint 1982).

Menges, G.: Zur Lehre von der Fehlerfortpflanzung. In: Die Statistik in der Wirtschaftsforschung. Festgabe für R. Wagenführ zum 60. Geburtstag. Hrsg.: H. Strecker u. W. R. Bihn. Berlin 1967a, S. 363−382.

Menges, G.: Some decision- and information-theoretical considerations about the economic problems of specification and identification. Statistische Hefte, 12 (1971), S. 22−31.

Menges, G.: Grundmodelle wirtschaftlicher Entscheidungen. 2. Aufl., Köln-Opladen 1974.

Menges, G.: Elements of an objective theory of inductive behaviour. In: Information, Inference and Decision. Hrsg.: G. Menges. Dordrecht-Boston 1974a, S. 3−49.

Menges, G.: Deskription und Inferenz (Moderne Aspekte der Frankfurter Schule). Allgemeines Statistisches Archiv, 60 (1976), S. 290−316.

Menges, G.: Adaptive Mustererkennung. Statistische Hefte, 20 (1979), S. 22−38.

Menges, G. u. H. Diehl: On the application of fiducial probability to statistical decisions. In: Proceedings of the Fourth International Conference on Operational Research. Hrsg.: D. B. Hertz u. S. Melese. New York-London-Sydney-Toronto 1966, S. 82−91.

Menges, G. u. H. Diehl: Statistische Dualismen. Allgemeines Statistisches Archiv, 60 (1976), S. 434−446.

Menges, G. u. E. Kofler: Prognosen bei partieller Information. Zeitschrift für Wirtschafts- und Sozialwissenschaften, 100 (1980), S. 1−18.

Menges, G. u. H. Kolbeck: Löhne und Gehälter nach den beiden Weltkriegen. Tabellen und Schaubilder aufgrund statistischer Untersuchungen. Meisenheim am Glan 1958.

Menges, G. u. S. A. Sherif: International comparison of industrial production structures: Application of a taxonomic method to the input-output tables of the Economic Commission for Europe. Statistische Hefte, 18 (1977), S. 83−122.

Mertens, P. (Hrsg.): Prognoserechnung. 2. Aufl., Würzburg-Wien 1975.

van der Meulen, S. G. u. P. Kühling: Programmieren in ALGOL 68. 1. Einführung in die Sprache. Berlin-New York 1974.

v. Mises, R.: Wahrscheinlichkeit, Statistik und Wahrheit. 4. Aufl., Wien-New York 1972 (1. Aufl., Wien 1928).

de Moivre, A.: The Doctrine of Chances: or, a Method of Calculating the Probabilities of Events in Play. London 1718 (Eine erste lateinische Fassung erschien als Aufsatz in: Philosophical Transactions of the Royal Society, 27 (1711), S. 213−264).

de Montmort, P. R.: Essai d'analyse sur le jeu de hazard. Paris 1708.

Moore, R. E.: Intervallanalyse. München-Wien 1969.

Mood, A. M. u. F. A. Graybill: Introduction to the Theory of Statistics. 3. Aufl., New York et al. 1963.

Mudgett, B. D.: Index Numbers. New York-London 1951.

Müller, J.: Theorie und Technik der Statistik. Jena 1927.

Nelson, R. J.: Introduction to Automata. New York-London-Sydney 1968.

Nerlove, M.: The Dynamics of Supply: Estimation of Farmer's Response to Price. Baltimore 1958.

Neter, J., W. Wassermann u. G. A. Whitmore: Applied Statistics. Boston-London-Sydney-Toronto 1978.

v. Neumann, J. u. O. Morgenstern: Theory of Games and Economic Behaviour. Princeton 1944.

Newbold, P. u. C. W. J. Granger: Experience with forecasting univariate time series and combination of forecasts. Journal of the Royal Statistical Society, A, 137 (1974), S. 131−165.

Neyman, J.: Contribution to the theory of certain test criteria. Bulletin of the International Statistical Institute, 24 (1930), S. 44−86.

Neyman, J.: On the two different aspects of the representative method: The method of stratified sampling and the method of purposive selection. Journal of the Royal Statistical Society, 97 (1934), S. 558−606 (Diskussion S. 607−625).

Neyman, J.: Contributions to the theory of sampling from human populations. Journal of the Royal Statistical Association, 33 (1938), S. 101−116.

Neyman, J. u. E. S. Pearson: On the problem of the most efficient tests of statistical hypotheses. Philosophical Transactions of the Royal Society of London, A, 231 (1933), S. 289–337.
Nicolas, M.: Ein unentbehrlicher Mittelwert. Statistische Praxis, 3 (1948), S. 185–186.
Nourney, M.: Weiterentwicklung des Verfahrens der Zeitreihenanalyse. Wirtschaft und Statistik, 1975, S. 96–101.
Nullau, B.: Probleme bei der Anwendung des „Berliner Verfahren". In: Neuere Entwicklungen auf dem Gebiet der Zeitreihenanalyse. Hrsg.: W. Wetzel. Göttingen 1970, S. 95–130.

Oberkampf, V.: Scenario-Technik. Darstellung der Methodik. Batelle-Institut e.V., Frankfurt a. M. Veröffentlicht vom Rationalisierungs-Kuratorium der Deutschen Wirtschaft e.V. Frankfurt a. M. 1976.
Opitz, O.: Numerische Taxonomie. Stuttgart-New York 1980.

Pakin, S. u. H. Lochner: APL-Handbuch. München-Wien 1978.
Parsons, R.: Statistical Analysis: A Decision-Making Analysis. New York-Evanston-San Francisco-London 1974.
Pearson, E. S. u. M. G. Kendall (Hrsg.): Studies in the History of Statistics and Probability. London 1970.
Petty, W.: Several Essays in Political Arithmetic. London 1681.
Petty, W.: Five Essays in Political Arithmetic. London 1687.
Petty, W.: Political Arithmetic or a Discourse Concerning the Extent and Value of Lands. People. Buildings; Husbandry Manufactures, Commerce, Fishery, Artisane, Seamen, Soldiers; Public Revenues, Interest, Taxes, Superlucration, Registries, Banks; Valuations of Men, increasing of Seamen, of Militias, Harbours, Situation, Shipping, Power at Sea etc. As the same relates, to every country in general, but more particularly to the territories of His Majesty of Great Britain, and his neighbours of Holland, Zealand, and France. London 1690.
Pfanzagl, J.: Zur Geschichte der Theorie der Lebenshaltungsindizes. Statistische Vierteljahresschrift, 8 (1955), S. 1–52.
Pfanzagl, J.: Die axiomatischen Grundlagen einer allgemeinen Theorie des Messens. 2. Aufl., Würzburg 1962 (1. Aufl., Würzburg 1959).
Pfanzagl, J.: Theory of Measurement. Würzburg-Wien 1968.
Pfanzagl, J.: Allgemeine Methodenlehre der Statistik. Bd. 1: Elementare Methoden unter besonderer Berücksichtigung der Anwendungen in den Wirtschafts- und Sozialwissenschaften. 5. Aufl., Berlin-New York 1972 (1. Aufl., Berlin 1960).
Pfanzagl, J.: Allgemeine Methodenlehre der Statistik. Bd. 2: Höhere Methoden unter besonderer Berücksichtigung der Anwendungen in Naturwissenschaft, Medizin und Technik. 4. Aufl., Berlin-New York 1974 (1 Aufl., Berlin 1962).
Piesch, W.: Statistische Konzentrationsmaße. Formale Eigenschaften und verteilungstheoretische Zusammenhänge. Tübingen 1975.
Poisson, S. D.: Recherches sur la probabilités des judgements en matière criminelle et en matière civile, précédées des règles générales du calcul des probabilités. Paris 1837.
Prater, A.: Statistique et observation économique. Bd. 1. Paris 1961.

Quetelet, L. A. J.: Instructions populaires sur le calcul des probabilités. Brüssel 1828.
Quetelet, L. A. J.: Sur l'homme et le développement de ses facultés, ou essai de physique sociale. Paris 1835.
Quetelet, L. A. J.: Physique sociale. Paris 1869.

Reichenbach, H.: Wahrscheinlichkeitslehre. Leiden 1935.
Remus, H.: Überlegungen zur Entwicklung von Datenbanksystemen. In: Data Base Systems. Proceedings, 5th Informatic Symposium, IBM Germany. Hrsg.: H. Hasselmeier u. W. G. Spruth. Berlin-Heidelberg-New York 1976, S. 1–20.
Rinne, H.: Ernst Louis Etienne Laspeyres 1834–1913. Jahrbücher für Nationalökonomie und Statistik, 196 (1981), S. 194–215.
Robbins, H.: The empirical Bayes approach to statistical decision problems. The Annals of Mathematical Statistics, 35 (1964), S. 1–20.
Roos, C. F.: Survey of economic forecasting techniques. Econometrica, 23 (1955), S. 363–395.

Rosenblatt, H. M.: Spectral evaluation of BLS and census revised seasonal adjustment provedures. Journal of the Americal Statistical Association, 63 (1968), S. 472–501.

Rozanov, J.: Stationary Random Processes. San Francisco-Cambridge-London-Amsterdam 1967.

Rümelin, G.: Statistik. In: Schönbergs Handbuch der Politischen Ökonomie, Bd. II (1882).

Rutsch, M.: Wahrscheinlichkeit I. Mannheim-Wien-Zürich 1974.

Rutsch, M. u. K.-H. Schriever: Wahrscheinlichkeit II. Mannheim-Wien-Zürich 1976.

Sackmann, H.: Delphi Assessment: Expert Opinion, Forecasting and Group Processes. The RAND-Corporation, R-1283-PR. Santa Monica, Calif. 1974.

Salomaa, A. K.: Formale Sprachen. Berlin-Heidelberg-New York 1978.

Sammet, F.: Programming Languages: History and Fundamentals. Englewood Cliffs, N. J. 1969.

Sansovino, F.: Del governo e amministrazione di diversi regni e republiche cosi antiche come moderne. Venedig 1561.

Savage, L. J.: The Theory of Statistical Decision. Journal of the American Statistical Association, 46 (1951), S. 55–67.

Savage, L. J.: The Foundations of Statistical Inference. London-New York 1962.

Schäffer, K. A.: Beurteilung einiger herkömmlicher Methoden zur Analyse von ökonomischen Zeitreihen. In: Neuere Entwicklungen auf dem Gebiet der Zeitreihenanalyse. Hrsg.: W. Wetzel. Göttingen 1970, S. 131–164.

Schaich, E.: Schätz- und Testmethoden für Sozialwissenschaftler. München 1977.

Schaich, E. et al.: Statistik für Volkswirte, Betriebswirte und Soziologen. Teil 1. München 1974.

Schaich, E. et al.: Statistik für Volkswirte, Betriebswirte und Soziologen. Teil 2. München 1975.

Schmetterer, L.: Einführung in die mathematische Statistik. 2. Aufl., Wien-New York 1966 (1. Aufl., Wien-New York 1956).

Schneeweiß, H.: Eine Entscheidungsregel für den Fall partiell bekannter Wahrscheinlichkeiten. Unternehmensforschung, 8 (1964), S. 86–95.

Schneeweiß, H.: Entscheidungskriterien bei Risiko. Berlin-Heidelberg-New York 1967.

Schneeweiß, H.: Struktur Inferenz an drei Beispielen. Statistische Hefte, 16 (1975), S. 316–326.

Schneeweiß, H.: Ökonometrie. 3. Aufl., Würzburg-Wien 1978.

Schnorr, C. P.: Zufälligkeit und Wahrscheinlichkeit. Eine algorithmische Begründung der Wahrscheinlichkeitstheorie. Berlin-Heidelberg-New York 1971.

Schönfeld, P.: Identifikation. In: Handwörterbuch der Mathematischen Wirtschaftswissenschaften. Bd. 2: Ökonometrie und Statistik. Hrsg.: G. Menges. Wiesbaden 1979, S. 61–66.

Schott, S.: Statistik. Leizpig 1920.

Schulz, A: Strukturanalyse der maschinellen betrieblichen Informationsbearbeitung. Berlin 1970.

Senders, V. L.: Measurement and Statistics. New York 1958.

Selbmann, K.: Hauptkomponenten-, Faktorenanalyse. In: Handwörterbuch der Mathematischen Wirtschaftswissenschaften. Bd. 2: Ökonometrie und Statistik. Hrsg.: G. Menges. Wiesbaden 1979, S. 55–59.

Seutemann, K.: Die Aufnahme-, Aufbereitungs- und Tabellierungstechnik. In: Die Statistik in Deutschland. Ehrengabe für Georg v. Mayr. Hrsg.: F. Zahn. München-Berlin 1911, S. 163–186.

Sherif, S. A.: Die Anwendung der „Wroclaw-Taxonomy" auf Input-Output Tabellen. Statistische Hefte, 18 (1977), S. 53–64.

Späth, H.: Cluster-Analyse-Algorithmen zur Objektklassifizierung und Datenreduktion. München-Wien 1975.

Spearman, C.: General intelligence: Objectively determined and measured. American Journal of Psychology, 115 (1904), S. 201–292.

Sprott, D. A.: Statistical estimation – Some approaches and controversies. Statistische Hefte, 6 (1965), S. 97–111.

Stange, K.: Angewandte Statistik. Teil 1: Eindimensionale Probleme. Berlin-Heidelberg-New York 1970.

Stange, K.: Angewandte Statistik. Teil 2: Mehrdimensionale Probleme. Berlin-Heidelberg-New York 1971.

Steinhausen, D. u. K. Langer: Clusteranalyse. Einführung in Methoden und Verfahren der automatischen Klassifikation. Berlin-New York 1977.

Stenger, H.: Stichprobentheorie. Würzburg-Wien 1971.

Strecker, H.: Model for the decomposition of errors in statistical data into components, and the ascertainment of respondent errors by means of accuracy checks. Jahrbücher für Nationalökonomie und Statistik, 195 (1980), 385−420.
Süßmilch, J. P.: Die göttliche Ordnung in den Veränderungen des menschlichen Geschlechts, aus der Geburt, dem Tode und der Fortpflanzung desselben erwiesen. 3. Aufl., Berlin 1765 (1. Aufl., 1741).
Sullivan, W. G. u. W. W. Claycombe: Fundamentals of Forecasting. Reston, Va. 1977.

Theil, H.: Economics and Information Theory. Amsterdam 1967.
Thurstone, L. L.: Multiple factor analysis. Psychological Review, 38 (1931), S. 406−427.
Tiede, M.: Die Problematik der Ausschaltung von Saisonschwankungen aus wirtschaftsstatistischen Zeitreihen − gezeigt am Beispiel der Methoden des Statistischen Amtes der Europäischen Gemeinschaften und der Deutschen Bundesbank. Freiburg i. Br. 1968.
Todhunter, I.: A History of the Mathematical Theory of Probability from the Time of Pascal to That of Laplace. 2. Neudr., New York 1965 (Original: Cambridge 1865).
Tyron, R. C.: Cluster Analysis. Correlation Profile and Orthometric Factor Analysis for the Isolation of Unities in Mind and Personality. Ann Arbor, Mich. 1939.
Tschuprow, A. A.: On the mathematical expectation of the moments of frequency distributions in the case of correlated observations. Metron, 2 (1923), S. 646−680.

Ullmann, J. R.: Pattern Recognition Techniques. London 1973.
Ulrich, E. u. E. Köstner: Prognosefunktionen. Institut für Arbeitsmarkt- und Berufsforschung der Bundesanstalt für Arbeit. Nürnberg 1979.

Voeller, J.: Theorie des Preis- und Lebenshaltungskostenindex. Universität Karlsruhe 1974 (Dissertation).
Vogt, A.: Das statistische Indexproblem im Zwei-Situationen-Fall. ETH Zürich 1979 (Dissertation).

van der Waerden, B. L.: Mathematische Statistik. 3. Aufl., Berlin-Heidelberg-New York 1971.
Wald, A.: Sequential Analysis. New York 1947.
Wald, A.: Statistical Decision Functions. New York-London 1950.
Watson, S. R.: On Bayesian inference with incompletely specified prior distributions. Biometrika, 61 (1974), S. 193−196.
Weber, E.: Einführung in die Faktorenanalyse. Stuttgart 1974.
Weber, K.: Elektronische Datenverarbeitung. München 1978.
Wedekind, H.: Systemanalyse: Die Entwicklung von Anwendungs-Systemen für Datenverarbeitungsanlagen. 2. Aufl., München-Wien 1976.
Weiss, L. u. J. Wolfowitz: Maximum probability estimators with a general loss function. In: Proceedings of the McMaster Symposium. Berlin-Heidelberg-New York 1969, S. 232−256.
Welters, K.: Zum Problem der Horizontschließung in unbegrenzten Planungsräumen − Ein Beitrag zum Entwicklungsstand und zur Fortentwicklung der strategischen Unternehmensplanung in der wissenschaftlichen Diskussion. TU Köln 1975 (Dissertation).
Wetzel, W.: Statistische Grundausbildung für Wirtschaftswissenschaftler. Teil 1: Beschreibende Statistik. Berlin-New York 1973.
Wetzel, W.: Statistische Grundausbildung für Wirtschaftswissenschaftler. Teil 2: Schließende Statistik. Berlin-New York 1973.
Wirth, N.: Algorithmen und Datenstrukturen. 2. Aufl., Stuttgart 1979.
Wold, H.: Path Models with one or two Latent Variate Aggregates. The NIPALS (Nonlinear Iterative Partial Least Squares) Approach. Research Report 1974: 6, Statistika Institutionen. Göteborg Universitet 1974.
Wold, H.: Multivariate Analyse. In: Handwörterbuch der Mathematischen Wirtschaftswissenschaften. Bd. 2: Ökonometrie und Statistik. Hrsg.: G. Menges. Wiesbaden 1979, S. 85−95.
Wold, H.: REID- und GEID-Systeme. NIPALS-Technik. In: Handwörterbuch der Mathematischen Wirtschaftswissenschaften. Bd. 2: Ökonometrie und Statistik. Hrsg.: G. Menges. Wiesbaden 1979 a, S. 153−156.
Wolff, H.: Theoretische Statistik. Jena 1926.

Yamane, T.: Statistics. An Introductory Analysis. 3. Aufl., New York-Evanston-San Francisco-London 1973.

Yamane, T.: Statistik. Ein einführendes Lehrbuch. Bd. 1. Frankfurt a. M. 1976.

Yamane, T.: Statistik. Ein einführendes Lehrbuch. Bd. 2. Frankfurt a. M. 1976.

Yates, F.: Sampling Methods for Census and Surveys. 3. Aufl., London 1960 (1. Aufl., London 1949).

Zadeh, L. A.: Fuzzy Sets. Information and Control, 8 (1965), S. 338–353.

Zellner, A.: An Introduction to Bayesian Inference in Econometrics. New York-London-Sydney-Toronto 1971.

Zizek, F.: Fünf Hauptprobleme der statistischen Methodenlehre. München-Leipzig 1922.

Zizek, F.: Grundriß der Statistik. 2. Aufl., Leipzig 1923.

Zizek, F.: Nichtrepräsentative statistische Teilerhebungen. Jahrbücher für Nationalökonomie und Statistik, 145 (1937), S. 257–270.

Zizek, F.: Wie statistische Zahlen entstehen. Die entscheidenden methodischen Vorgänge. Leipzig 1937 a.

Namenregister

Sachregister

496

If you have any concerns about our products,
you can contact us on
ProductSafety@springernature.com

In case Publisher is established outside the EU,
the EU authorized representative is:
Springer Nature Customer Service Center GmbH
Europaplatz 3, 69115 Heidelberg, Germany

Printed by Libri Plureos GmbH
in Hamburg, Germany